普通高等教育“十一五”精品课程建设教材

食品酶工程

李　斌　于国萍　主编
贾英民　主审

中国农业大学出版社
·北京·

图书在版编目(CIP)数据

食品酶工程/李斌，于国萍主编. —北京：中国农业大学出版社，2010.6
ISBN 978-7-81117-997-2

Ⅰ.①食… Ⅱ.①李… ②于… Ⅲ.①酶学-应用-食品工程学 Ⅳ.①TS201.1

中国版本图书馆 CIP 数据核字(2010)第 067960 号

书　　名	食品酶工程		
作　　者	李　斌　于国萍　主编		
策划编辑	宋俊果　刘　军	**责任编辑**	田树君
封面设计	郑　川	**责任校对**	王晓凤　陈　莹
出版发行	中国农业大学出版社		
社　　址	北京市海淀区圆明园西路 2 号	**邮政编码**	100193
电　　话	发行部 010-62731190，2620	读者服务部	010-62732336
	编辑部 010-62732617，2618	出　版　部	010-62733440
网　　址	http://www.cau.edu.cn/caup	**e-mail**	cbsszs@cau.edu.cn
经　　销	新华书店		
印　　刷	北京国防印刷厂		
版　　次	2010 年 7 月第 1 版　　2010 年 7 月第 1 次印刷		
规　　格	787×1 092　　16 开本　　28.25 印张　　640 千字		
印　　数	1～4 000		
定　　价	39.00 元		

编审人员

主　　编　李　斌（华南农业大学）
　　　　　于国萍（东北农业大学）

副 主 编　生吉萍（中国农业大学）
　　　　　庞　杰（福建农林大学）
　　　　　莎丽娜（内蒙古农业大学）
　　　　　布日额（内蒙古民族大学）

编写人员　陈安均（四川农业大学）
　　　　　孙京新（青岛农业大学）
　　　　　赵春燕（沈阳农业大学）
　　　　　李从发（海南大学）
　　　　　崔素萍（黑龙江八一农垦大学）
　　　　　陈柄灿（西南大学）
　　　　　段　杉（华南农业大学）
　　　　　陈忠正（华南农业大学）
　　　　　杨飞芸（内蒙古农业大学）
　　　　　张长峰（长江大学）
　　　　　罗晓妙（西昌学院）

主　　审　贾英民（河北科技大学）

全国高等学校食品类专业系列教材

编审指导委员会委员

（按姓氏拼音排序）

出版说明并代序

承蒙广大读者厚爱，食品科学与工程系列教材出版 6 年来，业已成为目前全国高等学校本科食品类专业教育使用最为广泛的教科书。出版之初，这套教材便被整体列为教育部“面向 21 世纪课程教材”，至今已累计发行 33 万册，其中《食品生物技术导论》、《食品营养学》、《食品工程原理》、《粮油加工学》、《食品试验设计与统计分析》等书已成为“十五”、“十一五”国家级规划教材。实践证明，这套教材的设计、编写是成功的，它满足了这一时期我国食品生产发展和学科建设的需要，为我国食品专业人才培养做出了积极的贡献。

教材建设是学科建设的重要内容，是人才培养的重要支柱，也是社会和经济发展需求的反映。近年来，随着我国加入世界贸易组织，食品工业在机遇和挑战并存的形势下得以持续快速的发展，食品工业进入到了一个产业升级、调整提高的关键时期。食品产业出现了许多新情况和新问题，原有的教材无论在内容的广度上，还是在深度上，都已经难以满足时代的需要。教材建设无疑应该顺应时代发展，与时俱进，及时反映本学科科学技术发展的最新内容以及产业和社会经济发展的最新需求。正是在这样的思想指导下，我们重新修订和补充了这套教材。

在中国农业大学出版社的支持下，我们组织了全国 40 多所大专院校、科研院所的 300 多位一线专家教授，参与教材的编写工作，专家涉及生物、工程、医学、农学等领域。在认真总结原有教材编写经验的基础上，综合一线任课教师和学生的使用意见，对新增教材进行了科学论证和整体策划，以保证本套教材的系统性、完整性和实用性。新版系列教材在原有 15 本的基础上新增了 20 本，主要涉及食品营养、食品质量与安全、市场与企业管理等相关内容，几乎覆盖所有食品学科专业的骨干课程和主要选修课程。教材既考虑到对食品科学与工程最新理论发展的介绍，又强调了食品科学的具体实践。该系列教材力求做到每本既相对独立又相互衔接，互为补充，成为一个完整的课程体系。本套教材除可作为大专院校的教科书外，也可作为食品企业技术人员的参考材料和技术手册。

感谢参与策划、编写这套教材的所有专家学者，他们为这套教材贡献了经验、智慧、心血和时间，同时还要感谢各参与院校和单位所给予的支持。

由于本系列教材的编写工程浩大，加之时间紧、任务重，不足之处在所难免，希望广大读者、专家在使用过程中提出宝贵意见，以使这套教材得以不断完善和提高。

罗云波

2008 年 8 月 16 日

于马连洼

前　　言

酶工程是酶学和微生物学的基本原理与化学工程相互渗透、结合发展而形成的一门交叉的科学技术。随着生物工程的进展，作为生物工程重要组成部分的酶工程同样迅猛发展，在科学研究和生产实践中显示出重要的意义和作用。为了将酶工程中涌现的许多新理论、新概念和新方法更好地融入食品生产与技术之中，我们编写了《食品酶工程》一书。

全书共12章，系统地介绍了酶学基础理论、酶的生产、酶的分离纯化等酶学理论知识，阐述了酶分子修饰与改造、酶与细胞固定化、酶反应器与传感器技术体系，介绍了有机相中的酶催化、极端酶、人工模拟酶、生物酶工程等酶工程的新进展，最后对食品酶工程的应用给予全面的介绍。

本书是全国高等学校食品类专业系列教材之一。全书由国内14所高等院校的专家教授共同编写，编者们来自各高校食品领域教学、科研的第一线，有着丰富的酶工程与食品生产知识和实践，编写过程中力求做到理论准确、技术实用、体系完整，尽量包括最新的研究进展和成果。编写中参考了较多国内外同行的相关文献和资料，在此表示诚挚的感谢。

在本书完稿之时，河北科技大学贾英民教授在百忙中对全书稿进行了认真的审阅，在此深表谢意！

由于编者水平有限，书中难免存在错误和不足之处，敬请读者批评赐教。

编　者
2009年11月

目　录

Chapter 1

第1章 绪论

教学目的和要求

1. 了解食品酶学和酶工程的研究发展历史、研究内容及主要的技术方法；
2. 掌握酶学与化学、物理学、生物学等学科的关系；
3. 认识酶在生产实践、尤其是食品工业中的应用及意义。

民以食为天。现代生活中琳琅满目的食品，其加工的最初原料主要来源于生物材料。生物，无论动物、植物还是微生物，区别于非生物的核心特征是其具有生命活动，新陈代谢是生命活动最重要的特征。新陈代谢中各种化学反应都是在酶的作用下进行的，酶是促进一切代谢反应的物质，没有酶，代谢就会停止，生命也即停止。

何谓酶？现代生物学的研究结果表明，酶（enzyme）是由活细胞产生的、具有高效、专一催化功能的生物大分子。按照分子中起催化作用的主要组分不同，酶可以分为蛋白类酶（proteozyme，P 酶）和核酸类酶（ribozyme，R 酶）两大类。酶鲜明地体现了生物体系的识别、催化、调节等奇妙功能。20 世纪以来，化学与生物学的学科交叉，先后形成了生物化学、生物技术等新兴学科和研究领域。生物技术（biotechnology）被誉为 21 世纪高新技术的核心，将为人类在可持续发展上化解食品、资源、能源、环境、人口等危机发挥重要作用。

酶工程（enzyme engineering）是生物技术的重要分支，它是酶学和微生物学的基本原理与化学工程有机结合而产生的交叉科学技术，它是从应用的目的出发，研究酶的生产与应用的一门技术性学科。酶工程可分为化学酶工程和生物酶工程。化学酶工程主要指天然酶、化学修饰酶、固定化酶及化学人工酶的研究与应用；生物酶工程是酶学和以基因重组技术为主的现代分子生物学技术相结合的产物，主要包括：①用基因工程技术大量生产酶（克隆酶）；②修改酶基因产生遗传修饰酶（突变酶）；③设计新的酶基因，合成自然界不曾有的新酶。酶工程的主要任务是经过预先设计，通过人工操作，获得人们所需要的酶，并通过各种方法使酶充分发挥其催化功能。

食品酶工程（enzyme engineering of food）是将酶工程的理论与技术应用于食品工业领域，将酶学基本原理与食品工程相结合，为新型食品及食品原料的发展提供技术支持。酶工业是现代工业的重要组成部分，在食品工业领域，酶制剂的生产和应用具有非常重要的地位，食品原料的储藏、保鲜、改性；食品加工工艺的改进、食品品质的提高等都离不开酶工程。

因此研究学习食品酶工程的理论与技术具有重要的理论及实践意义。

1.1 酶学和酶工程研究的历史与现状

1.1.1 史前期酶的应用

人类对酶的认识经历了从无知到有知，从不自觉到自觉、乃至主动应用的过程，这一过程最初是从对发酵食品和消化作用的认识开始的。

据美国《国家科学院学报》2009 年 4 月 14 日报道，美国宾夕法尼亚州大学考古和人类学博物馆帕特里克·麦戈文带领的小组发现：古埃及人 5 000 多年前就懂得向酒中添加辅料治病。酒是酵母发酵的产品，是细胞内酶作用的结果。

据龙山遗址的考证，我国早在 4 000 年以前就掌握了酿酒技术；夏禹时代，酒的酿制普遍流行。公元 10 世纪左右，我国已能用豆类做酱，《齐民要术》这部古代科学巨著详细记载了豆酱制造的原料配比及酿制方法。豆酱是在霉菌蛋白酶作用下，水解豆类蛋白质的产品。约3 000年前，古人利用含淀粉酶的麦曲将淀粉降解为麦芽糖，制造了饴糖。用酶来治病的记载也不少。我国2 500年前最早发现用酒曲可治疗消化不良症。酒曲富含消化酶和维生素，至今仍是常用的健胃药。用鸡内金治疗消化不良，用动物的胃液来制造干酪，用胰脏软化皮革等。这一系列事例表明，人类很早已感觉到酶的存在，但是真正认识、利用酶还是近百年的事情。

1.1.2 近代酶学和酶工程研究历史

1783年，意大利科学家Spallanzani设计了一个钢丝小笼盛肉饲鹰实验，待小笼代谢排出时，笼中的肉已"消失"，这才意识到胃液有某些可以消化肉的物质存在，动摇了"胃壁机械碾磨"的蠕动消化理论。

1810年，药物学家Planche在植物的根中发现了一种能使创木脂氧化变蓝的物质，并分离出了这种耐热且水溶性的物质。

1814年Kirchhoff研究了水解现象。他发现淀粉经稀酸加热水解为葡萄糖，而某些谷物种子在发芽时也能生成还原糖。若把种子发芽时的水提取物加到泡在水里的谷物中，也能发生相同的水解反应。很显然，活的谷物种子的水解能力取决于包含在其中的水溶性物质，这种水溶性物质脱离了生物体后仍能发挥作用。

1833年，Payen和Person从麦芽的水抽提物中，用酒精沉淀分离出了一种能溶于水和稀酒精，不溶于浓酒精，对热不稳定的白色无定形粉末，它可促使淀粉水解成可溶性糖。他们把这种物质称为淀粉酶(diastase)，其意思是分离，表示它具有从淀粉颗粒的不溶解包膜内分离出可溶性糖的能力，并将其用于棉布退浆。

1878年德国的Kuhne首次提出"酶"(enzyme)的概念，此字来源于希腊文，由"En(在)"和"Zyme(酵母)"二字组合，表示酶包含在酵母中。

1898年，Duelaux提出引用diastase的最后三个字母"ase"作为酶命名的词根。例如：oxide(氧化物)→oxidase(氧化酶)，pectin(果胶)→pectinase(果胶酶)。

19世纪中叶，围绕酒精发酵机制科学界展开的一场持续数十年的争论，对酶学和生物化学的产生和发展具有划时代的意义。以德国Liebig(图1-1)为代表的化学家强调：酵母

Justus von Liebig(1803—1873)

Louis Pasteur(1822—1895)

Eduard Buchner(1860—1917)

图1-1 早期从事发酵研究的有关科学家

发酵生成酒精是纯化学反应；而以法国细菌学家 Pasteur(图 1-1)为代表的生物学家则坚持:发酵是活酵母细胞生命活动的结果。

这场长达半个世纪的争论，直到 Pasteur 逝世三年后的 1897 年，才由德国化学家 Buchner(图 1-1)兄弟画上了终止符。他们用石英砂磨碎酵母细胞，并制备了不含酵母细胞的抽提液，用它能使蔗糖发酵，从而阐明了发酵是酶的作用的化学本质。这是理论上的飞跃，他们的成功为 20 世纪酶学和酶工程学的发展揭开了序幕，Buchner 因此获得了 1907 年诺贝尔化学奖。

图 1-2　Emil Fisher(1852—1919)

1894 年，Emil Fisher(图 1-2)提出了酶与底物作用的锁钥学说，用以解释酶作用的专一性。这个学说认为：酶与底物分子或底物分子的一部分之间，在结构上有严格的互补关系。当底物契合到酶蛋白的活性中心时，很像一把钥匙插入一把锁中，因而使底物发生催化反应。

在上述研究基础上，各国科学家开始对酶的催化特性及催化作用机制等进行广泛研究，取得了一系列重要进展，为现代酶学和酶工程的发展奠定了坚实的理论基础。

1.1.3　现代酶学和酶工程研究进展

1.1.3.1　现代酶学研究进展

20 世纪初，酶学研究发展迅速。其中，亨利(Henri)和米彻利斯(Michaelis)等人关于酶催化作用的中间产物学说对酶催化作用机理的发展做出了卓越的贡献。

1902 年，亨利(Henri)根据蔗糖酶催化蔗糖水解的实验结果，提出中间产物学说，他认为底物必须首先与酶形成中间复合物，然后再转变为产物，并重新释放出游离的酶，即

$$\mathrm{E+S} \underset{k_{-1}}{\overset{k_1}{\rightleftharpoons}} \mathrm{ES} \overset{k_2}{\rightleftharpoons} \mathrm{E+P}$$

1913 年，Leonor Michaelis 和 Maud Lenora Menten(图 1-3)根据中间产物学说，推导出描述酶催化反应动力学的著名 Michaelis-Menten 方程，简称米氏方程：

$$v=\frac{V_{\mathrm{m}}[\mathrm{S}]}{K_{\mathrm{m}}+[\mathrm{S}]}$$

这一学说的提出是酶反应机理研究的一个重大突破。

1925 年，George E. Briggs 和 J. B. S. Handane 对米氏方程做了重要修正，提出了拟稳态学说。这些学说为酶学研究奠定了理论基础，提出这些学说的科学家被誉为酶动力学研究的开拓者。

1926 年，萨姆纳(Sumner)首次从刀豆提取液中分离纯化得到脲酶结晶，并证实这种结晶催化尿素水解，产生 CO_2 和氨，提出酶本质就是一种蛋白质。在此后的 50 多年中，对胃蛋白酶、胰凝乳蛋白酶、胰蛋白酶的结晶等一系列酶的研究，都证实酶的化学本质是蛋

白质，于是人们普遍接受“酶是具有生物催化功能的蛋白质”这一概念。Summer 因此而获得 1947 年的诺贝尔化学奖。

Maud Lenora Menten(1879—1960)

Leonor Michaelis(1875—1949)

图 1-3　酶动力学的奠基人

1958 年 Daniel E. Koshland(图 1-4)发现酶有相当的柔性，提出了诱导契合学说，以解释酶的催化理论和专一性，同时也发现了某些酶的催化活性与生理条件变化有关。这个学说认为：酶分子的构象与底物原来并非恰当吻合，只有当底物分子与酶分子相碰撞时，可诱导酶蛋白的构象变得能与底物配合，才结合形成中间络合物，进而引起底物分子发生相应的化学变化。

图 1-4　Daniel E. Koshland (1920—2007)

1961 年，Monod 及其同事提出了变构模型，用以定量解释有些酶的活性可以通过结合小分子(效应物)进行调节，从而提供了认识细胞中许多酶调控作用的基础。

1969 年，美国的梅里菲尔德(Bruce Merrifield)等人首次人工合成含有 124 个氨基酸的核糖核酸酶 A(蛋白质)，并发明“固相合成”新方法。这一研究突破定性证明：酶和非生物催化剂没有区别。

1982 年，切克(Cech)等人发现四膜虫(*Tetrahynena*)细胞的 26S rRNA 前体具有自我剪接(self-splicing)功能，表明 RNA 亦具有催化活性，并将这种具有催化活性的 RNA 称为“ribozyme”(核酸类酶)。

1983 年，阿尔特曼(Altman)等人发现核糖核酸酶 P(RNase P)的 RNA 部分(M1 RNA)具有核糖核酸酶 P 的催化活性，而该酶的蛋白质部分(C_5 蛋白)却没有酶活性。

RNA 和 DNA 具有生物催化活性这一发现，改变了有关酶的概念，被认为是最近 20 多年来生物科学领域最令人鼓舞的发现之一。为此，Cech 和 Altman 共同获得 1989 年度的诺贝尔化学奖。

20 多年来的研究表明，核酸类酶具有完整的空间结构和活性中心，有其独特的催化机制，具有很高的专一性，其反应动力学亦符合米氏方程的规律，核酸类酶具有生物催化剂的所有特性。由此引起酶的新概念，即“酶是具有生物催化功能的生物大分子”。酶可以分为蛋白类酶和核酸类酶两大类别，蛋白类酶分子中起催化作用的主要组分是蛋白质，核酸类酶分子中起催化作用的主要组分是核糖核酸。

现已发现生物体内存在的酶有 8 000 多种，而且每年都有新酶发现。迄今为止，数百种酶已纯化达到了均一纯度，有 200 多种酶得到了结晶。

现代酶学正沿着酶的分子生物学和酶工程（学）两个方向发展。酶分子生物学的任务是要更深入地揭示酶的结构和功能的关系；揭示酶的催化机制与调节机制；揭示酶和生命活动的关系；进一步设计酶、改造酶；在基因水平上进行酶的调节和控制。酶工程（学）的任务是要解决如何更经济有效地进行酶的生产、制备与应用，将基因工程、分子生物学成果应用于酶的生产，进一步开发固定化酶技术与酶反应器等。

1.1.3.2 酶工程发展概况与前景

酶工程是研究酶的生产和应用的一门技术性学科，是在酶的生产和应用过程中逐步形成并发展起来的学科。其经历了下述发展过程。

1. 从植物、动物、微生物中提取酶

1894 年日本的高峰让吉从米曲霉中制备得到淀粉酶用作消化剂，开创了近代酶的生产和应用的先例。此后从各种生物体中得到的酶越来越多，例如，1908 年，德国的罗姆（Rohm）从动物胰脏中提取分离制得胰蛋白酶，用于皮革的软化；德国的波伊定（Boidin）制备得到细菌淀粉酶，用于纺织品的退浆；1911 年华勒斯坦（Wallestein）从木瓜中分离获得木瓜蛋白酶用于啤酒的澄清等。

在约半个世纪的时间里，酶的生产和应用逐步发展。然而这些酶都是通过提取分离法从动物、植物或微生物细胞中获得的，由于受到原料来源和分离纯化技术的限制，难以进行大规模的工业化生产。

2. 微生物发酵大量生产酶

1949 年，微生物液体深层培养技术成功地应用于细菌 α-淀粉酶的发酵生产，揭开了现代酶制剂工业的序幕。20 世纪 50 年代以后，由于发酵工程技术的发展，许多酶制剂都开始采用微生物发酵方法生产。由于微生物种类繁多，生长繁殖迅速，在人工控制条件的生物反应器中进行生产，这就使酶的生产得以大规模发展。

1960 年，法国的雅各（Jacob）和莫诺德（Monod）提出著名的操纵子学说，阐明了酶生物合成调节机制，为酶的生物合成调节提供了理论根据，大大推动了酶发酵生产技术的发展。在酶的发酵生产过程中，依据操纵子学说，进行适当的调节控制，可以显著提高酶的产率。

20 世纪 80 年代迅速发展起来的动物、植物细胞培养技术，为酶的生产提供了一条新途径。植物细胞和动物细胞都可以在人工控制条件的生物反应器中进行培养，通过细胞的生命活动，得到人们所需的各种产物，其中包括各种酶。例如，通过植物细胞培养可以获得超氧化物歧化酶（SOD）、木瓜蛋白酶、木瓜凝乳蛋白酶、过氧化物酶、糖苷酶、糖化酶等。通过动物细胞培养可以获得血纤维蛋白溶酶原激活剂、胶原酶等。

3. 酶的改性

由于酶具有专一性强、催化效率高、作用条件温和等显著特点，在医药、食品、工业、农业、能源、环保和科研等领域应用广泛。然而随着酶工程的不断发展、酶的应用领域不断扩大，酶在应用过程中的不足也逐渐显现，例如，酶活力不够高、稳定性较差、通常在水溶液中与底物作用后与反应产物混在一起、分离纯化较为困难等。

酶是具有特定结构的生物大分子，酶结构的改变将引起酶的某些催化特性的改变。通过各种方法对酶的催化特性进行改进的技术称为酶的改性(enzyme improving)。为了更好地发挥酶的催化功能，满足人们对酶应用的要求，人们对酶的催化特性进行了各种改性技术研究，其主要有：酶分子修饰(enzyme molecule modification)、酶固定化(immobilization of enzymes)、酶的非水相催化(enzyme catalysis in non-aquaqous phase)等。经过改性，可以提高酶活力，增加稳定性，降低抗原性，改变选择性，更有利于酶的应用。

(1)固定化酶的研究。固定化酶是指在一定的空间范围内起催化作用，并能反复和连续使用的酶。

1916年美国的奈尔森(Nelson)和格里芬(Griffin)发现，将蔗糖酶吸附在骨炭上制成水不溶性状态的固定化酶后，该酶仍然显示出催化活性，开创了酶固定化研究的先河。

从20世纪50年代开始，固定化酶(immobilized enzyme)的研究迅速发展。1953年，德国的格鲁布霍费(Grubbofer)和施来斯(Schleith)将聚氨基苯乙烯树脂重氮化，然后将淀粉酶、胃蛋白酶、羧肽酶和核糖核酸酶等与上述载体结合，制成多种固定化酶。

20世纪60年代，固定化技术不断完善。1969年，日本的千畑一郎首次在工业上应用固定化氨基酰化酶进行*DL*-氨基酸拆分生产*L*-氨基酸。

1971年，第一届国际酶工程学术会议在美国举行，会议认为酶的生产和应用是酶工程的核心，酶工程的主要内容包括酶的生产、酶的分离纯化、酶的固定化、酶分子的修饰改造、酶反应器、酶的应用，该会议的主题是固定化酶。

固定化酶具有提高稳定性，可以反复使用或连续使用较长一段时间，易于与产物分离等显著特点。但是固定化技术较为繁杂，而且用于固定化的酶要首先经过分离纯化。为了省去酶分离纯化的过程，在固定化酶的基础上，出现了固定化菌体(又称为固定化死细胞或固定化静止细胞)技术。1973年日本成功地利用固定化酶或固定化菌体进行大规模工业化生产，例如，利用固定化延胡索酸酶催化反丁烯二酸生产*L*-苹果酸，利用固定化β-半乳糖苷酶生产低乳糖奶，利用天冬氨酸-β-脱羧酶由天冬氨酸生产*L*-丙氨酸等。

在固定化酶和固定化菌体的基础上，进一步发展了固定化细胞(immobilized cells，又称为固定化活细胞或固定化增殖细胞)技术。1978年日本的铃木等研究固定化细胞生产α-淀粉酶成功。此后，采用固定化细胞生产蛋白酶、糖化酶、果胶酶、溶菌酶、天冬酰胺酶等的研究相继取得可喜成果。

固定化细胞可以反复或连续用于酶的发酵生产，有利于提高酶的产率、缩短发酵周期，然而只能用于生产胞外酶等容易分泌到细胞外的产物。

胞内酶等许多产物之所以不能分泌到细胞外，原因是多方面的，其中细胞壁作为扩散障碍是阻止胞内产物向外分泌的主要原因之一。因此，若能除去细胞壁这一扩散障碍，就有可能使较多的胞内产物分泌到细胞外。为此，进行固定化原生质体(immobilized protoplasts)技术的研究成为一个热点。1986年，我国郭勇等人采用固定化原生质体生产碱性磷酸酶、葡萄糖氧化酶、谷氨酸脱氢酶等的研究相继取得成功，为胞内酶的连续生产开辟了新途径。

(2)酶分子的修饰。酶分子的特定结构决定了酶的性质和催化功能，酶分子结构的改变，可能引起酶的性质和催化功能的改变。通过各种方法使酶分子的结构发生某些改变，从而改变酶的某些选择性和功能的技术过程称为酶分子修饰。

20 世纪 80 年代以来，酶分子修饰技术发展很快，修饰方法主要有：酶分子主链修饰，酶分子侧链基团修饰，酶分子组成单位置换修饰，酶分子中金属离子置换修饰和物理修饰等。通过酶分子修饰，可以提高酶活力，增加酶的稳定性，消除或降低酶的抗原性等。酶分子修饰技术已经成为酶工程中具有重要意义和广阔应用前景的研究、开发领域。

20 世纪 80 年代中期发展起来的蛋白质工程，将酶分子修饰与基因工程技术结合，通过基因定位突变(directed mutation)技术，对酶分子的氨基酸或核苷酸进行置换修饰，并把酶分子修饰后的信息储存于 DNA 之中，经过基因克隆和表达，就可以通过生物合成的方法不断获得具有新的特性和功能的酶，使酶工程展现出更广阔的前景。

(3)酶的非水相催化。1984 年，克利巴诺夫(Klibanov) 等人在《Science》上报道了酶在有机介质中的应用，他们利用酶在仅含微量水的有机介质中成功地合成了酯、肽、手性醇等许多有机化合物。脂肪酶在有机介质中不但具有催化活性，而且热稳定性显著提高。酶在非水相中催化反应的研究成功，无疑是对酶只能在水溶液中起催化作用这一传统酶学理论的深入和发展。

此后，酶的非水相催化研究迅速发展。酶在非水介质中的催化与水溶液中酶的催化相比具有提高非极性底物或产物的溶解度、进行在水溶液中无法进行的合成反应、减少产物对酶的反馈抑制作用、提高手性化合物不对称反应的对映体选择性等显著特点，具有重要的理论意义和应用前景。

4. 生物酶工程

随着科学技术的进一步发展，近年来相继出现了 DNA 重排(DNA shuffling)技术、高通量筛选(high-throughput screening)技术、易错 PCR(error-prone PCR)技术等定向进化(directed evolution)技术，为酶催化特性的改进提供了强有力的手段。

酶的定向进化是模拟自然进化过程(随机突变和自然选择等)，在体外进行基因的随机突变，建立突变基因文库，通过人工控制条件的特殊环境，定向选择得到具有优良特性的酶的突变体的技术过程。

酶的定向进化不需要事先了解酶的结构、催化功能、作用机制等有关信息，应用面广。通过 DNA 重排、易错 PCR 等技术，在体外人为地进行基因的随机突变，短时间内可以获得大量不同的突变基因，建立突变基因文库。在人工控制条件的特殊环境下进行定向选择，进化方向明确，目的性强。酶的定向进化是一种快速有效地改进酶的催化特性(底物特异性、酶活性、稳定性、催化条件、对映体选择性等)的手段，通过酶的定向进化，有可能获得具有优良特性的新酶分子，甚至进化获得新的代谢途径。然而由于酶定向进化的研究历史不长，有待进一步发展。

将事先设计好的过渡态类似物作为半抗原，按一般单克隆抗体制备程序获得具有催化活性的抗体是抗体酶(abzyme)研究中的一个突破，为研究酶的结构功能和抗体与酶的应用等方面开辟了一个新领域。

经过100多年的发展，酶工程已经成为生物工程(biotechnology)的主要内容，在方兴未艾的工业生物技术的发展浪潮中扮演着重要角色，并将对世界科技和经济的发展产生重要作用。

新酶的发现和开发、酶的优化生产和酶的高效应用是当今酶工程发展的主攻方向和前沿阵地，今后将以更快的速度向纵深发展，显示出更加广阔而诱人的前景。

1.2 酶学与基础理论

1.2.1 酶学与现代化学

现代化学已经形成了一个完整的反应理论体系。它不仅为酶(促)反应动力学规律的建立、酶催化机理的阐明奠定了基础，也为酶学的进一步发展提供了依据，为新的酶学理论提供了有机反应实验模型，因此酶学的进步和现代化学有着十分密切的关系。

现代化学虽然使人们能够大量获得各种性能优异的物质。但是许多化学反应需在高温高压等剧烈的反应条件下进行，同时还往往伴随着其他副反应。以工业合成氨为例，反应往往要求几百度的高温、数百个大气压(高压阀达700 atm以上)，这样既不安全，又要消耗大量能源。反之，地球上的固氮生物却能在常温、常压下，每年从空气中将1亿t左右的氮固定下来，这里的关键在于生物固氮是在固氮酶的催化下进行的。因此，阐明固氮酶的催化机理，无疑会对化学工业和催化理论产生重大的影响。

酶的作用原理包括两个方面:催化机制和调节机制，其中调节机制在现代化学中还未深入研究。因此，酶作用调节机制的揭示必将进一步充实现代化学理论。当然，酶作用原理的研究必须以蛋白质化学、物质结构理论、有机化学理论为基础，并依赖于有机化学反应的模型实验。

从结构化学和物理化学的角度来获悉酶催化历程的本质是极其重要的。近几十年来，通过对酶反应动力学、化学修饰等的研究，已清楚了许多酶的结构，但是，还有许多问题有赖于现代化学来解决。

1.2.2 酶学与现代物理学

研究方法和实验技术的改革和创造将有力地推动酶学的发展。最近几十年来许多新技术的采用，如超高速离心分离法、X光衍射技术、核磁共振波谱法、电子自旋共振波谱法、质谱法、红外光波法、Raman光谱法、放射性同位素技术、电子显微镜、激光、计算机等的应用，使酶学研究进入了一个崭新的阶段，而这些新技术都同近代物理的理论和技术密切相关。这些近代物理技术推动了整个酶学向前发展，亦将是今后酶学研究和发展的有力工具，同时也期待着新的物理技术应用到酶学研究中。

1.2.3 酶学与生物学

1.2.3.1 酶学与近代生物学

酶与生命代谢密不可分，在活细胞内进行的错综复杂的化学变化（生命的基础）几乎都与酶的催化有关，可以说没有酶就不可能有生命。维持生命机体的最基本条件是要具有一种能量转移机制。机体内很多生物合成反应都需要能量参加，而要连续产生能量并将能量进行利用，需要通过一系列酶的活动来完成，但迄今这一机制尚未彻底阐明。

酶与生命之间的联系是如此的紧密，以至于生命起源也与酶紧密相关，而生命起源又是近代生物学中最为重要的核心问题。生命起源的问题，实质上也就是酶的起源问题。酶在目前只能由活的机体在高度复杂的系统中合成，而这些酶的合成必须满足下列条件：合成酶蛋白所需的氨基酸，参与蛋白质合成作用的核酸的各种组分，以及通过有机分子的分解或合成作用产生的供应反应所需的能量。在预先有各种酶存在的条件下，其他酶的合成是可以理解的，但问题的焦点在于：如果酶只能由酶合成，那么原始的一些酶又是怎样形成的？这一难题又同近代生物学联系在一起且仍未获得解释。

各种生物体，不论动物、植物和微生物都具有惊人的生化相似性。不仅活细胞都由同一类型的物质所构成，都有相同而复杂的辅助因子参加，而且酶本身大多数也是相同的（当然也有不同的种属所特有的酶）。另外，至今还未在生物界中发现能够利用 *L*-型葡萄糖和 *D*-型氨基酸的酶，这当然是酶具有严格立体专一性的反映。这一系列问题都将酶学与近代生物学紧密地联系在一起。

1.2.3.2 酶学与分子生物学

1. *酶是分子生物学有力的研究工具*

分子生物学的任务是要从分子水平上阐明生命的本质和规律。核酸和蛋白质是生命的物质基础，因此研究核酸、蛋白质的结构与功能的关系是分子生物学的一个中心课题，而酶将在这一课题中发挥十分重要的作用。以核酸、蛋白质的一级结构测定为例：Sanger 等在 1955 年首先完成了由 51 个氨基酸组成的胰岛素的一级结构测定，为蛋白质结构分析奠定了坚实的基础，从而使数以百计的蛋白质（包括酶）的一级结构测定得以迅速解决。而在这种测定中，第一步就是采用胰蛋白酶、葡萄球菌蛋白酶以及化学方法等将待测蛋白质进行专一性的部分水解，使之片段化，然后借助“二甲氨萘磺酰氯-Edman 顺序降解法”进行片段的氨基酸序列测定，最后再通过“片段重叠法”确定整个蛋白质分子的结构序列。

与此相对应，核酸的结构分析比蛋白质的难度要高，因为核酸的分子大，而且核苷酸单位种类少，所以过去几十年这方面的研究进展较为缓慢。20 世纪 70 年代后期，由于新技术、新方法的应用，特别是由于某些专一性的工具酶的出现以及它们的巧妙应用，核酸结构的研究有了重大突破。在 DNA 的测定方面，目前有 Sanger 和 Maxam 与 Gilbert 以及我国学者们分别发展的各种方法，利用这些方法能在短时间内完成大分子 DNA 全部一级结构的测定。DNA 测定的战略不同于蛋白质，它不是通过直接测定 DNA 片段中的核苷酸顺序进行的，而是先用不同方法进行专一性处理以分别得到 4 种核苷酸结尾的片段，再根据它们的长短，从聚丙烯酰胺凝胶电脑图谱自下而上地依次读出核苷酸的排列顺序。就具体方法而言，这种序列测定可大体分为两种类型：酶法和化学法。这些方法和与之相关的其他方法如足印法(foot-printing)等的第一步一般都要将^{32}P标记的DNA通过酶法，例如用适宜的限制性内切核酸酶进行水解；应用酶法测序时，还需要用DNA聚合酶合成各种核苷酸片段。至于RNA的结构测定，有两类方法：其一是用类似于蛋白质分析的片段重叠法；另一种则是借鉴于DNA分析采用的直读法，也就是先用聚核苷酸激酶将^{32}P标记到待测RNA的5′-末端，然后再用高专一性的RNase T、RNase U、RNase A和RNase Ⅰ等酶切成各种相应的片段，最后再通过电泳进行分析，或利用依赖于RNA的RNA聚合酶或者反转录酶合成一系列对应的、不同链长的RNA或DNA片段，然后进行电泳分析。除了核酸的一级结构测定外，酶在绘制基因地图、进行基因定位、基因体外重组(即基因工程)以及蛋白质的定位突变等研究与应用中也是非常重要的有效工具。

2.酶是分子生物学重要的研究对象

酶是具有催化功能的生物大分子，因此它也是分子生物学的重要研究对象。酶的分子生物学就是要从酶的分子水平出发探讨生命的本质与规律，它包括以下方面的内容：酶的结构与功能，酶与细胞结构，酶和生命活动、生命过程，酶与代谢调节，酶和生物的生长发育、生物进化以及酶与疾病等。

1.3 食品酶工程研究内容与技术方法

1.3.1 食品酶工程研究内容

在适宜条件下，酶可催化各种生化反应。根据酶的催化反应特性和酶反应动力学理论，可以将酶应用于医药、食品、工业、农业、环保、能源和生物技术等各个领域，将酶应用于食品工业称为食品酶工程。

食品酶工程的主要任务是经过预先设计，通过人工操作，获得食品工业所需要的酶，并通过各种方法使酶充分发挥其催化功能。食品酶工程研究的主要内容包括食品工业用酶的生产、酶的提取与分离纯化、酶分子修饰与改造、酶固定化、酶反应器、酶的非水相催化、极端酶、人工模拟酶、酶的应用等。

1.3.2 食品酶工程研究的技术方法

酶工程以及食品酶工程研究中主要涉及以下技术方法：①酶的分离纯化；②酶的固定化；③酶蛋白的化学修饰；④侧链修饰(羧基、氨基、精氨酸的胍基、巯基、组氨酸的咪唑基、色氨酸吲哚基、酪氨酸残基、脂肪族羟基、甲硫氨酸甲硫基等)；⑤酶的亲和修饰；⑥酶的化学交联；⑦酶分子的定向改造(包括易错PCR技术、DNA的改造技术、外显子改组、计算机辅助设计和突变库的构建)。这些方法旨在提高酶的催化活性，提高酶分子的稳定性、专一性和高效性。

酶的生产、纯化、分子改造是酶工程的关键环节，层析技术、超离心分离、紫外红外分析、同位素标记技术、旋光弥散、射线衍射、核磁共振等现代生物大分子分离与鉴定手段的出现为酶的分离纯化奠定了技术基础，极大地促进了酶学研究。迄今为止，数百种酶已纯化达到了均一纯度，有200多种酶得到了结晶。人们相继弄清了溶菌酶(129个氨基酸残基)、胰凝乳蛋白酶(245个氨基酸残基)、羧肽酶A(307个氨基酸残基)、多元淀粉酶A(460个氨基酸残基)等的结构和作用机制。

DNA重组是现代酶工程研究的重要技术。用定点突变法在指定位点突变，可以改变酶的催化活性与专一性。乳酸脱氢酶的专一性通过在活性部位引入3个特定的氨基酸侧链突变成为苹果酸脱氢酶的实例就诠释了DNA重组技术的强大威力。DNA重组有助于酶的人工定向改造，并为设计特定的酶提供了锐利的武器。

1.4 酶与生产实践

酶与生产实践紧密相关。酶在食品工业中有着广泛的应用，酶工程带动和促进了食品和其他行业的发展和提高。

1.4.1 酶在食品工业领域中的应用

1.4.1.1 酶在淀粉工业中的应用

淀粉糖是发展最快的行业之一。目前世界上淀粉糖产量已达100万t以上，其中一半为果葡糖浆。使用酶法生产果葡糖浆是现代酶工程在工业生产中最成功、规模最大的应用，其他品种有葡萄糖、麦芽糖浆、麦芽糊精、高麦芽糖等传统产品。

近年来发展较快的是作为功能因子的低聚糖。功能性低聚糖作为一种益生元(prebiotic)，由3～10个单糖分子构成，其甜度是蔗糖的40%～60%，热值是葡萄糖的40%；这种糖不能被哺乳动物消化酶水解，食后不被小肠吸收，不升高血糖，不引起蛀牙；可100%进入大肠而选择性被人体有益菌利用，调整肠道菌群平衡，促进肠道有益菌的增殖，有预防便秘、腹泻、降血脂、增强免疫力的功效，世界年产量约10万t。

大多数功能性低聚糖是通过酶水解或酶转移反应生产，如表1-1所示为功能性低聚糖及其生产所用酶。

1.4.1.2 酶在蛋白质工业中的应用

蛋白质是各种氨基酸通过肽键连接而成的高分子化合物，在蛋白酶的作用下，可水解成蛋白胨、多肽、氨基酸等产物，这些产物具有医疗保健作用。

(1)制造功能性肽。蛋白质经酶水解生成的肽类中有不少具有特殊生理功能，如降血压、降血脂、促进胰岛素分泌、活化巨噬细胞从而增强免疫力以及抑制血小板凝集、控制食欲、醒酒、增强体力、抗疲劳等。

玉米蛋白质多肽富含Leu、Val、Ala等疏水性氨基酸和Glu、Pro，而少含Lys等碱性氨基酸,可缓解肝昏迷。玉米蛋白肽还具有健脑、降血压、抗疲劳、增强机体耐力、促进乙醇代谢、减轻乙醇中毒和酒醉的作用。

表 1-1　功能性低聚糖及生产所用酶

低聚糖名称	原料	酶及来源
低聚果糖	蔗糖	果糖基转移酶、蔗糖酶(黑曲霉、担子菌)
	菊粉	菊粉酶(青霉、酵母)
低聚木糖	木聚糖	木聚糖酶(黑曲霉、细菌)
低聚乳糖	乳糖	乳糖基转移酶、乳糖酶(米曲霉、酵母)
乳果糖	蔗糖、乳糖	β-半乳糖苷酶、果糖基转移酶(米曲霉、黑曲霉)
低聚异麦芽糖	淀粉	α-淀粉酶、β-淀粉酶、真菌 α-淀粉酶(米曲霉)、α-葡萄糖苷酶(黑曲霉)、普鲁兰酶、糖化型 α-淀粉酶(枯草杆菌)
异潘糖	普鲁兰	放线菌淀粉酶(嗜热放线菌)
低聚壳聚糖	壳聚糖	蛋白酶、壳聚糖酶
低聚甘露糖	甘露聚糖	甘露聚糖酶(黑曲霉)

用麸质水解的含谷氨酰胺的肽,具有活化巨噬细胞从而增强免疫力的作用。由一些小肽经胰蛋白酶水解所得的一种五肽可控制食欲;环二肽 CHP(Cyo · His · Pro)是由环烷 · 组氨酸 · 脯氨酸组成,对食欲、体温、内分泌等具有控制和调节作用。

(2)制造无苦味蛋白水解物及酱油。蛋白酶分解蛋白质后,其水解物往往有苦味,现正研究苦味少或无苦味的蛋白水解物。在调味品工业,利用蛋白酶水解大豆等原料生产酱油已有悠久历史,近年来令人瞩目的是开发用酶分解得到的肽类做调味料。

(3)转谷氨酰胺酶(TGASE)的应用。转谷氨酰胺酶需在 Ca^{2+} 存在下催化肽链中谷酰胺基的 γ-酰胺基的转移反应,当酰基受体是肽链胱氨酸残基的 ε-氨基时,可形成 ε-(γ-Gln)Lys 共价键;当受体为伯胺基时可与蛋白质连接;当无伯胺基存在时便可以水解为酰基受体而脱氨成为谷氨酸残基。

TGASE 可用于改善蛋白质的营养(导入 Met、Lys 等);开发在酪蛋白上结合 NAD^{+} 衍生物的辅酶再生系统;不同酶间进行交联,用于制备固定化酶;增强蛋白质凝胶强度,改善发泡性、乳化性;防止 Lys 发生美拉德反应;用于肉食品加工中边角碎肉的重组、增强面筋弹力;制备结合抗体的药物等。

1.4.1.3　酶在乳制品工业中的应用

应用于乳制品加工中的酶主要有以下几种。

(1)乳糖酶。该酶可以将乳品中含量较多的乳糖分解为半乳糖和葡萄糖,提高乳品的可消化性,防止因消化不良引起的乳糖不耐受症。

(2)凝乳酶。该酶可制造干酪。以前干酪是用小牛第四胃中的凝乳酶制造的,现在可用转入牛凝乳酶基因的大肠杆菌生产。经酶的固定化后,凝乳酶可以反复使用,大幅度提高了其利用率,并降低了成本。

(3)溶菌酶。该酶可添加到婴儿乳粉中作为抗菌剂,提高婴儿乳粉的卫生质量。

其他如过氧化氢酶亦可用于牛乳消毒等。

1.4.1.4 酶在酿酒工业中的应用

酿酒原料一般都是淀粉质，添加糖化酶可增加发酵度、缩短发酵时间，可用于低热量啤酒生产。糖化酶代替麸曲用于白酒、酒精生产，可提高出酒率(2%～7%)、节约粮食、简化设备、节省厂房场地。

中性蛋白酶的作用是分解原料中蛋白质以增加麦芽汁中氨基酸含量而促进酵母发酵，木瓜蛋白酶、菠萝蛋白酶或霉菌酸性蛋白酶主要用于啤酒澄清、防止浑浊而延长保存期。

啤酒厂常用大麦、大米、玉米等作为辅助原料来代替一部分麦芽，以致原料中原有酶的活力不足，使糖化不充分，蛋白质降解不足，从而影响啤酒的风味和收率。使用微生物淀粉酶、蛋白酶、β-淀粉酶和β-葡聚糖酶等酶制剂，可作为外加酶补充其不足。

酸性蛋白酶、淀粉酶和果胶酶也可以用于果酒酿造，用于消除浑浊或改善破碎果实压汁操作。

1.4.1.5 酶在果蔬加工业中的应用

水果蔬菜加工业中常用的有果胶酶、纤维素酶、半纤维素酶、淀粉酶和阿拉伯糖酶等。

原果胶酶用于抽提果胶，使不溶性果胶变成可溶的；真空加压渗酶(果胶酶)法用于橘子剥皮、脱囊衣；果胶酯酶用于罐头桃子硬化，水解果胶甲酯生成甲醇，用于腌菜脆化等。

柚柑酶可用于脱去柑橘中的柚柑，在橘汁加工中以消除柚柑引起的苦味。柚柑酶是含有β-鼠李糖苷酶与β-葡萄糖酶的多组分酶系。

花青素酶用于处理桃酱、葡萄汁，使之脱色，以保证成品质量。

葡萄糖氧化酶除了用于果汁脱氧，还广泛地应用于蛋品加工，啤酒、食品罐头的除氧，葡萄糖的定性分析，金属防腐等方面。

1.4.1.6 酶在面粉加工业中的应用

酶在烘烤食品方面的作用包括改良面粉质量以延缓陈变、改善面团性质、改善面包外皮颜色、漂白面粉等。

面粉中添加α-淀粉酶，可调节麦芽糖生成量。蛋白酶可促进面筋软化、增强延伸性。用β-淀粉酶强化面粉可防止糕点老化。脂肪氧化酶添加到面粉中，可以使面粉中的不饱和脂肪酸氧化，同胡萝卜素发生共轭氧化作用将面粉漂白，同时由于生成了一些芳香族的羰基化合物而增加了面包的风味。乳糖酶如用于添加脱脂牛乳的面包制造中，可促进乳糖生成可发酵性糖而增加发酵度，改善面包的色泽和品质。脂肪酶可使乳脂中微量的醇酸或酮酸的甘油酯分解，其游离酸可生成δ-内脂或甲酮等有香味的物质，在面包加工中添加适量的脂肪酶可增加产品的香味。

1.4.2 酶制剂在其他领域的应用

1.4.2.1 酶制剂在工农业生产上的应用

酶制剂首先可用于加工生产。例如，用相应的水解酶水解淀粉、蛋白质和核酸以生产葡萄糖、氨基酸和核苷酸；用核苷磷酸基转移酶使肌苷磷酸化生产肌苷酸；用葡萄糖异构酶转化葡萄糖为果糖；用青霉素酰胺酶水解天然青霉素合成新型青霉素；用无色杆菌来源的蛋白酶或胰蛋白酶水解、更换猪型胰岛素 B 链羧基端的 Ala 为 Thr，使之改造为人型胰岛素；用金属蛋白酶合成低热量、高甜度的新型甜味二肽 Aspartame 等。

其次，酶制剂可用于改进产品质量。例如，用脂肪酶水解乳脂为低级脂肪酸，使之增加奶油风味；用果胶酶澄清果汁、果酒；用橙皮苷酶消除罐头白浊；用柚苷酶、花青苷酶使果汁脱苦去色；用葡萄糖苷酶、醛氧化酶等去除大豆生臭；还可在食品中添加葡萄糖氧化酶用以抗氧化，添加溶菌酶用以杀菌防腐。

酶制剂也可用于革新工艺。例如，纺织工业利用淀粉酶褪浆，不仅能节省化工原料、缩短工艺时间，还可减轻劳动强度，提高产品质量；制革工业应用蛋白酶等，既能加速皮革浸水、软化、脱毛等过程，又可以从根本上改变旧工艺脏、累、臭的状况；至于加酶洗涤剂，它的优点是洗涤时间短、去污力强、能延长纺织品寿命；值得一提的还有近年开发的酶法氧化乙烯、丙烯制备环氧乙烷、丙烷的工艺。环氧乙烷、丙烷是合成洗涤剂、合成树脂等的重要工业原料，这条新的工艺路线不仅可免除旧工艺需要高温、高压、容易爆炸、三废严重等缺点，而且投资少、效益高，副产品还是可使用的纯果糖。

此外，酶制剂也能在三废处理上发挥很大作用，现在的趋势是应用固定化酶或固定化微生物处理法代替传统的微生物曝气法。例如，用固定化的假单胞杆菌脱卤酶处理废弃塑料；用固定化的混合微生物去除有机磷残留等。据报道，将从茄病镰刀霉中分离出来的分解氰化物的酶系做成固定化酶柱，氰含量高达 2 000 μL/L 的废水只需通过该柱一次，就能将其中的氰全部去除。

酶制剂在工农业生产上应用的主要问题是：寻找更合适的酶源，降低酶的生产成本，制成安全、有效的剂型和建立优化的高产工艺条件。

1.4.2.2 酶制剂在医疗实践上的应用

目前用于医疗实践的酶有以下类型：

(1)消化酶。这是最早的医用酶，包括蛋白酶、脂肪酶、淀粉酶、纤维素酶等水解酶。后来发现有色人种多缺乏乳糖酶，婴幼儿在摄取牛奶时不易消化而下痢，因此有时也包括乳糖酶。消化酶应用中的问题是如何将上述各种酶以合理的配比，做成适于各种要求的、稳定的剂型。

(2)消炎酶。人们很早就已经知道蛋白酶具有消炎作用，例如，临床上采用胰蛋白酶、胰凝乳蛋白酶、菠萝蛋白酶等治疗炎症和浮肿疾患，以清除坏死组织。作为消炎酶的还有核酸酶、溶菌酶等，链激酶、尿激酶、尿酸酶也可划属消炎酶。前两者可用于移去凝血块，治疗血栓静脉炎等；后者可用以分解尿酸，治疗关节炎。消炎酶的需求量正迅速上升，有超过消化酶之势。

(3)抗肿瘤酶。利用抗肿瘤酶治疗肿瘤和其他抗肿瘤药物的治疗机制完全不同，以 *L*-天冬酰胺酶治疗白血病为例。在正常细胞中由于具有合成 *L*-天冬氨酰胺的相关酶类，因此可从 *L*-天冬氨酰胺酶、*L*-谷氨酰胺和 α-酮基琥珀酸酰胺等直接合成细胞所需要的 *L*-天冬氨酰胺。但是，白血病肿瘤细胞不同，它们缺乏这些酶，必须通过血液循环从正常细胞获取所需的 *L*-天冬氨酰胺。因此，对于白血病患者来说，如果给他们投注 *L*-天冬氨酰胺酶，并切断 *L*-天冬氨酰胺的外源供应，这些肿瘤细胞就会由于缺少必要的 *L*-天冬氨酰胺而

“饿死”，从而达到治疗的目的。同理，据报道，谷氨酰胺酶、精氨酸酶、苯丙氨酸氨解酶和亮氨酸脱氢酶等也具有抗肿瘤作用。类似地，嘌呤脱氨酶由于能使嘌呤、叶酸等脱氨，切断嘧啶核苷酸等的供应，因而同样有抗肿瘤活性。

(4)遗传缺失疾患治疗酶。目前已知由于酶基因缺失而引起的遗传病至少有 10 种以上。从理论上说，治疗的办法有三种：一是通过遗传学手段在染色体基因组中补进所需要的缺失基因，这方面目前已有一些转基因的例证，但从技术角度而言尚难广泛应用；二是供给患者某种食物，即在该种食物中不包含、同时在机体摄入后也不会转化为所缺失的酶的底物成分，这一办法相当复杂而且代价高昂；第三种途径是向患者提供所缺失的酶，这一设想已在 1964 年开始实验，主要用于治疗溶酶体有关酶缺失疾患。例如，用淀粉葡萄糖苷酶治疗糖原堆积症已获得成功；又如，用 PEG 修饰的牛肠腺苷脱氨酶治疗免疫缺陷病已经 FDA 批准用于临床。

(5)其他治疗酶。包括用超氧化物歧化酶(SOD)来消除超氧负离子，防止脂质过氧化；用透明质酸酶提高毛细管的通透性，增进药物的吸收效果；用右旋糖酐酶防止龋齿等。

药物酶是一个十分重要而且有广阔前景的领域，但目前还远未达到预期的水平，特别是以注射方式使用的药物酶还存在着一些急需解决的问题，例如，作为异体蛋白在体内易引起免疫反应；容易被降解、代谢，药效期短；酶制剂本身的纯度不高，杂质可能导致某些副作用；如何将药物定向地分布到所需要的组织中去等。药物酶的发展方向之一是微型胶囊化(microencapsulation)；之二则是制成酶的衍生物。例如，可将酶包埋固定于水溶性或水不溶性高分子载体中，也可将酶包埋于血影细胞(erythocyte ghost)或脂质体(liposome)中，这样既能使酶和免疫系统、蛋白酶等隔开，将酶保护起来，同时也有助于细胞吸收。某些情况下，还可在脂质体等载体上引入一定的基团起导向作用，以便将药物酶引向相应的靶部位。还有一种发展趋势就是将相应的药物酶固定后，组成“人工脏器”用于治疗先天性酶缺失及组织功能衰竭等引起的疾患。

1.4.2.3 酶分析的应用

酶分析(enzyme analysis)是通过酶反应速度的测定以达到临床检验和化学分析目的的一类分析，包括两种类型：一是以酶为分析对象的分析，称为活力测定(enzyme assay)；二是以酶为分析工具的分析，称为酶法分析(enzymatic analysis)。这两类分析在原理和方法上基本相同。

1. 酶活力测定

在科学研究、工农业生产和医学实践中经常要进行酶的活力测定，因为机体的机能状况、产品质量的好坏常会在某种或某些酶的含量和活性上得到反映，而这些只有通过活性测定才能确定，因此酶活力测定具有重要的理论与实用意义，这类分析现已广泛用于临床辅助诊断。

酶在细胞内合成，各种组织细胞都有体现各自特征的标志酶，这些酶在正常情况下很少渗出细胞。但当机体发生病变时，它们在组织和体液内的活性就会发生变化。因此，人们可通过测定其中某些酶的活力作为早期诊断、鉴别诊断以及预后的参考。以体液内的酶活力为例，引起其改变一般有以下几种原因：①组织病变导致膜平衡的破坏，如谷草转氨酶(GOT)在心肌中含量最高，但心肌梗死情况下，细胞透性增大，因而患者的血清中

GOT 显著升高，高峰时可达正常值的 10 倍以上。②细胞病变引起合成机能异常，例如，一种称为“血浆特异酶”的卵磷脂胆固醇转酰基酶(LCAT)，其在肝细胞中合成，分泌到血液中发挥作用，肝炎患者此酶合成下降，因而它在血清中的水平低于正常。③疾病导致酶的分泌排出受阻，使酶转而流入血液中，因此血清中酶的活性水平改变。如梗阻性黄疸或癌转移到肝脏使胆管阻塞，故而血清中碱性磷酸酯酶升高。④药物直接影响酶活性，如有机磷能不可逆地抑制血清中乙酰胆碱酯酶。

酶用于临床诊断有一定参考价值，但存在一个根本性的问题，即特异性不高。例如，血清淀粉酶常作为急性胰腺炎的诊断指标，然而，唾液腺炎、急性腮腺炎、穿孔性肠膜炎，特别是十二指肠溃疡等疾患都可能引起血清淀粉酶升高。解决的办法有：①进一步寻找组织特异酶；②测定同工酶酶谱，有些酶虽然不是组织特异的，但同一种酶在不同组织中往往表现为不同的同工酶谱，可通过电泳等方式加以鉴别；③进行酶谱比较，或同时测定两种或多种酶，或进行血液酶和尿液酶比较。例如，同时测定 GOT/GPT(谷丙转氨酶)；又例如，急性胰腺炎初期血清淀粉酶升高，后期尿液酶升高；而慢性胰腺炎、胰肠癌则主要是尿液酶变化。

酶活力测定的发展方向：①简便化，制成各种检定纸片，如市售的 Bactostrip 就是用 2,3,4-三苯基四唑浸渍的纸片做成的细菌检定纸片，该纸片在细菌还原酶作用下生成红色，根据颜色的改变可以判断细菌的污染情况；②自动化，这在需要进行大量测定时特别重要，包括从加样、反应、检测到数据处理的全自动化测定与从加样、反应、检测到记录的半自动测定，前一种类型的测定仪每小时可检测约 1 200 个样品。

2. 酶法分析

借助酶高效、高度专一的催化作用，以酶作为分析试剂或分析工具进行的一类分析，可用以检测样品(如食品、药品以及体液)中某种物质的含量。测定的范围很广，凡是与酶反应有关的物质，如酶的底物、辅助因子、甚至酶的抑制剂等都能采用这类分析方法。在具体实施时，只需根据待分析对象选择一种适宜的“工具酶”，并在该分析对象存在条件下进行反应，然后借助物理方法或化学方法跟踪检测，最后根据待测对象与酶反应的关系，将测得的结果进行动力学分析处理，就可以求知所要检测的物质的含量。例如，要测定发酵液中某氨基酸的含量，可选择专一于该氨基酸的脱羧酶作为工具酶进行催化。在这种情况下，被测对象是酶的底物，所以根据酶反应过程中放出的 CO_2，就可计算出该氨基酸的含量。

酶法分析不同于一般化学分析法的特点是其具有较高的选择性，在待分析对象与其他相似物质混杂的复杂系统中能直接通过酶的专一性，选择性地催化待测物进行反应，然后根据测得的反应速度或酶活性与待测成分的对应相关性，求知待测成分的含量，从而免除了一般化学分析需要事先进行的一系列萃取和精制预处理，同时不受类似物的干扰，能简便地获得可靠的结果。此外，某些物质如辅酶 A、有机磷等有时很难、甚至根本没有直接、简便的纯化学分析法可供选用，这种情况下借助酶法分析即可解决。

酶法分析的主要问题是需要有适宜的、高纯度、高比活力的工具酶，因而所需的代价也较大。其次，如上所述，工具酶在酶法分析中仅起一种温和而专一的预处理作用，最终仍需采用化学方法或物理化学方法进行检测。因此，酶法分析本身需要不断地吸取分析化学,特别是近代仪器分析的先进成果来武装自己、发展自己。

酶法分析的发展趋势是:①简便化。做成"检测试纸"等应用形式。例如,可将葡萄糖氧化酶、过氧化物酶和邻联茴香胺类的色源底物组合在一起并固定于滤纸上制成尿糖试纸,检测时只要将这种试纸在病人小便中浸湿,根据一定时间后产生的颜色深浅,即可估测出其中葡萄糖的含量。②微量化、连续化和自动化。通常的办法是将工具酶制成酶电极,或将工具酶固定化制成酶管或酶柱并和检测装置偶联。例如,临床上发展的一种葡萄糖氧化酶电极,只要通过观测氧阴极上氧含量的变化,就可简便地检测体液中微量的葡萄糖。

3. 酶免疫分析(enzyme immunoassay,EIA)

20 世纪 70 年代初,从免疫化学发展出了一种称为"酶标免疫"的分析方法,它是将免疫学的专一性和酶的高效催化能力有机地结合在一起,建立的一种高度特异、灵敏的分析方法。酶标免疫分析法是以酶作为标记物质,标记抗原(或抗体),制成酶标抗原(或抗体),然后根据待测抗体(或抗原)与酶标抗原(或抗体)专一、定量的结合关系,通过测定结合后的标记酶活力,计算出抗体(或抗原)的含量。

酶标免疫分析法与荧光免疫分析法或放射免疫分析法相比,其优点是:不需要特殊复杂的设备和仪器,灵敏度高,重复性好,对健康无害。这种方法现在已扩展到许多学科领域,检测对象不仅可以是抗原或抗体,也包括许多药物、激素和抗生素,甚至是酶本身。

1.4.2.4　酶生物学知识的应用

作为生物催化剂,酶和生命活动密切相关。一方面,酶在体内的活性水平反映了生物的生理状况;另一方面,如果控制机体内酶的活性水平,就能对生物的机能活动作出相应的调整。因此,了解酶的生物学规律和知识对于生产实践有着极为重要的意义。

1. 提高发酵代谢产物的产量

(1)添加酶的抑制剂。以柠檬酸的生产为例,在柠檬酸的发酵生产中往往会伴随形成一定量的异柠檬酸,这是因为菌体内同时存在顺乌头酸酶的缘故,这种酶能使部分柠檬酸转化为异柠檬酸。为此,如果在发酵系统中添加氟乙酸等抑制剂,或在培养基中限制 Fe 的供应,使顺乌头酸酶的活力受到抑制,就可能减少异柠檬酸的生成,提高柠檬酸的产量。基于同样的道理,通过诱变获得了对氟乙酸敏感的突变株,结果柠檬酸产率也同样得到了显著的提高。

(2)控制代谢系统中的关键酶。以赖氨酸的生产为例,赖氨酸可采用多种菌株进行生产,其中较常用的为黄色棒状短杆菌。在这种细菌的赖氨酸合成调节机构中,赖氨酸和苏氨酸对该代谢途径中的第一个酶,即天冬氨酸激酶表现协同性反馈抑制效应;但和苏氨酸不同,赖氨酸对分枝途径的第一个酶——二氢吡啶羧酸合成酶无反馈调控作用。根据这一特点,只要控制苏氨酸的浓度,克服协同性反馈抑制,赖氨酸就可大量合成。基于这一认识,诱变获得了高丝氨酸脱氢酶缺失的变异体(不能合成苏氨酸)。在进行该营养缺陷型变异株的培养时,如果同时限制外源苏氨酸和甲硫氨酸的供应,赖氨酸的产量可提高到 40 g/L 以上。

(3)添加酶制剂。例如,在发酵生产过程中,如果向体系中添加某些酶制剂,增大菌体细胞的通透性,促进产物分泌,克服反馈抑制,就应能使产量显著提高。事实也表明,通过这条途径往往可获得预期的效果。例如，用嗜氨小杆菌生产谷氨酸，以7%的甜菜糖蜜为碳源时，如果发酵10 h后添加0.08%的溶菌酶，则48 h后，谷氨酸产量可提高6倍；如果在发酵4 h后添加10 U/mL的脂肪酶，则48 h后的产量可提高12倍。

2. 药物、农药、毒物和解毒药物的设计

现在应用的许多药物和农药，事实上都是酶抑制剂，它们的作用是抑制代谢途径中的"关键酶"，或者防止异常代谢出现，或者造成菌、虫、"害"的代谢和机能紊乱，从而达到消除病害，恢复健康的目的。例如，高血压是人类常见的疾病，在体内最强的升压物质之一是血管紧张素，这种物质由血管紧张素原通过血管紧张素原转化酶(angiotens inconvering enzyme，ACE)催化生成，如果能设法抑制ACE就可能控制高血压。ACE是一种羧基端解二肽酶，结构上和羧肽酶A相似，也是含锌蛋白，已知羧肽酶A的抑制剂是苄基丁二酸，而肽酶的强力抑制剂的末端氨基酸多为脯氨酸。为此，有人最初设计了丁二酰脯氨酸，实验表明它能抑制ACE，但它是一种较弱的竞争性抑制剂，后来用巯基取代原有羧基，它的抑制能力大大增强，达到$K_j=1.7\times10^{-9}$ mol/L，而且可以口服，这就是现在常用的控制高血压药物——开博通(Captopril)。又例如，为人熟知的常用磺胺药，它是根据某些细菌在代谢途径中，特别是在核酸合成代谢中需要以对氨基苯甲酸为核心成分的叶酸辅酶，磺胺是对氨基苯甲酸的类似物，它能竞争性地抑制上述叶酸辅酶参与的反应，从而达到抑制细菌生长，治疗疾病的目的。再例如，有机磷药物，它的作用机理是能强烈地抑制乙酰胆碱酯酶，引起动物的生理失调，最后导致动物死亡。根据对该酶结构功能的研究，现在已经设计、制造出多种高亲和力、高度专一的有机磷化合物，它们都是高效的毒物。而解毒药物如解磷定等，则是基于同样机理，从"相反的方向"竞争性地将有机磷化合物从酶上拉下来，使酶从抑制中解脱，恢复正常的生理功能。酶的抑制剂和国防事业也有直接关联，例如，有机磷毒物最初就是战争中发现出来的一种神经毒气(nerve gas)，而现在用的解磷定等也正是当时适应国防需要而设计出来的解毒药物。类似地，二巯基丙醇也是当时英国用来对付发泡糜烂性的"路易斯"毒气生产的解毒药物，故称为"英国抗路易斯(British anti-Lewiste，BAL)"。

目前已经制造出许多强力的农药或治疗药物，它们对菌、虫、杂草和病理组织如癌细胞都有强烈的抑制、杀伤作用，但却往往缺乏选择性，在杀死菌、虫、杂草、癌细胞等的同时，也可能伤害到正常的作物和正常的组织细胞，或者残留下来影响人畜健康，从而限制了它们的应用。这就是人们正在努力探索解决的药物专一性问题。途径之一是利用酶的生物学知识，即根据不同生物体中酶或酶系的特征差异、正常和病理组织中酶或酶系的特征差异来设计、制造高专一性的农药和治疗药物。例如，一种称为DCPA(3,4-二氯丙酰替苯胺)的除草剂，它能有效地杀死稗草，但却不伤害它的"近亲"——稻，原因就在于稻的茎叶中有能分解DCPA的水解酶，而稗草中没有。又例如，人们根据某些癌细胞中酯酶的活力远低于正常组织的特点，设计了2,2-二(2-氧乙巯)乙酸已酯，这种药物能抑制肿瘤生长，但进入正常细胞后会被迅速水解，转化为低毒物质后代谢排出，因此，它能"专攻"某些癌细胞，用于治疗何杰金氏病及乳房囊肿等，临床表明具有良好疗效。再例如，艾滋病(AIDS)的防治是当前颇受人们关注的重大问题，现正努力从各个角度寻求专一的治疗办法，其中也包括设计和寻找某些关键酶的抑制剂。已知在AIDS病毒(human immunodeficiency virus，HIV-1)的增殖、加工、成熟以及侵染过程需要反向转录酶和特殊的蛋白酶，根据这些酶的结构特点，人们已分别设计了二脱氧次黄嘌呤(ddi)与含乙烯的寡肽作为专一的治疗药物。

一般地，只要能够找出不同生物间、正常和病理细胞间的酶和酶系统的特征差异，就可能在强有力的抑制剂上加上“导弹”形成“生物导弹(biomissele)”，使药物直达靶细胞，从而达到选择性地发挥作用的目的。

酶的生物学知识也有助于解决药物和农药的耐药性问题。例如，长期使用卡那霉素，可能在带有R因子的细菌体内诱导出卡那霉素磷酸激酶或转乙酰基酶，分别作用于卡那霉素的3′-OH形成磷酸酯衍生物，或作用于6′-NH_2形成酰胺衍生物，导致卡那霉素失效，产生耐药性。了解该耐药性形成的原因，将这种药物相应改造成上述酶不能作用的衍生物后，就有可能提高该药物抗耐药性的能力。

酶(学)、酶工程正在生产实践中发挥着重要的作用，而且蕴藏巨大的潜力。随着酶学、酶工程的发展，它的应用也必将跃入更新的境界，展现更加宽广的前景。

思考题

1. 何谓酶学、酶工程、食品酶工程？
2. 酶学、酶工程经历了哪几个历史发展阶段？各阶段有哪些代表性研究成果？
3. 酶学、酶工程当今发展趋势是什么？
4. 从学科交叉角度理解酶学、酶工程与化学、物理学、生物学等学科的关系。
5. 食品酶工程主要研究哪些问题？运用哪些技术方法？
6. 酶工程在食品及相关领域有哪些应用？
7. 你如何认识酶学、酶工程与食品科学的关系？

李斌、陈忠正、杨飞芸　编写

参考文献

[1] 罗贵民.酶工程.2版.北京:化学工业出版社,2008,5.
[2] 周晓云.酶学原理与酶工程.北京:中国轻工业出版社,2005,8.
[3] 郭勇.酶工程原理与技术.北京:高等教育出版社,2005,9.
[4] 陈石根,周润琦.酶学.上海:复旦大学出版社,2001,2.
[5] 施巧琴.酶工程.北京:科学出版社,2005,2.

Chapter 2

第2章

酶学基础理论

教学目的和要求

1. 在生物化学的基础上，复习并加深对酶的分类、命名、基本结构及性质、酶催化反应动力学的认识；
2. 明确酶活力、比活力的基本概念及测定原理；
3. 了解酶在生物体内存在的几种形式，为深入学习食品酶工程的理论及应用奠定坚实的酶学理论基础。

酶学是对酶自身及其应用进行研究的一门学科，酶学基础理论主要包括酶的分类与命名、酶的结构、性质，酶活力测定等方面，是对酶自身研究的主要方面，学习与掌握这些内容为深入学习和掌握酶的应用的知识内容做好准备。

2.1 酶的分类和命名

在酶学和酶工程领域，要求对每一种酶都有准确的名称和明确的分类。国际酶学委员会(International Commission of Enzymes)成立于1956年，受国际生物化学与分子生物学联合会(International Union of Biochemistry and Molecular Biology)以及国际理论化学和应用化学联合会(International Union of Pure and Applied Chemistry)领导。该委员会成立的第一件事，就是着手研究当时混乱的酶的名称问题。当时，酶的命名没有一个普遍遵循的准则，而是由酶的发现者或其他研究者根据个人的意见给酶命名。为了避免这种混乱，国际酶学委员会于1961年提出了酶的系统命名法和系统分类法，获得了“国际生物化学与分子生物学联合会”的批准，此后经过多次修订，不断得到补充和完善。

2.1.1 国际系统分类法

2.1.1.1 蛋白类酶的分类

国际系统分类法是国际生物化学联合会酶学委员会提出的，其分类原则是：将所有已知的酶按其催化的反应类型分为六大类，分别用1、2、3、4、5、6的编号来表示，依次为氧化还原酶类、转移酶类、水解酶类、裂合酶类、异构酶类和合成酶类。再根据底物分子中被作用的基团或键的特点，将每一大类分为若干个亚类，每一亚类又按顺序编为若干亚亚类。均用1、2、3、4……编号，见表2-1。因此，每一个酶的编号由4个数字组成，数字间由“·”

表2-1 酶的国际系统分类原则

第一位数字(大类)	反应的本质	第二位数字(亚类)	第三位数字(亚亚类)	占有比例/%
1. 氧化还原酶类	电子、氢转移	供体中被氧化的基团	被还原的受体	27
2. 转移酶类	基团转移	被转移的基团	被转移的基团的描述	24
3. 水解酶类	水解	被水解的键：酯键、肽键等	底物类型：糖苷、肽等	26
4. 裂合酶类	键裂开*	被裂开的键：C—S、C—N等	被消去的基团	12
5. 异构酶类	异构化	反应的类型	底物的类别，反应的类型和手性的位置	5
6. 连接酶类	键形成并使ATP裂解	被合成的键：C—C、C—O等	底物类型	6

* 键裂开，此处指的是非水解地转移底物上的一个基团而形成双键及其逆反应。

隔开。例如，葡萄糖氧化酶的系统编号为[EC 1.1.3.4]，其中，EC 表示国际酶学委员会；第 1 位数字“1”表示该酶属于氧化还原酶(第 1 大类)；第 2 位数字“1”表示属于氧化还原酶的第 1 亚类，该亚类所催化的反应系在供体的 CH—OH 基团上进行；第 3 位数字“3”表示该酶属于第 1 亚类的第 3 小类，该小类的酶所催化的反应以氧为氢受体；第 4 位数字“4”表示该酶在小类中的特定序号。

六大类酶的特征：

1. 氧化还原酶类(oxido-reductases)

氧化还原酶类是催化氧化还原反应的酶。反应通式：

$$AH_2+B \rightleftharpoons A+BH_2$$

该类酶有的以 NAD^+ 或 $NADP^+$ 作为氢受体，有的是以 FAD 或 FMN 作为氢受体。例如，乳酸脱氢酶(EC 1.1.1.27)催化乳酸脱氢的反应就是以 NAD^+ 作为氢受体的。反应如下：

$$\underset{\text{乳酸}}{HO-\overset{\displaystyle CH_3}{\underset{\displaystyle COOH}{C}}-H} + NAD^+ \xrightleftharpoons{\text{乳酸脱氢酶}} \underset{\text{丙酮酸}}{\overset{\displaystyle CH_3}{\underset{\displaystyle COOH}{C}}=O} + NADH + H^+$$

根据所作用的基团不同，该大类酶分为 20 个亚类。

2. 转移酶类(transferases)

转移酶类催化某一化合物上的某一基团转移到另一个化合物上，反应通式为：

$$AB+C \rightleftharpoons A+BC$$

该大类酶根据其转移的基团不同，分为 8 个亚类。每一亚类表示被转移基团的性质。如转移氨基、羰基、酰基、磷酸基等。例如谷丙转氨酶(EC 2.6.1.2)属于转移酶类的转氨基酶，催化丙氨酸和 α-酮戊二酸之间氨基转移。该酶需要磷酸吡哆醛为辅基，使谷氨酸上的氨基转移到丙酮酸上，使之成为丙氨酸，而谷氨酸成为 α-酮戊二酸。反应如下：

$$\underset{\text{丙氨酸}}{\begin{matrix} CH_3 \\ | \\ HC-NH_2 \\ | \\ COOH \end{matrix}} + \underset{\alpha\text{-酮戊二酸}}{\begin{matrix} COOH \\ | \\ C=O \\ | \\ CH_2 \\ | \\ CH_2 \\ | \\ COOH \end{matrix}} \xrightleftharpoons{\text{谷丙转氨酶}} \underset{\text{丙酮酸}}{\begin{matrix} CH_3 \\ | \\ C=O \\ | \\ COOH \end{matrix}} + \underset{\text{谷氨酸}}{\begin{matrix} COOH \\ | \\ CH-NH_2 \\ | \\ CH_2 \\ | \\ CH_2 \\ | \\ COOH \end{matrix}}$$

3. 水解酶类 (hydrolases)

水解酶类催化底物的加水分解或其逆反应。这类酶在体内担负降解任务，其中许多酶集中于溶酶体。它们是目前应用最广的一类酶。一般不需要辅酶物质，但无机离子对某些水解酶的活性有一定影响。根据水解键的类型，分为 9 个亚类，每一亚类表示被水解键的性质。如水解酯键、水解糖苷键、水解肽键等。反应通式：

$$AB + H_2O \rightleftharpoons AH + BOH$$

例如，正磷酸单磷酸水解酶(EC 3.1.3.1)(碱性磷酸酯酶)催化。

$$\underset{\text{有机磷酸酯}}{R{-}O{-}\overset{\overset{\displaystyle O}{\|}}{\underset{\underset{\displaystyle O^-}{|}}{P}}{-}O^-} + H_2O \rightleftharpoons R{-}OH + \underset{\text{无机磷酸}}{HO{-}\overset{\overset{\displaystyle O}{\|}}{\underset{\underset{\displaystyle O^-}{|}}{P}}{-}O^-}$$

碱性磷酸酯酶专一性较低，在碱性 pH 下能作用于各种底物。

4. 裂合酶类(lyases)

裂合酶类催化底物的裂解或其逆反应。底物裂解时，一分为二；产物中往往留下双键。在逆反应中，催化某一基团加到这个双键上。反应通式为：

$$AB \rightleftharpoons A + B$$

如柠檬酸合成酶(EC 4.1.3.7)：

$$O{=}C(COOH)(CH_2COOH) + CH_3C({=}O){\sim}SCoA \underset{\text{(裂解 C—C 键)}}{\overset{\text{柠檬酸合成酶}}{\rightleftharpoons}} HO{-}C(CH_2COOH)_2{-}COOH + CoASH$$

该类酶包括 7 个亚类，亚类表示被裂解键的性质，如 C—C 键的断裂、C—O 键的断裂、C—N 键的断裂等。

5. 异构酶类(isomerases)

异构酶类催化同分异构体之间的相互转变。反应通式：

$$A \rightleftharpoons B$$

该类酶包括 6 个亚类，亚类表示异构作用的类型，如消旋酶、差向异构酶、顺反异构酶、分子内氧化还原酶、分子内转移酶和分子内裂解酶。例如，6-磷酸葡萄糖异构酶(EC 5.3.1.9)催化 6-磷酸葡萄糖转变成 6-磷酸果糖的反应。

$$\underset{\text{6-磷酸葡萄糖}}{\begin{array}{c} CHO \\ | \\ H{-}C{-}OH \\ | \\ HO{-}C{-}H \\ | \\ H{-}C{-}OH \\ | \\ H{-}C{-}OH \\ | \\ CH_2O{-}PO_3^{2-} \end{array}} \overset{\text{6-磷酸葡萄糖异构酶}}{\rightleftharpoons} \underset{\text{6-磷酸果糖}}{\begin{array}{c} CH_2OH \\ | \\ C{=}O \\ | \\ HO{-}C{-}H \\ | \\ H{-}C{-}OH \\ | \\ H{-}C{-}OH \\ | \\ CH_2O{-}PO_3^{2-} \end{array}}$$

6. 合成酶类(synthatases)

合成酶类催化由两种或两种以上的物质合成一种物质的反应,且必须有 ATP 参加。反应通式:

$$A+B+ATP \longrightarrow AB+ADP+Pi$$
$$A+B+ATP \longrightarrow AB+AMP+PPi$$

如乙酰 CoA 合成酶(EC 6.2.1.1):

$$CH_3COOH + CoASH \underset{(催化\ C—S\ 键连接)}{\overset{乙酰\ CoA\ 合成酶}{\rightleftharpoons}} CH_3\overset{O}{\overset{\|}{C}}\sim SCoA$$

合成酶类包括生成 C═O、C—S、C—N、C—C 和磷酸酯键 5 个亚类。各大类酶所分亚类的结果见书后附录。

2.1.1.2 核酸类酶的分类

自 1982 年以来,被发现的核酸类酶(ribozyme,R-酶)越来越多,对它的研究也越来越深入和广泛。但是由于历史不长,对于其分类和命名还没有统一的原则和规定。现已形成以下几种分类方式:

根据酶催化反应的类型,可以将 R-酶分为三类:剪切酶、剪接酶和多功能酶。

根据酶催化的底物是其本身 RNA 分子还是其他分子,可以将 R-酶分为分子内催化(incis 或称为自我催化)和分子间催化(intrans)两类。

根据 R-酶的结构特点不同,可分为锤头形 R-酶、发夹形 R-酶、含Ⅰ型 IVS R-酶、含Ⅱ型 IVS R-酶等。

2.1.2 国际系统命名法

根据国际系统命名法原则,每一种酶都有一个系统名称(systematic name)。系统名称应明确表明:酶的底物及所催化的反应性质两个部分。如果有两个底物则都应写出,中间用冒号隔开。此外,底物的构型也应写出。如谷丙转氨酶,其系统名称为 *L*-丙氨酸:*α*-酮戊二酸氨基转移酶。如 ATP 酶,其系统名称为己糖磷酸基转移酶。如果底物之一是水,可省去水不写,后面为所催化的反应名称。如 *D*-葡萄糖-*δ*-内酯水解酶,不必写成 *D*-葡萄糖-*δ*-内酯水水解酶。

系统命名的原则是相当严格的,一种酶只可能有一个名称,不管其催化的反应是正反应还是逆反应。如催化 *L*-丙氨酸和 *α*-酮戊二酸生成 *L*-谷氨酸及丙酮酸的反应的酶只是称为 *L*-丙氨酸即 *α*-酮戊二酸氨基转移酶,而不称 *L*-谷氨酸即丙酮酸氨基转移酶。

当只有一个方向的反应能够被证实,或只有一个方向的反应有生化重要性时,就以此方向来命名。有时也带有一定的习惯性,例如,在包含有 NAD^+ 和 NADH 相互转化的所有反应中($DH_2+NAD^+=D+NADH+H^+$),命名为 DH_2:NAD^+ 氧化还原酶,而不采用其反方向命名。

2.1.3 习惯名或常用名

采用国际系统命名法所得酶的名称往往很长，使用起来十分不便。时至今日，日常使用最多的还是酶的习惯名称。因此，每一种酶有一个系统名称外，还有一个常用的习惯名称。1961 年以前使用的酶的名称都是习惯沿用的，称为习惯名(recommended name)。其命名原则是：

①根据酶作用的底物命名，如催化淀粉水解的酶称淀粉酶，催化蛋白质水解的酶称蛋白酶。有时还加上酶的来源，如胃蛋白酶、胰蛋白酶。

②根据酶催化的反应类型来命名，如水解酶催化底物水解，转氨酶催化一种化合物的氨基转移至另一化合物上。

③有的酶将上述两个原则结合起来命名，如琥珀酸脱氢酶是催化琥珀酸氧化脱氢的酶，丙酮酸脱羧酶是催化丙酮酸脱去羧基的酶等。

④在上述命名基础上有时还加上酶的来源或酶的其他特点，如碱性磷酸酯酶等。

2.2 酶的结构与性质

2.2.1 酶的化学本质及其组成

2.2.1.1 酶的化学本质

迄今为止，除了某些具有催化活性的 RNA 和 DNA 外，所发现的酶的化学本质均是蛋白质。其主要依据是：

(1)酶的分子质量很大。如胃蛋白酶的分子质量为 36 ku，牛胰核糖核酸酶为 14 ku，*L*-谷氨酸脱氢酶为 1 000 ku 等，属于典型的蛋白质分子质量的数量级；且酶的水溶液具有亲水胶体的性质。

(2)酶由氨基酸组成。酶经酸碱水解后其最终产物为氨基酸。

(3)酶具两性性质。酶同蛋白质一样，在不同 pH 下可解离成不同的离子状态，每种酶都有其特定的等电点。

(4)酶易变性失活。一切可使蛋白质变性的因素均可使酶变性失活。

由此可见，酶的化学本质是蛋白质，因为凡是蛋白质所具有的性质酶也同样具有。

2.2.1.2 酶的组成

酶的组成也与蛋白质相似，根据其组成可将酶分为两类，即单纯酶(simple enzyme)和结合酶(conjugated enzyme)。如脲酶、蛋白酶、淀粉酶、脂肪酶、核糖核酸酶等一般水解酶都属于简单蛋白酶，这些酶的活性仅仅取决于它们的蛋白质结构，酶只由氨基酸组成，此外不含其他成分。结合酶也称为全酶，由酶蛋白(全酶中的蛋白质部分)和辅助因子(全酶中的非蛋白质部分)两部分组成，如转氨酶(transaminases)、乳酸脱氢酶(lactate dehydrogenase，LDH）、碳酸酐酶（carbonic anhydrase）及其他氧化还原酶类（oxidoreductases）等均属结合酶。根据全酶中非蛋白部分与酶蛋白结合的紧密程度不同，将酶的辅助因子分为辅酶（coenzyme）和辅基（prosthetic group）。辅酶或辅基一般指小分子的有机化合物或一些金属离子，二者之间没有严格的界限。有的酶仅需其中一种，有的酶则二者都需要。一般来说，辅基与酶蛋白通过共价键相结合，不易用透析等方法除去。辅酶与酶蛋白结合较松，可用透析等方法除去而使酶丧失活性。自然界中酶的种类很多，但辅酶、辅基的种类并不多，一种辅酶或辅基可以和多种酶蛋白结合构成不同的酶。如脱氢酶类的辅酶为 NAD^+、$NADP^+$ 或 FAD、FMN；转氨酶类的辅酶都是磷酸吡哆醛和磷酸吡哆胺。酶蛋白和辅酶、辅基是酶表现催化活性不可缺少的两部分。辅酶、辅基和酶蛋白单独存在时均无活性，只有二者结合成全酶才有活性。酶蛋白决定反应的专一性，辅酶或辅基则起着传递电子、原子和某些功能基团的作用，决定反应性质。约有 25％的酶含有紧密结合的金属离子或在催化过程中需要金属离子，包括铁、铜、锌、镁、钙、钾、钠等，它们在维持酶的活性和完成酶的催化过程中起作用。有的金属离子在酶与底物间起桥梁作用，将酶与底物连接起来；有的金属离子与酶的催化活性直接相关，如羧肽酶 A 中的 Zn^{2+}；也有的金属离子主要是维持酶的空间构象或诱导其活性部位的形成，如谷氨酰胺合成酶由 Mg^{2+} 稳定其活性构象；还有的在氧化还原反应中传递电子，如细胞色素氧化酶中的 Fe^{2+} 等。有时把辅酶和辅基统称为辅酶。大多数辅酶为核苷酸和维生素或它们的衍生物（表 2-2）。它经常是生物体食物的必需成分，因此当供应不足时，即引起缺乏性疾病。上述 6 类酶中，除水解酶和连接酶外，其他酶在反应时都需要特定的辅酶。

表 2-2　某些通用辅酶，它们的维生素前体和缺乏性疾病

辅　酶	前　体	缺乏性疾病
辅酶 A	泛酸	皮炎
FAD，FMN	核黄素（维生素 B_2）	生长组滞
NAD^+，$NADP^+$	烟酸	糙皮病
焦磷酸硫胺素	硫胺素（维生素 B_1）	脚气病
四氢叶酸	叶酸	贫血症
脱氧腺苷	钴胺素（维生素 B_{12}）	恶性贫血症
胶原中脯氢酸羟化作用的辅助底物	维生素 C（抗坏血酸）	坏血病
磷酸吡哆醛	吡哆醇（维生素 B_6）	皮炎

虽然一直认为酶的化学本质就是蛋白质，但从 20 世纪 80 年代初开始，人们陆续发现某些 RNA 也具有酶的催化性质，并将具有酶催化活性的 RNA 称为核酶。后来人们又逐渐发现了多种人工合成的具有生物催化功能的 DNA 分子，同样将具有酶催化活性的 DNA 称为脱氧核酶（deoxyribozyme）。只是到目前为止，尚未发现自然存在的脱氧核酶。另外，在 20 世纪 80 年代后期，一种本质上是免疫球蛋白的抗体酶（abzymes）得以产生。

2.2.2 酶的分子结构

虽然少数有催化活性的RNA分子已经鉴定，但几乎所有的酶都是蛋白质，因此酶也是由20种氨基酸组成的，其初级结构和高级结构含义与其他蛋白质相同。因而酶必然有四级空间结构形式，其中一级结构是指具有一定氨基酸顺序的多肽链的共价骨架，二级结构为在一级结构中相近的氨基酸残基间由氢键的相互作用而形成的带有螺旋、折叠、转角、卷曲等细微结构，三级结构系在二级结构基础上进一步进行分子盘曲以形成包括主侧链的专一性三维排列，四级结构是指低聚蛋白中各折叠多肽链在空间的专一性三维排列。具有低聚蛋白结构的酶(寡聚酶)必须具有正确的四级结构才有活性。

有些酶只有一条多肽链，如RNA酶、胃蛋白酶和溶菌酶等，这些酶只有一、二、三级结构。有些酶由2条或2条以上的多肽链组成(称为寡聚酶)，如乳酸脱氢酶由4条肽链所组成，谷氨酸脱氢酶由6条肽链构成，所有寡聚酶都有四级结构。酶的分子结构是酶功能的物质基础，各种酶的生物学活性都是由其分子结构的特殊性决定的。酶的催化活性不仅与酶分子的一级结构有关，而且与其高级结构的构象以及酶的活性部位的形成有关。

2.2.2.1 酶的活性中心

酶是大分子蛋白质，而反应物是小分子物质。因此酶与底物的结合不是整个酶分子，催化反应的也不是整个酶分子，而是只局限在它的大分子的一定区域，一般把这一区域称为酶的活性部位。活性部位(或称活性中心，active center)是指酶分子中直接和底物结合，并与酶的催化作用有直接关系的部位。对单纯酶来说，活性中心就是酶分子中在三维结构上比较靠近的少数几个氨基酸残基或是这些残基上的某些基团组成的。它们在一级结构中可能相差甚远，但由于肽链的盘绕折叠使它们在空间结构中相互靠近。对结合酶来说，它们在肽链上的某些氨基酸以及辅酶或辅酶分子上的某一部分结构往往就是其活性中心的组成部分。不同的酶在结构和专一性，甚至在催化机制方面均有相当大的差异，但它们的活性中心有许多共性存在。

活性中心的某些功能基团(如氨基、羧基、巯基、羟基及咪唑基等)称为酶的必需基团(essential group)。由于整个催化过程包括两步：酶与底物结合、催化底物转化。所以，活性部位又可以分为结合部位(binding site)和催化部位(catalytic site)。从功能上讲，前者结合底物，后者催化底物进行化学反应。

(1)结合部位。与底物分子直接结合，并且使底物分子处于被催化的最优位置，使底物分子中的敏感键接近催化基团，有利于催化反应。

(2)催化部位。酶分子上直接催化底物化学反应的部位。

活性中心只占酶分子的很小一部分结构。已知几乎所有的酶都由100多个氨基酸残基所组成，而活性中心却只有几个氨基酸残基所构成。

酶的活性中心是一个三维实体，三维结构由酶的一级结构所决定。活性中心的氨基酸残基在一级结构上可能相距较远，甚至位于不同的肽链上，但通过肽链的盘绕、折叠而在空间结构上相互靠近。可以说没有酶的空间结构，也就没有酶的活性中心。一旦酶的高级结构受到物理或化学因素影响时，酶的活性中心遭到破坏，酶即失活。

酶的活性中心并不是和底物的形状正好互补的，而是在酶和底物结合的过程中，底物分子或酶分子的构象(有时是两者的构象)发生了一定的变化后才互补的。这种动态的辨认过程称为诱导契合(induced-fit)。

值得注意的是，虽然酶的催化作用取决于构成活性中心的几个氨基酸，但并不意味着酶分子中的其他部分就不重要了。因为酶活性中心的形成首先依赖于整个酶分子的结构。如木瓜蛋白酶，在失去N端的20个氨基酸后虽然仍有活性，但此时酶分子并不稳定，很容易丧失活性。因此，没有酶蛋白结构的完整性，酶分子的稳定性就随之降低，活性中心也就不存在了。另外，在活性中心以外的某些区域，尚有不和底物直接作用，却是酶表现催化活性所必需的基团，将这些基团称为酶活性中心外的必需基团。

2.2.2.2 酶活性中心研究方法

研究酶活性中心的方法有以下几种：

1. 化学修饰法

化学修饰法也称共价修饰法。用化学修饰的方法研究蛋白质的结构与功能已经成为一种重要的基础手段。蛋白质侧链基团的修饰是通过选择性修饰试剂或亲和标记试剂与蛋白质分子侧链上特定的功能基团发生化学反应而实现的，这是蛋白质化学基础研究的一个重要内容。酶分子侧链上有大量的基团，如氨基、羧基、羟基、巯基、咪唑基、胍基等，均可为化学修饰的对象。

根据所用的修饰试剂不同分为专一性和非专一性化学修饰以及亲和标记法等。

(1)非专一性化学修饰。指非专一性的修饰试剂和酶蛋白中氨基酸残基的不同侧链基团作用而引起共价结合、氧化或还原等修饰反应，从而使基团的结构和性质发生改变。

(2)专一性化学修饰。指某专一性化学修饰试剂特异地修饰酶活性中心的某一氨基酸残基的侧链基团，从而引起酶活力的降低或丧失。

(3)亲和标记法。这种修饰剂有两个特点，既可以较专一地引入到酶的活性部位，接近底物结合位点，同时又具有活泼的化学基团可以与活性部位的某一基团反应并形成稳定的共价键。

2. 动力学参数法

该法是研究酶活性中心的常用方法。如通过pH-酶活力关系的研究，可得到参与反应的必需基团的pK值。一般来说，每种基团都有一个pK值范围，通过比较分析，可从pK值分析基团的种类。但各基团的pK值往往会有一定程度的交叉，常需借助其他方法进一步鉴别。

3. 物理方法

采用X射线衍射或核磁共振等物理方法，直接检测酶的作用底物或其类似物与酶分子形成的中间复合物中各种基团的相对位置，可以了解酶的活性中心上的各种基团及其与底物基团的结合情况。如X线晶体学分析法，该法可直接观察酶与底物的结合情况。把某一纯酶的X线晶体衍射图谱与酶和底物反应后的X线晶体衍射图谱相比较，即可确定酶的活性中心。目前，X线晶体学分析法对分子结构的分析已逐步由单一分子到多分子复合体结构的分析，对酶的活性中心的构象以及酶与底物的结合已从静态的结构分析进入动态结构研究及动力学分析的阶段，成为研究酶的活性中心及结构与功能的重要手段。特别是第三代同步辐射的出现和实际应用,使这一分析方法更是达到一个新的水平。通过化学修饰等方法得到的胰凝乳蛋白酶催化活性有关的 His57 和 Ser195,经 X 线晶体学分析法也证实 His57 和 Ser195 的确是折叠在一起的,残基间有氢键相联系,处于酶分子的表面。

4. 定点突变方法

采用定点突变方法对酶分子的氨基酸残基进行置换修饰,再测定酶的催化活力,可以知道被置换修饰的基团是否为酶的催化活力所必需。根据检测结果,蛋白类酶的活性中心有 8 种氨基酸的出现频率最高。它们是丝氨酸(Ser)、组氨酸(His)、半胱氨酸(Cys)、酪氨酸(Tyr)、色氨酸(Trp)、天冬氨酸(Asp)、谷氨酸(Glu)和赖氨酸(Lys)。

2.2.3 酶催化作用的特点

酶是生物体活细胞产生的一类生物催化剂,具有一般催化剂所具有的共性,如需用量少,能显著提高化学反应的速率,在反应的前后自身没有质和量的改变;能加快反应速度,使之提前到达平衡,但不能改变反应的平衡点等。但酶作为细胞产生的生物催化剂,与一般非生物催化剂相比较又有其显著特点,即酶促反应具有温和性、专一性、高效性和可调性。

2.2.3.1 酶的温和性

酶催化作用与非酶催化作用的一个显著差别在于酶催化作用的条件温和。酶催化作用一般都在常温、常压、pH 近中性的条件下进行。与之相反,一般非酶催化作用往往需要高温、高压和极端的 pH 条件。究其原因,一是由于酶催化作用所需的活性能较低,二是由于酶是具有生物催化功能的生物大分子,在极端的条件下会引起酶的变性而失去其催化功能。

酶的反应条件温和,能在接近中性 pH 和生物体温以及在常压下催化反应。酶促反应的这一特点使得酶制剂在工业上的应用展现了良好的前景,使一些产品的生产可免除高温、高压、耐腐蚀的设备,因而可提高产品的质量,降低原材料和能源的消耗,改善劳动条件和劳动强度,降低成本。

2.2.3.2 酶的专一性

酶对底物及催化的反应有严格的选择性,一种酶仅能作用于一种物质或一类结构相似的物质,发生一定的化学反应,而对其他物质不具有活性,这种对底物的选择性称为酶的专一性。被作用的反应物,通常称为底物(substrate)。一般催化剂没有这样严格的选择性。如氢离子可以催化淀粉、脂肪和蛋白质等多种物质的水解,而淀粉酶只能催化淀粉糖苷键的水解,蛋白酶只能催化蛋白质肽键的水解,脂肪酶只能催化脂肪中酯键的水解,对其他类物质则没有催化作用。酶作用的专一性,是酶最重要的特点之一,也是和一般催化剂最主要的区别。

酶的专一性主要取决于酶的活性中心的构象和性质,各种酶的专一性程度是不同的。有的酶可作用于结构相似的一类物质,有的酶则仅作用于一种物质。根据酶对底物要求的严格程度不同,其专一性可分为结构专一性和立体异构专一性。

1. 结构专一性(structure specificity)

在结构专一性中，有的酶只作用于一定的键，对键两端的基团没有一定的要求，例如，二肽酶只催化二肽肽键，而与肽键连接的氨基酸没有关系；酯酶既能催化甘油酯，也能催化丙酰胆碱、丁酰胆碱中的酯键，这种专一性称为“键专一性”。有的酶对底物要求较高，不但要求一定的化学键，而且对键的一端的基团也有一定的要求，如胰蛋白酶等某些蛋白质水解酶表现出的水解专一性，这种专一性称为“基团专一性”。

2. 立体异构专一性(stereospecificity)

立体异构专一性是从酶和底物的立体化学性质来划分的，包括旋光异构专一性和几何异构专一性等不同类型。前者指对于底物的旋光性质要求严格，如乳酸脱氢酶(EC 1.1.1.27)催化丙酮酸生成 *L*-乳酸，而 *D*-乳酸脱氢酶(EC 1.1.1.28)催化丙酮酸却只能生成 *D*-乳酸；后者则对底物的顺反异构具有高度的选择性。

2.2.3.3 酶的高效性

生物体内进行的各种化学反应几乎都是酶促反应，可以说，没有酶就不会有生命。酶的催化效率比无催化剂要高 $10^8 \sim 10^{20}$ 倍，比一般催化剂要高 $10^6 \sim 10^{13}$ 倍。在 0℃时，1 g 铁离子每秒钟只能催化 10^{-5} mol 过氧化氢分解，而在同样的条件下，1 mol 过氧化氢酶却能催化 10^5 mol 过氧化氢分解，两者相比，酶的催化效率比铁离子高 10^{10} 倍。又如存在于血液中催化 $H_2CO_3 = CO_2 + H_2O$ 的碳酸酐酶，每分钟每分子的碳酸酐酶可催化 9.6×10^8 个 H_2CO_3 进行分解，以保证细胞组织中的 CO_2 迅速通过肺泡及时排出，维持血液的正常 pH。再如刀豆脲酶催化尿素水解的反应。

$$H_2N{-}CO{-}NH_2 + H_2O \xrightarrow{\text{脲酶}} 2NH_3 + CO_2$$

在 20℃时，尿素非酶催化水解的速率常数为 $3 \times 10^{-10}\ s^{-1}$，而酶催化反应的速率常数是 $3 \times 10^4\ s^{-1}$，因此，20℃下脲酶水解脲的速率比微酸水溶液中的反应速率增大 10^{14} 倍，再如将唾液淀粉酶稀释 100 万倍后，仍具有催化能力。由此可见，酶作为一种生物催化剂其催化效率极高。

2.2.3.4 酶的可调性

酶作为细胞蛋白质的组成成分，随生长发育不断地进行自我更新和组分变化，其催化活性又极易受到环境条件的影响而发生变化，细胞内的物质代谢过程既相互联系，又错综复杂，但生物体却能有条不紊地协调进行，这是由于机体内存在着精细的调控系统。参与这种调控的因素很多，但从分子水平上讲，仍是以酶为中心的调节控制。酶作用的调节和控制也是区别于一般催化剂的重要特征。如果调节失控就会导致代谢紊乱。酶作用调节的方式主要是通过调节酶的含量和酶的活性来实现的。

1. 酶含量的调节

酶含量的调节主要有两种方式：一种是诱导或抑制酶的合成，一种是调节酶的降解。

(1)酶生物合成的调节。对原核生物而言，其细胞结构比较简单，基因结构的特点是除了少数基因是独立存在以外，大多数基因都按照功能的相关性组成基因群连在一起，组成一个个转录单元，协调地控制其转录。结果表明，原核生物中酶生物合成的调节是在转录水平上的调节，即通过诱导或反馈阻遏酶的合成。

真核生物比原核生物结构复杂得多，其基因表达和调控亦复杂得多。所以到目前为止，还没有系统的理论和模型阐述真核生物酶中生物合成的调节规律。但可以从细胞分化改变酶的生物合成、基因扩增加速酶的合成、增强子促进酶的合成和半抗原等诱导抗体酶的生物合成等方面解释真核生物细胞中酶合成的调节控制。

(2)酶分子的降解。对如何控制酶分子降解的机制目前还不甚清楚。但在生理条件下，细胞内酶含量受降解速率的调节是无疑的。许多能诱导某些限速酶合成的特异调节因素，常同时降低该酶的降解。

2. 酶活性的调节

酶活性调节的方式主要有酶的共价调节和别构调节，这些调节作用主要通过酶促反应过程中的前馈和反馈作用以及激素的调节作用等得以实现。在体外还可通过酶的分子修饰来提高酶的活性。

(1)酶的可逆共价调节(covalent regulatory)。可逆共价调节是指酶蛋白分子上的某些残基在另一种酶的催化下进行可逆的共价修饰，从而使酶在活性形式与非活性形式之间互相转变的过程。在一种酶分子上共价地引入一个基团从而改变它的活性。引入的基团又可以被第三种酶催化除去。

共价修饰的反应多半需消耗能量，如糖原磷酸化酶，其活性受可逆的磷酸化作用的调节。它的活性形式是磷酸化酶 a，一个具有 4 个亚基的寡聚体蛋白质；磷酸化酶 b 是糖原磷酸化酶的无活性形式，由两个亚基组成，每个亚基的相对分子质量为 97×10^3；磷酸化酶 a 和磷酸化酶 b 可以通过酶分子第 14 位丝氨酸残基磷酸化和脱磷酸化而使酶的催化活性发生相互转变。在磷酸化酶 b 激酶的作用下，同时需要 ATP 和镁离子，两分子被磷酸化的磷酸化酶 b 形成四聚体的磷酸化酶 a。反过来，磷酸化酶 a 在磷酸化酶磷酸酶的作用下水解又可转变为磷酸化酶 b，并释放出无机磷酸(图 2-1)。

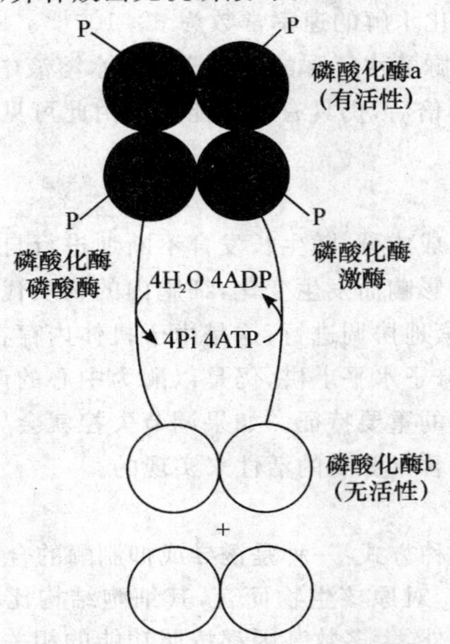

图 2-1　磷酸化酶 a 和磷酸化酶 b 的相互转化

(施巧琴. 酶工程. 北京：科学出版社，2005)

进步，已陆续发现的同工酶达数百种，其中研究得最多的是乳酸脱氢酶（LDH）。哺乳动物中有 5 种乳酸脱氢酶同工酶。

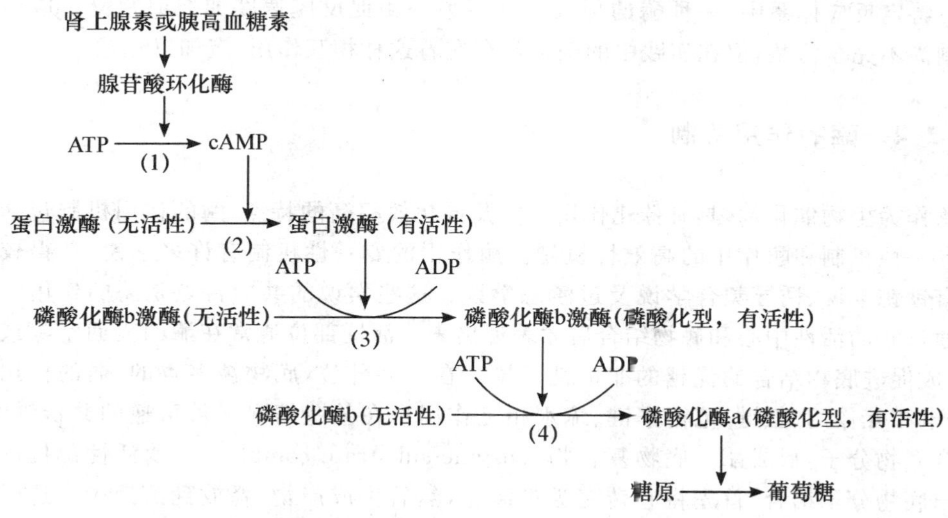

图 2-3　修饰酶的逐级放大效应

（周晓云.酶学原理与酶工程.北京：中国轻工出版社，2005）

乳酸脱氢酶（LDH）是第一个被发现的同工酶。存在于哺乳类动物中的该酶有 H（心肌型）和 M（骨骼肌型）两种亚基，用电泳法分离 LDH 可得到 5 种同工酶区带，分别是 $LDH_1(H_4)$、$LDH_2(H_3M)$、$LDH_3(H_2M_2)$、$LDH_4(HM_3)$、$LDH_5(M_4)$。它们在机体各组织器官的分布和含量各不相同，如心肌富含 $LDH_1(H_4)$，它对底物 NAD^+ 有一个较低的 K_m 值，而对丙酮酸的 K_m 较大；故其作用主要是催化乳酸脱氢，以便于心肌利用乳酸氧化供能。而骨骼肌中富含 $LDH_5(M_4)$，它对 NAD^+ 的 K_m 值较大，而对丙酮酸的 K_m 值较小，故其作用主要是催化丙酮酸还原为乳酸。这就是为什么骨骼肌在剧烈运动后感到疼痛的原因。因此，同工酶在代谢调节中，各自发挥着不同的作用，指导着不同的代谢方向，以适应生理的需求。

（6）金属离子和其他小分子化合物的调节。有一些酶需要 K^+ 活化，NH_4^+ 往往可以代替 K^+，但不能活化这些酶，有时还有抑制作用，这一类酶有 *L*-高丝氨酸脱氢酶、丙酮酸激酶、天冬氨酸激酶和酵母丙酮酸羧化酶。另一些酶需要 Na^+ 活化，K^+ 起抑制作用。

（7）酶的分子修饰对酶活性的影响。在体外通过酶的分子修饰，如酶中金属离子的置换修饰、大分子结合修饰、肽链的有限水解修饰、酶蛋白的侧链基团修饰、氨基酸的置换修饰以及一些物理的修饰方法，均可使酶蛋白的构象发生不同程度的改变，使酶的活性显著提高。例如，将锌型蛋白酶的 Zn^{2+} 置换成 Ca^{2+}，其活力提高了 20%～30%；将一分子胰凝乳蛋白酶与 11 分子右旋糖酐结合后，酶的活力达到原有的 5.1 倍等。因此，酶的分子修饰在酶的应用研究方面具有重要的意义。

（8）抑制剂的调节。酶的活性受到大分子抑制剂或小分子抑制剂抑制，从而影响活力。前者如胰脏的胰蛋白酶抑制剂（抑肽酶），后者如 2,3-二磷酸甘油酸，是磷酸变位酶的抑制剂。

(9)酶之间的相互作用。在酶促反应中,有时还出现酶与酶之间作用的相互影响,当在某一特定反应体系中,一种酶的加入可使得另一酶促反应速度加快或减慢。这种作用的机制尚不完全清楚,但在实践中的确常常存在着这种相互作用,应加以注意。

2.2.4 酶的作用机制

酶作为生物催化剂,具有催化作用专一及催化效率高的特点,酶的作用机制包括酶作用的专一性机制和酶作用的高效性机制。酶作用的专一性机制有许多学说,获得较多支持的有锁钥学说、诱导契合学说及过渡态学说。这些学说的共同特点是酶的作用专一性必须通过它的活性中心和底物结合后才表现出来。活性部位通常在酶的表面空隙或裂缝处,形成促进底物结合的优越的非极性环境。在活性部位,底物被多重的、弱的作用力结合(静电相互作用、氢键、范德华键、疏水相互作用),在某些情况下被可逆的共价键结合。酶结合底物分子,形成酶—底物复合物(enzyme-substrate complex)。酶活性部位的活性残基与底物分子结合,首先将它转变为过渡态,然后生成产物,释放到溶液中。这时游离的酶与另一分子底物结合,开始它的又一次循环。

2.2.4.1 酶作用的专一性机制

1.酶的刚性与锁钥学说

1890年,德国化学家E. Fisher提出"锁匙学说"(lock and key theory)来解释酶的专一性,该学说认为酶与底物结合时,酶活性中心的结构与底物的结构必须吻合,只有那些符合这种特征要求的物质,才能作为底物与酶结合,就如同锁和钥匙一般,非常配合地结合形成中间复合物(图2-4a)。

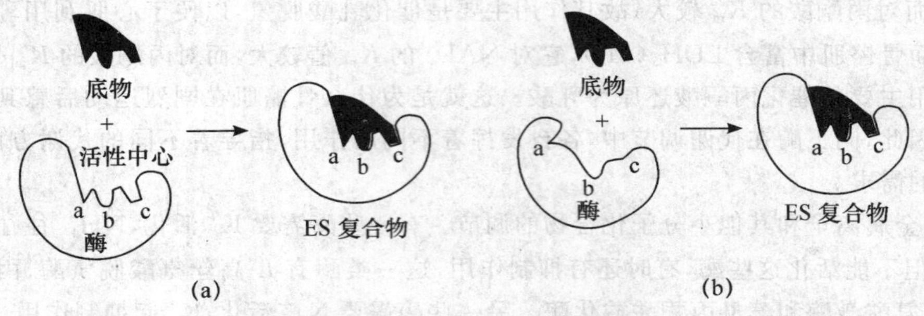

图2-4 酶催化作用的锁钥学说与诱导契合学说

这一学说有相当多的事实支持,如乙酰胆碱酯酶催化乙酰胆碱化合物生成乙酸和胆碱,在这个酶促反应中,乙酰胆碱酯酶要求底物中的胆碱氮带正电,据此特点可推测该酶分子中至少有一个阴离子部位与酯解部位,事实也的确如此,这两个部位间有严格的距离,胆碱和酰基间多一个或少一个亚甲基的衍生物都不适合于作底物或竞争抑制剂,而符合这种键长、键角要求的化合物却都能与酶结合。

锁匙学说的前提是酶分子具有确定的构象,并具有一定的刚性。这也正是这一学说

的局限所在，难以解释一个酶可以催化正逆两个反应，因为产物的形状、结构是与底物完全不同的。

2. 酶的柔顺性与诱导契合学说

这个学说是 Koshland 于 1958 年提出的，依据酶分子的柔顺性，他认为酶与底物在接触以前两者并不是完全契合的，只有底物与酶分子相碰撞时，才可诱导后者构象变得与底物配合，然后才结合成中间复合物。进而引起底物分子发生化学变化，即所谓通过诱导，达到酶与底物的完全契合而发生催化作用(图 2-4b)。

诱导契合学说不仅能解释锁钥学说不能解释的实验事实，而且已经用 X-光衍射方法研究了溶菌酶、弹性蛋白酶等与底物结合后结构改变的信息，证实了诱导契合学说的存在。

诱导契合学说的主要观点是：①酶分子具有一定的柔顺性；②酶作用的专一性不仅取决于酶与底物的结合，也取决于酶对底物的催化，取决于催化基团的正确取位。该学说认为酶的催化部位要诱导才能形成，而不是现成的，这可以很好地解释所谓无效结合，因为这种物质不能诱导催化部位形成。

3. 扭曲与过渡态学说

这种学说认为，酶的作用专一性既寓于酶与底物的结合，也寓于酶对底物的催化，酶与底物的结合不仅促成了结合基团和催化基团的正确取位，同时也为下一步酶对底物的催化做了准备。

20 世纪 40 年代，Pauling 把过渡态的概念从化学动力学引入生化领域以解释酶催化反应的原理。该理论认为：任何一个化学反应的进行都必须经过活性中间络合物阶段或者说过渡态阶段，并且反应速度与过渡态底物的浓度成正比；酶的活性中心对过渡态底物有更好的互补性，即酶和过渡态底物有更强的结合力。酶和底物的过渡态结合，释放出结合能，使 ES 的过渡态能级降低，有利于底物分子跨越能垒，使酶促反应大大加速。

通过利用过渡态底物类似物，人们研究发现，它们与酶的结合比底物与酶的结合紧密 $10^2 \sim 10^6$ 倍，从而证明了酶与反应过渡态互补的概念是正确的，其实过渡态学说涵盖了对专一性机制，同时对高效性机制的解说。

2.2.4.2 酶作用的高效性机制

1. 邻近效应及定位效应

化学反应速度与反应物浓度成正比例。假使在反应系统的局部，底物浓度增高，则反应速度也相应增高；如果溶液中底物分子进入酶的活性中心，则活性中心区域内底物浓度可以大为提高。酶与专一性底物结合时，酶的结合基团与底物之间结合于同一分子，使酶活性部位的底物浓度远远大于溶液中的浓度，从而使反应速率大大增加。曾测到某底物在溶液中的浓度只有 0.001 mol/L，而在酶的活性中心部位测到的底物浓度达到了 100 mol/L，比溶液中高出 10^5 倍，故在酶的活性中心反应速率加快了 10 万倍。

底物分子进入酶的活性中心，除浓度增高使反应速度增快外，还有特殊的邻近效应及定位效应。所谓邻近效应，就是底物的反应基团与酶的催化基团越靠近，其反应速度越快。以双羧酸的单苯基酯的分子内催化为例，当—COO—与酯键相距较远时，酯水解相对速度为 1，而两者相距很近时，酯水解速度可增加 53 000 倍，详见表 2-3。

表 2-3　双羧酸的单苯基酯的分子构造与水解的相对速度关系

（梅乐和，岑沛霖. 现代酶工程. 北京：化学工业出版社，2006）

酯	酯水解的相对速度	酯	酯水解的相对速度
$CH_2-C(=O)-O-R$；$CH_2-CH_2-CH_2-COO^-$	1	$CH=CH$（顺式）：$C(=O)-O-R$，COO^-	1 000
$(CH_3)_2C(CH_2-C(=O)-O-R)(CH_2-COO^-)$	20	双环（氧桥）：$CO-O-R$，COO^-	53 000
$CH_2-C(=O)-O-R$；CH_2-COO^-	230		

在酶促反应中，除了底物向酶的活性中心“邻近”，形成局部的高浓度区外，还需要使底物分子的反应基团和酶分子上的催化基团，严格地排列与“定向”。酶与底物的定向效应（orientation effects）在酶催化作用中非常重要，普通有机化学反应中分子间常常是随机碰撞方式，难以产生高效率和专一性作用。而酶促反应中由于活性中心的特定空间构象和相关基团的诱导，使底物分子结合在酶的活性中心部位，使作用基团互相靠近和定向，大大提高了酶的催化效率。由 X 线衍射分析证明，溶菌酶和羧肽酶均具有这样的机制。

严格来讲，仅仅靠近还不能解释反应速率的提高。要使邻近效应达到提高反应速率的效果，必须是既靠近又定向，即酶与底物的结合达到最有利于形成转变态，使反应加速（图 2-5）。

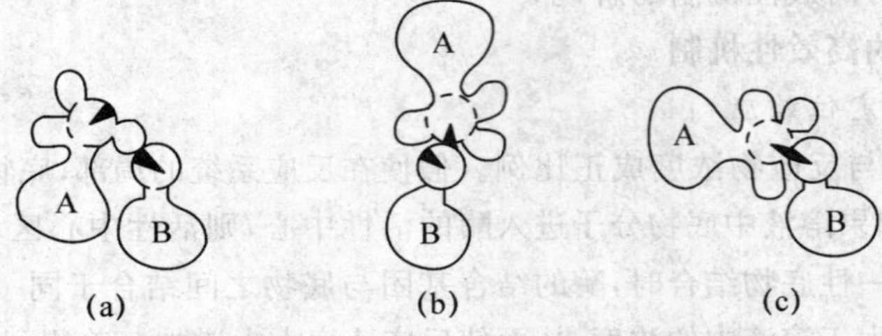

(a)不靠近，不定向；(b)靠近，不定向；(c)靠近，又定向

图 2-5　底物与酶的临近效应的 3 种情形

（梅乐和，岑沛霖. 现代酶工程. 北京：化学工业出版社，2006）

有人认为，这种加速效应可能使反应增加 10^8 倍。要使酶既与底物靠近，又与底物定向，就要求底物必须为酶的最适宜底物。当特异底物与酶结合时，酶蛋白发生一定构象变

化，与底物发生诱导契合。

另外，“邻近”与“定向”还为反应物分子轨道交叉提供了良好的条件。两个反应物分子为进入过渡态，它们的反应基团的分子轨道要交叉，并有极强的方向性；稍稍脱离基团之间的正确方向就要付出多余的能量才能进入过渡态。所以反应物结合在专一的活性部位上给分子轨道交叉提供了良好的条件。如碳酸酐酶催化下列反应：

$$H_2O + CO_2 \rightleftharpoons HCO_3^- + H^+$$

该酶广泛存在于动、植物组织中，是迄今为止已知催化效率最高的酶。人碳酸酐酶分子为一条肽链，含有大约 260 个氨基酸残基，肽链卷曲折叠成球形，酶活性部位含 Zn^{2+}，Zn^{2+} 与酶活性中心的三个组氨酸（His94，His96，His119）侧链上的氮原子配位，第四个配位体是水或羟基。当酶与它的专一性底物反应时，与锌离子配位的水被快速转变为羟基，它精确定位并攻击 CO_2 分子，随之与 CO_2 结合。所以碳酸酐酶是一个有效的催化剂，它使底物与它“邻近”，进入活性中心部位，并正确地排列与“定向”以利于反应的进行。

2. 底物分子形变

由于酶同底物的结合，酶中的某些基团或离子可以使底物敏感键中的某些基团的电子云密度增高或降低，从而产生一种“电子张力”，使底物分子发生形变。此时的底物比较接近它的过渡态，降低了反应活化能，使底物分子中的敏感键发生变形或张力，从而使底物的敏感键更易于破裂，详见图 2-6。

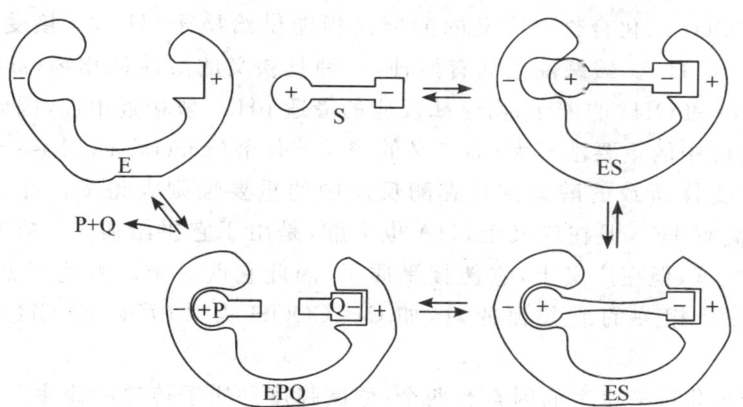

E—酶；S—底物；P、Q—产物；ES—酶—底物复合物

图 2-6 变性或张力示意

（罗贵民，曹淑桂，张今. 酶工程. 北京：化学工业出版社，2003）

另外，X 线衍射分析证明，酶和底物结合时，底物分子向酶的活性部位靠近并结合，底物诱导酶的构象发生改变，特别是酶的活性部位的结构；同时，酶也可诱导底物的构象发生变化，从而形成一个互相契合的酶底物复合物，进而促使底物分子中的敏感键变形、断裂，加速反应的进行。

下面是在非酶系统中存在变形或张力加速反应速度的实例。

化合物Ⅰ：

$$\text{(cyclic phosphate: } O-CH_2CH_2-O \text{ ring on } P(=O)O^-) + H_2O \longrightarrow HO-CH_2CH_2-O-P(=O)(O^-)O^-$$

化合物Ⅱ：

$$(CH_3O)_2P(=O)O^- + H_2O \longrightarrow CH_3OH + CH_3O-P(=O)(O^-)O^-$$

化合物Ⅰ的水解反应速度快，而化合物Ⅱ水解反应速度小，这是因为前者的反应物中的环状结构存在张力，而后者的反应物却无环状结构，两者反应速度常数的比值为 10^8，这表明，张力或变形可使反应速度常数增加 10^8 倍。

3. 酸碱催化

在酶反应中起到催化作用的酸与碱，在化学上应与非酶反应中酸与碱的催化作用相同。酸碱催化剂是催化有机反应的最普遍、最有效的催化剂。酸与碱，在狭义上常指能离解 H^+ 与 OH^- 的化合物。广义的酸碱是指能供给质子（H^+）与接受质子的物质。例如 $HA = A^- + H^+$。酸碱催化剂有两种，一种是狭义的酸碱催化剂（specific acid-base catalyst），即 H^+ 和 OH^- 的催化；由于酶反应的最适 pH 一般接近中性，因此 H^+ 和 OH^- 的催化在酶反应中的重要性不大；而广义的酸碱催化剂（general acid-base catalyst），即质子供体和质子受体所致的酸碱催化在酶反应中的重要性则大得多。在狭义上 HA 是酸，因为它能离解 H^+，但在广义上，HA 也为酸，是由于它供给质子。在狭义上，A^- 既不是酸，也不是碱，但在广义上，它能接受质子，因此它就是碱。由此可见，在广义上酸与碱可以存在呈相关的或共轭的对，如 CH_3COOH 为共轭酸，而 CH_3COO^- 则为共轭碱。

影响酸碱催化反应速率的因素有两个：酸碱强度和质子传递的速率。在以上的功能团中，由于组氨酸的咪唑基解离常数约为 6.0，因此在接近于生理体液 pH 的条件下（在近中性的条件下），有一半以酸形式存在，另一半以碱形式存在。也就是说，咪唑基既可作为质子供体，也可作为质子受体在酶促反应中发挥催化作用。同时咪唑基接受质子和供出质子的速率十分迅速，其半衰期小于 10^{-10} s，而且供出质子和接受质子速率几乎相等。由于咪唑基有如此特点，因此咪唑基是酶的催化反应中最有效、最活泼的一个功能基团。所以组氨酸在大多数蛋白质中含量虽然很少，却占很重要的地位。

酸碱催化剂在酶反应中的协调一致可能起到特别重要的作用。由于生物体内酸碱度偏于中性，在酶反应中起到催化作用的酸碱不是狭义的酸碱，而是广义的酸碱。在酶蛋白中有许多可起广义酸碱催化作用的功能团，如氨基、羧基、巯基、酚羟基及咪唑基等。它们能在近中性 pH 的范围内，作为催化性的质子供体或质子受体参与广义的酸催化或碱催化（表 2-4）。

表 2-4 酶蛋白中可起广义酸碱催化作用的功能团

（周晓云. 酶学原理与酶工程. 北京：中国轻工出版社，2005）

质子供体（广义酸）	质子受体（广义碱）	质子供体（广义酸）	质子受体（广义碱）
$—COOH$ $—NH_3^+$ —⬡—OH	$—COOH^-$ $—NH_2$ —⬡—O^-	—SH HC═CH HN　N^+H C H 咪唑基（酸）	$—S^-$ HC═CH HN　N: C H 咪唑基（碱）

许多酶如溶菌酶、牛胰核糖核酸酶、牛胰凝乳蛋白酶等，均包含有广义酸碱催化作用。胰凝乳蛋白酶的活性部位由 Ser195、His57、Asp102 三个氨基酸残基组成，依据对酶活性部位的结构分析及一系列实验证实，Asp102 与 His57 形成氢键，His57 又与 Ser195 形成氢键，这三个氨基酸构成了具有电荷转接系统的催化三联体（图 2-7）。

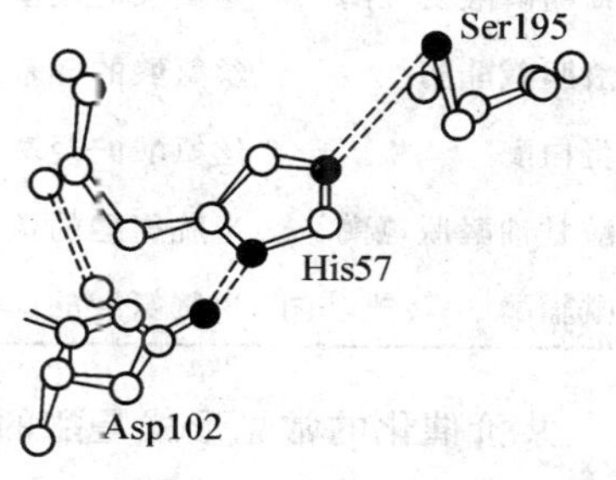

图 2-7 胰凝乳蛋白酶活性部位的催化三连体

（施巧琴. 酶工程. 北京：科学出版社，2005）

Asp102 以解离形式存在，His57 是非离子化的形式，Asp102 的 COO^- 可稳定过渡态中 His57 的正电荷形式，使组氨酸正确定位，并从 Ser195 接受一个质子，使 Ser195 羟基中的氧原子便于对底物进行亲核攻击，这个电荷转接系统得以像图 2-8 那样工作，在催化反应中，直接参与电子的接受和传递。

Asp—C(=O)—O^- … $^+$H—N(HC═C(His57))—CH═N … H—$\overset{\ominus}{O}$—Ser195
(Asp 102)

图 2-8 胰凝乳蛋白酶的催化机制

（于国萍. 酶及其在食品中应用. 哈尔滨：哈尔滨工程大学出版社，2000）

在胰凝乳蛋白酶的催化作用中，His57 的咪唑基起着广义酸碱催化剂的作用，通过电荷转接系统进行酸碱催化形成共价中间产物，增加的催化速率约为非催化水解反应的 10^3 倍。

4. 共价催化

有一些酶反应可通过共价催化（covalent catalysis）来提高反应速度。共价催化又可分为亲核催化和亲电催化两大类型，在酶促反应机制中占极其重要的地位。这种催化方式是底物与酶形成一个反应活性很高的共价中间物，这种中间物可以很快转变为活化能大为降低的转变态，从而提高催化反应速度。底物可以越过较低的“能域”而形成产物。例如糜蛋白酶与乙酸对硝基苯酯可结合成为乙酰糜蛋白酶的复合中间物，同时生成对硝基苯酚。在复合中间物中乙酰基与酶的结合为共价形式。乙酰糜蛋白酶与水作用后，迅速生成乙酸并释放出糜蛋白酶。乙酰糜蛋白酶是共价结合的酶—底物(enzyme-substrate，ES)复合物。能形成共价 ES 复合物的酶还有一些，详见表 2-5。

表 2-5　某些酶—底物共价复合物

(梅乐和，岑沛霖. 现代酶工程. 北京：化学工业出版社，2006)

酶	与底物共价结合的酶功能基团	酶—底物共价复合物	酶	与底物共价结合的酶功能基团	酶—底物共价复合物
葡萄糖磷酸变位酶	丝氨酸的羟基	磷酸酶	葡萄糖-6-磷酸酶	组氨酸的咪唑基	磷酸酶
乙酰胆碱酯酶	丝氨酸的羟基	酰基酶	琥珀酰辅酶 A 合成酶	组氨酸的咪唑基	磷酸酶
糜蛋白酶	丝氨酸的羟基	酰基酶	转醛酶	赖氨酸的 ε-氨基	Schiff 碱
磷酸甘油醛脱氢酶	半胱氨酸的巯基	酰基酶	*D*-氨基酸氧化酶	赖氨酸的 ε-氨基	Schiff 碱
乙酰辅酶 A-转酰基酶	半胱氨酸的巯基	酰基酶			

共价催化的常见形式是酶的催化基团中亲核原子对底物的亲电子原子的攻击。它们类似亲核试剂与亲电试剂。

(1)亲核催化。亲核催化是具有一个非共用电子对的原子或基团，攻击缺少电子具有部分正电性的原子，并利用非共用电子对形成共价键的催化反应。简单地说，是从亲核试剂(催化剂)供给一个电子对到底物的反应过程。反应速率的快慢取决于亲核试剂供出电子对的能力。所谓亲核试剂就是一种试剂具有强烈供给电子的原子中心。如 H_2N：的 N：，HO：的 O：，O═C—O^- 的 O：及 HS：的 S：。酶的催化基团如丝氨酸的—OH 基团，半胱氨酸的—SH 基团及组氨酸的 —CH—N═CH— 基团。

酶活性中心部位常见的亲核基团有巯基、羟基、咪唑基。如 3-磷酸甘油醛脱氢酶催化 3-磷酸甘油醛生成 1，3-二磷酸甘油酸的反应：反应的第一步是酶分子中 149 位半胱氨酸的巯基对底物的醛基进行亲核攻击，形成硫代半缩醛(硫酯共价键)，然后转变为酰基酶，酰基酶进行磷酸解作用而转变为产物，放出自由的酶。

(2)亲电催化。亲电催化剂正好与亲核催化剂相反，它从底物移去电子的步骤才是反应速率的决定因素。它是指亲电子催化剂从底物中汲取一个电子对。所谓亲电试剂就是一种试剂具有强烈亲和电子的原子中心。最典型的亲电催化剂是酶中非蛋白组分的辅助因子，如 Mg^{2+}、Mn^{2+}、Fe^{2+} 等。酶蛋白组分的酪氨酸羟基及亲核碱基被质子化了的共轭酸，如 NH_4^+ 等也可作为亲电催化剂。含有—C—O—及 —C═N— 基团的化合物也是亲电子的，其中—C—O 的 O 及—C—N—的 N 都有吸引电子的倾向，因而使得邻近的 C 原子缺乏电子。为了表示这种状态，可以 δ^+ 表示，而吸引电子的 O 与 N 则可以 δ^- 表示。其电子移动的方向则以从 δ^+ 至 δ^- 的弯曲箭头线表示，见下式：

$$>C^{\delta^+}=O^{\delta^-} \quad >C^{\delta^+}=N^{\delta^-} \quad \overset{\delta^+}{C}H=CH-C=O^{\delta^-}$$

值得提出的是：酶分子中的氨基、羧基、巯基、咪唑基等既可以作为酸碱催化剂，又可作为亲核催化剂。在不同的微环境中其作用方式不同。事实上，亲电步骤与亲核步骤常常相互在一起发生。当催化剂为亲核催化剂时，它就会进攻底物中的亲电核心。反之亦然。在酶促反应中，酶的亲核基团对底物的亲电核心起作用要比酶的亲电基团对底物的亲核中心起作用的可能性大得多。

5. 金属离子催化

过渡态也可通过底物的荷电基团与催化剂的荷电基团加以稳定，正碳离子可以通过负电荷的羧基稳定，同样含氧阴离子的负电荷，也可通过金属离子加以稳定。很多酶的催化活性需要金属离子参与，如 Fe^{2+}、Fe^{3+}、Cu^{2+}、Zn^{2+}、Mn^{2+}、Na^+、K^+、Mg^{2+} 和 Ca^{2+} 等金属离子常与酶紧密或疏松结合，在酶促反应中发挥作用。在已知 1/4 左右的需要金属的酶中，金属所起的作用可能很不同：有的参与酶和底物的结合，并起稳定催化构象的作用，如某些碱土金属 Ca^{2+} 与 Mg^{2+} 等；有的和酶的结合力很弱，起活化作用，如碱金属 K^+ 等是某些与磷酸基转移有关酶的活化剂；至于过渡态金属，它们或者通过静电结合导致底物扭曲、张变，或者作为亲核电子试剂进行共价催化。它们通过结合底物为反应定向，通过可逆地改变金属离子的氧化态调节氧化还原反应，还有的通过静电来稳定或屏蔽负电荷。

氧化还原反应中包含了金属离子价的变化，许多氧化还原酶含有金属离子，因此电子的转移和金属离子的配基数目和性质有很大的关系。

6. 活性部位微环境的影响

酶的活性中心常处于由非极性氨基酸残基组成的酶分子的凹穴部位，即酶的活性部位是一个疏水的微环境，它极大地影响酶活性部位本身催化基团的解离状态。疏水区域的特点是介电常数低，化学基团的反应活性和化学反应的速率在极性和非极性介质中有显著差别。在非极性环境中两个带电基团之间的静电作用比在极性环境中显著增高，这使得底物分子的反应键和酶的催化基团之间易发生反应，有助于加速酶催化反应。

溶菌酶的活性中心凹穴就是由多个非极性氨基酸侧链基团包围的和外界水溶液显著不同的微环境。溶菌酶分子中的 Asp52 和 Glu35 在酶作用的最适条件下，Glu35 的 α-羧基基本上是不解离的，而 Asp52 的 β-羧基处于解离状态。这是由于它们所处的微环境不同，Glu35 处在非极性微环境中，其 H^+ 与 COO^+ 结合较牢；而 Asp52 处于极性环境中，在较低的 pH 时就能解离，这样由于局部微环境的差别，使酶可以进行广义的酸碱催化反应。Glu35 的羧基提供一个质子给糖残基 D(NAM) 和 E(NAG) 之间的 1,4-糖苷键中的氧原子（NAM 全称为 N-乙酰胞壁酸、N-acetylmuramic acid；NAG 全称为 N-乙酰氨基葡萄糖、N-acetylglucosamine)，使糖残基 D 中的 C_1 和糖苷键氧原子之间的键断裂，使得糖残基 D 的 C_1 带有一个正电荷，形成了一个正碳离子（图 2-9），以使底物被水解。由于 Asp52 的侧链羧基处于解离状态，所带的负电荷可以稳定这个正碳离子。直至水分子中的羟基与正碳离子结合，催化反应完成。

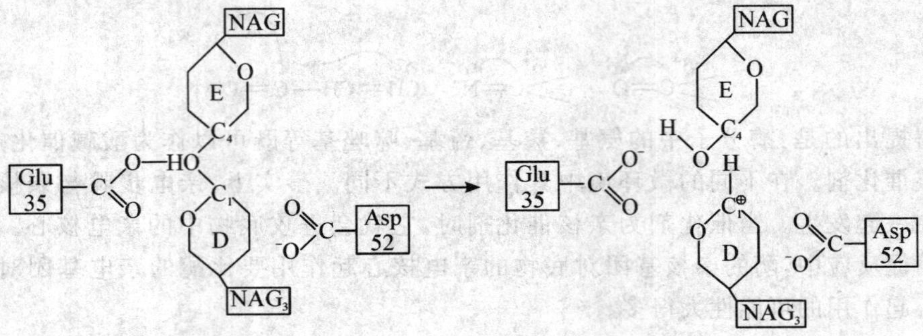

图 2-9　溶菌酶的作用机制

（施巧琴. 酶工程. 北京：科学出版社，2005）

计算表明，这种低介电常数的微环境可能使 Asp52 对正碳离子的静电稳定作用显著增强，从而使催化速度得以增大 3×10^{6} 倍。

另外，在酶催化反应中，往往是几个因素配合在一起共同起作用。以羧肽酶的催化作用为例加以说明：羧肽酶 A 是胰腺分泌的一种能专一性水解多肽链羧基末端肽键的外肽酶，若羧基端的氨基酸为芳香族氨基酸或具有大的非极性侧链的氨基酸时水解最快。William Lipscomb 及其同事 1967 年测定了该酶的三维结构（图 2-10）。

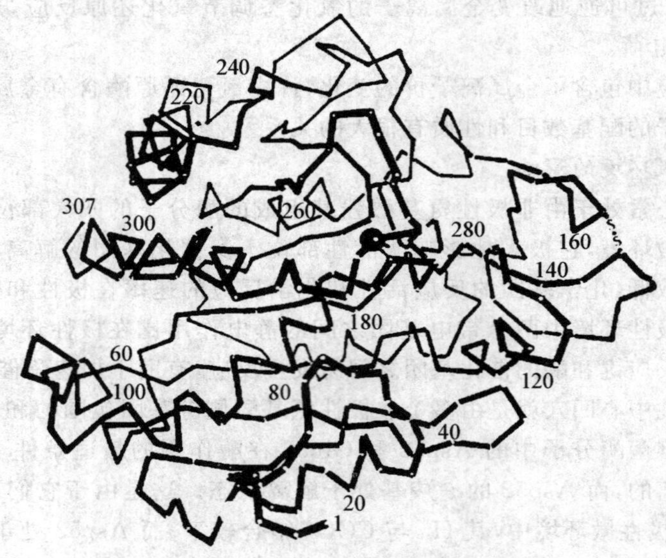

图 2-10　羧肽酶 A 的三维结构

（于国萍. 酶及其在食品中应用. 哈尔滨：哈尔滨工程大学出版社，2000）

羧肽酶 A 分子由 307 个氨基酸残基构成，其空间构象是一个致密的椭圆形球体，大小约 5.0 nm×4.2 nm×3.8 nm 的，活性部位在分子表面的深沟内。锌离子紧密结合在活性部位，是酶的催化活性所必需的，Glu270、Arg71、Arg127、Arg145、Asn144 和 Tyr248 的侧链基团是其活性中心内的必需基团，是结合底物所必需的。锌离子与酶蛋白中His69、His196、Glu72及一分子水配位结合，形成四面体（图2-11），在锌离子附近还有一个非极性的袋状结构可容纳多肽底物羧基末端残基的侧链基团。

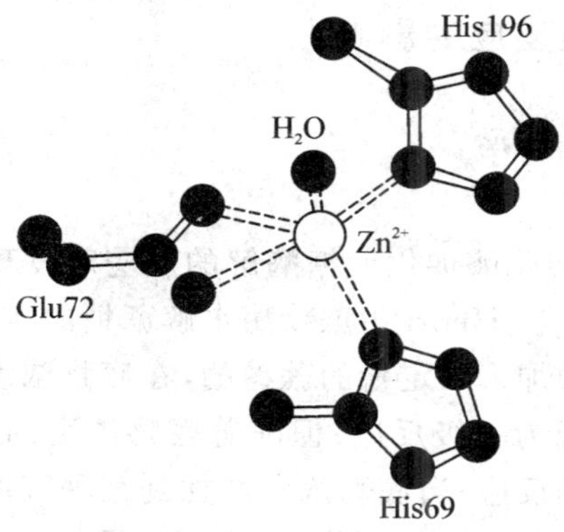

图2-11　羧肽酶A活性部位中锌离子的配位结构

（施巧琴. 酶工程. 北京：科学出版社，2005）

2.3　酶催化反应动力学

酶反应动力学（kinetics of enzyme-catalyzed reactions）和化学反应动力学一样，是研究各种因素对酶反应速度影响规律的科学。它的研究对于生产实践、基础理论都有着十分重要的意义。酶催化的反应体系复杂，因为在酶反应系统中除了反应物（底物）外，还有酶这样一种决定性的因素，以及影响酶的其他各种因素。主要包括底物浓度、酶浓度、产物的浓度、pH、温度、抑制剂和激活剂等。因此酶促反应动力学是个很复杂的问题。

2.3.1　酶催化反应速率

酶催化反应速率通常称为酶速度（velocity）。反应速率是以单位时间内反应物的减少量或产物的生成量来表示。随着反应的进行，反应物逐渐消耗，分子碰撞的机会也逐渐减小，因此反应速率也随着减慢（图2-12）。

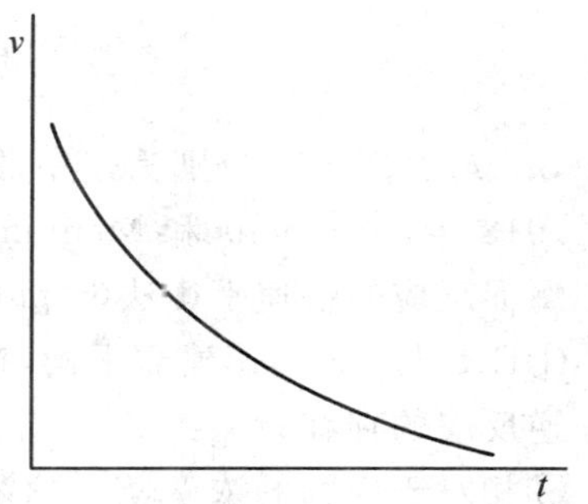

图2-12　反应速率与时间的关系

故反应速率是指酶反应的初速率，通常是指在酶促反应过程中，底物浓度消耗不超过5%时的速率。因为，在过量的底物存在下，这时的反应速率与酶浓度成正比，而且还可以避免一些其他因素，如产物的形成、反应体系中 pH 的变化、逆反应速率加快、酶活性稳定性下降等对反应速率的影响。

2.3.2 底物浓度对酶反应的影响

2.3.2.1 单底物酶促反应动力学

1. 米氏方程

1902 年，Brown 在研究转化酶催化蔗糖酶解的反应时发现，随着底物浓度增加，反应速度的上升呈双曲线。1903 年，Henri 用蔗糖酶水解蔗糖的实验中观察到，在蔗糖酶作用的最适条件下，向反应体系中加入一定量的蔗糖酶，在底物浓度[S]低时，反应速率与底物浓度的增加成正比关系，表现为一级反应；但随着底物浓度的继续增加，反应速率的上升不再成正比，表现为混合级的反应；当底物浓度增加到某种程度时，反应速率达到最大，此时即便仍在增加底物浓度，反应速率不再增加，表现为零级反应(图 2-13)。这就是单底物酶促反应或多底物酶促反应中只有一个底物浓度变化的情形。

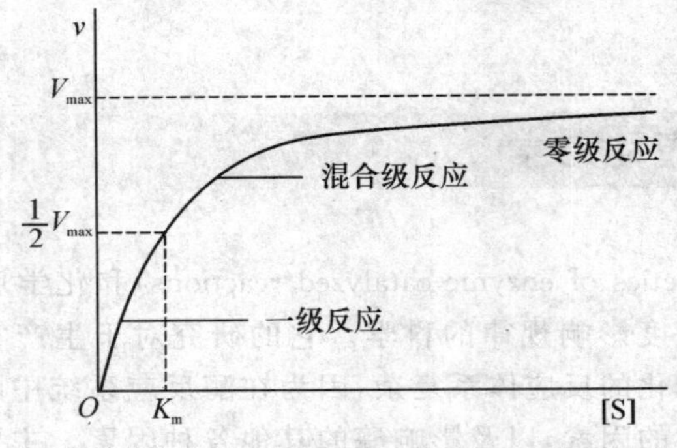

图 2-13 底物浓度对酶促反应速率的影响

Henri 提出酶催化底物转化成产物之前，底物与酶首先形成一个中间复合物(ES)，然后再转变成产物(P)并释放出酶。因此反应的速率不完全与底物浓度成正比，而是取决于中间复合物的浓度，即

$$E+S \underset{k_2}{\overset{k_1}{\rightleftharpoons}} ES \underset{k_4}{\overset{k_3}{\rightleftharpoons}} E+P \tag{2.1}$$

式中，k_1、k_2、k_3 和 k_4 分别为速率常数。

1913 年，Michaelis 和 Menten 在前人工作的基础上，根据酶反应的中间产物学说，提出了酶促反应的快速平衡法(rapid equilibrium)，这是基于以下 3 个假设条件：

①E、S 与 ES 迅速建立平衡，在初速率范围内，产物生成量极少，可以忽略 E+P=ES 这一逆反应的存在；

②相对于底物的浓度[S]，酶浓度[E]是很小的，ES 的形成不会明显地降低底物浓度[S]，即可忽略生成中间产物而消耗的底物，底物浓度以起始浓度计算；

③中间复合物 ES 分解为 E+S 的速率远远大于 ES 分解为 E+P 的速率，后者是反应

的限速步骤；在初速率范围内，E＋S＝ES的正、逆向反应迅速达到平衡，ES复合物分解生成产物的速率不足以破坏这一平衡。反应初速度 v 正比于[ES]。

利用快速平衡法，推导出一个数学方程式来表示底物浓度和反应速率之间的定量关系：

$$v=\frac{V_{max}[S]}{K_s+[S]} \tag{2.2}$$

式中，v 为反应速率，V_{max} 为酶完全被底物饱和时的最大反应速率，[S]为底物浓度，K_s 为ES的解离常数。

根据“快速平衡学说”，不难理解，式(2.2)中的 K_s 为：

$$\frac{k_1}{k_2}=\frac{[E][S]}{[ES]}=K_s \tag{2.3}$$

因为大多数酶促反应进行得十分迅速，ES复合物形成后会迅速地分解为产物并释放出酶。

$$E+S \rightleftharpoons ES \longrightarrow E+P \tag{2.4}$$

实际的酶促反应是这样进行的：ES复合物形成后，ES可分辭为E和S，也可解离为E和P，同样E和P也可以重新形成ES；当中间复合物的生成速率和分解速率相等，其浓度变化很小时，反应即处于“稳态平衡”状态。针对Michaelis-Menton方程的不足，1925年Briggs和Haldane对米氏方程的推导假设作了以下修正。与Michaelis和Menton的快速平衡假设相比，稳态假说最大的不同就是用稳态的概念代替了快速平衡态的概念。所谓稳态就是指这样一种状态：反应进行一段时间，系统的中间物浓变由零逐渐增加到一定数值，在一定时间内，尽管底物浓度不断地变化，中间物也在不断地生成和分解，但是当中间物生成和分解的速度接近相等时，它的浓度改变很小，这种状态叫做稳态。对于稳定状态，要满足以下的假设：

①在初速率阶段产物浓度极低，那么：E＋P ⟶ ES的反应逗率极小，可以忽略不计；

②在反应体系中，酶和底物结合形成ES复合物，因底物浓度远远大于酶的浓度，所以[S]－[ES]约等于底物浓度[S]；

③在稳态平衡条件下，ES复合物分解为产物的速率不能忽略，即反应达到稳态时，ES浓度不变，保持动态的平衡，即ES生成的速率等于ES分解的速率：

$$k_1[E][S]=k_2[ES]+k_3[ES]$$

该方程可转变为：

$$\frac{k_2+k_3}{k_1}=\frac{[E][S]}{[ES]}$$

令：

$$\frac{k_2+k_3}{k_1}=K_m$$

则：

$$K_m=\frac{[E][S]}{[ES]} \tag{2.5}$$

在反应体系中，总酶浓度$[E]_t$＝游离酶浓度$[E]$＋结合酶浓度$[ES]$。则有：

$$[E]=[E]_t-[ES]$$

代入式(2.5)得：

$$K_m=\frac{([E]_t-[ES])[S]}{[ES]}$$

将上式整理得：

$$[ES]=\frac{[E]_t[S]}{K_m+[S]} \tag{2.6}$$

由于反应初速度 v 正比于$[ES]$，即

$$v=k_3[ES] \tag{2.7}$$

将式(2.6)代入式(2.7)，并整理成：

$$v=\frac{k_3[E]_t[S]}{K_m+[S]} \tag{2.8}$$

在反应系统$[S]\gg[E]_t$ 时，所有的酶都被底物所饱和形成ES复合物，即$[E]_t=[ES]$，此时，酶促反应最大速率 $V_{max}=k_3[ES]=k_3[E]_t$代入式(2.8)，即得：

$$v=\frac{V_{max}[S]}{K_m+[S]} \tag{2.9}$$

这就是 Briggs-Haldane 根据稳态理论推导出的动力学方程，与 Michaelis-Menten 推导出的方程从形式上看是一样的，其中的常数定义发生了变化，比前者更合理，更具普遍性。但是为了纪念 Michaelis 和 Menten 所做的开创性工作，故把式(2.9)仍称为米氏方程，或修正的米氏方程，K_m 称为米氏常数。

米氏常数的物理意义：

当酶促反应处于 $v=1/2\ V_{max}$的特殊情况时，代入式(2.9)，即

$$\frac{1}{2}V_{max}=\frac{V_{max}[S]}{K_m+[S]}$$

$$K_m=[S]$$

由此可以看出 K_m 值的物理意义，即 K_m 值是当酶促反应速度达到最大反应速度一半时的底物浓度，它的单位是摩尔/升(mol/L)，与底物浓度单位一致。

根据米氏方程式还可作如下讨论：

①当$[S]\ll K_m$ 时，表示 $[S]$可以忽略，米氏方程可转变为：

$$v=\frac{V_{max}[S]}{K_m}$$

说明在底物浓度很低时，v 与$[S]$呈线性关系，表现为一级反应。这时由于底物浓度低，酶没有全部被底物所饱和，因此在底物浓度低的条件下是不能正确测得酶活力的。

②当[S]≫K_m 时，表示 K_m 可以忽略，酶促反应初速度值达到最大值，并与底物浓度无关，米氏方程转变为：

$$v=V_{max}$$

说明反应速率已达最大值。此时，酶活性部位全部被底物占据，反应速率与底物浓度无关，表现为零级反应。酶活力只有在此条件下才能正确测得。

③当[S]=K_m 时，米氏方程可转变为：

$$v=\frac{1}{2}V_{max}$$

也就是说，当底物浓度等于 K_m 值时，反应速率为最大反应速率的一半。这进一步说明了 K_m 值就是代表反应速率为最大反应速率一半时的底物浓度。

2. 米氏常数的意义

(1)K_m 是酶的一个极重要的动力学特征常数之一，给出一个酶能够应答底物浓度变化范围的有用指标，一般只与酶的性质有关，与酶的浓度无关；不同的酶 K_m 值一般不同。当反应体系中各种因素如 pH、离子强度、溶液性质等因素保持不变时，即对于特定的反应和特定的反应条件来说，K_m 是一个特征常数。大多数酶的 K_m 在 10^{-6}～10^{-1} mol/L。例如脲酶的 K_m 为 25 mmol/L。个别酶的 K_m 值在 1×10^{-8}～1 mmol/L 或者更高一些的区间。

(2)判定酶的最适底物。同一种相对专一性的酶，一般有多个底物，则对于每一种底物来说各有一个特定的 K_m 值，K_m 最小的那个底物为该酶的最适底物或天然底物。

(3)K_m 值可帮助判断某一代谢的方向及生理功能。催化可逆反应的酶，对正逆两个方向反应的 K_m 常常是不同的。测定这些 K_m 的大小及细胞内王逆两向的底物浓度，可以大致推测该酶催化正逆两向反应的效率；这对了解酶在细胞内的主要催化方向及生理功能具有重要的意义。

(4)作为酶和底物亲和力的量度。K_m 与 K_s 不同，这在前面推导过程中已经论述得很清楚了。若 $k_2\gg k_3$，k_3 可忽略不计，$K_m=k_2/k_1$，此时 K_m 等于 ES 复合物的解离常数 K_s。故这时的 K_m 可以近似地说明酶与底物结合的难易程度；K_m 大，表示酶与底物的亲和力小；K_m 小，表示酶与底物的亲和力大。K_m 是 ES 分解速度和形成速度的比值；而 $1/K_m$ 表示形成 ES 趋势的大小。

(5)K_m 在特殊的情况下 $v=V_{max}$时，反应速率与底物浓度无关，只与[E]成正比，表明酶的全部活性部位均被底物所占据。当 K_m 已知时，任何[S]时酶活性中心被底物饱和的分数 f_{ES}可求出，即

$$f_{ES}=\frac{v}{V_{max}}=\frac{[S]}{K_m+[S]}$$

(6)测定不同抑制剂对某个酶的 K_m 及 V_{max}的影响，可区别抑制剂是竞争性的还是非竞争性的抑制剂。在没有抑制剂(或者只有非竞争性抑制剂)存在的情况下，ES 分解速度和形成速度的比值符合米氏方程，此时称为 K_m。而在另外一些情况下，它发生变化，不符

合米氏方程，此时的比值称为表观米氏常数 K'_m。

3. 动力学参数 K_m 与 V_{max} 的求法即米氏方程的变形

从 v-[S]图上，直接求出最大反应速率 V_{max} 是非常困难的，该法也不易求得 K_m。为了克服这个困难，通常将米氏方程转化为各种直线方程，并作出相应图形来测定 K_m 和 V_{max}。常用的方法有以下两种。

(1)双倒数作图法(Lineweaver-Burk 作图法)。由米氏方程 v-[S]曲线外推 V_{max} 和 K_m 是很不准确的。1924 年 Lineweaver 和 Burk 将米氏方程两边同时取倒数，转化为：

$$\frac{1}{v}=\frac{K_m}{V_{max}}\cdot\frac{1}{[S]}+\frac{1}{V_{max}}$$

以 $1/v$ 对 $1/[S]$作图，可以得到一条直线(图 2-14)。直线的斜率为 K_m/V_{max}，在纵坐标上的截距为最大反应速率的倒数($1/V_{max}$)，而在横坐标上的截距为 $-1/K_m$。由此图可方便地求到 K_m 和 V_{max}。但由于试验点过分集中于直线的左侧，也会影响 K_m 和 V_{max} 的精确测定。

在双倒数作图，底物浓度很低时，v 的数值很小，倒数之后，这些数据点有时会偏离直线很远，这样大大影响了这两个动力学常数的准确测定。即使用最简单的最小二乘法线性回归分析，也不能消除这种现象。为此可以用适当的加权最小二乘法线性回归分析，使得速度大的数据在作图中起较大的作用，这样结果才比较可靠。

(2)Eadic-Hofstee 法。将米氏方程变形，可以得到如下方程：

$$v=-K_m\frac{v}{[S]}+V_{max}$$

以 v 对 $v/[S]$ 作图为一直线，斜率为 $-K_m$，纵轴截距为 V_{max}，横轴截距为 V_{max}/K_m(图 2-15)。

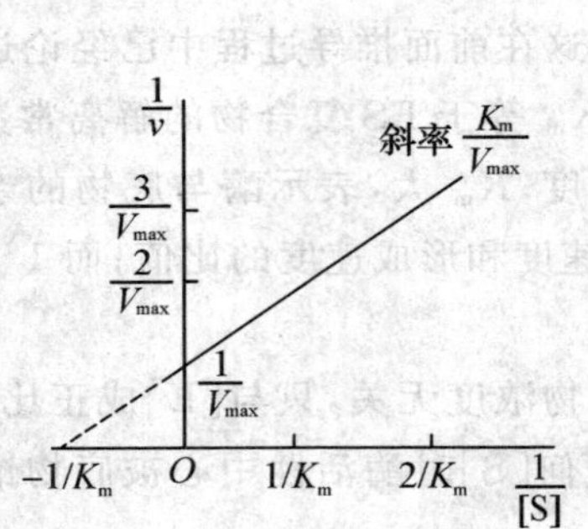

图 2-14 Lineweaver-Burk 作图法

(于国萍. 酶及其在食品中应用. 哈尔滨：哈尔滨工程大学出版社，2000)

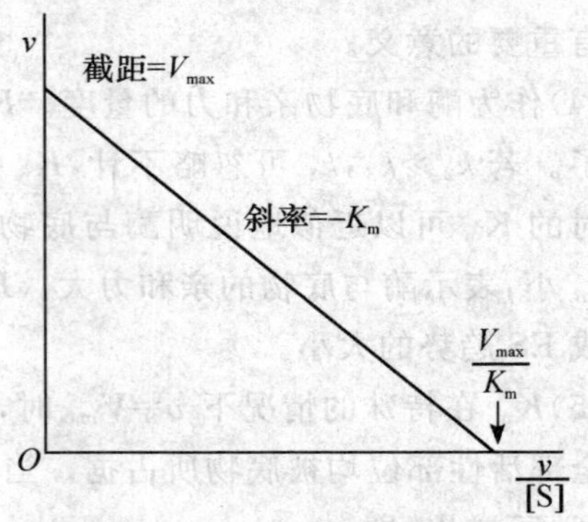

图 2-15 Eadic-Hofstee 作图法

(于国萍. 酶及其在食品中应用. 哈尔滨：哈尔滨工程大学出版社，2000)

近年来，随着计算机的普及。可采用计算机程序直接计算与米氏方程能最佳配合的 K_m 和 V_{max}，采用图形法计算 K_m 和 V_{max} 的方法也将随之而淘汰。

2.3.2.2 双底物酶促反应动力学

前面的米氏方程是在单底物的情况下导出的，六大类酶中，真正单底物的酶促反应只有异构酶和裂解酶类，如果将水看作过量，水解酶也包括在内，它们可以用米氏方程满意地处理动力学数据。然而许多酶催化的反应是两个或多个底物间的反应，其动力学反应机理十分复杂，在此以双底物反应为例加以讨论。双底物酶促反应的动力学，研究较多的是 BiBi 类型。前一个 Bi 表示两个底物有序参加反应，后一个 Bi 表示有两个产物的有序生成。双底物反应按反应的历程和方式不同分为顺序机制和乒乓机制。

1. 顺序机制

顺序机制的主要特征是酶结合底物和释放产物是按一定的顺序进行。酶必须与两个底物结合形成三元复合物后才能释放产物。顺序反应又分为两类：一类是指酶与各底物的结合是严格按顺序进行的，这种反应机理称为有序顺序反应；另一类是指各底物与酶的结合顺序是可以随意变化的，这类反应称为随机顺序反应。

(1)有序顺序机制(ordered BiBi mechanism)。在这类机制中，底物与酶的结合以及产物的释放有严格的顺序，即底物 A 与酶结合后，生成 EA，引起酶构象的改变，使底物 B 与酶结合，生成 EAB 三元复合物，EAB 再进一步作用，生成产物；产物的释放同样有严格的顺序，即先释放产物 P，再释放产物 Q：

A↓ B↓ P↑ Q↑
E EA EAB ⇌ EPQ EQ E

需要 NAD^+ 或者 $NADP^+$ 的脱氢酶反应就属于这种类型；一般 NAD^+ 或者 $NADP^+$ 往往为第一个被结合的底物，而 NADH 或者 NADPH 则常是最后被释放的产物。

(2)随机顺序机制(random BiBi mechanism)。随机顺序机制的主要特征是两个底物与酶的结合顺序是随机的；可以先结合 A 再结合 B，也可以先与 B 结合再与 A 结合；产物的释放也是随机的；可以先释放 P，再释放 Q，也可先释放 Q，再释放 P：

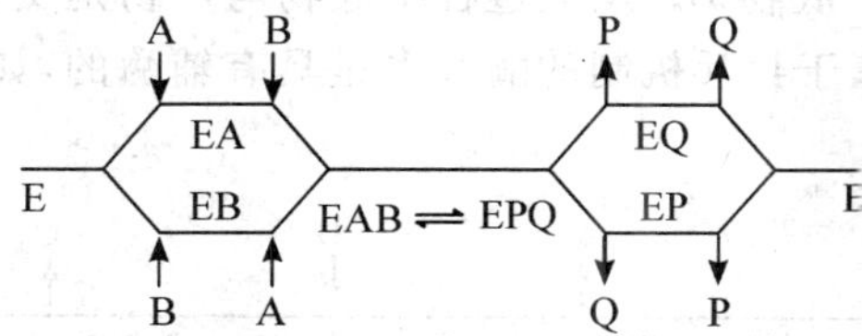

属于这类反应机制是一些转移磷酸基团的激酶。例如，己糖激酶、丙酮酸激酶和肌酸激酶等，酶可以先与底物结合，也可以是 ATP 先和酶结合，在形成产物以后，可以先释放出磷酸化底物，也可以先释放出 ADP。

在顺序反应机制中，虽然有两种顺序机制，但推导出的速率方程式是一样的(前者用稳态法，后者用快速平衡法推导)，均为

$$v=\frac{V_{max}\cdot[A][B]}{[A][B]+[B]K_m^A+[A]K_m^B+K_s^A K_m^B}$$

式中，[A]、[B]分别为底物 A 和 B 的浓度；K_s^A 为底物 A 与酶 E 结合的解离常数；K_m^A 是在

B 饱和浓度时底物 A 的 K_m 值；K_m^B 是在 A 饱和浓度时底物 B 的 K_m 值；V_{max} 是[A]和[B]都达到饱和时的最大反应速率。

将方程式变形为双倒数方程，可以方便求得 V_{max}、K_m^A 和 K_m^B：

$$\frac{1}{v}=\frac{1}{V_{max}}\left(K_m^A+\frac{K_s^A K_m^B}{[B]}\right)\frac{1}{[A]}+\frac{1}{V_{max}}\left(1+\frac{K_m^B}{[B]}\right)$$

将[B]固定在几个不同的浓度，改变[A]的情况下，以 1/[A] 对 1/v 作图，或将[A]固定在几个不同的浓度，改变[B]，以 1/[B]对 1/v 作图，均可得一组直线(图 2-16)，这组直线相交于横坐标左侧的一点。但这种作图方法不能区分开有序还是随机的顺序机制，必须通过同位素交换法和产物抑制动力学法才可鉴别。

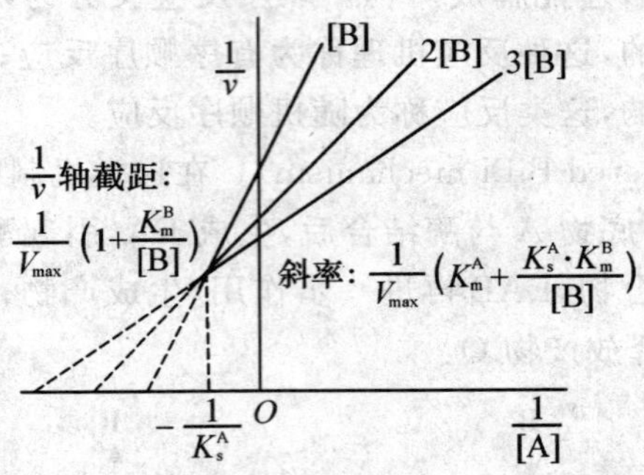

图 2-16　顺序机制 Lineweaver-Burk 作图法

(施巧琴. 酶工程. 北京：科学出版社，2005)

2. 乒乓反应机制

在两底物乒乓反应机制中，底物与酶的结合和产物的释放是交替进行的，两种底物不能同时连接在酶的活性中心，因此不存在酶-底物 1-底物 2 的三聚物，即酶结合底物 A 释放产物 P 后，才能结合另一底物 B。反应过程中底物与产物是交替地与酶结合，犹如打乒乓球，故称为乒乓机制。属于乒乓机制的酶大多是具有辅酶的，如抗坏血酸氧化酶和葡萄糖氧化酶等。

A↓　P↑　B↓　Q↑

E　EA ⇌ FP　F　FB ⇌ EQ　E

乒乓机制的底物动力学方程根据稳态法推导得：

$$v=\frac{V_{max}\cdot[A][B]}{K_m^A[B]+K_m^B[A]+[A][B]}$$

同样，也可得到其双倒数方程：

$$\frac{1}{v}=\frac{K_m^A}{V_{max}[A]}+\left(1+\frac{K_m^B}{[B]}\right)\frac{1}{V_{max}}$$

将[B]固定在几个不同的浓度，改变[A]的情况下，以 1/[A]对 1/v 作图，或将[A]固定在几个不同的浓度，改变[B]，以 1/[B]对 1/v 作图，也同样可得一组直线，但各组直线是平行的(图 2-17)。这有别于顺序机制的各组直线关系,因此可通过作图来鉴别该酶促反应是属于乒乓机制还是顺序机制。

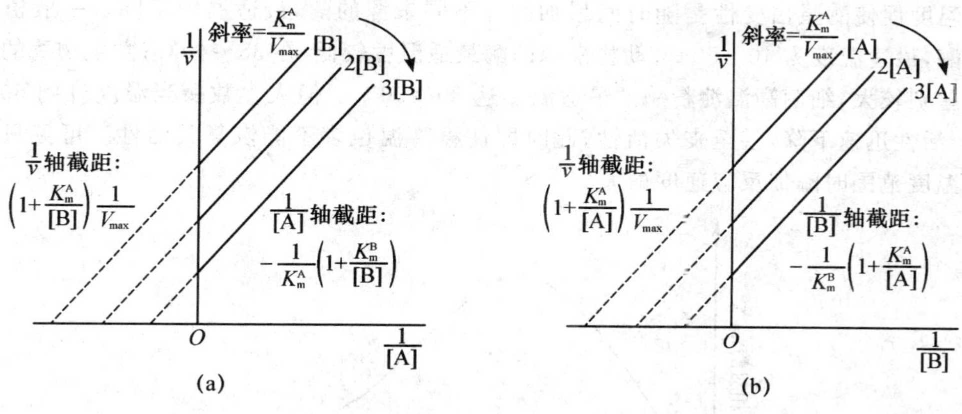

(a)$1/v$ 对 1/[A]作图;(b)$1/v$ 对 1/[B]作图

图 2-17 乒乓机制 Lineweaver-Burk 作图法

(施巧琴.酶工程.北京:科学出版社,2005)

2.3.3 酶浓度对酶促反应的影响

从米氏方程可以看出酶反应速率与酶浓度的关系。将 $V_{max}=k_3[E]_t$,带回米氏方程(2.9),在 $[S]\gg K_m$ 时,酶促反应的速率与酶浓度成正比,$v=k_3[E]$,说明底物浓度足够大,足以使酶得到饱和。这种性质是测定酶活力的依据。即在测定酶活力时,要求[E]远小于[S],从而保证酶促反应速率与酶浓度成正比。而在 $[S]\ll K_m$ 时,反应速率与酶浓度间不再是简单的线性函数,当酶的浓度增加到一定程度,以致底物浓度已不足以使酶饱和时,再继续增加酶的浓度反应速率也不再成正比例地增加(图 2-18)。

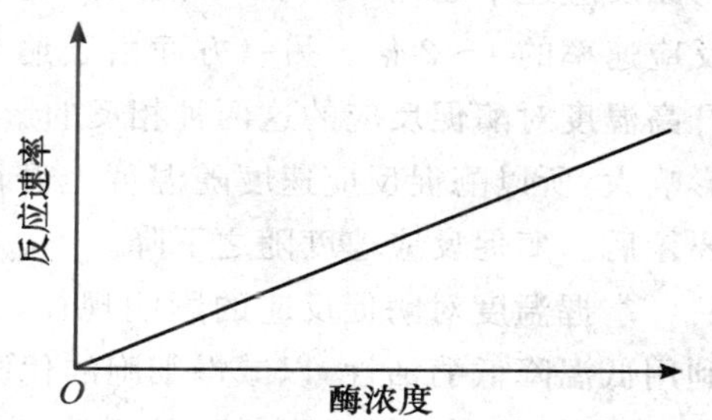

图 2-18 酶浓度对酶促反应的影响

2.3.4 温度对酶促反应的影响

温度对酶促反应速度影响较大。低温时酶的活性非常微弱,随着温度逐步升高,酶的活性也逐步增加,但超过一定温度范围后,酶的活性反而下降。如果以温度为横坐标,反应速率为纵坐标,可得到如图 2-19 所示的曲线。对每一种酶来说,在一定的条件下,都有一个显示其最大反应速率的温度,这一温度称为该酶反立的最适温度(optimum temperature)。

最适温度并非酶的特征常数,因为一种酶具有的最高催化能力的温度不是一成不变的，它往往受到酶的纯度、底物、激活剂、抑制剂以及酶促反应时间等因素的影响。因此，对同一种酶而言，必须说明什么条件下的最适温度。温度的影响与时间有紧密关系，这是由于温度促使酶蛋白变性是随时间累加的。不同来源的酶，最适温度不同。一般植物来源的酶，最适温度为 40～50℃；动物来源的酶最适温度较低，在 35～40℃；微生物酶的最适温度差别较大，细菌高温淀粉酶的最适温度达 80～90℃。但大多数酶当温度升到 60℃以上时，活性迅速下降，甚至丧失活性，此时即使再降温也多不能恢复其活性。可见只是在某一温度范围时酶促反应速度最大。

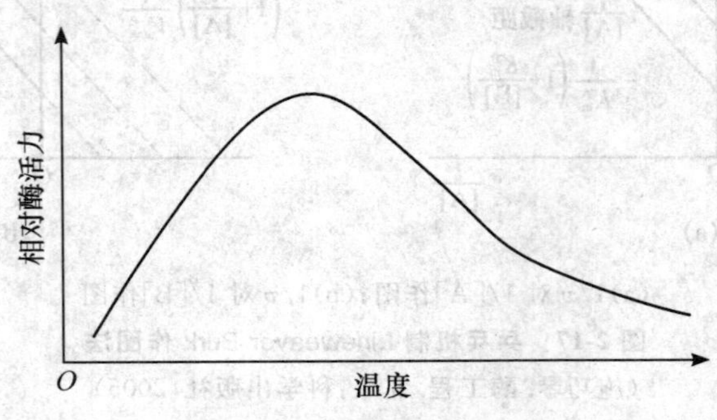

图 2-19　温度对酶活力的影响

温度对酶促反应有两方面影响。一方面与一般化学反应相似，当温度升高时，反应速率加快。可以用温度系数（temperature coefficient）Q_{10} 表示，即每升高 10℃，其反应速率与原反应速率之比，对大多数酶来讲 Q_{10} 多为 1～2，即温度每升高 10℃，酶反应速率为原反应速率的 1～2 倍。另一方面由于酶是蛋白质，温度过高会使酶蛋白逐渐变性而失活。升高温度对酶促反应的这两种相反的影响是同时存在的，在较低温度（0～40℃）时前一种影响大，所以酶促反应速度随温度上升而加快；随着温度不断上升，酶的变性逐渐成为主要矛盾。酶促反应速度随之下降。

掌握温度对酶促反应的影响规律，具有一定的实践意义。如临床上的低温麻醉就是利用低温降低酶活性，以减慢细胞的代谢速率，有利于手术治疗。低温保藏菌种和作物种子，也同样是利用低温降低酶的活性，以减慢新陈代谢的特性。相反，高温杀菌则是利用高温使酶蛋白变性失活，导致细菌死亡的特性。

2.3.5　pH 对酶促反应的影响

每种酶对于某一特定的底物，在一定 pH 下酶表现最大活力，高于或低于此 pH，酶的活力均降低。酶表现其最大活力时的 pH 通常称为酶的最适 pH（optimum pH）。在一系列不同 pH 的缓冲液中，测定酶促反应速率，可以得到酶促反应速率对 pH 的关系曲线，pH 关系曲线近似于钟罩形（图 2-20）。

最适 pH 发生微小偏离时，由于使酶活性部位的基团离子化发生变化而降低酶的活力。pH 发生较大偏离时，维护酶三维结构的许多非共价键受到干扰，导致酶蛋白自身的变性。偏离酶的最适 pH 愈远，酶的活性愈小，过酸或过碱则可使酶完全失去活性。各种酶在一定条件下都有一定的最适 pH。但是各种酶的最适 pH 是多种多样的，因为它们要适应不同环境。一般来说，大多数酶的最适 pH 5～8，植物和微生物的最适 pH 4.5～6.5，动物体内的酶其最适 pH 6.5～8.0。人体内大多数酶的最适 pH 7.35～7.45。但也有不少例外，消化酶胃蛋白酶（pepsin）要适应在胃的酸性 pH 下工作（大约 pH 2.0），胃蛋白酶最适 pH 是 1.5，胰蛋白酶的最适 pH 为 8.1，肝中精氨酸酶的最适 pH 为 9.8。pH 对不同酶的活性影响不同，有的酶只有钟罩形的一半，如胃蛋白酶和胆碱酯酶；也有的酶，如木瓜蛋白酶的活力在较大的 pH 范围内几乎没有变化（图 2-21）。

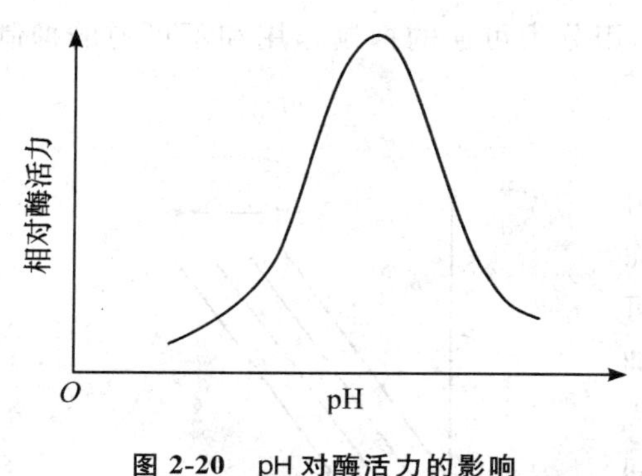

图 2-20　pH 对酶活力的影响

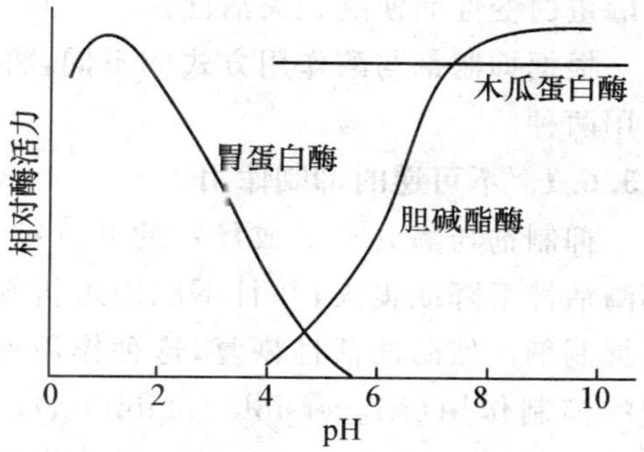

图 2-21　3 种酶的 pH-酶活力曲线

（施巧琴．酶工程．北京：科学出版社，2005）

同一种酶的最适 pH 可因底物的种类及浓度不同，或所用的缓冲剂不同而稍有改变，所以最适 pH 也不是酶的特征性常数。必须指出的是，酶的最适 pH 目前只能用实验方法加以确定，它受底物种类与浓度、反应温度与时间、酶制剂的纯度、缓冲液的种类与浓度等因素影响。因此，酶的最适 pH 只有在一定条件下才有意义。因此，它不是一个常数，而只能作为一种实验参数。

pH 影响酶促反应速率的原因有以下几方面：

1. 影响酶分子的构象

过酸或过碱可以使酶的空间结构破坏，引起酶构象改变，特别是酶活性中心构象的改变，使酶活性丧失。这种失活包括可逆以及不可逆两种方式。

2. 影响酶和底物的解离

pH 影响酶的催化活性的机理，主要因为 pH 能影响酶分子，特别是酶活性中心内某些氨基酸残基的电离状态。若底物也是电解质，pH 也可影响底物的电离状态。在最适 pH 时，恰能使酶分子和底物分子处于最合适电离状态，有利于二者结合和催化反应的进行。pH 的改变影响了酶蛋白中活性部位的解离状态。催化基团的解离状态受到影响，将使得底物不能被酶催化成产物；结合基团的解离状态受到影响，则底物将不能与酶蛋白结合，从而改变了酶促反应速率。

2.3.6 抑制剂对酶促反应的影响

抑制剂(inhibitor)是指能降低酶的活性,使酶促反应速率减慢的物质。抑制剂对酶反应速率有重要影响,抑制作用是指抑制剂与酶分子上的活性有关部位相结合,使这些基团的结构和性质发生改变,从而引起酶活力下降或丧失的一种效应。抑制作用与酶的变性作用是不同的,抑制作用并未导致酶的变性。酶蛋白水解或变性引起的酶活力下降不属于抑制作用的范畴。另外,抑制剂对酶的作用具有一定的选择性,而变性剂对酶的作用没有选择性。一种抑制剂只能引起某一种酶或某一类酶的活性丧失或降低,变性剂却均可使酶蛋白变性而使酶丧失活性。

根据抑制剂与酶作用方式的不同,将抑制作用分为可逆的抑制作用和不可逆的抑制作用两种。

2.3.6.1 不可逆的抑制作用

抑制剂与酶分子形成稳定的共价键结合,引起酶活性下降或丧失,并且不能用透析等方法除去抑制剂而使酶的活性恢复,这种作用称为不可逆的抑制作用(irreversible inhibition)。这种抑制的动力学特征是抑制程度比例于共价键形成的速度,并随抑制剂浓度及抑制剂与酶接触时间而增大。最终抑制水平仅由抑制到酶的相对量决定,与抑制剂浓度无关。在测酶活系统中加入不同浓度的抑制剂,每一抑制剂浓度都作一条初速率和酶浓度的关系曲线,可以得到一组不通过原点的平行线(图 2-22),每条直线都依赖于抑制剂浓度的增加而向右平行移动。这是因为抑制剂使一定量的酶失活,只有加入的酶量大于不可逆抑制剂的量时才表现出酶活力,故不可逆抑制剂的作用相当于把原点向右移动了。

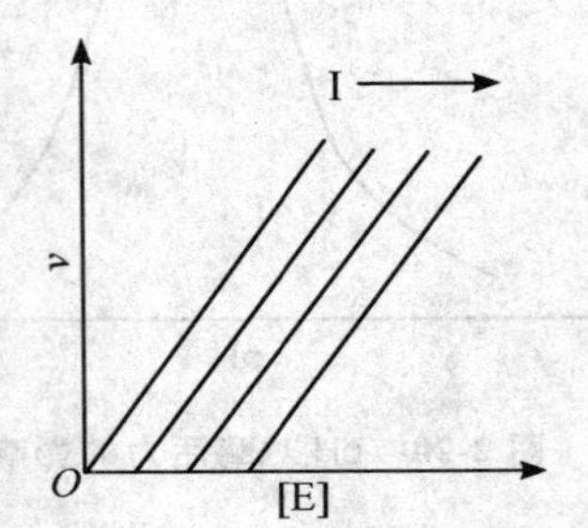

图 2-22 不同浓度、不可逆抑制剂存在时初速率和酶浓度关系曲线

(于国萍. 酶及其在食品中应用. 哈尔滨:哈尔滨工程大学出版社,2000)

2.3.6.2 可逆的抑制作用(reversible inhibition)

抑制剂与酶以非共价键方式结合而引起酶的活性降低或丧失,在用透析、超滤等物理方法除去抑制剂后,酶的活性又能恢复,即抑制剂与酶的结合是可逆的,此种抑制作用称为可逆的抑制作用。对于不同浓度的抑制剂,每一抑制剂浓度都作一条初速率和酶浓度的关系曲线,结果表明可逆抑制都可得到一组通过原点的直线(图 2-23),随抑制剂浓度升高,斜率下降。抑制剂浓度一定时可逆抑制剂与不可逆抑制剂的区别见图 2-24。根据抑制剂、底物与酶分子三者结合关系,将可逆抑制作用分为下列 4 种。

1. 竞争性抑制作用(competitive inhibition)

在这种类型中,抑制剂(I)通常与底物的结构有某种程度的类似,可与底物(S)竞争酶的结合部位,并与酶形成可逆的 EI 复合物(图 2-24),但酶不能同时与底物及抑制剂结合，既不能形成 EIS 三元复合物，EI 也不能分解成产物（P），使酶反应速率下降，反应式如下：

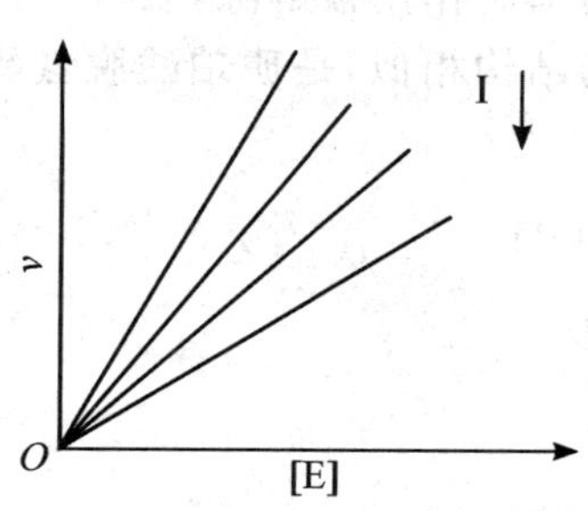

图 2-23　不同浓度、可逆抑制剂存在时初速率和酶浓度关系曲线

（于国萍. 酶及其在食品中应用. 哈尔滨：哈尔滨工程大学出版社，2000）

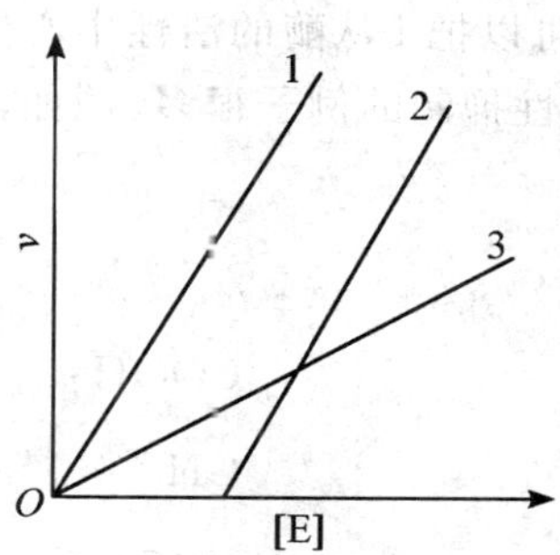

1—无抑制剂；2—不可抑制剂；3—可逆抑制剂

图 2-24　抑制剂浓度一定时 v-[E]曲线

（于国萍. 酶及其在食品中应用. 哈尔滨：哈尔滨工程大学出版社，2000）

$$\begin{array}{l} E + S \underset{}{\overset{K_s}{\rightleftharpoons}} ES \longrightarrow E + P \\ + \\ I \\ K_i \Updownarrow \\ EI \not\longrightarrow P \end{array}$$

抑制剂与底物竞争酶的活性中心，从而阻止底物与酶的结合，使反应速率下降。当它与酶的活性中心结合后，底物就不能与酶结合；若底物先与酶结合，则抑制剂就不能与酶结合。所以竞争性抑制的抑制程度取决于底物和抑制剂的相对浓度，且这种抑制作用可通过提高底物浓度的方法来解除。在竞争性抑制剂存在下，可得到如图 2-25 所示的曲线；从中可以看出，随着竞争性抑制剂浓度的增加，直线的斜率增加，表明竞争性抑制剂结合的强度增加。但在纵轴上的截距是相同的，即最大速率不变，但酶对底物的亲和力降低了，所以 K_m 增加。即酶需要更高的底物浓度才能达到最大反应速率。

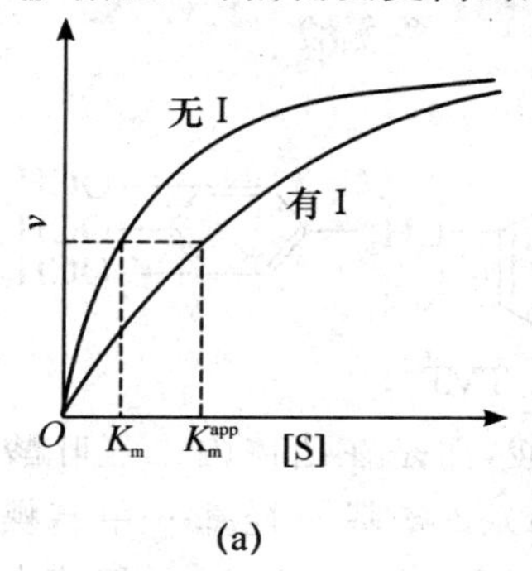

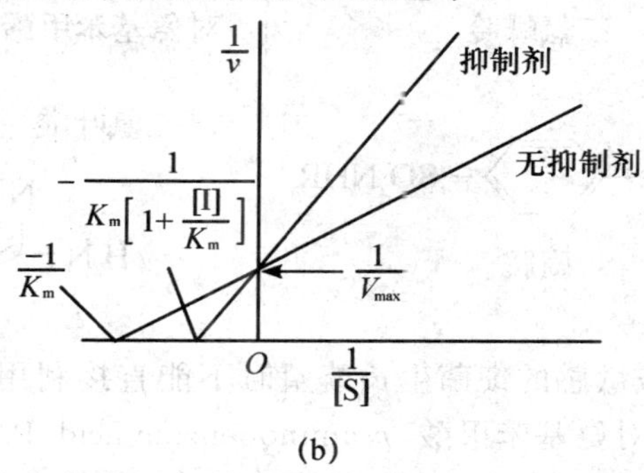

(a)[S]对 v 作图；(b)Linerveaver-Burk 作图

图 2-25　竞争性抑制动力学图

（于国萍. 酶及其在食品中应用. 哈尔滨：哈尔滨工程大学出版社，2000）

许多研究证实:①竞争性抑制作用的反应是可逆的。②竞争性抑制的强度与抑制剂和底物的浓度有关,当[I]≫[S]([I]为抑制剂浓度,[S]为底物浓度)时,抑制作用强;当[S]≫[I]时,S可以把I从酶的活性中心置换出来,从而使酶抑制作用被解除,表现为抑制作用弱。竞争性抑制的例子很多,例如,丙二酸与琥珀酸的结构相似,是琥珀酸脱氢酶的竞争性抑制剂。

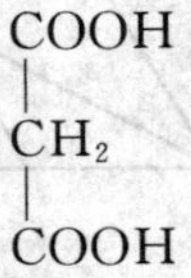

$$COOH-CH_2-COOH$$

丙二酸

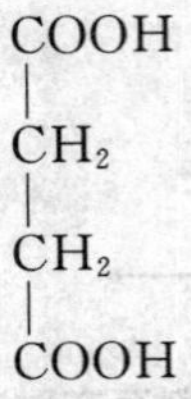

$$COOH-CH_2-CH_2-COOH$$

琥珀酸(丁二酸)

$$COOH-CH_2-CH_2-COOH + FAD \xrightleftharpoons{\text{琥珀酸脱氢酶}} COOH-CH=CH-COOH + FADH_2$$

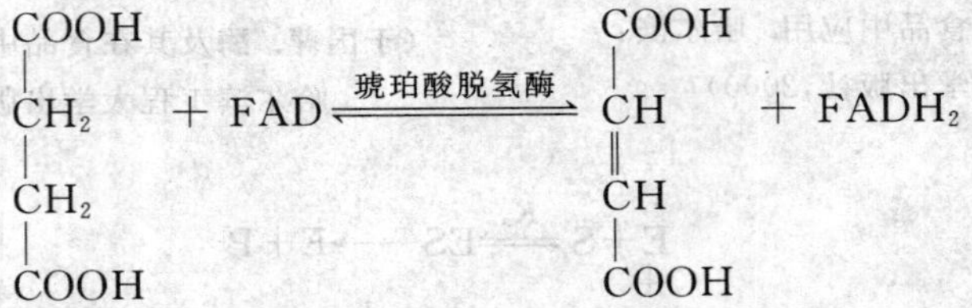

延胡索酸(反丁烯二酸)

可逆抑制作用中最重要和最常见的是竞争性抑制,许多药物就是利用竞争性抑制作用的原理来设计的,如磺胺类药物、某些抗癌药物(如阿糖胞苷)、氨基叶酸等都是利用这一原理而设计的。

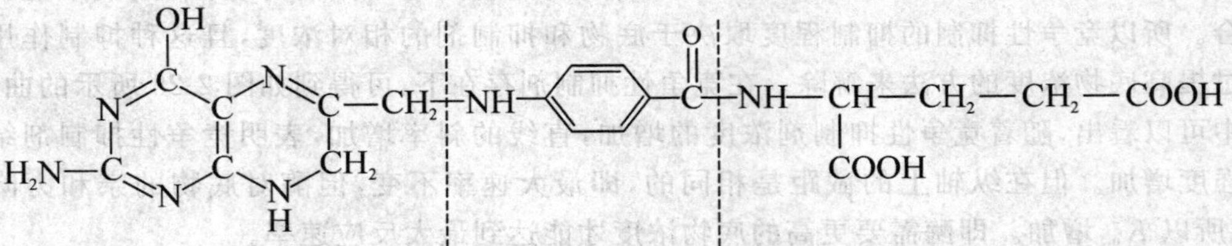

二氢蝶呤 | 对氨基苯甲酸 | 谷氨酸

二氢叶酸

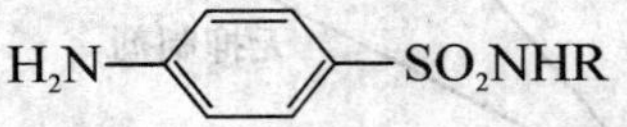

$$H_2N-C_6H_4-SO_2NHR$$

磺胺

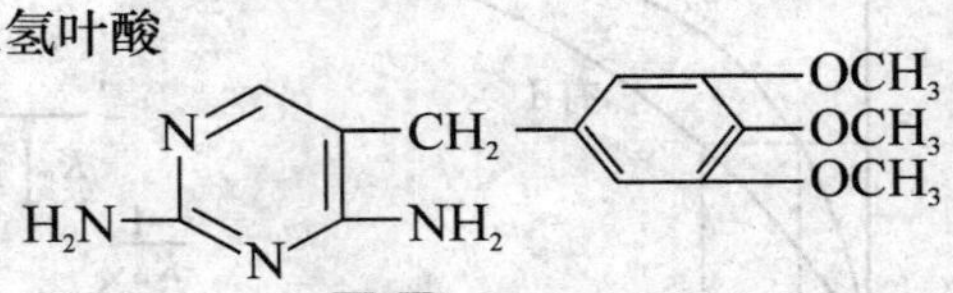

TMP

对磺胺敏感的细菌生长繁殖时不能直接利用叶酸,而是在菌体内二氢叶酸合成酶的催化下,由对氨基苯甲酸(*p*-aminobenzoic acid,PABA)、2-氨基-4-羟基-6-甲基蝶呤啶及谷氨酸合成二氢叶酸(FH_2),FH_2 再进一步还原成四氢叶酸(FH_4),FH_4 是细菌合成核苷酸不可缺少的辅酶。

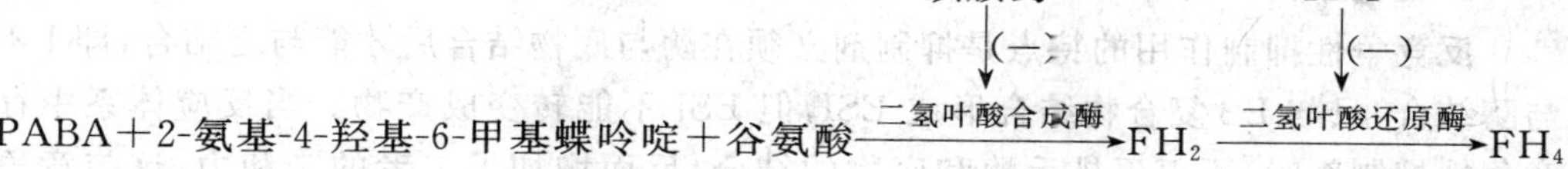

磺胺类药物作用的基本原理是：由于某些细菌的生长繁殖必须用对氨基苯甲酸合成叶酸；磺胺类药物的基本结构是对氨基苯磺酰胺，与对氨基苯甲酸的结构相似，可与对氨基苯甲酸竞争与叶酸合成酶结合，导致叶酸合成受阻，进而影响核苷酸和核酸的合成。由于人体能直接利用食物中的叶酸，而细菌则不能，故磺胺类药物可抗菌消炎。磺胺增效剂(TMP)可增强磺胺的药效，是因为其结构与二氢叶酸类似，可抑制细菌二氢叶酸还原酶，但很少抑制人体二氢叶酸还原酶。它与磺胺配合使用，可使细菌的四氢叶酸合成受到双重阻碍，从而严重影响细菌的核酸及蛋白质合成。

2. 非竞争性抑制作用(noncompetitive inhibition)

在非竞争性抑制作用中，底物、抑制剂与酶的结合互不相干，二者可同时独立地与酶结合，形成酶-底物-抑制剂(ESI)三元复合物，两者没有竞争作用。但 ESI 不能转变为产物。

$$
\begin{array}{ccccc}
E+S & \underset{}{\overset{K_s}{\rightleftharpoons}} & ES & \longrightarrow & E+P \\
+ & & + & & \\
I & & I & & \\
K_i \Updownarrow & & \Updownarrow K_i' & & \\
EI+S & \overset{K_s'}{\rightleftharpoons} & ESI & \not\longrightarrow & P
\end{array}
$$

在非竞争性抑制剂存在下，作双倒数图可得到如图 2-26 所示的曲线。随着非竞争性抑制剂浓度的增加，直线的斜率增加，在纵轴上的截距也增加，即最大反应速率减小，但 K_m 不变，所以酶对底物的亲和力不变。

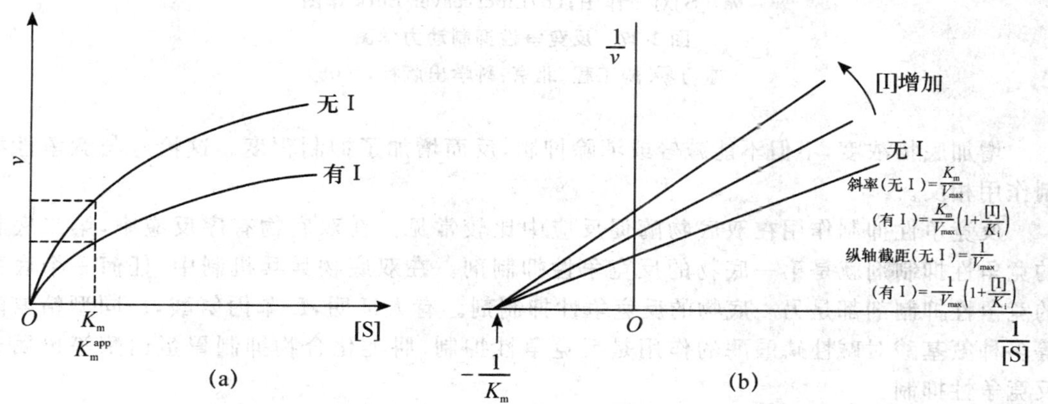

(a)[S]对 v 作图；(b)Linerveaver-Burk 作图

图 2-26　非竞争性抑制动力学图

(施巧琴. 酶工程. 北京：科学出版社，2005)

3. 反竞争性抑制作用(uncompetitive inhibition)

反竞争性抑制作用的特点是抑制剂必须在酶与底物结合后才能与之结合,即I不单独与酶结合,只与ES复合物结合形成ESI,但ESI不能转变成产物。当反应体系中存在反竞争性抑制剂时,不仅不排斥酶和底物的结合,反而增加了二者的亲和力,这与竞争性抑制作用恰好相反,所以称为反竞争性抑制作用。产生这种现象的原因可能是S和E的结合改变了E的构象,有利于抑制剂同酶的结合。

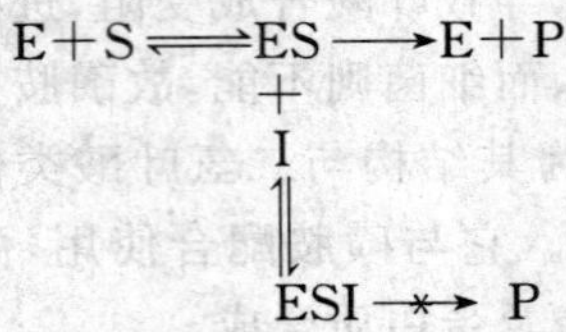

有反竞争性抑制剂存在 v 与S的关系如图2-27所示,K_m 和最大反应速率都减小。

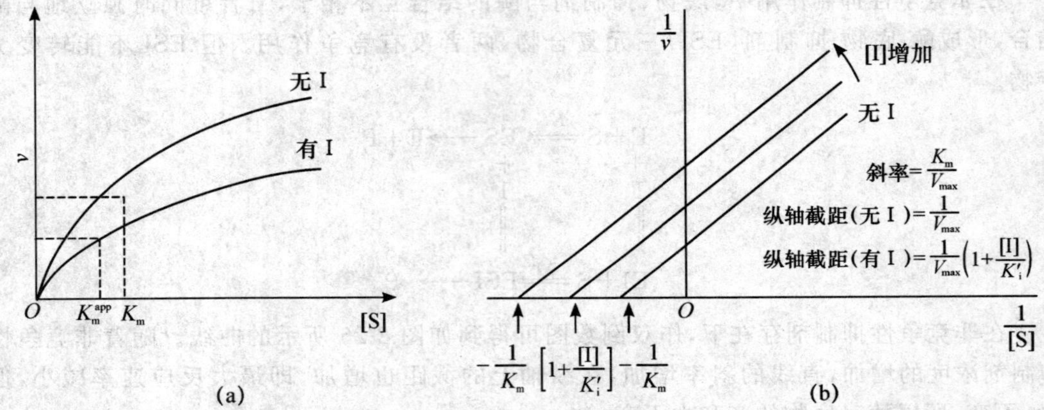

(a)[S]对 v 作图;(b)Linerveaver-Burk作图

图2-27 反竞争性抑制动力学图

(施巧琴. 酶工程. 北京:科学出版社,2005)

增加底物浓度,不但不能减轻或消除抑制,反而增加了抑制程度。这恰好与竞争性抑制作用相反。

反竞争性抑制作用在双底物酶促反应中比较常见。在双底物有序反应中,第二底物的竞争性抑制剂就是第一底物的反竞争性抑制剂。在双底物乒乓机制中,任何一个底物的竞争性抑制剂都是另一底物的反竞争性抑制剂。有人证明,*L*-苯丙氨酸,*L*-同型精氨酸等多种氨基酸对碱性磷酸酶的作用是反竞争性抑制,肼类化合物抑制胃蛋白酶等也属于反竞争性抑制。

2.3.7 激活剂对酶促反应的影响

凡能提高酶活性,加速酶促反应进行的物质都称为该酶的激活剂(activator,A)。激活剂按其相对分子质量大小可分为以下3种。

2.3.7.1 无机离子激活剂

(1)阳离子。包括 H^+ 和各种金属离子，如 K^+、Na^+、Mg^{2+}、Mn^{3+}、Ca^{2+}、Zn^{2+}、Cu^{2+}(Cu^+)、Fe^{2+}(Fe^{3+})、Co^{2+} 等。如 Zn^{2+} 是羧肽酶的激活剂，而 Mg^{2+} 则是多种激酶以及合成酶的激活剂等。

(2)阴离子。包括 Cl^-、Br^-、I^-、CN^-、NO^{2-} 等。例如，经透析过的唾液淀粉酶活力不高，若加入少量的 NaCl，则酶的活力大大增加，因此 NaCl(更准确地说是 Cl^-)就是唾液淀粉酶的激活剂。

一般认为，金属离子的激活作用，主要是由于金属离子在酶和底物之间起了桥梁的作用，形成酶-金属离子-底物三元复合物，从而更有利于底物和酶的活性中心部位的结合。有的酶只需要一种金属离子作为激活剂，如乙醇脱氢酶；有的酶则需要一个以上的金属离子作为激活剂，如 α-淀粉酶以 Na^+、K^+、Ca^{2+} 为激活剂。在作为激活剂的金属离子中，Mg^{2+} 最为突出，它几乎参与体内所有的代谢反应。无机离子对酶活性的影响与其浓度有关，一般低浓度提高酶活性，高浓度降低酶活性。有时在一起的两种离子对酶活性的作用恰好相反，出现拮抗作用。例如，Mg^{2+} 提高 ATP 酶活性，而 Ca^{2+} 则降低 ATP 酶活性。有时，对酶活性的作用，金属离子之间可以相互替代，如 Mn^{2+} 可以替代 Mg^{2+} 激活酶。

2.3.7.2 一些小分子的有机化合物

有一些以巯基为活性基团的酶，在分离提纯过程中，其分子中的巯基常被氧化而降低活力。因此，需要加入抗坏血酸、半胱氨酸、谷胱甘肽或氰化物等还原剂，使氧化了的巯基还原以恢复活力。如 3-磷酸甘油醛脱氢酶就属于巯基酶，在其分离纯化过程中，往往要加上述还原剂，以保护其巯基不被氧化。另外，乙二胺四乙酸(EDTA)是金属离子的螯合剂，能解除重金属离子对酶的抑制作用，也可视为酶的激活剂。

2.3.7.3 生物大分子激活剂

某种蛋白酶能使无活性的酶原(zymogen 或 proenzyme)变成有活性的酶。例如，胰蛋白酶可以将无活性的胰凝乳蛋白酶原变成有活性的 α-胰凝乳蛋白酶。如磷酸化酶 b 激酶可激活磷酸化酶 b，而磷酸化酶 b 激酶又受到 cAMP 依赖性蛋白激酶的激活。霍乱毒素由相对分子质量为 29×10^3 的 A 亚基和相对分子质量为 10×10^3 的 B 亚基组成，它可激活小肠黏膜上皮细胞上的腺苷酸环化酶。

激活剂对酶的作用具有一定的选择性：一种激活剂对某种酶可能是激活，但对另一种酶则可能是抑制。如脱羧酶、烯醇化酶、DNA 聚合酶等的激活剂，对肌球蛋白腺三磷酸酶的活性有抑制作用。激活剂的浓度不同其作用也不一样，有时对同一种酶是低浓度起激活作用，而高浓度则起抑制作用。

激活无活性的酶原转变为有活性的酶的物质也称为激活剂，酶的激活剂又称酶的激动剂。这类激活剂往往都是蛋白质性质的大分子物质，如前所述的胰蛋白酶原的激活。但酶的激活与酶原的激活有所不同，酶原激活是指无活性的酶原变成有活性的酶，且伴有抑制肽的水解；酶的激活是使已具活性的酶的活性增高，使活性由小变大，不伴有一级结构的改变。

2.4 酶活力及其测定

2.4.1 酶的活力单位

酶的活力单位是衡量酶活力大小的计量单位。在实际工作中，酶活力单位往往与所用的测定方法、反应条件等因素有关。因此，所谓的酶活力是指在特定的系统和条件下测到的反应速度。对于同一种酶由于测定方法的不同，酶的活力单位常常有不同的规定。例如，蛋白酶的活力单位，规定为：1 min 内，将酪蛋白水解，产生 1 μg 酪氨酸所需要的酶量，定为一个单位(1 U=1 μg 酪氨酸/min)；淀粉酶的活力单位，规定为：每小时催化 1 g 可溶性淀粉液化所需要的酶量，定为一个单位(1 U=1 g 淀粉/h)；或者，每小时催化 1 mL 2%可溶性淀粉液化所需要的酶量，定为一个单位(1 U=1 mL×2%淀粉/h)。

但这些表示方法不够严格，每一种酶都有好几种不同的单位，也不便于对酶活力进行比较。为了统一酶活力单位的计算标准。1961 年，国际生物化学协会酶学委员会对酶活力单位作了下列规定：在特定的反应条件下，1 min 内转化 1 μmol 底物所需的酶量，定为一个国际单位(1 IU=1 μmol/min)。如果底物分子有一个以上可被作用的化学键，则一个酶活力单位便是 1 min 使 1 μmol 有关基团转化所需要的酶量。同时规定的特定条件为：反应必须在 25℃，在具有最适底物浓度、最适缓冲液离子强度和 pH 的系统内进行。这是一个统一的标准，但使用起来不如习惯用法方便。目前，在许多场合下，仍然采用上述习惯用法。

为了使酶活力单位与国际单位制中的反应速度(mol/s)相一致，1972 年，国际酶学委员会正式推荐用 Kat(Katal)作为酶活力单位。规定为：在最适条件下，每秒钟内，能使 1 mol 底物转化成产物所需要的酶量，定为一个 Kat 单位(1 Kat=1 mol/s)。依此类推，有 μKat、nKat、pKat 等。Kat 与国际单位(IU)的互算关系如下：

$$1\ \text{Kat}=1\ \text{mol/s}=60\ \text{mol/min}=60\times10^{6}\ \mu\text{mol/min}=6\times10^{7}\ \text{IU}$$

$$1\ \text{IU}=1\ \mu\text{mol/mol}=\frac{1}{60}\ \mu\text{mol /s}=\frac{1}{60}\ \mu\text{Kat}=16.67\ \text{nKat}$$

虽然酶活力单位有上述国际统一定义，但实际上在文献及商品酶制剂中，酶活力单位的定义一直处于相当混乱的状态。即使同样的酶，用同样的测定方法和同样的单位定义，但由于条件稍有不同，也会使测到的酶活力难以相互比较。因此，在比较某种酶活力时，必须注意它们的单位定义和测定方法及条件。

2.4.2 酶的比活力

酶的比活力又称比活性(specific activity，简写 S. A)，是指每毫克酶蛋白所含的酶活力单位数。

$$比活力=\frac{活力单位数}{每毫克酶蛋白}$$

有时也用每克酶制剂或每毫升酶制剂所含的活力单位数来表示。比活力是表示酶制剂纯度的一个重要指标，在酶学研究和提纯酶时常常用到。对同一种酶来说，酶的比活力越高，纯度越高。对于不纯的酶，特别是含有大量的盐或其他非蛋白物质的商品酶制剂，单位质量酶制剂中酶活力只能表示单位质量制剂的酶含量，不宜称为比活力，比活力必须测定酶制剂中的蛋白质含量才能确定。

在酶分离提纯过程中，每完成一个关键的实验步骤，都需要测定酶的总活力和比活力，以监视酶的去向。判断分离提纯方法的优劣和提纯效果，一要看纯化倍数高不高，二要看总活力的回收率大不大。利用比活力，可以计算分离提纯过程中每一步骤所得到的酶的纯化倍数：

$$纯化倍数=每次比活力/第一次比活力$$

利用总活力可以计算分离提纯过程中每一步骤所得到的酶的回收率：

$$回收率=(每次总活力/第一次总活力)\times 100\%$$

2.4.3 常用酶活力测定方法原理

在酶学和酶工程的研究和生产中，经常需要进行酶的活力测定，以确定酶量的多少以及变化情况。根据酶催化反应的不同，酶活力测定方法很多，其原理都是用单位时间内、单位体积中底物的减少量或产物的增加量来表示酶反应速度。在外界条件相同的情况下，反应速度越大，意味着酶活力越高。

2.4.3.1 酶活力测定步骤

酶活力测定包括两个阶段。首先在一定条件下，酶与底物反应一段时间，然后再测定反应液中底物或产物的变化量。一般包括以下几个步骤：

①根据酶催化的专一性，选择适宜的底物，并配制成一定浓度的底物溶液。所使用的底物必须均匀一致，达到酶催化反应所要求的纯度。一般来说，任何一种酶促反应，如果底物或产物具有光吸收、旋光、电位差改变或荧光变化等性质，只要方法足够灵敏，就可以直接检测。另外，为了便于观察，还可偶联一些能直接或间接产生有色化合物的反应。在测定酶活力时，所使用的底物溶液一般要求新鲜配制，有些反应所需的底物溶液也可预先配制后置于冰箱中保存备用。

②根据酶的动力学性质，确定酶催化反应的温度、pH、底物浓度、激活剂浓度等反应条件。温度可以选择室温(25℃)、体温(37℃)、酶反应最适温度或其他选用的温度。最适温度随反应的时间而定，若待测酶的活性低，含量少，必须延长保温时间使其有足够量的可被检测出的产物，则温度应适当低些；反之，则可适当增高其温度。pH 应是酶催化反应的最适 pH。最适 pH 可随底物的种类和所用缓冲液的种类不同而有所不同。底物浓度的选择上一般用高底物浓度测定法(零级反应近似法)。这是一种理论上正确且简单易行的方法。通常采用的底物浓度相当于 20～100 倍的 K_m 值。但过高也不可取。有时过高浓

度的底物反而对酶有抑制作用，这是因为同一酶分子上同时结合几个底物分子后，使酶分子中的诸多必需基团不能针对一个底物分子进行催化攻击。反应条件一旦确定，在整个反应过程中应尽量保持恒定不变。故此，反应应该在恒温槽中进行。要保持 pH 的恒定必须采用一定浓度和一定 pH 的缓冲溶液。缓冲液的种类和浓度均可对酶活性有所影响，因为缓冲液中的正负离子可影响活性中心的解离状态，有的缓冲盐类或对酶活性有一定的抑制作用，或能结合产物而加速反应的进行。有些酶催化反应，要求一定浓度的激活剂等条件，需在反应体系中加入激活剂增强酶的活性。如加入 Cl^- 能增强唾液淀粉酶的活性。

③在一定的条件下，将一定量的酶液和底物溶液混合均匀，适时记下反应开始的时间。

④当反应体系保温一定时间后，取出适量的反应液，运用各种生化检测技术，测定产物的生成量或底物的消耗量，以求得酶的反应速度。为了准确地反映酶催化反应的结果，应尽量采用快速、简便的方法，立即测出结果。若不能即时测出结果的，则要及时终止反应，然后再测定。终止酶反应的方法很多，一般常用的有：a. 反应时间一到，立即取出适量反应液，置于沸水浴中，加热使酶失活；b. 加入适宜的酶变性剂，如三氯醋酸等，使酶变性失活；c. 加入酸或碱溶液，使反应液的 pH 迅速远离催化反应的最适 pH，而使反应终止；d. 将取出的反应液立即置于低温冰箱、冰粒堆或冰盐溶液中，使反应液的温度迅速降低至10℃以下而终止反应。在实际使用时，要根据酶的特性、反应底物和产物的性质以及酶活力测定的方法等加以选择。若有连续监测装置追踪反应过程，则可以不必终止反应，即可求得酶的反应速度。

2.4.3.2　酶活力测定的方法

酶活力测定，可用物理方法、化学方法及酶分析等方法，即可在适当的条件下把酶和底物混合，测定反应的初速度。根据测定原理，可以将酶活力的测定方法分为 4 种：①终点法；②动力学法；③酶偶联分析法；④电化学法。

1. 终点法

终点法亦称为消色点法(achromic procedure)。它是指在确定条件下，让酶作用一定量的底物，然后检测反应系统达到某一指标所需要的时间，并根据时间长短来分析酶活力的一种方法。或者将酶和底物混合后，让其反应一定时间，然后停止反应，通过定量测定底物的减少或产物生成的量，来计算酶活力。在简单的酶反应中，底物减少与产物增加的速度是相等的，但一般以测定产物为宜，因为测定反应速度时，实验设计规定的底物浓度往往是过量的，反应时底物减少的量只占其总量的一小部分，测定时不易准确；而产物则是从无到有，只要方法足够灵敏，就可以准确地测定酶活力。

该方法几乎适用于所有酶的活力测定，设备简单易行，但工作量较大，由于取样和终止作用的时间不易准确控制，因此，对于反应速度很快的酶，测定结果往往不够准确。但目前终点法的一个发展是采用检测器对反应进行连续跟踪，并在反应达到某一程度时，精确地自动记录所需要的时间，这就是酶分析自动化中的所谓固定浓度法。

终点法的另一发展是做成简便的“酶检测纸片”。以“血清胆碱酯酶检定纸片”为例，在这种纸片上浸有氯化乙酰胆碱和溴麝香草酚，测定时只要将待检血清和纸片在 37℃一起保温，如有活性的胆碱酯酶，氯化乙酰胆碱就会被水解，生成醋酸，使 pH 指示剂由深蓝转变为黄绿。根据这种转变所需要的时间可对血清中胆碱酯酶的水平作出估计。

2. 动力学法

动力学法(kinetics procedure),是酶活力测定最常用的方法。该方法不需要取样终止反应,将酶和底物混合后间隔一定时间,间断或连续测定酶反应过程中产物、底物或辅酶的变化量,如光密度的增加或减少,可以直接测定出酶反应的初速度。

这类方法的优点是方便、迅速、准确,一个样品可多次测定,有利于动力学研究。但很多酶反应尚不能用该法测定,且需要有较贵重的仪器。动力学方法中应用最广泛的是分光光度法和荧光法。分别介绍如下:

(1)分光光度法。这是根据反应产物与底物在某一波长或某一波段上,有明显的特征吸收差别而建立起来的连续观测方法。

光吸收法应用的范围很广,几乎所有的氧化还原酶都可用此法测定。例如,脱氢酶的辅酶NAD(P)H在340 nm波长处有吸收高峰,而氧化型则无;细胞色素氧化酶的底物为细胞色素C,该物质还原型与氧化型在550 nm的消光系数分别为$\varepsilon_{550(R)}=2.81\times10^{4}\ cm^{2}/mol$,$\varepsilon_{550(O)}=0.80\times10^{4}\ cm^{2}/mol$,这些光吸收差别都可用来进行测定。

可以利用光吸收法测定的还有那些催化双键饱和化或双键形成的酶反应和那些催化环状结构变化的酶反应。例如,延胡索酸酶催化的反应,延胡索酸在300 nm有强的光吸收,而苹果酸没有;尿酸氧化酶催化尿酸氧化为尿囊素,尿酸在290 nm有吸收,而尿囊素则没有。

在应用光吸收法测定酶反应速度时,如果只需要了解酶活性的相对大小,那么可直接以单位时间内相应波长的光吸收值的改变($\Delta A/\Delta t$)表示;但如果要表达成更确切的单位(如国际单位),则应先通过消光系数算出底物浓度或者产物浓度的变化量$\Delta C(\Delta A/\varepsilon)$,然后再以$\Delta C/\Delta t$表示。光吸收测定法灵敏度高(可检测到nmol/L水平的变化),简便易行,而且一般可在较短时间内完成检测。测量时,一般记录光吸收增量比光吸收减量准确。

(2)荧光测定法(fluorometric procedure)。它的原理是,如果酶反应的底物与产物之一具有荧光,那么荧光变化的速度可代表酶反应速率。可用此法测定的酶反应有两类:一是脱氢酶催化的反应,它们的底物在酶反应过程中本身就有荧光变化,例如,NAD(P)H的中性溶液能发射强的蓝白色荧光(460 nm),而$NAD(P)^{+}$则没有。另一类是利用荧光原底物的酶反应,例如,用二丁酰荧光素测定脂肪酶,二丁酰荧光素不发荧光,但水解后释放荧光素,能产生强的荧光。

荧光测定法灵敏度很高,可以检出10^{-12} mol/ L样品分子,比分光光度法高出6个数量级,因而样品用量极微;选择性比分光光度法更强,可以在复杂的混合物中检测样品分子的含量;但荧光测定法易受其他物质干扰,必须严格控制实验条件,排除荧光干扰物质。有些物质如重铬酸钾常会抢夺能量,降低荧光强度,有些物质如蛋白质能吸收和发射荧光,这种干扰在紫外光区尤为显著,故测定的荧光最好是可见光。特别是以红荧光为好。

荧光法测得的酶活性大小通常只能以单位时间内荧光强度的变化($\Delta F/\Delta t$)表示,用荧光分光光度计选择适当的激发光波长和荧光波长,并记录不同反应时间(t)内荧光强度(F)的变化,用$F-t$作图,可以求出$v=\Delta F/\Delta t$。荧光测定法的主要缺点是,荧光读数与浓度间没有直接的比例关系，而且常因测定条件如温度、散射、仪器等而不同，所以如果要将酶活性以确定的单位表示时，首先要制备校正曲线，然后再根据这曲线确切定量。

2.4.3.3　酶偶联测定法

酶偶联测定法是指在被测酶的反应体系中加入过量的、高度专一的“偶联工具酶”，使反应延续进行到某一可以直接、连续、简便、准确测定的阶段，同时用光学法或电学方法进行检测或跟踪。

$$S \xrightarrow{E_1} P_1 \xrightarrow{E_2} P_2$$

此反应要有以下条件：

①$S \rightarrow P_1$ 反应很慢，$P_1 \rightarrow P_2$ 反应很快；

②偶联工具酶 E_2 必须纯度很高，加入酶量应过量；

③P_2 有光吸收变化或有荧光变化，可以用分光光度法或荧光法测定。

该方法操作简便，节省样品和时间，可连续测定酶反应过程中光吸收的变化；其缺点是：应用局限于有光吸收的反应，反应条件要求较高，必须有恒温的紫外-可见分光光度计。

2.4.3.4　电化学法

电化学分析法也是一类连续分析法，灵敏度和准确度都很高，可和光学方法媲美，而且即使测定系统中有某些物质污染，也不会影响结果。该方法可以分为离子选择性电极法、微电子电位法、电流法、电量法、极谱法等数种。在此仅介绍离子选择性电极法。

使用离子选择性电极法要具备以下条件：

①在酶促反应中，必须伴有离子浓度或气体的变化(如 O_2、CO_2、NH_3 等)；

②必须有离子选择性电极。

最普通的离子选择性电极是玻璃电极，用它测定酸度(pH)的变化，可用于有酸碱变化的反应的测定。此法操作简单，但有两个缺点：一是随着反应的进行，pH 不断改变，酶活力也将发生变化；二是测定系统的 pH 依赖于介质的缓冲能力，蛋白质是高缓冲性物质，粗的待测样品中往往包含大量惰性蛋白，因而难以保证恒定的缓冲强度，测定结果不易精确。连续滴定或恒酸滴定可以克服这些困难。所谓恒酸滴定就是在反应过程中，不断向反应系统加酸或碱使 pH 维持恒定，同时以加酸或加碱的速度代表反应速度。恒酸滴定仪(pH stat)就是适应这种需要而设计的一种精密测定仪，它可自动加酸、加碱控制 pH，并同时记录加入的酸碱量与时间的关系。

2.5　酶在生物体内存在的几种形式

2.5.1　单体酶、寡聚酶、多酶复合体

酶和其他蛋白质一样，由 20 种 *L*-氨基酸组成，也有特定的氨基酸排列和特定的空间

结构。根据酶的存在类型可将酶分成不同类型。

2.5.1.1 单体酶

单体酶(monomeric enzyme)是指只有一条具有三级结构的多肽链,相对分子质量为13 000～35 000的酶类。这些酶不能再解离成更小的组成单位。其中多是催化水解反应的酶,一般不需要辅助因子。绝大多数单体酶只表现一种酶活性。

在单体酶中有一些是蛋白水解酶,它们多以无活性的酶原形式合成,在需要时再水解除去部分肽链转变为有活性的酶。常见的单体酶见表2-6。

表2-6 常见的单体酶

酶	相对分子质量	氨基酸残基数
溶菌酶	14 600	129
核糖核酸酶	13 700	124
木瓜蛋白酶	23 000	203
胰蛋白酶	23 800	223
羧肽酶 A	34 600	307

2.5.1.2 寡聚酶

已知的酶绝大多数是寡聚酶(oligomeric enzyme)。具有四级结构,相对分子质量为35 000至几百万。由几个甚至几十个亚基组成,组成寡聚酶的亚基可以相同,也可以不同。亚基之间一般以非共价键、对称的形式排列,亚基之间彼此易于分开。有的亚基上有结合基团,叫结合亚基,有的亚基上有催化基团,叫催化亚基。在含有相同亚基的寡聚酶中,有的是多催化部位酶,每个亚基上都有一个催化部位,一个底物与酶的一个亚基结合对其他亚基与底物的结合没有影响,同样对已经结合了底物的亚基解离也没有影响。从这一点来看,一个带有n个催化部位的酶和n个只有一个催化部位的酶是相等的,但值得注意的是,这类多催化部位酶的游离亚基没有活性,必须聚合成寡聚酶后才有活性,也就是说,多催化部位酶并不是多个分子的聚合体,而仅仅是一个功能分子。此外,有相当数量含有相同亚基的寡聚酶是调节酶,在调节控制代谢过程中起着非常重要的作用,它们的活性可通过多种方式,特别是通过别构机制进行调节。常见的寡聚酶见表2-7。

表2-7 常见的寡聚酶

酶	亚基		相对分子质量
	数目	相对分子质量	
磷酸化酶 a	4	92 500	370 000
醛缩酶	4	40 000	16 000
3-磷酸甘油醛脱氢酶	2	72 000	140 000
烯醇化酶	2	41 000	820 000
肌酸激酶	2	4 000	80 000
乳酸脱氢酶	4	35 000	150 000
丙酮酸激酶	4	57 200	237 000

2.5.1.3 多酶复合体

多酶复合体(multienzyme complex)又称多酶体系，相对分子质量很大，一般在几百万，是由几种酶彼此嵌合而形成的络合物。一般由2～6个功能相关的酶组成。其中的每一种酶分别催化一个反应，所有反应依次连接，构成一个代谢途径或代谢途径的一部分。由于这一连串反应是在高度有序的多酶复合体内完成的，反应效率非常高。多酶复合体集不同催化活性于一身，有两个方面的意义：一是调节功能，即能在不同的条件下表现不同的催化作用；二是能使催化连续反应的活性中心邻近化从而提高催化效率。例如大肠杆菌色氨酸合成酶复合体和大肠杆菌丙酮酸脱氢酶复合体。

1. 大肠杆菌色氨酸合成酶复合体

来源于大肠杆菌的色氨酸合成酶复合体是由2个α亚基和2个β亚基构成的双功能四聚体($\alpha \cdot \alpha \cdot \beta_2$)。游离的$\alpha$亚基可以催化吲哚甘油磷酸分解成吲哚和磷酸甘油醛；单独的β亚基无催化活性，但β_2可催化吲哚和L-丝氨酸反应生成L-色氨酸。当组成$\alpha \cdot \alpha \cdot \beta_2$复合体后能催化吲哚甘油磷酸和$L$-丝氨酸反应生成$L$-色氨酸和3-磷酸甘油醛，高效完成色氨酸的合成。研究证明，尽管游离的α和β_2都有催化活性，但催化效率却显著低于复合体，α亚基的催化效率只有复合体的1/30，而β_2亚基的催化效率大约只有复合体的1%，说明形成复合体后，中间产物可在亚基之间移动，对催化能力的提高十分有利。

2. 大肠杆菌丙酮酸脱氢酶复合体

大肠杆菌丙酮酸脱氢酶复合体是由丙酮酸脱氢酶(E_1)、二氢硫辛酸转乙酰基酶(E_2)和二氢硫辛酸还原酶(E_3)三种酶彼此嵌合而成的。这三种酶催化的反应是不同的，丙酮酸脱氢酶(E_1)以TPP作为辅酶催化丙酮酸和硫辛酸反应生成S-乙酰二氢硫辛酸；二氢硫辛酸转乙酰基酶(E_2)催化S-乙酰二氢硫辛酸与CoA反应生成乙酰CoA和二氢硫辛酸；二氢硫辛酸还原酶(E_3)催化二氢硫辛酸与NAD^+生成硫辛酸。而由12个E_1、8个E_2和24个E_3组成的丙酮酸脱氢酶复合体催化的则是三种酶催化反应的总反应，即丙酮酸、CoA和NAD^+生成硫辛酸。已经知道丙酮酸脱氢酶复合体是一个直径为30 nm的多面体，其中8个E_2(三聚体)形成核心，12个E_1(二聚体)组成12个边，24个E_3(二聚体)分布于表面，如图2-28所示。

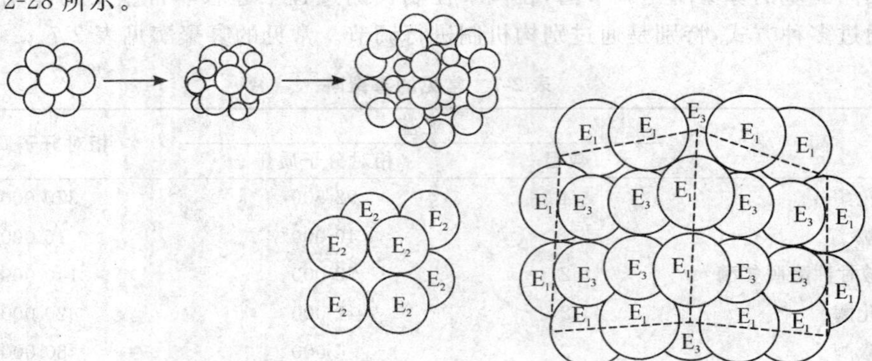

图 2-28 丙酮酸脱氢酶复合体的结构

(梅乐和，岑沛霖. 现代酶工程. 北京：化学工业出版社，2006)

组成大肠杆菌丙酮酸脱氢酶复合体的三种酶的辅助因子都牢固地连接在酶分子上，生成的中间产物也在复合体内传递，并不扩散到介质中去。大肠杆菌丙酮酸脱氢酶复合体是以非共价键维系的，复合体解离后，除去解离因素，它又能自动装配成天然复合体形式并恢复功能。

关于多酶体系有几点值得注意：

①多酶复合体中各组成成分的结合强度可能差别很大，如果各组成成分之间仅以次级键彼此连接，则形成的复合体称为多酶蛋白(multienzyme protein)；如果各组成成分之间是以共价键结合，那么形成的复合体称为多酶多肽(multienzyme polypeptide)。

②在催化活性上没有直接联系的酶也可能组成多酶复合体。如在肌肉中的磷酸化酶b和丙氨酸转氨酶就可能形成复合体，而且，它们的活性也同样被代谢物如AMP等所影响。

③在细胞内各种多酶复合体还可能通过和细胞膜或细胞器结合在一起，从而组成高效的物质或能量代谢系统。

2.5.2 同工酶

自从1959年Market等人用电泳法从动物血清中发现了乳酸脱氢酶同工酶以来，由于蛋白质分离技术的发展，人们从动物界、植物界、微生物界发现了数百种各种各样的同工酶。

同工酶是指能催化相同的化学反应，但蛋白质分子结构不同的一组酶。由于蛋白质分子结构不同，各同工酶的理化性质、免疫学性质都存在很多差异。即能催化相同化学反应的数种不同分子形式的酶。

在陆续发现的数百种同工酶中，研究得最多的是乳酸脱氢酶(LDH)。哺乳动物中有5种乳酸脱氢酶同工酶，在电泳图谱上出现了等距离的5条带(图2-29)。它们都能催化同一种乳酸脱氢反应：

$$CH_3\underset{\underset{OH}{|}}{C}HCOO^- + NAD^+ \underset{}{\overset{LDH}{\rightleftharpoons}} CH_3\underset{\underset{O}{\|}}{C}COO^- + NADH + H^+$$

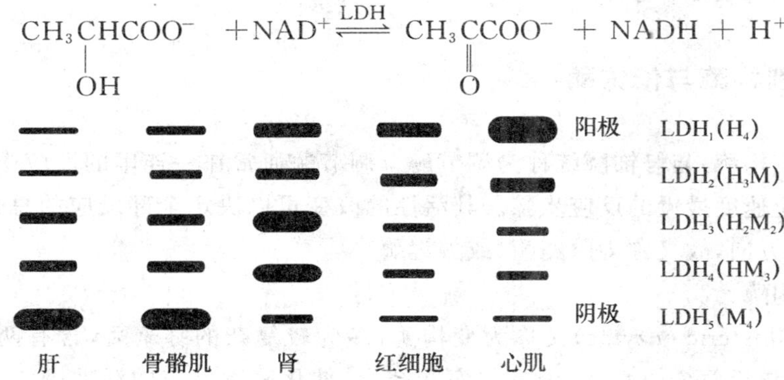

图2-29 乳酸脱氢酶同工酶电泳图谱

(周晓云.酶学原理与酶工程.北京:中国轻工出版社,2005)

其中,M 亚基和 H 亚基在氨基酸组成及一级结构上都有明显的差异。同工酶可以通过多种方法加以鉴别,例如,活性测定、一级结构分析、层析和电泳分析,对底物、抑制剂和辅助因子的亲和性测定,以及对热或化学变性剂的稳定性测定等。但最常用的是电泳,因为这种方法对样品的纯度要求不高,分辨率强,简便快速。

同工酶不仅存在于同一机体的不同组织中,也存在于同一组织细胞的不同亚细胞结构中。LDH 的 5 种同工酶在不同组织或不同细胞器中的分布详见表 2-8,如 LDH_1 主要催化乳酸脱氢生成丙酮酸,而 LDH_5 主要催化丙酮酸还原成乳酸。

表 2-8 同工酶的亚单位组成

同工酶	亚单位	分布的主要器官和组织
LDH_1	HHHH(H_4)	心肌,肾
LDH_2	HHHM(H_3M)	红细胞,心肌
LDH_3	HHMM(H_2M_2)	肾上腺,淋巴结,甲状腺等
LDH_4	HMMM(HM_3)	骨骼肌
LDH_5	MMMM(M_4)	肝,骨骼肌

关于同工酶和同功酶的译名问题,过去曾用后一名称,现在则多倾向于前者。主要是因为酶的分子结构不但决定了它的催化性质,也决定了它的效率、细胞结构及其相关效应物(包括调控因子)的相互关系,及对外界条件改变做出反应的能力,这就是说,同工酶在机体内虽然催化相同反应,做相同的工作,但由于其结构与性质不同,它们在生命活动中发挥的作用、具有的功能就可能有所差别。正因为如此,同工酶的测定可作为某些疾病的诊断指标。如正常人血清 LDH 活力很低,它主要来自红细胞渗出。当某一组织病变时,LDH 释放入血液中,血清 LDH 同工酶电泳图谱就会发生变化。有时单纯测定血清 LDH 的总活性,测定值可在正常范围,但其同工酶谱已经发生改变,若测定其同工酶,就可以鉴别诊断何种组织有病变。如肝细胞受损早期,LDH 总活性在正常范围内,但 LDH_5 升高;急性心肌病变时,LDH_1 可升高。

2.5.3 别构酶与修饰酶

别构酶(变构酶)与修饰酶统称为调节酶。调节酶通常在一连串的反应中催化单向反应,或催化反应速度最慢的反应步骤。其活性的改变可以决定全部反应的总速度,甚至可以改变代谢的方向,故又称为限速酶(或关键酶)。

2.5.3.1 别构酶

别构酶(allosteric enzyme)又称为变构酶,多为较复杂的寡聚酶,含有两个或多个亚基。其分子中包括两个中心:一个是与底物结合、催化底物反应的活性中心;另一个是与调节物结合、调节反应速度的别构中心。两个中心可能位于同一亚基上,也可能位于不同亚基上。在后一种情况中,存在别构中心的亚基称为调节亚基。别构酶是通过酶分子本身构象变化来改变酶的活性。

别构效应剂也称效应物或调节因子。一般为小分子代谢物，可以是酶作用的底物或底物类似物，也可以是代谢通路上的产物。别构效应剂与别构中心结合后，诱导或稳定住酶分子的某种构象，使酶的活性中心对底物的结合与催化作用受到影响，从而调节酶的反应速度和代谢过程，此效应称为酶的别构效应(allosteric effect)。因别构导致酶活力升高的物质，称为正效应物或别构激活剂；导致酶活力降低的物质称为负效应物或别构抑制剂。例如，异柠檬酸脱氢酶是别构酶，NAD^+、ADP 和柠檬酸是该酶的别构激活剂，而 NADH 和 ATP 是别构抑制剂。不同别构酶其调节物分子也不相同。有的别构酶其调节物分子就是底物分子，酶分子上有两个以上与底物结合中心，其调节作用取决于分子中有多少个底物结合中心被占据。别构酶的反应初速度与底物浓度(v 对[S])的关系不服从米氏方程。而是呈现 S 形曲线。S 形曲线表明，酶分子上一个功能位点的活性影响另一个功能位点的活性，显示协同效应(cooperative effect)，当底物或效应物一旦与酶结合后，导致酶分子构象的改变，这种改变了的构象大大提高了酶对后续的底物分子的亲和力。结果底物浓度发生的微小变化，能导致酶促反应速度极大的改变。

别构酶通常在代谢反应中催化第一步反应或交叉处反应，来调节物质代谢的速度及方向，并受代谢终产物的反馈抑制。例如，糖酵解中的两个别构酶——磷酸果糖激酶和果糖二磷酸酯酶对糖氧化性能的调节，见图 2-30。

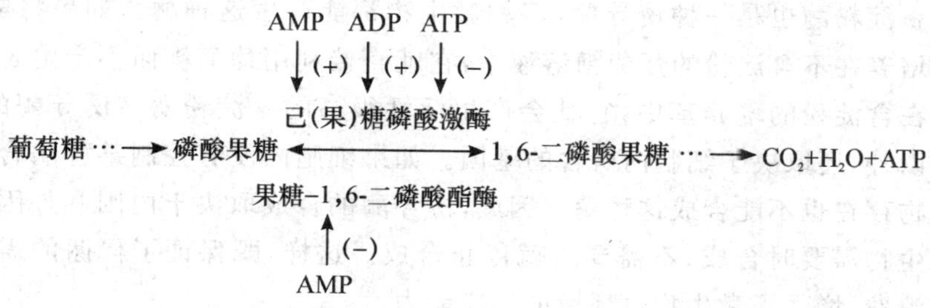

图 2-30 别构酶对糖氧化性能的调节

在上述反应中，磷酸果糖激酶催化正向反应，AMP 和 ADP 是它的别构激活剂，ATP 是它的别构抑制剂。果糖二磷酸酯酶催化逆向反应，AMP 是它的别构抑制剂。当细胞处于静息状态时，耗能较少，ATP 分解速度减慢，ATP 积聚，对磷酸果糖激酶产生别构抑制效应，使 1,6-二磷酸果糖生成速度减慢，ATP 生成减少。当细胞处于活动状态时，耗能较多，ATP 分解速度加快，ADP 和 AMP 随之增加，对磷酸果糖激酶产生别构激活效应，1,6-二磷酸果糖生成速度增加，ATP 生成增多，以满足细胞对能量的需要。

2.5.3.2 修饰酶

某些酶蛋白肽链上的侧链基团在另一酶的催化下可与某种化学基团发生共价结合或解离，从而改变酶的活性，这一调节酶的活性的方式称为酶的共价修饰调节(covalent modification regulation)，这类酶称为修饰酶(modification enzyme)。最常见的共价修饰是磷酸化修饰。通过蛋白激酶的催化，被修饰酶分子中丝氨酸或酪氨酸侧链上的羟基进行磷酸化，也可通过各种磷酸酶使此类磷酸基团去除，从而形成可逆的共价修饰。磷酸化修饰是体内重要的快速调节酶活性的方式之一。

绝大多数修饰酶以两种不同修饰和不同活性的形式结合，且催化其正逆两方向反应的酶不同。一般为耗能过程，但能耗少。例如，磷酸化/脱磷酸化过程中，每个亚基磷酸化仅仅需 1 分子 ATP，比生物合成多肽链消耗的 ATP 要少得多，速度也快得多。由于化学修饰反应一般是酶促反应，且受体内调节因子的控制，故对调节信号有放大的效应。体内酶促化学修饰反应往往是连锁反应，即一种酶经化学修饰后，被修饰的酶又可催化另一种酶分子进行化学修饰，每修饰一次就产生一次放大效应。因此，极少量的调节因子经化学修饰酶的逐级放大，可产生显著的生理效应。

2.5.4 结构酶与诱导酶

根据酶的合成与代谢物的关系。将酶相对地分为结构酶和诱导酶。结构酶（structural enzyme）亦称组成酶，是细胞内天然存在的酶，以恒定速率和恒定数量生成，含量较为稳定，受外界的影响很小。诱导酶（induced enzyme）指当细胞中加入特定诱导物后，诱导产生的酶，其含量在诱导物存在下显著提高，这种诱导物往往是该酶底物的类似物或底物本身。例如，大肠杆菌分解乳糖的半乳糖苷酶就属于诱导酶。又如，催化淀粉分解为糊精、麦芽糖等的 α-淀粉酶也是一种诱导酶，多种微生物都能产生这种酶。如果将能合成 α-淀粉酶的菌种培养在不含淀粉的葡萄糖溶液中，它就直接利用葡萄糖而不产生 α-淀粉酶；如果将它培养在含淀粉的培养基中，它就会产生活性很高的 α-淀粉酶。诱导酶的合成除取决于诱导物以外，还取决于细胞内所含的基因。如果细胞内没有控制某种酶合成的基因，即便有诱导物存在也不能合成这种酶。因此，诱导酶的合成取决于内因和外因两个方面。诱导酶在微生物需要时合成，不需要时就停止合成。这样，既保证了代谢的需要，又避免了不必要的浪费，增强了微生物对环境的适应能力。

在某些种类的细菌细胞中，正常时只存在很少量的诱导酶，但当培养基中有特定的诱导物时，酶的数量能迅速增加 1 000 多倍，尤其当这种底物是细胞唯一的碳源时。

2.5.5 胞内酶与胞外酶

根据酶合成后分布的位置，通常将酶分为胞内酶（intracellular enzyme）和胞外酶（extracellular enzyme）。胞内酶在合成后仍留在细胞内发挥作用。通过将细胞破碎，经适当溶剂提取，再经一定分离纯化步骤如盐析、等电点沉淀、层析、结晶等可获得较纯酶制品。可溶的胞内酶并不直接与细胞中任何特定结构组分连接；不溶的则与细胞膜或细胞器结合，较难与其分开。根据不同细胞部位及细胞器的不同生物功能，酶在细胞内存在部位是不同的。如线粒体上分布着三羧酸循环酶系和氧化磷酸化酶系，而蛋白质合成的酶系则分布在内质网的核糖体上。胞外酶是指那些在合成后分泌到细胞外发挥作用的酶。这种酶在细胞质中以游离状态存在，能从细胞中提取出来并能用蛋白质分级分离的一般方法提纯。如人和动物的消化液中以及某些细菌所分泌的水解淀粉、脂肪和蛋白质的酶。

值得提到的是“ectoenzyme”，在某些文献中将它译为胞外酶，但它和通常所说的胞外酶不同，它是一种和细胞膜结合的酶，其活性中心位于细胞的外表面，指向细胞外空间，作用尚未完全清楚。

思考题

1. 酶是如何进行命名和分类的？遵守哪些原则？
2. 为什么说大多数酶的化学本质是蛋白质？
3. 酶的分子结构组成包括哪些内容？用什么方法可对其进行研究？
4. 酶的催化作用有哪些特点？
5. 如何解释酶催化的高效性及高度专一性？
6. 酶促反应动力学研究哪些内容？
7. 什么是酶的抑制剂与激活剂？如何区分可逆抑制及不可逆抑制？
8. 如何定义酶的活力单位？什么是酶的比活力？
9. 酶在生物体内有哪些存在形式？各种形式有何特点？

于国萍、陈安均　编写

参考文献

[1] 孙君社，江正强，刘萍. 酶与酶工程及其应用. 北京：化学工业出版社，2006.
[2] 周晓云. 酶学原理与酶工程. 北京：中国轻工业出版社，2005.
[3] 施巧琴. 酶工程. 北京：科学出版社，2005.
[4] 邹承鲁，周筠梅，周海梦. 酶活性部位的柔性. 济南：山东科学技术出版社，2004.
[5] 郭勇，郑穗平. 酶学. 广州：华南理工大学出版社，2003.
[6] 罗贵民，曹淑桂，张今. 酶工程. 北京：化学工业出版社，2003.
[7] 陈石根，周润琦. 酶学. 上海：复旦大学出版社，2001.
[8] 陈宁. 酶工程. 北京：中国轻工业出版社，2005.
[9] 梅乐和，岑沛霖. 现代酶工程. 北京：化学工业出版社，2006.
[10] 罗贵民. 酶工程. 北京：化学工业出版社，2003.
[11] 于国萍. 酶及其在食品中应用. 哈尔滨：哈尔滨工程大学出版社，2000.
[12] Crabbe，M. James C. Enzyme biotechnology：Protein engineering，structure prediction，and fermentation . New York：E. Horwood，1990.

[13] Hammes Gordon G. Enzyme catalysis and regulation. New york: Academic press,1982.

[14] Colin J. Suckling, Colin L. Gibson. Enzyme Chemistry: Impact and applications. London: Blackie Academic & Professional,1998.

[15] Robert Horton H et al.. Principles of Biochemistry, second edition, USA: Simon & Schuster/A Viacom company,1996.

[16] Stauffer, Clyde E. Enzyme assays for food scientists . New York: Van Nostrand Reinhold,1989.

附录:酶的分类和编号的简单说明

1. 氧化还原酶类
1.1 作用于供体的 CH—OH 基
1.1.1 以 NAD^+ 或 $NADP^+$ 为受体
1.1.2 以细胞色素为受体
1.1.3 以 O_2 为受体
1.1.99 其他受体
1.2 作用于供体的醛基或酮基
1.2.1 以 NAD^+ 或 $NADP^+$ 为受体
1.2.2 以细胞色素为受体
1.2.3 以 O_2 为受体
1.2.4 以二硫化合物为受体
1.2.7 以铁-硫蛋白为受体
1.2.99 其他受体
1.3 作用于供体的 CH—CH 基
1.3.1 以 NAD^+ 或 $NADP^+$ 为受体
1.3.2 以细胞色素为受体
1.3.3 以 O_2 为受体
1.3.7 以铁-硫蛋白为受体
1.3.99 其他受体
1.4 作用于供体的 $CH—NH_2$ 基
1.4.1 以 NAD^+ 或 $NADP^+$ 为受体
1.4.2 以细胞色素为受体
1.4.3 以 O_2 为受体
1.4.4 以二硫化合物为受体
1.4.7 以铁-硫蛋白为受体
1.4.99 其他受体

1.5 作用于供体的CH—NH基

1.5.1 以NAD^+或$NADP^+$为受体

1.5.2 以O_2为受体

1.5.99 其他受体

1.6 作用于NADH或NADPH

1.6.1 以NAD^+或$NADP^+$为受体

1.6.2 以细胞色素为受体

1.6.4 以二硫化物为受体

1.6.5 以醌或其有关化合物为受体

1.6.6 以含氮的基团为受体

1.6.7 以铁-硫蛋白为受体

1.6.99 其他受体

1.7 作用于其他含氮化物为供体

1.7.2 以细胞色素为受体

1.7.3 以O_2为受体

1.7.7 以铁-硫蛋白为受体

1.7.99 其他受体

1.8 作用于以含硫基团为供体

1.8.1 以NAD^+或$NADP^+$为受体

1.8.2 以细胞色素为受体

1.8.3 以O_2为受体

1.8.4 以二硫化合物为受体

1.8.5 以醌或其有关化合物为受体

1.8.7 以铁-硫蛋白为受体

1.8.99 其他受体

1.9 作用于以血红素为供体

1.9.3 以O_2为受体

1.9.6 以含氮基团为受体

1.9.99 其他受体

1.10 作用于以二酚和有关物质为供体

1.10.1 以NAD^+或$NADP^+$为受体

1.10.2 以细胞色素为受体

1.10.3　以 O_2 为受体

1.11　作用于以 H_2O_2 为供体

1.12　作用于以氢为供体

1.12.1　以 NAD^+ 或 $NADP^+$ 为受体

1.12.2　以细胞色素为受体

1.12.7　以铁-硫蛋白为受体

1.13　作用于有氧分子参与的单个的供体(加氧酶)

1.13.11　有两个氧原子参入受体

1.13.12　有一个氧原子参入受体

1.13.99　其他

1.14　作用于一对供体其中有氧分子参入一个供体(羟化酶)

1.14.11　以 2-酮戊二酸为一个供体,并各有一个氧原子参入两个供体

1.14.12　以 NADH 或 NADPH 作为一个供体,并有两个氧原子参入一个供体中

1.14.13　以 NADH 或 NADPH 作为一个供体,并有一个氧原子参入一个供体中

1.14.14　还原黄素或黄素蛋白为一个供体,并有一个氧原子参入

1.14.15　以还原的铁－硫蛋白为一个供体,并有一个氧原子参入

1.14.16　以还原蝶啶为一个供体,并有一个氧原子的参入

1.14.15　以抗坏血酸为一个供体,并有一个氧原子的参入

1.14.15　以其他化合物为一个供体,并有一个氧原子的参入

1.14.99　其他

1.15　作用于以超氧化物游离基为受体

1.16　以氧化的金属离子为供体

1.16.3　以氧为受体

1.17　作用于—CH_2—基团

1.17.1　以 NAD^+ 或 $NADP^+$ 为受体

1.17.4　以二硫化合物为受体

1.97　其他氧化还原酶

2.转移酶类

2.1　转移含一个碳原子的基团

2.1.1　甲基转移酶类

2.1.2　羟甲基、甲酰基和有关的转移酶类

2.1.3　羧基和氨甲酰基转移酶类

2.1.4 脒基转移酶类

2.2 转移醛基或酮基

2.3 酰基转移酶类

2.3.1 酰基转移酶类

2.3.2 氨基酰基转移酶类

2.4 糖基转移酶类

2.4.1 六碳糖基转移酶类

2.4.2 五碳糖基转移酶类

2.4.99 转移葡萄糖衍生物的糖基

2.6 转移含氮的基团

2.6.1 氨基转移酶类

2.6.3 肟基转移酶类

2.7 转移含磷的基团

2.7.1 以醇基为受体的磷酸基转移酶类

2.7.2 以羧基为受体的磷酸基转移酶类

2.7.3 以含氮基团为受体的磷酸基转移酶类

2.7.4 以磷酸基为受体的磷酸基转移酶类

2.7.5 供体再生的磷酸基转移酶类

2.7.6 焦磷酸基转移酶类

2.7.7 核苷酸基转移酶类

2.7.8 其他取代的磷酸基转移酶类

2.7.9 有一对受体的磷酸基转移酶类

2.8 转移含硫基团

2.8.1 硫基转移酶类

2.8.2 磺酸基转移酶类

2.8.3 辅酶 A-转移酶类

3.水解酶类

3.1 作用于酯键

3.1.1 羧酸酯水解酶类

3.1.2 硫代酯水解酶类

3.1.3 磷酸单酯水解酶类

3.1.4 磷酸二酯水解酶类

3.1.5 三磷酸单酯水解酶类

3.1.6 硫酸酯酯水解酶类

3.1.7 二磷酸单酯水解酶类

3.1.11 产生5′-磷酸单酯的脱氧核糖核酸外切酶

3.1.13 产生5′-磷酸单酯的核糖核酸外切酶

3.1.14 产生非5′-磷酸单酯的核糖核酸外切酶

3.1.15 产生5′-磷酸单酯的核糖核酸外切酶(对核糖核酸与脱氧核糖核酸均可作用)

3.1.16 产生非5′-磷酸单酯的核糖核酸外切酶(对核糖核酸与脱氧核糖核酸均可作用)

3.1.21 产生5′-磷酸单酯的脱氧核糖核酸内切酶

3.1.22 产生非5′-磷酸单酯的脱氧核糖核酸内切酶

3.1.23 专一位点的脱氧核糖核酸内切酶:对一定序列有专一裂解作用

3.1.24 专一位点的脱氧核糖核酸内切酶:并不对一定序列有专一裂解的

3.1.25 专一位点的脱氧核糖核酸内切酶:对改变的碱基有专一性的

3.1.26 产生5′-磷酸单酯的核糖核酸内切酶

3.1.27 产生非5′-磷酸单酯的核糖核酸内切酶

3.1.30 产生5′-磷酸单酯的核糖核酸内切酶(对核糖核酸与脱氧核糖核酸均可作用)

3.1.31 产生非5′-磷酸单酯的核糖核酸内切酶(对核糖核酸与脱氧核糖核酸均可作用)

3.2 作用于糖基化合物

3.2.1 水解O-葡萄糖基化合物

3.2.2 水解N-葡萄糖基化合物

3.2.3 水解S-葡萄糖基化合物

3.3 作用于醚键

3.3.1 硫代醚水解酶类

3.3.2 醚水解酶

3.4 作用于肽键(肽水解酶)

3.4.11 α-氨酰基肽水解酶类

3.4.12 肽氨基酸或酰基氨基酸水解酶类

3.4.13 二肽水解酶类

3.4.14 二肽-肽水解酶类

3.4.15 肽-二肽水解酶类

3.4.16 丝氨酸羧肽酶类

3.4.17 含金属的羧肽酶类

3.4.21　丝氨酸蛋白水解酶类

3.4.22　巯基蛋白水解酶类

3.4.23　羧基(酸)蛋白水解酶类

3.4.24　含金属的蛋白水解酶类

3.4.99　其他催化机理不详的蛋白水解酶类

3.5　作用于肽键以外的其他 C—N 键

3.5.1　直链酰胺中的 C—N 键

3.5.2　环状酰胺中的 C—N 键

3.5.3　直链脒中的 C—N 键

3.5.4　环状脒中的 C—N 键

3.5.5　氰化物中的 C—N 键

3.5.99　其他

3.6　作用于酸酐键

3.6.1　含磷酸的酸酐中的酸酐键

3.6.2　含磺酸基的酸酐中的酸酐键

3.7　作用于 C—C 键

3.7.1　酮的化合物中的 C—C 键

3.8　作用于卤素的键

3.8.1　C-卤素化物中的卤素键

3.8.2　P-卤素化物中的卤素键

3.9　作用于 P—N 键

3.10　作用于 S—N 键

3.11　作用于 C—P 键

4. 裂解酶

4.1　C—C 裂解酶类

4.1.1　羧酸裂解酶类

4.1.2　醛类化合物裂解酶类

4.1.3　酮酸类化合物裂解酶类

4.1.99　其他 C—C 裂解酶类

4.2　C—O 裂解酶类

4.2.1　水解作用的裂解酶类

4.2.2　作用于多糖类化合物的酶类

4.2.99 其他C—O裂解酶类 4.3 C—N裂解酶类 4.3.1 释放氨的裂解酶类 4.3.2 生成脒类化物的裂解酶类 4.4 C—S裂解酶类 4.5 C—卤素裂解酶类 4.6 磷—氧裂解酶类 4.99 其他裂解酶类
5.异构酶类
5.1 消旋酶类和差向异构酶类 5.1.1 作用于氨基酸及其衍生物 5.1.2 作用于羟基羧酸及其衍生物 5.1.3 作用于碳氢化物及其衍生物 5.1.99 作用于其他化物 5.2 顺式—反式异构酶类 5.3 分子内氧化还原酶类 5.3.1 醛糖和酮糖的相互转换作用 5.3.2 酮和烯醇的相互转换作用 5.3.3 C═C 键的移位作用 5.3.4 S—S键的移位作用 5.3.99 其他的分子内氧化还原酶 5.4 C—分子内的转移酶类 5.4.1 转移酰基 5.4.2 转移磷酰基 5.4.3 转移氨基 5.4.99 转移其他基团 5.5 分子内的裂解酶类 5.99 其他异构酶类
6.合成酶类
6.1 生成C—O键 6.1.1 生成氨基酸-tRNA和有关化合物的生合酶类 6.2 生成C—S键

Chapter 3

第3章 酶的生产

教学目的和要求

1. 了解酶生产的3种基本方法；
2. 重点掌握酶发酵生产的菌种选育、发酵工艺及提高酶产量的措施。

3.1 酶的生产方法

酶的生产是指通过人工操作获得所需酶的全部技术过程，包括酶的生物合成、分离、纯化等多个技术环节。

由于酶催化效率远高于一般的或者人造催化剂，而且其作用条件温和，在各种生化过程和多种食品加工过程中，酶都起着十分重要的作用。如何利用酶来提高食品生产效率，控制食品生产过程，改善食品品质，解决食品生产上的一些极端问题成为人们关注的热点。从 1849 年，日本科学家高峰让吉(Jokichi Takamine)首次从米曲霉中分离出淀粉酶开始，人们进入有意识地进行酶的生产和利用的时代。

酶的生产方法可分为提取分离法(abstraction and separatiɔn)、生物合成法(biosynthesis)和化学合成法(chemosynthesis)3 种。其中，酶的提取分离法是最早采用而沿用至今的方法，也是其他方法的基础；生物合成法是 20 世纪 50 年代以来，酶生产的主要方法；而化学合成法应用相对较少，至今仍然停留在实验室阶段。

3.1.1 提取分离法

提取分离法是指采用各种提取、分离、纯化技术从自然界含酶丰富的生物材料中将酶提取分离出来，再进行纯化精制的技术过程。

从自然界含酶丰富的生物材料中提取酶具有较长的历史。1894 年，日本科学家首次从米曲霉中提炼出淀粉酶，并将淀粉酶用作治疗消化不良的药物，从而开创了人类有目的地生产和应用酶制剂的先例。1908 年，德国科学家 Rohm 从动物的胰脏中提取胰酶(胰蛋白酶、胰淀粉酶和胰脂肪酶的混合物)，并将胰酶用于皮革的鞣制。同年，法国科学家 Boidin 从细菌中提取出淀粉酶。1911 年，美国科学家 Wallstein 从木瓜中提取出木瓜蛋白酶，并将木瓜蛋白酶用于除去啤酒中的蛋白质浑浊物，从而开始了酶制剂生产利用的新纪元。

提取分离法是最早用于酶生产的方法，此法中所采用的各种提取、分离、纯化技术，在其他的酶生产方法中也是重要的技术环节，是生物合成法、化学合成法生产酶的下游技术。

理论上讲，动物和植物的组织、器官、细胞以及微生物细胞都可以作为酶的生产提取材料。自然界含酶丰富的生物原料是采用提取分离法生产食品酶制剂的基础。自然界生物材料多样且十分广泛，价格也相对便宜，人们所需要的各种酶几乎都可以在自然界中找到相关的提取材料。但事实上，该生产方法受制于生物资源、地理环境、气候条件等因素，产量低，难以满足实际生产的需要，价格成本也较生物合成法高，因此该方法适用于目前还难以实现生物合成或化学合成的酶类。例如，从动物的胰脏中提取分离胰蛋白酶、胰淀粉酶、胰脂肪酶或这些酶的混合物；从木瓜中提取分离木瓜蛋白酶、木瓜凝乳蛋白酶;从菠萝皮中提取分离菠萝蛋白酶;从柠檬酸发酵后得到的黑曲霉菌体中提取分离果胶酶等。

酶的分离纯化技术在第 4 章详细介绍。

3.1.2 生物合成法

在提取法应用于酶制剂的生产后的近半个世纪内,酶制剂的生产一直停留在从现成的动植物和微生物的组织或细胞中提取酶的方式。这种生产方式不仅工艺比较复杂,而且原料有限,得率也往往比较低,难以实现规模化生产。1949 年,人们成功地用液体深层发酵法生产出了细菌 α-淀粉酶,从此揭开了近代酶工业的序幕,利用大规模的微生物发酵工程或细胞培养来生产酶制剂成为主要的生产方法。

目前许多酶都采用生物合成法进行生产。例如,利用枯草杆菌生产淀粉酶、蛋白酶,利用黑曲霉生产糖化酶、果胶酶,利用大肠杆菌生产谷氨酸脱羧酶、多核苷酸聚合酶等。生物合成法已经发展成为一个庞大的而又复杂的技术体系,所谓的第二代酶(固定化酶)和第三代酶(包括辅助因子再生系统在内的固定化多酶系统),都属于该方法的发展和衍生,并正日益成为酶工业生产的主力军,在化工医药、轻工食品、环境保护等领域发挥着巨大的作用。

生物合成法根据所使用的细胞种类不同可以分为微生物发酵产酶、植物细胞培养产酶和动物细胞培养产酶。在人为控制条件下的生物反应器中,利用动植物细胞以及微生物的生命活动合成所需要酶的方法称为发酵法,其中利用微生物发酵生产酶的方法依然是目前最主要的酶生产方法。生物合成法生产食品酶制剂包括产酶细胞的获取、人工控制发酵、分离提取三大步骤。

产酶细胞的获取,包括从自然界中筛选、诱变、细胞融合、基因重组等方法。从自然界中筛选优良的产酶菌种是曾经乃至目前都是主要的获取产酶细胞途径。微生物是地球上分布最广、物种最丰富的生物种群,为获得产酶菌提供巨大的资源库。理论上讲,人们所需要的各种酶及产酶微生物都能在自然界中找到,因而从自然界中寻找、分离产酶微生物是最基本的,也是最重要的获得产酶菌的方法。不过由于酶在生物体内主要起生理调节作用,不管是哪种酶,在细胞中的浓度都不会是很高的,即使是采用微生物发酵来生产酶制剂,也不能完全有效地解决更多的生产需求问题,而利用基因工程的方法为解决这一难题提供了新的方向。只要在生物体内找到了某种有用的酶,即使含量再低,只要应用基因重组技术,通过基因扩增与超量表达,就可能建立高效表达特定酶制剂的基因工程菌或基因工程细胞。把基因工程菌或基因工程细胞固定起来,就可构建成新一代的生物催化剂——固定化工程菌或固定化工程细胞。人们也把这种新型的生物催化剂称为基因工程酶制剂。新一代基因工程酶制剂的开发研制,无疑是酶工程的新纪元。固定化基因工程菌、基因工程细胞技术将使酶的应用发挥得更出色。如果把相关的技术与连续生物反应器巧妙结合起来,将导致整个发酵工业和化学合成工业的根本性变革。

人工发酵是在人工控制条件的生物反应器中进行细胞培养，通过细胞内物质的新陈代谢作用，生成各种代谢产物，这就是生物合成的过程。如何提高酶的生物合成效率是人工发酵法的主题，人们通过改良发酵菌种、改善发酵条件、控制产物和酶合成阻遏物浓度、科学利用酶合成诱导物等手段来提高酶的生物合成效率。

分离提取是从发酵基质或细胞中把目标酶分离提取出来，并经过精制获得所需要的产品的过程。

3.1.3 化学合成法

化学合成法是20世纪60年代中期出现的新技术。1965年，我国人工合成胰岛素的成功，首开蛋白质化学合成的先河。1969年，美国物理化学家诺贝尔化学奖获得者昂萨格(L. Lars Onsager)(1903—1976)成功地合成了由124个氨基酸残基组成的核糖核酸酶A，这是世界上首次人工合成的酶。现在人们已经可以采用合成仪进行酶的化学合成，像其他工业一样地进行工业化、规模化的生物酶的化学合成成为许多科学家努力的目标，不过由于酶的化学合成要求氨基酸单体达到很高的纯度，化学合成的成本高，而且只能合成那些化学结构已经清楚的酶，使化学合成法受到限制，难以实现二业化生产。然而利用化学合成法进行酶的人工模拟和化学修饰，对认识和阐明生物体的行为和规律，设计和合成既有酶的催化特点又克服酶的不足的高效非酶催化剂等，具有重要的理论意义和发展前景。

模拟酶是在分子水平上模拟酶活性中心的结构特征和催化乍用机制，设计并合成的仿酶体系。现在研究较多的小分子仿酶体系有环状糊精模型、冠醚模型、卟啉模型、环芳烃模型等。例如，利用环状糊精模型，已经获得了酯酶、转氨酶、氧化还原酶、核糖核酸酶等多种酶的模拟酶。

随着科学的发展和技术的进步，酶的生产技术将进一步发展和完善，人们将可以根据需要生产得到更多更好的酶，以满足生产的需要。

3.2 酶的发酵生产

酶的发酵生产包括产酶菌或细胞的获得、控制发酵、分离提取三大步骤，优良产酶菌株的获得是该方法的前提和基础，控制发酵是主要过程，分离提取是下游技术。

酶的发酵生产是目前食品酶生产的主要方法，相对其他方法，其优势体现在：

①微生物种类繁多，可以根据实际情况进行优选，满足不同生产需要；

②微生物极易诱变、筛选，为优良菌株的选育提供捷径；

③微生物容易培养，培养基质来源广，成本低；

④产酶活力高，繁殖快，周期短；

⑤利用现代发酵技术，可实现自动化、连续化、规模化生产；

⑥微生物的基因组较小,进行基因操作相对容易,为现代分子生物学在食品酶生产的应用提供良好的平台。

目前自然界中发现的酶有数千种,但投入工业发酵生产的仅有50～60种,因此通过微生物发酵生产酶具有极大的发展前景。

3.2.1 优良产酶菌的特点

现在大多数的酶都采用微生物发酵生产。产酶微生物包括细菌、放线菌、霉菌、酵母等,优良的产酶微生物要求具有如下一些共同特点:

1. 产酶效率和产酶量高

优良的产酶菌应具有高产、高效的特性,才具有开发应用价值。高产细胞可通过不断筛选、诱变、基因克隆、细胞或原生质体融合等技术获得。生产过程中若发现退化现象,必须及时进行复壮处理,以保持细胞的高产特性。

2. 容易培养和管理,适合高密度发酵

优良的产酶细胞对培养基和工艺条件应没有苛刻的要求,容易生长繁殖,适应性强,易于控制,便于管理。

3. 目的酶的活性高

酶最重要的指标是酶活力,来源于不同微生物的同一种酶,其活力可能不同,优良的菌株不仅要求产量高,更要求酶活力高。

4. 产酶稳定性好,不容易退化

优良的产酶细胞在正常生产条件下能够稳定地生长和产酶,不易退化,一旦出现退化现象,经过复壮处理,能恢复其原有的产酶特性。

5. 利于酶的分离纯化

生物合成的酶需要经过分离纯化,达到应用所需纯度,才能成为可以应用于相关领域的酶制剂。因此,要求产酶细胞以及在发酵过程中的其他代谢产物应容易与目标酶分离。根据目的酶分布位置的不同,可分为胞外酶和胞内酶。胞外酶是指微生物合成的目的酶运输分泌到细胞外,即富集在培养基中;胞内酶是指微生物合成的目的酶存在于微生物细胞内。这两种酶的提取分离工艺也是不同的。

6. 安全可靠,无毒性

产酶细胞及其代谢产物要求安全无毒,不会对人体和环境产生不良影响,也不会对酶的应用产生其他不良影响。

1978年,联合国农业粮食组织(FAO)和世界卫生组织(WHO)的食品添加剂专家联合委员会(JECFA)就有关酶的安全生产提出如下意见:

①凡是从动植物可食部位或用传统食品加工的微生物所产生的酶,可作为食品对待,无须进行毒物学的研究,只需建立有关酶化学和微生物学的详细说明;

②凡是由非致病性的一般食品污染微生物所制取的酶,需做短期的毒性试验;

③由非常见微生物制取的酶,应做广泛的毒性试验,包括慢性中毒试验在内。

食品酶制剂的毒性试验需按表3-1的要求进行。

实际上，酶制剂的安全性除了酶本身之外，还可能来自酶分离纯化工艺的不足，使其有微生物污染及环境中的一些致病菌毒素，因此酶制剂在生产时还应通过安全性检查，安全标准见表3-2。

表3-1　食品酶制剂的毒性试验要求

项　目		试验动物	项　目		试验动物
口服	急性中毒	鼠、大白鼠	畸胚组织发生试验	24个月	两种啮齿类
	4周	大白鼠	生产菌种病原性试验		4种动物
	12个月	犬	皮肤刺激试验(皮肤、眼)		兔、人
致癌试验	24个月	两种啮齿类			

表3-2　酶制剂的安全检查指标

项　目	限　量	项　目	限　量
重金属$\times 10^{-6}$/(g/g)	小于40	大肠杆菌/(个/g)	不得检出
铅$\times 10^{-6}$/(g/g)	小于10	霉菌/(个/g)	小于100
砷$\times 10^{-6}$/(g/g)	小于10	绿脓杆菌/(个/g)	不得检出
黄曲霉毒素	不得检出	沙门氏菌/(个/g)	不得检出
活菌计数/(个/g)	小于5×10^4	大肠杆菌样菌/(个/g)	小于30

3.2.2　主要的产酶菌

现在大多数的酶都采用微生物细胞发酵生产，有不少性能优良的微生物菌株已经在酶的发酵生产中广泛应用。表3-3是一些常见的食品工业用酶及其产酶菌。

表3-3　食品工业常用酶及产酶菌

微生物类别	菌　名	产生的酶	用　途
细菌	枯草杆菌	淀粉酶	制糖、酒精生产、香料加工等
	枯草杆菌	蛋白酶	酱油酿造
	异型乳酸杆菌	葡萄糖异构酶	葡萄糖制取果糖
	短小芽孢杆菌	碱性蛋白酶	皮革处理
	大肠杆菌中间体	支链淀粉酶	葡萄糖工业
	耐热解蛋白芽孢杆菌	中性蛋白酶	肉制品嫩化、面团改良等
酵母	解脂假丝杆菌	脂肪酶	乳品增香等
霉菌	点青霉	葡萄糖氧化酶	蛋类食品脱糖保鲜、防止食品氧化
	橘青霉	5′-磷酸二酯酶	食品助鲜剂
	河内根霉	葡萄糖淀粉酶	酿酒工业

续表 3-3

微生物类别	菌　名	产生的酶	用　途
霉菌	日本根霉	葡萄糖淀粉酶	制取葡萄糖
	红曲霉	葡萄糖淀粉酶	制取葡萄糖
	黑曲霉	酸性蛋白酶	啤酒澄清
	黑曲霉	果胶酶	饮料、果酒等
放线菌	转化微白色放线菌	蛋白酶	皮革处理

3.2.2.1　细菌

细菌是原核微生物，在工业上有重要的应用价值。酶的生产常用的细菌有大肠杆菌、枯草芽孢杆菌等。

1. 大肠杆菌

大肠杆菌（*Escherichia coli*）可以生产多种酶，这些酶一般都属于胞内酶，需要经过细胞破碎才能分离得到。目前应用大肠杆菌生产的酶有：谷氨酸脱羧酶，用于测定谷氨酸含量或用于生产 γ-氨基丁酸；天冬氨酸酶，用于催化延胡索酸加氨生产 *L*-天冬氨酸；青霉素酰化酶，用于生产新的半合成青霉素或头孢霉素；天冬酰胺酶，用于白血病的治疗；β-半乳糖苷酶，用于分解乳糖或其他 β-半乳糖苷；采用大肠杆菌生产的限制性核酸内切酶、DNA聚合酶、DNA 连接酶、核酸外切酶等，在基因工程等方面广泛应用。

2. 枯草杆菌

枯草杆菌（*Bacillus subtilis*）是芽孢杆菌属细菌。

枯草杆菌是应用最广泛的产酶微生物之一，可以用于生产 α-淀粉酶、蛋白酶、β-葡聚糖酶、5′-核苷酸酶和碱性磷酸酶等。例如，枯草杆菌 BF7658 是用于生产 α-淀粉酶的主要菌株；枯草杆菌 Asl. 398 用于生产中性蛋白酶和碱性磷酸酶。枯草杆菌生产的 α-淀粉酶和蛋白酶等都是胞外酶，而其产生的碱性磷酸酶则存在于细胞间质中。

3.2.2.2　放线菌

放线菌（*Actinomycetes*）是具有分支状菌丝的单细胞原核微生物。常用于酶发酵生产的放线菌主要是链霉菌（*Streptomyces*）。

链霉菌是生产葡萄糖异构酶的主要微生物，同时还可以用于生产青霉素酰化酶、纤维素酶、碱性蛋白酶、中性蛋白酶、几丁质酶等。此外，链霉菌还含有丰富的 α-羟化酶，可用于甾体转化。

3.2.2.3　霉菌

霉菌是一类丝状真菌，用于酶的发酵生产的霉菌主要有黑曲霉、米曲霉、红曲霉、青霉、木霉、根霉、毛霉等。

1. 黑曲霉

黑曲霉（*Aspergillus niger*）是曲霉属黑曲霉群霉菌。黑曲霉可用于生产多种酶，有胞外酶，也有胞内酶。例如，糖化酶、α-淀粉酶、酸性蛋白酶、果胶酶、葡萄糖氧化酶、过氧化氢酶、核糖核酸酶、脂肪酶、纤维素酶、橙皮苷酶和柚苷酶等。

2. 米曲霉

米曲霉(*Aspergillus oryzae*)是曲霉属黄曲霉群霉菌。米曲霉中糖化酶和蛋白酶的活力较强，这使米曲霉在我国传统的酒曲和酱油曲的制造中广泛应用。此外，米曲霉还可以用于生产氨基酰化酶、磷酸二酯酶、果胶酶、核酸酶 P 等。

3. 红曲霉

红曲霉(*monascus*) 是红曲霉属霉菌。红曲霉可用于生产 *c*-淀粉酶、糖化酶、麦芽糖酶、蛋白酶等。

4. 青霉

青霉(*Penicillium*)属半知菌纲。青霉菌种类很多，其中产黄青霉(*Penicillium chrysogenum*)用于生产葡萄糖氧化酶、苯氧甲基青霉素酰化酶(主要作用于青霉素)果胶酶、纤维素酶等。橘青霉(*Penicillium cityrinum*)用于生产 5′-磷酸二酯酶、脂肪酶、葡萄糖氧化酶、凝乳蛋白酶、核酸酶 S_1、核酸酶 P_1 等。

5. 木霉

木霉(*Trichoderma*)属于半知菌亚门、丝孢纲、丛梗孢目。木霉是生产纤维素酶的重要菌株。木霉生产的纤维素酶中包含有 C_1 酶、C_x 酶和纤维二糖酶等。此外，木霉中含有较强的 17-*α* 羟化酶，常用于甾体转化。

6. 根霉

根霉(*Rhizopus*)属于毛霉科根霉属。根霉可用于生产糖化酶、*α*-淀粉酶、蔗糖酶、碱性蛋白酶、核糖核酸酶、脂肪酶、果胶酶、纤维素酶、半纤维素酶等。根霉有强的 11-*α* 羟化酶，是用于甾体转化的重要菌株。

7. 毛霉

毛霉(*Mucor*) 属于毛霉科的一个大属，常用于生产蛋白酶、糖化酶、*α*-淀粉酶、脂肪酶、果胶酶、凝乳酶等。

3.2.2.4 酵母

1. 啤酒酵母

啤酒酵母(*Saccharomyces cerevisiae*)是啤酒工业上广泛应用的酵母。啤酒酵母除了主要用于啤酒、酒类的生产外，还可以用于转化酶、丙酮酸脱羧酶、醇脱氢酶等的生产。

2. 假丝酵母

假丝酵母(*Candida*)可以用于生产脂肪酶、尿酸酶、尿囊素酶、转化酶、醇脱氢酶等。假丝酵母还含有丰富的 17-*α*-羟化酶，可以用于甾体转化。

3.2.3 产酶菌的获得

自然界丰富的微生物种群是筛选产酶菌的天然资源宝库。随着酶发酵生产技术的不断发展，仅从自然微生物中筛选产酶菌已难以达到优良产酶菌的要求，因此人们在筛选自然界产酶菌的同时，加以压力选择、定向诱导、定向诱变等技术，以获得更加优良的产酶菌株。

工程菌是获得产酶菌的另一个重要途径，发展十分迅速，正逐步成为获得产酶菌的重要手段。

3.2.3.1 从自然界中分离

从自然界中分离纯化和筛选产酶微生物的主要步骤：

标本采集 → 标本材料预处理 → 富集培养 → 菌种初筛 → 性能鉴定 → 菌种保藏

在实际工作中通常引入选择压力，以提高筛选效率。

1. 标本采集

标本采集要根据目标酶、目的菌的特点，寻找相应的标本资源。一般地，一些极端环境，如高温、高压、高盐、高 pH、低 pH、海洋等往往是采集分离特殊微生物菌的重要标本资源。此外，一些自然发酵产品往往也是重要的微生物菌资源库。

2. 标本的预处理

为提高分离效果，一般采集回来的标本需要进行预处理。常用的预处理方法有物理方法、化学方法、诱饵法 3 种。

物理方法有热处理、膜过滤、离心、富氧处理、空气搅动等。比如人们在分离耐热性好的产酶菌时，可以根据其耐热特点，通过热处理，减少其他一些不需要的非耐热性的菌群。膜过滤、离心处理可以达到浓缩的作用，但膜过滤可能会对收集的菌的类型有影响。富氧处理可以除去一些厌氧菌群，有利于分离好氧性产酶菌。空气搅动可以分离一些孢子，减少分离中的细菌数。

化学方法主要用于一些选择性的初筛或强化培养，如土壤链霉菌属菌的分离，可以通过添加 1%的几丁质或用 $CaCO_3$ 提高 pH 的培养基进行强化培养，提高预处理效果。

诱饵技术是采用固体物质如石蜡棒、花粉、蛇皮、毛发等作为诱饵，加在待分离的标本中进行富集，等菌落长出来后再进行分离。

3. 菌种的分离

经过一般培养基或者选择性的培养基的分离培养后，在平板上出现很多单个菌落，通过菌落形态观察，选出所需菌落，然后取菌落的一半进行菌种鉴定，对于符合目的菌特性的菌落，可将之转移到试管斜面纯培养。这种从自然界中分离得到的纯种称为野生型菌株，它只是筛选的第一步，所得菌种是否具有生产上的实用价值，能否作为生产菌株，还必须采用与生产相近的培养基和培养条件，进行小型发酵试验，以求得适合于工业生产用菌种。如果此野生型菌株产量偏低，达不到工业生产的要求，可以留之作为菌种选育的出发菌株。

4. 毒性试验

自然界的一些微生物在一定条件下可能会产生毒素，为了保证食品的安全性，根据联合国农业粮食组织(FAO)和世界卫生组织(WHO)的食品添加剂专家联合委员会(JECFA)的相关意见：对于由非致病性的一般食品污染微生物所制取的酶，只需做短期的毒性试验，而由非常见微生物制取的酶，应做包括慢性中毒试验在内的广泛的毒性试验。

3.2.3.2 产酶菌的诱变育种

自然界直接分离的菌种，其发酵活力一般比较低，达不到工业生产的要求，因此应根据菌种形态、生理特点进行菌种改良。以微生物自然变异为基础的生产选种几率不高，主要是因为这种变异率太低，有益突变率更低。为了提高变异率，采用物理和化学因素诱发突变，这种以诱发基因突变为基础的育种就是诱变育种（mutational breeding），它是国内外提高菌种产量、性能的主要手段。当今发酵工业所使用的高产菌株，几乎都是通过诱变育种而大大提高了生产性能的。诱变育种不仅能提高菌种的生产性能，而且能改进产品的质量、扩大品种和简化生产工艺等。虽然目前在育种方法上，杂交、转化、转导以及基因工程、原生质体融合等方面的研究都在快速地发展，但诱变育种仍为目前比较主要、广泛使用的育种手段之一。

早在 1927 年，H. J. Muller 发现 X 射线有增加突变率的效果，1944 年，C. Allback 首次发现氮芥子气的诱变效应，后来，人们陆续发现许多物理的（如紫外线、γ 射线、快中子等）和化学的诱变因素可以促使或提高微生物诱变效应。化学诱变因素分为三种：第一种是诱变剂与一个或多个核酸碱基发生化学变化，使 DNA 复制时碱基置换而引起变异，如羟胺亚硝酸、硫酸二乙酯、甲基磺酸乙酯、硝基胍、亚硝基甲基脲等都属于这类诱变因素；第二类是诱变剂属于天然碱基的结构类似物，在复制时渗入 DNA 分子中引起变异，如5-溴尿嘧啶、5-氨基尿嘧啶、8-氮鸟嘌呤和 2-氨基嘌呤等；第三类诱变剂在 DNA 分子上减少或增加 1～2 个碱基，使碱基突变点以下全部遗传密码的转录和翻译发生错误，从而导致移码突变，如吖啶类物质和一些氮芥衍生物（ICR）等。诱变育种操作简便，突变率高，突变谱广。

诱变育种的基本步骤如下：

出发菌种（沙土管或冷冻管）→斜面培养→单孢子悬液（或细菌悬液）
↓
诱变处理（处理前后的孢子液或细菌悬液活菌计数）→涂布平板→挑取单菌落传种斜面
↓
摇瓶初筛→挑出高产斜面→留种保藏菌种→传种斜面
↓
摇瓶复筛→挑出高产菌株作稳定性试验和菌种特性考察
↓
放大试验罐中试考察→大型投产实验

在诱变育种中，进行诱变或基因重组育种处理的起始菌株称为出发菌株。出发菌株的选择直接影响到最后的诱变效果，因此必须了解出发菌株的产量、形态、生理等特征特性，挑选出对诱变剂敏感性大、变异幅度广、产量高的出发菌株。可供选择的菌株有：①自然界新分离的野生型菌株，它们对诱变因素敏感，容易发生变异；②生产中由于自发突变或长期在生产条件下驯化而筛选得到的菌株，与野生型菌株较相像，容易达到较好的诱变效果；③每次诱变处理都有一定提高的菌株，往往多次诱变可能效果叠加，积累更多的变异。实际操作上，同时选取 2～3 株出发菌株，在处理比较后，将适合的菌株保留继续诱变。另外，对于基因重组的出发菌株，无论是供体还是受体，都必须考虑与重组方式对应的基本性能，如感受态、亲和性、噬菌体吸附位点等，还必须考虑标记互补、选择性性状、受菌体的强代谢活性、营养需求、生长速度等，以及与社会公害有关的问题如耐药性、致病性、肠道寄生性等。

有研究报道，以 2-脱氧葡萄糖作为降解产物阻遏物，诱变处理里氏木霉，选育得到一株抗分解代谢阻遏的突变株，其滤纸酶活和 CMC 酶活分别达 3.63 IU/mL 和 24.64 IU/mL，比出发菌株提高了 3 倍。还有学者用葡萄糖(梯度浓度)纤维素双层平板进行选育，紫外诱变处理拟康氏木霉，获得一株葡萄糖浓度高达 10％仍能产生纤维素水解透明圈的突变株。该突变株干曲的 CMC 酶活、滤纸酶活和 β-葡聚糖苷酶活分别达 1 145.7 μ/g、55.6 μ/g 和 24 μ/g，分别是出发株的 2.4 倍、3.0 倍和 12.6 倍。

3.2.3.3　产酶菌的杂交育种

杂交育种(cross breeding)一般指两个不同基因型的菌株通过接合或原生质体融合使遗传物质重新组合，再从中分离和筛选优良菌株。真菌、放线菌和细菌均可进行杂交育种。选用已知性状的供体菌株和受体菌株作为亲本，把不同菌株的优良性状集中于重组体中。通过这种方法可以分离到具有新的基因组合的重组体，也可以选出由于具有杂种优势而生长旺盛、生物量多、适应性强以及某些酶活性提高的新品系。

但是，由于操作方法较复杂、技术条件要求较高，其推广和应用受到一定的限制。杂交育种主要有常规的杂交育种和原生质体融合这两种方法，以后一种方法较为多见。

原生质体融合技术是先用脱壁酶处理除去微生物细胞壁，制成原生质体，再用聚乙二醇促使原生质体融合，从而获得异核体或重组合子的过程。由于质体无细胞壁，易于接受外来遗传物质，不仅能将不同种的微生物融合在一起，而且能使亲缘关系更远的微生物融合在一起。原生质体易于受到诱变剂的作用，而成为较好的诱变对象。实践证明，原生质体融合能使重组频率大大提高。因此，通过此项技术能使来自不同菌株的多种优良性状，通过遗传重组，组合到一个重组菌株里。原生质体融合作为一项新的生物技术，为微生物育种提供了一条新的途径。

例如，在纤维素酶研究上，里氏木霉能大量合成外切葡聚糖酶、内切葡聚糖酶，但是纤维二糖酶活力低，而黑曲霉(*A. niger*)的酶活力高。为了充分利用里氏木霉和黑曲霉这两个远缘属种间的互补优势性状，可将里氏木霉和黑曲霉进行原生质融合，筛选到的融合子获得了两属的优点。用高效发酵单糖为乙醇的运动发酵单胞菌的原生质球作为受体与纤维素发酵菌的原生质体融合，即可获得能直接利用纤维素产生乙醇的基因重组的融合子。马建华等人用电融合技术，将木霉和酿酒酵母细胞融合，使酿酒酵母获得利用纤维二糖产生乙醇的能力。

3.2.3.4　基因工程菌

利用基因操作将外源基因转入宿主菌内，经过筛选、继代后能够稳定的表达该基因，合成有生理活性的酶，这种带上了人工给予的新的遗传性状的菌，被称为基因工程菌(gene-engineering strains)。

基因工程菌获得的基本步骤：

目的基因的取得⟶载体的选择⟶目的基因与载体 DNA 的体外重组⟶宿主菌的准备⟶重组载体引入受体菌⟶重组菌的筛选。

在纤维素酶的生产上，许多真核纤维素酶基因都已在大肠杆菌、酿酒酵母、运动发酵单胞菌以及黄单胞菌等微生物中表达。Penttila 等将黑曲霉的纤维二糖酶基因在酵母中表达，使酵母能在纤维二糖培养基中生长。山东大学生命科学院微生物系已成功地从微紫青霉(*Penicillium janthinellum*)的 cDNA 文库中克隆到 CBH Ⅰ基因，并将 CBH Ⅰ转入到 CBH 酶活力较低的黄单胞菌中，获得了成功表达，结合子的 CBH Ⅰ酶活力比原始菌株提高 2～4 倍，滤纸酶活力提高 1 倍。在里氏木霉纤维素酶制剂中补加黑曲霉的纤维二糖酶可大幅度提高纤维素底物水解速度。

目前，基因操作已经发展成为一个庞大的技术群，基因修饰、外源基因的表达、多点突变、酶的定向进化技术等，这些技术为获得优良产酶菌提供了广阔的技术平台。

例如，利用酶的定向进化技术中的基因嵌合酶技术获得的儿茶酚 2,3-双氧酶，不但具有与原酶相同的催化活性和特异性，而且在高温下更稳定；用易错 PCR 技术筛选到的一个枯草芽孢杆菌蛋白酶突变体，催化活性提高了 150 倍；用 DNA 体外随机拼接技术改造 β-内酰胺酶，获得了一个宿主细胞对头孢霉素抗性提高 1 600 倍的突变株。

3.2.4 产酶菌的培养

3.2.4.1 产酶菌培养的基本要素

产酶菌的培养是指在人为控制的培养条件下，使产酶菌的数量增加到适宜的浓度，并在最适条件下进行生物酶的合成和积累的过程。产酶菌的培养需具备一些基本要素。

1.培养基的基本组分

虽然培养基多种多样，但是培养基一般包括碳源、氮源、无机盐和生长因子等几大类组分。

(1)碳源。碳源是指能够为产酶菌提供碳水化合物的营养物质。不同的微生物对碳源的利用有所不同，在配制培养基时，应当根据产酶菌的营养需要选择不同的碳源。目前，大多数产酶微生物采用淀粉或其水解产物，如糊精、淀粉水解糖、麦芽糖、葡萄糖等为碳源。例如，黑曲霉具有淀粉酶系，可以采用淀粉为碳源；酵母不能利用淀粉，只能采用蔗糖或葡萄糖等为碳源。此外，有些微生物可以采用脂肪、石油、乙醇等为碳源。

(2)氮源。氮源是指能向微生物提供氮元素的营养物质。氮元素是各种细胞中蛋白质、核酸等组分的重要组成元素之一，也是各种酶分子的组成元素。氮源是细胞生长、繁殖和酶的生产必不可少的营养物质。

氮源可以分为有机氮源和无机氮源两大类。有机氮源主要是各种蛋白质及其水解产物，例如，酪蛋白、豆饼粉、花生饼粉、蛋白胨、酵母膏、牛肉膏、蛋白水解液、多肽、氨基酸等。无机氮源是各种含氮的无机化合物，如氨水、硫酸铵、磷酸铵、硝酸铵、硝酸钾、硝酸钠等铵盐和硝酸盐等。

(3)无机盐。无机盐的主要作用是提供细胞生命活动所必不可缺的各种无机元素，并对细胞内外的 pH、氧化还原电位和渗透压起调节作用。

不同的无机元素在细胞的生命活动中作用有所不同。有些是细胞的主要组成元素，如磷、硫等；有些是酶分子的组成元素，如磷、硫、锌、钙等；有些作为酶的激活剂调节酶的活性，如钾、镁、锌、铜、铁、锰、钙、钼、钴、氯、溴、碘等；有些则对 pH、氧化还原电位、渗透压起调节作用，如钠、钾、钙、磷、氯等。

(4)生长因素。生长因素是指细胞生长繁殖所必需的微量有机化合物，主要包括各种氨基酸、嘌呤、嘧啶、维生素等。氨基酸是蛋白质的组分；嘌呤、嘧啶是核酸和某些辅酶或辅基的组分；维生素主要起辅酶作用。有的微生物可以通过自身的新陈代谢合成所需的生长因素，有的微生物属营养缺陷型细胞，本身缺少合成某一种或某几种生长因素的能力，需要在培养基中添加所需的生长因素，微生物才能正常生长、繁殖。

在酶的发酵生产中，生长因子多由天然原料提供，如酵母膏、玉米浆、麦芽汁、豆芽汁、米糠、麸皮水解液等，以提供细胞所需的各种生长因素。也可以加入某种或某几种提纯的有机化合物，以满足细胞生长、繁殖之需。表 3-4 为几种产酶菌常用的培养基配方。

表 3-4　几种常见产酶菌的培养基

产酶菌	产酶种类	常用培养基
枯草杆菌 BF7658	α-淀粉酶	玉米粉 8%，豆饼粉 4%，Na_2HPO_4 0.8%，$(NH_4)_2SO_4$ 0.4%，$CaCl_2$ 0.2%，NH_4Cl 0.15%(自然 pH)
枯草杆菌 AS1.398	中性蛋白酶	玉米粉 4%，豆饼粉 3%，麸皮 3.2%，糠 1%，Na_2HPO_4 0.4%，KH_2PO_4 0.03%(自然 pH)
黑曲霉	糖化酶	玉米粉 10%，豆饼粉 4%，麸皮 1%(pH 4.4～5.0)
地衣芽孢杆菌 2709	碱性蛋白酶	玉米粉 5.5%，豆饼 4%，Na_2HPO_4 0.4%，KH_2PO_4 0.03%(pH 8.5)
黑曲霉 AS3.350	酸性蛋白酶	玉米粉 6%，豆饼粉 4%，玉米浆 0.6%，$CaCl_2$ 0.5%，NH_4Cl 1%，Na_2HPO_4 0.2%(pH 5.5)
游动放线菌	葡萄糖异构酶	糖蜜2%，豆饼粉 2%，Na_2HPO_4 0.1%，$MgSO_4$ 0.05%(pH 7.2)
橘青霉	磷酸二酯酶	淀粉水解糖 5%，蛋白胨 0.5%，硫酸镁 0.05%，$CaCl_2$ 0.04%，Na_2HPO_4 0.05%，KH_2PO_4 0.05%(自然 pH)
黑曲霉 AS3.396	果胶酶	麸皮5%，果胶 0.3%，$(NH_4)_2SO_4$ 2%，KH_2PO_4 0.25%，$MgSO_4$ 0.05%，$NaNO_3$ 0.02%，$FeSO_4$ 0.001%(自然 pH)
枯草杆菌 ASl.398	碱性磷酸酶	葡萄糖 0.4%，乳蛋白水解物 0.1%，$(NH_4)_2SO_4$ 1%，KCl 0.1%，$CaCl_2$ 0.1 mmol/L，$MgCl_2$ 1 mmol/L，Na_2HPO_4 20 mol/L(用 pH 7.4 的 Tris-HCl 缓冲液配制)

2. 适宜的 pH

培养基的 pH 与细胞的生长、繁殖以及发酵产酶关系密切，在发酵过程中必须进行必要的调节控制。

不同的微生物，其生长繁殖的最适 pH 有所不同。一般细菌和放线菌的生长最适 pH 在中性或碱性范围(pH 6.5～8.0)；霉菌和酵母的最适生长 pH 偏酸性(pH 4～6)；植物细胞生长的最适 pH 为 5～6。

产酶菌发酵产酶的最适 pH 与生长最适 pH 往往有所不同，有些细胞可以同时产生若干种酶，在生产过程中，通过控制培养基的 pH，往往可以改变各种酶之间的产量比例。例如黑曲霉可以生产 α-淀粉酶，也可以生产糖化酶，在培养基的 pH 为中性附近时，α-淀粉酶的产量增加，而糖化酶减少，如果 pH 偏向酸性时，糖化酶的产量提高，而 α-淀粉酶的产量降低。类似的，用米曲霉生产蛋白酶时，当培养基的 pH 为碱性时，以产碱性蛋白酶为主，当培养基的 pH 为中性时，以产中性蛋白酶为主，当培养基的 pH 为酸性时，以产酸性蛋白酶为主。

3. 适宜的培养温度

产酶菌的生长、繁殖和发酵产酶需要一定的温度条件。在一定的温度范围内，细胞才能正常生长、繁殖和维持正常的新陈代谢。

不同的产酶菌有各自不同的最适生长温度。例如，枯草杆菌的最适生长温度为 34～37℃，黑曲霉的最适生长温度为 28～32℃。值得注意的是，有些产酶菌发酵产酶的最适温度与个体生长最适温度有所不同，而且往往低于最适生长温度。例如，采用酱油曲霉生产蛋白酶，40℃条件下，霉菌的生长良好，在 28℃下，其酶的产量为 40℃下的 2～4 倍，但生长却比较缓慢，20℃下产酶量更大，所以在实际生产上，常常采用分段控制，在发酵初期，采用适宜的高温，以提高霉菌的生长，提高霉菌细胞数量，然后采用适当的低温，以提高酶产量。

4. 溶解氧

产酶菌生长、繁殖和酶的生物合成过程需要大量的能量。为了获得足够多的能量，微生物必须获得充足的氧气，使从培养基中获得的能源物质(一般是指各种碳源)经过有氧降解而生成大量的 ATP。所以在产酶菌的发酵培养时应维持一定的溶氧量。

不同的培养基溶氧量有很大的差异。固体培养基往往有相对较高的溶氧量，而液体培养基溶氧量相对较小，在实际生产中根据溶氧量的要求，应加以调节。

3.2.4.2 发酵产酶的基本工艺

1. 菌种选择

前面阐述了优良产酶菌的特点，在实际生产中应该选用：酶的产量高，容易培养和管理，产酶稳定性好，不易退化的产酶菌，而且要使用的细胞及其代谢物安全无毒，不会影响生产人员和环境，也不会对酶的应用产生其他不良的影响。

2. 固态发酵(solid-state fermentation)产酶的基本工艺流程

固体发酵是以麸皮或米糠为主要原料，另外添加谷糠、豆饼等为辅助原料。经过对原料发酵前处理，在一定的培养条件下微生物进行生长繁殖代谢产酶，同时还具有原料简单、不易污染、操作简便、酶提取容易、节省能源等优点。缺点是不便自动化和连续化作业，占地多、劳动强度大、生产周期长。

其基本生产工艺如下：

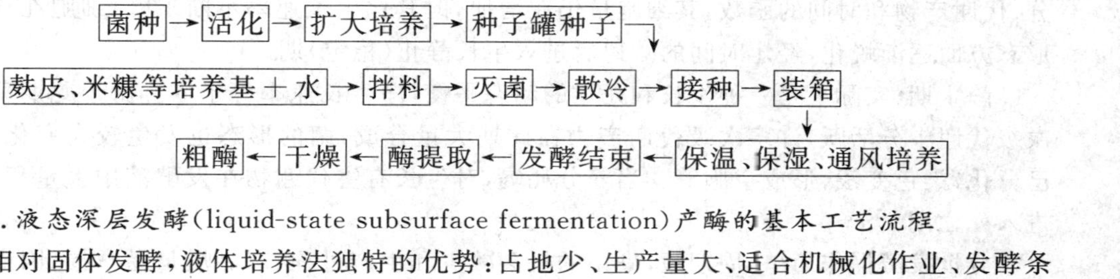

菌种 → 活化 → 扩大培养 → 种子罐种子 ↓

麸皮、米糠等培养基＋水 → 拌料 → 灭菌 → 散冷 → 接种 → 装箱 ↓

保温、保湿、通风培养 → 发酵结束 → 酶提取 → 干燥 → 粗酶

3. 液态深层发酵(liquid-state subsurface fermentation)产酶的基本工艺流程

相对固体发酵，液体培养法独特的优势：占地少、生产量大、适合机械化作业、发酵条

件容易控制、不易污染，还可大大减轻劳动强度。其培养方法有分批培养、流加培养和连续培养三种，其中前两种培养法广为应用，后者因污染和变异等关键性技术问题尚未解决，应用受到限制。在液体深层培养中，pH、通气量、温度、基质组成、生长速率、生长期及代谢产物等都对酶的形成和产量有影响，要严加控制。深层培养的时间通过监测培养过程的酶活力来确定，一般较固体培养周期(1～7 d)短，仅需 1～5 d。

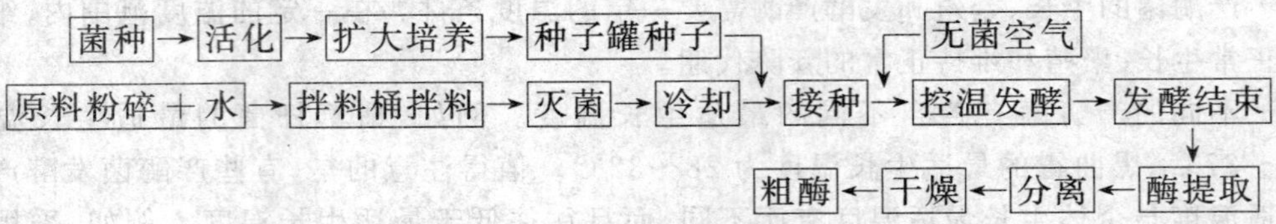

菌种 → 活化 → 扩大培养 → 种子罐种子 → 接种
原料粉碎＋水 → 拌料桶拌料 → 灭菌 → 冷却 → 接种 → 控温发酵 → 发酵结束 → 酶提取 → 分离 → 干燥 → 粗酶
无菌空气 → 控温发酵

3.2.4.3 近代发酵技术概述

发酵是一种复杂的生化过程，其好坏涉及诸多因素。除了前面说的菌种的生产性能、培养基的配比、原料的质量、灭菌条件、种子质量、发酵条件等，还与过程控制密切相关。近年来，为了提高发酵生产的效率，先后形成了多种发酵技术，并逐步成为现代生产的主流发酵技术。现代发酵技术主要包括分批发酵、补料-分批发酵、半连续与连续发酵等。

1. 分批发酵(batchwise fermentation)

分批发酵是指经灭菌的培养基在接种后开始培养直到结束，这期间，除了调节或维持发酵液的 pH 所加的酸碱及消泡时添加的消泡剂外，无料液的进出，发酵结束后所有的发酵醪全部取出，进入后续操作。分批发酵是一种准封闭系统，种子接种到培养基后，除了气体流通外，发酵液始终留在生物反应器内直到发酵结束。分批发酵过程一般可分为 6 期：即停滞期、加速期、对数期、减速期、静止期和死亡期。

停滞期即接种菌的适应期，这段时间内，细胞数目和菌量基本不变，其长短主要取决于种子的活性、接种量和培养基的可利用性和浓度。一般为缩短停滞期，接种的种子应采用对数生长期且达到一定浓度的培养物，该种子能耐受含高渗化合物和低 CO_2 分压的培养基。

加速期通常很短，大多数细胞在此期的比生长速率可在短时间内从最小升到最大值。这阶段的微生物已完全适应其周围环境，并且有充足的养分而又无抑制生长的物质，产酶菌很快便进入恒定的对数或指数生长期。

在对数生长期的比生长速率达最大，该生长期的长短主要取决于培养基，包括溶氧的可利用性和有害代谢产物的积累。

减速期是随着养分的减少，有害代谢物的不断积累而出现，这时比生长速率成为养分、代谢产物和时间的函数，其细胞量仍在增加，但其比生长速率不断下降，细胞在代谢与形态方面逐渐蜕化，经短时间的减速后进入生长静止(稳定)期。

静止期，实际上是一种生长和死亡的动态平衡，净生长速率等于零。由于此期菌体的次级代谢十分活跃，许多次级代谢产物在此期大量合成，菌的形态也发生较大变化，如菌已分化，染色变浅，形成空胞等。当养分耗竭，对生长有害代谢物在发酵液中大量积累，便进入死亡期。

分批发酵操作简单，周期短，染菌的机会减少和生产过程、产品质量易掌握，因而在工业生产上仍有重要地位。但对基质浓度敏感的产物，或次级代谢物，采用分批发酵不合适，因其周期较短，一般在1～3 d，产率较低。这主要是由于养分的耗竭，无法维持下去。

在分批发酵中，对产物为初级代谢物，可设法延长与产物关联的对数生长期；对次级代谢物的生产，可缩短对数生长期，延长生产（静止）期，或降低对数期的生长速率，从而使次级代谢物更早形成。

一般固态发酵多采用此发酵工艺。

2. 补料-分批发酵（fed-batch fermentation）

补料-分批发酵是在分批发酵的过程中，补充因维持生长或产物合成所需的养分与前体，克服由于养分不足导致发酵过早结束的一种发酵方式。由于只有料液的输入，没有输出，因此，发酵液的体积在增加。

补料-分批发酵的优点在于它能在这样一种系统中维持很低的基质浓度，从而避免快速利用碳源的阻遏效应和能够按设备的通气能力去维持适当的发酵条件，有利于次生代谢产物的积累，并且能减缓代谢有害物的不利影响。

3. 半连续发酵（semi-continuous fermentation）

半连续是指过程中除了补料还间歇排放部分发酵液。在补料-分批发酵的基础上加上间歇放掉部分发酵液，称为半连续发酵。这种发酵方法不但可以克服补料带来的体积增加的问题，更重要的是可以减少有害代谢物的不断积累，尽可能延长产物合成的时间。

但半连续发酵在放掉发酵液的同时也损失了未利用的养分和处于生产旺盛期的菌体，定期补充和放液会使发酵液稀释，送去提炼的发酵液体积更大，提取工艺的负荷会增加，此外，发酵液被稀释后可能产生更多的代谢有害物，最终限制发酵产物的合成，还有一些经代谢产生的前体可能丢失，补料和放液后的相对稀释条件有利于非产酶突变株的生长。所以，在实际生产中，不同的品种应具体情况具体分析，适合采用哪种发酵工艺，不能一概而论。

4. 连续发酵（continuous fermentation）

连续发酵是经一段初始时间的分批培养后，发酵过程中一面不断地补入新鲜的料液，一面以相近的流速去除发酵醪，基本维持发酵液的体积不变。在连续发酵中，补料和放液的速度取决于产酶菌的繁殖速度、养分消耗速度、产物积累速度、有害物质积累速度等因子。生产上应选用一个合适的补料和放液速度，以达到最大优化的发酵工艺。

连续发酵工艺在产酶的效率、生产的稳定性和易于实现自动化方面比前面阐述的发酵工艺优越，但污染杂菌的机会和菌种退化的可能性增加，这是该发酵工艺的缺陷，生产上应加以注意。

在连续发酵过程中，需长时间不断地向发酵系统供给无菌的新鲜空气和培养基质，这就增加染菌的可能性。尽管可以通过改良一些发酵条件、工艺参数加以控制，如选取耐高温、耐极端 pH 和能够同化特殊的营养物质的菌株作为生产菌种来控制杂菌的生长，但是这种方法的应用范围有限。故染菌问题一直是连续发酵工艺中不易解决的问题。

连续发酵工艺中的另一个问题是菌种突变或退化。微生物细胞的遗传物质 DNA 在复制过程中是高度保守的，出现差错的频率为百万分之一。尽管自然突变频率很低，一旦在连续培养系统中的生产菌中出现某一个菌的突变，且突变的结果使这一细胞获得高速生长能力，但失去生产能力，最终取代系统中原来的生产菌株，而使发酵效率变得十分低下，连续培养的时间愈长，所形成的突变株数目愈多，最终导致发酵失败。当然并不是菌株的所有突变都造成危害，不过造成产酶效率下降是常见的问题，因为工业生产菌株均经多次诱变选育，消除了菌株自身的代谢调节功能，使适应人们的需求，利用有限的碳源和其他养分合成所需的产物。生产菌种发生回复突变的倾向性很大，因此这些生产菌种在连续发酵时很不稳定，低产突变株很可能最终取代高产生产菌株。

建立一种不利于低产突变株的选择性生产条件，使低产菌株逐渐被淘汰是解决这个问题的基本思路。例如，利用一株具有多重遗传缺陷的异亮氨酸渗漏型高产菌株生产 *L*-苏氨酸。此生产菌株在连续发酵过程中易发生回复突变而成为低产菌株。若补料中不含有异亮氨酸，那些不能大量积累苏氨酸而同时失去合成异亮氨酸能力的突变株则从发酵液中被自动淘汰。

5. 高细胞密度培养(high density cell culture)

工业生产的基本目标是以最小的代价获得最大的产值和利润，而实现这一目标的工程手段是针对每个特定过程建立相应的高效发酵模式。产酶菌的数量是产酶量的一个基本条件，菌量越多，自然产量也越大。生产上，要提高发酵效率，不仅要尽量使菌的生产力保持在最佳状态，并创造一个最合适的生产条件，高细胞密度培养是另一个努力的目标。

凡是发酵液中细胞密度比较高，以至接近其理论值的培养均可称为高细胞密度培养，通常用干细胞重量/升(DCW/L)来表示。一般认为其上限值为 150～200 g(DCW/L)，下限值为 20～30 g(DCW/L)。由于不同菌种(或者不同菌株)之间存在较大的差异，所以高密度培养的上、下限值也均有例外。高细胞密度培养最早应用于生产单细胞蛋白、乙醇。现在已有许多采用高细胞密度培养的成功例子。

实现高密度培养的途径主要有透析培养、细胞循环培养、补料分批培养等，其中以补料分批培养技术较为成熟和完善。用于细胞高密度培养的生物反应器常用的类型有搅拌罐和带有外置式或内置式细胞持留装置的反应器，如透析膜反应器、气升式反应器、气旋式反应器与振动陶瓷瓶等。

透析培养是利用半透膜有效地去除培养室中有害的低分子质量代谢产物，同时向培养液提供充足的营养物质的培养方式。Osborne 在 1977 年首次将透析用于乳酸杆菌培养，获得了 1×10^{11} cfu/mL 的高菌体密度，相当于 30～40 g(DCW/L)。透析培养主要发展了营养分配补料策略，即将培养基分为浓缩营养液和无机盐溶液两部分。浓缩营养液直接加入培养室，无机盐溶液则加入透析室以维持渗透压。采用这种培养方式，不仅可以增加生物量的积累，大大降低营养物质的损失，与微滤和超滤相比，在透析过程中透析膜不会被阻塞，并且可以长时间维持其渗透性能。储炬等用膜透析或膜过滤发酵有效地减缓有害代谢物对葡萄糖氧化酶合成的阻遏，膜过滤发酵的总产酶速率达到 4 196 U/h，比对照(常规分批发酵)可提高 3 倍多。但是，由于反应器本身需要内嵌的透析膜或外在的透析组件、辅助泵及其他发酵罐等，透析培养的设备投资较大。

细胞循环培养是通过某种方式将细胞保留在培养罐中加以循环利用的培养方式，一般是通过沉降、离心和膜过滤几种方式实现。膜过滤培养是连续培养和超滤的结合，它是在普通培养装置上附加一套膜过滤系统，用泵使培养液流经过滤器，将菌体截留，滤液流出培养体系，并通过液面计控制流加泵添加新鲜的培养基，维持培养基体积不变。细胞循环可以除去抑制性代谢产物，可以用低浓度的培养基得到高的细胞密度，可以就地分离产物，有利于下游操作。

采用补料分批培养进行高密度发酵成功的关键是补料策略的选择。高细胞密度培养需投入几倍于生物量的基质以满足细胞迅速生长繁殖及大量表达基因产物的需要。不同的发酵菌株有不同的补料流加依据，大部分都是以菌落形态、发酵液中糖浓度、液体溶氧浓度、尾气中氧和二氧化碳的含量、摄氧率或呼吸商的变化作为依据的。在发酵培养中，由于大多数菌体不能耐受温度、pH 和溶液浓度，尤其是代谢产物积累等极端工艺条件，所以限制了菌体的高密度培养。由于发酵中产生了大量的代谢物，所以需要调整 pH，加入大量碱液，这样就导致了营养培养基的稀释，而若以葡萄糖为主要基质，由于浓缩程度有限，在细胞高密度补料时也会发生培养基的稀释，这些问题都影响了细胞的生长。

目前，有两种主要的策略控制流加营养物：开环式和闭环式(反馈)流加补料方式。补料添加方法与工作原理见表 3-5。

表 3-5　补料分批发酵的补料添加方法和工作原理

补料类型	工作原理
	非反馈补料
恒速补料	预先设定恒定的营养流加速率，微生物的比生长速率逐渐下降，菌体密度呈线性增加
变速补料	在培养过程中流加速率不断增加(梯度、阶段、线性等)，比生长速率不断改变
指数补料	流加速度呈指数增加，比生长速率为恒定值，菌体密度呈指数增加
	反馈补料
恒 pH 法	通过pH 的变化，推测细菌的生长状态，调节流加葡萄糖速度，调节 pH 为恒定值
恒溶解氧法	以溶解氧为反馈指标，根据溶解氧的变化曲线调整碳源的流加量，菌体浓度反馈通过检测菌体的浓度，拟合营养的利用情况，调整碳源的加入量
CER 法	通过检测二氧化碳的释放率(CER)，监测碳源的利用情况，控制营养的流加
DO-stat 法	通过控制溶解氧、搅拌和补料速率，维持恒定的溶解氧，控制减少有机酸的生成

在反馈流加过程中，直接与生理生化和化学参数有关，如温度、压力、pH、泡沫和搅拌速度等，而这些参数的监测较为复杂和昂贵，尤其是呼吸商控制体系由于需要 O_2 和 CO_2 分析仪，恒 pH 法和恒溶解氧法相对简单和便宜，因而较为常用。非反馈补料中，指数流加方式可以使菌体以一定的比生长速率呈指数形式增加，不仅可以将反应器中基质的浓度控制在较低的水平，从而大大降低有害代谢物的产生，还可以通过控制流加速率改变菌体的比生长速率，使菌体稳定生长的同时有利于目的蛋白的表达。

采用高细胞密度培养的主要问题是：在水溶液中的固体与气体物质的溶解度，基质对生长的限制或抑制作用，基质与产物的不稳定性和挥发性，产物或副产物的积累达到抑制生长的水平，产物的降解，高的 CO_2 与热的释放速率，高的氧需求以及培养基的黏度不断增加等。在发酵基质选用方面，采用化学成分已知的培养基可以简化补料策略。

3.2.4.4 现代发酵技术中的控制技术

计算机的广泛应用,使现代发酵工业逐步走向全程监控、自动检测的新时代。

计算机在发酵中的应用有三项主要任务:过程数据的储存,过程数据的分析和生物过程的控制。数据的存储包含以下内容:顺序地扫描传感器的信号,将其数据条件化,过滤和以一种有序并易找到的方式储存。数据分析的任务是从测得的数据用规则系统提取所需信息,求得间接(衍生)参数,用于反映发酵的状态和性质。过程管理控制器可将这些信息显示打印和作曲线,并用于过程控制。控制器有3个任务:按事态发展或超出控制回路设定点的控制;过程灭菌,投料,放罐阀门的有序控制;常规的反应器环境变量的闭环控制。此外,还可设置报警分析和显示。一些巧妙的计算机监控系统主要用于中试规模、仪器装备良好的发酵罐。对生产规模的生物反应器,计算机主要应用于监测和顺序控制。先进形式的优化控制可使生产效率达到最大,但目前该技术需要进一步完善。

3.2.5 食品酶制剂发酵工艺实例

酶制剂的生产包括发酵的上游和下游两个基本过程,具体地说,就是培养基的制备、菌种的扩培、产酶条件确定、发酵条件控制和产物提取几个方面。

酶制剂的发酵控制及提取因产品类型不同,生产过程具有一定的特殊性。下面对一些具体酶制剂生产工艺举例说明。

3.2.5.1 蛋白酶发酵工艺

蛋白酶(proteinase)是催化水解蛋白质肽键的一类酶的总称,它作用于蛋白质,将其水解为蛋白胨、多肽及游离氨基酸。蛋白酶种类繁多,广泛存在于所有生物体内。按其来源可分为植物蛋白酶、动物蛋白酶、微生物蛋白酶(又可分为细菌蛋白酶、放线菌蛋白酶、霉菌蛋白酶等);按其作用形式可分为肽链内切酶、肽链外切酶。内肽酶是从蛋白质或多肽中间催化肽键的水解,外肽酶是从肽链的N-端或C-端逐步降解多肽链,包括氨肽酶和羧肽酶。

通常在蛋白酶的生产应用中,常常按照蛋白酶作用条件,将蛋白酶分为酸性蛋白酶(最适 pH 2～5),如凝乳酶;中性蛋白酶(最适 pH 7～8),如细菌中性蛋白酶;碱性蛋白酶(最适 pH 9～11),如枯草杆菌蛋白酶。

微生物产生的蛋白酶大多是几种酶的混合物,只不过有主次之分而已。另外,改变培养基的组成或者菌种经诱变,也可以改变产酶的性能,例如,原生产酸性蛋白酶的黑曲霉的突变株可生产碱性蛋白酶,原生产碱性蛋白酶的米曲霉的突变株可生产酸性蛋白酶。

1.蛋白酶的生产

(1)生产菌种。生产蛋白酶所用的菌种主要有细菌和霉菌。生产上的主要用于蛋白酶生产的微生物种类见表3-6。

酸性蛋白酶是生产历史较长,工艺比较成熟并较典型的一种蛋白酶,以下内容都是以酸性蛋白酶生产菌种黑曲霉素3.350为例介绍发酵工艺的基本控制方法。

(2)培养基。种子培养基:玉米粉0.625%、豆饼粉3.65%、鱼粉0.625%、Na_2HPO_4 0.2%、NH_4Cl 1.0%、$CaCl_2$ 0.5%以及豆饼粉水解液10%(豆饼粉水解液制备:豆饼粉100

份、石灰 6 份和水 600 份，在 9.8×10^4 Pa 下加热水解 1 h)，初始 pH 5.5；发酵培养基成分与种子培养基相同。

表 3-6 生产上的主要用于蛋白酶生产的微生物种类

蛋白酶种类	主要菌种
酸性蛋白酶(最适 pH 2～5)	黑曲霉、米曲霉、根霉、微小毛霉、拟青霉、青霉、血红色螺孔菌等的某些种
中性蛋白酶(最适 pH 7～8)	枯草芽孢杆菌、巨大芽孢杆菌、蜡状芽孢杆菌、米曲霉、栖土曲霉、灰色链霉菌、微白色链霉菌、耐热性解蛋白质杆菌等
碱性蛋白酶(最适 pH 9～11)	枯草芽孢杆菌、蜡状芽孢杆菌、米曲霉、栖土曲霉、灰色链霉菌、镰刀菌等

(3)发酵条件控制。蛋白酶发酵生产中的发酵效果除了受到菌种产酶性能的影响外，还受到发酵温度、pH、溶氧量等条件的影响。

在酸性蛋白酶生产中，种子培养初始温度控制在(31±1)℃，培养时间 26 h；发酵阶段发酵温度控制在(31±1)℃，培养 48 h 结束。发酵周期为 72 h，酶活性一般可达到 2 500～3 200 U/mL。

种子培养基和发酵培养基的 pH 直接影响酶的产量和质量。生产上根据 pH 的变化情况常作为生产控制的根据。酸性蛋白酶生产过程中种子初始 pH 为 5.5，发酵过程 pH 控制在 5.5 左右，直到发酵结束。

种子培养阶段种子罐通气量为 1∶3 min^{-1}，培养时间 26 h；发酵阶段通气量为 0～24 h 控制在 1∶0.25 min^{-1}；24～48 h 为 1∶0.5 min^{-1}，培养 48 h 结束。通风量的多少应根据培养基中的溶解氧而定。一般来说，在发酵初期，虽然细胞呼吸强度大，耗氧多，但由于菌体少，相对通风量可以少些；菌体生长繁殖旺盛期时，耗氧多，要求通气量大些；产酶旺盛时的通风量因菌种和酶种而异，一般需要强烈通风。因此，菌种、酶种、培养时期、培养基和设备性能都影响通风量，从而影响酶的产量，目前用于酶制剂生产的微生物都为好气性微生物，生产上普遍采用自动测定和记录溶解氧的仪表。

酸性蛋白酶生产中种子罐搅拌转速 230 r/min，发酵阶段搅拌转速 180 r/min。

2. 蛋白酶发酵方法

(1)固体发酵法。蛋白酶的生产目前仍有两种发酵方法，即固体发酵法和液体发酵法。固体发酵法又称麸曲培养法。一般采用麸皮或米糠为主要原料，也可用甘薯渣、压扁谷料、玉米粉、豆粕等作为主要原料或辅助原料。先拌入适当的水分或加入含有 Zn^{2+}、Fe^{2+}、Mg^{2+} 等微量元素的水溶液，经蒸汽灭菌后晾至 30℃左右，拌入种曲后，装入盘或帘子上，摊成薄层(厚约 1 cm)，在培养室恒定温度和湿度(相对湿度 90%～100%)下进行培养，逐日测定酶活性消长，待菌丝布满基质、酶活力不再增加时，即终止发酵，进行酶的提取。这种固体培养物称为麸曲。在培养过程中，由于微生物呼吸发热，品温上升，高时可达 50℃以上，使水分迅速蒸发而不利于菌种生产和产酶，为此必须适时扣盘，即将培养物转盘，以利于盘底微生物的生长。曲盘一般为木制或底部带有小孔的铝盘或不锈钢盘，一般为 50 cm×65 cm，高 5 cm，每盘可装麸曲 1 kg。除蛋白酶可采用固体发酵外，α-淀粉酶、木霉的纤维素酶、黑曲霉的果胶酶等也可通过固体发酵生产。

(2)液体发酵法。液体发酵法的主要特点是以液体为培养基，进行微生物的生产繁殖和产酶。根据通风方法不同，液体发酵法又可分为液体表层发酵法和液体深层发酵法。

①液体表层发酵法：又称液体浅盘发酵法或静置发酵法，它是将灭菌的培养基直接接入微生物后，装入可密闭的发酵箱内的盘架上的浅盘中，1～2 cm 厚，然后通入无菌空气，维持一定温度进行发酵，不断搅拌。此法目前实际上被淘汰。

②液体深层发酵法：采用具有搅拌桨叶和通气系统的密闭发酵罐，从培养基的灭菌、冷却到发酵都在同一发酵罐内进行。它是现代普遍采用的方法。

蛋白酶一般液体发酵生产工艺过程如下所示，我国的酶制剂等的发酵生产大多采用此法。

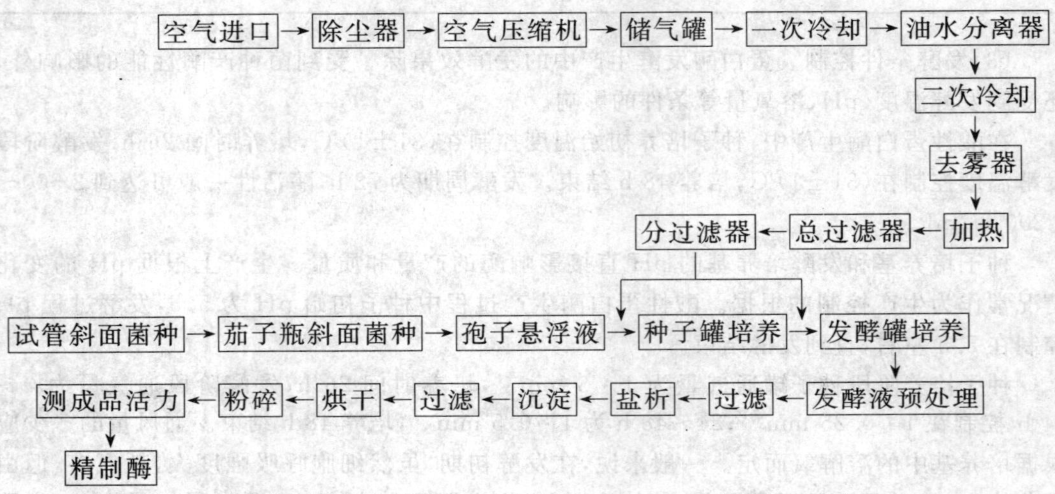

深层发酵时最大威胁是杂菌污染，一般地讲，发酵罐越大，控制越困难，就越易污染。导致深层发酵污染的途径主要有：种子被污染；通风空气带菌；培养基灭菌不彻底；设备渗漏；设计方案不合理等多方面，其中由于通风换气导致污染的情况比较常见。

在发酵工业中，大量空气的除菌主要依靠过滤法除菌。一般空气是在离地面 10 m 以上的采风口采集空气，经入口的粗过滤器滤去直径大的灰尘后，进入空气压缩机，冷却后，其中的油雾、水汽遇冷而凝结析出，用旋风式分离器分离后，再进行一次或两次冷却、净化，经多道丝网分离器进一步去除油雾后进入储气罐，然后经热交换器将其加热，使相对湿度降到 60%，可除去 99.9%以上空气中的尘埃量。当空气进入发酵罐前，再经一道除菌膜过滤器(孔径 0.22 μm)过滤以保证空气的质量。工业上还需作无菌试验：当发酵罐装入灭菌的培养基后，搅拌、保温培养，若 4 d 后不染菌情况，视为可靠。

为了保证培养基及保证设备无菌，需要注意以下问题：①使用排层冷凝水的干饱和蒸汽应从发酵罐的排污口(放料口)、取样品、通风口通入，从其他所有口排出来灭菌；②要保证空气在所欲灭菌的管道流畅，所以排气口及与发酵罐有关的管道、空气过滤器等必须在培养基灭菌时同时进行灭菌；③消泡剂应选择高效无菌的品种。

3.2.5.2　淀粉酶发酵工艺

淀粉酶(amylase)是能够水解淀粉糖苷键的一类酶的总称，包括 α-淀粉酶、β-淀粉酶、糖化酶和异淀粉酶。

α-淀粉酶又称淀粉1,4-糊精酶,能够切开淀粉链内部的α-1,4-糖苷键,不能水解α-1,6-糖苷键,所以淀粉酶将淀粉水解为麦芽糖、含有6个葡萄糖单位的寡糖和带有支链的寡糖。生产淀粉酶的微生物主要有枯草杆菌、黑曲霉、米曲霉和根霉。

β-淀粉酶又称淀粉1,4-麦芽糖苷酶,能够从淀粉分子非还原性末端切开α-1,4-糖苷键,生成麦芽糖。β-淀粉酶作用于淀粉的产物是麦芽糖与极限糊精。β-淀粉酶主要由曲霉、根霉和内孢霉产生。

糖化酶又称淀粉α-1,4-葡萄糖苷酶,作用于淀粉分子的非还原性末端,以葡萄糖为单位,依次作用于淀粉分子中的α-1,4-糖苷键,生成葡萄糖。糖化酶作用于支链淀粉后产物有葡萄糖和带有α-1,6-糖苷键的寡糖;作用于直链淀粉后的产物几乎全部是葡萄糖。糖化酶产生菌主要是黑曲霉(左美曲霉、泡盛曲霉)、根霉(雪白根酶、德氏根霉)、拟内孢霉、红曲霉。

异淀粉酶又称淀粉α-1,6-葡萄糖苷酶、分支酶,该酶作用于支链淀粉分子分支点处的α-1,6-糖苷键,将支链淀粉的整个侧链切下变成直链淀粉。异淀粉酶产生菌主要是嫌气杆菌、芽孢杆菌及某些假单胞杆菌等细菌。

下面以α-淀粉酶的生产为例简单介绍淀粉酶的生产。

1. 淀粉酶生产的菌种

生产α-淀粉酶所用的菌种有细菌和霉菌。霉菌的α-淀粉酶大多采用固态曲法生产;细菌的α-淀粉酶则以液态发酵法生产为主。目前工业生产上使用的菌种有淀粉液化芽孢菌ATCC23844,其α-淀粉酶活力为456 000 U/mL。地衣芽孢杆菌ATCC9789,用γ射线、NTG、紫外线单独或交叉诱变处理后,其产耐热性α-淀粉酶活力可增加25倍。我国常用生产菌株是BF 7658-209,就是枯草芽孢杆菌经物理和化学诱变处理后得到的突变株。

2. 培养基

生产α-淀粉酶的培养基所用的原料:

种子培养基:玉米粉4%、豆饼粉3%、麸皮1%、米糠1%、Na_2HPO_4 0.8%、NH_4Cl 0.2%。

发酵培养基:玉米粉6%、豆饼粉3%、麸皮1%、米糠2%、Na_2HPO_4 0.8%。

3. 工艺条件的控制

α-淀粉酶生产过程中,控制好工艺条件是保证正常生产的重要措施。不同的产品所要求的工艺条件不同,必须严格控制。

(1)α-淀粉酶生产的主要工艺条件。

培养基灭菌:罐的夹套升温至60℃时加入α-淀粉酶6 U/g,对玉米粉进行液化。停止搅拌,用直接蒸汽升温至121~123℃,保温40 min。

接种:将已灭菌的培养液冷却至30~31℃,按10%的接种量接入种子液,种子罐则接入孢子悬浮液。

温度控制:固体发酵在相对湿度90%以上,芽孢杆菌用37℃,曲霉用32~35℃,培养36~48 h后,立即在40℃下烘干或风干,即成工业生产用粗酶。液体发酵时以霉菌为生产菌种采用32℃,培养80~90 h;以细菌为生产菌种时则采用37℃,培养24~48 h。

通风培养：通风过程中，控制种子罐的罐压为 50 kPa，风量 1∶0.5，温度 31～32℃，培养时间 24 h。控制大发酵罐罐压为 50 kPa，风量 1∶(0.5～0.7)，培养温度 30～32℃，并根据发酵 pH 的变化进行补料，培养时间为 88～92 h。

(2)生产工艺管理。α-淀粉酶等多种酶类生产常用的菌种大部分都是需氧菌或兼性需氧菌。这些菌种在培养过程中均需要通入空气。细菌性 α-淀粉酶生产一般都采用液体深层培养，培养基可采用连续灭菌法也可采用间接灭菌法。灭菌完毕之后，在发酵罐内保压冷却至 25～40℃，罐内压力主要用无菌空气维持。同液体曲生产相似，生产过程中种子的培养也是用逐级扩大的方法，一般按 10%接种量接种到冷却后的发酵培养基内，生长过程中给予适当的通气和搅拌。菌种在不同生理时期的发酵温度有不同要求，通过夹套用蒸汽或冷水加以调节。发酵全过程必须严格控制无菌条件、温度、pH、产酶率以及培养基关键组分的消耗比例等工艺指标，定时取样，镜检化验。必要时可以滴加营养成分、缓冲液或酸碱以调节生长和产酶的 pH。当酶活力单位出现高峰稳定值，即表示发酵最适终止期已到，一般采取迅速降温的办法中止发酵罐内的培养物的生命活动。发酵结束了的培养液要及时处理。罐体设备及管路要充分清洗，并且直接吹蒸汽彻底灭菌，而后通入无菌空气保压备用。

固体淀粉酶制剂的生产方法可参照蛋白酶制剂的生产方法。

3.2.5.3 脂肪酶发酵工艺

脂肪酶(lipase)是较早发现和使用的酶制剂之一。脂肪酶在动植物体和微生物中普遍存在，催化甘油三酯水解：甘油三酯＋水→甘油＋游离脂肪酸。

自然界中有许多微生物可以通过它们分泌的脂肪酶来水解油脂作为生长所需的碳源物质。由于微生物脂肪酶的种类很多，具有比动植物酶更广的 pH 适应性、温度范围及对底物的专一性，又便于生产，更容易获得高纯度制剂，因此其在研究和应用上的进展相当迅速。

目前，微生物脂肪酶已有多种商品化制剂供应市场，用途也相当广泛。脂肪酶可用于皮革皮毛、纺织和明胶等加工的脱脂，增加和改进食品的风味和香味，制备化工产品和试剂，用于医药等。特别是其可以起到药物作用，帮助进行消化，降低血脂及治疗局部炎症等。

随着对微生物脂肪酶研究的不断深入，不仅酶的性质越来越清楚，而且在酶种研究、酶种选择和酶的新用途开发方面也不断扩大。其中碱性脂肪酶的研究开发工作，早在“八五”期间就被列入国家重点攻关计划，“九五”期间再次列为国家重点攻关项目。目前，已有大批量的国产碱性脂肪酶推向市场。

以下以碱性脂肪酶为例介绍脂肪酶的生产工艺。

1.碱性脂肪酶生产菌种

产碱性脂肪酶的菌种主要有扩展青霉、无色杆菌、产碱杆菌、米赫毛霉、日本根霉、解脂假丝酵母、类产碱假单胞菌等。

2.碱性脂肪酶发酵条件

脂肪酶是一种诱导酶，一般认为，在发酵液中加入脂类(主要是天然油脂)能诱导脂肪酶，此外添加带酯键的化合物，如聚氧乙烯壬醚酚等，也能促进脂肪酶形成。生产脂肪酶的阿氏假囊酵母培养基组成为：豆饼粉3%，玉米粉3%，豆油0.1%，pH 6.8，28～30℃通风培养。生产解脂假丝酵母AS2.1203脂肪酶用豆饼粉5%，米糠3%，硫酸铵0.2%，豆油或猪油0.5%，接种量2.5%～5%，28℃发酵20～28 h，发酵液酶活力达1 400 U/mL，粗酶制剂酶活力为5 000～7 000 U/g。

圆弧青霉的白色变异株PG37是产碱性脂肪酶菌株，摇瓶产酶活力达557 U/mL。酶的最适作用pH 9.0，最适温度25℃；扩展青霉UN～503所产生的高温碱性脂肪酶，该菌产酶水平550 U/mL，酶作用最适温度42℃；以扩展青霉UN～503为出发菌株，经定向诱变育种成功选育产酶水平高达1 200 U/mL的优良变异株扩展青霉PF868。该菌最适产酶条件为：碳源玉米粉，氮源黄豆饼粉，pH 7.5，产酶培养温度26℃，接种量10%。该酶最适作用温度32℃，最适pH 9.0，Ca^{2+}和Mg^{2+}对酶有激活作用。Fe^{2+}、Cu^{2+}和Mn^{2+}对酶活力有抑制作用，更适合于洗涤剂和工业脱脂用酶的要求。

3.2.5.4 纤维素酶发酵工艺

纤维素类物质是地球上产量巨大而又未得到充分利用的可再生资源。目前，有关纤维素资源的微生物转化的研究已有不少，但仍未转入大规模工业化的应用。其主要困难是天然纤维性材料难以被分解，预处理要求高，半纤维素、木质素等伴生成分需综合利用。

纤维素酶(cellulase)的研究最早是1906年Seilliere在蜗牛的消化液中发现了分解纤维素的纤维素酶。20世纪70年代，美国、日本和前德国等发达国家已工业化生产纤维素酶制剂，它可将丰富的纤维素废资源转化为再生资源，解决能源、饲料和食品供应之不足。我国于70年代开始研究纤维素酶，并在酒精、白酒、酱油行业上应用。近几年来，在饲料行业应用很广。80年代以来，由于分子生物学的发展及生物工程技术的兴起，纤维素酶的研究出现了新的前景。

纤维素酶是降解纤维素β-1，4-葡萄糖苷键的一类酶的总称，因此纤维素酶又有纤维素酶复合物之称。通常认为主要包括C_1酶、C_X酶和β-葡萄糖苷酶。C_1酶主要作用天然纤维素，将其转变成水合非结晶纤维素；C_X酶又可分为C_{X1}酶和C_{X2}酶，C_{X1}酶是内断型纤维素酶，它从水合非结晶纤维素分子内部作用于β-1，4-糖苷键，生成纤维糊精和纤维二糖。C_{X2}酶为外断型纤维素酶，它从水合非结晶纤维素分子的非还原性末端作用于β-葡萄糖苷酶又称纤维二糖酶，它作用于纤维二糖，生成葡萄糖。这些酶协同作用可将纤维素彻底降解为具还原性的葡萄糖。

目前有关纤维素酶的研究主要集中在：酶的功能；从天然环境中寻找能产生不同酶组分的最佳菌种；用基因工程构建理想的工程菌；酶解纤维素的工艺条件。据报道，人们已经找到一种能在发酵纤维素直接生产酒精的高温菌。这种菌能在70℃下生长，并能产生分解纤维素、半纤维素酶。半纤维素酶是分解半纤维素(包括各种多聚戊糖与聚已糖)的一类酶的总称，主要包括β-葡聚糖酶、半乳聚糖酶、木聚糖酶和甘露聚糖酶。

1. 纤维素酶生产菌种

用于生产纤维素酶的微生物多是真菌，对细菌和放线菌研究很少。当前用来生产纤维素酶的微生物主要是木菌、黑曲霉、青霉和根霉，此外，漆斑霉、反刍动物瘤胃菌、嗜纤维菌、产黄纤维单孢菌、侧孢菌、黏细菌、梭状芽孢杆菌等也能产生纤维素酶。

2. 培养基

(1)斜面培养基。马铃薯200 g，琼脂15～20 g，蔗糖20 g，水1 000 mL。马铃薯去皮切成块煮沸 30 min，然后用纱布过滤，再加糖及琼脂溶化后补足水至 1 L，0.1 MPa 灭菌 20 min。

(2)摇瓶培养基。麸皮 4%，蛋白胨 0.3%，硫酸铵 0.2%，酵母膏 0.05%，K_2HPO_4 0.4%，$CaCl_2 \cdot 2H_2O$ 0.03%，$MgSO_4 \cdot 7H_2O$ 0.03%，0.1 MPa 灭菌 30 min。

(3)发酵培养基。稻草粉 5%，麸皮 1%，蛋白胨 0.3%，硫酸铵 0.2%，酵母膏 0.05%，K_2HPO_4 0.4%，吐温-80 0.02%。

3. 液体发酵

(1)种子培养。斜面母菌种→斜面活化培养→250 mL 三角瓶内装 100 mL 摇瓶培养基 30℃，250 r/min 培养 18～24 h。

(2)发酵条件控制。温度控制在 30℃、相对湿度保持 70%以上，发酵 108 h 发酵结束，放料提取纤维素酶。

我国纤维素酶的生产还广泛采用固态培养法。固体发酵纤维素酶可以利用稻草糠、玉米芯等天然纤维素作为发酵基质。发酵过程包括种子或母曲的制备、原料蒸煮、曲床培养、酶的浸提、提取纯化等步骤。

3.3 提高酶发酵产量的方法

影响发酵的因素很多，要提高发酵产酶量，首要条件是有优良性能的生产菌种，其次还要有最佳的发酵条件即发酵工艺才能取得好的效果。要获得好的发酵工艺技术体系，必须对发酵过程中的影响因素和产酶菌的生理代谢及过程变化规律有详细的认识，在此基础上进行合理的调控，才能有效实现酶产量的提高。

3.3.1 酶的合成调控机制

3.3.1.1 酶生物合成的分子机理概述

酶生物合成的过程其实就是基因的表达过程，包括转录、翻译和翻译后加工三个过程。每一个过程都是一个满足多方面的条件下由多种酶参与的复杂的生物过程，这个过程也受多因素调控，关于酶的生物合成的分子机理将在生物酶工程部分进行相关介绍。

3.3.1.2 酶生物合成的调节

微生物细胞中存在着组成酶(constitutive enzyme)和诱导酶(induced enzyme)两大类酶。不论生长在什么培养基中，微生物中总是存在适量的酶，它们的合成不依赖于底物或底物的结构类似物，这些酶称为组成酶。诱导酶又称为适应性酶(adaptive enzyme)，是依赖于某种底物或底物的结构类似物的存在而合成的酶。

在酶的生物合成中，调节方式包括诱导和阻遏两种类型。诱导作用指在某种化合物(包括外加的和内源性的积累)作用下，导致某种酶合成或合成速率提高的现象。阻遏作用是指在某种化合物作用下，导致某种酶合成停止或合成速率降低的现象。这两种情况有时同时存在，通过它们的协调作用达到有效地控制产酶量的目的。

1. 酶生物合成的诱导

能够诱导某种酶合成的化合物称为该酶的诱导剂(revulsant),诱导剂的使用可以显著地增加酶的产量,诱导剂可分为三类:①酶的作用底物;②酶的底物类似物;③酶的反应产物。

例如,乳糖是大肠杆菌β-半乳糖苷酶合成的诱导剂,也是该酶的作用底物,甲基-β-硫代半乳糖苷是β-半乳糖苷酶合成的诱导剂,但它不是其作用的底物,而对硝基苯-α-L-阿拉伯糖苷是β-半乳糖苷酶的底物,但它不是诱导剂。因此,是否是诱导剂主要看能否诱导酶的合成,而不是依据是否为其底物。

一种诱导酶的合成可以有一种以上的诱导剂,但不同的诱导剂的诱导能力是不同的。并且诱导能力还与诱导剂的浓度有关。比如半乳糖、乳糖和异丙基-β-D-硫代半乳糖苷(IPTG)都是β-半乳糖苷酶的诱导剂,但乳糖的诱导能力要大于半乳糖,半乳糖浓度在 10^{-5} mol/L 以下就没有诱导能力了,而异丙基-β-D-硫代半乳糖苷的诱导能力比乳糖的诱导能力高几百倍。

2. 酶生物合成的阻遏

微生物的产酶培养过程可能会受到代谢末端产物的阻遏或分解代谢阻遏的调节。微生物在代谢过程中,当胞内某种代谢产物积累到一定程度时,可能会反馈阻遏这些酶的继续合成,如果代谢产物是某种合成途径的终端产物,这种阻遏称为代谢末端产物阻遏(end-product repression);如果代谢产物是某种化合物分解的中间产物,这种阻遏称为分解代谢产物阻遏(catabolite repression)。

为避免分解代谢阻遏,可以采用难以利用的碳源,或采用分次添加碳源的培养方法,使培养基中的碳源物质浓度始终维持在不足以引起分解代谢阻遏的浓度之下,对于受代谢末端产物阻遏的酶,可以通过控制末端产物浓度来解除阻遏。

3. 酶合成调节的机制

(1)单一效应物调节。酶合成的诱导作用和阻遏作用都是通过效应物或激活剂与调节蛋白相互作用形成复合物,导致调节蛋白构型发生变化,从而能够结合于操纵子的操纵基因上,或不能结合于操纵子的操纵基因上,致使 RNA 聚合酶结合于启动基因上,并进行转录和翻译,表达所需要的酶。如果效应物是抑制剂,它与调节蛋白的结合则导致结构基因转录停止,不能表达有关的酶或蛋白质。这种调节有两种情况,即正调节(positive accommodation) 和负调节(negative accommodation)。

所谓操纵子(operon)就是指基因的调控单位,也称转录单位,包括结构基因、操纵基因和启动基因。结构基因是指能通过转录、翻译合成相应酶的基因。操纵基因位于启动基因之后,结构基因之前,是阻遏蛋白结合的区域,直接决定其后面的结构基因能否转录。启动基因位于操纵基因的最前端,在转录时是 RNA 聚合酶首先结合的区域。这三个部分共同组成一个操纵子(图 3-1),操纵子的活动又受调节基因调控。调节基因通过转录、翻译合成蛋白来调控操纵子的活动,这个蛋白称为阻遏蛋白。

操纵子的负调节其调节基因产物阻止转录的进行。如大肠杆菌的乳糖操纵子,它的调节基因编码一个相对分子质量为 150 000 的四聚体阻遏蛋白,当乳糖不存在时,阻遏蛋白与操纵基因结合,导致转录不能进行,见图 3-1(a)。当乳糖存在时,乳糖与阻遏蛋白结合，使之不能结合于操纵基因上，RNA 聚合酶就可迅速通过操纵基因，到达结构基因上，启动结构基因转录出一条 mRNA 分子，并翻译出 3 种酶，共同分解乳糖，见图 3-1(b)。不过当细胞质中有了 β-半乳糖苷酶后，便催化分解乳糖为半乳糖和葡萄糖。乳糖被分解后，又造成了阻遏蛋白与操纵基因结合，使结构基因关闭，这就是负反馈。

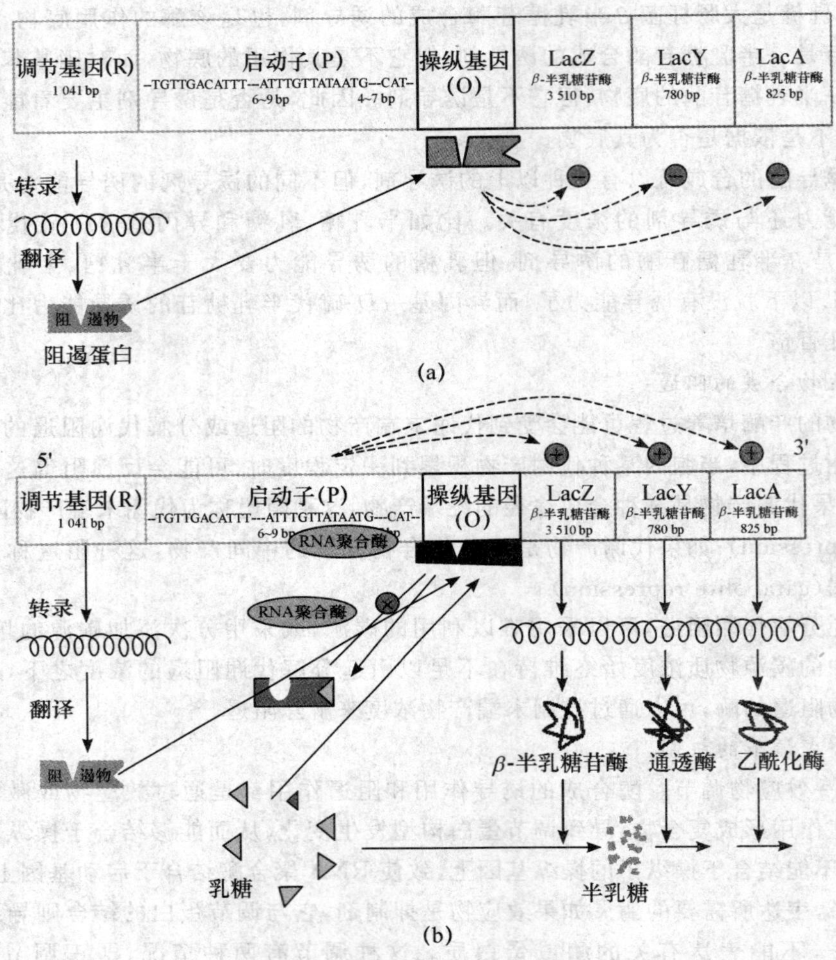

图 3-1 乳糖操纵子模型

(郭勇. 酶的生产与应用. 北京：化学工业出版社，2003)

操纵子的正调节类型是其调节基因产物在诱导物存在下，被转化为转录激活剂，与启动基因结合，而使结构基因被 RNA 聚合酶转录。

(2)两种效应物的共同调节。原核生物中，分解酶合成的调节方式有的更为复杂，对它们的调控除需要效应物外，还需要活化蛋白的参与调节。如乳糖操纵子的调节与大肠杆菌胞内的 cAMP 的浓度有关。cAMP 与 cAMP 的受体蛋白(CRP)结合成复合物，然后起调节作用。CRP 不能单独与启动基因结合，只有在与 CAMP 结合后发生自身构型变化，才能结合到启动基因上，促使 RNA 聚合酶结合到启动基因的另一位点。如果此时有效应物存在，调节蛋白不能结合至操纵基因上，乳糖操纵子的结构基因才能转录。当cAMP不存在或CRP不存在时，即使效应物（如乳糖）存在，RNA聚合酶也不能结合到启动基因上，不能使结构基因转录和表达。

（3）弱化调节。弱化调节是Yanofsky于1973年在研究色氨酸合成时发现的一种调节方式。即当细胞内有色氨酸存在时，可使翻译过程在未到终点之前，便有80%～90%的翻译停止。由于这种调节方式不是使正在翻译的过程全部在中途停止，因此称其为弱化调节。大肠杆菌的色氨酸生物合成操纵子由调节基因、操纵基因、启动基因和5个结构基因（E、D、C、A、B）组成。在结构基因中，E和D一起编码邻氨基苯甲酸合成酶，C编码吲哚磷酸合成酶，B与A编码色氨酸合成酶。它的调节基因、操纵基因和启动基因远离结构基因，其调节方式有阻遏调节和弱化调节两种。阻遏调节类似于乳糖操纵子，是一种负调节。

弱化调节方式比较广泛地存在于氨基酸合成操纵子调节中，是细菌辅助阻遏作用的一种精细调控。这一调控作用是通过操纵子的引导区内类似于终止子结构的一段DNA序列实现的，这段序列被称为弱化子。当细胞内某种氨酰-tRNA缺乏时，该弱化子不表现为终止子功能；当细胞内某种氨酰-tRNA充足时，弱化子表现为终止子功能，但这种终止作用并不使所有正在翻译中的mRNA全部都中途停止，而仅有部分中途停止转录。

4. 外源基因的表达与调控

外源基因的表达与调控略有些不同。首先，外源基因是宿主菌本身不带有的基因，其产物往往也不参与细胞本身的一些代谢，其调控作用主要受构建重组菌时的载体构建与选用情况，表达载体通常带有强启动子，而这些强启动子又受一些特殊的物质诱导，比如用大肠杆菌BL-21作宿主菌，PET30作载体表达外源基因时，通常用IPTG（异丙基-β-d-硫代半乳糖苷，β-半乳糖苷类似物）作为诱导剂。其次，外源基因的表达产物对于宿主菌来说，属于外源蛋白，可能会对宿主菌本身的生长、繁殖、活力产生影响，还有可能被宿主菌作为异源蛋白水解掉。再次，外源蛋白的密码子和氨基酸组成中都可能存在稀有密码子和稀有氨基酸的问题，导致酶的合成受阻。最后，外源基因的表达产物既然不是宿主菌正常的产物，它的存在方式也是调控的基础，外源基因表达产物合成以后是分泌到胞外还是在体内，是溶解的还是形成包涵体，都会影响到酶合成的效率，也会影响到后续酶的提取工艺。

3.3.1.3 酶生物合成的模式

细胞在一定条件下的培养生长过程一般经历调整期、生长期、平衡期和衰退期4个阶段，如图3-2所示。目前研究发现细胞生长与酶生物合成的模式有4种类型：同步合成型、延续合成型、中期合成型和滞后合成型，如图3-3所示。

1. 同步合成型

同步合成型指酶的生物合成与细胞生长同步进行的生物合成模式，又称为生长偶联型。属于该合成型的酶，其生物合成伴随着细胞的生长而开始；在细胞进入旺盛生长期时，酶大量生成；当细胞生长进入平衡期后，酶的合成随着停止。研究表明，该类型酶所对应的mRNA很不稳定，其寿命一般只有几十分钟。在细胞进入生长平衡期后，新的mRNA不再生成，原有的mRNA被降解后，酶的生物合成随即停止。

大部分组成酶的生物合成属于同步合成型，有部分诱导酶也属于这种模式。例如，米曲霉在含有单宁或者没食子酸的培养基中生长，在单宁或没食子酸的诱导作用下，合成单宁酶（又称鞣酸酶）就属于同步合成型，见图 3-4。

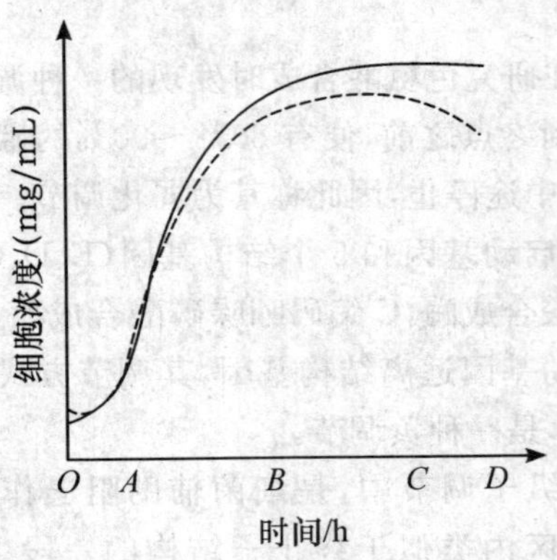

——总细胞浓度；-----活细胞浓度；

$O\sim A$ 调整期；$A\sim B$ 生长期；

$B\sim C$ 平衡期；$C\sim D$ 衰退期

图 3-2 细胞生长曲线

（郭勇．酶工程．2 版．北京：科学出版社，2004）

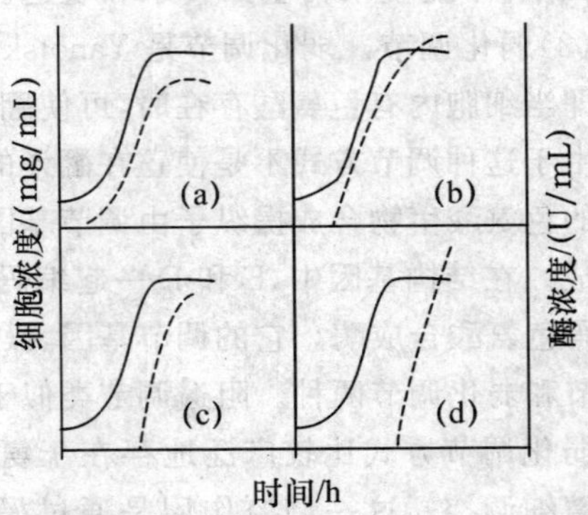

——细胞浓度；-----酶浓度；

(a)同步合成型；(b)延续合成型；

(c)中期合成型；(d)滞后合成型

图 3-3 酶生物合成的模式

（郭勇．酶工程．2 版．北京：科学出版社，2004）

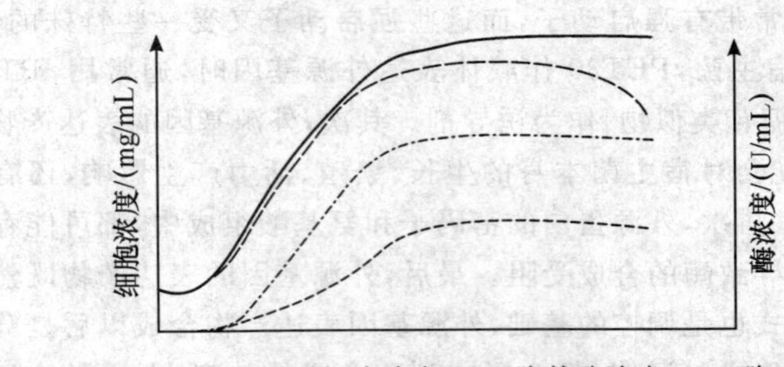

——总细胞浓度；——活细胞浓度；-·-·-胞外酶浓度；-----胞内酶浓度

图 3-4 米曲霉单宁酶生物合成曲线

（郭勇．酶工程．2 版．北京：科学出版社，2004）

同步合成型酶的生物合成可以由其诱导物诱导生成，但是不受分解代谢物的阻遏作用，也不受产物的反馈阻遏作用。

针对同步合成型的酶，要提高酶的产量，就必须提高培养体系中高活力细胞的数量，所以采用最适宜的培养基，建立最适合产酶菌生长繁殖的培养条件，是提高酶产量的关键，并在细胞进入平衡期后及时终止发酵，进行酶的分离提取。

2．延续合成型

延续合成型酶的生物合成从细胞的生长阶段开始，到细胞生长进入平衡期后，酶还可以延续合成一段较长时间。

属于延续合成型的酶可以是组成酶，也可以是诱导酶。例如，黑曲霉以半乳糖醛酸或果胶为单一碳源的培养基中培养，可以诱导聚半乳糖醛酸酶的生物合成。该工艺在培养一段时间(约 40 h)以后，细胞生长进入旺盛生长期，此时，聚半乳糖醛酸酶开始合成，当细胞生长达到平衡期(约 80 h)后，细胞生长达到平衡，然而聚半乳糖醛酸酶却继续合成，直至 120 h 以后，呈现延续合成型的生物合成模式。

在以黑曲霉诱导生产聚半乳糖醛酸酶的生物合成工艺中，当以含有葡萄糖的粗果胶为诱导物时，细胞生长速度较快，细胞浓度在 20 h 达到高峰，但是聚半乳糖醛酸酶的生物合成由于受到分解代谢物阻遏，合成时间延迟，直到葡萄糖被细胞利用完之后，聚半乳糖醛酸酶的合成才开始进行(图 3-5a)。若果胶中所含葡萄糖较多，则在细胞生长达到平衡期以后，酶才开始合成，呈现出滞后合成型模式。由此可见，属于延续合成型的酶，其生物合成可以受诱导物的诱导，一般不受分解代谢物阻遏。延续合成型的酶在细胞生长达到平衡期以后，仍然可以延续合成，说明这些酶所对应的 mRNA 相当稳定，在平衡期以后相当长的一段时间内仍然可以通过翻译合成其所对应的酶。有些酶对应的 mRNA 相当稳定，其生物合成可受到分解代谢物阻遏，在培养基中没有阻遏物时，呈现延续合成型；在有阻遏物存在时，转为滞后合成型。

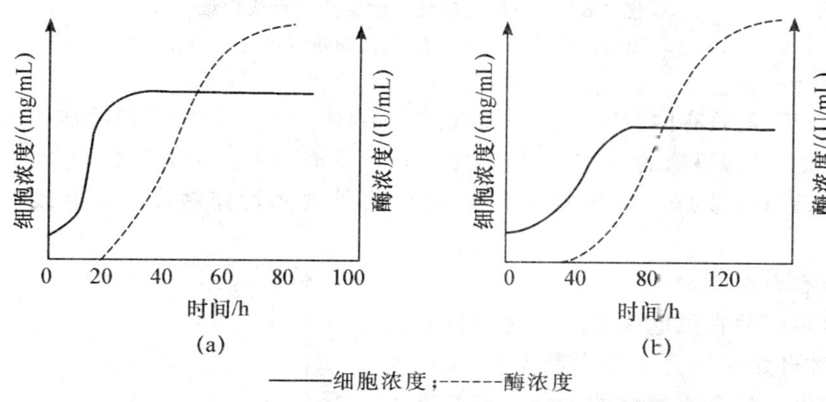

(a)以含有葡萄糖的果胶为诱导物；(b)以半乳糖醛酸为诱导物

图 3-5 黑曲霉聚半乳糖醛酸酶生物合成曲线

(郭勇. 酶工程. 2 版. 北京：科学出版社，2004)

一般地，酶的延续合成型模式要优于同步合成型，酶产量也要高。要提高延续合成型酶的产量，不仅要提高产酶菌的生长状况，获得更多的高活力的细胞数量，还要防止阻遏物的影响。比如在 β-半乳糖苷酶的发酵生产中，由于葡萄糖可以引起分解代谢阻遏，因此可以采用难以利用的半乳糖作为碳源，可以获得更好的产酶效果(图 3-5b)。在进入平衡期后尽量延长产酶时间和产酶效率，比如通过维持适宜的营养水平、温度、溶解氧、pH 等。

3. 中期合成型

中期合成型酶一般在细胞生长一段时间后开始合成，细胞生长进入平衡期以后，酶的生物合成随之停止。

例如，利用枯草杆菌生产碱性磷酸酶的生物合成模式属于中期合成型，见图 3-6。碱性磷酸酶的生物合成受到其反应产物无机磷酸的反馈阻遏。磷是细胞生长必不可缺的营养物质，培养基中必须有磷的存在。这样，在细胞生长的开始阶段，培养基中的磷阻遏碱性磷酸酶的合成，只有当细胞生长一段时间，培养基中的磷几乎被细胞用完（低于0.01 mmol/L）以后，碱性磷酸酶才开始大量生成。由于编码该碱性磷酸酶所对应的mRNA不稳定，寿命只有30 min左右，所以当细胞进入平衡期后，酶的生物合成随之停止。

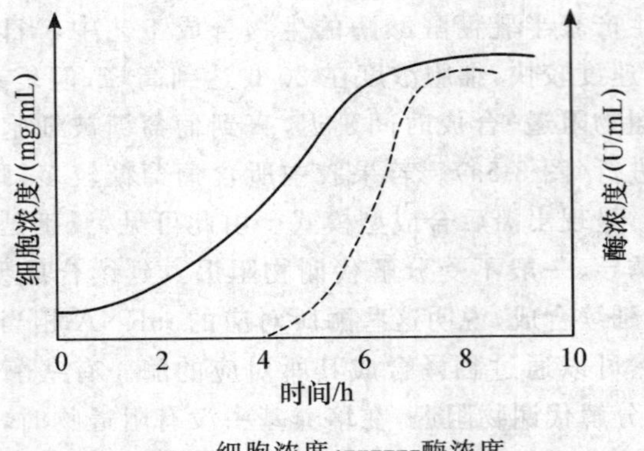

图3-6 枯草杆菌碱性磷酸酶生物合成曲线

（郭勇.酶工程.2版.北京：科学出版社，2004）

中期合成型酶具有的共同特点是：酶的生物合成受到产物的反馈阻遏作用或分解代谢物阻遏作用，且编码酶的mRNA稳定性较差。要提高中期合成型酶的产量，首先要注意选育抗反馈阻遏或抗分解代谢的变异菌株，另外要注意控制反馈阻遏或者分解代谢阻遏。

4. 滞后合成型

滞后合成型酶在细胞生长一段时间或进入平衡期后，才开始生物合成并大量积累，又称为非生长偶联型。许多水解酶的生物合成都属于这一类型。例如，黑曲霉酸性蛋白酶的生物合成，当细胞生长24 h后进入平衡期，此时羧基蛋白酶才开始合成并大量积累，直至80 h，酶的合成还在继续，见图3-7。该酶所对应的mRNA具有很高的稳定性。

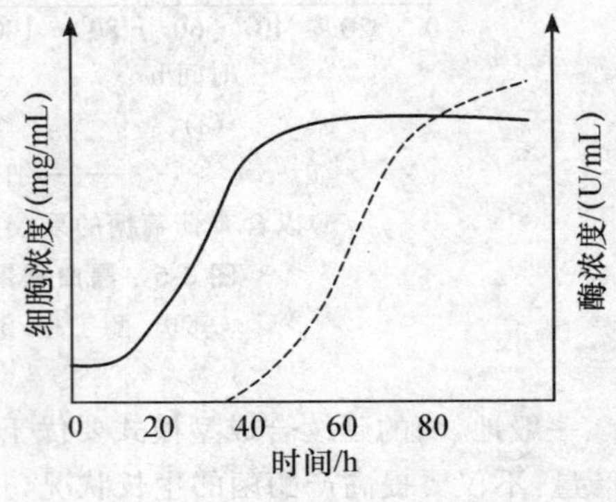

图3-7 黑曲霉羧基蛋白酶生物合成曲线

（郭勇.酶工程.2版.北京：科学出版社，2004）

滞后合成型酶滞后合成的主要原因是由于培养基中存在的阻遏物的阻遏作用。随着细胞的生长，阻遏物被细胞代谢减少，阻遏作用解除后，酶才开始大量合成。若培养基中不存在阻遏物，合成模式可以转为延续合成型。滞后合成型酶所对应的mRNA稳定性好，可以在细胞生长进入平衡期后的相当长一段时间内，继续进行酶的生物合成。要提高滞后合成型酶的产量，首先要提供最适的产酶菌生长繁殖的条件，以便尽可能地获得高密度的、高活力的产酶菌，同时注意培养基的控制阻遏物，以便及时进入酶的生物合成期。对于产酶条件和菌体生长条件不一致的情况，应注意在进入酶合成期后,适当改变条件,以适应酶合成的最适条件。此外,由于这种模型的发酵体系培养时间相对比较长,培养基条件也容易改变,尤其是在进入平衡期后,如 pH,所以应注意通过补料等方式以维持适宜的产酶条件。

综上所述,酶对应的 mRNA 的稳定性以及培养基中阻遏物的存在是影响酶生物合成模式的主要因素。其中,mRNA 稳定性好的,可以在细胞生长进入平衡期以后,继续合成其所对应的酶;mRNA 稳定性差的,随着细胞生长进入平衡期而停止酶的生物合成;不受培养基中存在的某些物质阻遏的,可以伴随着细胞生长而开始酶的合成;受培养基中某些物质阻遏的,则要在细胞生长一段时间甚至在平衡期后,酶才开始合成并大量积累。

在酶的发酵生产中,为了提高产酶率和缩短发酵周期,延续合成型应当属首选,因为属于延续合成型的酶,在发酵过程中没有生长期和产酶期的明显差别。细胞一开始生长就有酶产生,直至细胞生长进入平衡期以后,酶还可以继续合成一段较长的时间,产酶量较高。

3.3.2 控制发酵条件提高酶产量

产酶菌培养过程中基本条件的改变对发酵过程影响很大。在酶的发酵生产过程,应根据不同酶的生产特性,优化发酵条件以提高产酶量。适宜的培养基组成、细胞代谢物的分析技术、统计优化策略和生化研究对于建立高产、稳产和经济的发酵过程是关键的因素。

常规的发酵条件包括:培养基配比、发酵的罐温、搅拌转速、搅拌功率、空气流量、罐压、液位、补料、前体添加、补水等。表征发酵过程的状态参数有:pH、溶氧、溶解 CO_2、氧化还原电位、尾气中的 O_2 和 CO_2 含量、基质(如葡萄糖)或产物浓度、代谢中间体或前体浓度、菌液浓度(以 OD 值或细胞干重 DCW 等代表)等。通过直接参数还可以求得各种更有用的间接状态参数,如比生长速率(μ)、摄氧率(OUR)、CO_2 释放速率(CER)、呼吸商(RQ)、氧得率系数(YX/O)、氧体积传质速率(KL_a)、基质消耗速率(QS)、产物合成速率(QP)等。

3.3.2.1 培养基的优化

1. 碳源

近年研究发现有些碳源对酶的生物合成具有代谢调节的功能,包括酶生物合成的诱导作用以及分解代谢物阻遏作用,在酶的发酵生产过程中,应该根据不同的产酶菌特点,选用一些特定的碳源。

例如,淀粉对 α-淀粉酶的生物合成有诱导作用,而果糖对该酶的生物合成有分解代谢物阻遏作用,因此,在 α-淀粉酶的发酵生产中,应当选用淀粉为碳源。同理,在 β-半乳糖苷酶的发酵生产时,应当选用对该酶的生物合成具有诱导作用的乳糖为碳源,而不用或者少用对该酶的生物合成具有分解代谢物阻遏作用的葡萄糖为碳源。

2. 氮源

不同的产酶菌对氮源有不同的要求,应当根据细胞的营养要求进行选择和配置。一般地说,异养型微生物要求有机氮源,自养型微生物可以采用无机氮源。在多数情况下将有机氮源和无机氮源配合使用能起到较好的效果。

例如，用黑曲霉生产酸性蛋白酶时，单独使用无机态氮或有机态氮，产酶的效果都不如配合使用的效果好，单独使用铵态氮或硝态氮的产酶量仅为配合使用的30%。

一般地讲，产酶菌的发酵培养基比其他发酵工业生产的培养基需要更多的氮源，因为发酵的目标产物是酶蛋白，其他发酵过程的目标产物是一些初级或次级代谢产物，如柠檬酸发酵、酒精发酵等，产物中，酶蛋白的含氮量比这些产物中的含氮量显然高很多。

在一些工程菌的发酵培养基中，有时候还要添加一些特殊的含氮基质。比如在表达外源基因时，如果外源基因编码的蛋白相对宿主菌具有稀有氨基酸特点的时候，可以在培养基中添加相应的氨基酸，以提高产酶量，这在许多试验研究中均有成功的报道。

3. 碳氮比

碳氮比(C/N)对酶的产量有显著影响。所谓碳氮比一般是指培养基中碳元素(C)的总量与氮元素(N)总量之比，可以通过测定和计算培养基中碳素和氮素的含量而得出。有时也采用培养基中所含的碳源总量和氮源总量之比来表示碳氮比。但这两种比值有时相差很大，在使用时要注意。

在微生物酶生产培养中碳氮比是随生产的酶类、生产菌株的性质和培养阶段的不同而改变的。一般蛋白酶(包括酸性、中性和碱性蛋白酶)的生产中，培养基多选用较低的碳氮比。例如，黑曲霉 3.350 酸性蛋白酶生产采用由豆饼粉 3.75%、玉米粉 0.625%、鱼粉 0.625%、NH_4Cl 1%、$CaCl_2$ 0.5%、Na_2HPO_4 0.2%、豆饼石灰水解液 10%等组成的培养基。淀粉酶(包括 α-淀粉酶、糖化酶、β-淀粉酶等)发酵生产的培养基多采用相对较高的碳氮比。例如，利用枯草杆菌 TUD127 生产 α-淀粉酶的培养基采用由豆饼粉 4%、玉米粉 8%、Na_2HPO_4 0.8%、$CaCl_2$ 0.2%、$(NH_4)_2SO_4$ 0.4%等组成的培养基。

碳氮比的采用也受发酵过程的不同阶段的影响。一般地说，在种子培养时常采用较高比例的氮源，以满足产酶菌个体增加的需要，因为个体的繁殖需要较多的氮源，而在产酶阶段根据情况可以提高碳氮比以利于产酶。例如，利用枯草杆菌 BF-7658 生产 α-淀粉酶时就是这种情况。利用枯草杆菌 BF-7658 生产 α-淀粉酶时，发酵基础料多采用较高的氮源：豆饼粉 7.2%、玉米粉 5.6%、Na_2HPO_4 0.8%、$CaCl_2$ 0.13%、$(NH_4)_2SO_4$ 0.4%、NH_4Cl 0.13%，而在进行补料时相应的提高碳氮比：豆饼粉 5.2%、玉米粉 22.4%、Na_2HPO_4 0.8%、$CaCl_2$ 0.4%、$(NH_4)_2SO_4$ 0.4%、NH_4Cl 0.06%。

4. 无机盐

无机盐的主要作用是提供细胞生命活动所必不可缺的各种无机元素，并对细胞内外的 pH、氧化还原电位和渗透压起调节作用。根据细胞对无机元素需要量的不同，无机元素可以分为大量元素和微量元素两大类。

无机元素是通过在培养基中添加无机盐来提供的，一般采用添加水溶性的硫酸盐、磷酸盐、盐酸盐或硝酸盐等。在天然培养基中，一般微量元素不必另外加入，但也有例外。例如，用玉米粉、豆粉为碳源，生产放线菌 166 蛋白酶时，添加 100 mg/kg 的 Zn^{2+}，可使酶的活力提高 70%～80%。

3.3.2.2 培养基的灭菌情况

培养基的灭菌对发酵生产的影响主要是灭菌会影响到培养基的养分。一般来说，随灭菌温度的升高，时间的延长，对养分的破坏作用愈大，从而影响产物的合成。例如，在葡萄糖氧化酶发酵生产中，培养基的灭菌条件对产酶有显著的影响，主要是因为培养基中的葡萄糖，在高温灭菌时极容易与其他物质发生反应，从而影响到产酶量，其中灭菌温度比灭菌时间对产酶的影响更大（表3-7）。

表 3-7 培养基灭菌条件对产酶的影响

灭菌蒸汽压力/MPa	时间/min	葡萄糖氧化酶酶活/(U/mL)
0.069	15	48.08
	25	43.72
0.1	15	35.04
	25	27.10

所以，培养基的灭菌条件和方法要根据培养基的配比、产酶菌的特点等进行优化。在上述例子中可以将葡萄糖或含葡萄糖丰富的原料进行分开灭菌，接种前进行混合，可以较好地解决这个问题。

3.3.2.3 种子质量

种子质量很大程度上决定了发酵期产酶菌的生长状况和产物合成的量。在发酵原种一定的情况下，接种菌龄和接种量是接种工序的两个重要指标。

接种菌龄是指种子罐中的培养物开始移种到下一级种子罐或发酵罐时的培养时间。选择适当的接种菌龄十分重要，菌龄太短、太长的种子对发酵都不利。菌龄太短的种子接种后往往会出现前期生长缓慢，整个发酵周期延长，产物开始形成时间推迟；菌龄太长的种子虽然菌液浓度较高，但菌体可能过早衰退，导致生产能力的下降。不同品种或同一品种不同工艺条件的发酵，其接种菌龄也不尽相同。一般最适的接种菌龄要在反复多次试验的基础上，根据其最终发酵结果而定，多数情况是以对数生长期的后期的接种菌龄，即培养液中菌浓度接近高峰时所需的时间较为适宜。

接种量是指接入种子液体积和发酵液体积之比。接种量的大小是由发酵罐中菌的生长繁殖速度决定的。通常，采用较大的接种量可缩短生长达到高峰的时间，使产物的合成提前。这是由于种子量多，种子液中含有大量胞外水解酶类，有利于基质的利用，并且生产菌在整个发酵罐内迅速占优势，从而减少杂菌生长的机会。但是，如接种量过大，也可能使菌种生长过快，培养液黏度增加，导致溶氧不足，影响产物的合成。一般发酵常用的接种量为5%～10%。

3.3.2.4 发酵体系温度的调节控制

温度是影响产酶菌生长繁殖最重要的因素之一，通过影响产酶菌的状态，进而影响产酶量。

温度对微生物发酵的影响是多方面的。随着温度的升高，细胞的生长繁殖加快。这是由于生长代谢以及繁殖都是酶促反应，根据酶促反应的动力学，温度升高，反应速度加快，呼吸强度加强，必然最终导致细胞生长繁殖加快。但随着温度的上升，酶失活的速度也越快，菌体衰老提前，发酵周期缩短，这对发酵生产是极为不利的。所以产酶菌的生长、繁殖和发酵产酶需要一定的温度条件。在一定的温度范围内，细胞才能正常生长、繁殖和维持正常的新陈代谢。不同的细胞有各自不同的最适生长温度。例如，枯草杆菌的最适生长温度为34～37℃，黑曲霉的最适生长温度为28～32℃。

在酶发酵生产中，有些产酶菌发酵产酶的最适温度与菌体生长最适温度有所不同，而且往往低于生长最适温度。这是由于在较低的温度条件下，可以提高酶所对应的 mRNA 的稳定性，增加酶生物合成的延续时间，从而提高酶的产量。例如，采用酱油曲霉生产蛋白酶，在 28℃的温度条件下，其蛋白酶的产量比在 40℃条件下高 2～4 倍；在 20℃的条件下发酵，则其蛋白酶产量更高，但是细胞生长速度较慢。这种情况对生产是比较有利的。生产上，通常可以先在一个适宜的高温下培养，使菌液浓度或菌体数量迅速增加，达到最佳的菌液浓度时，适当降低培养温度，使之维持在一个有利于产酶的温度条件，这样可以使产酶的时间延长，提高产酶量，而且相对较低的温度还可以延长产酶菌的寿命，这对提高产酶效率和产酶量都是有利的。

当然，若温度太低，则会导致产酶菌代谢速度缓慢，活力下降，反而降低酶的产量，延长发酵周期。所以，在实际生产上必须针对不同的产酶菌和不同的工艺进行试验，以确定最佳的培养温度和产酶温度。分段培养则是生产常用的温度控制方式。

维持温度的稳定是发酵产酶的另一个问题。影响温度的因素主要有两个方面。其一，发酵罐或发酵池与环境的温差，其二，是发酵热。在发酵培养过程中，发酵热的影响更为重要。

细胞生长和发酵产酶过程中，由于细胞的新陈代谢作用，会不断放出热量，使培养基的温度升高，同时，由于热量的不断扩散，会使培养基的温度不断降低。两者综合结果，决定了培养基的温度。由于在菌体生长和产酶的不同阶段，细胞新陈代谢放出的热量有较大差别，散失的热量又受到环境温度等因素的影响，使培养基的温度发生明显的变化。为此必须经常及时地对温度进行调节控制，使培养基的温度维持在适宜的范围内。温度的调节一般采用热水升温、冷水降温的方法。为了及时地进行温度的调节控制，在发酵罐或其他生物反应器中，均应设计有足够传热面积的热交换装置，如排管、蛇管、夹套、喷淋管等，并且随时备有冷水和热水，以满足温度调控的需要。

工业上使用大体积发酵罐的发酵过程，一般不需要加热，因为释放的发酵热常常超过微生物的最适培养温度，所以较多的情况是需要冷却。通常是利用发酵罐的热交换装置进行降温，如果气温较高，冷却水的温度也比较高时，多采用冷盐水进行降温，才能保持在最适温度下进行发酵。

3.3.2.5 发酵体系溶解氧的调节控制

在培养基中培养的细胞一般只能吸收和利用溶解氧。溶解氧是指溶解在培养基中的氧气。由于氧是难溶于水的气体，在通常情况下，培养基中溶解的氧并不多。在细胞培养过程中，培养基中原有的溶解氧很快就会被细胞利用完。为了满足细胞生长、繁殖和发酵产酶的需要，在发酵过程中必须不断供给氧，使培养基中的溶解氧保持在一定的水平。

溶解氧的调节控制，就是要根据细胞对溶解氧的需要量，连续不断地进行补充，使培养基中溶解氧的量保持恒定。而细胞对溶解氧的需要量可以用耗氧速率 K_{O_2} 表示：

$$K_{O_2}=Q_{O_2}\cdot C_C$$

式中，K_{O_2} 为耗氧速率，指的是单位体积（L，mL）培养液中的细胞在单位时间（h，min）内的耗氧量（mmol，mL）。耗氧速率一般以［mmol/(h · L)］表示。Q_{O_2} 为细胞呼吸强度，是指单位细胞量（每个细胞，g 干细胞）在单位时间（h，min）内的耗氧量，一般以 mmol/(h · g 干细胞)或 mmol/(h·每个细胞)表示。C_C 为细胞浓度。指的是单位体积培养液中细胞的量,以 g 干细胞/L 或者个细胞/L 表示。

所以,耗氧速率与细胞的呼吸强度及培养基中的细胞浓度密切相关,细胞的呼吸强度与细胞种类以及细胞的生长期有关。不同的细胞其呼吸强度不同;同一种细胞在不同的生长阶段,其呼吸强度亦有所差别。一般细胞在生长旺盛期呼吸强度较大,在发酵产酶高峰期,由于酶的大量合成,需要大量氧气,其呼吸强度也大。

溶解氧的供给,一般是将无菌空气通入发酵容器,使空气中的氧溶解到培养液中,培养液中溶解氧的量,决定于在一定条件下氧气的溶解速度。

氧的溶解速度又称为溶氧速率或溶氧系数,以 K_d 表示。溶氧速率是指单位体积的发酵液在单位时间内所溶解的氧的量,其单位通常以 mmol/(h·L)表示。溶氧速率与通气量、氧气分压、气液接触时间、气液接触面积以及培养液的性质等有密切关系。一般来说,通气量越大、氧气分压越高、气液接触时间越长、气液接触面积越大,则溶氧速率越大。培养液的性质,主要是黏度、气泡以及温度等对于溶氧速率有明显影响。

当溶氧速率和耗氧速率相等时,即:$K_{O_2}=K_d$ 的条件下,培养液中的溶解氧的量保持恒定,可以满足细胞生长和发酵产酶的需要。

值得注意的是,随着发酵过程的进行,细胞耗氧速率是不断变化的,必须相应地对溶氧速率进行调节。调节溶解氧的方法主要有:

(1)调节通气量。通气量是指单位时间内流经培养液的空气量(L/min),也可以用培养液体积与每分钟通入的空气体积之比(VVM)表示。例如,1 m^3 培养液,每分钟流经的空气量为 0.5 m^3,即通气量为 1∶0.5;1 L 培养液,1 min 流经的空气为 2 L,则通气量为 1∶2。在其他条件不变的情况下,增大通气量,可以提高溶氧速率。反之,减少通气量,则使溶氧速率降低。

(2)调节氧分压。提高氧分压,可以增加氧的溶解度,从而提高溶氧速率。通过增加发酵容器中的空气压力,或者增加通入空气中的氧含量,都能提高氧分压,从而使溶氧速率提高。

(3)调节气液接触时间。气液两相的接触时间延长,可以使氧气有更多的时间溶解在培养基中,从而提高溶氧速率。气液接触时间缩短,则溶氧速率降低。可以通过增加液层高度,降低气流速度,在反应器中增设挡板,延长空气流经培养液的距离等方法,以延长气液接触时间,提高溶氧速率。

(4)调节气液接触面积。氧气溶解到培养液中是通过气液两相的界面进行的,增加气液两相接触界面的面积,将有利于提高溶氧速率。为了增大气液两相接触面积,应使通过培养液的空气尽量分散成小气泡。在发酵容器的底部安装空气分配管,使气体分散成小气泡进入培养液中,是增加气液接触面积的主要方法。装设搅拌装置或增设挡板等可以使气泡进一步打碎和分散,也可以有效地增加气液接触面积,从而提高溶氧速率。

(5)改变培养液的性质。培养液的性质对溶氧速率有明显影响,若培养液的黏度大,在气泡通过培养液时,尤其是在高速搅拌的条件下,会产生大量泡沫,影响氧的溶解。可以通过改变培养液的组分或浓度等方法,有效地降低培养液的黏度;设置消泡装置或添加适当的消泡剂,可以减少或消除泡沫的影响,以提高溶氧速率。

以上各种调节方法可以根据不同菌种、不同产物、不同的生物反应器、不同的工艺条件选择使用，以便根据发酵过程耗氧速率的变化而及时有效地调节溶氧速率。

需要指出的是，低溶氧速率会影响到菌的生长、繁殖和新陈代谢，使酶的产量降低，同样，过高的溶氧速率对酶的发酵生产也会产生不利的影响。高溶氧速率也会抑制某些酶的生物合成，而且，在为了获得高溶氧速率时采用的大量通气或快速搅拌，也会使某些细胞（如霉菌、放线菌、植物细胞、动物细胞、固定化细胞等）受到损伤。所以，在发酵生产过程中，应尽量控制溶氧速率等于或稍高于耗氧速率。

另外，固态发酵体系中溶氧量的控制，多通过两个方面进行调节。其一是培养基的配比与处理，比如添加一些填充剂（多为疏松的富含纤维的植物副产物，如稻壳等）可以提高溶氧量，配料粉碎程度低，溶氧量高。其二是通过翻料，可以改善氧气供给。

3.3.2.6 发酵体系 CO_2 的调节控制

CO_2 是微生物的代谢产物，同时也是某些合成代谢的一种基质，它既是细胞代谢的重要指示，也对发酵产酶有重要影响。

通常 CO_2 对菌体生长具有抑制作用，当排气中 CO_2 的浓度高于 4%时，微生物的糖代谢和呼吸速率就会下降。例如，发酵液中 CO_2 的浓度达到 1.6×10^{-1} mol，就会严重抑制酵母菌的生长；当进气口 CO_2 的含量占混合气体的 80%时，酵母活力与对照相比降低 20%。

CO_2 在发酵液中的浓度变化不像溶解氧那样有一定的规律，它的大小受到许多因素的影响，如细胞的呼吸强度、发酵液的流变学特性、通气搅拌程度、罐压大小、设备规模等。由于 CO_2 的溶解度比氧气大，所以随着发酵罐压力的增加，其含量比氧气增加得更快。大容量发酵罐的发酵液的静压力可达 1×10^5 Pa 以上，再加上正压发酵，致使罐底部压强达 1.5×10^5 Pa。当 CO_2 浓度增大时，若通气搅拌不改变，CO_2 不易排出，在罐底形成碳酸，使 pH 下降，进而影响微生物细胞的呼吸和产物合成。

对 CO_2 浓度的控制主要看其对发酵的影响，如果对发酵有促进作用，应该提高其浓度；反之应设法降低其浓度。通过提高通气量和搅拌速率，在调节溶解氧的同时，还可以调节 CO_2 的浓度，通气使溶解氧保持在临界值以上，CO_2 可随着废气排出，使其维持在引起抑制作用的浓度之下。降低通气量和搅拌速率，有利于提高 CO_2 在发酵液中的浓度。

3.3.2.7 发酵体系 pH 的调节控制

培养基的 pH 与细胞的生长、繁殖以及发酵产酶关系密切，在发酵过程中必须进行必要的调节控制。

产酶菌发酵产酶的最适 pH 与生长最适 pH 往往有所不同。细胞生产某种酶的最适 pH 通常接近于该酶催化反应的最适 pH。例如，发酵生产碱性蛋白酶的最适 pH 为碱性（pH 8.5～9.0），生产中性蛋白酶的 pH 以中性或微酸性（pH 6.0～7.0）为宜，而酸性条件（pH 4～6）有利于酸性蛋白酶的产生。然而，有些酶在其催化反应的最适条件下，产酶菌的生长和代谢可能受到影响，在此情况下，细胞产酶的最适 pH 与酶催化反应的最适 pH 有所差别，如枯草杆菌碱性磷酸酶，其催化反应的最适 pH 为 9.5，而其产酶的最适 pH 为 7.4。

有些细胞可以同时产生若干种酶，在生产过程中，通过控制培养基的 pH，往往可以改变各种酶之间的产量比例。例如，黑曲霉可以生产 α-淀粉酶，也可以生产糖化酶，在培养基的 pH 在中性范围时，α-淀粉酶的产量增加而糖化酶减少；反之，在培养基的 pH 偏向酸性时，则糖化酶的产量提高而 α-淀粉酶的量降低。再如，采用米曲霉发酵生产蛋白酶时，当培养基的 pH 为碱性时，主要生产碱性蛋白酶；培养基的 pH 为中性时，主要生产中性蛋白酶；而在酸性的条件下，则以生产酸性蛋白酶为主。

随着细胞的生长、繁殖和新陈代谢产物的积累，培养基的 pH 往往会发生变化。这种变化的情况与细胞特性有关，也与培养基的组成成分以及发酵工艺条件密切相关。例如，含糖量高的培养基，由于糖代谢产生有机酸，会使 pH 向酸性方向移动；含蛋白质、氨基酸较多的培养基，经过代谢产生较多的胺类物质，使 pH 向碱性方向移动；以硫酸铵为氮源时，随着铵离子被利用，培养基中积累的硫酸根会使 pH 降低；以尿素为氮源的，随着尿素被水解生成氨，而使培养基的 pH 上升，然后又随着氨被细胞同化而使 pH 下降；磷酸盐的存在，对培养基的 pH 变化有一定的缓冲作用。在氧气供应不足时，由于代谢积累有机酸，可使培养基的 pH 向酸性方向移动。

所以，在发酵过程中，必须对培养基的 pH 进行适当的控制和调节。调节 pH 的方法可以通过改变培养基的组分或其比例；也可以使用缓冲液来稳定 pH；或者在必要时通过流加适宜的酸、碱溶液的方法，调节培养基的 pH，以满足细胞生长和产酶的要求。

选择最适 pH 的原则是既有利于菌体的生长繁殖，又可以最大限度地获得高的产量。一般最适 pH 是根据实验结果来确定的，通常将发酵培养基调节成不同的起始 pH，在发酵过程中定时测定，并不断调节 pH，以维持其起始 pH，或者利用缓冲剂来维持发酵液的 pH。同时观察菌体的生长情况，菌体生长达到最大值的 pH 即为菌体生长的最适 pH。产物形成的最适 pH 也可以参照该方法测得。在测得发酵过程中不同阶段的最适 pH 要求之后，生产上便可以采用各种方法来控制。

在工业生产中，采用酸碱中和是调节发酵体系中 pH 的一个基本思路，但是酸碱中和虽然可以迅速中和掉培养基中当时存在的过量酸碱，但是却不能阻止代谢过程中连续不断发生的酸碱变化。即使连续不断地进行测定和调节，但这样势必增加体系中的离子浓度，反而影响到酶的生长和酶的生物合成，而且这没有从根本改善代谢状况。所以生产上调节控制 pH 的根本措施主要应该考虑培养基中生理酸性物质与生理碱性物质的配比，然后才是通过中间补料进一步加以控制。

比如通过控制生理酸性物质 $(NH_4)_2SO_4$ 和生理碱性物质氨水之间的比例，不仅可以调控 pH，还可以补充氮源。当 pH 和氨氮含量均低时，补加氨水；若 pH 较高，而氨氮较低时，应该补加 $(NH_4)_2SO_4$。

3.3.2.8 加强发酵期泡沫的管理与控制

在微生物好气培养中，由于通气搅拌、微生物、发酵液往往产生许多泡沫，这是正常现象。微生物细胞生长代谢和呼吸也会排出气体，如氨气、二氧化碳等，这些气体使发酵液产生的气泡也称为发酵性泡沫。

过多的泡沫对发酵不利，主要表现在由于过多的泡沫生成，若不加控制，会引起“逃液”造成损失，从而减少酶的得率。泡沫升至罐顶，顶至轴封或逃液，都增加了杂菌污染的机会。并且泡沫液位的上下变化，使部分菌体黏附到罐顶或罐壁上，不能再回到发酵液中，使发酵液中的菌体量减少。泡沫形成后，泡沫中的代谢气体不容易被带走，从而使菌体的生活环境发生了改变，妨碍了菌体的呼吸，造成了代谢异常，导致菌体提前自溶。菌体自溶反过来又进一步促使更多的泡沫形成。生产上为了减少因通气搅拌引起的泡沫产生，常采用降低通气量乃至“闷罐”的措施，但同时影响了溶解氧的浓度。此外，还通过加入消沫剂来消除泡沫，但消沫剂的加入给提取工艺带来困难。所以在生产中应尽量减少或消除泡沫。

消除和控制泡沫的方法主要包括机械消沫和消沫剂消沫两大类。

机械消沫是利用机械的强烈振动或压力的变化促使泡沫破碎。机械消沫的方法有多种，一种是在罐内将泡沫消除，最简单的是在搅拌轴的上部安装消沫桨，当消沫桨随着搅拌轴转动时，将泡沫打碎。另一种是将泡沫引出罐外，通过喷嘴的加速作用或利用离心力消除泡沫后，液体再返回罐内。机械消沫的优点是不需要引入外来物质，可节省原材料，减少杂菌污染的机会，也可以减少培养液性质的变化，对提取工艺无任何副作用。其缺点是效率不高，对黏度较大的流态型泡沫几乎没有作用，也不能消除引起泡沫稳定的根本原因，所以仅作为消沫的辅助方法。也有在罐内装设超声波或超声波汽笛进行消泡。

消沫剂消沫是另外一种选择。消沫剂一般是采用表面活性物质，不过因为形成泡沫的因素很多，所以消沫剂的选择和作用机制也是多样的。当泡沫的表面存在有极性表面活性物质形成的双电层时，另一种极性相反的表面活性物质的加入，可以中和电性，破坏泡沫的稳定性，使泡沫破碎。或者加入更强极性的物质与发泡剂争夺泡沫表面上的空间，而引起力的不平衡，并使液膜的机械强度降低，促使泡沫破碎。当泡沫的液膜具有较大的黏度时，可加入某些分子内聚力小的物质，以降低液膜的表面黏度，使液膜的液体流失，导致泡沫破碎。

一般好的消沫剂最好能同时具备降低液膜的机械强度和表面黏度这两种性能。此外，为了使消沫剂易于分散于泡沫表面上，消沫剂应具有较小的表面张力和较小的溶解度。同时，还应该考虑对微生物细胞是无毒的，不影响氧的传递，能够耐高温高压，浓度低而效率高，并且对产品质量和产量无影响，成本低、来源广泛等因素。常用的消沫剂有天然油脂、聚醚类、高级醇、硅酮类、脂肪酸、亚硫酸、磺酸盐等。其中使用最多的是天然油脂和聚醚类。常用的天然油脂有玉米油、米糠油、豆油、棉籽油、菜籽油、猪油和鱼油等。

消沫剂的实际使用还需要在应用之前进行对比实验，找出特定培养基中对微生物生理特征影响最小、对终产物无太大影响、成本低和消沫效果最好的条件。当然，消沫是一种消极的方法，一般是万不得已才用。

此外消除泡沫还可以考虑从减少起泡物质和产泡外力着手。如起泡物质多为表面活性物质，可以适当予以减少；通气使氧的含量达到临界值即可，不一定要达到饱和度。此外，也可以从菌种的选育方面考虑，例如，选育在生长期不产生泡沫的突变株进行培养。

3.3.3 通过基因突变提高酶产量

通过基因诱变提高酶产量是近年来酶学研究的一个重要领域。

例如，在纤维素酶的生产上，经过大量研究发现代谢终产物对酶合成的抑制阻遏作用是造成纤维素酶产量低的一个主要原因。当纤维素被降解后就会产生大量的葡萄糖,发生降解物阻遏抑制现象,这种现象直接影响转录水平的负调控。虽然纤维素酶的合成受诱导物诱导和分解产物阻遏双重因子调节,但是因为诱导物纤维素是水不溶性的物质,难以进入细胞,可溶性的纤维二糖、槐糖、龙胆二糖等虽易进入细胞具有较强的诱导能力,但自然界中很少存在,所以通过筛选诱导物来提高酶活性比较困难,人们大多通过筛选抗阻遏突变株的方法来获得高产菌。

自然条件下基因也会发生突变,不过频率较低,在现代酶学上,人们主要采用控制条件下的诱变,将酶基因中个别核苷酸加以修饰或置换,改变酶分子中某个或几个氨基酸,使酶变得更有利于人类利用。

利用基因的非定点和定点突变技术,进行有目的和有预见的遗传修饰,从而获得突变酶菌株或高产菌株,是当今酶工程最集中的研究领域,也会获得越来越多的性能优异的突变酶菌株。

3.3.4 通过基因重组提高酶产量

利用基因重组技术,构建高产基因工程菌是现代酶生产工业中发展最快的领域。

例如,在纤维素酶的产酶菌育种上,人们对里氏木霉纤维素酶基因做了大量的比较透彻的研究,克隆了 *cbh*1、*cbh*2、*eg*11、*eg*12、*eg*13、*eg*14、*eg*15 七个纤维素酶基因,且都在大肠杆菌得到表达。但是纤维素酶在大肠杆菌中的分泌表达水平很低,而且提取很困难。于是人们又采用一些生长速度快、不产毒素、易于培养、能将产物直接分泌到胞外的酵母作为表达异源蛋白的理想宿主系统。人们研究发现巴斯德毕赤酵母表达系统是一种较为理想的真核蛋白表达系统:一方面,它具有受甲醇调控的 *AOX*1 基因强启动子,能对外源蛋白进行加工、折叠、翻译后修饰,并将其分泌到培养基中;另一方面,毕赤酵母自身分泌的蛋白很少,使外源蛋白的分离纯化较为简便,并且毕赤酵母可进行细胞密度发酵,重组工程菌能够稳定高效地表达外源蛋白。现已有多种蛋白质在巴斯德毕赤酵母系统中得到高效表达。Godbole 等人将里氏木霉 *cbh* Ⅰ 基因在巴斯德毕赤酵母中成功的转化并表达。乔宇等人将里氏木霉内切-1,4-*β*-*D*-葡聚糖酶Ⅱ基因 *eg*12 插入巴斯德毕赤酵母表达载体,转化毕赤酵母菌株,获得高效分泌表达内切葡聚糖酶Ⅱ的毕赤酵母工程菌株 Gp2025。用甲醇诱导培养进行摇瓶发酵实验,所得酶的活力高达 1 573.0 U/mL。另外,Takashima 等人将里氏木霉纤维素酶基因在 *A. oryzae* 内成功得到表达。在 *A. oryzae* 淀粉酶基因强启动子调控下,用麦芽糖作为主要碳源进行诱导,转化得到的重组菌葡聚糖内切酶Ⅰ的 CMC 酶的活性达 59.8 U/mg。Nomachi 将绿色木霉的 *eg*11 基因和 *cek*A 基因转化到 *A. kawachii* 中,重组菌 *cek*A 基因表达的葡聚糖内切酶活性是野生菌的 1.8～2.1 倍。

3.3.5 其他提高酶产量的方法

在酶的发酵生产过程中,要使酶的产量提高,除了要选育或选择使用优良的产酶细胞、采用优化的发酵工艺并根据需要和变化的情况及时加以调节控制外,生产上还经常采取其他有效的措施，诸如添加诱导物、控制阻遏物浓度、添加表面活性剂等来提高酶产量。

3.3.5.1 添加诱导物

前面已经阐述了，有些酶属于诱导酶，可以被某些特殊物质诱导。在诱导酶的发酵生产过程中的某个适宜时机，添加适宜的诱导物，可以显著提高酶的产量。例如，乳糖诱导 β-半乳糖苷酶，纤维二糖诱导纤维素酶，蔗糖甘油单棕榈酸诱导蔗糖酶的生物合成等。

一般来说，不同的酶有各自不同的诱导物，不过有时一种诱导物可以诱导同一个酶系若干种酶的生物合成，还有同一种酶往往有多种诱导物的情况。如 β-半乳糖苷可以同时诱导乳糖系的 β-半乳糖苷酶、透过酶和 β-半乳糖乙酰化酶 3 种酶的生物合成，而纤维素、纤维糊精、纤维二糖等都可以诱导纤维素酶的生物合成。

可见，在细胞发酵产酶的过程中，添加适宜的诱导物对酶的生物合成具有显著的诱导效果。在实际应用时可以根据酶的特性、诱导效果和诱导物的来源、价格等进行选择。

3.3.5.2 控制阻遏物的浓度

有些酶的生物合成受到某些阻遏物的阻遏作用，结果导致该酶的合成受阻或者产酶量降低。为了提高酶产量，必须设法解除阻遏物引起的阻遏作用。

控制阻遏物的浓度是解除阻遏、提高酶产量的有效措施。例如，有学者的研究发现，枯草杆菌碱性磷酸酶的生物合成受到其反应产物无机磷酸的阻遏，当培养基中无机磷酸的含量超过 1 mmol/L 的时候，该酶的生物合成完全受到阻遏。当培养基中无机磷酸的含量降低到 0.01 mmol/L 的时候，阻遏解除，该酶大量合成。所以，为了提高枯草杆菌碱性磷酸酶的产量，必须限制培养基中无机磷的含量。同样，在 β-半乳糖苷酶发酵中，只有在不含葡萄糖的培养基中或者培养基中的葡萄糖被细胞利用完以后，同时还存在诱导物的情况下，才能诱导该酶大量合成，所以应注意控制培养基中葡萄糖的含量。

对于受代谢途径末端产物阻遏的酶，可以通过控制末端产物的浓度的方法使阻遏解除。例如，在利用硫胺素缺陷型突变株发酵过程中，限制培养基中硫胺素的浓度，可以使硫胺素生物合成所需的 4 种酶的末端产物阻遏作用解除，使 4 种酶的合成量显著增加，其中硫胺素磷酸焦磷酸化酶的合成量提高 1 000 多倍。对于非营养缺陷型菌株，由于在发酵过程中会不断合成末端产物，即可以通过添加末端产物类似物的方法，以减少或者解除末端产物的阻遏作用。例如，组氨酸合成途径中的 10 种酶的生物合成受到组氨酸的反馈阻遏作用，若在培养基中添加组氨酸类似物 2-噻唑丙氨酸，即可以解除组氨酸的反馈阻遏作用，使这 10 种酶的生物合成量提高 30 倍。

3.3.5.3 添加表面活性剂

表面活性剂可以与细胞膜相互作用，增加细胞的透过性，有利于胞外酶的分泌，从而提高酶的产量。

表面活性剂有离子型和非离子型两大类。其中，离子型表面活性剂又可以分为阳离子型、阴离子型和两性离子型 3 种。

将适量的非离子型表面活性剂，如吐温(Tween)、特里顿(Triton)等添加到培养基中，可以加速胞外酶的分泌，而使酶的产量增加。例如，利用木霉发酵生产纤维素酶时，在培养基中添加 1%的吐温，可使纤维素酶的产量提高 1～20 倍。在使用时，应当控制好表面活性剂的添加量，过多或者不足都不能取得良好效果。此外，添加表面活性剂有利于提高某些酶的稳定性和催化能力。

由于离子型表面活性剂对细胞有毒害作用，不适宜添加到酶的发酵生产培养基中。

3.3.5.4 添加产酶促进剂

产酶促进剂是指可以促进产酶、但是作用机制未阐明清楚的物质。在酶的发酵生产过程中，添加适宜的产酶促进剂，往往可以显著提高酶的产量。例如，添加一定量的植酸钙镁，可使霉菌蛋白酶或者橘青霉磷酸二酯酶的产量提高 1～20 倍；添加聚乙烯醇可以提高糖化酶的产量；聚乙烯醇、醋酸钠等的添加对提高纤维素酶的产量也有效果。产酶促进剂对不同细胞、不同酶的作用效果各不相同，现在还没有规律可循，要通过试验确定所添加的产酶促进剂的种类和浓度，再逐步运用于生产。

思考题

1. 酶的生产方法有哪些？各有何特点？目前应用情况如何？
2. 发酵法生产酶相对其他方法有何优点？
3. 优良产酶菌有何共同特点？如何获得优良的产酶菌？
4. 常用的产酶菌有哪些？应用情况分别如何？
5. 简述发酵产酶的基本工艺流程和操作要点。
6. 发酵产酶的主要发酵方法有哪些？各有何特点？
7. 酶的合成调节包括哪些调节方式？简述酶合成调节的机制。
8. 酶生物合成的模式有哪些？各有何特点？每种合成模式可采取哪些措施提高酶产量？
9. 提高发酵产酶量的措施有哪些？

陈安均、李从发　编写

参考文献

1. 郭勇. 酶工程. 2 版. 北京：科学出版社，2004.
2. 孙君社. 酶与酶工程及其应用. 北京：化学工业出版社，2006.
3. 郭勇. 酶的生产与应用. 北京：化学工业出版社，2003.
4. Wolfgang Aehle. 林章凛，李爽译. 酶工业——制备与应用. 北京：化学工业出版社，2006.
5. 陈宁. 酶工程. 北京：中国轻工业出版社，2005.
6. 史仲平，潘丰. 发酵过程解析、控制与检测技术. 北京：化学工业出版社，2005.
7. 张树政. 酶制剂工业. 北京：科学出版社，1998.

Chapter 4

第4章

酶的分离纯化

教学目的和要求

1. 在充分认识酶分离纯化基本原则的前提下，学习并掌握酶提取和纯化的基本原理、技术及方法；
2. 懂得酶纯度检验的方法及保存要求。

酶的分离纯化是指选择适当的方法将酶从含有杂质的溶液或发酵液中分离出来，得到一定纯度的酶。由于酶的使用目的不同，所要求的纯度也不尽相同。工业上用的酶制剂需求量大，纯度一般要求不高。但不同工业所用酶的纯度要求也不一样，如食品工业用的酶要求纯度较高，酶需要经过适当的分离纯化，以确保人们的饮食安全和卫生；而用于纺织退浆、皮革脱毛以及洗涤去污等方面的酶在纯度、质量上要求相对比较低一些。应用于酶学性质研究、生化试剂和医药等方面的酶则需要高度纯化。因此，在实际生产中要根据使用目的不同来分离纯化酶，以满足各种不同领域的需求。

4.1 酶分离纯化的一般原则

酶分离纯化的最终目的是要获得高纯度的酶。酶的分离纯化包括三个基本环节：一是抽提，即把酶从原料中抽提出来，并尽可能地减少杂质引入，得到粗酶溶液；二是纯化，即把杂质从酶溶液中除掉或把酶从酶溶液中分离出来；三是制剂，即把分离纯化后的酶制备成各种不同的剂型。

酶是一类具有专一催化活性的蛋白质，其催化作用不仅依赖于它的一级结构，同时也需要维持二级结构、三级结构甚至四级结构，这样才能够显示其催化活性。在酶的整个分离纯化过程中，温度、pH、离子强度、压力等环境条件难免会发生一些改变，有时候还会涉及一些有机溶剂等化合物的添加使用，以上这些因素都有可能引起酶结构发生改变，最终导致酶变性失活。因此，要成功地将酶从溶液中分离纯化出来，有效地避免或减少操作过程中酶活力的损失，就应该根据酶自身的理化性质，在分离纯化过程中遵循以下原则。

4.1.1 减少或防止酶的变性失活

除个别情况外，酶溶液的储存以及所有分离纯化操作都必须在低温条件下进行。虽然某些酶不耐低温，如线粒体 ATP 酶在低温下很容易失活，但是对大多数酶而言，在低温下是相对稳定的。一般选择 4℃左右比较适宜。当温度超过 40℃时，酶非常不稳定，大多数酶容易变性失活，但也有一些酶例外，例如，极端嗜热酶耐热性比较强，甚至在煮沸的条件下仍然能够保持酶活性。

酶是一种两性电解质，其结构容易受到 pH 的影响。大多数酶在 $pH<4.0$ 或 $pH>10.0$ 的情况下不稳定，因此应将酶溶液控制在适宜的 pH 条件下。特别要注意避免在调整溶液 pH 时产生局部过酸或过碱的情况。在实际操作过程中，应使酶处于一个适宜的缓冲体系中，以避免溶液的 pH 发生剧烈变化，从而导致酶活性受到影响。

酶是蛋白质，也是高泡性物质，酶溶液易形成泡沫而使酶变性。因此分离提取过程中要尽量避免大量泡沫的形成，如果需要搅拌处理，最好缓慢地进行，千万不可以剧烈搅拌，以免产生大量的泡沫，影响酶的活性。

重金属离子也可能引起酶的变性失活。适当加入一些金属螯合剂有利于保护酶蛋白，避免其因重金属离子的影响而变性失活。

微生物污染能导致酶被降解破坏，酶溶液中的微生物可以通过无菌过滤的方式除去，达到无菌要求，在酶溶液中加入防腐剂，如叠氮化钠等也可以抑制微生物的生长繁殖。

蛋白酶的存在会使酶蛋白被水解，在酶蛋白的分离提取过程中需要加入蛋白酶抑制剂防止其水解。为了提高作用效果还可以将几种蛋白酶抑制剂混合使用。一般情况下，未经纯化的酶不适合长期保存。

表 4-1　常用的蛋白酶抑制剂及其有效抑制的酶

蛋白酶抑制剂	有效抑制的酶
苯甲基磺酰氟	丝氨酸蛋白酶（如胰凝乳蛋白酶、胰蛋白酶、凝血酶）和巯基蛋白酶（如木瓜蛋白酶）
乙二胺四乙酸	金属蛋白水解酶
胃蛋白酶抑制剂	抑制酸性蛋白酶（如胃蛋白酶、血管紧张肽原酶、组织蛋白酶 D 和凝乳酶）
蛋白酶肽	丝氨酸蛋白酶和巯基蛋白酶
胰蛋白酶抑制剂	丝氨酸蛋白酶

4.1.2　根据酶不同特性采用不同的分离纯化方法

酶分离纯化的目的是将酶以外的所有杂质尽可能全部分离除去，因此，在保证目的酶活性不受影响的前提下，可以使用各种不同的方法和手段。每种分离纯化方法都有其各自的特点和作用，因此应根据不同的酶及其基本特性，在不同的分离纯化阶段，采用适宜的分离方法。例如，纤维素酶的分离纯化可以先利用硫酸铵盐析法获得粗酶液，然后再通过葡聚糖凝胶层析进行分离纯化。

4.1.3　建立快速可靠的酶活性检测方法

在酶分离纯化过程中，每一步都必须检测酶活性，一旦酶蛋白变性失活，通过酶活力的检测就可以及时发现，这为选择适当的分离方法和条件提供了直接依据。由于酶活性检测工作量比较大，而且要求迅速、简便，所以经常采用分光光度法、电化学测定法。由于酶在分离纯化过程中可能丢失辅助因子，辅助因子的丢失会影响到酶活力检测，所以有时还需要在反应系统中加入某些相应的物质，如煮沸过的抽提液、辅酶、盐或半胱氨酸等。纯化过程中引入的某些物质可能对酶反应和测定造成干扰，故有时需要在测定前进行透析或加入螯合剂等。

4.1.4　尽量减少分离纯化步骤

酶分离纯化的每一步操作都可能导致酶活力的损失。酶分离纯化的过程越复杂，步骤越多，酶变性失活的可能性就越大。因此，在保证目的酶的纯度、活力等达到基本质量要求的前提下，分离纯化的过程、步骤越少越好。

4.2 酶的提取

4.2.1 预处理和细胞破碎

微生物产生的酶分为胞内酶与胞外酶两种，不论哪种酶，均需要首先将微生物细胞与发酵液分离，即固液分离。胞内酶收集菌体细胞，经细胞破碎后得到目的酶；胞外酶去除菌体细胞，从发酵液中分离提取酶。常用的固液分离方法主要有离心和过滤两种。

离心分离方法主要包括：差速离心法、密度梯度离心法、等密度离心法和平衡等密度离心法等。离心分离具有速度快、效率高、卫生条件好等优点，适合于大规模分离过程，但该法设备投资费用较高，能耗较大。工业上常用的离心分离设备有两类，即沉降式离心机和离心过滤机。对于发酵液中细胞体积较小的微生物，例如，细菌和酵母菌的菌体一般采用高速离心分离，而对于细胞体积较大的丝状微生物，例如，霉菌和放线菌的菌体一般采用过滤分离的方法处理。

在发酵液黏度不大的情况下，采用过滤分离可以进行大量连续的处理。过滤过程中，为了提高过滤速率往往需要加入助滤剂，助滤剂是一种不可压缩的多孔微粒，它能使滤饼疏松，工业上常用的助滤剂有硅藻土、纸浆、珠光石（珍珠岩）等。常用的过滤设备包括板框式压滤机、鼓式真空过滤机。板框式压滤机的过滤面积大，过滤推动力能在较大范围内进行调整，适用于多种特性的发酵液，但它不能实现连续操作，具有设备笨重、劳动强度大等缺点，所以较少采用。鼓式真空过滤机能连续操作，并能实现自动化控制，但压差较小，主要适用于霉菌发酵液的过滤。近年来，错流过滤得到一定的应用，它的固体悬浮液流动方向与过滤介质平行，一改常规垂直过滤的状况，因此能连续清除介质表面的滞留物，不形成滤饼，所以整个过滤过程能保持较高的滤速。

如果从动、植物材料中提取（extraction）酶，应首先除去不含目的酶的组织、器官等，以提高酶的含量。无论哪种材料进行预处理（pretreatment）后，都要进行细胞破碎。

细胞破碎是指采用物理、化学或生物学方法破碎细胞壁或细抱膜，使细胞内的酶充分释放出来。细胞破碎是动、植物来源的酶和微生物胞内酶提取的必要步骤。不同的材料细胞破碎的难易程度可能差别较大，应根据实际情况选择不同的破碎方法，同时应避免条件过于激烈而导致酶蛋白变性失活。细胞破碎的方法按照是否施加外作用力分为机械破碎法和非机械破碎法两大类，主要有以下几种。

4.2.1.1 渗透压法

渗透压破碎法（osmotic shock method）是细胞破碎最温和的方法之一。将细胞置于低渗透压溶液中，细胞外的水分会向细胞内渗透，使细胞吸水膨胀，最终可导致细胞破裂。如红血球在纯水中会发生破壁溶血现象。但对于细胞壁由坚韧的多糖类物质构成的植物细胞或微生物细胞，除非用其他方法先将坚韧的细胞壁去除，否则这种方法不太适用。

4.2.1.2 酶溶法

酶溶法（enzymatic lysis）是利用酶的专一催化特性，破坏细胞壁上的某些化学键，达到破碎细胞壁的目的。酶溶法分为外加酶法和自溶法两种。在外加酶法中，常利用溶菌酶、蜗牛酶、纤维素酶、糖苷酶、蛋白酶或肽键内切酶等水解细胞壁，使细胞壁部分或完全破坏后，利用渗透压冲击等方法破坏细胞膜，导致细胞破碎。溶菌酶适用于革兰氏阳性菌细胞壁的分解，辅以 EDTA 时也可用于革兰氏阴性菌。真核细胞细胞壁的破碎需多种酶的作用，如酵母菌细胞壁的酶解需要蜗牛酶、葡聚糖酶和甘露聚糖酶等。植物细胞的酶解则需要纤维素酶、果胶酶等的作用。自溶法（autolysis）是将一定浓度的细胞悬液在适宜的温度与 pH 条件下直接保温，或加入甲苯、乙酸乙酯以及其他溶剂一起保温一定时间，将细胞自身溶胞酶激活，分解细胞壁，达到细胞自溶的目的。这种自溶方法常会造成溶液中成分复杂，溶液黏度比较大，影响过滤速度。而且在细胞壁水解的同时，酶蛋白也可能被水解。

4.2.1.3　化学法

化学法（chemical method）是利用一些化合物处理细胞，改变细胞壁的通透性而导致细胞破碎，释放出胞内物质。酸、碱、表面活性剂、螯合剂、有机溶剂等，均可增大细胞壁通透性，破坏细胞壁，使胞内的酶充分释放出来。但是这种方法易引起酶蛋白的变性或降解。

4.2.1.4　匀浆法

高压匀浆法（homogenate）是利用细胞在一系列的高速运动过程中，经历了剪切、碰撞和由高压到常压的变化而导致细胞破碎，这是工业上大规模破碎细胞最常用的方法，常用高压匀浆泵、研棒匀浆器等。动物组织的细胞器不是很坚固、极易匀浆，一般可将组织剪切成小块，再用匀浆器或高速组织捣碎器将其匀质化。高压匀浆泵非常适合于细菌、真菌的破碎，处理容量大，一次可处理几升悬浮液，一般循环 2～3 次，就可以达到破碎要求。

4.2.1.5　研磨法

研磨法（polishing）是利用压缩力和剪切力使细胞破碎。常用的设备有球磨机，将细胞悬浮液与直径小于 1 mm 的小玻璃珠、石英砂或氧化铝等研磨剂混合在一起，高速搅拌和研磨，依靠彼此之间的互相碰撞、剪切使细胞破碎。这种方法需要采取冷却措施，以防止由于消耗机械能而产生过多热量，造成酶变性失活。

4.2.1.6　冻融法

冻融法（freeze thawing）是将待破碎的细胞冷却至－15～－20℃，然后于室温或 40℃迅速融化，如此反复冻融多次，可达到破坏细胞的作用，此法适用于比较脆弱的菌体。冻结的作用是破坏细胞膜的疏水键结构，增加其亲水性和通透性。另外，由于冰冻胞内的水形成冰晶，使胞内外浓度突然改变，在渗透压作用下细胞膨胀而破裂。

4.2.1.7　超声波破碎法

超声波破碎法（ultrasonic disintegration）是通过空穴的形成、增大和闭合产生极大的冲击波和剪切力，使细胞破碎。经过足够时间的超声波处理，细菌和酵母菌细胞都能得到很好的破碎。若在细胞悬浮液中加入玻璃珠，时间可以缩短一些。超声波破碎法一次处理的量较大，就超声效果而言，探头式超声器比水浴式超声器更好。超声处理的主要问题是超声过程中会产生大量的热，容易引起酶活性丧失，所以超声振荡处理的时间应尽可能短，适宜短时多次进行，并且操作过程最好在冰水浴中进行，尽量减小热效应引起的酶失活现象。

4.2.1.8　压榨法

压榨法（expression）是在 1.05×10^5～3.10×10^5 Pa 的高压下使细胞悬液通过一个小

孔突然释放至常压，细胞将被彻底破碎。这是一种温和彻底破碎细胞的方法，也是比较理想的破碎细胞方法，但仪器费用较高。

目前工业上最常用的是研磨法和匀浆法。

4.2.2 提取

酶的提取(extract)是将经过预处理或破碎的细胞置于溶剂中，使待分离的酶分子充分地释放到溶剂中，并尽可能使其保持天然状态，保持酶活性。提取过程是将目的酶与细胞中其他化合物和生物大分子加以分离，将酶由固相转入液相，或将其从细胞内转入一定的溶液中。

酶的来源不同，提取方法也不相同。以动物为材料，从动物组织或体液中提取酶蛋白时，处理要迅速，充分脱血后立即提取或在冷库里冻结，保存备用。动物组织和器官要尽可能地除去结缔组织和脂肪，切碎后放入捣碎机，加入2～3倍体积的冷抽提缓冲液，匀浆几次，直至无组织块为止，倾出上清液，即得细胞抽提液。以植物为材料提取酶时，因植物细胞壁比较坚韧，要先采取有效的方法使其充分破碎。植物中含有大量的多酚物质，在提取过程中易氧化成褐色物质，影响后续的分离纯化工作，为防止氧化作用，可以加入聚乙烯吡咯烷酮吸附多酚物质，以减少褐变。另外，植物细胞的液泡内含有可能改变抽提液pH的物质，因此应选择较高浓度的缓冲液作为提取液。微生物来源的胞外酶可以通过离心或过滤，将菌体从发酵液中分离弃去，所得发酵液通常要浓缩，然后进一步纯化。对于胞内酶则首先进行细胞破碎处理，使酶完全释放到溶液中。

由于大多数酶蛋白属于球蛋白，一般可用稀盐、稀酸或稀碱的水溶液抽提酶。稀盐溶液和缓冲液对蛋白质的稳定性好，溶解度大，是提取蛋白质和酶最常用的溶剂。影响酶提取的因素归纳起来主要包括：目的酶在提取溶剂中溶解度的大小；酶由固相扩散到液相的难易程度；溶剂的pH和提取时间等。一种物质在某一溶剂中溶解度的大小与该物质分子结构及所用溶剂的理化性质有关。一般极性物质易溶于极性溶剂，非极性物质易溶于非极性溶剂；碱性物质易溶于酸性溶剂，酸性物质易溶于碱性溶剂。温度升高，溶解度加大，远离等电点的pH，溶解度增加。提取时所选择的条件应有利于目的酶溶解度的增加和保持其生物活性。

为了尽可能地将目的酶抽提出来，并防止其变性失活，在酶的抽提过程中，应当注意以下几个问题。

4.2.2.1 pH

酶的溶解度和稳定性与pH相关。pH的调节首先应考虑酶的稳定性，应控制在一定的pH范围内，不宜过酸或过碱，一般pH 6.0～8.0，提取溶剂的pH通常选择偏离等电点的两侧，酸性蛋白酶最好用碱性溶液抽提；碱性蛋白酶最好用酸性溶液抽提，以增加酶蛋白质的溶解度，提高提取效果。例如，胰蛋白酶为碱性蛋白质，常用稀酸溶液提取，而肌肉甘油醛-3-磷酸脱氢酶属酸性蛋白质，则常用稀碱溶液来提取。

4.2.2.2 盐浓度

大多数蛋白质在低浓度的盐溶液中有较大的溶解度，所以，抽提液一般采用类似生理条件下的缓冲液，最常用的为 0.020～0.050 mol/L 的磷酸缓冲液（pH 7.0～7.5）或 0.1 mol/L Tris-HCl 缓冲液（pH 7.0～7.5），0.15 mol/L NaCl 溶液（pH 7.0～7.5）等。必要时，缓冲液中可以加入 EDTA（1～5 μmol/L）、巯基乙醇（3～20 μmol/L）或蛋白质稳定剂等来防止酶的变性。

4.2.2.3 温度

为防止酶变性，制备具有活性的酶，抽提温度一般控制在 0～5℃，尽可能在低温下进行操作。但对少数热稳定性好的酶也可以例外。例如，胃蛋白酶可在 37℃ 条件下保温抽提。

4.2.2.4 搅拌与氧化

搅拌能促使被提取物的溶解，一般采用温和搅拌为宜，速度太快容易产生大量泡沫，增大与空气的接触面，引起酶等物质的变性失活。因为一般蛋白质都含有相当数量的巯基，有些巯基是活性部位的必需基团，若提取液中有氧化剂或与空气中的氧气接触过多都会使巯基氧化为分子内或分子间的二硫键，导致酶活性的丧失。在提取液中加入少量巯基乙醇或半胱氨酸可以防止巯基氧化。

4.2.2.5 抽提液用量

抽提液用量常采用原料量的 1～5 倍。为了提高抽提效果需要反复抽提时，抽提溶液比例可能稍大一些。

4.2.2.6 其他

在细胞破碎以后，某些亚细胞结构受到损伤，给抽提系统带来不稳定因素，因此有时还需要往抽提液中加入一些物质。例如，加入蛋白酶抑制剂，以防止蛋白酶破坏目的酶；加入半胱氨酸或维生素 C、惰性蛋白及底物等，以防止氧化。

一些和脂类结合比较牢固或分子中非极性侧链较多的蛋白质和酶难溶于水、稀盐、稀酸或稀碱中，常用不同比例的有机溶剂提取，如乙醇、丙酮、异丙醇、正丁酮等，这些溶剂可以与水互溶或部分互溶，同时具有亲水性和亲脂性，其中正丁醇 0℃ 时在水中的溶解度为 10.5%，40℃ 时为 6.6%，同时又具有较强的亲脂性，因此常用来提取与脂结合较牢或含非极性侧链较多的蛋白质、酶和脂类。例如，植物种子中的玉蜀黍蛋白、麸蛋白，常用 70%～80% 的乙醇提取，动物组织中一些线粒体及微粒上的酶常用丁醇提取。

有些蛋白质和酶既溶于稀酸、稀碱，又能溶于含有一定比例有机溶剂的水溶液中，在这种情况下，采用稀有机溶液提取常常可以防止水解酶的破坏，同时还具有除去杂质提高纯化效果的作用。

细胞破碎以后，溶酶一般不难抽提。至于膜结合酶，其中有些和颗粒结合不太紧密，在颗粒结构受损时，抽提也不难。例如，α-酮戊二酸脱氢酶、延胡索酸酶，可用缓冲液抽提出来，那些和颗粒结合紧密的酶，常以脂蛋白络合物形式存在，其中有的制成丙酮粉后就可以抽提出来；但有些酶却要使用强烈的手段提取，如琥珀酸脱氢酶要用正丁醇等处理。正丁醇兼有高度的亲脂性和亲水性，能破坏蛋白间的结合使酶进入溶液。近年来，广泛采用表面活性剂，如胆汁酸盐、吐温、十二烷基磺酸钠等抽提呼吸链酶系。

抽提后的细胞残渣或固体成分可用离心或过滤方式除去，在离心时，加入氢氧化铝凝胶或磷酸钙等物质，有助于除去悬浮的胶体物质。

4.2.3 浓缩

提取液或发酵液的酶蛋白浓度一般很低，如发酵液中酶蛋白浓度一般为 0.1%～1.0%。如果要得到一定数量的纯化酶，需要处理的抽提液的体积比较大，不方便操作，通过浓缩(concentrate)可以缩小体积，提高溶液中的酶浓度，这样，一方面可以提高每一个分离提取步骤的回收率；另一方面也可以增加浓缩液中酶蛋白的稳定性。因此，在分离纯化过程中，酶溶液往往需要浓缩。浓缩的方法很多，常用的主要有以下几种。

4.2.3.1 蒸发浓缩法

蒸发浓缩法(evaporating concentration)可分为常压蒸发浓缩和真空蒸发浓缩两种。常压蒸发浓缩法效率低、加热时间长，加热过程中可能产生一定量泡沫，容易导致酶蛋白变性失活，因此不利于热稳定性差的酶浓缩。另外，在蒸发浓缩过程中还可能出现色泽加深现象，影响产品的质量，所以一般在工业上很少应用。对热敏感性的酶进行浓缩常采用真空蒸发浓缩。目前工业上应用较多的是薄膜蒸发浓缩法。所谓薄膜蒸发浓缩法，即将待浓缩的酶溶液在高度真空下转变成极薄的液膜，液膜通过加热而急速汽化，经旋风汽液分离器将蒸汽分离、冷凝而达到浓缩目的。

4.2.3.2 超滤浓缩法

超滤浓缩法(ultrafiltrating concentration)是在加压的条件下，将酶溶液通过一层只允许小分子物质选择性透过的微孔半透膜，酶等大分子物质被截留，从而达到浓缩的目的。这是浓缩蛋白质的重要方法。这种方法不需要加热，更适用于热敏物质的浓缩，同时它不涉及相变化、设备简单、操作方便，能在广泛的 pH 条件下操作，因此，近年来发展迅速。国内外已经生产出了各种型号的超滤膜，可以用来浓缩相对分子质量介于 250～300 000 的蛋白质。

4.2.3.3 冷冻浓缩法

冷冻浓缩法(freezing concentration)是根据溶液相对纯水熔点升高，冰点下降的原理，将溶液冻成冰，然后缓慢溶解，这样冰块(不含酶)就浮于表面，酶溶解于下层溶液，除去冰块即可达到使酶溶液浓缩的目的。这是浓缩具有生物活性的生物大分子常用的有效方法，冷冻浓缩会引起溶液离子强度和 pH 的变化，导致酶活性损失，另外还需要大功率的制冷设备。

4.2.3.4 凝胶过滤浓缩法

凝胶过滤浓缩法(gel filtrating concentration)是利用 SephadexG-25 或 G-50 等吸水膨胀，使酶蛋白等大分子被排阻在胶外面的原理进行浓缩。通常采用“静态”方式，应用这种方法时，可将干胶直接加入酶溶液中，胶吸水膨润一定时间后，再借助过滤或离心等办法分离出浓缩的酶溶液。凝胶过滤浓缩法的优点是：条件温和，操作简便，pH 与离子强度等也没有改变，但是采用此法有可能会导致蛋白质回收率降低。

4.2.3.5 沉淀法

沉淀法(precipitation)是采用中性盐或有机溶剂使酶蛋白沉淀，再将沉淀溶解在小体积的溶剂中。这种方法往往造成酶蛋白的损失，所以在操作过程中应注意防止酶的变性失活。该法的优点是浓缩倍数大，同时因为各种蛋白质的沉淀范围不同，也能达到初步纯化的目的。

4.2.3.6 透析法

透析法(dialysis)是将酶蛋白溶液放入透析袋中，在密闭容器中缓慢减压，水及无机盐等小分子物质向膜外渗透，酶蛋白即被浓缩；也可用聚乙二醇(PEG)涂于装有蛋白质的透析袋上，在4℃低温下，干粉聚乙二醇(PEG)吸收水分和盐类，大分子溶液即被浓缩。此方法快速有效，但一般只能用于少量样品，成本很高。

4.2.3.7 吸收浓缩法

吸收浓缩法(absorbing concentration)是通过往酶溶液中直接加入吸收剂以吸收除去溶液中的溶剂分子，从而使溶液浓缩。所使用的吸收剂不与溶液起化学反应，对酶蛋白没有吸附作用，容易与溶液分开。吸收剂除去后还能够重复使用。常用的吸收剂有聚乙二醇、聚乙烯吡咯烷酮、蔗糖等。这种方法只适用于少量样品的浓缩。

4.3 酶的纯化

在抽提液中，除了目的酶以外，通常不可避免地混杂有其他小分子和大分子物质。由于酶的来源不同，酶与杂质的性质不尽相同，酶纯化(purification)的方法也是多种多样的。但是任何一种纯化方法都是利用酶和杂质在物理和化学性质上的差异，采取相应的方法和工艺路线，使目的酶和杂质分别转移至不同的相中达到纯化目的。通常酶的分子质量、结构、极性、两性电解质的性质、在各种溶剂中的溶解性以及其对pH、温度、化合物的敏感性等都是决定酶分离纯化的基本因素。根据酶分离纯化原理的不同，可以将各种分离纯化方法分类如下。

4.3.1 根据酶溶解度不同进行纯化

4.3.1.1 盐析法

盐析法(salting out)是通过往酶溶液中加入某种中性盐而使酶蛋白形成沉淀从溶液中析出。酶的盐析原理和蛋白质的盐析原理一样。在酶蛋白颗粒的表面，分布着不同的亲水基，这些亲水基吸聚着许多水分子，这种现象称为水合作用，水合作用使酶蛋白分子表面形成一层水膜。水膜的存在使酶分子之间以分离的形式存在。另外，酶蛋白分子中含有不同数目的酸性和碱性氨基酸，其肽链的两端又分别含有自由羧基和氨基，这些基团使酶蛋白颗粒的表面带有一定的电荷，因为相同的电荷相互排斥，也使酶蛋白颗粒以分离的形式存在。所以酶蛋白的水溶液是一种稳定的亲水胶体溶液。如果向溶液中加入一定量的中性盐，因为中性盐的亲水性比酶蛋白的亲水性大，它会结合大量的水分子，从而使酶蛋白分子表面的水膜逐渐消失，同时由于中性盐在溶液中解离出阴阳两种离子，中和了酶蛋白表面所带的电荷，其分子间的排斥力不复存在，于是，酶蛋白颗粒因不规则的布朗运动而互相碰撞，并在分子亲和力的作用下形成大的聚集物，从溶液中沉淀析出。

能够使酶蛋白沉淀的中性盐有硫酸铵、硫酸镁、氯化铵、硫酸钠、氯化钠等，其中效果最好的是硫酸镁，但生产上常用的是硫酸铵。硫酸铵溶解度大，即使在较低的温度下仍有很高的溶解度，盐析时不必加温使之溶解，其饱和溶液可以使大多数酶沉淀，浓度高时也不易引起酶蛋白生物活性的丧失，而且价格便宜。用硫酸铵进行盐析时，溶液的盐浓度通常以饱和度表示，调整溶液的盐浓度有两种方式，以固体粉末或饱和溶液的形式加入。当溶液体积不太大，而要达到的盐浓度又不太高时，为防止加盐过程中产生局部浓度过高的现象，最好添加饱和硫酸铵溶液，浓的硫酸铵溶液的 pH 通常为 4.5～5.5，调节 pH 可用硫酸或氨水。测定溶液的 pH 时，一般应先稀释 10 倍左右，然后再用 pH 试纸或 pH 计测定。当溶液体积很大，盐浓度又需要达到很高时，则可以加固体硫酸铵。加入固体硫酸铵比较经济方便，但所用的固体硫酸铵在使用之前应该经过反复的研细和烘干，并需要在不断搅拌下缓缓加入，以避免局部浓度过高，同时还要注意防止大量泡沫的生成。

pH、温度、蛋白质浓度都会影响酶的分离效果。控制盐析的 pH 有利于提高酶的纯化效果。通常情况下，盐析的 pH 宜接近目的酶的等电点，因为酶蛋白在其等电点附近溶解度小。但某些情况下，酶和杂蛋白能进行结合，形成配合物，从而干扰盐析分离。此时如果控制 $pH<5$ 或 $pH>6$，使它们带相同电荷，就可以减少配合物的形成，但应注意在这种条件下酶的稳定性与盐的溶解度。盐析温度以控制在 4℃左右为宜。低温有利于酶蛋白活性的保持，也可以降低其溶解度，使酶蛋白更易盐析沉淀出来。为了获得较好的盐析效果，还应调节蛋白质的含量，一般来说，蛋白质浓度应在 1 mg/mL 以上，蛋白质浓度太低，如 100 μg/mL 以下，不能形成沉淀。在 200 μg 至 1 mg/mL 范围内，沉淀时间较长，回收率往往不高。经盐析后，沉淀通过离心或压滤与母液分开，收集后的沉淀再溶解于一定的缓冲液中，通过离心除去沉淀，酶溶液再次得到纯化。

对于含有多种酶或蛋白质的混合溶液，可以采用分段盐析的方法进行分离纯化。

盐析法的优点是：操作简便、安全（大多数蛋白质在高浓度盐溶液中相当稳定）、重现性好，适用范围广泛，同时能够达到浓缩蛋白质的目的。其缺点是：分辨率差，纯化倍数低，酶的比活力提高不多，同时还常有脱盐问题，影响后续操作。

4.3.1.2 等电点沉淀法

等电点沉淀法（isoelectric precipitation）是将溶液 pH 调到酶的等电点，从而使酶沉淀析出。酶是一种两性电解质，所带电荷随 pH 变化而变化，在等电点时，酶蛋白静电荷为零，相同酶蛋白分子间没有了静电排斥作用而凝集沉淀，此时溶解度最小。不同蛋白质具有不同的等电点值，利用蛋白质在等电点时溶解度最小的原理，可以把不同的蛋白质分开。当蛋白质溶液的 pH 被调至目的酶等电点时，绝大部分酶蛋白即被沉淀出来，那些等电点高于或低于此 pH 的蛋白质仍保留在溶液中。经离心分离出沉淀后再用一定的缓冲液将目的酶溶解，被纯化的酶蛋白仍保持其天然构象，酶活性不会受到破坏。

当所需 pH 与提取缓冲液的 pH 相差甚远时，等电点沉淀法是很好的选择。例如，碱性蛋白质可在酸性条件下溶解并在高 pH 条件下沉淀，而酸性蛋白质可在碱性条件下溶解并在低 pH 条件下沉淀。具有中性等电点的蛋白质在中性 pH 附近溶解，这时可用等渗的或略微高渗的缓冲液，有可能仅仅通过把缓冲液稀释到较低的离子强度就能沉淀这种蛋白质。

当样品中杂蛋白种类较多时，可以调节 pH，使蛋白质在等电点状态下沉淀，也可使该种蛋白质两侧带相反电荷的杂蛋白形成复合物而沉淀，从而除去杂蛋白。

由于蛋白质在等电点时仍有一定的溶解度，沉淀往往不完全，故一般很少单独使用，常需要与其他方法配合使用。

4.3.1.3 有机溶剂沉淀法

有机溶剂沉淀法(organic solvent precipitation)是将一定量的能够与水相混合的有机溶剂加入到酶溶液中，利用酶蛋白在有机溶剂中的溶解度不同，使目的酶和其他杂质分开。在溶液中加入与水互溶的有机溶剂，可显著降低溶液的介电常数，酶分子相互之间的静电作用加强，分子间引力增加，从而导致酶溶解度下降，形成沉淀从溶液中析出。有机溶剂另外一个作用是能够破坏酶蛋白分子周围的水化层，使失去水化层的酶蛋白分子因不规则的布朗运动而互相碰撞，并在分子亲和力的影响下结合成大的聚集物，最后从溶液中沉降析出。

有机溶剂的种类和使用量、pH、温度、时间、溶液中的盐类等均会影响酶的纯化效果。所选择的有机溶剂必须能与水完全混合，并且不与酶蛋白发生反应，要有较好的沉淀效应，溶剂蒸气无毒且不易燃烧。用于酶蛋白纯化的有机溶剂中，以丙酮的分离效果最好，而且不容易引起酶失活。

当溶液中存在有机溶剂时，酶蛋白的溶解度随温度的下降而显著降低，大多数蛋白质遇到有机溶剂很不稳定，特别是温度较高的情况下，极易变性失活，因此应尽可能在低温下进行操作，这样不但可以减少有机溶剂的用量，还可以减少有机溶剂对酶的影响。一般分离纯化过程适宜在 0℃以下进行。有机溶剂也最好预先冷却到 −20～−15℃，并在搅拌下缓慢加入。沉淀析出后应尽快在低温下离心分离，获得的沉淀还应立即用冷的缓冲液溶解，以降低有机溶剂的浓度。

由于蛋白质处于等电点时溶解度最小，因此采用有机溶剂沉淀法分离酶蛋白也多选择在接近目的酶的等电点条件下进行。

中性盐在大多数情况下能增加蛋白质的溶解度，并且能减少对酶变性的影响。在用有机溶剂进行分级沉淀时，如果适当地添加某些中性盐，有助于提高分离效果。但盐浓度一般不宜超过 0.05 mol/L，否则会使蛋白质过度析出，不利于沉淀分级，甚至不能形成沉淀。

当蛋白质浓度太低时，如果有机溶剂浓度过高，很可能造成酶变性，这时加入介电常数大的物质(如甘氨酸)可避免酶蛋白的变性。

有机溶剂沉淀法的优点是分辨率高，溶剂容易除去。缺点是酶蛋白在有机溶剂中一般不稳定，容易变性失活。

4.3.1.4 共沉淀法

共沉淀法(coprecipitation)就是利用高分子物质在一定条件下能与蛋白质直接或间接地形成络合物，使蛋白质分级沉淀以达到纯化的目的。除了盐和有机溶剂能沉淀蛋白质外，一类大分子质量的非离子型聚合物，如聚乙二醇、聚丙烯酸、聚乙烯亚胺、单宁酸、硫酸链霉素以及离子型表面活性剂(如十二烷基磺酸钠)等也可以沉淀蛋白质。

非离子型聚合物如聚乙二醇，当其相对分子质量大于 4 000 时，20%的浓度(W/V)能够非常有效地沉淀蛋白质，虽然与蛋白质共同沉淀下来的聚乙二醇通过过滤和透析均不能除去，但它的存在对蛋白质本身无害，并且不影响盐析、离子交换、凝胶过滤等后续操作。

聚丙烯酸可用来沉淀带正电的蛋白质，因为聚丙烯酸上带有大量的羧基，碱性蛋白质带有碱性基团，两者结合形成很大的颗粒沉淀下来。加入钙离子后，聚丙烯酸形成钙盐，使蛋白质游离出来，从而使蛋白质纯化。

4.3.1.5 双水相萃取法

双水相萃取法(partion of two aqueous phase system)技术是利用酶和杂蛋白在不混溶的两液相系统中分配系数的不同而达到分离纯化目的。这是近几年发展起来的非常有前途的新型分离技术，用该法分离提取的酶已达数十种之多。双水相萃取的原理是将两种不同水溶性聚合物的水溶液混合，当聚合物达到一定浓度时，本系自然分成互不相溶的两相，从而构成双水相体系。双水相体系的形成是由于聚合物的空间位阻作用，相互间无法渗透，具有强烈的相分离倾向。近年来发现很多聚合物和盐(如PEG/葡聚糖体系和PEG/磷酸盐体系)也能形成双水相。当生物分子进入双水相体系后，由于其表面性质、电荷作用以及各种次级键作用力的存在，使其在上下相之间按其分配系数进行选择性分配。在很大浓度范围内，要分离物质的分配系数与浓度无关，只与其本身的性质和双水相体系的性质有关。

双水相萃取特别适用于直接从含有菌体等杂质的酶液中分离纯化目的酶。该技术还可以和其他分离方法结合使用，以提高分离效率。

双水相萃取主要优点是在所形成的两相中均含有70%以上的水，这样的环境对于蛋白质而言比较温和，而且处理量不受限制。聚乙二醇和葡聚糖这类物质可作为蛋白质的稳定剂，即使在常温下操作，酶活力也很少损失。双水相萃取所需要的设备简单，仅需要一个能使酶抽提液与两相系统充分混合的贮罐和一个离心力不高的普通离心机或使两相快速分离的分离器。操作方便、快速。回收率一般可达80%～90%，而且可迅速实现酶蛋白与菌体、细胞碎片、多糖、脂类等物质的分离。

4.3.1.6 反胶团萃取法

反胶团萃取法(reversed micelles)是向水中加入表面活性剂，水溶液的表面张力随表面活性剂浓度的增大而下降。当表面活性剂浓度达到一定值后，将会发生表面活性剂分子的缔合形成水溶性胶团，在有机相内形成分散的亲水微环境，使生物分子在有机相(萃取相)内存在于反胶团的亲水微环境中，消除了蛋白质难溶于有机相或在有机相中发生不可逆变性的现象。通过控制pH、离子强度、有机溶剂的种类以及表面活性剂的种类和浓度等条件，可以改变蛋白质在两相中的分配系数，不同蛋白质表面电荷的不同使其在两相中的分配系数不同，从而达到分离的目的。反胶团萃取的研究开始于20世纪70年代末期，虽然发展历史比较短，技术还不够成熟，但该法在一些研究工作中已经得到了很好的应用。例如，以CTAB/正丁醇/异辛烷构成反胶团系统，通过反胶团萃取方式纯化α-淀粉酶。

4.3.2 根据酶分子大小、形状不同进行纯化

4.3.2.1 凝胶层析法

凝胶层析法(gel chromatography)又称分子筛过滤法、凝胶过滤法等。凝胶层析法是

利用含酶混合物随流动相流经装有凝胶作为固定相的层析柱时，混合物中的各种成分因分子质量大小不同而被分离。

当含有各种物质的酶溶液缓慢流经凝胶作为固定相的层析柱时，各种物质在柱内同时进行着两种不同的运动，即垂直向下的运动和无定向的扩散运动。大分子物质由于直径较大，不容易进入凝胶颗粒的微孔，只能沿着凝胶颗粒的间隙向下运动，所走的路线比较短，所以下移的速度比较快。小分子的物质除了在凝胶颗粒的间隙扩散之外，还可以进入凝胶颗粒的微孔之中，即进入凝胶相内。在向下移动的过程中，这些小分子物质从凝胶内扩散至凝胶颗粒间隙后再进入另一凝胶颗粒，它们能够自由进出凝胶颗粒内外，所走的路线长而曲折，所以下移的速度比较慢。如此不断地进入和扩散的结果，必然使小分子物质的下移速度落后于大分子物质，从而使溶液中各种物质按照分子质量的大小不同依次流出柱外，达到酶分离纯化的目的(图 4-1)。

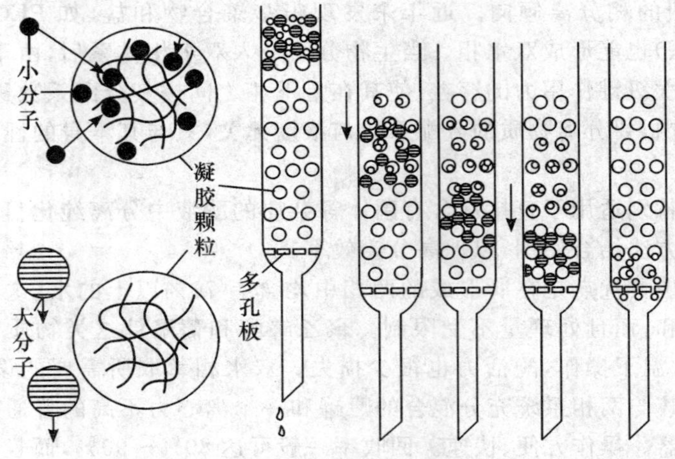

图 4-1　凝胶层析原理

凝胶是一类具有三维空间结构的多层网状大分子化合物，凝胶有天然凝胶和人工合成凝胶两种。天然凝胶包括马铃薯淀粉凝胶、琼脂和琼脂糖凝胶等。人工合成凝胶包括聚丙烯酰胺凝胶和交联葡聚糖凝胶等。凝胶都有很高的亲水性，能在水中膨润。膨润后的凝胶具有一定的弹性和硬度，并有很高的化学稳定性，在盐和碱溶液中都很稳定，可应用于 pH 4.0～9.0 的范围。但是，如果在 pH 2.0 以下的酸性条件下长时间处理，凝胶则可能被水解破坏。凝胶对氧化剂也比较敏感。凝胶都没有易于解离的基团，因此很少发生非专一性吸附的现象。

虽然凝胶种类比较多，但是目前以葡聚糖凝胶最为常用。它是由相对分子质量几万到几十万的葡聚糖凝胶通过环氧氯丙烷交联而成的网状结构大分子物质，可以分离相对分子质量为 1 000～500 000 的分子。其商品名是 Sephadex G，有各种不同型号，G 后面的数字表示每克干胶吸水量(吸水值)的 10 倍。聚丙烯酰胺凝胶是以丙烯酰胺为单体，通过 N,N-甲叉双丙烯酰胺为交联剂共聚而成的凝胶物质。商品名是 Bio-Gel P，也有各种不同型号，P 后面的数字乘以 1 000 表示其分离的最大分子质量。

商品凝胶必须经充分溶胀后才能使用，否则会影响分离效果。将干燥凝胶在水或缓冲液中进行浸泡，搅拌后，静置一段时间，倾去上层混悬液，除去过细粒子，反复数次，直至上层澄清为止。凝胶在使用之前需要浸泡 2 d。加热煮沸能加速溶胀过程。装柱后上样前要用缓冲液充分洗涤，使溶剂和凝胶达到平衡状态，这个过程大约需要 8 h。扩展时需要控制合适的流速，商品凝胶一般有各自的推荐流速，一般要求流速保持在 0.1～0.3 mL/min 范围内，在凝胶层析过程中要保证流速稳定。

到目前为止，洗脱液中蛋白质的检测仍然是采用核酸蛋白质检测仪，即在线检测流出液在 260～280 nm 处的吸光值，对于酶溶液还可以通过离线检测酶活力，以确定目的酶出峰时间。

凝胶层析法对溶液浓度没有太严格的要求，但浓度高时有利于提高分辨效率。如果溶液中含有黏性成分则有可能导致分离效果变差。因为溶液的本积对分离效果的影响比较大，所以在层析之前，应该尽可能地将溶液进行浓缩，减少体积，一般不宜超过柱体积的 2%。

洗脱液的组成一般不直接影响层析效果。通常不带电荷的物质可用蒸馏水洗脱，带电荷的物质可用磷酸盐之类的缓冲液洗脱，离子强度应控制在 0 02 mol/L 左右，pH 由酶的稳定性和溶解度决定。如果分离纯化后的产品还要进行冷冻干燥处理，则可使用挥发性的缓冲液。

凝胶可以再生后重复使用，凝胶在每个分离过程结束后，如果胶本身没有变化，一般无须特殊的再生处理，只需用蒸馏水、稀盐或缓冲液充分洗涤后，就可以重复使用。如果有尘埃污染，可以用反向上行法漂洗；如果有少量非专一性的交换或吸附现象，可以先用 0.1 mol/L HCl 或 0.1 mol/L NaOH 洗涤后再用水洗至中性。为了防止微生物污染，可加入 0.02%叠氮钠抗菌剂流洗，也可保存于 20%的乙醇溶液中。洗涤的凝胶可以在膨胀状态下放置于冰箱中长期保存。

4.3.2.2 透析法

透析法(dialysis)是利用大分子的酶或蛋白质不能通过半透膜，将酶或蛋白质和其他小分子的物质如无机盐、水等进行分离。透析时，将需要纯化的酶溶液装入半透膜的透析袋中，放入蒸馏水或缓冲液中，小分子物质借助扩散进入透析袋外的蒸馏水或缓冲液中。通过更换透析袋外的溶液，可以使透析袋内的小分子物质浓度降至最低。

透析通常不单独作为纯化酶的一种方法，但它在酶的分离纯化过程中却经常被使用，通过透析可除去酶液中的盐类、有机溶剂、水等小分子物质。此外，采用聚乙二醇、蔗糖反透析还可对少量酶进行浓缩。

对相对分子质量小于 10 000 的酶溶液进行透析时，有可能存在泄漏的危险。透析袋在使用之前最好在 EDTA-$NaHCO_3$ 溶液中加热煮过，以便除去生产过程中混入的有害杂质，还特别要注意检查膜有无破损、泄漏之处，然后才能装入待透析液，两头扎紧，进行透析。一般在透析过程中，透析液需要更换 3～5 次。透析袋使用之后，一般可用清水冲洗干净，再次检查透析膜是否完好无损，最后浸泡于 75%的乙醇溶液中备用。

4.3.2.3 超滤法

超滤法(ultrafiltration) 是在一定压力(正压或负压)下将溶液强制性通过一固定孔径的膜，使溶质按分子质量、形状、大小的差异得到分离，所需要的大分子物质被截留在膜的一侧，小分子物质随溶剂透过膜到达另一侧。这种方法在分离提纯酶时，既可直接用于酶的分离纯化，又可用于纯化过程中酶液的浓缩。

近 20 年来，超滤已成为膜分离中发展最快的一种技术，应用范围非常广泛。用超滤膜进行分离纯化时超滤膜应具备以下条件：要有较大的透过速率和较高的选择性；要有一定的机械强度，能够耐热、耐化学试剂；不容易遭受微生物的污染；价格低廉。

表征超滤膜分离透过性能的参数主要有下列几个。

1. 水通量

在一定工作压力、温度下，单位面积或单个组件，在单位时间内所透过的水量。膜的水通量除了与温度、压力因素有关之外，还取决于膜材料、膜的形态结构等物化性能，另外与操作条件、溶液的性质也有密切关系。

2. 截留分子质量与截留率

商品超滤膜多用截留分子质量或相近孔径的大小来表明产品的截留性能。截留分子质量是指能被膜截留住的溶质中最小溶质的分子质量。截留率指溶液中被膜截留的特定溶质的量占溶液中该物质总量的比率。

常用超滤膜的截留相对分子质量的范围为 1 000～1 000 000。对具有相同分子质量的线形分子物质和球形蛋白质类分子，截留率大于或等于 90%。截留率不仅取决于溶质分子的大小，还与下列因素有关：分子的形状，线形分子的截留率低于球形分子；吸附作用，如果溶质分子吸附在孔道壁上，会降低孔道的有效直径，因而使截留率增大；其他高分子物质的存在可能导致浓度极化层的出现，而影响小分子的截留率；温度的升高和浓度的降低也会引起截留率的降低。

制造超滤膜的材料很多，对膜材料的要求是具有良好的成膜性、热稳定性、化学稳定性、耐酸碱性、微生物侵蚀性和抗氧化性，并且具有良好的亲水性，以得到高的水通量和抗污染能力。目前超滤膜通常用聚砜、纤维素等材料制成，使用时一定要注意膜的正反面，不能混淆。超滤膜在使用后要及时清洗，一般可用超声波、中性洗涤剂、蛋白酶液、次氯酸盐及磷酸盐等处理，使膜基本恢复原有水通量。如果超滤膜暂时不再使用，可浸泡在加有少量甲醛的清水中保存。

超滤法的优点是超滤过程无相的变化，可以在常温及低压下进行分离，条件温和，不容易引起酶蛋白变性失活，因而能耗低；设备体积小，结构简单，故投资费用低，易于实施；超滤分离过程只是简单的加压输送液体，工艺流程简单，易于操作管理，适合于大体积处理。缺点是只能达到粗分的要求，只能将分子质量相差 10 倍的蛋白质分开。

4.3.3 根据酶分子电荷性质进行纯化

4.3.3.1 离子交换层析

离子交换层析（ion exchange chromatography，IEC）是根据被分离物质与所用分离介质间异种电荷的静电引力不同来进行分离。各种蛋白质分子由于暴露在分子外表面的侧链基团的种类和数量不同，在一定的离子强度和 pH 的缓冲液中，所带电荷的情况也是不相同的。如果在某 pH 时，蛋白质分子所带正负电荷量相等，整个分子呈电中性，这时 pH 即为该蛋白质的等电点。与蛋白质所带电荷性质有关的氨基酸主要有组氨酸、精氨酸、赖氨酸、天冬氨酸、谷氨酸、半胱氨酸以及肽链末端氨基酸等。例如，当 $pH<6.0$ 时，天冬氨酸和谷氨酸的侧链带有负电性，当 $pH>8.0$ 时，半胱氨酸的侧链由于巯基的解离，也带负电荷，如果 $pH<7.0$，组氨酸残基带正电荷，大多数蛋白质等电点多在中性附近，因而层析过程可以在弱酸或弱碱条件下进行，避免了离子交换时 pH 急剧变化而导致蛋白质变性。

离子交换作用是在固定相和流动相之间发生的可逆的离子交换反应。蛋白质的离子交换过程分为两个阶段：吸附和解吸附。吸附在离子柱上的蛋白质可以通过改变 pH 或增强离子强度，使加入的离子与蛋白质竞争离子交换剂上电荷位置，从而使吸附的蛋白质与离子交换剂解离。不同蛋白质与离子交换剂形成的键数不同，即亲和力大小有差异，因此只要选择适当的洗脱条件就可将蛋白质混合物中的组分逐个洗脱下来，达到分离纯化的目的。

离子交换剂的母体是一种不溶性高分子化合物，往往亲水性比较高，一般不会引起生物分子变性失活，如树脂、纤维素、葡聚糖等，其分子中引入了可解离的活性基团，这些基团在水溶液中可与其他阳离子或阴离子起交换作用。按照母体的不同可将离子交换剂分为以下三类：

离子交换树脂：以聚苯乙烯树脂等为母体，再导入相应的解离基团而成。具有疏水的基本骨架，易导致蛋白质变性，交换容量低，一般只有以羟基为解离基团的弱酸性树脂，个别对酸碱较稳定的酶也曾用强酸型或强碱型交换树脂。

离子交换纤维素：是目前酶的纯化工作中用的较多的交换剂 它是以亲水的纤维素为母体，引入相应的交换基团后制成。交换容量较大，交换速率也较高。缺点是易随交换介质 pH、离子强度的改变而发生膨胀、收缩。

离子交换凝胶：以葡聚糖凝胶或琼脂糖凝胶为母体，导入相应的交换基团后制成。交换容量比离子交换纤维素还要大，同时具有分子筛的作用。其缺点是易随缓冲液 pH 和离子强度的不同而改变其交换容量、容积和流速。

按照离子交换基的不同又可以分为阳离子交换剂和阴离子交换剂；按照结合力的不同分为强离子交换剂和弱离子交换剂。能与阳离子发生离子交换的称为阳离子交换剂，其活性基团为酸性；与阴离子发生交换作用的称为阴离子交换剂，其活性基团为碱性。解离基团为强电离基团的称为强离子交换剂，而带有弱解离基团的称为弱离子交换剂。分离时应根据吸附蛋白质的性质来选择交换剂种类。如羧甲基是弱酸性阳离子交换剂，磺酸基是强阳离子交换剂。二乙氨乙基纤维素(DEAE)是弱碱性阴离子交换剂，季铵离子是强阴离子交换剂。

离子交换层析的操作过程一般包括 3 个环节：加样、洗涤和洗脱，其中每一个环节都包含着酶和杂蛋白的分离。

(1)加样。用缓冲液将柱料充分平衡后，即可上样，由于吸附过程是靠离子键的作用，所以这一过程能够瞬时完成，加样时流速并没有特殊要求。

(2)洗涤。在与加样条件相同的情况下，使相同的缓冲液继续流过色谱柱，以洗脱一些不是通过离子吸附键作用滞留在柱中的杂蛋白，以提高分离效果。

(3)洗脱。当洗脱液中加入一定浓度的盐(多采用氯化钠)时，蛋白质即可与离子交换剂发生解离。主要有三种洗脱法，即恒定溶液洗脱、逐次洗脱和梯度洗脱。

恒定溶液洗脱时，样品体积应控制在柱床体积的1%～5%。色谱柱应细长些，高径比为20左右，这种方法所用的洗脱液体积往往比较大。

逐次洗脱是指用几个不同浓度梯度的盐溶液逐次洗脱，而梯度洗脱则借助梯度混合仪使洗脱液中的盐浓度成线性升高。一个容器装有低浓度盐溶液，另一个容器装有高浓度盐溶液，开始洗脱时，洗脱液中盐浓度与低浓度盐溶液相同，随着洗脱液中离子强度的增加，蛋白质与树脂上的解离基团之间的作用力逐渐降低，不同的蛋白质由于结合力不同，而被分别洗脱下来。

离子交换柱的柱长通常为柱径的4～5倍。在装柱前交换剂应充分溶胀(在10倍量的蒸馏水中溶胀一夜或在100℃沸水浴中溶胀1 h以上)，清洗除去过细粒子，然后用2～3倍量0.5 mol/L HCl和0.5 mol/L NaOH溶液进行循环转型，每次转型至少维持10～15 min。对于阳离子交换剂，转型次序为酸—碱—酸，而阴离子交换剂则为碱—酸—碱，经平衡缓冲液平衡，即可进行层析操作。加入柱中的蛋白量一般约为柱中交换剂干重的0.1～0.5倍，样品体积也尽可能小，以得到理想分离效果。洗脱时，可以通过提高洗脱液的离子强度、减弱蛋白质分子与载体亲和力的方法，逐一洗脱各蛋白质组分，也可改变洗脱液的pH，使蛋白质分子的有效电荷减少而被解吸洗脱。

使用过的离子交换剂可用2 mol/L NaCl彻底洗涤，阳离子交换剂转成H^+型或盐型储存，弱碱性阴离子交换剂以OH^-型储存，中等和强碱性阴离子交换剂以盐型储存，并且加入适当的保存剂。

离子交换剂的选择也是需要注意的问题。因为酶蛋白是两性电解质，处于不同的pH时，它可以带正电，也可以带负电，因此既可选用阳离子交换剂，也可选用阴离子交换剂。在这种情况下，一个重要的决定因素就是酶的稳定性，也就是说，如果目的酶在低于其pI(等电点)的pH条件下更稳定，应选用阳离子交换剂，如果目的酶在高于其pI的pH条件下更稳定，宜采用阴离子交换剂。如果目的酶既可用强型交换剂，也可以应用弱型交换剂，那么应优先考虑选择弱型。但如果目的酶$pI<6.0$或$pI>9.0$，则应考虑强型交换剂，因为只有强型交换基团能在广泛的pH范围内保持完全解离状态，而弱型交换基适用的pH范围较窄，多数弱型的阳离子交换剂在$pH<6$或弱型阴离子交换剂在$pH>9$时不带电荷，已经失去交换能力。

如果要分离的蛋白质需要很高浓度的盐才能洗脱下来，可以改换较弱的离子交换剂，改变pH也可能解决问题，对于阳离子交换，提高pH将会降低洗脱蛋白质所需的盐浓度。对于阴离子交换，则降低pH会产生类似的效果。相反，如果要分离的蛋白质即使在很低的离子强度下也不能被交换剂所保留，那就要用较强的交换剂或调节pH。

不同离子交换剂对流速的要求不同，纤维素的流速一般低于凝胶，Sepharose交换剂兼有高流速和高交换容量的优点。

缓冲液的选择原则是它不与离子交换剂发生相互作用，即阳离子交换剂用阴离子缓冲液，阴离子交换剂用阳离子缓冲液，否则缓冲液离子参与离子交换反应，影响溶液pH的稳定。例如，用阴离子交换剂选择Tris缓冲液，用阳离子交换剂选择磷酸缓冲液。缓冲液还要选择合适的 pH 和离子强度。选择比洗脱点低至少 0.1 mol/L 的盐浓度是合适的，pH 选择在与酶蛋白等电点相差一个单位处，效果比较好。

离子交换层析是目前仅次于盐析的一种分离纯化方法。它适用面广，几乎所有的蛋白质都可以用该法分离，分辨率很高；一次可以处理大体积的样品，从而避免浓缩的步骤；分离纯化所用时间比较短，而收率比较高。

4.3.3.2 电泳

电泳（electrophoresis）是根据各种蛋白质在解离、电学性质上的差异，利用其在电场中迁移方向与迁移速度的不同进行纯化的一种方法。根据电泳使用的技术不同又可以分为显微电泳、免疫电泳、密度梯度电泳、等电聚焦电泳等。根据电泳的方向分为水平电泳和垂直电泳。根据电泳的连续性分为连续性电泳和不连续性电泳。根据有无支持物分为自由界面电泳和区带电泳。自由界面电泳是利用胶体溶液的溶质颗粒经过电泳以后，在溶液和溶剂之间形成界面，从而达到分离的目的。区带电泳是样品在惰性支持物上进行电泳的过程，因为支持物的存在减少了界面之间的扩散和干扰，而且多数支持物还具有分子筛的作用，提高了电泳的分辨率，区带电泳简单易行，成为目前应用较多的重要电泳技术。而区带电泳根据所用支持物的不同又分为纸电泳、琼脂糖凝胶电泳以及聚丙烯酰胺凝胶电泳等。

1. 聚丙烯酰胺凝胶电泳

聚丙烯酰胺凝胶电泳（PAGE）是最常用的电泳方法，这种电泳具有分子筛效应，因而可以达到很高的分辨率。常用的聚丙烯酰胺凝胶电泳以不连续方式进行，也就是电泳的胶与缓冲体系都具有不连续性，称为 disc 电泳。由于它的不连续性导致样品在电泳分离过程中被浓缩成圆盘状薄层，从而显示了很高的分辨率。这种电泳由三部分组成：样品胶、成层胶和分离胶。样品胶和成层胶的孔径与缓冲介质都相同，而分离胶的孔径较前两者小。电泳开始后，先行离子超前流动，并在它的后面留下一低离子浓度的低电导区。这种低电导区导致高电位梯度的产生，迫使尾随离子加速泳动，在高、低电位区间构成迁移快的界面，同时样品离子被压缩于界面中形成圆盘状薄层。由于样品中各组成成分所带的电荷不同，迁移率也不同，当样品离子和尾随离子进入分离胶后，由于其间的 pH 有利于尾随离子的解离，故它的迁移率显著增大，并迅速超过样品离子，导致高的电位梯度消失，样品开始在具有均一电场的分离胶中按照解离状况接受电泳分离。由于分离胶孔径较小，样品同时受到分子筛效应的控制，静电荷相同的蛋白质也能得到进一步分离，故而分辨率高。为了进一步提高其分辨率，又发展了 SDS 聚丙烯酰胺凝胶电泳等，SDS 是一种阴离子去垢剂，它能与蛋白质结合，破坏蛋白质分子内部和分子间以及与其他物质间的次级联系，使蛋白质变性；通常每克蛋白质约能结合 1.4 g SDS，从而使蛋白质所带的负电荷远超过蛋白质原有电荷数，消除了不同蛋白质原有的荷电差异；再加上结合了 SDS 的蛋白质都是椭圆状，没有大的形状差异，因此蛋白质电泳迁移率仅取决于蛋白质的分子质量。SDS-聚丙烯酰胺凝胶电泳主要用于蛋白质的纯度分析和分子质量测定。

2. 等电聚焦电泳

等电聚焦电泳（isoelectric focusing）是利用蛋白质两性电解质具有等电点，在等电点的 pH 下呈电中性，不发生泳动的特点而进行的电泳分离。在电泳设备中首先调配连续的

pH 梯度，然后使蛋白质在电场作用下泳动到与各自等电点相等的 pH 区域而不再继续泳动，从而形成具有不同等电点的蛋白质区带。

这种技术的关键是调配稳定的连续 pH 梯度。一般采用氨基酸混合物或氨基酸聚合羧酸的缓冲液。如已经商业化的载体 Ampholine 为数百种组分的混合物，各组分具有不同的等电点，一般有 3 种 pH 梯度范围供选择 pH 4.0～6.0、pH 8.0～10.0、pH 9.0～11.0。

一般电泳容易受溶质扩散的影响，而等电聚焦电泳不存在这个问题，因此它的分离性能极高。但等电聚焦电泳也存在一些缺点，如载体两性电解质对产品产生污染、pH 梯度的稳定性不高、操作过程容易发生凝胶脱水起皱等现象。

3. 毛细管电泳

毛细管电泳（capillary electrophoresis）是利用毛细管为电泳装置，其内径为 25～200 μm，长度约为 100 cm，壁厚约为 200 μm。它是离子或带电粒子在直流电场的驱动下，在毛细管中按其淌度或分配系数的不同而进行的一种高效、快速分离的电泳新技术。在毛细管和电泳槽内充满相同组成或相同浓度的缓冲液，样品从毛细管的一端加入，在毛细管两端加上一定的电压后，电荷溶质便朝其电荷极性相反的电极方向移动。由于样品中各组分间的淌度不同，其迁移速度各不相同，经一定时间电泳后，各组分按其速度或淌度的大小顺序，依次到检测器被检出。用峰谱的迁移时间（保留时间）可做定性分析；按其峰的高度（h）或峰面积可做定量分析。

毛细管电泳具有高效、快速、样品用量少等优点，同时自动化程度高、操作简便、溶剂消耗少、环境污染少。毛细管电泳管道微细，能够有效抑制电泳操作过程中对流和混合的发生，分离精度高；毛细管的比表面积大，设备比较容易冷却；传统的电泳技术受焦耳热限制，只能在低电场下进行电泳操作，分离时间长，分辨率低，分辨效果受到制约。而毛细管具有良好的散热功能，由于毛细管的散热速度快，所以操作电场强度可达 100～300 V/cm，电泳速度快，分离时间短；加样量少（不足 1 μL），样品浓度可以很低，10^{-4} mol/L 即可。毛细管电泳是近年来发展很快的一种分离分析技术。

4.3.3.3 聚焦层析

聚焦层析（chromatofocusing）是在层析柱中填满多缓冲交换剂（如 pH 7～9），加样后以特定的多缓冲剂滴定或淋洗时，随着缓冲液的扩展，便在层析柱中形成一个自上而下的 pH 梯度，而样品中各种蛋白质按各自的等电点聚焦于相应的 pH 区段，并随 pH 梯度的扩展不断下移，最后便分别从层析柱中洗出。它是将层析技术的操作方法与等电聚焦的原理相结合，兼具有等电聚焦电泳的高分辨率和柱层析操作简便的优点。聚焦层析可以分为以下几个步骤进行操作：

①按照样品等电点选择适宜的多缓冲液或多缓冲剂。

②调整多缓冲液 pH 至梯度上限，以该多缓冲液平衡多缓冲剂，然后装柱。

③调整多缓冲液的 pH 至下限，以此 pH 缓冲液 5～10 mL 流洗层析柱。

④加样，以下限 pH 多缓冲液洗脱，分步收集并检测。

⑤多缓冲剂再生。

4.3.4 根据酶分子专一亲和作用进行纯化

由于酶对底物、竞争性抑制剂、辅酶等配体具有较高的亲和力，而其他杂蛋白对此没有或有很弱的亲和作用，因此，可以根据酶、杂蛋白对配体亲和力的差异，很容易地将酶分离出来。目前已建立的方法有亲和层析法、亲和电泳法等。

4.3.4.1 亲和层析法

亲和层析法(affinity chromatography)是利用酶分子具有专一性结合位点或独特的结构性质进行分离的一种方法，其特点是分离效率高、速度快。酶的底物、抑制剂、辅因子、别构因子，以及酶的特异性抗体等都可作为酶蛋白的亲和配体，将这些亲和配体偶联于载体上，就制成了亲和吸附剂。当酶溶液流过层析柱，目的酶便迅速而有选择性地吸附在亲和配体上，然后用适当的溶液进行洗涤，除去一些非专一性的杂质后，再用浓度高的或亲和力强的配体溶液进行亲和洗脱，酶就会从层析柱的载体上脱离下来并流出柱外。

吸附剂的种类很多，可以分为无机吸附剂和有机吸附剂。吸附剂通常由一些化学性质不活泼的多孔材料制成，比表面积大。常用的吸附剂包括硅胶、活性炭、磷酸钙、碳酸盐、氧化铝、硅藻土、泡沸石、陶土、聚丙烯酰胺凝胶、葡聚糖、琼脂糖、菊糖、纤维素等。在吸附剂上连接亲和基团就制成了亲和吸附剂。

吸附剂作为固相载体应符合以下要求：具备和配体进行偶联反应的大量功能基团；具有高度亲水性，不会引起酶蛋白的变性失活；具有很好的惰性，没有或很少有非特异性吸附；化学性质稳定，能适应偶联、吸附、洗脱等操作过程中各种 pH、温度、离子强度甚至变性剂如脲、盐酸胍等反复处理，并有良好的流体力学性质；具有一定的机械强度、结构疏松，以便能使酶与配基自由地接触。

利用亲和层析纯化酶，配基的选择同样具有重要的作用。配基一般要求符合以下的条件：配基-酶的解离常数的选择范围应大于 10^{-8} mol、小于 10^{-4} mol，如果解离常数太小，配基与酶的结合太强，亲和洗脱困难；解离常数太大，酶与配基的结合太松散，不能达到专一性亲和吸附的目的；配基上必须具有供偶联反应的活泼基团，而且当它们与载体（或臂）结合后，不能影响酶的亲和力；配基的偶联量太高也会造成过强的亲和吸附而洗脱困难，同时带来空间位阻和非专一性吸附，偶联量太低时，造成分离效率低，一般配基偶联量应控制在 1～20 μmol/mL 膨润胶。

将配体连在载体上往往需要经过几步反应。直接将配体偶联于载体上得到的亲和层析剂，常因配体和载体间相距太近，影响到酶与配体间的亲和作用。因为酶的活性中心一般处在酶分子的内部，如果在配体和载体间加上一连接臂，便可提高亲和作用。臂的长短必须合适，太长，容易断裂并产生非专一性吸附；太短起不到应有效果。一般所选择的臂应该具有与载体和配体进行偶联反应的功能基团；要能经得起偶联、洗脱等操作过程的化学处理和条件的变化；亲水，但又不能带电荷。在实践中常采用的充当臂的物质有：碳氢链类，如 α、ω-二胺化合物，α、ω-氨基羧酸、聚氨基酸，如聚 *DL*-丙氨酸，聚 *DL*-赖氨酸等，某些天然蛋白质，如白蛋白等。

亲和层析和其他层析的操作过程基本相似，在制备了亲和吸附剂后，进行预处理与平衡、装柱、加样、洗涤和洗脱以及脱盐与再生等基本过程，亲和吸附与pH、离子强度、温度等吸附条件有关。吸附剂与样品间的比例要恰当，样品体积一般控制在柱体积的1%～5%，蛋白质浓度不要超过20～30 mg/mL。流速一般控制在10 mL/(cm^2·h)。

洗涤与洗脱，洗涤是为了除去杂质，一般选择平衡时所用的缓冲液进行洗涤。洗脱的条件是在不引起酶变性失活的情况下，尽量削减酶与配基间的相互作用力，从而使酶从吸附剂转移至洗脱液中来。一般分为非专一性洗脱和专一性洗脱。非专一性洗脱，根据洗脱条件可采用多种方法：①改变温度的洗脱，有些酶只要用线性温度梯度洗脱，就能达到洗脱的目的。解吸过程一般是吸热过程，因此提高温度可解吸。②改变pH、离子强度及溶剂系统组成进行洗脱。亲和作用力中静电引力、范德华力、疏水作用都是一些重要的相互作用力。改变pH和离子强度可以降低和削弱静电作用，甚至使酶和配基间的引力转变为排斥力；另外加入与水混溶的溶剂如乙二醇、二甲基砜等能降低溶剂表面的张力，加入促溶离子可以破坏水的结构并削弱疏水作用也能达到较好的洗脱效果。

专一性洗脱，首先是亲和洗脱，使用浓度更高的配基溶液或亲和力高的底物溶液进行洗脱。其次是电泳洗脱，被吸附在吸附剂上的各种物质，当置于电场中时，便会按照其荷电性质向相反的方向移动，这样也可以达到洗脱目的。另外，使用一些蛋白质可逆变性剂，如脲、盐酸胍等，可在低pH条件下使酶构型发生可逆变化从而解离下来，但是，这种洗脱也可能导致酶的不可逆失效，而且即使是可逆变性，随时间延长也可能向不可逆转化，所以在洗脱后应立即从酶溶液中除去这些物质。

吸附剂的再生一般采用含0.5 mol/L NaCl的pH 8.5，浓度为0.1 mol/L Tris-HCl缓冲液洗至pH 8.5，再用含有0.5 mol/L、0.1 mol/L pH 4.5的醋酸缓冲液洗至pH 4.5，然后用水洗至中性，用时再用起始缓冲液平衡。

4.3.4.2 免疫吸附层析

免疫吸附层析(immunoadsorption chromatography)是根据抗原和抗体具有高度专一亲和作用，可以将某种酶的抗体连接到不溶性载体上，再利用带抗体的层析柱来分离纯化相应的酶。这种方法在酶的分离纯化过程经常使用。用传统方法从一个生物种属中得到少量的纯酶(如0.1 mg)，利用它在另一种属(通常为兔子、羊或鼠)中产生多克隆抗体，这些抗体由于各自识别酶的不同抗原决定簇不同，因此与酶的亲和力大小也不一样。抗体经纯化后，偶联到溴化氰活化的Sepharose上，即可用于从混合物中分离出酶抗原。利用改变洗脱液的pH，增加离子强度或其他降低抗原抗体结合力的方法将吸附的酶解吸洗脱。解吸过程是整个纯化过程中最困难的一步。因为酶在剧烈的解吸过程中，可能会大量失活，回收率大大降低。

单克隆抗体(McAb)制备技术的应用解决了许多在多克隆抗体使用中遇到的问题。首先，作为抗原的酶不用很纯；其次，由于通常用小鼠免疫制备McAb，抗原酶的用量很小，一般50 μg就足够了。作为抗原的酶可含有不同的抗原决定簇，因此，同一抗原可产生许多不同的McAb，从中挑选出亲和力适中的McAb来制备亲和介质。这样，既能高效吸附目的酶，又可避免后面洗脱的困难。所以，用McAb制得的亲和柱，其柱效往往很高，而且McAb还可通过体外大规模培养大量制备。

所有动物产生抗体的淋巴细胞在体外培养条件下，其生存时间极短。而骨髓瘤细胞能在体外长期培养生长，但不能产生专一性的抗体。将这两类细胞融合得到的杂交细胞就兼有两者的长处：既能长期培养又能分泌所需要的特异抗体。因此，可以将需要纯化的某一酶的酶液作为抗原去免疫动物，然后分离出这一动物的脾细胞，与遗传缺陷型骨髓瘤细胞相融合。经多次克隆后，挑选出能单一分泌这种酶抗体的杂交瘤细胞，再经扩大培养，即可得到这种酶的大量 McAb。

4.3.4.3 亲和超滤

亲和超滤(affinity ultrafiltration)是把亲和层析的高度专一性与超滤技术的高处理能力相结合的一种新的分离方法。需要提纯的粗酶自由存在于抽提液时，可以顺利通过截留分子质量较大的超滤膜。但当酶与大分子亲和配体结合，形成酶-配体复合物后，由于其分子质量远大于超滤膜的截留分子质量，因而被截留。提取液中其他未被结合的组分仍可顺利通过超滤膜，分离出上述复合物后洗去杂质，再用合适的洗脱液洗脱，使酶解吸下来；然后再通过一次超滤膜，把大分子配体分离出来，供再生使用。透过的酶液再经截留分子质量小的超滤膜进行浓缩。

亲和超滤技术的关键在于选择合适的配体、载体及合适截留分子质量的超滤膜。配体对所分离对象要具有亲和力好，专一性高，在亲和洗脱条件下很稳定，抗剪切力，容易回收等特点。常用的载体一般有聚丙烯酰胺、琼脂糖、葡聚糖、淀粉等。一个好的载体应该具有高度亲和性，不会引起酶的失活，能自由悬浮于提取液中，不易产生膜的浓差极化和堵塞现象。超滤膜的截留分子质量决定了超滤的透过速率。截留分子质量越大，水通量也越大，超滤越容易进行。

亲和超滤技术既克服了超滤技术选择性不高，被分离物质的分子质量需相差一个数量级以上，才能得到较好分离效果的缺点，又解决了亲和层析技术只能间隙操作，单批处理量小的不足，具有广阔的应用前景。

4.3.4.4 亲和沉淀

亲和沉淀(affinity precipitation)是将生物亲和作用与沉淀分离相结合的一种蛋白质分离纯化技术。根据亲和沉淀的机理不同，可以分为一次作用亲和沉淀和二次作用亲和沉淀。

1. 一次作用亲和沉淀

水溶性化合物分子上偶联有两个或两个以上的亲和配基，前者称为双配基，后者称为多配基。双配基或多配基可与含有两个以上亲和部位的多价蛋白质产生亲和交联，从而形成较大的交联物而沉淀析出。

2. 二次作用亲和沉淀

利用一种特殊的载体固定亲和配基来制备亲和沉淀介质，这种载体在改变 pH、离子强度、温度和添加金属离子时溶解度会下降，形成可逆性沉淀的水溶性聚合物。亲和介质与目的酶分子结合后，通过改变条件使介质与目的酶共同沉淀的方法称为二次作用亲和沉淀。进行亲和沉淀后，再通过离心或过滤回收沉淀，即可除去未沉淀的杂蛋白，沉淀经过适当清洗或加入洗脱剂即可回收纯化的目的产物。

亲和沉淀具有如下优点：配基与目的酶的亲和作用是在溶液中自由进行的，无扩散传质阻力，两者结合迅速；亲和配基裸露在溶液中，可以更有效地与酶结合，使配基利用率提高；容易规模放大；适用于高黏度或含有微粒的处理液。

4.3.5 高效液相层析法

高效液相层析法(high performance liquid chromatagraphy，HPLC)也称高效液相色谱法，其分离原理与经典液相色谱相同，但是，由于它采用了高效色谱柱、高压泵和高灵敏检测器，因此，它的分离效率、分析速度和灵敏度大大提高了。高效液相色谱仪由输液系统、进样系统、分离系统、检测系统和数据处理系统组成。

输液系统包括流动相储存器、高压泵、梯度淋洗装置。流动相储存器，由不锈钢或玻璃制成，可以储存不同的流动相。高压泵能提供150～450 kg/cm^2 的压强，流速稳定，流量可以调节，耐腐蚀。高压泵按排液性能可分为恒压泵和恒流泵。按机械结构又可分为液压隔膜泵、气动放大泵、螺旋注射泵和往复柱塞泵 4 种。前两种为恒压泵，后两种为恒流泵。梯度淋洗装置可以将两种或两种以上不同极性的溶剂，按一定程序连续改变组成，分为外梯度装置和内梯度装置，前者为流动相在常压下混合，靠高压泵压至色谱柱；后者是先将溶剂分别增压后，再由泵按程序压入混合室，注入色谱柱。

高效液相层析法多采用六通阀进样，先用注射器将样品在常压下注入样品杯，然后切换阀门到进样位置，由高压泵输送的流动相将样品送入色谱柱。样品的容积是固定的，进样重复性比较好。

分离系统包括色谱柱、连接管、恒温器等。色谱柱长 10～30 cm，内径为 2.1～4.6 mm，由内部抛光的不锈钢管制成，柱内装有固定相，液相色谱的固定相是将固定液涂在担体上而成。担体有表面多孔型担体和全多孔型担体两类。如果需要两根以上色谱柱，柱与柱间常使用厚壁聚四氟乙烯毛细管连接。为改善传质、提高柱效和缩短分析时间，一般对色谱柱要进行适当的保温处理。

检测系统采用紫外检测器、示差析光检测器和荧光检测器等。HPLC 的数据系统包括进行数据采集、储存、显示、打印和数据处理工作。

酶蛋白的种类繁多，理化性质各不相同，从复杂的生物物质中分离出某种酶蛋白所采用的方法、条件也略有差异。在实验室小规模分离分析时，一般使用分析型 HPLC，但当分离分析规模扩大时，则必须使用制备型液相色谱仪。制备型液相色谱仪，其共同特点是柱长和柱径都比较大(最大为 2.3 m×0.1 m)。柱长和柱径的选择依制备的目的和产量而定。对于大口径柱子，泵系统的输流能力可达 100 mL/min。大多数制备型色谱仪配有微电脑控制的自动收集系统，可对目的样品中成分进行选择性收集，但对含量较大而不复杂的样品，自动收集没有手工收集方便。手工收集还可循环进行纯化操作。

HPLC 按分离机理不同，可以分为体积排阻色谱、离子交换色谱、反相色谱及高效疏水作用色谱。

4.3.5.1 体积排阻色谱

体积排阻色谱(size exclusion chromatography，SEC)是一种纯粹按照溶质分子在流动相中的体积大小而分离的色谱法。其填料具有一定大小的孔径，大分子不能进入填料内部而从颗粒间最先流出色谱柱；小分子能进入填料颗粒内部，其路径较遥远而后流出。此时，若选用水系统作为流动相，又称为凝胶过滤色谱(GFC)。有两种类型商品载体用于蛋白质的高效排阻色谱，即表面改性硅胶和亲水交联有机聚合物。表面改性的硅胶具有许多蛋白质凝胶过滤填料所应有的性质，能很好地保持溶质的生物活性，回收率可达80%以上。改性硅胶的粒径一般为10～15 μm，孔径为5～400 nm。从理论上讲，它完全符合球蛋白相对分子质量5 000到数百万的范围。但事实上，大孔径填料的柱效低，而小孔径填料对低分子多肽有吸附作用，使用25～30 nm孔径的填料最为合适。这样的填料兼顾了分级范围、分辨率和回收率，可分离5 000～5 000 000相对分子质量范围的蛋白质。

排阻色谱的流动相比较简单，流动相的pH一般选用6.5～8.0范围。有时为了控制蛋白质与固定相间可能发生的相互作用，通常在流动相中加入某些中性盐或有机改性剂。流动相的流量一般为1 mL/min。高效排阻色谱法应用于蛋白质(酶)的分离纯化，活力回收多。现已达到或超过凝胶过滤水平，在分离时间上缩短了100多倍。

4.3.5.2 离子交换色谱

离子交换色谱法(ion exchange chromatography，IEC)是人们常用的分离纯化酶蛋白的方法之一，它是将离子交换和液相色谱技术相结合的一种方法，针对不同的蛋白质解离时电学性质不同，利用IEC中固定相与之不同的亲和力来实现分离。IEC的固定相是以苯乙烯-二乙烯基苯共聚物为树脂核，树脂核外是一层可解离的无机基团，根据可解离基团解离时电学性质不同，可分为阳离子交换树脂和阴离子交换树脂。当流动相将样品带入分离柱时，利用样品中不同离子对离子交换树脂的相对亲和力不同而加以分离。蛋白质是两性电解质，在不同条件下有不同的解离性状，选择不同的离子交换剂，控制不同的条件，可以分离出不同的蛋白质。

在选择离子交换柱类型时，首先要根据蛋白质样品的解离状况、稳定性等不同性质，采用不同离子交换剂，其次要考虑到交换剂的强弱，离子交换剂的解离状况，离子交换色谱的流动相一般是pH 5.0～8.0的缓冲液，pH 5.5、1 mol/L KH_2PO_4溶液和pH 8.0、0.5 mol/L NaAc都可分别作为阳离子和阴离子交换剂的流动相。在此条件下，大多数蛋白质结构和活性仍可保持不变。一般来说，当pH>pI时，蛋白质带负电荷，可保留在阳离子交换剂上。当pH<pI时，蛋白质带正电荷，可保留在阴离子交换剂上，因此，在阳离子交换剂分离时，pI值大的蛋白质有较大保留，且保留值随流动相、pH和离子强度的增加而减少。

流动相的选择多用尝试法决定。通过调整流动相pH、盐的种类、温度等，可以控制蛋白质的保留和提高选择性。和排阻色谱比较，离子交换色谱的分辨率高，对大多数的蛋白质来说，活力回收可达80%以上，是分离蛋白质比较理想的方法。

4.3.5.3 反相色谱法

反相色谱法(reversed phase chromatography，RPC)是根据溶质、极性流动相和非极性固定相表面间的疏水效应而建立的一种色谱模式。用反相色谱法分离蛋白质时，许多蛋白质在接触到酸、有机溶剂等或吸附于疏水固定相时容易发生变性而失去生物活性。因此，当样品为纯蛋白时，应考虑其质量和活力的回收率。这就要求控制和选择好一定的分离条件。比如，色谱条件适宜、以中等极性反相柱为固定相、含磷酸盐的异丙醇水体系为流动相，在pH 3.0～7.0时，许多蛋白质可以用反相HPLC分离，并保持其生物活性。因此，分离关键在于固定相和流动相的选择。

分离蛋白质的固定相一般有 C_{18}、C_8、CN 基和苯基键合相，其中以 C_{18} 填料最为重要。到目前为止，在 C_{18} 柱上已经成功地分离了许多蛋白质和肽。在一些流动相中，极性肽在 C_{18}、C_2、苯基柱上的色谱显示有很大的差别。一些在 C_{18} 柱上不能分离的试样，能在中等极性柱上获得满意的分离效果。CN 基键合相是分离非极性肽的有用的固定相。对于相对分子质量大于 10 000 的肽，一般选用填料粒径为 5～10 nm；相对分子质量大于 20 000 的肽和蛋白质选用 20～50 nm 的大孔径填料。

选择分离蛋白质和肽的流动相时主要应该考虑有机溶剂的种类、酸度、离子强度以及离子对试剂等因素。

在纯水中，大多数肽和蛋白质能牢固地保留在反相载体上，因此流动相必须含有有机溶剂，使溶质以合理的保留时间被洗脱。最常用的有机溶剂是甲醇、乙腈、丙醇、异丙醇、四氢呋喃等。它们和水组成的洗脱体系能得到高的回收率。洗脱强度随着有机溶剂的增加而增加，其排列顺序为：乙腈＜乙醇＜丙醇＜异丙醇＜四氢呋喃。在选择有机溶剂的同时，还要考虑到反相柱的类型和生物大分子的特性。

流动相中离子对试剂分为无机酸和有机酸两种，无机酸有磷酸、盐酸和高氯酸，其作用是抑制固定相表面硅烷基离子化，增加蛋白质的亲水性，伴随蛋白质极性增加，降低了其在色谱柱上的保留时间。有机酸主要以三氟乙酸（TFA）和七氟丁酸（HFBA）应用较多，虽然其作用也是阻止固定相表面硅烷基的离子化，但它增加了蛋白质的疏水性，使蛋白质在色谱柱上的保留时间增加，从而提高了分离度。

4.3.5.4 高效疏水色谱

疏水色谱（hydrophobic interaction chromatography，HIC）是利用适度疏水性填料，以含盐的水溶液作为流动相，借助于疏水作用分离活性蛋白质的一种液相色谱。它以表面偶联弱疏水性基团的疏水性吸附剂为固定相，根据蛋白质与疏水性吸附剂之间的弱疏水性作用的差别进行蛋白质分离纯化。由于蛋白质的空间排列极易从固有的有序结构转变成较无序的三维结构而发生变性作用，失去生物活性。高效疏水作用色谱洗脱和分离条件比较温和，大大减少了蛋白质在此过程中发生变性失活的可能性，获得很好的分离效果。这也是高效疏水色谱分离的最大优点。蛋白质通常含有被掩藏于内部的疏水残基，只有当蛋白质部分变性时，这些区域才与本体溶剂接近。但在蛋白质的表面也有一些疏水补丁（hydrophobie patches），它们能与非极性部分相互作用而不变性。增加盐的浓度能促进这些表面的疏水作用，即使可溶性很好的亲水蛋白质也能被迫与疏水物质结合从而吸附于固定载体上，只要降低流动相的离子强度就可以逐次洗脱吸附的蛋白质而达到分离的目的。

高效疏水色谱的固定相是键合具有低密度的烷基或芳香基的葡聚糖，流动相为无机盐溶液，以递减盐浓度的方式进行梯度洗脱。近年来，人们制备了一系列以硅胶作为基体的弱的疏水性固定相，使高效疏水色谱用于生物大分子的分离更加广泛。

虽然反相色谱和高效疏水色谱柱上生物大分子的保留都是由于疏水作用，但高效疏水色谱柱的疏水性比反相色谱柱小得多，所以高效疏水色谱中能以盐溶液代替有机溶剂作为流动相。

高效疏水色谱的流动相一般是含硫酸铵的缓冲溶液，其 pH 为 6～7。采用梯度洗脱时，硫酸铵浓度逐渐降低。有时在流动相中加入一定的有机溶剂以提高分离度。流动相的种类、pH、有机溶剂等都影响生物大分子的保留和回收。

4.3.6 酶的结晶

结晶(crystallization)是溶质从过饱和状态的液相或气相中析出，生成具有一定形状、分子按规则排列形成晶体的过程，由于各种分子间形成结晶的条件不同，而且变性蛋白质或酶不能形成结晶，因此，结晶是制备固体纯净纯物质的有效方法，也是分离纯化酶的常用方法。结晶包括三个过程：形成过饱和溶液、晶核形成和晶体生长。

工业上为得到过饱和溶液一般采用以下方法：将饱和溶液冷却、将部分溶剂蒸发、化学反应结晶和盐析结晶。这些方法在制备酶的结晶时同样适用，但是酶的结晶需要在极其温和的条件下使酶溶液极为缓慢地接近结晶的条件，才能使酶结晶析出，否则，酶就可能以无定形的形式直接沉淀出来。一般进行酶结晶时，先通过毛细管、或是借助透析方式缓慢地加入硫酸铵等沉淀剂，待溶液呈现微弱的浑浊后，再移入某一适宜温度下静候结晶出现，也可在加入相应的试剂后，再缓慢地改变 pH 和温度，使之逐渐接近结晶条件。晶核的产生有两种情况，自发生成和外界添加晶种。酶蛋白的结晶操作一般采用后一种方法，因为在溶液黏度较高的情况下，晶核很难自发产生，而在高过饱和度下，一旦产生晶核，就会同时出现大量晶核，溶液发生聚晶现象，产品质量不易控制。在晶体的生长过程中，溶质分子移向晶核，晶体逐渐长大，不同物质结晶需要的时间长短并不相同。

结晶质量直接反映酶制剂质量的好坏，评价晶体质量的主要指标包括：晶体的大小、形状(均匀度)和纯度。工业上通常需要得到粗大而均匀的晶体，这样的晶体容易过滤和洗涤，在储存过程中也不易结块。

4.3.6.1 影响酶结晶的主要因素

1. 酶的纯度

一般来说，酶纯度越高，越容易获得结晶，长成单晶的可能性也越大。除个别情况外，一般酶纯度应达到 50%以上。不纯的溶液通常不能得到结晶，因为晶核很快就会被杂质所包围掩盖，无法长成晶体。

2. 酶蛋白的浓度

对大多数酶来说，蛋白质浓度在 3～50 mg/mL 较好。酶蛋白浓度越高，越有利于分子间相互碰撞而发生聚合现象，但是酶蛋白浓度过高，往往形成沉淀；酶蛋白浓度过低，不易生成晶核。所以一定要控制好酶蛋白的浓度。

3. 晶种

有些不容易结晶的酶，往往需要加入微量的晶种才能形成结晶。在加入晶种前，要将溶液调整到适于结晶条件下，加入的晶种开始溶解时，还要加入沉淀剂，直到晶种不溶解为止。当达到晶种不溶解又没有无定形物形成时，静置一段时间，有利于晶体的生长。

4. 温度

结晶温度直接影响结晶的生成。温度要控制在酶的热稳定性范围内，有些酶对温度很敏感，要防止酶变性失活。一般温度控制在 0～4℃范围内。低温条件酶不仅溶解度降低，而且不易变性。

5. 合适的饱和度

饱和度过小无疑不利于结晶的生成，而饱和度太大又会出现下列问题：成核速率过快，产生大量微小晶体，结晶难以长大；晶核生长速率过快，容易在晶体表面产生液泡，影响结晶质量；结晶器壁上容易产生晶垢，给结晶操作带来困难。对于酶溶液，浓度一般以1%～5%为宜。当溶液过饱和的速度过快时，溶质分子聚集太快，便会产生无定形的沉淀。如果控制溶液缓慢地达到过饱和点，溶质分子就可能排列到晶格中，形成结晶。所以，在操作上必须注意要调整溶液，使之缓慢地趋向于过饱和点。

6. pH

pH是影响酶结晶的一个重要条件，有时只相差0.2 pH单位时，就只能得到沉淀，而得不到晶体，选择pH应以降低酶蛋白的溶解度为目的，这样可以提高结晶的回收率，但是pH应控制在酶的稳定范围内，一般选择在被结晶酶的等电点附近。

7. 金属离子

许多金属能引起或有助于酶的结晶。不同酶选用不同金属离子。在酶结晶过程中常用Ca^{2+}、Zn^{2+}、Co^{2+}、Ni^{2+}、Cd^{2+}、Cu^{2+}、Mg^{2+}、Mn^{2+}等金属离子。在许多情况下，这些离子是酶表现活力所必需的，它们有助于保持酶分子结构上的一些特点。

8. 搅拌

提高搅拌速度有利于晶核的形成和晶体的生长，但是搅拌速度过快会造成晶体的剪切破碎。

9. 重结晶

为了进一步提高晶体的纯度，有时可以进行重结晶操作，特别是在不同溶剂中反复结晶，可能会取得较好的效果，因为杂质和结晶物质在不同溶剂、不同温度下的溶解度是不同的。

10. 其他

除了以上诸多因素之外，还有一些因素会影响结晶的形成。在结晶过程中不得有微生物生长，一般在高盐浓度或有乙醇时，可以防止微生物生长，在低离子强度的蛋白质溶液中，容易生长细菌和霉菌。因此，所有溶液需要用超滤膜或细菌过滤器进行过滤除菌。加入少量的甲苯、氯仿或吡啶也可以有效地防止微生物的生长。另外，在结晶过程中，还要防止蛋白酶的水解作用。蛋白酶水解常引起结晶的微观不均一性，影响结晶的生成和生长。

4.3.6.2 酶结晶的主要方法

1. 盐析法

采用一些中性盐，如硫酸铵、硫酸钠、柠檬酸钠、氯化钠、氯化钾、氯化铵、硫酸镁、氯化钙、硝酸铵、甲酸钠等，在适当条件下，保持酶的稳定性，慢慢改变盐浓度进行结晶。其中，最常用的是硫酸铵、硫酸钠。一般是将盐加入比较浓的酶溶液中至溶液呈浑浊为止，然后静止放置，并缓慢增加盐浓度。

2. 有机溶剂法

往酶溶液中滴加某些有机溶剂，如乙醇、丙酮、丁醇、甲醇、乙腈、异丙醇、二甲基亚砜等，也能使酶形成结晶。一般在含有少量无机盐和适宜的 pH 条件下，于冰浴中缓慢滴入有机溶剂，并不断搅拌，当酶溶液微微浑浊时，在冰箱中放置几小时后，便有可能获得结晶。

3. 微量蒸发扩散法

该法是将纯酶溶液装入透析袋，用聚乙二醇吸水浓缩至蛋白质含量为 1 mg/mL 左右，然后加入饱和硫酸铵溶液到 10%饱和度左右，再将其分装于比色瓷板的小孔内，连同饱和硫酸铵溶液放入密封的干燥器内，然后在 4℃下静置结晶。

4. 透析平衡法

透析平衡法是将酶溶液装入透析袋中，对一定的盐溶液或有机溶剂进行透析平衡，酶溶液可缓慢达到饱和而析出结晶。

5. 等电点法

酶蛋白在其等电点时溶解度最小，通过改变酶溶液的 pH 使之缓慢地达到过饱和状态，最终酶蛋白结晶析出。

4.3.7 酶纯化方法评析

酶纯化的目的是使酶制剂具有最大的催化活性和最高纯度，酶纯化的方法很多，每种纯化方法都有各自的优点和缺点，总体而言，一个好的方法和措施能使酶的活力回收高，纯度提高倍数大，同时重复性好。评价酶分离纯化方法的标准可以归纳为三点：一是酶活回收率；二是比活力提高的倍数；三是方法的重现性。酶活回收率是纯化后样品的总酶活占纯化前样品的总酶活的百分比，它反映了纯化过程中酶活力的损失情况，这一比值越高说明酶活的保存率越高，酶活的损失越少。纯化操作的每一步都不可避免地造成酶活损失，分析其原因主要有两个方面：一是由于部分酶变性失活；二是由于各种纯化方法的分辨率有限，部分酶可能连同杂蛋白一起被除去。比活力的提高倍数则反映了纯化方法的效率。纯化后比活力提高越多，总活力损失越少，纯化效果就越好。实际上，纯化倍数与回收率不可能兼顾，两者存在一定的矛盾，如盐析操作时，沉淀范围越宽，酶活回收率越高，但是纯化倍数却越低。在实际操作过程中应根据具体情况选择适宜的方法。较好的重现性是评价酶分离纯化方法的必要条件，操作材料要有较好的稳定性，操作条件要容易控制。

4.4 酶的纯度与保存

4.4.1 酶纯度的检验

当酶的比活达到恒定时，酶的纯化即可完成。为了确定纯化酶的纯度，还要通过某些方法对其进行纯度检验。由于酶分子结构高度复杂，采用一种方法检验的纯酶制剂，用另一种方法检验时可能结果会有一些差异，因此，检验后酶的纯度应注明达到哪种纯度，如电泳纯、层析纯、HPLC 纯等。常用的检验方法主要有以下几种：

4.4.1.1　电泳法

电泳法(electrophoresis，EP) 具有较高的分辨率，所用样品量小(10 μg 左右)，速度快(2～4 h)，仪器简单，操作也较方便，所以是目前较为常用的方法，一般包括醋酸纤维素薄膜电泳、聚丙烯酰胺凝胶电泳和聚焦电泳。使用最多的为聚丙烯酰胺凝胶电泳，它又分为圆盘电泳和垂直板电泳两种。

当聚丙烯酰胺凝胶的孔径约为被分离的蛋白质分子平均大小一半时，分离效果最佳。因此，用聚丙烯酰胺凝胶电泳来检验酶的纯度时，应根据被检验酶分子质量的大小，选用合适孔径的凝胶，凝胶的孔径可以通过改变聚丙烯酰胺和甲叉双丙烯酰胺的含量和比例很方便地加以调节。通常把浓度为 7.5% 的凝胶称为标准凝胶，其平均孔径为 5 mm 左右，适合于大多数蛋白质的分离。

溶液 pH 可显著影响蛋白质分子侧链基团的解离状态，使蛋白质分子电荷性质发生改变，故应选择合适的 pH 凝胶系统，使蛋白质得到最好的分离。碱性或中性凝胶系统适合于分离酸性和中性蛋白质，酸性凝胶系统适合于碱性或中性蛋白质的分离。

电泳样品中通常加一些甘油或蔗糖溶液，以增加样品密度，防止加样时样品扩散、漂移。样品中有时还要加入一些巯基乙醇，以防电泳时蛋白质侧链中游离的巯基氧化成二硫键，发生聚集现象。另外，样品液中常加入少量溴酚蓝(0.1%左右)做指示剂，用以指示电泳进行的程度。电泳结束后，需将分离的酶蛋白进行染色显示。如果染色显示出多个条带，说明酶样品中还含有其他蛋白质。假如样品在凝胶电泳上显示一条区带，说明样品的纯度达到了电泳纯，因为在某种条件下，可能有两种蛋白质的电泳迁移率完全相同，所以有时还需要进一步加以验证，可以通过改变电泳条件，如 pH 等来确定酶的纯度。常用的十二烷基磺酸钠聚丙烯酰胺凝胶电泳(SDS-PAGE)只能说明样品在分子质量方面是均一的，而且只适用于含有相同亚基的蛋白质。

等电聚焦是根据等电点不同来进行纯度检验的，它有很高的灵敏度，分辨率较高，可将蛋白质按等电点的大小逐一分开，可以检验出其他方法无法区别的电荷差异很小的同工酶。该法的缺点是所用仪器、试剂价格比较贵，操作也比较复杂。

4.4.1.2　色谱法

用线性梯度离子交换法或分子筛检验样品时，如果酶制剂是纯的，则各个部分的比活力应当恒定。分析型高效液相色谱法(HPLC)在证明蛋白质纯度方面的分辨率接近于电泳法。

4.4.1.3　化学结构分析法

肽链 N-末端分析也可用于酶纯度的检测。通常如果酶分子只有一条肽链组成，理论上只能检测出一种 N-末端的氨基酸，少量其他末端基的存在，常表示存在着杂质。有些酶分子由于 N-末端的氨基和肽链中的羧基形成环状结构，就不能用该法检测纯度了。

对样品进行总的氨基酸分析，也是检验纯度的一种方法。纯蛋白中所有氨基酸都成整数比。

4.4.1.4　超离心沉降分析法

超速离心法需在专用的超速离心机上进行，通过观察离心过程中样品的沉降峰等检测酶的纯度，具体采用的方法有沉降速度法和沉降平衡法。此法的优点是时间短、用量少，但灵敏度较差。

4.4.1.5 免疫学法

利用抗原-抗体间的免疫反应也可以检验酶的纯度，常用的有免疫扩散和免疫电泳法。这两种方法都应预先准备好被测酶蛋白的抗血清。在免疫扩散法中，通常将纯化制得的酶样品和抗血清分别加到琼脂糖凝胶板上的小孔中，让其自由扩散，通过观察抗原-抗体间形成的沉淀弧的数量和形状，来分析酶的纯度。免疫电泳是将酶样品经电泳分离后，再将抗血清加到抗体槽中进行双向扩散，使其形成沉淀弧，免疫电泳由于利用扩散和电泳两种方法将不同抗原组分逐一分开，其灵敏度比单纯的免疫扩散法要高得多。

4.4.1.6 其他方法

纯蛋白在波长 280 nm 与 260 nm 处的光密度比值为 1.75，因此，可用分光光度法检查蛋白质中有无核酸存在。

酶的纯度用百分比来表示，要求 95%、99%或 99.9%，由于酶的用途不同，对酶的纯度要求也有很大不同，应该选择满足实际需要纯度的酶检验方法。

4.4.2 酶活性的检验

检测纯化酶的催化活性(activity)时，要使测定条件保持在最适状态。如测定体系中有足够的激活剂和辅因子，没有抑制剂等存在，另外还需要保证酶的稳定性。在有些情况下需加入一些还原剂(如二硫苏糖醇、巯基乙醇)，以保证半胱氨酸侧链巯基处于还原态。在低温储存酶时，可将酶在 50%(V/V)的甘油溶液中保存于-18℃，以减少酶的失活。长期保存酶制剂时，应考虑到痕迹量蛋白水解酶进行降解的可能性。

4.4.3 酶的剂型

酶制剂通常有下列 4 种剂型。

1. 液体酶制剂

包括稀酶液和浓缩酶液。一般除去固体杂质后，不再纯化而直接制成，或加以浓缩而成。这种酶制剂不稳定，且成分复杂，只用于某些工业用酶。

2. 固体酶制剂

发酵液经杀菌后直接浓缩或喷雾干燥制成。有的加入淀粉等填充料，用于工业生产。有的经初步纯化后制成，用于洗涤剂、药物生产。用于加工或生产某种产品时，一定要除去起干扰作用的杂酶，这样才不会影响酶本身的质量。固体酶制剂适于运输和短期保存，成本也不高。

3. 纯酶制剂

包括结晶酶，通常用作分析试剂和医疗药物，要求有较高的纯度和一定的活力。医疗注射酶，还必须除去热源。热源属于糖蛋白，相对分子质量在 10 万以上，是染菌后细菌分泌出来的类毒素。含有这类物质的制剂注射到体内后引起体温升高。热原耐热、耐酸但不耐碱,对氧化剂敏感。它可以用吸附、亲和层析等方法除去。

4.固定化酶制剂

将游离酶固定于水不溶性载体上,使之在一定的空间内仍然保持催化活性。固定化酶性质更稳定,可以反复使用,提高了酶的利用率。

4.4.4 酶的稳定性与保存

酶容易受诸多因素的影响而导致酶活性下降,甚至丧失酶活力。影响酶稳定性的主要因素包括以下几个方面。

1.温度

有些酶对温度很敏感,因此要防止酶失活,一般控制在0~4℃范围内。低温条件酶不仅溶解度降低,而且不易变性。有的需更低的温度。

2.pH

酶只有在适宜的pH范围内才能保持稳定的活性,酶应在此pH范围内保存,并采用缓冲液保存,以避免pH出现波动。

3.酶蛋白浓度

一般酶在浓度高时比较稳定,浓度低时易于发生解离、吸附、表面变性失效。

4.氧化剂

有些酶容易被氧化而失去活性。

5.金属离子

有些金属离子是酶的激活剂,有些却是酶的抑制剂,使酶变性失活。

为了提高酶的稳定性,经常加入下列稳定剂:

(1)底物、抑制剂和辅酶。通过降低局部的能级水平,使酶蛋白处于不稳定状态的扭曲部分转入稳定状态。

(2)对巯基酶。可加入SH-保护剂。如二巯基乙醇、GSH(谷胱甘肽)、DTT(二硫苏糖醇)等。

(3)金属离子。如Ca^{2+}能保护α-淀粉酶,Mn^{2+}能稳定溶菌酶,Cl^-能稳定透明质酸酶。它们的作用机制可能是防止酶蛋白肽链延展。

(4)表面活性剂。许多酶置于1%的苯烷水溶液中,即使在室温下催化活力也能维持相当长时间。

(5)高分子化合物。如血清蛋白、多元醇等,特别是甘油和蔗糖近年来常用于低温保存添加剂。

(6)其他。在某些情况下,丙醇、乙醇等有机溶剂也显示一定的稳定作用。为了防止微生物污染酶制剂,也可加入一定浓度的甲苯、苯甲酸和百里醇等。

思考题

1. 什么是酶的分离纯化？酶分离纯化的一般原则是什么？
2. 细胞破碎的方法主要有哪些？请说明每种破碎方法的基本原理是什么？
3. 在酶的提取过程中应注意哪些问题，为什么？
4. 酶溶液浓缩的方法主要有哪些？
5. 酶分离纯化的方法主要包括哪些？简要说明各方法的分离纯化原理。
6. 影响酶结晶的主要因素是什么？
7. 酶结晶的方法包括哪几种？
8. 如何对酶纯化的方法进行评析？
9. 如何检验酶的纯度？
10. 酶制剂有几种剂型？
11. 影响酶稳定的因素是什么？

赵春燕、孙京新　编写

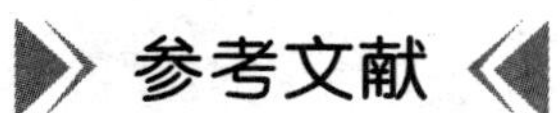

参考文献

[1] 袁勤生. 现代酶学. 上海：华东理工大学出版社，2001.
[2] 孙君社. 酶与酶工程及其应用. 北京：化学工业出版社，2006.
[3] 徐凤彩. 酶工程. 北京：中国农业出版社，2001.
[4] 郭勇. 酶工程. 北京：科学出版社，2004.
[5] 罗贵民. 酶工程. 北京：化学工业出版社，2002.

Chapter 5

第5章

酶分子化学修饰与生物改造

教学目的和要求

1. 明确酶分子化学修饰的概念和基本原理；
2. 掌握各种化学修饰方法；
3. 了解酶分子化学修饰在实践中的应用及生物改造类型和特点。

酶是一种高效的生物催化剂。在常温常压和中性介质中，酶能催化许多用一般化学方法难以完成的反应，而且酶的催化具有高效性和专一性，尤其酶在催化有机相中的反应取得成功后，其用途更加广泛，现已经被广泛应用到疾病的诊断和治疗、食品和化学品的生产以及环境保护和监测等领域。但是，由于酶是蛋白质，对反应条件具有严格的要求。酶一旦离开生物细胞，离开其特定的作用环境条件，常常变得不太稳定，不适合大量生产的需要；酶作用的最适 pH 条件一般在中性，但在工农业应用中，由于底物及产物带来的影响，pH 常偏离中性范围，使酶难以发挥作用。另外酶、多肽作为药物已越来越多地应用于临床医药领域，但酶蛋白属于天然的抗原，当注入生物机体后，会刺激体内免疫系统产生抗体并通过抗原抗体反应被清除，甚至产生过敏反应。同时，生物体内蛋白酶的水解作用缩短了异源药用蛋白在体内的循环半衰期，从而达不到预期的疗效；此外，天然酶存在物理化学和生物稳定性差的缺点，这些都严重制约药用酶的临床应用。因此，人们希望通过各种人工方法改造酶，使其更能适应各方面的需要。

酶分子是具有完整的化学结构和空间结构的生物大分子。酶分子的结构决定了酶的性质和功能。通过各种方法使酶分子的结构发生某些改变，从而改变酶的某些特性和功能，创造出天然酶不具备的某些优良性状，扩大酶的应用以达到较高的经济效益的技术过程称为酶分子修饰。通过酶分子修饰，可以使酶分子结构发生某些改变，就有可能提高酶的活力，增强酶的稳定性，降低或消除酶的抗原性等。同时通过酶分子修饰，研究和了解酶分子中主链、侧链、组成单位、金属离子和各种物理因素对酶分子空间构象的影响，可以进一步探讨其结构与功能之间的关系，所以，酶分子修饰在酶学和酶工程研究方面具有重要的意义。尤其是 20 世纪 80 年代以来，随着蛋白质工程的兴起与发展，酶分子修饰与基因工程技术结合，通过基因定位突变技术，可把酶分子修饰后的信息储存在 DNA 中，经过基因克隆和表达，不断获得具有新特性和功能的酶，使酶分子修饰展现出更广阔的前景。

5.1 酶分子的化学修饰

酶分子的化学修饰(chemical modification)可以定义为在体外利用修饰剂所具有的各类化学基团的特性，直接或经一定的活化步骤后与酶分子上的某种氨基酸残基（一般尽可能选用非酶活必需基团）产生化学反应，从而改造酶分子的结构与功能。凡涉及共价或部分共价键的形成或破坏，从而改变酶学性质的改造，均可看作是酶分子的化学修饰。

5.1.1 酶分子化学修饰的基本原理

大量研究表明，由于酶分子表面外形的不规则，各原子间极性和电荷的不同，各氨基酸残基间相互作用等，使酶分子结构的局部形成了一种包含了酶活性部位的微环境。不管这种微环境是极性的还是非极性的，都直接影响到酶活性部位氨基酸残基的电离状态，并为活性部位发挥催化作用提供了合适的条件。但天然酶分子中的这种微环境可以通过人为的方法进行适当的改造，通过对酶分子的侧链基团、功能基团等进行化学修饰或改造，可以获得结构或性能更合理的修饰酶。酶经过化学修饰后，除了能减少由于内部平衡力被破坏而引起的酶分子伸展打开外，还可能会在酶分子的表面形成一层“缓冲外壳”，在一定程度上抵御外界环境的电荷、极性等变化，进而维持酶活性部位微环境的相对稳定，使酶分子能在更广泛的条件下发挥作用。

酶的化学修饰是对酶进行分子修饰的一种重要方法。对酶进行化学修饰时，首先，应选择适宜的修饰剂。一般情况下，所选的修饰剂具有较大的分子质量、良好的生物相容性和水溶性，修饰剂表面有较多的反应基团及修饰后酶活的半衰期较长。其次，对酶的性质应有一定的了解。应熟悉酶活性部位的情况、酶反应的最适条件和稳定条件以及酶分子侧链基团的化学性质和反应活性等。再次，要注意选择最佳的修饰条件。尽可能在酶稳定的条件下进行反应，避免破坏酶活性中心功能基团，因此必须仔细控制反应体系中酶与修饰剂的分子比例、反应温度、反应时间、盐浓度、pH 等条件，以得到酶与修饰剂高结合率及高酶活回收率。事实证明，只要选择合适的化学修饰剂和修饰条件，在保持酶活性的基础上，就能够在较大范围内改变酶的性质，提高酶对热、酸、碱和有机溶剂的耐性，改变酶的底物专一性和最适 pH 等酶学性质。但这并不是说酶修饰后以上这些性质都会得到改善，而应根据具体的目的选用特定的修饰方法。酶修饰中存在的问题是，随着酶与修饰剂结合率提高，酶活回收率将下降。克服的方法是采取一些保护措施，如添加酶的竞争性抑制剂，保护酶活性部位以及改进现有的修饰工艺，进一步完善酶的化学修饰法。

化学修饰的方法已经成为研究酶分子的结构与功能的一种重要的技术手段。酶的化学修饰的目的主要有：①提高酶活力；②改进酶的稳定性（表 5-1）；③允许酶在一个变化的环境中起作用；④改变最适 pH 或最适温度；⑤改变酶的特异性使其能催化不同底物的转化；⑥改变催化反应的类型；⑦提高催化过程的反应效率。通过酶分子修饰，进一步探讨其结构和功能之间的关系，从而可以显著提高酶的使用范围和应用价值。

表 5-1　天然和修饰酶的热稳定性对比

（陈宁. 酶工程. 北京：化学工业出版社，2005）

酶	修饰剂	天然酶		修饰酶	
		温度/时间	残留酶活/%	温度/时间	残留酶活/%
腺苷脱氢酶	右旋糖酐	37℃/100 min	80	37℃/100 min	100
α-淀粉酶	右旋糖酐	65℃/2.5 min	50	65℃/63 min	50
β-淀粉酶	右旋糖酐	60℃/5 min	50	60℃/175 min	50
胰蛋白酶	右旋糖酐	100℃/30 min	46	100℃/30 min	64
过氧化氢酶	右旋糖酐	50℃/10 min	40	50℃/10 min	90
溶菌酶	右旋糖酐	100℃/30 min	20	100℃/30 min	99
α-糜蛋白酶	右旋糖酐	37℃/6 h	0	37℃/6 h	70
β-葡萄糖苷酶	右旋糖酐	60℃/40 min	41	60℃/40 min	82
尿酸酶	人血清白蛋白	37℃/48 h	50	37℃/100 min	95
α-葡萄糖苷酶	人血清白蛋白	55℃/3 min	50	55℃/60 min	50

续表 5-1

酶	修饰剂	天然酶		修饰酶	
		温度/时间	残留酶活/%	温度/时间	残留酶活/%
L-天冬氨酸	人血清白蛋白	37℃/4 h	50	37℃/40 min	50
尿激酶	人血清白蛋白	60℃/5 h	25	60℃/5 h	85
尿激酶	聚丙烯酰胺-丙烯酸	37℃/2 d	50	37℃/2 d	100
靡蛋白酶	肝素	37℃/6 h	0	37℃/24 h	80
L-天冬酰胺酶	聚乳糖	60℃/10 min	19	60℃/10 min	63
葡萄糖氧化酶	聚乙烯酸	50℃/4 h	52	50℃/4 h	77
谷氨酰胺酶-天冬酰胺酶	糖肽	45℃/10 min		45℃/10 min	增加
糜蛋白酶	聚(N-乙烯吡咯烷酮)	75℃/117 h	61	75℃/10 min	100
L-天冬酰胺酶	聚丙氨酸	50℃/7 min	50	50℃/22 min	50

酶分子修饰技术不断发展,修饰方法多种多样。归纳起来,酶的化学修饰主要包括金属离子置换修饰、大分子结合修饰、侧链基团修饰、肽链有限水解修饰、核苷酸链有限水解修饰、氨基酸置换修饰、核苷酸置换修饰等。

5.1.2 金属离子置换修饰

将酶分子中所含的金属离子置换成另一种金属离子,使酶的特性和功能发生改变的修饰方法称为金属离子置换修饰。通过金属离子置换修饰,可以了解各种金属离子在酶催化过程中的作用,有利于阐明酶的催化作用机制,提高酶活力,增加酶的稳定性,甚至改变酶的某些动力学性质。

有些酶分子中含有金属离子,而且往往是酶活性中心的组成部分,对酶催化功能的发挥有重要作用。例如,α-淀粉酶中的钙离子,谷氨酸脱氢酶中的锌离子,过氧化氢酶分子中的铁离子,酰基氨基酸酶分子中的锌离子,超氧化物歧化酶分子中的铜、锌离子等。若从酶分子中除去其所含的金属离子,酶往往会丧失其催化活性。如果重新加入原有的金属离子,酶的催化活性可以恢复或者部分恢复。若用另一种金属离子进行置换,则可使酶呈现出不同的特性。有的可以使酶的活性降低甚至丧失,有的却可以使酶的活力提高或者增加酶的稳定性。

在金属离子置换修饰的过程中,首先将欲进行修饰的酶经过分离纯化,除去杂质,获得具有一定纯度的酶液。在经过纯化的酶液中加入一定量的金属螯合剂,如乙二胺四乙酸(EDTA)等,使酶分子中的金属离子与 EDTA 等形成螯合物。通过透析、超滤、分子筛层析等方法,将 EDTA 金属螯合物从酶液中除去。此时,酶往往成为无活性状态。然后在去离子的酶液中加入一定量的另一种金属离子,酶蛋白与新加入的金属离子结合,除去多余的置换离子,就可以得到经过金属离子置换后的酶。金属离子置换修饰只适用于那些在分子结构中本来含有金属离子的酶。用于金属离子置换修饰的金属离子,一般都是二价金属离子。例如钙离子、镁离子、锰离子、锌离子、钴离子、铜离子、铁离子等。

有些酶通过金属离子置换修饰后可以显著提高酶活力。例如，α-淀粉酶分子中大多数含有钙离子，有些则含有镁离子或锌离子等其他离子，所以一般的 α-淀粉酶是杂离子型的。如果将其他杂离子都换成钙离子，则可以提高酶活力并显著增强酶的稳定性。结晶的钙型 α-淀粉酶的活力比一般结晶的杂离子型 α-淀粉酶的活力提高 3 倍以上，而且稳定性大大增加。故此，在 α-淀粉酶的发酵生产、保存和应用过程中，添加一定量的钙离子，有利于提高和稳定 α-淀粉酶的活力。再如，将锌型蛋白酶的锌离子除去，然后加进钙离子，置换成钙型蛋白酶，其酶活力可以提高 20%～30%。有些酶分子中的金属离子被置换以后，其稳定性显著增强。例如，铁型超氧化物歧化酶（Fe-SOD）分子中的铁离子被锰离子置换，成为锰型超氧化物歧化酶（Mn-SOD）后，其对过氧化氢的稳定性显著增强。对叠氮钠（NaN_3）的敏感性显著降低。有些经过金属离子置换修饰的酶，其动力学性质有所改变。例如，酰基化氨基酸水解酶的活性中心含有锌离子，用钴离子置换后，其催化 N-氯-乙酰丙氨酸水解的最适 pH 从 8.5 降低为 7.0。同时该酶对 N-氯-乙酰蛋氨酸的米氏常数 K_m 增大，亲和力降低。

5.1.3 大分子修饰

采用水溶性大分子与酶的侧链基团共价结合，使酶分子的空间构象发生改变，从而改变酶的特性与功能的方法称为大分子结合修饰。大分子结合修饰是目前应用最广泛的酶分子修饰方法。通过大分子结合修饰，酶分子的结构发生某些改变，酶的特性和功能也将有所改变。可以提高酶活力，增加酶的稳定性，降低或消除酶的抗原性等。

酶的催化功能本质上是由其特定的空间结构，特别是由其活性中心的特定构象所决定的。水溶性大分子与酶的侧链基团通过共价键结合后，可使酶的空间构象发生改变，使酶活性中心更有利于与底物结合，并形成准确的催化部位，从而使酶活力提高。另外，用水溶性的大分子与酶结合进行酶分子修饰，可以在酶的外围形成保护层，使酶的空间构象免受其他因素的影响，使酶活性中心的构象得到保护，从而增加酶的稳定性，延长其半衰期。利用聚乙二醇（PEG）、右旋糖酐、蔗糖聚合物（ficoll）、葡聚糖、环状糊精、肝素、羧甲基纤维素、聚氨基酸、聚氧乙烯十二烷基醚（mPEG）等水溶性大分子与酶蛋白的侧链基团结合，使酶分子的空间结构发生某些精细的改变，从而改变酶的特性与功能。

水溶性大分子在使用前一般需经过活化，然后在一定条件下与酶分子以共价键结合，对酶分子进行修饰。例如：右旋糖酐先经高碘酸（HIO_4）活化，然后与酶分子的氨基共价结合。每分子核糖核酸与 6.5 分子的右旋糖酐结合，可以使酶活力提高到原有酶活力的 2.25 倍；用右旋糖酐修饰胰凝乳蛋白酶，每分子胰凝乳蛋白酶与 11 分子右旋糖酐结合，可使修饰酶活力达到原有酶活力的 5.1 倍等；每分子胰蛋白酶用 11 分子的右旋糖酐修饰后，酶活力可提高 30%。

在众多的大分子修饰剂中，相对分子质量为 1 000～10 000 的两性聚乙二醇（PEG）应用最为广泛。它既能够溶解于水，又能够溶于大多数有机溶剂；通常没有抗原性也没有毒性；生物相容性好。PEG 与蛋白质分子的共价结合，可以降低蛋白质的免疫性和抗原性。由于聚乙二醇的两亲性，用其修饰后的酶分子可以溶解在有机溶剂中，并保持催化活性从而有利于非水介质中有机合成（如肽合成和酰基化反应）的均相催化。用 PEG 修饰酶，首先需将 PEG 激活，即接上一个活性基团，使其可以与蛋白质分子上的某些功能基团（如赖氨酸残基的 ε-氨基）结合（反应历程见图 5-1）。PEG 激活剂主要有氰尿酰氯（cyanuricchloride）、氯甲酸-p-硝基苯酯（p-nitrophenyl chlorofomate）、琥珀酸丁二酰亚胺酯（succinimidyl succinate）、三氟乙烷黄酰氯（2，2，2-trifluoroethanesulfonyl chloride）等。许多酶（如胰蛋白酶、酯酶、内-β-葡聚糖酶、细胞色素 C）已用 PEG 法进行修饰。与未修饰的细胞色素 C 相比，PEG 修饰的细胞色素 C 在同样条件下能够使更多的芳香族化合物氧化。

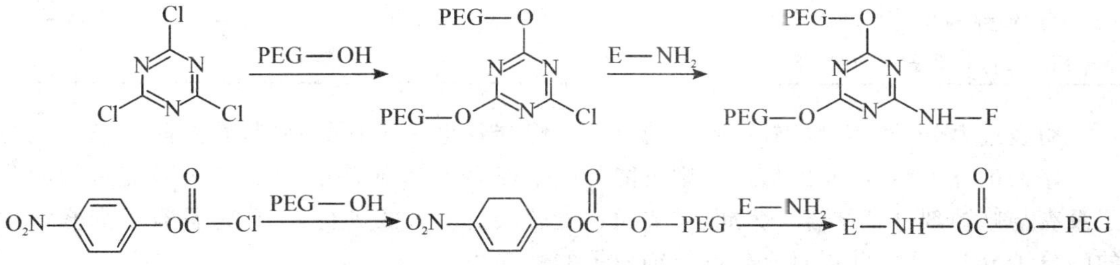

图 5-1　氰尿酰氯、氯甲酸-p-硝基苯酯激活的 PEG 修饰酶的反应历程

研究发现，非离子型两性聚氧乙烯十二烷基醚（mPEG）是一种比 PEG 更好的修饰剂。用 PEG 修饰的过氧化氢酶在有机溶剂中的溶解性提高。在三氯乙烷中，其酶活性是天然酶的 200 倍，在水溶液中，其酶活是天然酶的 15～20 倍，而且在水溶液中 mPEG 修饰的酶比 PEG 修饰的酶活力更高。胰蛋白酶经 mPEG 修饰后，其稳定性得到了显著提高，这是由于修饰降低了胰蛋白酶的自溶和热变性速率。

糖脂是另外一种酶化学修饰剂。日本 Yoshio 等研究的糖脂化合物修饰脂肪酶的方法，操作简单，酶活力也很高。我国学者利用蔗糖酯对脂肪酶进行修饰，发现脂肪酶经糖酯修饰后酶活增大，其中用蔗糖 SE-7 修饰的酶活性最高。

多糖由于具有无毒、溶于水和生物适合性等优点，已经被用于酶的化学共价修饰。已经使用的多糖有葡聚糖、羧甲基纤维素、多聚蔗糖。经活化羧甲基纤维素修饰的胰蛋白酶的 K_m 是天然酶的 2.2 倍，其热稳定性提高，而且在甲醇及酸碱介质中的稳定性也得到提高。

用肝素、右旋糖酐和聚乙二醇对重组组织型纤溶酶原激活进行化学修饰，发现肝素修饰时其纤维蛋白溶解活性提高 63%，右旋糖酐和聚乙二醇修饰时其纤维蛋白溶解活性则分别降低了 36%和 63%。重组组织型纤溶酶原激活剂经化学修饰后半衰期均有所增加，醇修饰后半衰期由 3.4 min 延长至 6.3 min。

超氧化物歧化酶（superoxide dismutase，SOD）是一类广泛存在于生物体内的金属酶，它可以催化超氧阴离子发生歧化反应。由于 SOD 能专一地消除机体代谢产生的超氧阴离子，所以受到医药界、生物学界、生物物理学界等的广泛关注。实验证明。外源 SOD 对 DNA、蛋白质和细胞膜具有保护作用，使他们免遭超氧阴离子的破坏。然而，超氧化物歧化酶在体内稳定性差，当采用注射方式给药时，SOD 在体内的半衰期只有 6～30 min，这就大大限制了其临床应用。

用水溶性大分子结合法修饰超氧化物歧化酶，可以使其在体内的稳定性显著提高，半衰期可延长 70～300 倍（表 5-2），并可明显抑制注射时出现的局部刺激反应。聚乙二醇（PEG）修饰超氧化物歧化酶活力保持 51%，在血液中停滞时间延长，抗炎活性提高。

表 5-2　天然 SOD 和修饰后 SOD 在人体血浆中的半衰期

（郭勇．酶工程原理与技术．北京：高等教育出版社，2005）

酶	半衰期	酶	半衰期
天然 SOD	6 min	Ficoll（高相对分子质量）-SOD	24 h
右旋糖酐-SOD	7 h	聚乙二醇	35 h
Ficoll（低相对分子质量）-SOD	14 h		

酶经过大分子结合修饰后，不同酶分子的修饰效果往往有所差别，有的酶分子可能与一个修饰剂分子结合，有的酶分子则可能与两个或多个修饰剂分子结合，还可能有的酶分子没有与修饰剂分子结合。为此，需要通过凝胶层析等方法进行分离，将具有不同修饰度的酶分子分开，从中获得具有较好修饰效果的修饰酶。

利用水溶性大分子对酶进行修饰，也是降低甚至消除酶的抗原性的有效方法之一。酶对于人体来说，是一种外源性蛋白质。当酶蛋白非经口（如注射）进入人体后，往往会成为一种抗原，刺激体内产生抗体。当这种酶再次注射进入体内时，产生的抗体就可与作为抗原的酶特异地结合，使酶失去其催化功能。所以药用酶的抗原性问题是影响酶在体内发挥其功能的重要问题之一。采用酶分子修饰方法使酶的结构产生某些改变，就有可能降低甚至消除酶的抗原性，从而保持酶的催化功能。具有抗癌作用的精氨酸酶经聚乙二醇结合修饰，生成聚乙二醇精氨酸酶（PEG-arginase）后其抗原性被消除；对白血病有显著疗效的 *L*-天冬酰胺酶经右旋糖酐或者聚乙二醇结合修饰后，都可以使抗原性显著降低甚至完全消除。其中经过聚乙二醇结合修饰的 *L*-天冬酰胺酶（PEG-asparaginase），1994 年已经得到美国食品和药物管理局（Food and Drug Administration，FDA）批准，正式作为治疗急性淋巴性白血病的药物使用。尿酸酶作为异体蛋白质用于治疗时有可能产生抗原性，通过聚乙二醇修饰后，尿酸活力保持 45%，抗原性完全消失，还延长了酶活力在血液中的保持时间。用溴化氰活化低抗凝活性（low anticoagulant activity heparin，LAAH）对 SOD 进行分子修饰，修饰后的 SOD 的抗原性明显降低。

5.1.4　肽链有限水解修饰

已知酶的催化功能主要决定于酶的活性中心的构象，活性中心部位的肽段对酶的催化作用是必不可少的，而活性中心以外的肽段则起到维持酶的空间构象的作用。肽链一旦改变，酶的结构和特性将随之有某些改变。酶蛋白的肽链被水解以后，可能出现下列 3 种情况：①若肽链的水解引起酶活性中心的破坏，酶将丧失其催化功能，这种修饰主要用于探测酶活性中心的位置。②若肽链的一部分被水解后，仍然可以维持酶活性中心的空间构象，则酶的催化功能可以保持不变或损失不多，但是其抗原性等特性将发生改变。这将提高某些酶特别是药用酶的使用价值。③若主链的断裂有利于酶活性中心的形成，则可使酶分子显示其催化功能或使酶活力提高。在后两种情况下，肽链的水解在限定的肽链上进行，称为肽链有限水解。在肽链的限定位点进行水解，使酶的空间结构发生某些精细的改变，从而改变酶的特性和功能的方法，称为肽链有限水解修饰。

有些生物体可以通过生物合成得到不显示酶催化活性的酶原，利用具有高度专一性的蛋白酶对其进行肽链有限水解修饰，除去一部分肽段或若干个氨基酸残基，就可以使其空间结构发生某些精细的改变，有利于活性中心与底物结合并形成正确的催化部位，从而显示出酶的催化活性或提高酶活力。例如，胰蛋白酶原本来没有催化活性，当受到胰蛋白酶或肠激酶的修饰作用，从 N-端去一个 6 肽（Val-Asp-Asp-Asp-Asp-Lys）后，就显示胰蛋白酶的催化功能（图 5-2）。天冬氨酸酶通过胰蛋白酶修饰，从其羧基端切除 10 个氨基酸残基的肽段，可以使天冬氨酸酶的活力提高 5 倍左右。

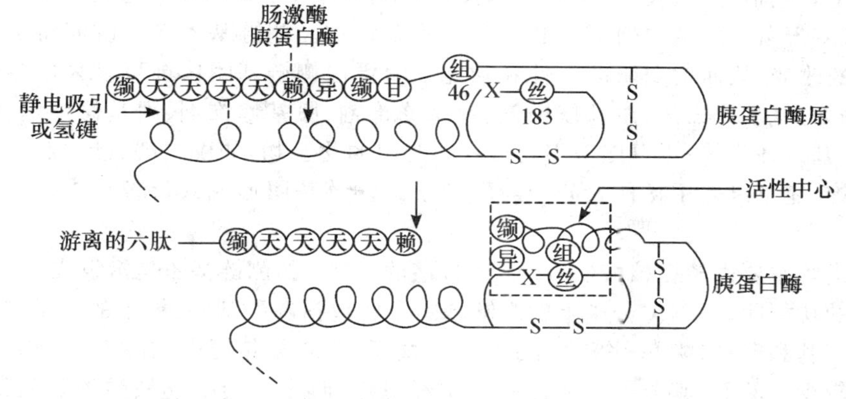

图 5-2　胰蛋白酶原的活化

（郭勇. 酶工程原理与技术. 北京：高等教育出版社，2005）

有些酶原来具有抗原性，除了酶分子的结构特点以外，还由于酶是生物大分子，其抗原性与其分子大小有关，大分子的外源蛋白往往表现出较强的抗原性；而小分子的蛋白质或肽段，其抗原性较低或者无抗原性。所以，若采用适当的方法将酶分子经肽链有限水解后，使其分子质量减少，就会在保持其酶活力的前提下，使酶的抗原性显著降低甚至消失。例如，木瓜蛋白酶用亮氨酸氨肽酶进行有限水解，除去其肽链的 2/3，该酶的活力基本保持，其抗原性却大大降低；又如，酵母的烯醇化酶经肽链有限水解，除去由 150 个氨基酸残基组成的肽段后，酶活力仍然可以保持，抗原性却显著降低。

酶蛋白的肽链有限水解修饰通常使用某些专一性较高的蛋白酶或肽酶作为修饰剂。有时也可以采用其他方法使酶的主链部分水解，而达到修饰目的。例如，枯草杆菌中性蛋白酶，在经过 EDTA 处理后，再通过纯水或稀盐缓冲液透析，可以使该酶部分水解，得到仍然具有蛋白酶活性的小分子肽段，用作消炎剂使用时，不产生抗原性，表现出良好的治疗效果。

5.1.5 分子侧链的修饰

通过选择性试剂或亲和标记试剂使酶分子侧链上特定的功能团发生化学反应，从而改变酶分子的特性和功能的修饰方法称为侧链基团修饰。由于酶分子的侧链上有各种不同的活泼功能基团，这些活泼的功能基团能与一些化学修饰剂发生反应，从而达到对酶分子进行化学修饰的目的。酶分子侧链基团化学修饰的一个非常重要的作用是用来探测酶分子中活性部位的结构。理想状态下，修饰剂只是有选择地与某一特定的残基发生反应，很少或几乎不引起酶分子的构象变化，在此基础上，通过从该基团的修饰对酶分子生物活性所造成的影响分析，就可以推测出被修饰的残基在酶分子中的功能。

酶有蛋白类酶和核酸类酶两大类别。它们的侧链基团不同，修饰方法也有所区别。

蛋白类酶主要由蛋白质组成：酶蛋白的侧链基团是指组成蛋白质的氨基酸残基上的功能团。主要包括氨基、羧基、巯基、胍基、酚基、咪唑基、吲哚基等。这些基团可以形成各种副键，对酶蛋白空间结构的形成和稳定有重要作用。侧链基团一旦改变将引起酶蛋白空间构象的改变，从而改变酶的特性和功能。酶蛋白侧链基团修饰可以采用各种小分子修饰剂，例如，氨基修饰剂、羧基修饰剂、巯基修饰剂、胍基修饰剂、酚基修饰剂、咪唑基修饰剂、吲哚基修饰剂等；也可以采用具有双功能团的化合物，如戊二醛、己二胺等进行分子内交联修饰；还可以采用各种大分子与酶分子的侧链基团形成共价键而进行大分子结合修饰。

核酸类酶主要由核糖核酸（ RNA ）组成：酶 RNA 的侧链基团是指组成 RNA 的核苷酸残基上的功能团。RNA 分子上的侧链基团主要包括磷酸基，核糖上的羟基，嘌呤、嘧啶碱基上的氨基和羟基（酮基）等。由于核酸类酶只有 20 多年历史，对核酸类酶的侧链基团修饰研究较少。然而，其分子上的侧链基团经过修饰后，也会引起核酸类酶的结构改变，从而引起酶的特性和功能的改变。通过侧链基团修饰，有可能使核酸类酶的稳定性得以提高。如果对核酸类酶分子上某些核苷酸残基进行修饰，连接上氨基酸等有机化合物，就有可能扩展核酸类酶的结构多样性，从而扩展其催化功能，提高酶的催化活力。

根据化学修饰剂与酶分子中的官能团之间反应的性质不同，酶分子的修饰反应主要可以分为酰化反应、烷基化反应、氧化和还原反应、芳香环取代反应等类型。

1. 酰化及其相关反应

这类化学修饰试剂如乙酰咪唑、二异丙基磷酰氟、酸酐磺酰氯、硫代三氟乙酸乙酯和O-甲基异脲等，它们在室温（20～25℃）、pH 为 4.5～9.0 的条件下可与酶分子的某些侧链基团发生酰基化反应。被作用的酶分子侧链基团有氨基、羧基、巯基以及酚基等。

2. 烷基化反应

这类试剂的特点常常是带有活泼的卤素原子，由于卤素原子的电负性，使烷基带有部分正电荷，很容易导致酶分子的亲核基团（例如—NH_2，—SH 等）发生烷基化。属于这类修饰试剂的有 2,4-二硝基氟苯、碘代乙酸、碘代乙酰胺、苯甲酰卤代物和碘甲烷等。被作用的分子的侧链基团有氨基、巯基、羧基、硫醚基和咪唑基等。

3. 氧化和还原反应

这类试剂具有氧化性，能将侧链基团氧化，属于这类试剂的有 H_2O_2、N-溴代琥珀酰亚胺等，有些试剂具有很强的氧化性，往往容易使肽链断裂，因此在修饰反应中要控制好氧化条件。光敏剂存在下的光氧化是一种比较温和的氧化作用。易受氧化作用的侧链基团有巯基、硫醚基、吲哚基、咪唑基以及酚基等。

另外还有一类作用于二硫键的还原剂。这类修饰试剂有2-巯基乙醇、巯基乙酸和二硫苏糖醇(DTT)等。值得提出的是连四硫酸钠或连四硫酸钾(tetrathionate)是一种温和的氧化剂，因此在化学修饰反应中常用来作为—SH的可逆保护剂。

4. 芳香环取代反应

酶分子氨基酸残基的酚羟基在3和5位上很容易发生亲电取代的碘化和硝化反应。这类修饰反应的一个典型的例子是四硝基甲烷(tetranitro-methane，TNM)，它可以作用于酪氨酸的酚羟基，形成3-硝基酪氨酸的衍生物。这种产物有特殊的光谱，可用于直接的定量测定。

另外还有一些酶分子与化学试剂的重要反应，如溴化氰裂解，在自发和诱导重排的条件下主要导致肽键的断裂。

5.1.5.1 羧基的化学修饰

采用各种羧基修饰剂与酶蛋白侧链的羧基进行酯化、酰基化等反应，使蛋白质的空间构象发生改变的方法称为羧基修饰。可与蛋白质侧链上的羧基发生反应的化合物称为羧基修饰剂，如碳化二亚胺、重氮基乙酸盐、乙醇-盐酸和异唑盐等。由于羧基在水溶液中的化学性质使得酶分子中谷氨酸和天门冬氨酸的修饰方法很有限，产物一般是酯类或酰胺类。在一些情况下，它们也可与赖氨酸残基的ε-氨基通过酰胺键相连。水溶性的碳化二亚胺类特定修饰酶分子的羧基基团，目前已成为一种应用最普遍的标准方法，它在比较温和的条件下就可以进行。

$$\underset{\text{酶}}{\mathrm{E{-}\underset{\underset{\displaystyle O}{\|}}{C}{-}OH}} + \underset{\text{碳二亚胺}}{\mathrm{R{-}N{=}C{=}N{-}R'}} = \underset{\text{酶-碳二亚胺衍生物}}{\mathrm{E{-}\underset{\underset{\displaystyle O}{\|}}{C}{-}O{-}CH{=}N{-}R}} + \mathrm{NH{-}R'}$$

[^{14}C]甘氨酸乙酯酰胺化后在氨基酸分析仪上将会出现1个新的峰。在一定的条件下，[^{14}C]甘氨酸乙酯也可以与丝氨酸、半胱氨酸和酪氨酸反应。抗冻糖肽8的末端羧基与1-乙基-3(3-二甲氨正丙基)碳化二亚胺反应结合上乙醇胺成为N-(2-羟胺)，仍然具有90%的剩余活力，说明该糖肽上羧基所带的电荷为非必需的。羧基也可以与硼氟化三甲锌盐(trimethylexonium fluoroborate)反应生成甲酯。胃蛋白酶与[^{14}C]硼氟化三甲锌盐在pH为5.0的条件下反应，酶的活力完全丧失，研究结果表明该酶有两个羧基为其必需基团。

5.1.5.2 氨基的化学修饰

采用某些化合物使酶分子侧链上的氨基发生改变，从而改变酶蛋白的空间构象的方法称为氨基修饰。凡能够使酶分子侧链上的氨基发生改变的化合物，称为氨基修饰剂。主要有亚硝酸、2,4-二硝基氟苯(DNFB)、丹磺酰氯(DNS)、2,4,6-三硝基苯磺酸(TNBS)、醋酸酐、琥珀酸酐、二硫化碳、乙亚胺甲酯、O-甲基异脲、顺丁烯二酸酐等。这些氨基修饰剂作用于酶分子侧链上的氨基，可以产生脱氨基作用或与氨基共价结合将氨基屏蔽起来,从而改变酶蛋白的空间构象。

亚硝酸可以与氨基酸残基上的氨基反应,通过脱氨基作用,生成羟基酸:

$$\underset{\displaystyle\mathrm{NH_2}}{\mathrm{R{-}\underset{|}{C}H}}\mathrm{{-}COOH} + HNO_2 = \underset{\displaystyle\mathrm{OH}}{\mathrm{R{-}\underset{|}{C}H}}\mathrm{{-}COOH} + N_2 + H_2O$$

例如,用亚硝酸修饰天冬酰胺酶,使其氨基末端的亮氨酸和肽链中的赖氨酸残基上的氨基产生脱氨基作用,变成羟基。经过修饰后,酶的稳定性大大提高,使其在体内的半衰期延长两倍。

2,4,6-三硝基苯磺酸(TNBS)是一种常用的氨基修饰剂,它可以与酶分子中的赖氨酸残基上的氨基反应,生成共价键结合的酶三硝基苯衍生物。

$$\underset{\text{酶}}{E{-}NH_2} + \underset{\text{三硝基苯磺酸}}{TNBS} = \underset{\text{酶-三硝基苯衍生物}}{E{-}NH{-}TNB} + H_2SO_3$$

酶三硝基苯衍生物在 420 nm 和 367 nm 波长下有特定的光吸收峰,据此可以快速、准确地用于测定酶蛋白中赖氨酸的数量。

2,4-二硝基氟苯(DNFB)和丹磺酰氯(dansylchloride,DNS,又称二甲氨基萘磺酰氯)可以专一地与多肽链 N-端氨基酸残基的氨基反应。据此可以进行肽链的 N-端氨基酸的检测。

$$\underset{\text{酶}}{E{-}NH_2} + \underset{\text{二硝基氟苯}}{DNFS} = \underset{\text{酶-二硝基苯}}{E{-}NH{-}DNF} + HF$$

$$\underset{\text{酶}}{E{-}NH_2} + \underset{\text{丹磺酰氯}}{DNS{-}Cl} = \underset{\text{丹磺酰-酶}}{E{-}NH{-}DNS} + HCl$$

用 O-甲基异脲(MIU)修饰溶菌酶,使酶分子中的赖氨酸残基上的 ε-氨基与其结合,将氨基屏蔽起来,修饰后酶活力基本不变,但稳定性显著增强,而且很容易形成结晶。

$$\underset{\text{酶}}{E{-}NH_2} + \underset{\text{O-甲基异脲}}{MIU} = \underset{\text{酶-甲基异脲衍生物}}{E{-}NH{-}MIU}$$

目前,氨基的烷基化已经成为一种重要的赖氨酸修饰方法,这些试剂包括有卤代乙酸、芳基卤和芳族磺酸,或者在氢的供体(如硼氢化钠、硼氢化氰或硼氨)存在的条件下使蛋白质分子与醛或酮反应,称为还原性烷基化。

赖氨酸残基的还原性烷基化所使用的羰基化合物取代基的大小对修饰的结果具有很大的影响。在硼氢化钠的存在下,用不同的羰基试剂使卵类黏蛋白、溶菌酶、卵转铁蛋白的赖氨酸残基烷基化,修饰程度为 40%～100%。其中丙酮、环戊酮、环己酮和苯甲醛为单取代,而丁醛有 20%～50%的双取代,甲醛则几乎为 100%的双取代。这 3 种蛋白的甲基化和异丙基化的衍生物仍是可溶性的,并且仍然具有几乎全部的生物活性。

5.1.5.3 精氨酸胍基的修饰

精氨酸残基含有 1 个强碱性的胍基,在结合带有阴离子底物的酶的活性部位中起着重要作用,因此对精氨酸残基的修饰研究是非常重要的。但是,由于精氨酸残基的强碱性，因而与大多数试剂很难发生修饰反应，反应所需的高 pH 也会导致酶结构的破坏，而一些具有两个邻位羰基的化合物，如丁二酮、1,2-环已二酮和苯乙二醛是修饰精氨酸残基的重要试剂，因为它们在中性或弱碱条件下能与精氨酸残基反应。还有一些在温和条件下具有光吸收性质的精氨酸残基修饰剂，如 4-羟基-3-硝基苯乙二醛和对硝基苯乙二醛。

丁二酮、1,2-环已二酮与胍基反应可逆地生成精氨酸-丁二酮复合物，该产物可以与硼酸结合而稳定下来。上述反应要在黑暗中进行，因为丁二酮可以作为光敏性反应试剂破坏其他残基，特别是色氨酸、组氨酸和酪氨酸残基。丙酮酸激酶是众多酶中精氨酸残基修饰研究的一例，伴随精氨酸残基的修饰，酶分子可逆地失活，底物保护作用说明酶分子在底物磷酸烯醇式丙酮酸的磷酸结合位点具有 1 个必需的精氨酸残基。

5.1.5.4 巯基的化学修饰

蛋白质分子中半胱氨酸残基的侧链含有巯基。巯基在许多酶中是活性中心的催化基团，巯基还可以与另一巯基形成二硫键，所以巯基对稳定酶的结构和发挥催化功能有重要作用。采用巯基修饰剂与酶蛋白侧链上的巯基结合，使巯基发生改变，从而改变酶的空间构象、特性和功能的修饰方法称为巯基修饰。由于巯基具有很强的亲核性，巯基基团一般是酶分子中最容易反应的侧链基团，因此人们最先研究它的特异性修饰试剂并研究了巯基在酶催化过程中的重要作用以及在一些酶分子中对维持亚基间相互作用所作的贡献。通过巯基修饰，往往可以显著提高酶的稳定性。常用的巯基修饰剂有酰化剂、烷基化剂、马来酰亚胺、二硫苏糖醇、巯基乙醇、硫代硫酸盐、硼氢化钠。

烷基化试剂是一种重要的巯基修饰试剂，特别是碘乙酸和碘乙酰胺。在蛋白质的氨基酸组成分析和测序前，通常要用碘乙酸来使巯基基团羧甲基化，以防止半胱氨酸的降解，而且羧甲基化的半胱氨酸很容易被氨基酸分析仪所识别。

$$\underset{\text{酶}}{\text{E—SH}} + \underset{\text{碘乙酸}}{ICH_2COOH} = \underset{\text{酶-乙酸衍生物}}{\text{E—S—}CH_2COOH} + HI$$

其他一些卤代酰胺如溴代乙酸也被应用来修饰巯基，但反应比碘乙酰氨要慢。然而，在卤代酸与巯基反应的同时，尽管反应能力比较弱，咪唑基团也会与卤代酸结合，核糖核酸酶中的咪唑基团的反应就是一个明显的例子。

N-乙基马来酰亚胺是一种有效的巯基修饰试剂，该反应具有较强的专一性并伴随光吸收的变化，可以很容易通过吸收的变化确定反应的程度。另外，N-取代马来酰亚胺自旋标记物可以作为自旋探针来研究酶分子构象变化的情况，如曾经用来有效地研究了丙酮酸脱氢酶复合体系臂的运动性的研究。

$$\underset{\text{酶}}{\text{E—SH}} + \underset{\text{N-乙基马来酰亚胺}}{\text{NEM}} = \underset{\text{修饰酶}}{\text{E—S—NEM}}$$

5,5′-二硫-2-硝基苯甲酸(DTNB)，又称为 Ellman 试剂，目前已成为最常用的巯基修饰试剂，DTNB 可以与巯基反应形成二硫键，使酶分子上标记 1 个 2-硝基-5-硫苯甲酸(TNB)，同时释放 1 个 TNB 阴离子。该阴离子在 412 nm 具有很强的吸收，可以很容易通过光吸收的变化来监测反应的程度。由于定点诱变的迅速发展，在目前的结构与功能的研究中，特别是半胱氨酸的侧链基团的化学修饰有被定点诱变的方法取代的趋势。

Kanaya 等人用定点诱变的方法研究了半胱氨酸残基在核糖核酸 H 中的作用。

5.1.5.5 酚基修饰

蛋白质分子的酪氨酸残基上含有酚基。通过修饰剂的作用使酶分子上的酚基发生改变,从而改变酶蛋白的空间构象和特性的修饰方法称为酚基修饰。酚基的修饰包括酚羟基的修饰和苯环上的取代修饰。除了某些专一修饰酚羟基的修饰剂以外,一般的酚羟基修饰剂对苏氨酸和丝氨酸残基上的羟基也可以进行修饰,生成的修饰产物比酚羟基修饰产物稳定性更好。经过酚基修饰,可以改变酶的某些动力学性质,提高酶的催化活性,增强酶的稳定性。酚基修饰的方法主要有碘化法、硝化法、琥珀酰化法等。其中四硝基甲烷(TNM)可以高度专一地对酚羟基进行修饰。例如,枯草杆菌蛋白酶的第 104 位酪氨酸残基上的酚基经四硝基甲烷硝化修饰后,生成 3-硝基酪氨酸残基,由于负电荷的引入,使酶对带正电荷的底物的结合力显著增加;葡萄糖异构酶经过琥珀酰化修饰后,其最适 pH 值下降 0.5,并增加酶的稳定性,更加有利于果葡糖浆和果糖的生产。

5.1.5.6 组氨酸咪唑基的修饰

蛋白质分子中的组氨酸含有咪唑基。咪唑基是许多酶活性中心上的必需基团,在酶的催化过程中起重要作用。通过修饰剂与咪唑基反应,使酶分子中的组氨酸残基发生改变,从而改变酶分子的构象和特性的修饰方法称为咪唑基修饰。

组氨酸残基的咪唑基可以通过氮原子的烷基化或碳原子的亲核取代进行修饰。组氨酸残基的咪唑基的修饰主要有两种方法,第一种是光氧化。然而,光氧化的特异性很低,不但与组氨酸残基反应,而且与甲硫氨酸\色氨酸以及少量的酪氨酸\丝氨酸和苏氨酸残基进行反应。碱性亚甲蓝和玫瑰红是该方法常用的两种试剂。第二种是焦碳酸二乙酯(DPC,diethylpy-rocarbonate)和碘代乙酸,DPC 在近中性 pH 下对组氨酸残基有较好的专一性,产物在 240 nm 处有最大吸收,可跟踪反应和定量。碘代乙酸和焦碳酸二乙酯都能修饰咪唑环上的两个氮原子,碘代乙酸修饰时,有可能将 N_1 取代和 N_3 取代的衍生物分开,观察修饰不同氮原子对酶活性的影响。

5.1.5.7 色氨酸吲哚基的修饰

色氨酸残基由于其疏水性较强,色氨酸残基一般位于酶分子内部,而且比巯基和氨基等一些亲核基团的反应性差,所以色氨酸基一般不与常用的一些试剂反应。蛋白质分子中的色氨酸含有吲哚基。通过改变酶分子上的吲哚基而使酶分子的构象和特性发生改变的修饰方法称为吲哚基修饰。N-溴代琥珀酰亚胺(NBS)可以对吲哚基进行修饰,并通过 280 nm 处光吸收的减少跟踪反应,但是酪氨酸存在时能与修饰剂反应干扰光吸收的测定。2-羟基-5-硝基苄溴(HNBB)和 4-硝基苯硫氯对吲哚基修饰比较专一。但 HNBB 水溶性差,与它类似的二甲基(2-羟基-5-硝基苄基)溴化锍易溶于水,有利于试剂与酶作用。这两种试剂分别称为 Koshland 试剂和 Koshland 试剂Ⅱ,它们还容易与巯基作用,因此修饰色氨酸残基时应对巯基进行保护。

5.1.5.8 酪氨酸残基和脂肪族羟基的修饰

酪氨酸残基的修饰包括酚羟基的修饰和芳香环上的取代修饰。苏氨酸和丝氨酸残基的羟基一般都可以被修饰酚羟基的修饰剂修饰,但是反应条件比修饰酚羟基严格些,生成的产物也比酚羟基修饰形成的产物更稳定。

四硝基甲烷(TNM)在温和条件下可高度专一性地硝化酪氨酸酚基，生成可电离的发色基团3-硝基酪氨酸，它在酸水解条件下稳定，可用于氨基酸定量分析。

苏氨酸和丝氨酸残基的专一性化学修饰相对比较少，丝氨酸参与酶活性部位的例子是丝氨酸蛋白水解酶。酶中的丝氨酸残基对酰化剂如二异丙基氟磷酸酯具有高度反应性，苯甲基磺酰氟(PMSF)也能与此酶的丝氨酸残基作用，在硒化氢存在下，能将活性丝氨酸转变为硒代半胱氨酸，从而把丝氨酸蛋白水解酶变成了谷胱甘肽过氧化物酶。

5.1.5.9 甲硫氨酸甲硫基的修饰

虽然甲硫氨酸残基极性较弱，在温和条件下，很难选择性修饰。但是由于硫醚的硫原子具有亲核性，所以可用过氧化氢、过甲酸等氧化成甲硫氨酸亚砜。用碘乙酰胺等卤化烷基酰胺使甲硫氨酸烷基化。

5.1.5.10 二硫基的化学修饰

同巯基基团类似，二硫键具有其特有的性质可以用来进行特异的修饰，通常是通过还原的方法，这些方法通常与某些巯基修饰方法相结合以阻止再氧化成二硫键或计算断裂开的二硫基的数目。用巯基乙醇将二硫键还原成游离巯基是一种很常用的方法，具有高度的选择性和长的半衰期。为使二硫键充分还原，反应应该在有变性剂存在下进行，并且由于反应的平衡常数接近于1，必须使用大大过量的巯基乙醇。

应用二硫苏糖醇(DTT)和它的差向异构体二硫赤藓糖醇(DTE)，也称作Cleland试剂，一定程度上缓解了大大过量的还原试剂使用的问题。由于第二步反应是分子内反应以及还原试剂形成一个空间上有利的环状二硫键，因此反应平衡向还原蛋白质分子二硫键的方向移动。羟基使得Cleland试剂的水溶性增强，溶液医巯基的原因具有少许的臭味。

二硫键由于其在酶分子序列分析中及在酶分子折叠研究中的重要地位，因此二硫键的化学修饰、二硫键数目的测定以及二硫键位置的确定成为非常重要的问题。酶分子中有无二硫键，是链内二硫键还是链间二硫键，这需要用实验的手段予以确定。最好的判断方法是通过NR/R(非还原/还原)双向SDS电泳技术进行鉴定。其第一向样品未经还原处理，而第二向样品经过还原处理。因此，既无链内二硫键又无链间二硫键的酶分子出现在对角线上(两个方向电泳的迁移率相等)；存在链间二硫键的酶分子，由于链间二硫键被还原而断裂，第二向电泳时由于分子变小而出现在对角线下方；只有含有链内二硫键的蛋白质分子，由于链内二硫键被还原，使分子伸展而体积增大，因此出现在对角线的上方。二硫键经还原处理后，被还原为巯基，一般情况下很易自动氧化回去，因而需要经过羧甲基处理，以防止重新氧化成二硫键。

5.1.5.11 分子内交联修饰

酶分子内的交联是一类重要的化学修饰方法。含有双功能基团的化合物(又称为双功能试剂)如戊二醛、己二胺、葡聚糖二乙醛等，可以在酶蛋白分子中相距较近的两个侧链基团之间形成共价交联，从而提高酶的稳定性，并增加酶在非水溶液中的使用价值，这种修饰方法被称为分子内交联修饰。通过分子内交联修饰，可以使酶分子的空间构象更为稳定，从而提高酶分子的稳定性。

酶工程的主要任务之一就是提高酶的稳定性，尤其是在非水溶液中的稳定性。利用双功能或多功能交联剂对酶进行分子间和分子内交联，已经取得了较好的研究进展。交联剂可以分为同型双功能试剂、异型双功能试剂和可被光活化试剂三种类型，每种类型的交联剂又分为可裂解型和不可裂解型等。同型双功能交联剂两端具有相同的活性反应基团，可与氨基反应的双亚胺酯是一个典型的同型双功能交联剂。例如，N-羟琥珀酰亚胺酯、二硝基氟苯等同型双功能试剂都对氨基有专一性，但是戊二醛除与氨基反应外还能与羟基反应。异型双功能交联剂的一端可以与氨基作用，另一端一般可以与巯基发生作用，但是碳二亚胺的第二个反应基团是羧基。可被光活化的高交联剂一端与酶反应后，经光照，另一端产生一个活性反应基团碳烯或氮烯，具有高反应性但是不具有专一性。最先使用的是戊二醛交联试剂。多功能交联试剂除了传统的戊二醛外，还包括一些新近开发成功的化合物。例如，糖基化作用与交联技术联合应用于青霉素 G 酰化酶，利用葡聚糖二乙醛将青霉素 G 酰化酶进行交联，使其在 55℃下的半衰期提高 9 倍，而 υ_{max} 保持不变。研究者分析使交联青霉素 G 酰化酶的稳定性提高的主要原因是交联反应增强了葡聚糖的羟基与酶分子亲水基团间的相互作用。此外，如丝氨酸蛋白酶、胰蛋白酶等也可以通过交联修饰由常温酶变为嗜热酶，其最适温度可从 45℃提高到 76℃，而其解链温度也可升高 22℃。

随着交联酶晶体技术与酶活性中心修饰的结合，出现了一种新型的半合成酶——化学突变酶(chemically tailored enzyme)。这种酶不仅具有交联酶的特性，而且也能改变催化活性。交联枯草杆菌蛋白酶晶体经硒代后转变为半合成过氧化物酶(图 5-3)。该酶具有很高的稳定性，而且能对应选择性还原外消旋过氧化物。采用同样的方法，可以使交联胰蛋白酶晶体硒代后转变成半合成过氧化物酶，该酶无水解活性，但具有良好的谷胱甘肽过氧化物酶活性。

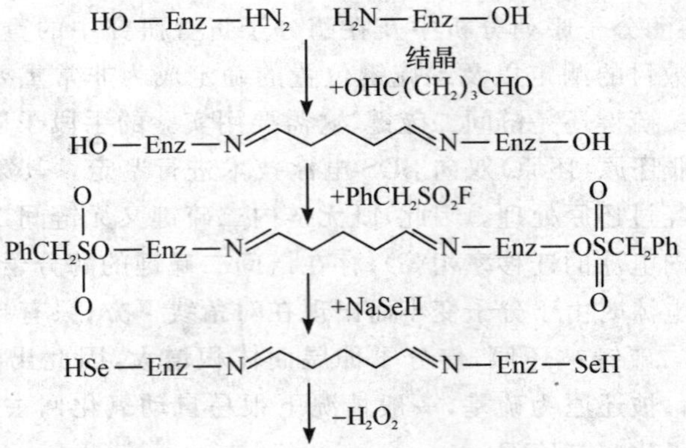

HO—Enz—HN_2　　H_2N—Enz—OH

↓ 结晶 $+OHC(CH_2)_3CHO$

HO—Enz—N═CH∕∕∕∕CH═N—Enz—OH

↓ $+PhCH_2SO_2F$

$PhCH_2SO_2$—Enz—N═CH∕∕∕∕CH═N—Enz—OSO_2CH_2Ph

↓ +NaSeH

HSe—Enz—N═CH∕∕∕∕CH═N—Enz—SeH

↓ $-H_2O_2$

HO_2Se—Enz—N═CH∕∕∕∕CH═N—Enz—SeO_2H

图 5-3　硒代枯草杆菌蛋白酶的交联酶晶体的制备

(陈宁. 酶工程. 北京：化学工业出版社，2005)

交联的另一种方法是蛋白质分子结合到可溶性多聚体的多个位点上，Bieniarz 等利用此原理设计了一种新颖的交联方法。该方法中需要含有多个磷硫酰基侧链的线性多聚体，以及能诱导多聚体和相关蛋白质分子间进行交联的碱性磷酸酶。首先，用琥珀酰亚胺顺丁烯二酰亚胺来处理目标蛋白质，使琥珀酰亚胺片段和目标蛋白质表面的游离氨基酸发生反应，顺丁烯亚胺片段结合在蛋白质分子上，这些片段最后又会和硫醇盐的基团发生反应。其次，由多聚谷氨酸制备含有多个磷硫酰基侧链的线性多聚体。第三步，目标蛋白质、多聚体和碱性磷酸酶化合，碱性磷酸酶分解磷硫酰基团中的正磷酸盐，沿着多聚体骨架产生活性的硫醇盐基团。在表面产生的硫醇盐基团又会和修饰过的蛋白质表面的顺丁烯二酰亚胺反应，从而在多聚体骨架和目标蛋白质分子间形成多个交联，增加了酶的多聚体的比率并减少多聚体聚合物的形成。

例如，采用葡聚糖二乙醛对青霉素酰化酶进行分子内交联修饰，可以使该酶在 55℃条件下的半衰期延长 9 倍，而其最大反应速度 K_m 不改变。双功能基团化合物根据其功能基团的特点可以分为同型双功能基团化合物和异型双功能基团化合物两大类。同型双功能基团化合物的两端具有相同的功能基团，如己二胺[$H_2N—(CH_2)_6—NH_2$] 的两端都含有氨基，可以与酶分子中的羧基反应形成酰胺键；戊二醛[$OHC—(CH_2)_3—CHO$] 的两端都含有醛基等，可以与酶分子中的氨基反应形成酰胺键或者与羟基反应形成酯键。异型双功能基团化合物的两端所含的功能基团不相同。可以与酶分子上不同的侧链基团反应。如一端与酶分子的氨基作用，另一端与酶分子的巯基或羧基作用等。交联剂的种类繁多，不同的交联剂具有不同的分子长度，其交联基团、交联速度和交联效果也有所差别，可以通过试验找出适宜的交联剂进行分子内交联修饰。要注意的是分子内交联是在同一个酶分子内进行的交联反应，如果双功能试剂的两个功能基团分别在两个酶分子之间或在酶分子与其他分子之间进行交联，则可以使酶的水溶性降低，成为不溶于水的固定化酶，谓之交联固定化。

5.1.6 氨基酸置换修饰

酶蛋白的基本组成单位是氨基酸，在特定的位置上的各种氨基酸残基是酶的化学结构和空间结构的基础。若将肽链上的某一个氨基酸残基换成另一个氨基酸残基，则会引起酶蛋白的化学结构和空间构象的改变，从而改变酶的某些特性和功能，这种修饰方法称为氨基酸的置换修饰。

蛋白类酶分子经过氨基酸置换修饰后，可以提高酶活力、增加酶的稳定性或改变酶的催化专一性。例如，酪氨酸 RNA 合成酶可催化酪氨酸和与其相对应的 tRNA 反应生成酪氨酰 tRNA，若将该酶第 51 位的苏氨酸(Thr_{51}) 由脯氨酸置换，修饰后的酶对 ATP 的亲和性提高近 100 倍，酶活力提高 25 倍；T4 溶菌酶分子中第 3 位的异亮氨酸(Ilu_3) 置换成半胱氨酸后，该半胱氨酸(Cys_3) 可以与第 97 位的半胱氨酸(Cys_{97}) 形成二硫键，修饰后的 T4 溶菌酶，其活力保持不变，但该酶对热的稳定性却大大提高。

氨基酸置换修饰除了在酶工程方面应用之外，还可以用来修饰其他功能蛋白质或多肽分子。例如，β-干扰素原来稳定性差，这是由于其分子中含有三个半胱氨酸残基，其中两个半胱氨酸残基的巯基连接成二硫键，而另一个在第 17 位的半胱氨酸残基(Cys_{17})的巯基是游离的。当 β-干扰素分子的游离巯基与另一个 β-干扰素游离巯基相结合形成二硫键时，β-干扰素就失去活性。若将这个半胱氨酸残基(Cys_{17})用丝氨酸残基置换，就使 β-干扰素分子不会生成二聚干扰素，从而大大提高其稳定性。经修饰后的 β-干扰素在低温条件下保存半年，仍可保持活性不变，这就为 β-干扰素的临床使用创造了条件。

现在常用的氨基酸置换修饰的方法是定点突变技术。定点突变(site directed mutagenesis) 是 20 世纪 80 年代发展起来的一种基因操作技术。是指在 DNA 序列中的某一特定位点上进行碱基的改变从而获得突变基因的操作技术。是蛋白质工程(protein engineering) 和酶分子组成单位置换修饰中常用的技术。定点突变技术，为氨基酸或核苷酸的置换修饰提供了先进、可靠、行之有效的手段。

定位突变技术用于酶分子修饰的主要过程如下。

(1)新的酶分子结构的设计。根据已知的酶 RNA 或酶蛋白的化学结构和空间结构及其特性，特别是根据酶在催化活性、稳定性、抗原性和底物专一性等方面存在的问题，设计出欲获得的新的酶 RNA 的核苷酸序列或酶蛋白的氨基酸序列，确定欲置换的核苷酸或氨基酸及其位置。

(2)突变基因碱基序列的确定。对于核酸类酶，根据欲获得的酶 RNA 的核苷酸序列，依照互补原则，确定其对应的突变基因上的碱基序列，确定需要置换的碱基及其位置。对于蛋白类酶，首先根据欲获得的酶蛋白的氨基酸序列，对照遗传密码，确定其对应的 mRNA 上的核苷酸序列，由于一种氨基酸所对应的密码子不止一个，不同的物种对同义密码子的使用有很大差别，所以在确定所使用的密码子时，要充分考虑到物种间的差异；再依据碱基互补原则，确定此 mRNA 所对应的突变基因上的碱基序列，并确定需要置换的碱基及其位置。

(3)突变基因的获得。根据欲获得的突变基因的碱基序列及其需要置换的碱基位置，首先用 DNA 合成仪合成有 1～2 个碱基被置换了的寡核苷酸，再用此寡核苷酸为引物通过聚合酶链反应(PCR) 或 M 1 3 质粒等定位突变技术获得所需的大量突变基因。这称为寡核苷酸诱导的定位突变。现在普遍采用聚合酶链反应（PCR）技术以获得所需的基因。

利用定位突变技术进行酶分子修饰，突变基因中所需置换的碱基数目一般只有 1～2 个，就能达到修饰目的。酪氨酰 tRNA 合成酶的修饰是将 51 位的苏氨酸由脯氨酸置换，苏氨酸的密码子是 ACU，ACC，ACA，ACG，而脯氨酸的密码子为 CCU，CCC，CCA，CCG，虽然苏氨酸和脯氨酸各有 4 个密码子，但是在 mRNA 上只需将密码子上的第一个碱基 A 换成 C，在对应的基因上只需将 T 换成 G 即可达到置换目的。T4 溶菌酶的修饰是将第 3 位的异亮氨酸（ 密码子为 AUU，AUC，AUA，对应基因上的碱基次序为 TAA，TAG，TAT）置换成半胱氨酸(密码子为 UGU，UGC，对应基因上的碱基次序为 ACA，ACG)，只需在对应基因的位点上置换两个碱基，由 AC 置换 TA 即可。

(4)新酶的获得。将上述定位突变获得的突变基因进行体外重组，插入到适宜的基因载体中，然后通过转化、转导、介导、基因枪、显微注射等技术，转入到适宜的宿主细胞，再在适宜的条件下进行表达，就可获得经过修饰的新酶。

5.1.7 核苷酸剪切/置换修饰

核酸类酶的基本组成单位是核苷酸，核苷酸通过磷酸二酯键连接成为核苷酸链。在特定位置上的核苷酸是核酸类酶的化学结构和空间结构的基础。核苷酸链上某个核苷酸的改变将会引起酶的化学结构和空间构象的改变，从而改变酶的某些特性和功能。

在核苷酸的限定位点进行剪切，使核酸类酶的结构发生改变，从而改变核酸类酶的特性和功能的方法，称为核苷酸链剪切修饰。某些 RNA 分子原本不具有催化活性，经过适当的修饰作用，在适当位置上去除一部分核苷酸残基以后，可以显示核酸类酶的催化活性，成为一种核酸类酶。

将酶分子核苷酸链上的某一个核苷酸换成另一个核苷酸的修饰方法，称为核苷酸置换修饰。核苷酸置换修饰通常采用定位突变技术进行。只要将核苷酸链中的一个或几个核苷酸置换，就可以使核酸类酶的特性和功能发生改变。例如，L-19 IVS 活性中心由第 22～27 位的 6 个核苷酸残基组成，只要将其中的碱基置换一个，就可以使其底物专一性发生改变(表 5-3)。

表 5-3 L-19IV S 活性中心上碱基的改变引起其底物专一性的变化

(郭勇. 酶工程原理与技术. 北京：高等教育出版社，2005)

L-19IVS 22～27 位的核苷酸序列	底物		催化产物
	Ⅰ	Ⅱ	
5′—GGAGGG—3′	GGCCUCUAAAAA(1)	G	GGCCUCU＋GAAAAA
	GGCCUGUAAAAA(2)	G	无反应
	GGCCGCUAAAAA(3)	G	无反应
5′—GCAGGG—3′	(1)	G	无反应
	(2)	G	GGCCUGU＋GAAAAA
	(3)	G	无反应
5′—GGCGGG—3′	(1)	G	无反应
	(2)	G	无反应
	(3)	G	GGCCGCU＋GAAAAA

从表 5-3 中可以看到，L-19 IVS 的催化中心为—G G A G G G—系列，可以催化底物 G G C C U C U A A A A A A 与鸟苷酸(G)反应，生成 G G C C U C U 和 G A A A A A A 两种产物，采用定点突变方法，使活性中心上第 2 位的鸟苷酸残基置换成胞苷酸残基(—G C A G G G—)，置换修饰后的酶对原底物无催化活性，而呈现出对底物 G G C C U G U A A A A A A 的催化活性。将催化中心第 3 位的腺苷酸(A)置换为胞苷酸(C)，其底物专一性也发生改变。再如，具有锤头结构(jammer head structure) 的核酸类酶(图 5-4)，其分子结构由 13 个保守核苷酸残基(图中方框中的残基) 和 3 个螺旋结构域组成。

只要保持其 13 个(后来证明只需 11 个)特定的保守核苷酸不变,就可以在图中右上方箭头所示位点进行剪切反应。

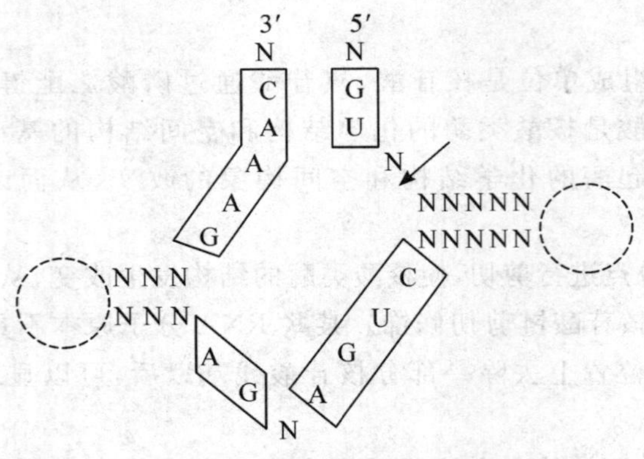

图 5-4 锤头型核酸类酶的结构

(郭勇.酶工程原理与技术.北京:高等教育出版社,2005)

在锤头型核酸类酶的分子结构中,除了保守核苷酸以外,其他核苷酸都可以用另外的核苷酸进行置换修饰。根据锤头型结构的自我剪切酶的结构与功能关系,可以设计出催化分子间反应的各种锤头型剪切酶(图 5-5)。

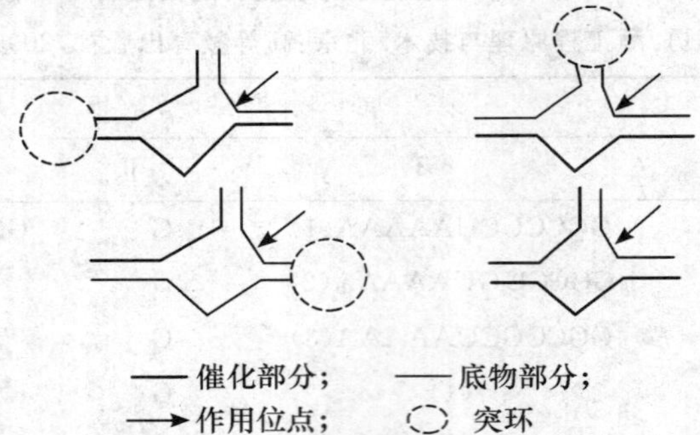

图 5-5 催化分子间反应的锤头型剪切酶的各种设计

(郭勇.酶工程原理与技术.北京:高等教育出版社,2005)

5.1.8 酶分子的亲和修饰

亲和标记是一种特殊的化学修饰方法。早期的人们利用底物或过渡态类似物作为竞争性抑制剂来探索酶的活性部位结构,例如,丙二酸作为琥珀酸酶的竞争性抑制剂,与 δ-葡萄糖酸内酯作为葡萄糖酸酶的抑制剂。与此同时,又利用蛋白质侧链集团的化学修饰试剂来探讨酶的活性部位。如果某一试剂使酶失活,那么可以推断能与该试剂反应的氨基酸是酶活力所必需的。酶分子的亲和修饰是基于酶和底物的亲和性,修饰剂不仅具有对被作用基团的专一性,而且具有对被作用部位的专一性,也将这类修饰剂称为位点专一性抑制剂，即修饰剂作用于被作用部位的某一基团，而不与被作用部位以外的同类基团发生作用。一般它们都具有与底物相类似的结构，对酶活性部位具有高度的亲和性，能对活性部位的氨基酸残基进行共价标记。因此，也将这类专一性化学修饰称为亲和标记或专一性的不可逆抑制。

5.1.8.1 亲和标记

虽然已开发出许多不同氨基酸残基侧链基团的特定修饰剂并用于酶的化学修饰中，但是这些试剂即使对某一基团的反应是专一的，也仍然有多个同类残基可与之反应，因此对某个特定残基的选择性修饰比较困难。为了解决这个问题，人们开发出了用于酶修饰的亲和标记试剂。

对用于亲和标记的亲和试剂作为底物类似物有多方面的要求，一般应符合如下条件：①在使酶不可逆失活以前，亲和试剂要与酶形成可逆复合物；②亲和试剂的修饰程度是有限的；③没有反应性的竞争性配体的存在，应减弱亲和试剂的反应速度；④亲和试剂体积不能太大，否则会产生空间障碍；⑤修饰产物应当稳定，便于表征和定量。

亲和试剂可以专一性的标记于酶的活性部位上，使酶不可逆失活，因此也称为专一性的不可逆抑制。这种不可逆抑制又可分为 K_s 型不可逆抑制和 K_{cat} 型不可逆抑制。K_s 型抑制剂是根据底物的结构设计的，它不仅具有与底物结构相似的结合基团，同时还具有能与活性部位氨基酸残基的侧链基团反应的活性基团，因此也可以与酶的活性部位发生特异性结合，并且能够对活性部位侧链基团进行修饰而导致酶的不可逆失活（图 5-6）。K_{cat} 型抑制剂专一性很高，因为这类抑制剂是根据酶催化过程设计的，它不仅具有酶的底物性质而且还有一个潜在的反应基团在酶催化下活化后会不可逆地抑制酶的活性部位，所以 K_{cat} 型抑制剂也称为"自杀性抑制剂"。自杀性抑制剂可以用来作为治疗某些疾病的有效药物。

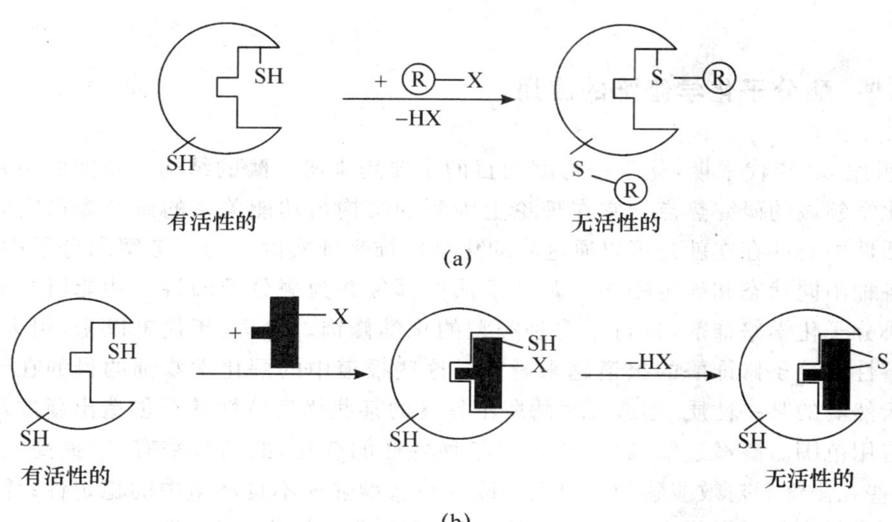

（a）基团专一性修饰；（b）位点专一性修饰-亲和标记

图 5-6 酶的基团专一性修饰与位点专一性修饰

（陈宁. 酶工程. 北京：化学工业出版社，2005）

5.1.8.2 外生亲和试剂

亲和试剂一般可分为内生亲和试剂和外生亲和试剂。内生亲和试剂是指试剂本身的某些部分可通过化学方法转化为所需要的反应基团，而对试剂的结构没有大的扰动。外生亲和试剂是通过一定的方式将反应性基团加入到试剂中去。例如，将卤代烷基衍生物连接到腺嘌呤上；氟磺酰苯酰基连接到腺嘌呤核苷酸上。

光亲和试剂是一类特殊的外生亲和试剂，它在结构上除了有一般亲和试剂的特点外，还具有一个光反应基团。这种试剂先与酶活性部位在暗条件下发生特异性结合，然后被光照激活后，产生一个非常活泼的功能基团，能与它们附近几乎所有基团反应，形成一个共价的标记物(图 5-7)。

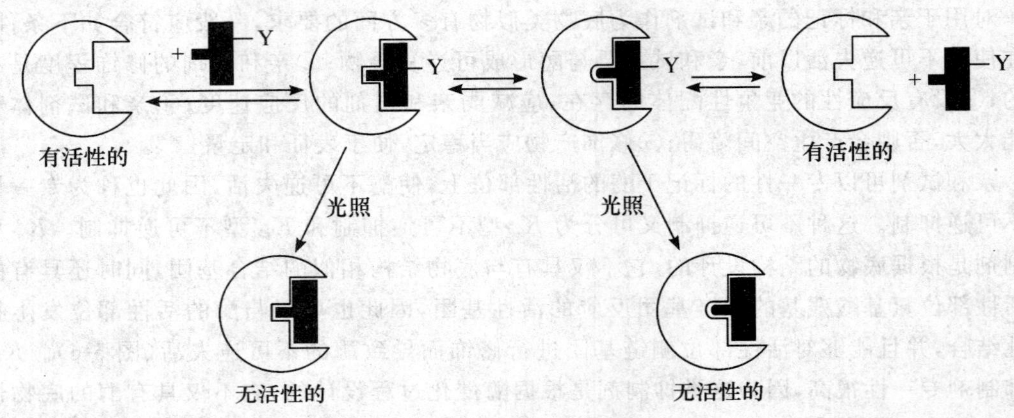

图 5-7 酶的光亲和标记示意图

(陈宁.酶工程.北京:化学工业出版社,2005)

5.1.9 酶分子化学修饰的应用

20 世纪 50 年代末期，化学修饰酶的目的主要用来研究酶的结构与功能的关系，是当时生物化学领域的研究热点。它在理论上为酶的结构与功能关系的研究提供实验依据。如酶的活性中心的存在就是可以通过酶的化学修饰来证实的。为了考察酶分子中氨基酸残基的各种不同状态和确定哪些残基处于活性部位并为酶分子的特定功能所必需，研制出许多小分子化学修饰剂，进行了多种类型的化学修饰。自 70 年代末以来，用天然或合成的水溶性大分子修饰酶的报道越来越多。这些报道中的酶化学修饰的目的在于，人为地改变天然酶的某些性质，创造天然酶所不具备的某些优良特性甚至创造出新的活性，扩大酶的应用范围。酶经过修饰后，会产生各种各样的变化，概括起来有：①提高生物活性(包括某些在修饰后对效应物的反应性能改变)；②增强在不良环境中的稳定性；③针对特异性反应降低生物识别能力，解除免疫原性；④产生新的催化能力(图 5-8)。

1992 年 Clair 等首次证实，利用交联酶晶体(crosslinked enzyme crystal，CLEC)技术，能够在保持较高的酶活性的基础上提高嗜热芽孢杆菌蛋白酶的稳定性。随后发现，在有机溶剂和水溶液中枯草杆菌蛋白酶的交联酶晶体都具有显著增强的稳定性。通常，交联酶晶体的制备主要包括两步：①酶晶体的形成；②在保持酶活性和酶晶体的晶格不被破坏的条件下进行化学交联。目前，已经成功地将许多酶（如蛋白酶、脂肪酶、酯酶和脱氢酶）制备成交联酶晶体。在生物转化中，交联酶晶体主要用于酰胺键和酯键的选择性水解和合成。交联酶晶体能够克服有机相中酶催化合成多肽的两个主要障碍（酶的自消化和在有机相中的不稳定性），因此，利用交联酶晶体进行多肽合成时，产率高，副产品少，甚至以消旋混合物为原料时也能获得具有光学活性的产物。

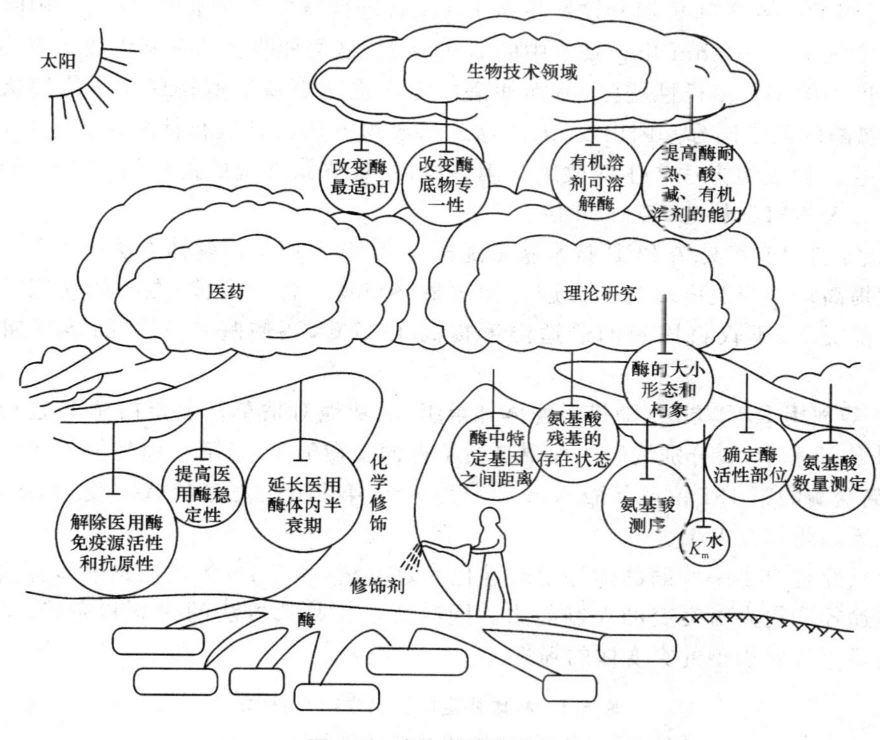

图 5-8　酶化学修饰的应用

（陈宁. 酶工程. 北京：化学工业出版社，2005）

葡萄糖异构酶是工业上大规模以淀粉制备高果糖浆的关键酶，也是国际上公认的研究酶催化机制及建立蛋白质工程技术最好的模型之一。为提高葡萄糖异构酶的稳定性，朱国萍等人用双引物法对葡萄糖异构酶基因进行了体外定点诱变，以 Pro-138 替代 Gly-138，在酶比活相近的情况下，突变型葡萄糖异构酶的稳定性提高，其半衰期比野生型长一倍，最适反应温度提高了 10～12℃。据分析，其可能的原因是由于 Pro-138 替代 Gly-138 引入的一个吡咯环刚好能够填充 Gly-138 附近的空洞，使突变蛋白的空间结构更具有刚性，从而提高了酶的稳定性。

β-内酰胺酶是一种水解头孢类抗生素的微生物酶，Stemmer 等运用 DNAshuffling 技术成功地实现了对该酶的定向进化。他们从对头孢抗生素具有弱性的 *β*-内酰胺酶基因出发，经随机突变、DNA 改组和定向筛选，得到上百个对头孢类抗生素抗性较大的克隆，以这些克隆携带的酶基因作为下一步 DNA 改组的起始基因库，经三个循环的改组和筛选，

最终获得了一个使宿主细胞对头孢类抗生素抗性提高16 000倍的进化酶。

Stemmer等从不同种微生物中选择编码头孢菌的4个同源基因，对它们进行进化和同源重组进化，并对这两种进化模式进行比较。在单基因进化得到的突变酶中，对头孢羟羧氧胺的抗性最高的增加了8倍，而采用Family shuffling的方法使抗性比其中两种微生物来源的天然酶提高270倍，比另外两种酶提高了540倍。

Kikuchi等提出了对Family shuffling技术的两种改进方案：①首先将制备的亲本基因单链化，用DNase I随机切割这些单链DNA后进行常规的多基因改组；②用限制性内切酶代替常规Family shuffling技术中的DNase I。这两种改进的多基因改组方案都能使改组基因库中的基因多样性增强，从而使酶的定向进化更易于取得成功。他们从儿茶酚2,3-双加氧酶的两个同源基因出发，采用这三组改组方法对其进行体外定向进化的研究，并比较了这三种改组方法产生的改组基因多样性，最终筛选到的进化酶在50℃的半衰期分别比两种天然酶延长12倍和26倍。

Zhao等利用连续易错PCR技术获得随机点突变，并用交错延伸方法重组DNA，采用连续温度提高培养箱温度对突变体进行筛选最终获得一株突变体，在酶的功能未发生任何变化的前提下，不仅将该酶的最适温度提高了17℃，还使酶在65℃的半衰期延长了200倍。

Shao等利用RPR方法（随机引物体外重组）成功地对枯草杆菌蛋白酶E进行定向进化。基因RC1和RC2分别编码两种耐热枯草杆菌蛋白酶E，经随机引物体外重组得到突变酶，该突变酶的第181位氨基酸Asn突变为Asp，第218位氨基酸Asn变为Ser，结果热稳定性比原始酶提高8倍。

目前已经建立了一些酶的体外定向进化有效方法（表5-4），但还应进一步探索定向进化的最佳途径和提高对突变的控制能力。同时要重视筛选方法的建立和完善，特别是对那些无明显可借鉴表型的突变体的筛选。

表5-4　酶体外定向转化成功实例

（陈宁. 酶工程. 北京：化学工业出版社，2005）

酶	性质	突变方法
枯草杆菌蛋白酶E	有机相活性/稳定性	易错PCR
β-内酰胺酶	总活力/底物专一性	DNA改组
对硝基苯磷酸酯酶	底物专一性/有机相活力	易错PCR/DNA改组
β-半乳糖苷酶	底物专一性	DNA改组
天冬氨酸转氨酶	催化特异性	DNA改组
核酶	底物专一性	易错PCR/DNA改组
天冬氨酸酶	活性和稳定性	随机/定位诱变
谷胱甘肽转移酶	底物特异性	DNA改组
过氧化物酶	热稳定性	易错PCR/DNA改组
头孢菌素酶	特意活性	Family shuffling

5.2 酶分子的生物改造

天然酶虽然在生物体内能发挥各种功能，但在生物体外，特别是在工业条件(如高温、高压、机械力、重金属离子、有机溶剂、氧化剂、极端 pH 等)下，则常易遭到破坏。因而，这些由数百个氨基酸按一定的精确顺序连接起来的生物大分子，其用途是局限性的。所以，人们很自然地想到能否运用迅速发展的生物工程技术来改造天然酶，使其能够适应特殊的工业过程；或者设计制造出全新的人工酶或人工蛋白，以生产全新的医用药品、农业药物、工业用酶和天然酶不能催化的化学催化剂。需要改善的酶学性质包括：对热、氧化剂、非水溶剂的稳定性，对蛋白水解作用的敏感性、免疫原性、最适 pH、离子强度及温度、催化效率，对底物和辅助因子的专一性与亲和力，反应的主体化学选择性、别构效应、反馈抑制、多功能性，在纯化或固定化过程中酶的功能和理化性质等。

随着结构生物学和基因操作技术的发展，使得人们能够对酶分子进行有效的改造，甚至为“目的”而设计，从而导致了生物酶工程学的发展。生物酶工程学就是采用基因工程和蛋白质工程的方法和技术，研究酶基因的克隆和表达、酶蛋白的结构与功能的关系以及对酶进行再设计和定向加工，以发展性能更加优良的酶或者新功能酶的学科。生物酶工程是酶学和以基因重组技术为主的现代分子生物学技术相结合的产物，因此它也被称为第四代酶工程。

当前，生物酶工程的研究热点主要包括三个方面：①利用基因工程技术大量生产酶制剂。将酶基因和合适的调节信号通过载体(质粒)导入易于大量繁殖的微生物中并使之高效表达，通过发酵的方法大量生产所需要的酶。用于医药或工业的尿激酶原、组织纤溶酶原激活剂、凝乳酶、α-淀粉酶、青霉素 G 酰化酶等都可用此法大量生产。②修饰酶基因，产生遗传修饰酶(突变酶)。酶的遗传修饰主要是由寡核苷酸介导的点突变，通过对酶基因的定点突变可以改变酶的性质，如酶活性、底物专一性、稳定性、对辅酶的依赖性等，从而获得具有新性状的酶。③利用蛋白质工程技术设计新酶基因，合成自然界中不曾有的新酶。随着对酶结构与功能关系认识的逐渐深入，可以人工设计并合成有关基因，通过蛋白质工程技术生产出自然界不存在的具有独特性质和功能的新酶。生物酶工程示意如图 5-9 所示。

酶的蛋白质工程是在基因工程的基础上发展起来的，而且仍然需要应用基因工程的全套技术。所不同的是，基因工程的目的在于高效率地表达某些目的酶(蛋白质)，而蛋白质工程则是通过结构基因的改造达到修饰酶蛋白分子结构的目的，从而改变该酶的性能，如提高酶的产量、增加酶的稳定性、使酶适应低温环境、提高酶在有机溶剂中的反应效率、使酶在后提取工艺和应用过程中更容易操作等。现在，这一设想已取得了重大突破，最突出的实例是枯草杆菌碱性蛋白酶的蛋白质工程，目前，已成功地制备出具有耐碱、耐热以及抗氧化的各种新特性的蛋白酶。这些酶除用作洗涤剂的添加剂时有特殊功效外，还能有效地降低工业生产成本、扩大产品使用范围。这种经过蛋白质工程改造所取得的新酶，现已取得世界首批专利。蛋白质工程不仅为研究酶的结构与功能提供了强有力的手段，而且为修饰已知酶、创造新酶开辟了一条可行的途径。基因工程和蛋白质工程将对酶工业产生重大影响。基因工程主要解决的是酶大量生产的问题，它可以降低酶产品的成本，同时也使稀有酶的生产变得更加容易；而蛋白质工程则可以生产出完全符合人们要求的酶，即主要改进酶的质量。

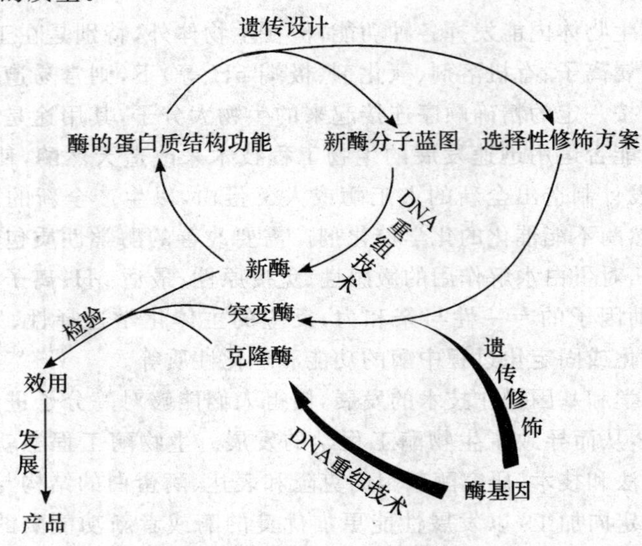

图 5-9 生物酶工程示意图

（陈宁. 酶工程. 北京：化学工业出版社，2005）

5.2.1 克隆酶

克隆酶是利用基因工程的技术，通过酶基因的高效表达而提高酶的产量。目前已经克隆成功的酶基因有 100 多种。其中尿激酶、纤溶酶原激活剂和凝乳酶等已获得有效表达，已经将要投入生产。

通过基因工程的手段，人们能够克隆各种天然的酶蛋白基因，并将其与适当的调节信号连接，再通过一定的载体导入很容易大量繁殖的微生物体内，使之高效表达。在以往的生产实践中，许多酶由于是胞内酶或结合酶，分离纯化比较困难，成本也很高。还有一些十分理想的医药用酶是来源于人体，如治疗血栓病的尿激酶是由人尿提取的，治疗溶血酶缺陷症的酶必须由人胎盘制备，其来源亦比较困难，这类酶则可以利用基因工程等技术大量生产。运用基因工程技术可以将原来由有害的、未经批准的微生物产生的酶的基因，或由生长缓慢的动植物产生的酶的基因，克隆到安全的、生长迅速的、产量很高的微生物体内，改由高效微生物来生产。运用基因工程技术还可以通过增加编码该酶的基因的拷贝数来提高微生物产生的酶的数量。这一原理已成功地应用于酶制剂的工业生产。目前世界上最大的工业酶制剂生产商丹麦诺维信公司（Novozymes）生产酶制剂的菌种约有 80% 是基因工程菌。

克隆酶技术的主要过程如图 5-10 所示。

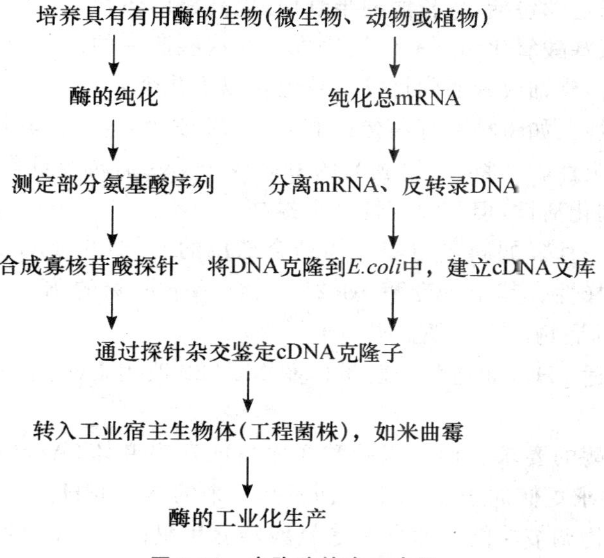

图 5-10　克隆酶技术示意图

酶基因克隆和表达技术的应用使人们有可能克隆各种天然的蛋白质或酶基因。先在特定酶的结构基因前加上高效的启动基因序列和必要的调控序列,再将此片断克隆到一定的载体中,然后将带有特定酶基因的上述杂交表达载体转化到适当的受体细菌中,经培养繁殖,再从收集的菌体中分离得到大量的表达产物——人们所需要的酶。一些来自于人体的酶制剂,如治疗血栓栓塞病的尿激酶原,就可以用此法取代从大量的人尿中提取的方法。此外还有组织型纤溶酶原激活剂(tPA)与凝乳酶等 100 多种酶的基因已经克隆成功,其中一些还进行了高效的表达。此法可产生出大量的酶,并易于提取分离纯化。

5.2.2　突变酶

目前,在实验室中进行过研究的酶不下几千种,但应用的只有极少数,其主要原因是这些酶在生物条件或自然条件下具有活性,但在实际生产系统中,其活性极差,不能应用。工业生产中,几乎所有的反应体系都是在酸、碱或溶剂体系,温度也较高,因此绝大多数酶在这种条件下都会变性。因此,提高酶的稳定性在工业生产中是重要的。此外,酶的专一性、抗原性、动力学特性等都是很重要的。近几年兴起一个新研究领域:酶的选择性遗传修饰,即酶基因的定点突变。研究者们在分析氨基酸序列弄清酶的一级结构及 X 射线衍射分析弄清酶的空间结构的基础上,再在由功能推知结构或由结构推知功能的反复推敲下,设计出酶基因的改造方案(主要是突变),确定选择性遗传修饰的修饰位点。

5.2.2.1　突变对酶性能的改善

突变酶是有控制地对天然酶基因进行剪切、修饰或突变,从而改变这些酶的催化特性、底物专一性或辅酶专一性,使之更加符合人类的社会生产、生活需要。这是目前和今后一段时间研究的热点，已经引起了国内外许多专家学者的注目。利用蛋白质工程改造酶，所涉及的酶的稳定性包括：延长酶的半衰期，提高酶的热稳定性，延长药用蛋白的保存期，抵御由于重要氨基酸氧化引起的活性丧失。在这些改造的内容当中，酶的热稳定性是最重要的。通过遗传修饰改善酶的性能大致包括以下几个方面。

①提高酶的活性。如将枯草杆菌蛋白酶 Met222 改为 Cys 后，其催化活性大大提高。

②提高酶的稳定性。如将 T_4 溶菌酶的 Ile3 改为 Cys 后再经氧化，即与 Cys97 形成二硫键，该酶仍具有催化活性，但其稳定性大大提高。

③改变底物专一性。如胰蛋白酶底物结合部位的 Gly216 或 Gly226 改为 Ala 后，提高了酶对底物的选择性。其中突变酶 Ala216 对含 Arg 底物的 K_{cat}/K_m 提高了。而突变酶 Ala226 对 Lys 的底物的 K_{cat}/K_m 提高了。

④改变酶的最适 pH。如枯草杆菌蛋白酶 Met222 改为 Lys 后，其最适 pH 由原来的 8.6 上升至 9.6。

⑤改变酶对辅酶的要求。如二氢叶酸还原酶的双突变体（Arg44 改为 Thr；Ser63 改为 Glu）对辅酶的要求更倾向于 $NADH_2$，而不是原来的 $NADPH_2$。

⑥改变酶的别构调节功能。如当天冬氨酸转氨甲酰酶（ATC）的 Tyr 改为 Ser 后，酶就失去了别构调节的性质等。

⑦改变酶的其他性能。如对金属酶氧化还原能力的改造以及对某些酶结构的改造，使一些专一性抑制剂能够有效作用于靶位点等。

5.2.2.2　突变对酶的蛋白结构的改变

要提高酶的活性，就必须知道酶的活性中心的空间结构，进而推断出哪些特定的氨基酸的变化可以改变底物结合的特异性。经过点诱变后，可以制备出具有新序列的特异酶蛋白。

(1)导入二硫键。含有二硫键的蛋白一般不易去折叠，稳定性较高，且这种蛋白即使在有机溶剂或非正常生理条件下也不易变性。二硫键存在时，酶的热稳定性升高；二硫键越多，酶越稳定。

(2)肽链构象发生改变。肽链构象局部发生变化，可能导致蛋白失活，从而提高蛋白的热稳定性。例如，酿酒酵母的磷酸丙糖异构酶有两个相同的亚基，每个亚基含有两个 Asn，它们位于亚基之间的界面上，对酶的热稳定性起一定作用。科学家通过寡核苷酸诱变，将 14 位和 78 位的 Asn 突变掉，突变成 Thr 或 Ile，有助于增强酶的热稳定性；而如果 Asn 突变成 Asp，则降低酶的热稳定性。

(3)氨基酸置换。氨基酸置换往往也能达到同样的提高蛋白质热稳定性的目的。例如，对许多蛋白质而言，将 Gly 置换成 Ala 可以提高蛋白质的热稳定性。同时，对这一问题的研究也表明，氨基酸置换的效果可以定量，其稳定性的效果还可以叠加。

总之，酶的选择性遗传修饰，就是通过对酶结构基因进行改造，使酶分子中 1 个或 1 个以上的氨基酸残基为其他氨基酸残基所取代，或者删除或者增加 1 个或数个氨基酸残基，从而使酶的催化机理、底物特异性和稳定性等方面人为地向着最优化的方向转变，为酶学性质的研究和酶制剂的开发应用开辟新途径。通过蛋白质工程，人们还可以设计具有特殊催化活性的酶。

5.2.3 从头设计酶

从生物在地球上出现以来，自然界只发现过10^{55}种蛋白质。绝大多数新序列和新功能的蛋白质或酶，在30亿年的生物进化过程中还没有出现，这就有待人们去开发和创造。蛋白质工程的飞速发展，为人们提供了强有力的手段。如果人们能够找到组建蛋白质结构的方法，就能获得自然界原先不存在、结构和功能全新的酶蛋白。

定位突变方法对酶分子的改进只是酶中少数的氨基酸残基的更换，而且酶的空间结构基本保持不变，因此突变体的改造是有限的。从理论上来讲，如果人为地有目的地设计酶基因，导入适当的微生物中加以表达，就可以生产出超自然的优质酶。这个过程的关键是对酶分子各个结构层次上的设计与组合。随着现代分子生物学与遗传工程的迅速发展，全新的蛋白质和酶分子的设计已不是十分遥远的事情。如果能够研究出全新构建酶的方法，人们就能够设计制造出具有任意结构和功能的全新酶，这就是酶分子的从头设计。具体来说，酶分子的从头设计是从一级结构出发，设计制造出自然界没有的酶，使之具有特定的结构和功能。现在人们已掌握技术，所以只要有遗传设计蓝图，就能人工合成所设计的酶基因。酶遗传设计的主要目的是创制优质酶，用于生产昂贵特殊的药品和超自然的生物制品，以满足人类的特殊需要。

从头设计酶，包括对酶空间结构的框架设计、酶催化的活性设计以及酶结合底物的专一性设计。天然蛋白质或酶的空间结构都是框架化的。譬如，一个小的酶分子的相对分子质量一般也超过1万，大约有三个基因的产物残余催化，还有几个基因产物参与结合底物。这些基因完成其使命的关键条件之一就是框架化，也就是说，催化部位和底物结合部位要适应地安装在大分子载体之中，给予各个基因产物以适当的空间排布。框架设计的难度是很大的，对小的酶分子也许能给出适当的结果，但对复杂的多肽链而言，需要预测三级结构，在大量的数理计算后筛选出所需要的一级结构。对较为简单的小肽，框架设计已经有成功的例子，主要涉及的是对二级结构的预测，特别是设计形成比较牢固的α-螺旋的序列。例如，在设计鸡卵清溶菌酶活性分子的过程中，各种合成肽曾被用于试验有无酶活性，其中，一种9肽(ELAEEAAF)能水解几丁质和葡聚糖，但糖苷酶活性较低。Gutte也设计了一种34肽，具有明显的核酸酶活性，但其主要活性是源于二聚体。这种人工设计肽可水解下列底物，但水解能力依次降低：poly(C)、poly(A)、poly(U)、poly(G)。天然核酸酶仅消化poly(C)、poly(U)、poly(A)，特别倾向于水解poly(C)的3′末端。

对酶活性的设计涉及选择化学基团及空间取向。一般来说，在这类设计中，一般采用天然存在的氨基酸来提供所需的化学基团，尽管原则上并不限制引入其他外来基团。例如，Gutte等人在构建具有核酸酶活性或核酸结合活性的蛋白质时，重点使用了组氨酸的催化活性。如果缺少可信的经验数据来推论产生活性所需的催化基团，那么将借助于量子力学进行计算。由于酶的功能区域可分为催化部位和底物结合部位，酶的专一性是与后一部分相关的。有的酶分子这两个部位是在一条肽链上，如丝氨酸蛋白水解酶类；也有些酶分子的这两个部位分别处在不同肽链上，如凝血酶的催化活性与B链相关，而A链则与底物的专一性有关。因此对酶分子设计时，需认真考虑与底物结合的化学基团的性质、空间取向以及稳定性等问题。

目前的关键问题在于如何设计超自然的优质酶基因，即如何作出优质酶基因的遗传设计蓝图。现在人们还不可以根据酶的氨基酸序列预测其空间结构，但随着计算机技术和化学理论的进步，酶或其他大分子的模拟在精确度、速度及规模上都会得到改善，这将有利于产生有关酶行为的新观点或新理论。同样，酶的化学修饰及遗传修饰也将提供更多的实验依据及数据，这有助于解决关于酶结构与功能的关系问题，反过来将促进酶的遗传设计的发展。因此，酶或蛋白质分子设计能力的提高将可能开创制造超自然生物机器的新时代。

思考题

1. 简述酶分子化学修饰的定义及基本原理。
2. 酶为什么要进行化学修饰?
3. 列举常见的几种酶化学修饰方法，并简要概括各自的特点。
4. 谈谈你所知道的酶分子化学修饰的应用现状。
5. 列举常见的酶分子的生物改造方法，并简要概括各自的特点。

庞杰、生吉平、张长峰　编写

参考文献

[1] 罗贵民. 酶工程. 北京：化学工业出版社，2003.

[2] 陈宁. 酶工程. 北京：化学工业出版社，2005.

[3] 梅乐和，岑沛霖. 现代酶工程. 北京：化学工业出版社，2006.

[4] 袁勤生，赵健. 酶与酶工程. 上海：华东理工大学出版社，2005.

[5] 张今，曹淑桂，罗贵民，等. 分子酶学工程导论. 北京：科学出版社，2003.

[6] 郭勇. 酶工程原理与技术. 北京：高等教育出版社，2005.

[7] 周亚凤，张先恩，Anthony. 分子酶工程学研究进展. 生物工程学报，2002，18(4)：401-406.

[8] 周祥，胡兴，邹国林. 酶工程技术与进展. 化学与生物工程，2003，5：4-7.

[9] 马晓建，白净，任可，等. 酶工程研究的新进展. 化工进展，2003，22(8)：813-817.

[10] 刘卫晓，钱世钧. 酶分子体外定向进化的研究方法. 微生物学通报，2004，31(2)：100-104.

[11] 居乃琥. 酶工程研究和酶工程产业的新进展. 食品与发酵工业，2000，26(3)：

54-62.

[12] 王正祥，刘吉泉，诸葛健. 微生物的分子改性和人工进化的研究进展，生物工程学报，2000，16(3)：301-303.

[13] 王元. 现代酶工程技术的新进展. 中国食品，2000，21(7)：22.

[14] 谢毅，肖谷田，王顺德，等. 寡聚糖脱氧核苷酸介导的体外多点定位突变——五点定位突变法改造枯草杆菌酶蛋白酶 E 基因. 武汉大学学报(自然科学版)，1997，43(2)：227-232.

Chapter 6

第6章

酶与细胞固定化

教学目的和要求

1. 明确酶和细胞固定化的概念;
2. 理解酶及细胞固定化的原理;
3. 掌握酶、辅酶和细胞固定化的方法;
4. 认识酶和细胞固定化的表征及其应用。

6.1 固定化酶的定义及特点

酶作为一种生物催化剂，因其催化作用具有高度专一性、催化条件温和、无污染等特点，广泛应用于食品加工、医药和精细化工等行业。但在使用过程中，人们也注意到酶的一些不足之处，如游离状态的酶对热、强酸、强碱、高离子强度、有机溶剂等稳定性较差，易失活；酶反应后混入反应体系，产物纯化困难；酶不能分离出来重复使用等。由此导致酶难以在工业上更为广泛地应用。为了克服这些问题，更好地适应工业化生产的需要，酶固定化技术于 20 世纪 60 年代应运而生并发展起来。人们模仿生物体酶的作用方式(体内酶多与膜类物质相结合并进行特有的催化反应)，通过化学或物理的手段，用载体将酶束缚或限制在一定的区域内，使酶分子在此区域内催化特定的反应；并且反应后酶可以回收及长时间重复使用，克服了游离酶在使用过程中的一些缺陷。固定化酶技术涉及多个学科，自诞生以来发展迅速，目前无论在理论上还是在应用上都已取得了许多重要成果。

6.1.1 酶固定化技术发展简史

早在 1916 年，Nelson 和 Griffin 就用吸附的方法实现了酶的固定化，他们将蔗糖酶吸附在骨炭粉上，发现吸附以后酶不溶于水而且具有与液体酶同样的活性，可惜这个重要的发现长期以来没有得到酶学家的重视。真正有效开始并积极开展酶的固定化研究的是 Grubhofer 和 Schleith，1953 年他们将聚氨基苯乙烯树脂重氮化，然后将淀粉酶、羧肽酶、胃蛋白酶和核糖核酸酶等与其结合，在实验室内制成了固定化酶。

20 世纪 60 年代后期，酶固定化技术迅速发展，出现了很多新的固定化方法。1969 年，日本学者千畑一郎等将固定化氨基酰化酶应用于氨基酸的 *D*、*L*-光学异构体的拆分，这是国际上固定化酶应用于连续工业化生产的开端。我国固定化酶研究始于 1970 年，首先是中科院微生物所和上海生化所同时开始了固定化酶的研究，此后，许多学者及研究机构相继进行了固定化酶和固定化细胞的应用研究。近年来，固定化酶在食品、制药、化学分析、环境保护等方面的应用越来越广泛。

最初，对酶的固定化研究主要是将酶与水不溶性载体结合起来，成为不溶于水的酶的衍生物，所以曾称为水不溶酶(water insoluble enzyme)和固相酶(solid phase enzyme)。但是后来发现，可以将溶解状态的酶限制在一个有限的空间内使其不能自由流动，也能达到固定酶的作用，例如把酶包埋在凝胶内，酶本身仍是可溶的。因此，1971 年第一届国际酶工程会议正式建议采用“固定化酶”(immobilized enzyme)的名称。

对于固定化技术的研究，早期各国主要集中于各种固定化酶制备方法的研究。但从目前的发展状况来看，尽管酶的种类繁多，但已经固定化的酶却相对有限，采用固定化酶技术大规模生产的企业尚属少数，真正在工业上使用的固定化酶还仅限于葡萄糖异构酶、葡萄糖氧化酶和青霉素酰化酶等为数不多的十几个酶种，故仍需大力研究开发，使更多的固定化酶能适于工业规模生产。近年来，各国的研究重点已经转向固定化技术在工业、医学、化学分析、环境保护和能源开发等方面的实际应用。目前，固定化酶技术已成为酶工程研究的重点和热点之一。研究探索新的酶固定化技术(如流体聚合包埋技术、纳米粒子原位共聚包埋等)、提高固定化酶活力回收率、延长半衰期、降低成本将成为固定化酶研究领域的主要研究内容。充分利用具有适宜生物相容性及亲水性的天然载体、运用当代高新技术对天然载体修饰改性以及开发合成性能优良的新的酶固定化载体材料、研究高分子材料与特定无机材料的复合材料以及合成酶固定化智能载体材料等，将是固定化酶载体材料今后发展与应用的方向。

6.1.2 固定化酶的定义

所谓固定化酶，是指在一定的空间范围内起催化作用，并能反复和连续使用的酶。

固定化酶与游离酶相比，具有以下优点：

①多数情况下，酶经固定化后稳定性提高。如对热、pH 等的稳定性提高，对抑制剂、蛋白酶等敏感性降低，可较长时间地使用或贮藏。例如，固定化木瓜蛋白酶在 4℃下，贮藏 120 d 酶活力无变化。

②固定化酶催化的反应过程更易控制。例如，谷氨酸生产中使用填充床反应器，当反应结束时，只要使底物与酶脱离接触，即可终止反应，可以精确控制酶催化反应的程度。

③固定化酶具有一定的机械强度，可以用搅拌或装柱的方式作用于底物溶液，便于酶催化反应的连续化和自动化操作。例如，在生产中一般使用填充床反应器、恒流搅拌罐反应器和流化床反应器等固定化酶反应器进行酶催化反应，生产可实现连续化和自动化。

④固定化酶与游离酶相比更适于应用多酶体系。固定化酶不仅可利用多酶体系中的协同效应使酶催化反应速率大大提高，而且还可以控制反应按一定顺序进行。

固定化酶的优点增加了其在各个领域的应用范围和应用方式。在食品工业中，酶固定化后不仅可反复使用，而且易与产物分离，产物不含酶。因此省去了热处理使酶失活的步骤，对于提高食品的质量极为有利。所以很多人把固定化酶称为“长效的酶”，“无公害催化剂”。

但是固定化酶在应用中也存在一些缺点：

①固定化可能造成酶的部分失活，酶活力损失。

②酶催化微环境的改变可能导致反应动力学发生改变。

③固定化使酶的使用成本增加，工厂的初始投资增大。

④固定化酶一般只适用于水溶性的小分子底物，不适宜大分子底物。

⑤固定化酶与完整菌体细胞相比，不适于多酶反应，特别是需要辅助因子参加的反应。

⑥胞内酶进行固定化时必须经过酶的分离纯化操作。

目前各国研究者正从多方面改进固定化酶的性质，以降低其成本，使更多的固定化酶得到工业规模的应用。

6.1.3 固定化酶的制备原则

固定化酶的制备方法、制备材料多种多样，不同的制备方法和材料导致酶固定化后有不同特性。对于特定的目标酶，要根据酶自身的性质、应用目的、应用环境来选择固定化载体和方法，一般应遵循以下几个原则：

①必须注意维持酶的构象，特别是活性中心的构象。酶的催化反应取决于酶本身蛋白质分子所特有的高级结构和活性中心，为了不损害酶的催化活性及专一性，酶在固定化状态下发挥催化作用时，同样要保证活性中心的氨基酸残基不发生改变，并且要保持其高级结构不被破坏。这就要求酶与载体的结合部位不应当是酶的活性部位，应避免活性中心的氨基酸残基参与固定化反应。另外，由于酶蛋白的高级结构是借助疏水相互作用、氢键、离子键等次级键维持的，所以固定化时应采取尽可能温和的条件，避免那些可能导致酶蛋白高级结构破坏的条件如高温、强酸、强碱、有机溶剂等处理。

②酶与载体必须有一定的结合强度。酶的固定化既不能影响酶的原有构象，同时固定化酶又要能有效地回收贮藏，以利于反复使用。

③固定化酶应有利于自动化、机械化操作。这就要求用于固定化的载体必须有一定的机械强度，使之在制备过程中不易破坏或受损。

④固定化酶应尽量减小空间位阻。固定化应尽可能不妨碍酶与底物的接近，以提高催化效率和产物产量。

⑤固定化酶应有较高的稳定性。在应用过程中，所选载体应不和底物、产物或反应液发生化学反应。

⑥固定化酶的成本适中。工业生产必须考虑固定化成本要求，应尽可能降低固定化酶的成本。

6.1.4 酶的固定化方法

酶的固定化方法很多，传统的酶固定化方法主要可分为四类，见图 6-1，即吸附法、包埋法、共价键结合法和交联法等。吸附法和共价键结合法又可统称为载体结合法。

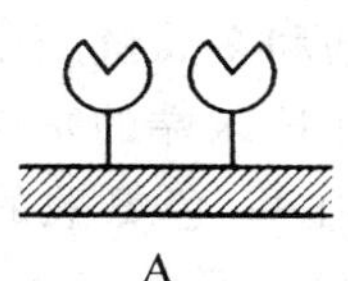
A

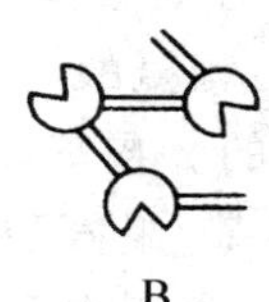
B

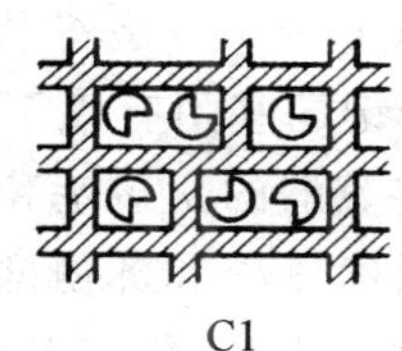
C1

C2

A. 载体结合法；B. 交联法；C1. 凝胶包埋法；C2. 微胶囊包埋法

图 6-1 酶的固定化方法

（周晓云. 酶学原理与酶工程. 北京：中国轻工业出版社，2005）

6.1.4.1 吸附法

吸附法(adsorption)是最早出现的酶固定化方法,通过载体表面和酶分子表面间的次级键相互作用而达到固定目的酶的方法,是固定化中最简单的方法。酶与载体之间的亲和力是范德华力、疏水相互作用、离子键和氢键等。此方法又可分为物理吸附法和离子吸附法。

1. 物理吸附法(physical adsorption)

物理吸附法是通过物理方法将酶直接吸附在载体表面上而使酶固定化的方法,是制备固定化酶最早采用的方法。如 α-淀粉酶、糖化酶、葡萄糖氧化酶等都曾采用此法进行固定化。物理吸附法常用的有机载体有淀粉、纤维素、胶原等;无机载体有活性炭、氧化铝、皂土、多孔玻璃、硅胶、二氧化钛、羟基磷灰石等。

物理吸附法制备固定化酶,操作简单、价廉、条件温和,载体可反复使用,酶与载体结合后活性部位及空间构象变化不大,所制得的固定化酶活力较高。但由于靠物理吸附作用相结合,酶和载体结合不牢固,在使用过程中容易脱落,造成酶的流失,所以使用受到限制。

2. 离子吸附法(ion adsorption)

离子吸附法是将酶与含有离子交换基团的水不溶性载体以静电作用力相结合的固定化方法,即通过离子键使酶与载体相结合。此法固定的酶有葡萄糖异构酶、糖化酶、α-淀粉酶、纤维素酶等,在工业上用途较广。如最早应用于工业化生产的氨基酰化酶就是使用多糖类阴离子交换剂二乙基氨基乙基(DEAE)-葡聚糖凝胶固定化的。

离子吸附法所使用的载体是某些离子交换剂。常用的阴离子交换剂有 DEAE-纤维素、混合胺类(ECTEOLA)-纤维素、四乙基氨基乙基(TEAE)-纤维素、DEAE-葡聚糖凝胶等;阳离子交换剂有羧甲基(CM)-纤维素、纤维素-柠檬酸盐、Amberlite CG-50、Amberlite IRC-50、Amberlite IR-120、Dowex-50 等。其吸附容量一般大于物理吸附法。

离子吸附法具有操作简便、条件温和、酶活力不易丧失等优点。其缺点是酶与载体的结合力不够牢固,易受环境因素的影响。当使用高浓度底物、高离子强度和 pH 发生变化时,酶往往会从载体上脱落。所以这种方法制备的固定化酶,在使用时一定要控制好 pH、离子强度和温度等操作条件。

6.1.4.2 共价键结合法

共价键结合法(covalent binding)是将酶与聚合物载体以共价键结合的固定化方法。酶分子中能和载体形成共价键的基团有以下几种:赖氨酸的 ε-氨基和多肽链 N-末端的 α-氨基;天冬氨酸的 β-羧基,谷氨酸的 α-羧基和末端的 γ-羧基,多肽链 C-末端的 α-羧基;酪氨酸的酚基、半胱氨酸的巯基、丝氨酸和苏氨酸的羟基、组氨酸的咪唑基、色氨酸的吲哚基。其中最普遍的共价结合基团是氨基、羧基和苯环。常用来和酶共价偶联的载体的功能基团有氨基、羟基、羧基和羧甲基等。这种方法是固定化酶研究中最活跃的一大类方法。但必须注意,参加共价键结合的氨基酸残基应当是酶催化活性非必需基团,若共价结合包括了酶活性中心有关的基团,易导致酶活力的损失。

共价键结合法所用载体的性质对固定化酶有很大影响。理想的载体应具备如下特点:结构疏松、表面积大、具有一定的亲水性、没有或很少有非专一性吸附、有一定的机械强度以及带有在温和条件下可和酶的侧链基团结合反应的功能基团。常用的载体有天然高分子衍生物如纤维素、葡聚糖凝胶、琼脂糖等；合成高聚物如聚丙烯酰胺、多聚氨基酸等；无机载体如多孔玻璃、金属氧化物等。

酶与载体的结合选择什么样的反应，取决于载体上的功能基团与酶分子上的非必需侧链基团。一般来说载体上的功能基团和酶分子上的侧链基团间不具有直接反应的能力，因此在进行反应前往往需要先进行活化，活化反应可能比较激烈，易导致酶变性失活。故通常总是先使载体上的功能基团活化，然后再在比较温和的条件下将酶和活化了的载体偶联。使载体活化的方法很多，最常用的方法有重氮法、叠氮法、溴化氢法及烷化法等。

1. 重氮法

重氮法是将酶蛋白与水不溶性载体的重氮基团通过共价键相连接而固定化的方法，是共价结合法中使用最多的一种。常用的载体有多糖类的芳族氨基衍生物、氨基酸的共聚体和聚丙烯酰胺等。

如具有苯氨基的不溶性载体，可先用稀盐酸和亚硝酸钠处理成重氮盐衍生物，再在温和条件下和酶分子上相应基团直接偶联，如反应式(6.1)所示。酶蛋白中的游离氨基，组氨酸中的咪唑基，酪氨酸中的酚基都能进行重氮结合。

$$R-C_6H_4-NH_2 \xrightarrow[HCl]{NaNO_2} R-C_6H_4-N_2^+Cl^- + E \longrightarrow R-C_6H_4-N{=}N-E \qquad (6.1)$$

2. 叠氮法

叠氮法即载体活化生成叠氮化合物，再与酶分子上的相应基团偶联成固定化酶。含有羟基、羧基、羧甲基等基团，如CMC、CM-sephadex(交联葡聚糖)、聚天冬氨酸、乙烯-顺丁烯二酸酐共聚物等的载体都可用此法活化。其中使用最多的是羧甲基纤维素叠氮法，如反应式(6.2)所示，先将羧甲基纤维素用甲醇酯化，生成羧甲基纤维素甲酯，再与肼反应生成羧甲基纤维素的酰肼衍生物，酰肼衍生物用亚硝酸钠(由硝酸钠和盐酸反应生成)活化，生成叠氮衍生物，该叠氮基团可与酶分子中的氨基形成肽键而固定化酶，也可以和酶分子中的羟基、酚羟基、巯基反应，使酶固定化。

$$R-O-CH_2COOH \xrightarrow[HCl]{CH_3OH} R-O-CH_2COOCH_3 \xrightarrow{NH_2NH_2} R-O-CH_2CONHNH_2$$

$$\xrightarrow[HCl]{NaNO_2} R-O-CH_2-CON_3 + H_2N-E \longrightarrow R-O-CH_2-CONH-E \qquad (6.2)$$

3. 溴化氰法

溴化氰法即用溴化氰将含有羟基的载体，如纤维素、葡聚糖凝胶、琼脂糖凝胶等，活化生成亚氨基碳酸酯衍生物，然后再与酶分子上的氨基偶联，制成固定化酶。任何具有连位羟基的高聚物都可用溴化氰法来活化。由于该法可在非常缓和的条件下与酶蛋白的氨基发生反应，近年来已成为普遍使用的固定化方法。尤其是溴化氰活化的琼脂糖已在实验室广泛用作固定化酶以及亲和层析的固定化吸附剂。

如反应式(6.3)和式(6.4)所示，在碱性条件下载体的羟基和溴化氰反应，生成大量活泼的亚氨碳酸酯衍生物和少量不活泼的氨基甲酸衍生物，前者可直接和酶的氨基进行共价偶联而制成固定化酶，其中生成的异脲型为主要产物。

4.烷基化法和芳基化法

以卤素为功能团的载体可与酶分子上的氨基、巯基、酚基等发生烷基化或芳基化反应而使酶固定化。常用的载体有卤乙酰、三嗪基或卤异丁烯基的衍生物。

如含羟基的载体在碱性条件下可用三氯均三嗪等多卤代物活化，形成含卤素基团的活化载体，引入卤素基后直接与酶的氨基偶联成固定化酶，如反应式(6.5)。此外，也和酶分子上的酚基或巯基等偶联。

$$\mathrm{R}\begin{matrix}\mathrm{OH}\\ \mathrm{OH}\end{matrix} \xrightarrow{\mathrm{CHBr}} \mathrm{R}\begin{matrix}\mathrm{OC{\equiv}N}\\ \mathrm{OH}\end{matrix} \longrightarrow \begin{cases}\mathrm{R}\begin{matrix}\mathrm{OCONH_2}\\ \mathrm{OH}\end{matrix}\\ \mathrm{R}\begin{matrix}\mathrm{O}\\ \mathrm{O}\end{matrix}\mathrm{C{=}NH}\end{cases} \tag{6.3}$$

$$\mathrm{R}\begin{matrix}\mathrm{O}\\ \mathrm{O}\end{matrix}\mathrm{C{=}NH+E} \longrightarrow \begin{cases}\mathrm{R}\begin{matrix}\mathrm{O{-}C({=}NH){-}NH{-}E}\\ \mathrm{OH}\end{matrix}\\ \mathrm{R}\begin{matrix}\mathrm{O}\\ \mathrm{O}\end{matrix}\mathrm{C{=}NH{-}E}\\ \mathrm{R}\begin{matrix}\mathrm{O{-}C({=}O){-}NH{-}E}\\ \mathrm{OH}\end{matrix}\end{cases} \tag{6.4}$$

$$\mathrm{R{-}OH+Cl{-}C_3N_3Cl_2} \longrightarrow \mathrm{R{-}O{-}C_3N_3Cl_2} \;+\; \mathrm{E{-}NH_2} \longrightarrow \mathrm{R{-}O{-}C_3N_3Cl(NH{-}E)} \tag{6.5}$$

从上面介绍的4种制备方法可看出，用共价结合法制备的固定化酶，酶和载体之间都是通过化学反应以共价键偶联。由于共价键的键能高，酶和载体之间的结合相当牢固，即使用高浓度底物溶液或盐溶液，也不会使酶分子从载体上脱落下来，具有酶稳定性好、可连续使用较长时间的优点。但是采用该方法时，载体活化的难度较大、操作复杂、反应条件较剧烈，制备过程中酶直接参与化学反应，易引起酶蛋白空间构象变化影响酶的活性，酶活力回收率一般为30%左右，甚至酶的底物专一性等性质也会发生变化，往往需要严格控制操作条件才能获得活力较高的固定化酶。现在已有不少活化的商品化酶固定化载体，它们的使用不需做大量的处理工作，商品一般以固定相或预装柱的形式供应，一般情况下这些固定相已经活化好，酶的固定化只要将酶在合适的pH和其他相关条件下，让酶循环通过柱子便可完成。

6.1.4.3 包埋法

包埋法(entrapment)是将酶包埋在高聚物的细微凝胶网格中或高分子半透膜内的固定化方法。前者又称为凝胶包埋法，酶被包埋成网格型；后者又称为微胶囊包埋法，酶被包埋成微胶囊型。包埋法制备的固定化酶可防止酶渗出，底物需要渗入凝胶孔隙或半透膜内与酶接触。此法较为简便，固定化时一般不需要与酶蛋白的氨基酸残基起结合反应，酶分子本身不参加水不溶性凝胶或半透膜的形成，仅仅是被包围起来，因而从原理上而言，由于酶分子本身不发生物理化学变化，酶的高级结构较少改变，酶的回收率较高，适于固定各种类型的酶。但由于只有小分子的底物和产物可以通过高聚物扩散，故包埋法只适用于小分子底物和产物的酶，对那些底物和产物是大分子的酶则不适合。而且高聚物网格或半透膜对小分子物质扩散的阻力有可能会导致固定化酶的动力学行为改变和活力的降低。

1. 凝胶包埋法

凝胶包埋法常用的载体有海藻酸钠凝胶、角叉菜胶、明胶、琼脂凝胶、卡拉胶等天然凝胶以及聚丙烯酰胺、聚乙烯醇和光交联树脂等合成凝胶或树脂。

天然凝胶采用溶胶状天然高分子物质在酶存在下凝胶化的方法，包埋时条件温和、操作简便，对酶活性的影响甚少，但强度较差。合成的高分子则采用合成高分子的单体或预聚物在酶存在下聚合的方法。合成载体的强度较高，但需在一定的条件下进行聚合反应，才能把酶包埋起来，聚合反应的条件往往会引起部分酶的变性失活，所以包埋条件的控制非常重要。如聚丙烯酰胺包埋是最常用的包埋法，制备时在酶溶液中加入丙烯酰胺单体和交联剂 N,N-亚甲基双丙烯酰胺，在氮气的保护下，加聚合反应催化剂四甲基乙二胺和聚合引发剂过硫酸钾等使其在酶分子周围进行聚合，形成交联的高聚物网络，酶分子便被包埋在刚聚合的凝胶内。

2. 微胶囊包埋法

微胶囊型包埋即将酶包埋在各种高聚物制成的半透膜微胶囊内的方法。常用于制造微胶囊的材料有聚酰胺、火棉胶、醋酸纤维素等。

用微胶囊型包埋法制得的微囊型固定化酶的直径通常为几微米到数百微米，胶囊孔径为几埃至数百埃，适合于小分子底物和产物的酶的固定化，如脲酶、天冬酰胺酶、尿酸酶、过氧化氢酶等。此法需要一定的反应条件和制备技术，被包埋的酶不易流失。其制造方法有界面聚合法、界面沉淀法、二级乳化法、液膜(脂质体)法等。

(1)界面聚合法。此法是将含有酶的亲水性单体乳化分散在与水不相溶的有机溶剂中，再加入溶于有机溶剂的疏水性单体。亲水性单体和疏水性单体在油水两相界面上发生聚合反应，形成高分子聚合物半透膜，使酶被包埋于半透膜内。常用的亲水单体有乙二醇、丙三醇等；疏水单体有聚异氰酸酯、多元酰氯等。在包埋过程中由于发生化学反应，可能会引起某些酶失活。此法曾用聚脲制备天冬酰胺酶、脲酶等的微囊。

(2)界面沉淀法。这是一种简单的微囊化法，此法是利用某些高聚物在水相和有机相的界面上溶解度较低而形成皮膜将酶包埋。一般是先将含高浓度血红蛋白的酶溶液在与水不互溶的有机相中乳化，在油溶性的表面活性剂存在下形成油包水的微滴，再将溶于有机溶剂的高聚物加入乳化液中，然后加入一种不溶解高聚物的有机溶剂，使高聚物在油水界面上沉淀析出形成膜，将酶包埋，最后在乳化剂的帮助下由有机相转入水相。此法条件温和酶不易失活，但要完全除去膜上残留的有机溶剂很困难。作为膜材料的高聚物有硝酸纤维素、聚苯乙烯和聚甲基丙烯酸甲酯等。此法曾用于固定化天冬酰胺酶、脲酶等。

(3)二级乳化法。该法是将酶溶液首先在高聚物有机相中分散成极细液滴,形成第一个“油包水”型乳化液,此乳化液再在水相中分散形成第二个乳化液,在不断搅拌下,低温真空蒸出有机溶剂,使有机高聚物溶液固化便得到包含多滴酶液的固体球微囊。常用的高聚物有乙基纤维素、聚苯乙烯、氯化橡胶等,常用的有机溶剂为苯、环己烷和氯仿。此法制备比较容易,酶几乎不失活,但残留的有机溶剂难以完全去除,而且膜也比较厚,会影响底物扩散。此法曾用乙基纤维素和聚苯乙烯制备成过氧化氢酶、脂肪酶等微囊。

(4)液膜法(脂质体法)。上述微囊法是用半透膜包埋酶液,近年又研究出以脂质体为液膜代替半透膜的新微囊法。脂质体包埋法是由表面活性剂和卵磷脂等形成液膜包埋酶的方法,此法的最大特征是底物和产物的膜透过性不依赖于膜孔径的大小,而与底物和产物在膜组分中的溶解度有关,因此可以加快底物透过膜的速率。此法曾用于糖化酶的固定化。

6.1.4.4 交联法

交联法(crosslinking)是使用双功能或多功能试剂使酶分子之间相互交联呈网状结构的固定化方法。与共价结合法一样,此法也是利用共价键固定化酶,所不同的是它不使用载体。由于酶蛋白的官能团,如氨基、羟基、巯基和咪唑基,参与此反应,所以酶活性中心的构造可能受到影响而使酶失活明显。但是尽可能地降低交联剂浓度和缩短反应时间将有利于固定化酶活力的提高。

常用的双功能试剂有戊二醛、己二胺、异氰酸衍生物、双偶氮联苯和N,N-乙烯双顺丁烯二酰亚胺等,其中使用最广泛的是戊二醛。戊二醛和酶蛋白中的游离氨基发生Schiff反应,形成烯夫碱,从而使酶分子之间相互交联形成固定化酶,如反应式(6.6)所示。

$$
\begin{array}{l}
\mathrm{OHC(CH_2)_3CHO + E \longrightarrow -CH{=}N-\underset{\substack{|\\ N\\ \|\\ CH\\ |\\ (CH_2)_3\\ |\\ CH\\ \|\\ N\\ |}}{E}-N{=}CH(CH_2)_3\underset{\substack{\|\\ N\\ |\\ E\\ |\\ N\\ \|\\ CH\\ |}}{CH}} \\
\qquad\qquad\qquad\qquad\quad \mathrm{-CH{=}N-E-N{=}CH-}
\end{array}
\tag{6.6}
$$

交联法制备的固定化酶结合牢固,但由于反应条件较剧烈,酶活力损失较大,活力回收率一般比较小(30%),但固定后酶的稳定性较好。由于交联法制备的固定化酶颗粒较细,且交联剂一般价格昂贵,此法很少单独使用,一般与其他方法联合使用。如将酶用角叉菜胶包埋后用戊二醛交联,或先用硅胶吸附,再用戊二醛交联等。采用两个或多个方法进行固定化的技术称为双重或多重固定化法。

一种酶往往可以用不同方法固定化,但没有一种固定化方法可以普遍地适用于每一种酶,特定的酶要根据酶的化学特性和组成、底物和产物性质、具体的应用目的等来选择特定的固定化方法。在实际应用时常将两种或数种固定化方法并用,以取长补短。

以上 4 种酶固定化的方法中，以共价键结合法的研究最为深入，离子吸附法较为实用，包埋法以及交联法可以并用。各种固定化方法的优缺点详见表 6-1。

表 6-1 各种固定化方法的比较

（郑宝东．食品酶学．南京：东南大学出版社，2006）

固定化方法	吸附法		包埋法	共价结合法	交联法
	物理吸附法	离子吸附法			
制备	易	易	较难	难	较难
结合程度	弱	中等	强	强	强
活力回收率	高，酶易流失	高	高	低	中等
再生	可能	可能	不可能	不可能	不可能
固定化成本	低	低	低	高	中等
底物专一性	不变	不变	不变	可变	可变

6.1.5 固定化酶的形状与性质

6.1.5.1 固定化酶的形状

固定化酶的形式多样，依不同用途有颗粒、线条、薄膜和酶管等形状。其中颗粒占绝大多数，它和线条这两种形式主要用于工业发酵生产，如装成酶柱用于连续生产，或在反应器中进行批量搅拌反应；薄膜主要用于酶电极，应用于分析化学中；酶管机械强度较大，宜用于工业生产。

6.1.5.2 固定化酶的性质

酶在水溶液中以自由的游离状态存在，但是固定化后酶分子便从游离状态变为牢固地结合于载体的状态，其结果往往引起酶性质的改变。为此，在固定化酶的应用过程中必须了解固定化酶与游离酶性质的差别，以对操作条件适当调整。

1. 酶活力

固定化酶的活力在多数情况下比天然酶的活力低，其原因可能是：①酶活性中心的重要氨基酸与水不溶性载体相结合。②当酶与载体结合时，它的高级结构发生了变化。其构象的改变导致了酶与底物结合能力或催化底物转化能力的改变。③酶被固定化后，虽不失活，但酶与底物的相互作用受到空间位阻的影响。

但也有个别酶经固定化后其活力升高，可能是由于固定化后酶的抗抑能力提高，使得它反而比游离酶活力高。

2. 酶的稳定性

游离酶的一个突出缺点是稳定性差，而固定化酶的稳定性一般都比游离酶明显提高，这对酶的应用非常有利。其稳定性增强主要表现在如下几个方面。

(1)操作稳定性。酶的固定化方法不同，所得的固定化酶的操作稳定性亦有差异。固定化酶在操作中可以长时间保留活力，一般情况下，半衰期在 1 个月以上时有工业应用价值。

(2)贮藏稳定性。固定化可延长酶的贮藏有效期。但长期贮藏，活力也不免下降，最好能立即使用。如果贮藏条件比较好，亦可较长时间保持活力。例如，固定化胰蛋白酶，在0.025 mol/L磷酸缓冲液中于20℃保存数月，活力尚不损失。

(3)热稳定性。热稳定性对工业应用非常重要。大多数酶固定化后热稳定性都有所提高，能耐受较高的温度，但有些酶的耐热性反而下降。采用吸附法进行酶的固定化时，有时会导致酶热稳定性降低。例如，由DEAE-Cellulose离子结合的固定化转化酶，在40℃加热30 min，它的活力只剩余4%，而游离酶在同一条件下其活力仍为100%。

(4)对蛋白酶的稳定性。酶经固定化后，其对蛋白酶的抵抗力提高。这可能是因为蛋白酶是大分子，由于受到空间位阻的影响，不能有效接触固定化酶。例如，千烟一郎发现用尼龙或聚脲膜包埋，或用聚丙烯酰胺凝胶包埋的固定化天门冬酰胺酶，对蛋白酶极为稳定。而在相同条件下，游离酶几乎全部失活。另外对有机试剂和酶抑制剂的耐受性也得到了提高。

(5)酸碱稳定性。多数固定化酶的酸碱稳定性高于游离酶，稳定pH范围变宽。极少数酶固定化后稳定性下降，可能是由于固定化过程使酶活性构象的敏感区受到牵连而导致的。

3. 酶的反应特性

固定化酶的反应特性，如底物专一性、酶反应的最适pH、酶反应的最适温度、动力学常数、最大反应速率等均与游离酶不同。

(1)底物特异性。固定化酶的底物特异性与底物分子质量的大小有一定关系。一般来说，当酶的底物为小分子化合物时，固定化酶的底物特异性大多数情况下不发生变化。例如，氨基酰化酶、葡萄糖氧化酶、葡萄糖异构酶等，固定化前后的底物特异性没有变化；而当酶的底物为大分子化合物时，如蛋白酶、α-淀粉酶、磷酸二酯酶等，固定化酶的底物特异性往往会发生变化。这是由于载体引起的空间位阻作用，使大分子底物难于与酶分子接近而无法进行催化反应，酶的催化活力难以发挥出来，催化活性大大下降；而分子质量较小的底物受到空间位阻作用的影响较小，与游离酶没有显著区别。

酶底物为大分子化合物时，底物分子质量不同对固定化酶底物特异性的影响也不同，一般随着底物分子质量的增大，固定化酶的活力下降。例如，糖化酶用CMC叠氮衍生物固定化时，对相对分子质量8 000的直链淀粉的活性为游离酶的77%，而对相对分子质量为50万的直链淀粉的活性只有15%～17%。

(2)反应的最适pH。酶被固定后，其最适pH和pH曲线常会发生偏移，可能有以下三个方面原因：一是酶本身电荷在固定化前后发生变化；二是由于载体电荷性质的影响致使固定化酶分子内外扩散层的氢离子浓度产生差异；三是由于酶催化反应产物导致固定化酶分子内部形成带电微环境。

载体的电荷性质对固定化酶作用的最适pH有明显影响。一般来说，用带负电荷载体制备的固定化酶的最适pH较游离酶偏高，即向碱性偏移；用带正电荷载体制备的固定化酶的最适pH较游离酶偏低，即向酸性偏移。使用带负电荷的载体时，由于载体的聚阴离子效应会吸引反应液中的阳离子(H^+)到其表面，使固定化酶扩散层的H^+浓度比周围外部溶液高，从而造成固定化酶反应区域pH比外部溶液的pH偏酸，这样实际上酶的反应是在比反应液的pH偏酸一侧进行，外部溶液的pH只有向碱性偏移才能抵消微环境作用;反之,用带正电荷的载体制备的固定化酶的最适 pH 比游离酶的最适 pH 低一些。

产物性质对固定化酶的最适 pH 的影响,一般来说,产物为酸性时,固定化酶的最适 pH 与游离酶相比升高;产物为碱性时,固定化酶的最适 pH 与游离酶相比降低。这是由于酶经固定化后产物的扩散受到一定的限制所造成的。当产物为酸性时,由于扩散限制使固定化酶所处微环境的 pH 与周围环境相比较低,需提高周围反应液的 pH,才能使酶分子所处的催化微环境达到酶反应的最适 pH。

(3)反应的最适温度。固定化酶的最适温度多数较游离酶高,如色氨酸酶经共价结合后最适温度比固定前提高 5～15℃。但也有不变甚至降低的情况。固定化酶的作用最适温度会受固定化方法以及固定化载体的影响。

(4)米氏常数。米氏常数 K_m 反映了酶与底物的亲和力。酶经固定化后,酶蛋白分子的高级结构的变化以及载体电荷的影响可导致底物和酶的亲和力的变化。有时使用载体结合法制成的固定化酶的 K_m 会变动,其原因主要是由于载体与底物间的静电相互作用的缘故。当两者所带电荷相反时,载体和底物之间的吸引力增加,使固定化酶周围的底物浓度增大,从而使酶的 K_m 值减小;而当两者电荷相同时,载体与底物之间相互排斥,固定化酶的 K_m 值比游离酶的 K_m 值增大。另外,K_m 值还与载体颗粒大小有关,一般而言,载体的颗粒越小,K_m 值在固定化前后的变化越小。

例如,用 CMC 叠氮衍生物结合法制成的固定化无花果蛋白酶的 K_m 比游离酶减少 1/10,这是因为正电荷底物与载体多阴离子的 CMC 间的静电引力提高,所以固定化酶区域的底物浓度比外部溶液高,在较高底物浓度下酶反应可以更快地进行,表观 K_m 就下降了。相反,用尼龙膜或聚脲膜作成天门冬酰胺酶微胶囊固定化酶的 K_m 值较游离酶多两个数量级,这是由于在凝胶中底物浓度减少的缘故,内部底物浓度低于外部区域的浓度,表观 K_m 就上升了。

(5)最大反应速率。固定化酶的最大反应速率与游离酶大多数是相同的。有些酶的最大反应速率会因固定化方法的不同而有所差异。

6.1.6 影响固定化酶性能的因素

固定化酶的制备方法、所选载体材料不同,固定化后酶的特性不同。即使同样的固定化方法和载体,对不同的酶来说,固定化后酶的特性变化也有差异。酶固定化后所引起的酶性质的改变,一般认为可能有两种原因,一是酶本身的变化,酶固定化实际上是酶的一种修饰,因此酶本身的结构、带电性必然随着固定化的不同而受到不同程度的影响和变化;二是受固定化载体的物理或化学性质的影响。所谓酶本身的变化,主要是由于活性中心的氨基酸残基、高级结构和电荷状态等发生了变化;载体的影响,则主要体现在固定化酶的周围,形成了对底物产生影响的扩散层,以及静电的相互作用等引起的。上述原因带来的扩散限制效应、空间效应、电荷效应以及载体性质造成的分配效应等因素都必然会对酶的性质产生影响。酶经固定化后性质的改变被认为是下述各种因素综合影响的结果。

1. 微环境的影响

所谓微环境是指紧邻固定化酶的环境区域。微环境效应是由于固定化酶处于与整体溶液(宏观体系)完全不同的物理环境中产生的,主要是载体、产物的疏水、亲水及电荷性质带来的影响。这在多电解质载体制备的固定化酶中最为显著,带电的载体使酶在固定化后具有十分不同的微环境。

2.扩散限制、分配效应的影响

这两种效应都和微环境密切相关。固定化酶反应系统中酶分子和底物、抑制剂等处于不同相中,底物必须通过水不溶性载体周围的扩散层,从主体溶液传递到固定化酶内部活力部位才能和酶接触反应,同样,产物也从固定化酶活力部位扩散到主体溶液,因此发生扩散限制作用。扩散限制效应,是指底物、产物和其他效应物在微环境中的迁移运转速率受到的限制作用,即底物、产物、效应物在微观反应区与宏观体系之间的迁移速率低于理论反应速率的效应。有外扩散限制和内扩散限制两种类型。

外扩散限制是指物质从宏观体系穿过包围在固定化酶颗粒周围近乎停滞的液膜层(又称 Nernst 层)达到微粒表面时所受到的限制。在充分混合的反应器内,可通过增加搅拌程度来减小,但不能避免外扩散限制作用;在管式反应器内可以采用增加流速的方法,或用更浓的底物或黏度较低的底物的方法来减小其影响。

内扩散限制是指上述物质进一步向微粒内部酶所在点扩散所受到的限制。内扩散效应一般是由于载体的孔径小(和弯曲)引起的。如对于高载量的固定化酶产生的内扩散限制常会导致酶活性的下降。这是由于载体颗粒外层部分的酶分子消耗了进入颗粒的大部分,甚至是全部的底物,而处于颗粒较深部的酶分子很少有机会与底物作用而未发挥其催化作用而使固定化酶的活力下降。一般可通过如下一些方法来降低内扩散限制的影响:使用低分子质量底物、高底物浓度、低载量的固定化酶、高孔率载体,且孔径要尽可能的大,尽可能不弯曲,固定化酶的颗粒尽可能小等。

分配效应是由于载体性质造成的酶的底物或其他效应物在微观环境和宏观体系之间的不等性分配,从而影响酶促反应速率的一种效应。分配效应通常是由微环境效应引起的,例如,亲水底物会有选择地吸附在亲水载体表面或孔内,使底物的局部浓度增加而疏水底物会被亲水载体排斥。同样,带正电荷的底物和质子会吸在带负电荷的载体上,使局部底物浓度增加,同时还会导致载体内的 pH 降低。这样的分配效应使固定化酶的最适 pH 和 K_m 值不同于用游离酶所得的值,如前面已经讨论过,底物带正电荷、载体材料带负电荷的情况下,固定化酶的 K_m 会减小,而最适 pH 会向碱性偏移。

3.立体屏蔽的影响

立体屏蔽是指固定化后由于载体空隙太小,或固定化的结合方式不同,使酶活性中心或调节部位造成某种空间障碍,使效应物或底物与酶的邻近或接触受到干扰,不易与酶接触。因此,选择载体的孔径不可忽视。尤其是固定化酶作用于高分子底物时,载体的空间位阻可能显著地影响酶的催化功能。可采用载体加"臂"的方法,改善这种立体屏蔽的不利影响。

4.酶分子构象改变、化学改变的影响

酶在固定化过程中,由于酶和载体之间相互作用,引起酶分子构象发生某种扭曲、形变,从而导致酶和底物的结合能力或催化底物转化能力发生改变,以及效应物对酶的变构效应改变。在大多数情况下,固定化致使酶活性不同程度地下降。尤其是与载体结合的是酶的重要氨基酸残基，即组成活性部位的氨基酸残基，或者是对保持酶的三维结构十分重要时，这种构象效应对酶的活性影响特别严重。另外，共价结合引起酶的化学改变，在大多情况下，化学改变可能导致酶分子总的净电荷的改变，也可能对酶的活性中心区发生专一的邻近效应。

虽然固定化酶技术并不是一项新技术，但由于其固有的优点和实用性，人们对它的研究仍不断深化和扩大，新的固定化方法如磁性微球固定化技术以及新的载体等不断出现，这些都使固定化酶技术逐渐得以完善，应用领域不断扩大，老技术将被不断赋予新生命。

6.2 辅酶的固定化

迄今为止，工业上大规模应用的酶有 60 多种，这同自然界存在的 8 000 多种酶比较起来微乎其微。如能将更多种类的酶应用于工业生产，无疑将增加生物催化的应用领域，设计出新的生物转化工艺，开发出新的产品或改进原有产品的工艺。

目前在工业上大规模应用的酶大部分是水解酶类，如淀粉酶、糖化酶、蛋白酶、果胶酶、脂肪酶、纤维素酶等，这些酶的共同特点是一般不需要辅因子，所以使用简单，便于应用。许多氧化还原酶类和转移酶类等通常需要辅因子来传递电子或基团，例如，目前已知的氧化还原酶超过 650 种，其中大约 80%需要尼克酰胺腺嘌呤二核苷酸（NAD^+/NADH）为其辅酶，10%的酶需要以尼克酰胺腺嘌呤二核苷酸磷酸（$NADP^+$/NADPH）为辅酶，还有很少一部分以黄素（FMN、FAD）和辅酶 Q 为辅酶。对于这些酶目前还较难应用，主要因为这些酶的辅因子往往是小分子有机物，价格较高，如不能连续使用或回收，使用成本将很高，导致生产根本不能承受；而且辅因子参与反应后，结构发生改变，其中很多辅因子不能自行再生，这时就需要通过一定的处理措施使其再生，但再生处理往往比较复杂，这些原因都导致氧化还原酶等许多需要辅因子的酶较难在实际过程中应用。

6.2.1 辅因子的定义及分类

按照化学组成，酶可以分为简单蛋白质和结合蛋白质两大类。蛋白酶、淀粉酶等水解酶属于简单蛋白质，这些酶只由氨基酸组成，此外不含其他成分。转氨酶、乳酸脱氢酶及其他氧化还原酶等属于结合蛋白质，这些酶除了蛋白质组分外，还含有非蛋白的小分子物质，前者称为酶蛋白，后者称为辅因子（cofactor）。酶蛋白与辅因子单独存在时，一般无催化能力，只有二者结合成完整的酶分子时，才具有活力，此完整的酶分子称为全酶。这种辅因子可能是一种金属离子，如 Ca^{2+}、Mg^{2+} 等，它们称为无机辅因子；也可能是一种小分子有机物质，如磷酸吡哆醛、焦磷酸硫胺素等，它们称为有机辅因子。这些辅因子或松或紧地与酶相结合，那些与酶蛋白结合松弛，可以通过透析除去的辅因子称为辅酶（coenzyme）；而那些与酶蛋白结合紧密，不能通过透析除去的辅因子称为辅基（prosthetic group）。

辅基是酶蛋白不可分割的部分，两者必需结合在一起才有催化活性，例如，各种转氨酶需要磷酸吡哆醛为辅基，在反应过程中。氨基酸将其氨基转移给磷酸吡哆醛变为磷酸吡哆胺，本身成为酮酸，然后磷酸吡哆胺将氨基转交给另一分子酮酸生成新的氨基酸，本身又变回磷酸吡哆醛，如反应式(6.7)所示。

$$
\begin{array}{ccccc}
\underset{\text{丙氨酸}}{CH_3-CH(NH_2)-COOH} & & \underset{\text{磷酸吡哆醛}}{\text{(HC=O, HO, } H_3C\text{ 吡啶环)}-CH_2-O-PO_3^{2-}} & & \underset{\text{谷氨酸}}{HOOC-(CH_2)_2-CH(NH_2)-COOH} \\
\updownarrow & \rightleftarrows & & \rightleftarrows & \updownarrow \\
\underset{\text{丙酮酸}}{CH_3-C(=O)-COOH} & & \underset{\text{磷酸吡哆胺}}{\text{(}CH_2-NH_2\text{, HO, } H_3C\text{ 吡啶环)}-CH_2-O-PO_3^{2-}} & & \underset{\alpha\text{-酮戊二酸}}{HOOC-(CH_2)_2-C(=O)-COOH}
\end{array}
\qquad (6.7)
$$

辅酶却往往要在两种酶之间或酶与其他物质之间传递电子或基团，能自由移动，可以不断地与酶蛋白结合、分离及反复循环，例如呼吸链中的 NADH、FAD 等在各种脱氢酶之间不断穿梭传递电子。

很多辅酶和辅基由水溶性维生素或其衍生物构成，如 NAD 和 NADP 由尼克酸构成；转氨酶的辅基为磷酸吡哆醛；丙酮酸脱羧反应的辅酶为焦磷酸硫胺素；FAD、FMN 由维生素 B_2(核黄素)衍生而来；维生素 H(生物素)是羧化酶的辅酶；叶酸衍生物参与一碳基团的转移；维生素 B_{12} 的衍生物钴胺酰胺参与酶催化的异构反应等。

6.2.2 辅因子的固定化方法

由于小分子有机辅因子价格较高，所以需要在反应后加以回收，否则在实际应用时成本太高，难以承受。采用固定化方法将辅因子加以固定，反应后回收再生，反复循环使用，这将是解决上述问题的一个可行办法。

6.2.2.1 辅基的固定化

辅基与酶蛋白结合紧密，通常可以用超滤膜截留等物理方法回收酶，同时也回收了辅基；另外如果将酶固定化，则辅基也同时被固定化。

6.2.2.2 辅酶的固定化

辅酶与酶蛋白的结合较为松弛，且分子较小，直接用超滤膜截留效果并不理想，因此，要有效回收辅酶，必须将其固定化。由于辅酶在反应中要不断移动，因此必须保证将其固定化后仍然能够自由移动。采用一般的固定化方法，将辅酶直接固定到不溶性的载体上，将使辅酶失去移动能力，这样辅酶也无法发挥作用。

通常可以采用如下两种方法固定化辅酶。

1. 将辅酶固定到不溶性载体上

在辅酶与不溶性载体之间连接一段可以自由摆动的长链接壁基团，从而减少空间效应，增加辅酶的可动性。常用的接壁分子包括：己二胺-1，6、6-氨基己酸、2-羟基-3-羧基丁胺、琥珀酸等。常用的不溶性载体有：琼脂糖、纤维素、多孔玻璃等。

其固定化方法与固定化酶的方法类似，有溴化氰法、碳化二亚胺法、重氮偶联法等共价结合法，例如，用琼脂糖固定化 NAD^+ 的方法如下（图 6-2）：

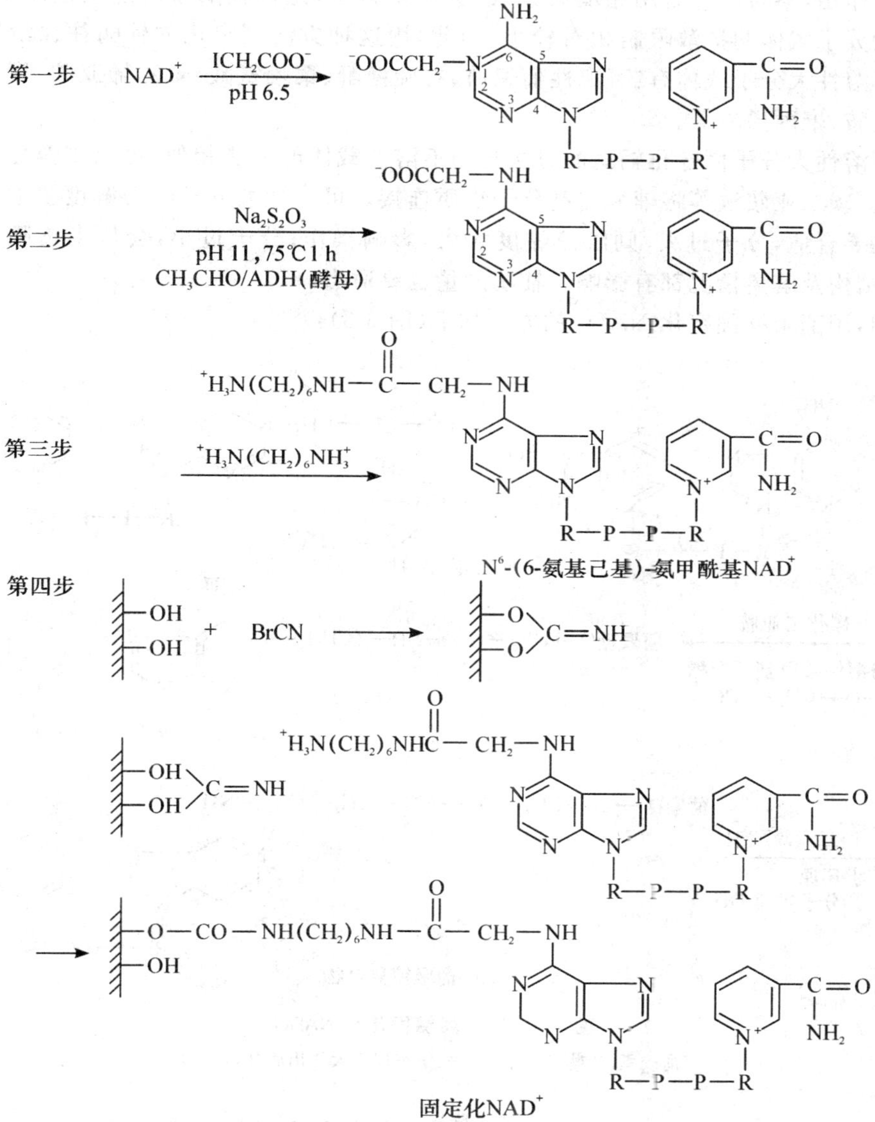

第一步 $NAD^+ \xrightarrow[\text{pH 6.5}]{ICH_2COO^-}$ $^-OOCCH_2$—N1（1位烷基化的 NAD^+；R—P—P—R）

第二步 $\xrightarrow[\text{pH 11, 75℃ 1 h; } CH_3CHO/ADH(\text{酵母})]{Na_2S_2O_3}$ $^-OOCCH_2$—NH（6位，R—P—P—R）

第三步 $\xrightarrow{^+H_3N(CH_2)_6NH_3^+}$ $^+H_3N(CH_2)_6NH$—C(=O)—CH_2—NH（R—P—P—R）

N^6-(6-氨基己基)-氨甲酰基NAD^+

第四步 载体—OH, —OH + BrCN ⟶ 载体—O, —O >C=NH

载体—O, —O >C=NH + $^+H_3N(CH_2)_6NHC(=O)$—CH_2—NH（R—P—P—R）

⟶ 载体—O—CO—NH$(CH_2)_6$NH—C(=O)—CH_2—NH（R—P—P—R），—OH

固定化NAD^+

图 6-2　琼脂糖固定化 NAD^+ 的方法

（俞俊堂．生物工艺学．上海：华东理工大学出版社，1991）

第一步，用碘乙酸使 $NAD^+/NADH$ 腺嘌呤中的 1 位氮原子烷基化。

第二步，在碱性条件下分子发生重排，得到 6 位碳上的氨基氮被修饰的衍生物 N^6-羧甲基 NAD^+。

第三步，通过碳化二亚胺法使长链接壁分子己二胺-1,6与NAD^+衍生物的羧基偶联。

第四步，最后长链上另一端的氨基与经过溴化氰活化的琼脂糖偶联，从而得到固定化辅酶。

2. 将辅酶与水溶性大分子载体结合，使辅酶高分子化

将辅酶键合到水溶性大分子载体上（高分子化），这样辅酶高分子化后仍能溶于水中，正常发挥作用，参与反应后用超滤膜回收，进一步再生，这样辅酶就可连续使用了。由于可溶性大分子载体的扩散限制相对较小，因此，用这种方法固定化的辅酶往往活性较高。常用的可溶性大分子载体有：可溶性葡聚糖、右旋糖酐、聚赖氨酸、聚乙烯亚胺、聚乙二醇、聚丙烯酰胺、聚丙烯酸等。

用可溶性大分子固定化辅酶的方法与用不溶性载体的方法相似，可以用溴化氰法、重氮偶联法、碳二亚胺法等将辅酶与高分子物质连接。可溶性大分子除溶解度要大以外，分子大小也要合适，分子过大，则溶液黏度太大，影响操作；分子过小，会从半透膜中漏出。此外，其结构及解离情况都有影响。辅酶的量也要适当。

例如，用葡聚糖固定化NAD^+的方法如下（图6-3）：

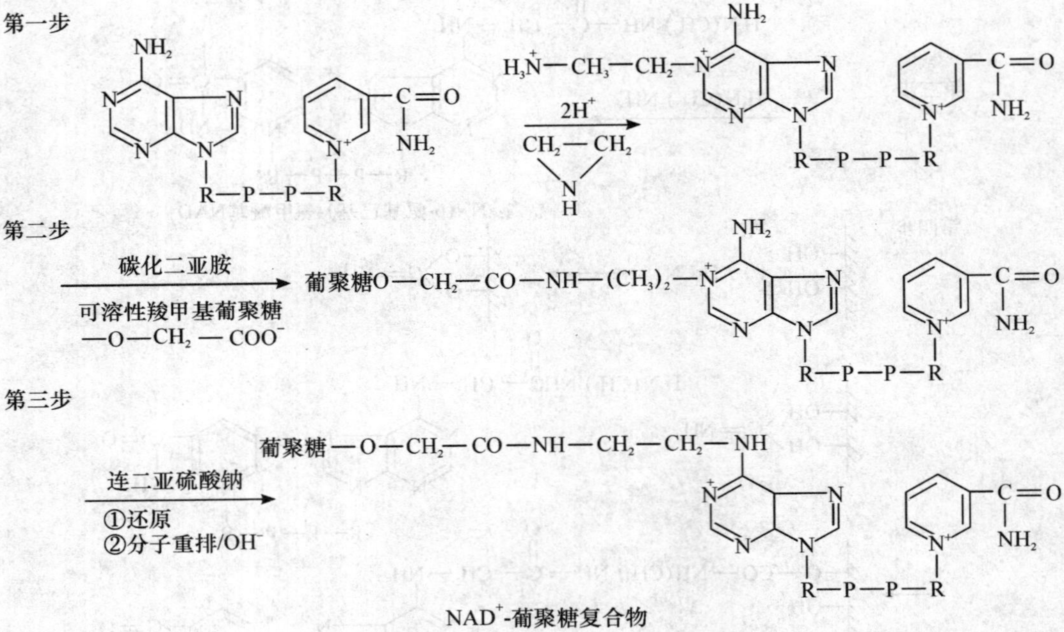

第一步

NH_2 … R—P—P—R $\xrightarrow[\text{CH}_2\text{—CH}_2\text{(NH)}]{2H^+}$ $H_3\overset{+}{N}—CH_2—CH_2—N^+$ … R—P—P—R

第二步

$\xrightarrow[\text{可溶性羧甲基葡聚糖 —O—CH}_2\text{—COO}^-]{\text{碳化二亚胺}}$ 葡聚糖O—CH_2—CO—NH—$(CH_2)_2$—N^+ … R—P—P—R

第三步

$\xrightarrow[\text{①还原 ②分子重排/OH}^-]{\text{连二亚硫酸钠}}$ 葡聚糖—O—CH_2—CO—NH—CH_2—CH_2—NH … R—P—P—R

NAD^+-葡聚糖复合物

图6-3 用葡聚糖固定化NADH

（俞俊堂. 生物工艺学. 上海：华东理工大学出版社，1991）

第一步，先用氮杂环丙烷使NAD^+烷基化，得到N^1-2-氨基乙基-NAD^+；

第二步，通过碳化二亚胺法使N^1-2-氨基乙基-NAD^+的侧链乙基上的氨基与可溶性羧甲基葡聚糖上的羧基偶联；

第三步，在连二亚硫酸钠的作用下还原并在碱性条件下进行分子重排，便得到NAD^+的6位碳上的氨基被修饰的固定化辅酶。

6.2.2.3 辅酶的再生

在反应前后辅酶的氧化还原型会发生变化，例如由氧化型变为还原型或者相反等。要使反应能够连续进行，必须使辅酶回复到原型，即辅酶的再生。

有一些有机辅因子能够在反应中自行再生，包括生物素、焦磷酸硫胺素、磷酸吡哆醛、异构反应中的钴胺素等，例如转氨酶的辅酶磷酸吡哆醛，在反应过程中可以自行再生。

有一些有机辅因子需要分子氧作为电子受体，通过氧化还原过程才能再生。如氧化态的辅酶 NAD^+、$NADP^+$、FAD、FMN 等，它们在参与脱氢反应后变为还原态的 $NADH+H^+$、$NADPH+H^+$、$FADH_2$、$FMNH_2$，这些还原态的辅酶经溶液中的氧分子氧化得到再生。如葡萄糖氧化酶以 FAD 为辅酶，它可以将葡萄糖脱氢成为葡萄糖酸内酯（葡萄糖酸内酯进一步水解成为葡萄糖酸），而 FAD 被还原成为 $FADH_2$，$FADH_2$ 直接被溶液中的氧分子氧化为 FAD，得到再生。

还有一类辅因子必须有其他适当底物作为电子受体才能再生，如抗坏血酸、辅酶 A、辅酶 Q、谷胱甘肽、钴胺素、细胞色素、四氢叶酸、三磷酸腺苷以及还原态的 NADH、NADPH 等均需要其他适当底物作为电子受体才能再生。

辅酶的再生包括非酶法再生和酶法再生。

非酶法再生包括化学方法和电化学方法。化学法再生可以通过一些化学试剂，例如连二亚硫酸钠、一磷酸黄素核苷酸、二氢吡啶衍生物、甲烯蓝、吩嗪甲基硫酸盐等的作用完成。化学法的优点是化学试剂的稳定性好，价格便宜。但其缺点是分子质量小，反应后分离操作困难，反应体系易受污染。

辅酶的电化学法再生是通过电子在电极和辅酶间直接传递完成电氧化或电还原过程的，该法反应速度较慢，选择性差，需要很高的超电势或负超电势从而导致严重的电极污染。这种方法通常作为某些固定化酶电极的再生方法用于分析领域，对于工业应用不太实用。

辅酶的酶法再生包括底物偶联法和酶偶联法。底物偶联辅酶再生体系（图 6-4）由一种酶和两种底物组成，其中底物Ⅰ为目标底物，经酶催化生成目标产物Ⅰ，而辅酶转则转变为氧化型（或还原型）；底物Ⅱ为辅助底物，经过上述相同酶的催化生成为副产物，而辅酶则重新转变为还原型（或氧化型），得到再生。在这一体系中，目标底物（底物Ⅰ）和辅助底物（底物Ⅱ）同时转化，但两者方向相反。例如马肝醇脱氢酶（HLADH）就是这样一种酶，它可以某些醇、醛、酮类化合物为底物进行氧化还原反应，通过与底物偶联实现辅酶 NAD^+ 再生，如图 6-5 所示。

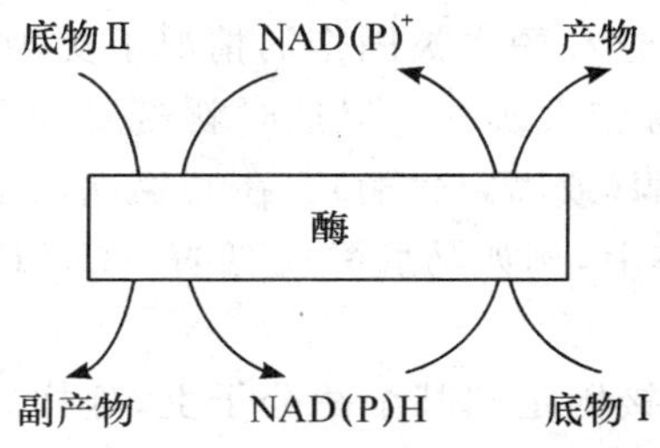

图 6-4　底物偶联辅酶再生体系
（俞俊堂. 生物工艺学. 上海：华东理工大学出版社，1991）

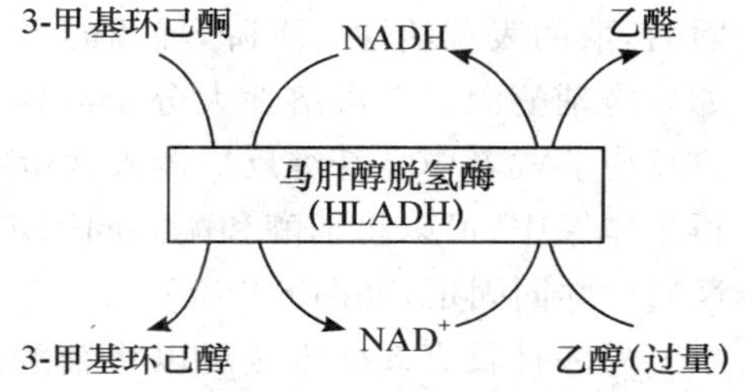

图 6-5　底物偶联辅酶再生体系
（俞俊堂. 生物工艺学. 上海：华东理工大学出版社，1991）

这种再生系统使用简单，但是要求酶能够同时作用于目标底物和辅助底物，通常会降低酶催化效率，有时高浓度辅助底物会抑制酶活性，除此之外还需要将产物与辅助底物分离，增加了分离操作的复杂性。

酶偶联辅酶再生体系（图 6-6）是利用两个平行的氧化还原反应酶系统实现辅酶的反应和再生的偶联，在这种体系中，两个酶系统的反应方向相反，其中一个酶系统催化底物转化（辅酶发生转型），另一个酶系统则催化辅酶循环再生，因此在这一体系里包括两种酶和两种底物。为了达到最佳效果，两个酶的底物应相对独立，以避免两个底物竞争同一酶的活性中心。酶偶联法再生效率高，但由于需要外加酶和对应的底物，再生系统较复杂，过程控制难。

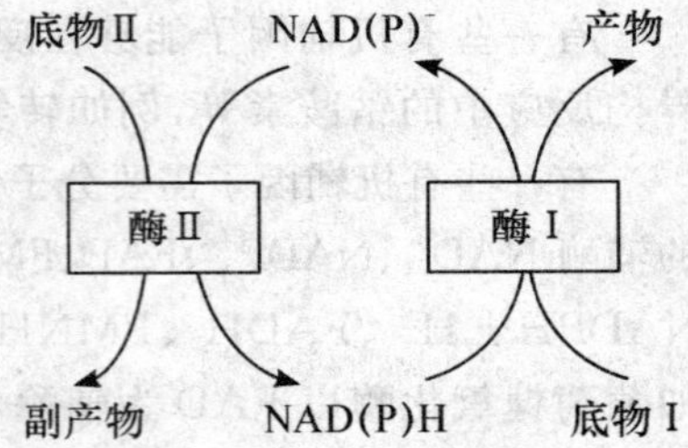

图 6-6　酶偶联辅酶再生体系

（张翀. 辅酶再生体系的研究进展. 生物工程学报，2004，20(6)：811-816）

酶偶联辅酶再生体系在工业上已有成功应用的范例，如德国 Degussa 公司利用 *Candida boidinii* 的 FDH 大规模生产 *L*-亮氨酸，他们将甲酸/甲酸脱氢酶（FDH）系统与亮氨酸/亮氨酸脱氢酶（LeDH）系统偶联，实现 NADH 的再生，如图 6-7 所示。该工业规模的辅酶再生系统采用了持续超滤膜（UF）反应器，将 FDH 和辅酶截留下来。

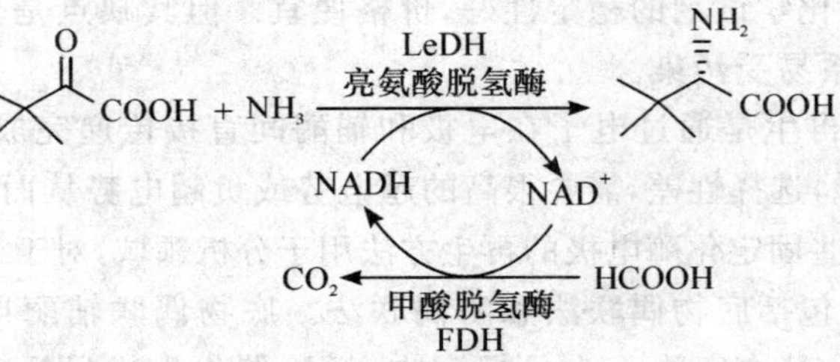

图 6-7　甲酸/甲酸脱氢酶（FDH）系统与亮氨酸/亮氨酸脱氢酶（LeDH）系统偶联用于工业生产 *L*-亮氨酸

（吕陈秋. 烟酰型辅酶 $NAD(P)^+$ 和 NAD(P)H 再生的研究进展. 有机化学，2004，24(11)：1366-1379）

在实际应用的系统中，如果辅酶被固定到不溶性载体上，酶促反应将存在较大的扩散阻力，酶的表观活性将下降，辅酶的再生效率也较低，这在酶也被固定的情况下更为明显。如果将辅酶固定在可溶性大分子载体上，效果就会有较大改善。但这时就需要一个超滤膜反应器或者中空纤维反应器来截留固定化辅酶和酶（或固定化酶）。在底物偶联辅酶的再生体系中，可以将辅酶和酶共同固定到同一个载体上，例如马肝醇脱氢酶（HLADH）和 NAD^+ 共同固定，如图 6-8 所示 。

另一种较有效的方法可以将辅酶通过连接臂直接固定到某个酶分子上，这样原来可以与酶分离的辅酶便被牢固结合到了酶分子上，但仍能够在一定范围内自由摆动。这种酶-辅酶复合物如果被固定到电极上，便是酶电极。辅酶通过酶促反应被还原，再通过电化学反应得到氧化。一种最理想的构型是酶偶联辅酶再生体系的两个酶分子的活性中心相互定向，而辅酶与其中一个酶分子通过连接臂结合，连接臂的长度适合辅酶分子在两个酶分子的活性中心之间来回摆动，这样辅酶就可以得到再生，如图 6-9 所示。

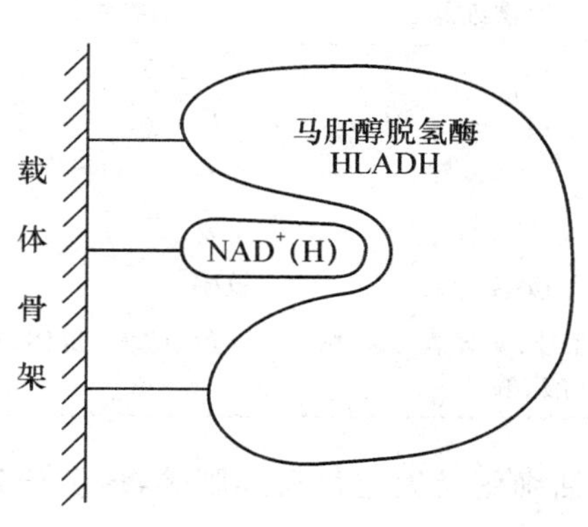

图 6-8　马肝醇脱氢酶(HLADH)和 NAD^+ 共同固定系统

（俞俊堂. 生物工艺学. 上海：华东理工大学出版社，1991）

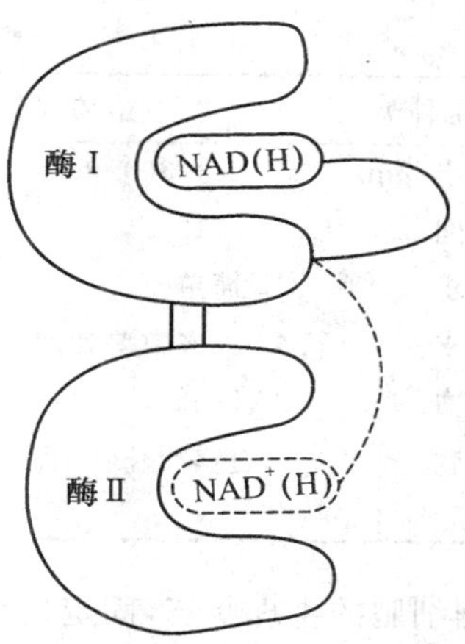

图 6-9　酶-辅酶复合物示意图

（俞俊堂. 生物工艺学. 上海：华东理工大学出版社，1991）

6.3　细胞的固定化

所谓固定化细胞(immobilized cell)技术，是指利用物理或化学手段将游离的细胞定位于限定的空间区域，使其保持活性，并可反复使用的一种技术。固定化细胞技术是在固定化酶技术的基础上发展起来的。20 世纪 60 年代，出现了固定化酶的理论和技术，70 年代，出现了固定化细胞的理论和技术。1973 年，日本首次在工业上成功地利用固定化微生物细胞连续生产 *L*-天冬氨酸。随后，固定化细胞技术受到广泛重视，并很快从固定化休止细胞发展到固定化增殖细胞。目前，固定化细胞的应用范围很广，已遍及食品、医药、化学分析、环保、化工、能源开发等多个领域，如可以利用固定化细胞生产酒精、葡萄糖、氨基酸、有机酸、抗生素、生化药物和甾体激素等发酵产品；固定化细胞制成的生物传感器还可用于医疗诊断、测定醋酸、乙醇、谷氨酸、氨和 BOD 等。目前，固定化细胞技术在基因工程菌发酵中也有较多应用，质粒的不稳定性对基因工程菌的培养和产物的生成有着极大的影响，将基因工程菌固定化后培养可增加其稳定性、提高生物量和提高克隆基因产物的产量。非生长的基因工程菌固定化后，可提高其半衰期并能稳定操作较长时间。

6.3.1　固定化细胞的分类和形态

根据细胞的类型，固定化细胞可分为固定化动物细胞、固定化植物细胞和固定化微生物细胞。需要注意的是，动物细胞、植物细胞、微生物细胞的特性和生产性能各不相同，这些细胞的简单特性比较见表 6-2。

表 6-2　各种细胞特性比较

细胞种类	植物细胞	微生物细胞	动物细胞
细胞大小/μm	20～300	1～10	10～100
倍增时间/h	>12	0.3～6	>15
营养要求	简单	简单	复杂
光照要求	大多数要光照	不要求	不要求
对剪切力	敏感	大多数不敏感	敏感
主要产物	色素、药物、香精、酶等	醇、有机酸、氨基酸、抗生素、核苷酸、酶	疫苗、激素、抗体、酶

根据细胞的生理状态，固定化细胞分为固定化活细胞及固定化死细胞等，详细分类见表 6-3。

固定化死细胞一般在固定化之前或之后，要用某些物理或化学方法处理细胞，如加热、匀浆、干燥、冷冻、酸及表面活性剂等处理。预处理的目的在于增加细胞的通透性，抑制副反应发生，将细胞内的酶固定到细胞上等。如将含有天冬氨酸酶的细胞与底物溶液一起在 37℃保温 48 h，细胞对底物的通透性增加，酶活明显升高；又如用延胡索酸生产 *L*-苹果酸，常有琥珀酸生成，可用胆汁处理，抑制琥珀酸的生成；又如葡萄糖异构酶是一种胞内酶，将生物细胞加热至 60℃，10 min 后，其他酶失活，则该酶被固定在细胞膜内，所以又称加热固定化。固定化死细胞比较适于单酶催化的反应。

表 6-3　固定化细胞的分类

<table>
<tr><td>分类方式</td><td colspan="3">细胞类型</td><td colspan="6">生理状态</td></tr>
<tr><td rowspan="2">固定化细胞</td><td rowspan="2">动物细胞</td><td rowspan="2">植物细胞</td><td rowspan="2">微生物细胞</td><td colspan="3">固定化死细胞</td><td colspan="3">固定化活细胞</td></tr>
<tr><td>完整细胞</td><td>细胞碎片</td><td>细胞器</td><td>增殖细胞</td><td>静止细胞</td><td>饥饿细胞</td></tr>
</table>

固定化静止细胞和饥饿细胞是活的，固定前不对细胞做任何处理，但是通过限制营养或其他措施使细胞处于饥饿状态或休眠状态。

固定化增殖细胞是能够在载体中继续生长繁殖的活细胞，在连续反应过程中，流过的反应液即是细胞的培养基。与固定化酶和固定化死细胞比较，固定化增殖细胞由于不断增殖、更新，参与反应的酶也就不断更新，而且反应时酶处于天然环境中，更加稳定，因此更适宜于连续使用。从理论上讲，只要载体不解体、不污染，就可以长期使用。固定化细胞保持了细胞原有的全部酶活性，因此，更适合于进行多酶体系连续反应，目前已经用于生产青霉素、乙醇、氨基酸等。固定化增殖细胞的缺点是载体易受破坏，有污染，还要给细胞提供营养。

因用途和制备方法不同，固定化细胞可以制成颗粒状、块状、条状、薄膜状或不规则状（与吸附物形状相同）等，但以球状颗粒为多，这是因为球状颗粒不易磨损，抗压能力强，不易变形。

用光学显微镜、电子显微镜观察发现固定在载体内的细胞与游离细胞相比一般没有明显的形态变化。

6.3.2 固定化细胞的性质和特点

固定化细胞利用了游离细胞完整的酶系统和细胞膜的选择透过性，同时也利用了酶的固定化技术，兼具二者的优点，制备又比较容易，所以在工业生产和科学研究中广泛应用。

与固定化酶相比，固定化细胞有其独特优势：第一，固定化细胞不需要进行酶的分离纯化，减少了操作成本和复杂性；第二，酶处于原有细胞环境中，稳定性更高；第三，细胞保持生命活动状态，细胞中的辅因子可自动再生；第四，细胞含有多酶体系，可催化一系列反应。

与游离细胞发酵过程相比，固定化细胞有如下优点：

第一，固定化细胞可以在一定空间范围内生长繁殖，细胞密度增大，发酵能力强。如固定化大肠杆菌 BZ18 (pTG201) 比游离细胞产生目的产物的量高 20 倍，用扫描电镜在凝胶表面 50～150 μm 距离内观察到有单层活细胞高密度生长，而在胶粒内部则无细胞生长。与之相似，大肠杆菌 C600 (pBR322) 在中空纤维膜反应器中也可高密度生长。在固定化体系中，细胞生长得更快，直至达到一个稳定状态，相对于游离体系而言，活细胞数目可达其 11 倍之多。

第二，固定化细胞可以在高稀释率的条件下连续或半连续发酵，提高生产效率。研究发现利用固定化细胞连续发酵生产酸牛奶，与传统的间歇生产工艺相比，简化了菌种制备过程、设备利用率提高、控制更加简单。固定化细胞半连续发酵效率远高于游离细胞分批发酵的效率。中国科学院沈阳生态所开发了固定化细胞酒精发酵技术，采用装有固定化细胞的柱式连续反应器，以提高反应速度，将每天接种改为一次性接种，发酵周期从 72 h 缩短为 30 h，酒精生产能力提高 1 倍以上。

第三，由于受到载体的保护作用，固定化细胞对 pH 和温度的适应范围增宽，稳定性比游离细胞高，半衰期延长，可以反复使用。枯草杆菌 α-淀粉酶的影响，经聚乙烯醇固定化后，在连续进料搅拌槽式反应器中进行了连续发酵试验，对 pH 的适应性有所提高，连续发酵 360 h，酶活力保持在 170 μ/mL 左右。

第四，由于连续发酵，一边培养，一边排出发酵液，可消除或减轻产物抑制。如利用海藻酸钙凝胶包埋乳酸菌生产乳酸，用离子交换树脂从发酵液中提取乳酸，消除了产物乳酸对乳酸菌的生长及产生乳酸的抑制作用，使发酵时间由 120 h 缩短到 96 h，乳酸的体积生产率由 0.328 g/(L·h) 提高到 0.482 g/(L·h)。

第五，细胞固定在载体上，细胞与发酵液分离，发酵液中游离细胞少，有利于产品的分离纯化。

第六，质粒的遗传稳定性提高，与游离细胞体系相比，固定化技术可以明显提高基因工程细胞稳定性和目的基因表达产物的产量，并能保持宿主中质粒稳定性和拷贝数。质粒稳定性的提高是由于转化细胞和非转化细胞无法在胶粒中竞争，以及固定化细胞在胶粒中繁殖缓慢。

固定化细胞同时也存在一些缺点或限制因素，如只适用于细胞内酶催化的反应；细胞内蛋白酶可能会分解反应所需的酶；细胞中的酶很多，可能产生副反应，使产物不纯；细胞膜和细胞壁对底物和产物的渗透和扩散产生限制，反应速度降低；酶的性质，如最适 pH、最适温度等，都有所改变；如细胞发生自溶，将影响产品纯度等。

6.3.3 固定化细胞的制备方法

固定化酶和固定化细胞都是以酶的应用为目的，其制备方法也基本相同，固定化酶的方法大部分适合于微生物细胞的固定化。从理论上讲，任何一种限制细胞自由流动的技术，都可以用于制备固定化细胞。制备固定化细胞的理想载体应该符合这样几个条件：①固定化过程简单，易于制成各种形状，适于大规模生产；②材料容易获得，成本低；③固定化过程中及固定化后对微生物无毒害作用；④基质通透性好，传质阻力小；⑤固定化密度大；⑥载体内细胞泄漏少，外面的细胞难以进入；⑦机械强度及化学稳定性好，能较长时间使用；⑧抗微生物分解；⑨沉降分离性能好。

制备固定化细胞的方法大致可以分为吸附法、包埋法、共价结合法、交联法 4 大类，其中以吸附法和包埋法使用最为普遍，有时这些不同方法可以适当组合使用。固定化细胞的方法虽有多种，但还没有一种理想的通用方法，每种方法都有其优缺点。对于特定的应用，必须找到成本低廉、操作简便的方法，保持酶高活力和维持操作稳定性。

6.3.3.1 吸附法

细胞有吸附到固体物质表面的能力，这种吸附能力可以是本来就具有的，也可以是经过处理诱导产生的。吸附法可分为物理吸附法和离子交换吸附法，前者是使用具有吸附能力的载体，如硅胶、活性炭、多孔玻璃、多孔陶瓷、石英砂、活性氧化铝、活性白土、磷灰石、泡沫塑料、淀粉、纤维素等吸附剂将细胞吸附到表面上使之固定化；后者根据细胞表面的带电性质，可以结合到带相反电荷的离子交换剂上，如 DEAE-纤维素、DEAE-sephadex、CM-纤维素等。

吸附法固定化细胞有其独特的优点：①操作简单，只需将固定化载体加入细胞悬浮液中即可自动吸附，比其他固定化方法简单许多；②反应条件温和，对细胞几乎没有毒性，细胞不易死亡；③细胞直接与发酵液接触，传质阻力小，即使是大分子也很容易自由出入载体，尤其适应于大分子底物及产物的发酵过程；④载体可以反复利用。但是，吸附法固定化的细胞与载体结合不牢固，容易脱落，这是一个有待解决的问题。

1. 物理吸附法

物理吸附法是将微生物细胞附着于固体载体上的一种固定方法。将具有吸附能力的载体如多孔陶瓷、硅藻土、玻璃纤维、甲壳素、玉米芯、甘蔗渣等与待吸附的细胞一起培养，细胞被吸附到载体的表面。如在环境保护中用木片、石砾等固定微生物细胞作为污水处理的过滤器。物理吸附法载体与微生物细胞间不起反应，吸附量大，但细胞极容易脱落而流失，有待于进一步改善。

2. 离子交换吸附法

该法常用的载体是离子交换树脂，例如利用阴离子交换树脂吸附含葡萄糖异构酶的放线菌细胞；用离子交换纤维素吸附含转化酶的米曲霉细胞等获得成功，这种方法制备的固定化细胞易脱落，需不断补充新细胞。

6.3.3.2 包埋法

包埋法是制备固定化细胞最常用的方法，又可分为凝胶包埋法和微胶囊包埋法。凝胶包埋即将细胞包埋于凝胶的微小格子内或半透膜聚合物的超滤膜内，该方法操作简单，对细胞活性影响较小，制备的固定化细胞强度较高，目前应用广泛；但是，包埋法制备的固定化细胞存在传质阻力大的问题，即如果发酵培养基中底物分子较大则难以有效渗透到凝胶内部；如果发酵产物分子较大也难以有效渗透出来等。

包埋法所采用的载体主要有：琼脂、琼脂糖凝胶、明胶、卡拉胶、海藻酸钙、壳聚糖、聚乙烯醇(PVA)和聚丙烯酰胺等。1977 年我国投入生产的固定化青霉素酰胺酶，使用明胶、戊二醛包埋大肠杆菌而成。美国、欧洲和日本等大规模生产高果糖浆的工艺多数采用固定化菌体的酶柱工艺。

几种常见的包埋法固定化载体的性能如表 6-4 所示。

表 6-4 包埋法固定化载体的性能

载体	海藻酸钙	卡拉胶	聚乙烯醇	明胶	聚丙烯酰胺	琼脂
强度	较好	一般	好	差	好	差
传质性能	好	较好	较好	差	差	较好
耐生物分解性	较好	一般	好	差	好	好
对细胞毒性	无	无	适中	无	高	无
固定难易程度	易	易	易	易	较难	易
价格	较贵	较贵	便宜	较贵	贵	较贵

1. 聚丙烯酰胺凝胶包埋法

将细胞悬浮液加入到生理盐水、丙烯酰胺、甲叉双丙烯酰胺、5%二甲氨基丙氰及 2.5%过硫酸铵溶液中，此时发生聚合，得到聚丙烯酰胺凝胶，细胞被包埋在凝胶内。将凝胶切成 3 mm×3 mm×3 mm 小块，用蒸馏水、生理盐水各洗两次，抽干即可。

如用聚丙烯酰胺包埋大肠杆菌(*E. coli* ATCC11303)固定天冬氨酸酶，将大肠杆菌细胞悬浮液和单体溶液(750 g 丙烯酰胺和 40 g N,N′-甲叉双丙烯酰胺溶于 2.4 L 水中)在 8℃混合后，加入 100 mL 25%(体积比)*p*-二甲氨丙氰和 500 mL 1%过硫酸钾，混匀后于 20～25℃放置约 5 min 开始聚合并升温，当升至 30℃即用冷水冷却，放置 15～20 min 完成聚合。将凝胶切成直径 3～4 mm 颗粒，再用水洗涤。

聚丙烯酰胺凝胶机械强度高，通过改变丙烯酰胺的浓度可以调节凝胶的孔径，适用于多种细胞的固定化，但凝胶中未聚合的丙烯酰胺单体对细胞有毒性，且聚合过程中会发热，也会杀伤细胞，另外聚丙烯酰胺凝胶制作过程复杂，凝胶传质阻力较大，内部微生物细胞增殖不好。

2. 琼脂凝胶包埋法

配制 4%琼脂溶液，加热将琼脂溶化，冷却到 45℃后，在琼脂凝固前将细胞悬浮液加入到琼脂溶液中，混合均匀，放置冷却，使琼脂凝固，将细胞包埋在琼脂凝胶内，然后切成小方块,用生理盐水洗2次即可。琼脂机械强度很差,无法实际应用。

3. 海藻酸钙包埋

将细胞悬浮液与海藻酸钠溶液混合均匀,然后滴加到2% $CaCl_2$ 溶液中,海藻酸钠遇钙离子立即形成海藻酸钙凝胶,从而将细胞固定在海藻酸钙凝胶颗粒内,将上述凝胶继续浸泡在 $CaCl_2$ 溶液中,置冰箱中继续硬化10 h,用生理盐水冲洗2次即可。海藻酸钙凝胶的机械强度较好,内部呈多孔结构,传质阻力较小,对生物的毒性小,方便制作固定化细胞。

4. 卡拉胶包埋法

将菌体发酵液离心,沉淀出湿菌体,将其分散到生理盐水中,保温至40℃。向250 mg卡拉胶中加5 mL水,加热溶解,冷却至50℃,并保温;迅速将上述2组分混合均匀,倒到干净的培养皿中,冷却凝结。然后用干净的刀片将凝结的卡拉胶凝胶划成2~3 mm见方的小颗粒。倒入2%的KCl溶液中,浸泡24 h硬化。取出后用无菌水冲洗数次即可。

5. 明胶包埋法

将细胞悬浮液加入到明胶溶液中,混匀后冷却凝固,然后切块,加入15%戊二醛溶液,于室温下交联反应1.5 h,用蒸馏水、生理盐水各洗2次即可。明胶强度较低,内部结构致密,传质阻力较大。

6. 聚乙烯醇(PVA)包埋法

将一定量的菌悬液与聚乙烯醇(PVA)混匀,倒平板,加入饱和硼酸溶液,置冰箱内静置过夜,取出后切成小块,用无菌水洗净即可。PVA无毒,强度高,化学稳定性好,耐微生物分解,价格低廉,传质性能较好,近年来获得较广泛的应用。

6.3.3.3 共价结合法

该法与共价结合法固定化酶类似,即通过一定的化学反应,使细胞表面上的某些基团与载体表面的基团之间形成共价键连接,从而将细胞固定化。该法细胞与载体之间的连接很牢固,使用过程中不会发生脱落,稳定性好,但制备时反应条件激烈,操作复杂,细胞很难存活,一般用于固定化死细胞。

6.3.3.4 交联法

交联法与共价结合法一样,都是靠共价键使细胞固定化。其区别是交联法是在细胞间发生交联,如采用戊二醛等双功能试剂,使细胞与细胞发生交联,制成固定化细胞。该法与共价结合法一样,反应条件激烈,对细胞活性影响大,一般用于固定化死细胞。

固定化细胞技术作为固定化酶技术的延伸,其相关技术和应用也在不断发展中,近年来出现了无载体固定化技术等一些新技术。目前固定化微生物细胞用于废水处理取得很大成功,在其他领域的应用也不断扩大,相信随着固定化细胞技术的不断完善,该技术必将在众多领域取得更多实际应用。

6.4 固定化酶和固定化细胞的表征

与游离酶相比,固定化酶的催化环境发生了变化,原来的游离酶在均一的水相中起催化作用,而固定化酶在固-液相不均一的环境中起催化作用;另外酶被固定化后自身的性质发生了一定的变化，与游离酶相比，大多数固定化酶活性下降。因此，需要考察固定化酶的各种性质，通过测定各种参数来判断各种固定化方法优劣以及所得固定化酶的实用可能性。常见的评估指标有酶活力、相对酶活力、酶结合率或活力回收率以及半衰期等。

6.4.1 固定化酶(细胞)的活力

固定化酶(细胞)的活力即其催化某一化学反应的能力，其活力高低可以用在一定条件下催化某一反应的初速度表示，即在一定条件下每分钟转化 1 μmol 底物量或形成 1 μmol 产物的固定化酶(细胞)量为一个活力单位。

固定化酶(细胞)的比活力可以用单位重量或单位面积的固定化酶(细胞)所具有的酶活力单位数来表示。对于颗粒状的固定化酶，可以用每毫克干固定化酶所具有的酶活力单位数表示[μmol/(mg·min)]；对于酶膜、酶管、酶板，则可以用每平方厘米所具有的酶活力单位数表示[μmol/(cm^2·min)]。

由于固定化酶多呈颗粒状，不能溶解于水中，所以一般用于测定溶液酶活力的方法要作适当改进才能用于测定固定化酶的活力，可以在填充床或均匀悬浮的保温介质中测定。常用的固定化酶活力的测定方法包括振荡测定法、反应柱测定法、连续测定法。

1. 振荡测定法

振荡测定法是将一定量的固定化酶放在一定形状、大小的容器中，加入一定量的底物溶液，在特定的温度、pH 等条件下，振荡搅拌使其催化一定的时间后取出一定量的反应液测定底物的减少量或产物的增加量。该法简单方便，但是影响因素较多，容器的大小、形状、底物溶液体积、振荡或搅拌速度等都会影响测定结果。

2. 反应柱测定法

将一定量的固定化酶装进具有恒温装置的反应柱中，使条件适宜的底物溶液以一定的速率流过固定化酶柱，收集流出的反应液并测定底物的消耗量或产物的生成量，计算出固定化酶活力。

3. 连续测定法

连续测定法是利用连续分光光度测定等手段，对固定化酶反应液进行连续测定，测出底物的消耗量或产物的生成量。实际测定时常将振荡反应器中的反应液或固定化酶柱中流出的反应液连续引进连续测定仪(如双束紫外分光光度计等)的流动比色杯中，进行连续分光光度测定。

测定时必须注意测定条件如底物浓度、搅拌速度(振荡测定法)、底物溶液流速(反应柱测定法)、pH、温度、激活剂、反应时间等条件的选择。如用振荡法测定时，搅拌速度不能过大也不能过小，在低速时，反应速率随振荡或搅拌速度的增加而升高，在达到一定的速率后不再升高，若继续增大振荡或搅拌速度，可能会引起固定化酶结构的破坏，缩短固定化酶的使用寿命。一般可根据固定化酶的特性选用适宜的条件，最好采用与实际应用的工艺条件相同的条件(例如实际应用中，固定化酶不一定在底物饱和条件下反应)进行测定，这样才有利于比较和评价整个工艺。

6.4.2 固定化酶(细胞)的操作半衰期

固定化酶(细胞)在操作中可以长期使用,但活力会逐渐下降,固定化酶(细胞)的半衰期(half life)是衡量其操作稳定性的指标,其意义为在连续测定条件下,固定化酶(细胞)的活力下降为最初活力一半时所经历的连续工作时间,常用 $t_{1/2}$ 表示。固定化酶(细胞)的操作稳定性是影响其实际应用的关键因素。

固定化酶(细胞)半衰期的测定可以长期实际操作测定,也可以根据短时间测定的结果进行推算,在没有扩散限制时,$t_{1/2}=0.693/K_D$。

其中 $K_D=-2.303/t\times\lg(E/E_0)$。$E/E_0$ 为时间 t 后酶活力残留的百分率。

6.4.3 固定化酶(细胞)的结合效率

在实际制作固定化酶的过程中,不可能将所有的酶(细胞)都固定,为衡量固定化操作的效率,可用被载体固定的酶(细胞)占加入的酶(细胞)的百分数来表示,即固定化酶(细胞)的结合效率,其计算公式为:

$$酶结合效率=\frac{加入的总的酶活力-未结合的酶活力}{加入的总的酶活力}\times 100\%$$

在酶的固定化操作结束后,用适当的缓冲液淋洗固定化酶(细胞),洗下未固定的酶(细胞),收集洗脱液,并测定其酶活力,即为未结合的酶活力。

6.4.4 固定化酶的结合效率与酶活力回收率

将一定量的酶进行固定化时,不是全部酶都结合到载体上成为固定化酶,而总是有一部分没有结合上。

酶结合效率是指酶与载体结合的百分率,一般由加入的总酶活力减去未结合的酶活力的差值与加入酶的总活力的百分数来表示,它反映了固定化方法的固定化效率。

$$酶结合效率=\frac{加入的总的酶活力-未结合的酶活力}{加入的总的酶活力}\times 100\%$$

酶活力回收率是指固定化酶的总活力与用于固定化的酶总活力的百分比值。

$$酶活力回收率=\frac{固定化酶总活力}{用于固定化的酶总活力}\times 100\%$$

酶结合效率或酶活力回收率的测定可用来评价酶固定化效果的好坏,当固定化载体和固定化方法对酶活力影响较大时,两者的数值差别较大。酶活力回收率反映了固定化方法及载体等因素对酶活力的影响,一般情况下,活力回收率小于1。若大于1,可能是由于某些抑制因素被排除的结果,或者反应为放热反应,由于载体颗粒内的热传递受限制使载体颗粒的温度升高,从而使酶活性增强。

6.4.5 相对酶活力

具有相同酶蛋白量的固定化酶与游离酶活力的比值称为相对酶活力。它与载体的结构、颗粒大小、底物分子质量大小及酶的结合效率有关。相对酶活力的高低表明了固定化酶应用价值的大小，相对酶活力太低则没有实际应用价值。

$$相对酶活力=\frac{固定化酶活力}{溶液酶总活力-未结合的酶活力}\times 100\%$$

6.5 固定化酶和固定化细胞在食品工业中的应用

目前，固定化酶在食品工业中应用的研究越来越多，其实际应用有：固定化氨基酰化酶光学拆分乙酰 *D*,*L*-氨基酸，连续生产 *L*-氨基酸；固定化葡萄糖异构酶制造果葡糖浆；固定化乳糖酶制造无乳糖牛奶；固定化木瓜蛋白酶和多酚氧化酶解决啤酒的冷浑浊问题；固定化活细胞实现啤酒的连续化生产等。

6.5.1 固定化酶在乳制品中的应用

牛奶是人们熟悉的营养佳品，其中含有 5%的乳糖。由于部分人体内缺乏乳糖酶，饮用后会导致腹泻等症状，因此，无乳糖牛奶成为一种客观的需求。为了解决该问题，曾采用聚丙烯酰胺包埋的乳糖酶处理牛奶，去除乳糖，该研究在美国和日本极为盛行。在意大利，科学家从大肠杆菌和酵母中提取精制乳糖酶，用三乙酰纤维素膜包埋，生产无乳糖牛奶，该方法酶稳定性高，可以连续生产 80 d 以上。

此外，乳糖在温度较低时易结晶，用固定化乳糖酶处理后，可以防止其在冰淇淋类产品中结晶，改善产品口感，提高产品品质。

6.5.2 固定化酶在油脂工业中的应用

脂肪酶可以催化酯交换、酯转移、油脂水解等反应，所以在油脂工业中有广泛应用。1,3-特异性脂肪酶可催化酯交换反应，将棕榈油改性为代可可酯。代可可酯是生产巧克力的原料，价格甚高，而棕榈油价廉，因此该工艺受到重视。有研究证明，用固定化脂肪酶可将棕榈油转化成代可可酯，用表面活性剂处理固定化酶，使酶活性大幅度提高，并可延长固定化酶的寿命。

6.5.3 固定化酶在果汁中的应用

柑橘类产品加工中的苦味是柑橘加工中的重要问题。造成苦味的物质有两类：一类为柠檬苦素；另一类为果实中的柚皮苷。脱苦的方法主要有吸附法和固定化酶法。吸附法是一次去除苦味物质，而固定化酶法主要是利用不同酶分别作用于柠檬苦素和柚皮苷，生成不含苦味的物质。工业上采用固定化柚皮苷酶减少柑橘类果汁中的柚皮苷含量。

6.5.4 固定化酶在茶叶加工中的应用

茶饮料质量的提高一方面是提高适口性；另一方面是提高营养价值，提高人体对有益成分的吸收率。目前，固定化酶法已经开始应用于茶饮料中，并从上述两方面均取得了良好的效果。单宁酶是一种水解酶，可以水解没食子酸单宁中的酯键和缩酚酸键。果胶酶是作用于果胶质的 *D*-半乳糖醛酸残基之间的糖苷键，使高分子的聚半乳糖醛酸降解为小分子物质。固定化的单宁酶和果胶酶应用于茶饮料加工可以改善茶饮料的品质。若在绿茶加工中使用单宁酶，可以部分消除夏秋茶苦涩味道，提高茶饮料品质。

6.5.5 固定化酶在啤酒工业上的应用

6.5.5.1 固定化生物催化剂酿造啤酒新工艺

利用固定化酶和固定化细胞技术酿造酒是近年来啤酒工业的新工艺。前苏联专家把酵母细胞镶嵌在陶瓷或聚乙烯材料的环形载体上(直径为 10～20 mm)进行啤酒发酵，发酵周期缩短到 2 d，鲜啤酒的理化指标均可达到传统工艺水平，产量比传统工艺增加 2～2.5 倍。

把固定化酶与固定化细胞技术结合起来，可研制一种新型的生物催化剂——微生物细胞与酶结合型的固定化生物催化剂，用于啤酒酿造(利用葡萄汁酵母和糖化酶做成结合型固定催化剂)。固定化的方法主要有下述两种：一种是以海藻酸钠作为交联剂通过与酶共价结合起来，再把微生物细胞包埋进去；另一种是将干燥的微生物酵母细胞悬浮在酶液中，使两者充分混合，脱水后加戊二醛和鞣酸(单宁)使两者结合起来。

把卡伯尔酵母固定化后用于啤酒酿造，啤酒的主发酵时间可以控制在 24 h 以内，后酵时间缩短到 7 d 左右，比传统工艺缩短一半以上，酿成的啤酒口味正常、泡沫性良好，各项理化指标均符合标准。

6.5.5.2 固定化酶提高啤酒稳定性

啤酒中含有多肽和多酚物质，在长期放置过程中，会发生聚合反应，使啤酒变浑浊。在啤酒中添加木瓜蛋白酶等蛋白酶，可以水解其中的蛋白质和多肽，防止出现浑浊。但是，如果水解作用过度，会影响啤酒泡沫的稳定性。研究用固定化木瓜蛋白酶处理啤酒，既可克服这一缺陷，又可防止啤酒的浑浊。

Witt 等人用戊二醛交联固定化木瓜蛋白酶，可连续水解啤酒中的多肽。在 0℃下施加一定的二氧化碳压力，将经预过滤的啤酒通过木瓜蛋白酶的反应柱，得到的啤酒可在长期储存中保持稳定。

Finley 等人报道，木瓜蛋白酶固定在几丁质上，在大罐内冷藏时或在过滤后装瓶时处理啤酒，通过调节流速和反应时间，可以精确控制蛋白质的分解程度。固定化酶可以多次反复使用，成本低廉。经处理后的啤酒在风味上与传统啤酒无明显的差异。

6.5.6 固定化酶用于高果糖浆的生产

成功地应用于食品工业的首推固定化葡萄糖异构酶，是固定化酶在工业应用方面规模最大的一项。早期工业生产果葡糖浆是采用游离的葡萄糖异构酶或含有此酶的微生物菌体分批进行的。近年来，比蔗糖更便宜的果葡糖浆的需求量日渐增大，因此世界各国都进行了旨在以大量和廉价生产果葡糖浆为目的的固定化葡萄糖异构酶的应用研究，并成功地实现了工业生产。目前，工业使用的葡萄糖异构酶有两种形式，一种是固定化酶形式，一种是固定化细胞的形式。

6.5.7 固定化酶在食品添加剂和食品配料中的应用

固定化酶技术广泛应用于生产食品添加剂和配料的行业中。如低聚果糖、天冬氨酸、*L*-苹果酸、阿斯巴甜、酪蛋白磷酸肽(CPP)等的生产。

Chantal 等进一步优化了固定化酶法生产低聚果糖的工艺：pH 5.15，温度 55℃，蔗糖浓度 750 g/L，酶浓度 5 U/g 蔗糖，产物浓度达到 588 g/L。

以富马酸为原料，天冬氨酸和 *L*-苹果酸都可以采用固定化酶生产。使用由大肠杆菌得到的天冬氨酸酶催化富马酸与氨作用，可以得到 *L*-天冬氨酸，固定化富马酸酶将富马酸转化为苹果酸。一个 10 m^3 的固定化细胞柱每月可生产数吨 *L*-天冬氨酸和 *L*-苹果酸。

采用生物酶法，还可以用 *D*,*L*-氨基酸生产 *L*-氨基酸。*D*,*L*-氨基酸首先被转化为酰基-*D*,*L*-氨基酸，然后用固定化氨基酰化酶进行拆分得到有活性的 *L*-氨基酸和完整的酰基-*D*-氨基酸。*D*-氨基酸再消旋化、重新拆分处理即可得到 *L*-氨基酸。日本的 Tanabe-Seiyaku 公司使用 10 m^3 的固定化氨基酰化酶柱，进行氨基酸拆分操作，每月可以生产 520 t *L*-蛋氨酸、*L*-苯丙氨酸。

思考题

1. 固定化酶和固定化细胞有何优缺点？
2. 制备固定化酶和固定化细胞有哪些方法？这些方法各有什么特点？
3. 影响固定化酶活力和催化性质的因素有哪些？
4. 辅酶有几种固定化方法？辅酶的再生有几种方法？各有何特点？
5. 测定固定化酶、固定化细胞的活力有几种方法？需要注意什么问题？
6. 什么是固定化酶、固定化细胞的半衰期？该指标有何意义？

莎丽娜、段杉、杨飞芸、赵春燕　编写

参考文献

[1] 于国萍,迟玉杰.酶及其在食品中的应用.哈尔滨:哈尔滨工程大学出版社,2000.

[2] 彭志英.食品生物技术.北京:中国轻工业出版社,1999.

[3] 郭勇.酶工程.北京:科学出版社,2004.

[4] 姜锡瑞.酶制剂应用手册.北京:中国轻工业出版社,1994.

[5] 郑宝东.食品酶学.南京:东南大学出版社,2006.

[6] 陈守文.酶工程.北京:科学出版社,2008.

[7] 袁勤生,赵健.酶与酶工程.上海:华东理工大学出版社,2005.

[8] 孙君社,江正强,刘萍.酶与酶工程及其应用.北京:化学工业出版社,2006.

[9] 周晓云.酶学原理与酶工程.北京:中国轻工业出版社,2005.

[10] 俞俊棠,唐孝宣.生物工艺学.上海:华东理工大学出版社,1991.

[11] 罗贵民主编.酶工程.北京:化学工业出版社,2002.

[12] 张翀,邢新会.辅酶再生体系的研究进展.生物工程学报,2004,20(6):811-816.

[13] 吕陈秋,姜忠义,王姣.烟酰型辅酶 $NAD(P)^+$ 和 NAD(P)H 再生的研究进展.有机化学,2004,24(11):1366-1379.

Chapter 7

第7章

酶反应器与酶传感器

教学目的和要求

1. 通过酶反应器和酶传感器的学习，在加深对固定化酶及细胞理论与应用认识的基础上，了解酶反应器和生物传感器的类型；
2. 学习并掌握酶反应器和传感器的结构、工作原理与性能；
3. 了解酶反应器和传感器的应用。

7.1 酶反应器

以酶或固定化酶作为催化剂进行酶促反应的装置称为酶反应器(enzyme reactor)。酶反应器的作用是为酶提供适当的环境(酶反应过程的工艺条件),便于控制酶催化反应的条件和速度,以达到生物化学转化的目的,使底物转化为所需要的中间产物或最终产品。合适的酶反应器可使酶得到合理的应用,并提高产品质量,降低成本。酶反应器不同于化学反应器,它是在常温、常压下发挥作用,反应器的耗能和产能比较少。酶反应器也不同于发酵反应器,因为它不表现自催化方式,即细胞的连续再生。但是酶反应器与其他反应器一样,都是根据它的产率和专一性进行评价。

7.1.1 酶反应器的类型

酶反应器类型可以按多种方式进行分类。

根据其几何形状及结构分为罐式(tank type)、管式(tube type)和膜式(diaphragm type)。罐式反应器一般是装备有搅拌器的搅拌罐。在连续操作时,有时会多级串联使用。对于管式反应器,横放时如果长度不够,往往采用塔形;在这种方式中,内部充填催化剂粒子的反应器又称为固定床或填充床。膜式反应器能通过膜的选择性透过作用在有外推动力的作用下,实现目标成分从反应混合物中的分离。

根据反应物的状态分为均相酶反应器(homogeneous enzyme reactor)和固定酶反应器(immobilized enzyme reactor)。

按操作方式分为分批式操作(batch operation)、连续操作(continuous operation)和流加式操作(fed-batch operation)三种。分批式操作是预先将酶和底物一起加入反应器中,在适当的温度下开始反应,一定时间之后将反应体系全部取出的一种操作方式。反应器内的状态是非定常状态。与此相反,向反应器内连续供给底物,并且连续采出,反应器内的状态不随时间变化,是定常状态,这样的操作称为连续操作。此外,在一次反应过程中徐徐加入底物,但是却不采出产品的操作称为流加式操作。在实际应用过程中,有些酶的催化反应在高浓度底物存在的情况下,酶的催化活力会受到抑制。因此,人们常常采用流加式操作来避免或尽量减少高浓度底物的抑制作用,提高酶的催化速度。流加式操作是分批式操作的一种,只是在操作时,需先将一部分底物加到反应器中,在酶催化下进行反应,随着反应的进行,底物浓度逐步降低,然后再连续或分批地缓慢将底物加到反应器中进行反应,待反应结束后,将反应液一次性地全部取出。

按结构可分为搅拌罐式反应器(stirred tank reactor,STR)、填充床式反应器(packed column reactor,PCR)、流化床式反应器(fluidized bed reactor,FBR)、鼓泡塔式反应器(bubble column reactor,BCR)、喷射式反应器(jet reactor,JR)以及膜式反应器(membrane reactor,MR)等。

常见的酶反应器类型及特点如表 7-1 所示。

表 7-1　常见的酶反应器类型及特点

反应器类型	适用的操作方式	适用的酶形式	特　点
搅拌罐式反应器	分批式 流加分批式 连续式	游离酶 固定化酶	设备简单,操作容易,酶与底物混合较为均匀,传质阻力较小,反应比较完全,反应条件容易调节控制
固定(填充)床式反应器	连续式	固定化酶	设备简单,操作方便,单位体积反应床的固定化酶密度大,可以提高酶催化反应的速度,在工业生产中应用普遍
流化床式反应器	分批式 流加分批式 连续式	固定化酶	混合均匀,传质和传热效果好,温度和 pH 的调节控制比较容易,不易堵塞,对黏度大的反应液也可以进行催化反应
鼓泡塔反应器	分批式 流加分批式 连续式	游离酶 固定化酶	结构简单,操作容易,剪切力小,混合效果好,传质、传热效率高,适合于有气体参与的酶催化反应
喷射式反应器	连续式	游离酶	通入高压喷射蒸汽实现酶与底物混合进行高温短时催化反应,适用于某些耐高温酶的催化反应
膜式反应器	连续式	游离酶 固定化酶	结构紧凑,集反应与分离于一体,利用连续化生产,但容易发生浓差极化而引起膜孔阻塞,清洗比较困难

7.1.1.1　搅拌罐式反应器

搅拌罐式反应器是具有搅拌装置的一种反应器,由反应罐、搅拌器和保温装置等部分组成,是酶催化反应中最常用的反应器,既可用于游离酶的催化反应,也可用于固定化酶的催化反应。

搅拌罐式反应器有分批式搅拌罐反应器(batch stirred tank reactor,BSTR)和连续式搅拌罐反应器(continuous flow stirred tank reactor,CSTR)(图 7-1 至图 7-3)。这类反应器的特点是内容物混合充分均匀,结构简单,温度和 pH 容易控制,传质阻力较低,能处理胶体状底物、不溶性底物,固定化酶易更换,连续式搅拌罐反应器内容物浓度低,有利于底物抑制型酶反应的进行。但反应效率较低,载体易被旋转的搅拌桨叶的剪切力所破坏,

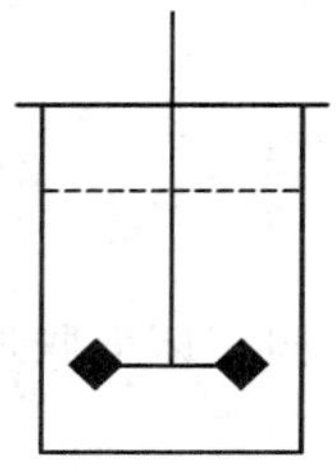
图 7-1　分批式搅拌罐反应器示意图

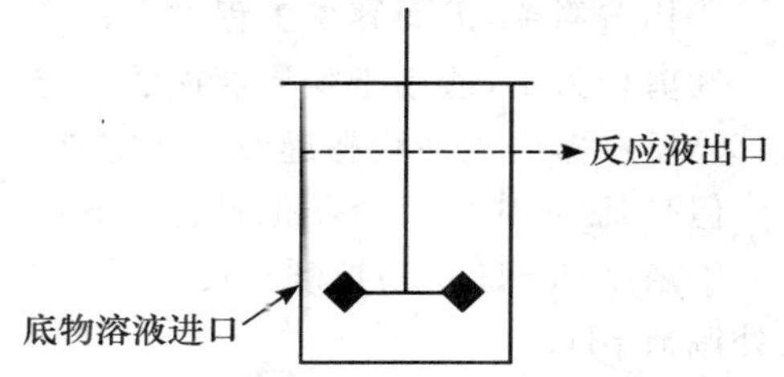

图 7-2　连续式搅拌罐反应器示意图

搅拌动力消耗大。BSTR在用离心或过滤沉淀方法回收固定化酶过程中易造成酶的失效而损失。CSTR常在反应器出口装上滤器使酶不流失,也可用尼龙网罩住固定化酶,再将袋安装在搅拌轴上的方式进行反应;有的则做成磁性固定化颗粒,借助磁吸方法滞留;有时则把酶固定在容器壁上或搅拌轴上。为了达到有效的混合,也可把多个搅拌罐串联起来组成串联反应器组。

7.1.1.2 固定(填充)床式反应器

固定(填充)床式反应器是把颗粒状或片状等固定化酶填充于固定床(也称填充床,床可直立或平放,packed bed reactor,PBR)内,底物按一定方向以恒定速度通过反应床的装置(图7-4)。它是一种单位体积催化负荷量多、效率高的反应器。对于典型的填充床来说,如果柱的截面积液体流动速度完全相同,同时不考虑流动方向上的速度梯度与温度梯度以及轴向上的底物扩散因素,那么整个反应器可以看作是处于活塞式流动状态,因此这种反应器又称为活塞流式反应器(plug flow reactor,PFR)。

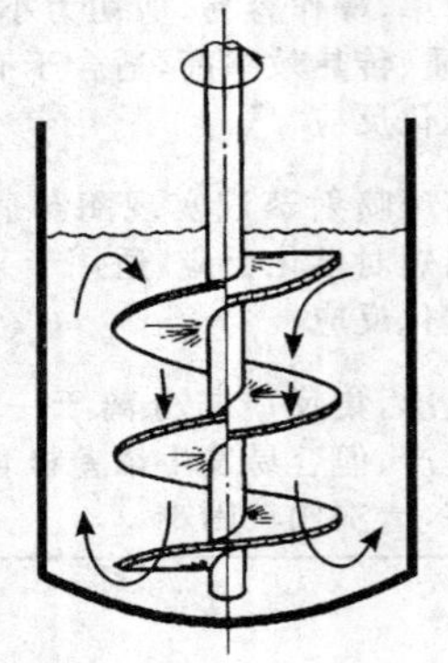

图7-3 一种搅拌罐式反应器示意图(提供了螺旋杆)

(山根恒夫著.邢新会译.生物反应工程[日]北京:化学工业出版社,2006)

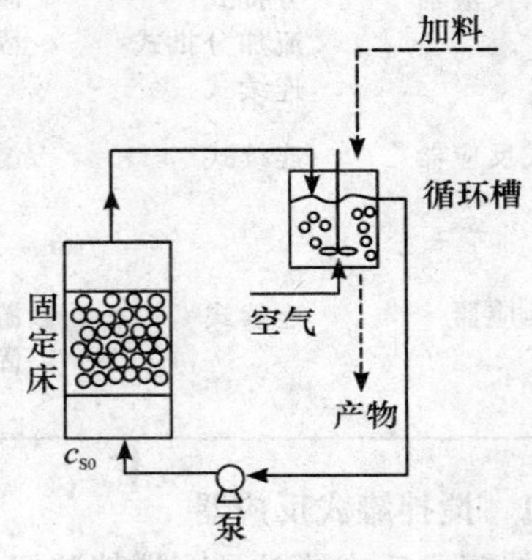

图7-4 固定床式反应器

它具有以下优点:

①单位反应器容积的固定化酶颗粒装填密度高,最大可达74%(应用时一般为50%~60%);

②构造简单,因而容易工程放大;

③剪切力小,适用于容易磨损的固定化生物催化剂;

④反应器内流动状态近似于活塞流。

但是,固定床式反应器也具有以下缺点:

①温度和pH不易控制。反应中pH变化时,应采用多级固定床串联形式,在各级出口处调节pH;

②底物和产物浓度存在轴向分布;

③沿径向可能产生不均一的流动(沟流);

④更换部分催化剂的操作复杂。多级固定床情况下,常采用级联式操作,即按照各段

使用时间的长短即酶失活程度的顺序，依次更换时间最长一段中的催化剂；

⑤床层内有很大的压力降(压头损失)，必须加压供给底物溶液。尤其是在充填像凝胶粒子这样机械强度弱的粒子时，会由于自重产生压缩、变形、堵塞等现象，压密现象的产生造成压力损失增大。

7.1.1.3 流化床式反应器

流化床式反应器是在装有比较小的固定化酶颗粒的垂直塔内，通过流体自下而上的流动使固定化酶颗粒在流体中保持悬浮状态即流态化状态进行反应的装置(图 7-5)。流态化的固体颗粒与流体的均一混合物可作为流体处理。使颗粒处于流态化状态的流体速度范围较窄，当液体流速低时，颗粒静止不动，近似于固定床，而当流速过高时，颗粒将会随流体流出反应器外。流态化所需要的最低流速称为最小流态化流速(minimum fluidizing velocity)。流体的混合程度介于 CSTR 和 PFR 之间。

流化床式反应器具有以下优点：

①良好的传热及传质性能；

②不易堵塞，适于处理黏度高的液体；

③能处理微小粉末状底物；

④即使应用微小的酶颗粒，压力降也不会很大。

但它也有一定的缺点：

①流态化要求流体流速必须提高到一定程度，在不能获得足够高的反应转化率时，必须在满足流态化的流速范围内，将部分反应液再循环，运转成本较高，工程放大困难；

②颗粒处于流动状态，易导致其机械破损。

7.1.1.4 鼓泡塔式反应器

在生物反应中，有不少的反应要涉及气体的吸收或产生，这类反应最好采用鼓泡塔式反应器(图 7-6)。它是把固定化酶放入反应器内，底物与气体从底部通入，大量气泡在上升过程中起到提供反应底物和混合两种作用的一类反应器；此反应器无搅拌装置，效率高，

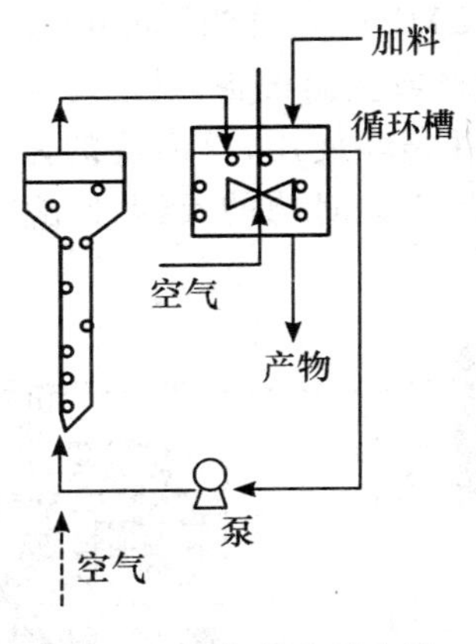

图 7-5 流化床式反应器

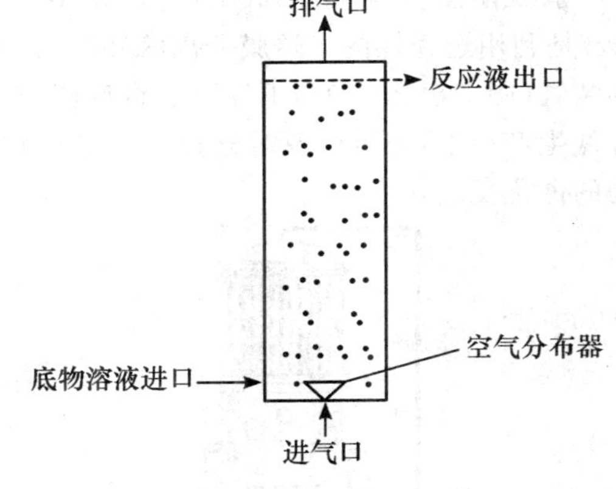

图 7-6 鼓泡塔式反应器
(陈宁. 酶工程. 北京:
中国轻工业出版社. 2005)

有气体参与酶催化反应。鼓泡塔式反应器操作时,通常气体需要通过分布器进行分布,以使气体产生小气泡分散均匀;有时气体可以采用切线方向进入以改变流体流动方向和流动状态,有利于物质和热量的传递和酶的催化反应。

鼓泡塔式反应器既可用于游离酶的催化反应,也可用于固定化酶的催化反应;既可用于连续反应,也可用于分批反应。在使用鼓泡塔式反应器进行固定化酶的催化反应时,反应系统中存在固、液、气三相,所以鼓泡塔式反应器又称为三相流化床式反应器。

7.1.1.5 喷射式反应器

喷射式反应器是利用高压蒸汽的喷射作用实现底物与酶的混合,从而进行高温短时催化反应的一种反应器(图 7-7)。喷射式反应器的结构简单,体积小,混合均匀,由于温度高,催化反应速度快,催化效率高,喷射式反应器适用于游离酶的连续催化反应,已在高温淀粉的淀粉液化反应中获得广泛的应用。

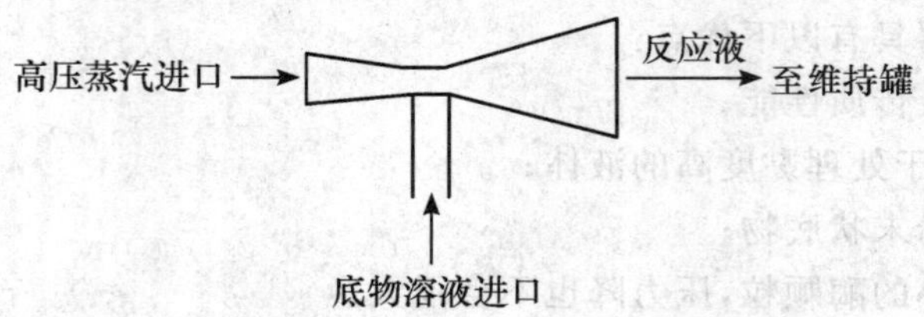

图 7-7 喷射式反应器

(陈宇.酶工程.北京:中国轻工业出版社,2005)

7.1.1.6 膜式反应器

膜式反应器最早应用于微生物的培养,1958 年 Stem 用透析装置培养出了牛痘苗细胞,1968 年 Blatt 第一次提出膜式反应器概念,自此膜式反应器在生物、医药、石化、食品、环境、农业等许多领域得到了越来越广泛的应用。

1. 膜式酶反应器的分类

膜式酶反应器(enzyme membrane bioreactor,简称 EMBR,也称为 membrane bioreactor)是利用选择性的半透膜分离酶和产物(或底物)的生产或实验设备,是反应与分离偶合的装置(图 7-8,图 7-9),不仅可以将反应液中的酶回收并循环使用,提高酶的使用效率并降低生产成本,还可以及时分离出反应产物,降低或消除产物对酶的反馈抑制作用,提高酶的催化反应速度。

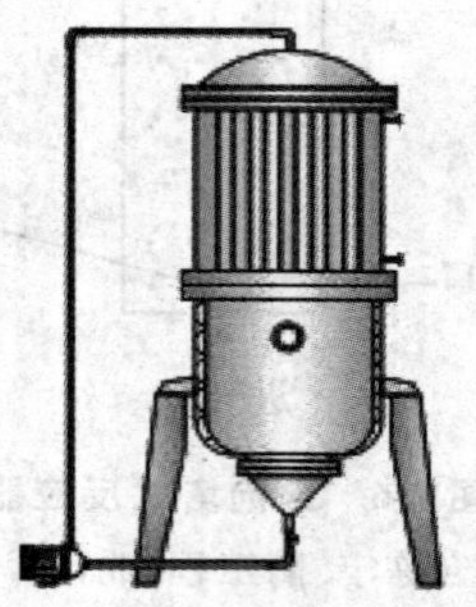

图 7-8 膜式酶反应器 MEF2000 外形图

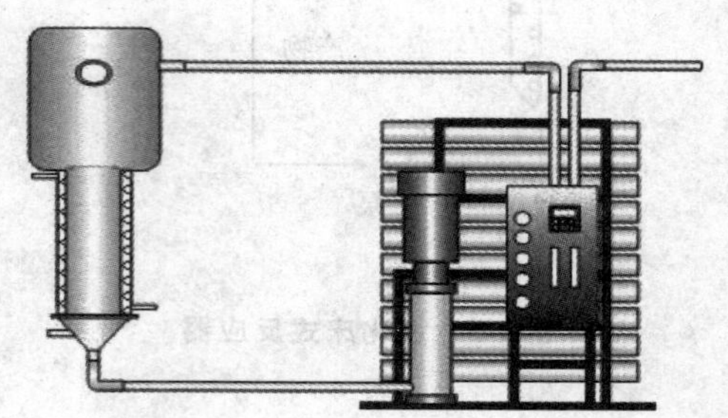

图 7-9 膜式酶反应器 EF2000 外形图

当反应的产物不止一种时，利用膜对不同产物的通透性的差异可分别在膜的两侧浓缩不同的产物组分。不过，若被膜截留在反应区的产物存在反应阻遏现象，对反应进行是不利的。在高分子的水解反应中，采用合适截留分子质量的膜，可允许低分子质量的水解产物选择性透过，而分子质量大的产物则被膜截留富集。

采用膜式酶反应器操作两相反应，无须对反应体系进行乳化，避免了高速搅拌乳化带来的酶失活及动力问题。超滤膜式酶反应器还是研究酶机制，如反应动力学、产物阻遏情况及酶的失活等的有效工具。用膜来固定酶，比起用多孔物质或玻璃珠来固定成本高，但能实现反应与分离的同时进行。此外，对填充式或流化床式反应器，固定化酶颗粒内的扩散下降，传质受到限制。但对膜式固定化酶反应器，除扩散外，系统主要靠传导机制来传质，使得底物稳定地与酶接触反应，产物又不断离开反应区，传质的改善使产率得到提高。

但是，膜式酶反应器也有一定的缺点。随时间增长膜式酶反应器的催化和传质效力会不断下降。除热失活外，酶的动力学稳定性还受其他因素的影响，如酶的大小与膜孔分布相近甚至大于膜孔时都会发生酶的“渗漏”现象；酶的激活剂如金属离子或酶辅因子透过膜而损失，也使酶活下降。当酶以游离态存在时，出现不希望的被膜吸附，使酶分子构象变化、活力减少，或者膜材选择不当也会毒化酶，影响酶活。膜式酶反应器的优缺点如表 7-2 所示，分类如表 7-3 所示。

表 7-2　膜式酶反应器的优缺点

（陈宁. 酶工程. 北京：中国轻工业出版社，2005）

优　点	缺　点
能实现连续的生产工艺/高产率	酶的吸附及中毒
更佳的过程控制/推动化学平衡移动	与剪切力相关的酶失活
不同操作单元的集成与组合	膜表面产生底物或产物的抑制
改善产物抑制反应的速率	酶活化剂或辅酶的流失
操作过程中能富集及浓缩产物	浓差极化
控制水解产物的分子质量	膜污染
实现多相反应	酶的泄漏
研究酶机制的理想手段	

表 7-3　膜式酶反应器的分类

分类标准	类　型
酶状态	自由态式、膜固定化式
膜孔径大小	反渗透式、纳滤式、超滤式、微滤式、普通过滤式
膜材料	有机膜式、无机膜式
膜组件型式	平板式、螺旋卷式、管式、中空纤维式
酶与底物接触方式	直接接触式、扩散式、界面接触式
膜材料的对称性（膜结构形态）	对称膜式、非对称膜式、复合膜式
膜亲水性	亲水性膜式、疏水性膜式
传质推动力	压差驱动、浓差驱动、电位差驱动式

①根据反应器内酶的状态不同，可分为自由态式膜和固定化式膜式酶反应器。自由态式酶又包括游离酶和固定化酶，酶以游离的状态存在于溶液中与底物进行反应，产物透过膜得到分离富集，这种操作方式有利于酶与底物的充分接触(图 7-10)，因而反应速度较快，反应较完全，但存在着酶易泄漏损失，使用周期不长等限制；后来改进用固定化酶，即将酶以吸附体、微囊、交联体等形式制成固体颗粒酶在反应器溶液中与底物反应，提高了酶的使用寿命，减少了酶的泄漏损失，易于与产物分离；因为半透膜除了用于分离外，还被用作界面催化剂的载体制备膜固定化酶，所以膜固定化式酶反应器在体系反应中多了一个固定相，可以进行更复杂的酶反应，如多相酶反应体系。

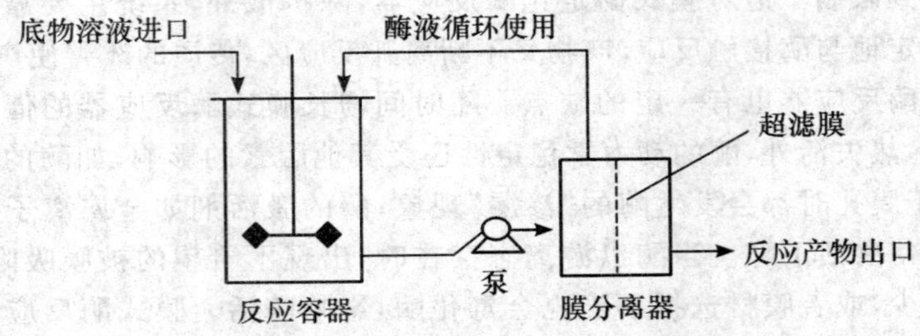

图 7-10　游离酶膜式酶反应器示意图

②根据膜的孔径由小到大依次分为：反渗透(reverse osmosis，RO)膜式、纳滤(nanofiltration，NF)膜式、超滤(ultrafiltration，UF)膜式、微滤(microflitration，MF)膜式及普通过滤膜式。孔径大小从 RO 膜到 UF 膜下限附近的半透膜称为渗析膜。但是各种膜式之间并没有一个明确的界限，为了更好地描述膜式酶反应器所能够分离的粒子的大小，可应用截留分子质量(molecular weight cutoff，MWCO)参数。并不是说当物质分子小于膜微孔时，分子就一定不被截留，因为除大小因素外，对那些分子略小于膜孔的物质，可能存在着静电排斥，而且膜的化学特性与溶质因特异性相互作用(静电、疏水、亲水作用)而影响溶质渗透性，即在溶质的表面又形成一附加层(凝胶层)，减低透过性(浓差极化现象)。当化学反应与酶分离同时进行时，浓差极化尤为明显。

③根据膜材料的种类不同，可分为有机膜式和无机膜式酶反应器。有机膜式材料主要包括聚砜、醋酸纤维素、聚醚、聚砜-聚乙烯基四唑等各种高分子聚合物。无机膜式材料包括陶瓷膜、玻璃膜、金属膜和碳分子膜。膜材料多数为合成高分子材料，但陶瓷材料最近也越来越受到重视。作为 MF 膜，目前常见的有微孔性的聚丙烯、聚乙烯、聚四氟乙烯及聚砜膜等，这些膜耐热性强，可以用蒸汽灭菌。

④根据反应器结构的膜组件型式，可分为平板式、螺旋卷式、管式、中空纤维式酶反应器(图 7-11)。常用的是中空纤维式酶反应器(图 7-12)，它是由外壳和数以千计的醋酸纤维等高分子聚合物制成的中空纤维组成，中空纤维的壁上分布着许多孔径均匀的微孔，可以截留大分子物质而允许小分子物质通过。酶被固定在外壳与中空纤维的外壁之间，底物和空气在中空纤维管内流动，底物透过中空纤维的微孔与酶分子接触进行催化反应，小分子的反应产物再透过中空纤维微孔进入中空纤维管内，随着反应液流出反应器，收集流出液就可以从中分离得到反应产物。选取用于 EMBR 的膜形状时，必须从便于清洗以防

止微生物污染，以及膜孔是否容易堵塞等角度考虑。有时还要考虑膜能否更换。从膜装填密度(指单位反应器容积的膜面积)角度来看，中空纤维膜最好，应用于工业的EMBR很有前途；但当流量小时，难以使液体很均匀地流过，容易产生沟流。

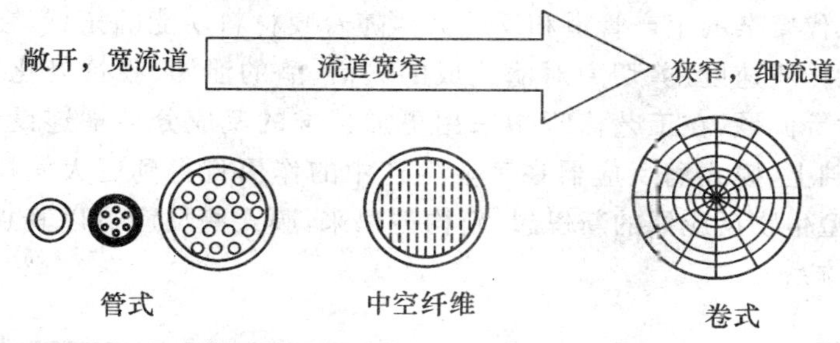

图7-11　酶反应器结构的膜组件型式

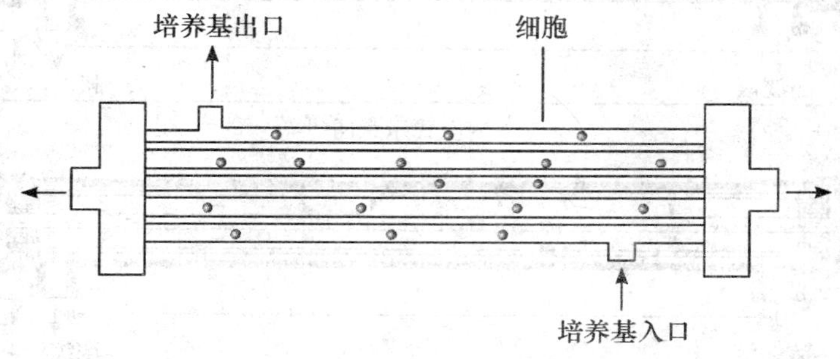

图7-12　中空纤维式酶反应器示意图

⑤根据酶与底物接触方式将膜式酶反应器分为直接接触式、扩散式和界面接触式。直接接触式是指酶与底物直接接触，即底物进入反应器后自由酶就与之在溶液中进行反应；扩散式是指底物经一个简单的正相扩散通过膜的微孔与另一侧的自由酶进行反应，中空纤维膜式酶反应器一般采用这种形式；而界面接触式主要是指多相膜式酶反应器，酶固定在膜上与底物反应，生成的产物透过膜富集到另一相中。

另外，根据膜材料的对称性不同，可分为对称膜式、非对称膜式和复合膜式酶反应器；根据膜亲水性不同，可分为亲水性膜式和疏水性膜式酶反应器；根据酶反应器的构造或流体力学特性的不同，可分为连续式搅拌罐反应器(CSTR)和活塞流式反应器(PFR)；根据反应和分离的偶合方式不同，可分为一体式和循环式酶反应器；根据底物和产物通过膜的传质推动力不同，可分为压差推动膜式酶反应器(图7-13)和浓差推动膜式酶反应器。电势作为膜的一种推动力，将是今后发展的一个重要方向。

2. 膜式酶反应器的应用和发展

膜式酶反应器的应用主要表现在下述几个方面：辅酶或辅助因子的再生；有机相酶催化；手性拆分与手性合成；反胶束催化作用；生物大分子的分解。其中辅酶或辅助因子的再生、有机相酶催化、手性拆分与手性合成是膜式酶反应器是最具有技术优势的体系。

膜式酶反应器的应用研究中，酶体系、膜、反应器结构设计这三者中任何形式的进展，都将提高膜式酶反应器在工业生产中的应用范围和领域。比较膜式酶反应器与其他工业反应器的结构设计和操作特性，膜式酶反应器更适于复杂的催化系统及非传统型的反应媒介中的催化反应，它具有反应和分离集成的特性，在工业生产中有可能避免复杂的化学反应生产流程，取代繁杂的生产管道和反应器。随着膜材料功能的拓展，在克服了诸如酶固定化活力损失、传质速度、剪切力对酶造成的失活、酶的泄漏、膜抗老化、抗有机溶剂性能、酶的热稳定性等问题，在工艺流程中采用更加精准的反应分离耦连设计、多酶协同催化等新技术的基础上，膜式酶反应器在工业生产中的作用将得到更大发挥。特别是工艺集成成为发展新型生物反应器的新思想、新构型以来，膜式酶反应器以其独特的风格成为非常理想的反应体系。

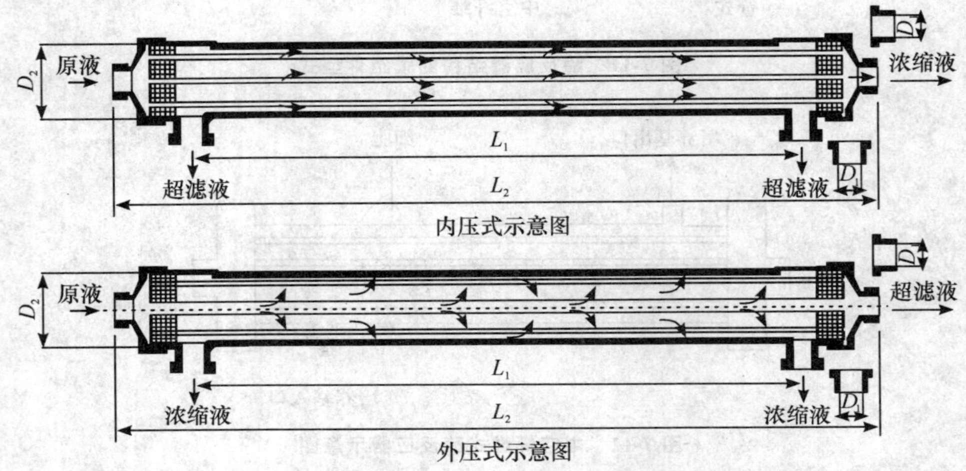

图 7-13 中空纤维式酶反应器内(N)、外(W)压超滤膜结构示意图

在未来的一段时期内，膜式酶反应器有望在以下的领域中得到更加密切的关注：①以电动势作为溶质传递推动力的膜式酶反应器作为辅酶再生技术的一种新的途径；②利用膜式酶反应器实现产物为固体状态的反应，以发挥超滤膜截留固体颗粒的能力；③膜式酶反应器中有关多酶催化连续反应的协同效应的研究；④通过平行、系列横向或纵向的重组，改善膜式酶反应器的效率；⑤在酶催化合成手性药物的发展过程中利用膜式酶反应器。

随着国内对这方面的大力研究，必将大大促进生产工艺的创新和产品创新，相信基于膜式酶反应器特性的深入认识，其生产潜能将在我国食品工业中得到进一步的体现。

7.1.2 酶反应器的选择

酶反应器的类型多种多样，不同的反应器特点不同，在实际应用中，需根据酶的应用形式，底物和产物的性质以及操作要求，反应动力学及传质传热特性，酶的稳定性、再生及更换，反应器应用的可塑性及成本等进行选择。所选择的酶反应器应尽可能具有结构简单、操作方便、易于维护和清洗、可以适用于多种酶的催化反应、制造成本和运行成本较低等特点。

7.1.2.1 酶的应用形式

游离酶的回收有一定困难，其他反应器一般都不适用。在应用游离酶进行催化反应时，酶与底物均溶解在反应溶液中，回收有一定困难，可以选用搅拌罐式反应器、鼓泡式反应器、喷射式反应器等，一般都是分批式反应器或者膜式反应器；连续搅拌罐反应器或超滤反应器虽然可以解决反复使用的问题，但是酶常因超滤膜吸附与浓差极化而损失，同时高流速超滤也可能造成酶的切变失效。

颗粒状酶可采用搅拌罐、固定床式和鼓泡塔式反应器，而细小颗粒的酶则宜选用流化床。对于膜状催化剂，则可考虑采用螺旋式、转盘式、平板式、空心管等膜式反应器。

如果粒状酶易变形或易凝集，或为了提高酶表面与反应器的体积比而需要使用小颗粒状酶或碎片固定化酶时，那么这些小颗粒在活塞流式反应器内会产生高的压降，造成压密堵塞现象，对大规模操作常不易获得足够的流速，这种情况下采用流化床较为适宜。

固定化酶的机械强度，越大越好，但用凝胶包埋法和微胶囊法所制备的酶，其机械强度要比纯粹用固体作为载体的催化剂差得多。对搅拌罐来说，要注意颗粒不要被搅拌桨叶的剪切力损伤。对填充凝胶颗粒的固定床式反应器来说，如果塔身很长，由于凝胶本身重量而产生的压缩和变形，就会增加其压力降。为了克服上述问题，必须用多孔板等将塔身部分适当隔成多层。

7.1.2.2 反应体系的性质

在酶催化过程中，底物和产物以及酶的理化性质会影响酶催化反应的速度。

通常底物有三种形式：可溶解性物质(包括乳浊液)、颗粒物质与胶体物质。可溶解性底物对任何类型的反应器都适用。难溶底物、底物溶液呈胶体状或颗粒状底物往往会堵塞填充床，可选用 CSTR、PBR 和 RCR。应用搅拌罐或流化床式反应器，由于高搅拌速度、高流速可减少底物颗粒的集结、沉积与堵塞，使底物保持悬浮状态，但过高的搅拌速度又可能引起固定化酶的切变粉碎，或导致酶从载体上脱落。

对于有气体参与的酶催化反应，通常采用鼓泡式反应器。例如，葡萄糖氧化酶催化葡萄糖与氧反应，生成葡萄糖酸和双氧水，采用鼓泡式反应器从底部通入含氧气体，不断供给反应所需的氧，同时起到搅拌作用，使酶与底物混合均匀，提高反应效率；另外还可以通过气流带走生成的过氧化氢，以降低或者消除产物对酶的反馈抑制作用。

当酶催化反应的底物或产物的分子质量较大时，底物或产物难于透过超滤膜的膜孔，不宜采用膜式反应器。需要小分子物质作为辅酶参与的酶催化反应，通常也不采用膜式反应器，以免辅酶的流失而影响催化反应的进行。

7.1.2.3 反应操作要求

有的酶反应需要不断调整 pH、控制温度或间歇地补充反应物，或经常供氧，有时还需要更新酶。所有这些操作，在搅拌罐及串联罐类型的反应器中可以连续进行。若底物在反应条件下不稳定或酶受高浓度底物抑制时，就必须在反应过程中连续或间接地将底物分批加入反应器中，这可采用分批式搅拌罐反应器。若反应需氧，则反应器必须配有一种充分混合空气的系统，可选用鼓泡塔式反应器。

对于某些价格较高的酶，由于游离酶与反应产物混在一起，为了使酶能够回收并循环使用，可以采用膜式酶反应器。

7.1.2.4 酶的稳定性

酶的稳定性是酶反应器选择的一个重要参数。固定化酶在反应器中催化活性的降低可能有以下三个原因：酶本身失活、酶从载体上脱落、载体的破碎或溶解。

酶的失活可能是由热、pH、毒物或微生物等引起的。此过程一般比较缓慢，而且底物往往能起到保护作用；也有一些耐极端环境的酶，如高温淀粉酶，可以在高温下采用喷射式反应器，进行连续式的高温短时反应。

酶从载体上解吸下来的情况在加工高分子底物时经常遇到，特别是当底物或载体是荷电多聚电介质时更是如此。在酶反应器的运转过程中，由于高速搅拌和高速液流冲击，可使酶从载体上脱落，或者使酶扭曲、肢解，或使酶颗粒变细，最后从反应器流失。在各种类型的反应器中，CSTR 一般远比其他类型反应器更易引起这类损失。

载体的破碎或溶解主要受载体的性质、操作剪切等因素的影响。

7.1.2.5 应用的可塑性及成本

选择反应器时，还要考虑其应用的可塑性，所选的反应器最好能有多种用途，生产各种产品，这样可降低成本。CSTR 类型的反应器应用的可塑性较大，结构简单，成本较低；而与之相对的 PBR 反应器则较为逊色。在考虑成本时，须注意酶本身的价值与其在相应的反应器中的稳定性。

7.1.3 酶反应器的设计

进行酶反应器设计的目的是获得能适应酶催化反应过程的最佳酶反应器，使酶催化反应过程的生产成本最低、产品的质量和产量最高。其基本要求首先是通用性和简单，使适合于实验室的反应器能满足工业生产的要求。此外，反应器的规模和操作应该与产量相适应，应根据规模效益确定反应器的大小和操作方式。比如，耗费大量资金去建设一套年产仅数吨产品的连续反应装置，是很不合算的。一般地，酶反应器的设计包括酶反应器类型的选择、反应器制造材料的选择、热量和物料衡算等。

7.1.3.1 酶反应器设计的原理

设计酶反应器以及决定反应操作条件，需注意以下事项：反应组分的速率特性以及温度、压力、pH 等操作变量的影响。为了在工业上更好地、长时间稳定地进行高效的酶反应，充分把握每个酶反应的特征是必要的。仅仅用生物化学上常用的初速率解析是不够的。对反应生成物的影响，pH 的影响，温度相关性，缓冲液浓度（离子浓度）的影响，金属离子的影响，失活特性等的充分解析也是必要的；反应器的形式，内部流体流动的状态，传热特性以及物质传递的影响；必要的转化率和产率。

7.1.3.2 酶反应器设计的要点

1. 酶反应器类型的选择

酶反应器设计的第一步就是根据酶、底物和产物的性质，按照酶反应器的选择部分中讨论的原则，进行选择。

2. 酶反应器制造材料的确定

鉴于酶催化反应具有条件温和，一般都是在常温、常压、接近中性 pH 的环境中进行催化反应的特点，酶反应器对制造材料的要求比较低，一般采用不锈钢或玻璃等材料即可，可根据投资的大小来选择合适的材料。

3. 热量衡算

由于酶催化反应一般是在 30～70℃的常温下进行，所以热量衡算并不复杂，可采用化工原理中的相关方法进行，主要是根据热水的温度和使用量来进行热量衡算。同样，酶反应器的温度调节控制也较为简单，通常采用一定温度的热水通过夹套（或列管）加热或冷却的方式进行。对于采用喷射式反应器，可根据所使用的水蒸气的热焓和用量进行计算。

4. 物料衡算

物料衡算是酶反应器设计的重要任务，主要包括酶催化反应动力学参数的确定，底物用量、反应液总体积、酶用量、反应器数量等的计算等几个方法的内容。

(1)酶催化反应动力学参数的确定。酶催化反应动力学参数是反应器设计的主要依据之一，在反应器设计之前就应当根据酶反应动力学特性，确定反应所需的底物浓度、酶浓度、最适温度、最适 pH、激活剂浓度等参数。由于催化反应的最适温度和最适 pH 是由所选用的酶的特性所决定，所以主要需要确定的是合适的底物浓度和酶浓度。底物浓度对酶催化反应速度有很大的影响，通常当底物浓度比较低时，酶催化反应的反应速度随底物浓度的增加而增大，而当底物浓度达到一定值后，反应速度即达到了最大值，即使再增加底物浓度，反应速度也不会再有提高。所以，对于大多数酶催化反应过程来说，底物浓度不是越高越好，而是需要确定一个适宜的底物浓度。同样，酶浓度对催化反应速度的影响也很大，通常情况下，随着酶浓度的增加，反应速度会随之加快，但也并不是酶浓度越高，反应速度就越快。况且，随着酶浓度的增大，酶的用量也会增加，过高的酶浓度不仅对提高反应速度没有任何好处，还会造成很大的浪费，从而增加了生产成本，所以，也需要确定一个适宜的酶浓度。底物浓度、酶浓度的确定往往需要大量的实验来完成，因此，可以根据相关的实验研究来确定适宜的底物浓度、酶浓度，以保证酶催化过程得以顺利进行。

(2)底物用量的计算。可以根据产品的产量要求、产物转化率和收率来计算所需要的底物用量。

在底物用量的计算过程中，产品的产量是进行物料衡算的基础，通常是以年产量来表示，记为 P。对于分批式反应器，一般需根据每年的实际生产时间转换为日产量，记为 P_d。然后进行计算；而对于连续式反应器，一般需要换算成每小时的产物量，记为 P_h，再进行衡算。一般的生产过程均按每年生产 300 d 进行计算，即

$$P(\text{kg/年})=P_d(\text{kg/d})\times 300=P_h(\text{kg/h})\times 300\times 24$$

a. 产物转化率是指底物转化为产物的比率，记为 $Y_{p/s}$，即

$$Y_{p/s}=\frac{m_p}{m_s}$$

式中，m_p 为催化过程生成的产物量，kg；m_s 为过程中投入的底物量，kg。

当催化反应的副产物可以忽略不计时，产物转化率可以用反应前后底物浓度的变化与反应前底物浓度的比率来表示，即：

$$Y_{p/s}=\frac{\Delta[S]}{[S]_0}=\frac{[S]_0-[S]_t}{[S]_0}$$

式中，$\Delta[S]$为反应前后底物浓度的变化，kg/m^3；$[S]_0$为反应前的底物浓度，kg/m^3；$[S]_t$为反应后的底物浓度，kg/m^3。

产物转化率的高低直接关系到生产成本的高低，与反应条件、反应器的性能和操作工艺等有关，因此，在设计酶反应器时，需要充分考虑如何尽量提高产物的转化率。

b. 产物收率是指经过分离得到的产物量与反应生成的产物量之间的比值，记为 R，即：

$$R=\frac{\text{经过分离得到的产物量}}{\text{反应生成的产物量}}$$

产物收率的高低与生产成本关系非常密切，主要决定于分离纯化技术及其工艺条件，是进行反应器设计计算过程中的一个重要参数。

根据设计要求的产物产量、产物转化率和产物收率，可以按照下式计算出反应过程所需要的底物用量，即：

$$m_s=\frac{m_p}{Y_{p/s}\times R}$$

式中，m_s 为所需的底物用量，kg；m_p 为产物的产量，kg；$Y_{p/s}$为产物转化率；R 为产物收率。

在计算时，需要注意产物产量的单位，通常分批反应器采用日产量(P_d)，则计算得到的是每天需要的底物用量(S_d)；而对于连续式反应器，一般采用时产量(P_h)，则计算得到的是每小时所需的底物用量(S_h)。如果计算时采用的是年产量，则计算得到的是全年所需的底物用量。

(3)反应液总体积的计算。根据所需底物的用量和底物浓度，可以计算得到反应液的总体积，即：

$$V_t=\frac{m_s}{[S]}$$

式中，V_t 为反应液总体积，m^3；m_s 为底物用量，kg；$[S]$为反应前的底物浓度，kg/m^3。

对于分批反应器，反应液的总体积一般是以每天的反应液总体积(V_d)来表示；而对于连续式反应器，则以每小时获得的反应液总体积(V_h)表示。

(4)酶用量的计算。根据催化反应所需的酶浓度和反应液体积就可以计算出所需的酶用量，所需的酶用量为所需的酶浓度与反应液体积的乘积，即：

$$E=[E]\times V_t$$

式中，E 为所需的酶用量，U；$[E]$为酶浓度，U/m^3；V_t 为反应液体积，m^3。

(5)反应器数量的计算。在酶反应器的设计过程中，待选定了酶反应器类型，并通过计算得到反应液总体积后，就可以根据生产规模、生产条件等确定反应器的有效体积和反应器的数量。

在反应器设计过程中，一般不应采用单一足够大的反应器，而是根据规模和条件选用两个以上的反应器较为合适。选择合适数量的反应器首先要求确定反应器的有效体积，并进而确定所需反应器的数量。

反应器的有效体积是指酶在反应器中进行催化反应时，单个反应器可以容纳反应液的最大体积。一般来说，反应器的有效体积为反应器总体积的 70%～80%。

a. 对于分批式反应器，可以根据每天的反应液总体积、单个反应器的有效体积和底物在反应器内的停留时间，计算出所需的反应器数量。计算公式如下：

$$N=\frac{V_d \times t}{V_0 \times 24}$$

式中，N 为过程所需的反应器数量，个；V_d 为每天的反应液总体积，m^3/d；V_0 为单个反应器的有效体积，m^3；t 为底物在反应器中的停留时间，h；24 指每天 24 h。

b. 对于连续式反应器，可以根据每小时的反应液体积、反应器的有效体积和反应器内的停留时间，计算出所需反应器的数量。计算公式为：

$$N=\frac{V_h \times t}{V_0}$$

式中，N 为过程所需的反应器数量，个；V_h 为每小时的反应液总体积，m^3/h；V_0 为单个反应器的有效体积，m^3；t 为底物在反应器中的停留时间，h。

c. 对于连续式反应器，可以根据反应器的生产强度计算出反应器的数量。反应器的生产强度是指反应器单位时间、单位体积反应液所生产的产物量，可以用单位时间获得的产物产量与反应器的有效体积的比值表示，也可以用单位时间获得的反应液体积、产物浓度和反应器的有效体积计算得到。以小时为单位进行计算的公式为：

$$Q_p=\frac{P_h}{V_0}=\frac{V_h \times [P]}{V_0}$$

式中，Q_p 为反应器的生产强度，$kg/(m^3 \cdot h)$；P_h 为每小时的产物量，kg/h；V_0 为单个反应器的有效体积，m^3；V_h 为每小时的反应液体积，m^3/h；[P]为反应液中的产物浓度，kg/m^3。

连续式反应器的数量与反应器的生产强度之间可用下式表示：

$$N=\frac{Q_p \times t}{[P]}$$

式中，N 为过程所需的反应器数量，个；[P]为反应液中的产物浓度，kg/m^3；t 为底物在反应器中的停留时间，h。

7.1.3.3 酶反应器设计的优化

反应器是生产过程的一部分，仅对反应器这一子系统而言，就包含产量、反应器形式、反应器容量、操作方式、控制方法等许多需要优化的内容。

固定化酶反应器的优化包括：①选择最优的反应器形式；②连续操作过程中，在保持一定转化率等约束条件下，考虑到催化剂的寿命，以获得最高利润为目标，确定最优的底物供给流量、反应温度和催化剂更换周期等操作条件(对于固定化酶反应器而言,温度、流量、pH 等操作参数的合理变化,催化剂使用周期等,都是必须进行分析的重要问题);③把两种酶固定于同一载体上进行连串反应 A→B→C 时,确定使 A 到 C 的转化率最高的最适酶配比等。

7.1.4 酶反应器的应用

7.1.4.1 酶反应器应用中的控制要点

酶反应器在应用中,应注意以下几个方面:控制酶反应器中液态流动方式;控制酶反应器对底物的恒定转化;保持酶反应器的稳定性,使其能长期运转使用;防止酶反应器中微生物的污染。

1. 控制酶反应器液态流动方式

酶反应器的操作运转中,反应器中流动方式的改变会使酶与底物接触不良,造成反应器生产力降低;同时造成返混程度变化,给发生程度不同的反应及使目的产物进一步反应或副反应提供了机会。

不同酶反应器中流动方式的改变受不同因素的影响。在填充床反应器中,由于压降不断加大,载体填充不规则以及底物上柱不均匀等产生沟流或部分堵塞,偏离预期的流动状态。柱高及通过柱的液流速度是决定压降的主要因素,在非压缩性载体柱中压降与流速成线性关系,对流动的阻力恒定。易变形或可压缩载体柱的压降随流速的增加而呈指数增加,压缩率随时间延长而呈指数降低。对于高大的反应柱,为了减少压缩作用,可使用较大、难以压缩、光滑和珠形的填充材料,均匀填装,并控制好流速。在搅拌罐反应器中,搅拌不均匀或搅拌速度过快,会使固定化酶产生破碎、失活,因此要控制搅拌速度。为预防固定化酶积聚在出料口滤器上,造成酶分布不均匀,可在出料口和进料口上各装一个滤器,经过一定时间后出口滤器用进料液反冲。

2. 酶反应器对底物恒定转化

在使用填充床式反应器的情况下,要维持底物恒定的转化,可通过控制底物的流速来实现。连续或间歇降低流速可保持转化率恒定,但在生产周期中,单位时间产物的含量会降低。因此必须根据一定时间内形成产物的量来决定流速,而不是活性或一定时间内达到的百分转化率。扩散限制作用会引起一个延滞期,即在反应器开始工作后的一段时间内表现出活性不降低,这一时期有助于转化的恒定。通过增加温度也可以维持产量恒定,在反应过程中,随时间而出现的酶活性损失,可因较高温度下酶活性的增加被补偿。因此应当测得工作温度随时间的变化率。

可将若干使用时间不同和处于不同阶段的柱反应器串联,并与上述方法之一相结合。不断用新柱代替活性已耗尽的旧柱,尽管每个柱的生产能力不断衰减,但总的固定化酶的量不随时间而变化。反应器的数量越多,积聚的反应产物的浓度变化就越小。当使用许多较小的柱反应器时,柱的压缩问题也会减小。

使用适当的反应器,并维持恒定转化时,输出水平可以在任何范围内变化。通常允许流速在±5%范围内波动。采用错开启动,掌握好换柱时间,能使在预定的输出或转化水平时具有最小波动，反应器平稳工作。国外多数工厂最少使用6个柱的反应器组，并用微处理机反馈控制。增加反应器数量可以具有更好的操作使用范围，减小流速的波动。但反应器、管道、阀门和其他设备所需的费用较高，并要经常更换酶，增加了生产成本。

反应器可以串联，也可以并联。串联操作要控制的物流较小，酶能充分利用，但是操作中的压降和压缩问题比较大。并联的操作适应性最好，每个反应器基本上可以单独工作，每个单元能方便地加入或离开运转系统。实际生产中的状态主要取决于各种相互关联的运转参数的含量，重要的参数有固定化载体成本、底物通过反应器的流速、固定化细胞或固定化酶的活性和稳定性等。

3. 保持酶反应器的稳定性

为了使酶反应器长期使用，必须保持酶反应器的稳定性，主要是防止酶的变性、中毒、自溶或因载体磨损而造成的酶失活。

实际工作中，固定化酶稳定性的影响因素主要是底物中某些物质对酶的不可逆抑制作用。引起酶变性作用的因素有温度、pH、氧化、离子强度、剪切力以及微生物的作用。酶反应器的操作最适温度是经验性的，较高的温度能增加反应器的初期产量和减少微生物污染。但温度过高会造成酶失活，缩短酶反应器的使用时间。同样，酶反应器对 pH 和离子强度等都有一定的要求，操作中应该严格控制。酶还可能受到抑制剂，如进料溶液中重金属的毒害而失活，可在进料液中添加螯合剂，如 EDTA 加以解决。实际上，很多酶受底物保护而稳定，与细胞结合的酶在没有底物时就容易失活，因此底物的存在对固定化酶有保护作用。

操作中还应避免酶或载体的溶解，酶从载体上脱落以及载体磨损破碎会造成酶的损失。吸附法固定化酶暴露在大量反应液中，尤其在高浓度底物或高浓度盐中会逐步解吸。有些载体如多孔玻璃会随使用而溶解，可采用金属氧化物包裹的方法来解决。在连续式搅拌罐反应器或流化床式反应器中，酶颗粒的磨损随切变速率、颗粒占反应器体积比例的增加而增加，而随悬浮液流的黏度和载体颗粒强度的增加而减少。

4. 防止酶反应器中微生物污染

酶反应器与发酵反应器不同，不必在完全无菌的条件下操作，但要在必要的卫生条件下进行操作，特别是在制造食品和医药产品时，卫生条件要求严格。微生物会引起柱的堵塞，消耗底物或产物，产生其他酶和代谢产物，使产物降解，或产生副产物，也可能使固定化酶失活和载体降解。当底物为微生物生长所需的营养物时，就容易发生微生物污染；底物在反应器中存留的时间长或反应器内有易滋生微生物的滞留区或粗糙表面，也很容易引起污染。产物为抗生素、酒精或有机酸时可抑制微生物的生长；其次向底物中加入杀菌剂、抑菌剂、有机溶剂或将底物料液预先过滤除菌等措施可以防止微生物的污染；此外在温度45℃以上或酸性、碱性缓冲液中进行操作都可避免微生物的生长；高浓度底物可以提高渗透压和降低水分活度，抑制微生物繁殖。当然避免微生物污染，最好做到无菌条件下进行操作。

酶反应器在每次使用后要进行适当消毒，可用酸性水或含有 H_2O_2、季铵盐的水反冲。在连续运转中也可周期性地用 H_2O_2 或 50%甘油水溶液处理反应器，防止微生物生长。在所有这些操作中，必须注意固定化酶的稳定性是否受到影响。

7.1.4.2 酶反应器在生产中的应用举例

1. 糖类的生产

近年来，淀粉水解产品的研究是国内外非常活跃的领域。利用含葡萄糖异构酶的固定化酶生产高果糖浆是固定化酶在工业应用方面规模最大的一项。早期工业生产果葡糖浆是采用游离的葡萄糖异构酶或含有此酶的微生物菌体分批进行的。近年来，果葡糖浆的需求量日益增大，因此很多国家都进行了旨在大量和廉价生产果葡糖浆的固定化葡萄糖异构酶及其反应器的应用和研究，并成功实现了工业生产。果葡糖浆生产流程如图7-14所示。

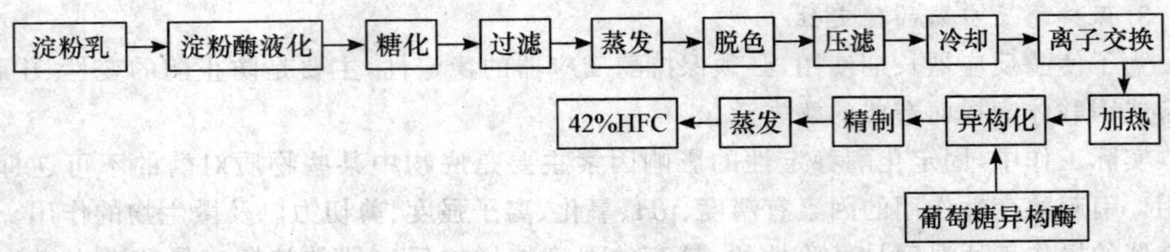

图 7-14 果葡糖浆生产流程

果葡糖浆的生产过程因具有很好的动力学和近平衡的热力学条件，所以采用活塞流式反应器进行连续异构更合适。

喷射式反应器在高温淀粉的淀粉液化反应中已得到广泛应用。为了充分发挥液化酶的效力，在添加 Na_2CO_3 溶液将淀粉乳的 pH 调到合适范围后，向淀粉乳中添加 1/3 量的液化酶，然后将其送去一次喷射液化，为了确保所有的淀粉分子都得到水解并且使得水解液中的糖类能水解到足够的程度以便于后续工序的顺利进行，需要进行二次喷射液化。在二次喷射液化中，直接蒸汽将水解液的温度迅速提升到 135℃，二次喷射后，降温维持液化反应，然后补加 2/3 量的液化酶，新加入的液化酶在合适的温度下发挥出了强大的效力，水解液中的糖类分子降解得比较彻底，每个分子中的葡萄糖单元数几乎都降解到 10 个以下。

采用改进了的具微滤的聚砜中空纤维膜式酶反应器，以淀粉为原料，经 α-淀粉酶水解，并经中空纤维超滤器膜式酶反应循环不断分离较高葡萄糖聚合度的糊精后，返回继续酶解成葡萄糖聚合度(DP)＜13 的糊精，再经二次反向分离，分出较低聚合度的低聚糖。产品主要含葡萄糖聚合度为 8～12 的分支和不分支糊精，具可食、无毒、黏度低、吸湿性低、水溶性好等优良性能，可用作微胶囊的壁材，还可广泛用作食品增稠剂、填充剂，药品的黏结剂、赋形剂、填充剂等。

蔗渣作为糖厂的副产物，全世界每年产量可达 100 亿 t 以上。有关蔗渣的酶法水解，人们已进行了广泛的研究。在工业化过程中，采用固定床式反应器对蔗渣酶解反应比釜式反应器较为有利。对固定床式反应器，循环流速增大，可提高蔗渣酶解的还原糖得率。

β-半乳糖苷酶又称乳糖酶，能够催化乳糖及其他 β-半乳糖苷的水解反应，将一分子乳糖水解成一分子的葡萄糖和一分子半乳糖。另外，β-半乳糖苷酶还具有催化转半乳糖糖苷反应作用，合成半乳糖寡糖(galacto oligo saccharide，GOS)。GOS 是母乳中的重要组分，具有独特的天然属性。它是一种双歧因子，能促进肠道内双歧杆菌增殖，改善肠道内菌群分布，GOS 作为第三代功能食品的功能因子，具有极好的稳定性，在酸性和高温条件下都很稳定，在食品的加工过程中结构和性质不会改变，是理想的食品配料。利用固定化酶在纤维固定床式反应器中连续合成 GOS，通过反应条件优化和流加 β-半乳糖，能提高 GOS 合成的产率，降低生产费用。

2. 氨基酸、有机酸及多肽的生产

目前，用固定化酶和细胞进行工业化生产的氨基酸和有机酸主要有：*L*-天冬氨酸、*L*-谷氨酸、*L*-异亮氨酸、*L*-赖氨酸、乳酸、醋酸、柠檬酸、葡萄糖酸等。

木瓜蛋白酶是由木瓜乳汁经提炼而得到的一类蛋白水解酶，主要用于防止啤酒冷浑浊、肉类的嫩化、蛋白质水解产物的制备等。酪蛋白是母乳、牛乳中的主要成分，其不仅是婴幼儿不可缺少的营养物质，还可作为功能性食品添加剂。陈芳艳等在研究了丝素固定化木瓜蛋白酶的固定化条件和酶学性质的基础上，研制了丝素固定化木瓜蛋白酶填充床式反应器(图 7-15)，用以降解酪蛋白，对反应器的性能和实用性进行了研究。以丝素为载体，采用共价交联法固定木瓜蛋白酶，制备的固定化酶具有比表面积大，吸附性能良好的特性，符合填充床式反应器的要求。研究结果表明，填充床式反应器的操作效果良好。

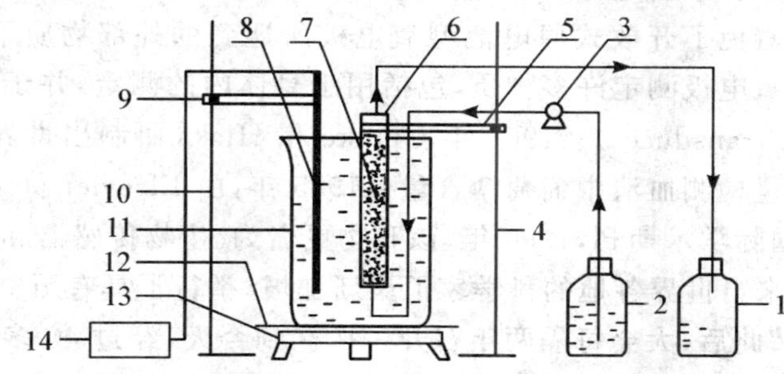

1—产物收集瓶；2—底物瓶；3—恒流泵；4，10—铁架台；5，9—铁夹；6—反应柱；7—固定化酶；8—温度计；11—烧杯；12—石棉网；13—电炉；14—电子继电器

图 7-15　木瓜蛋白酶填充床反应器的装置示意图

生物活性肽是一种比较重要的活性物质，可制作成功能性饮料、食品及口服液等。目前，生物活性肽的合成主要有三个途径：①重组 DNA 技术；②化学合成法；③酶促合成法。酶促合成可避免外消旋作用，并能保护具有功能性氨基酸的侧链，是生物活性肽最有优势的合成方法，而酶膜反应器为此提供了广阔的发展空间。姜忠义曾报道，利用酶膜反应器进行二肽 N-Ac-L-Phe-L-Leu-NH_2 的合成研究。N-乙酰-*L*-苯丙氨酸乙酯(APEE)的正辛醇溶液从聚丙烯腈中空纤维膜的管程通入并循环，*L*-亮氨酰胺的磷酸盐缓冲液(pH＝7.8)从中空纤维膜的管程通入并循环。两股进料液扩散进入膜孔后，由固定在膜中的脂肪酶催化而生成二肽，二肽依据其溶解度被分配在水相或有机相中，当超过饱和溶解度后从液相沉淀出来，从而得到纯化，实现了酶促反应与分离纯化的有效偶合而达到较高的效率。

7.2 酶传感器

7.2.1 生物传感器概述

7.2.1.1 生物传感器的发展和定义

1. 生物传感器的发展简史

生物传感器是分析生物技术的一个重要领域，它是一个典型的多学科交叉产物，结合了生命科学、分析化学、物理学和信息科学等，是现阶段发展生物技术必不可少的一种先进的检测方法和监控方法。

20 世纪 60 年代，酶分析法开始代替一些化学分析法，其特点是专一性强、灵敏度高、操作简便，但未能有效地缩短测定周期。1956 年，美国 Leland C. Clark Jnr 教授发表了隔离式氧电极的经典论文，采用硅橡胶膜，将电极与主体溶液隔离，同时又不影响氧分子扩散进入，从而有效地避免了开放式原电池型氧电极所遇到的外部物质干扰问题。在此基础上，他强调可以用氧电极测定许多物质，包括用于身体内的测定，并于 1962 年首次描述了酶传感器(enzyme transducer)。1967 年 Updike 和 Hicks 研制出世界上第一支葡萄糖氧化酶电极，用于定量检测血清中葡萄糖含量。1985 年，由 Elsevier 科学出版公司创刊出版了《生物传感器》国际学术期刊，1990 年，该刊物更名为《生物传感器和生物电子学》。同年 5 月初，约 300 名来自世界各地的科学家汇聚新加坡，举行了具有历史意义的"首届世界生物传感学术大会。"此后，大会每隔两年召开一次。到今天，经过 40 多年的发展，生物传感器已经成为一个涉及内容广泛，多学科介入和交叉，同时又充满创新活力的领域。它的发展大致可以划分为三个阶段。第一个阶段为 20 世纪 60～70 年代，为起步阶段，以 Clark 传统酶电极为代表。第二阶段为 70 年代末期到 80 年代，大量的学科交叉出现各种不同原理和技术的生物传感器，尤其是 80 年代中期，它是生物传感器发展的第一个高潮，其代表之一是媒介体电极，它不仅开辟了酶电子学的新研究方向，还为酶传感器的商品化奠定了重要基础。第三个阶段是 90 年代以后，它取得了两个新的进展，一是生物传感器的市场开发获得了显著的成绩，二是生物亲和传感器的技术突破，以表面等离子体共振生物传感器和生物芯片为代表。

2. 生物传感器的定义

目前对生物传感器的定义不一，令人普遍接受的是《生物传感器与生物电子学》对生物传感器下的定义："生物传感器是一类分析器件，它将一种生物材料(如组织、微生物细胞、细胞器、细胞受体、酶、抗体、核酸等)、生物衍生材料或生物模拟材料，与物理化学传感器或传感微系统密切结合起来，行使其分析功能，这种换能器或微系统可以是光学的、电化学的、热学的、压电的或磁学的"。

7.2.1.2 生物传感器的分类

生物传感器的类型很多，目前主要有两种分类方法，即分子识别元件分类法和器件分类法。根据分子识别元件的不同可以分为酶传感器、免疫传感器、组织传感器、细胞传感器、微生物传感器、核酸传感器等，见图 7-16。

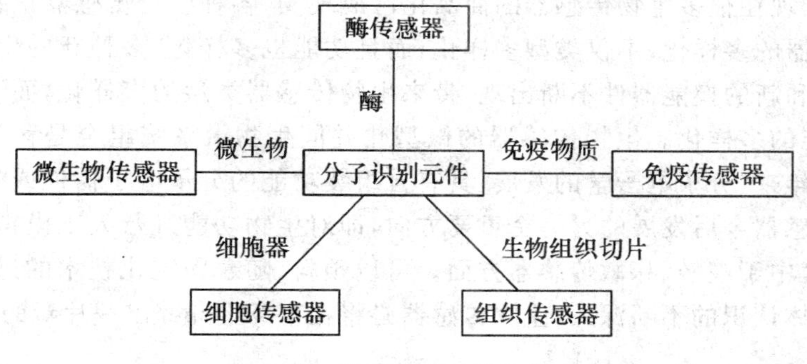

图 7-16　分子识别元件分类法

按器件的不同可以分为电化学生物传感器、光生物传感器、热生物传感器、半导体生物传感器、声波生物传感器、压电晶体生物传感器等，见图 7-17。

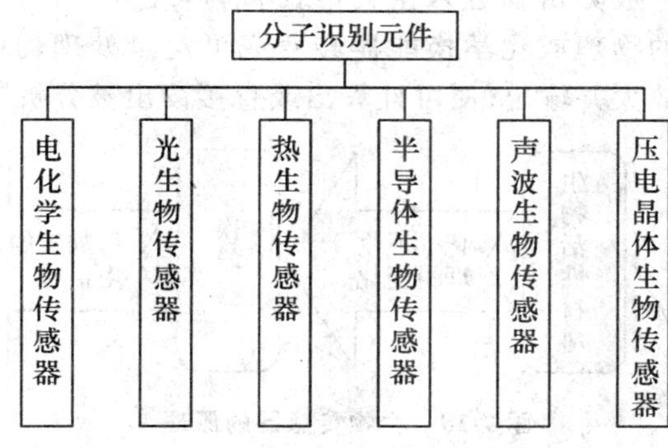

图 7-17　器件分类法

7.2.1.3　生物传感器的展望

美国的 Harold H. Weetal 指出，生物传感器商品化要具备以下几个条件：①要有足够的敏感性和准确性；②易操作；③价格便宜；④易于批量生产；⑤能在生产过程中进行质量监测。其中价格因素决定了传感器在市场上有无竞争力。在各种生物传感器中，微生物传感器最大的优点就是成本低、操作简便、设备简单，因此在市场上的前景十分巨大和诱人。相比起来，酶传感器等的价格比较昂贵。但微生物传感器也有其自身的缺点，主要是选择性不佳，这是由于在微生物细胞中含有多种酶引起的。现已有报道添加专门抑制剂以解决微生物电极的选择性问题。除此之外，微生物固定化方法也需要进一步完善，首先要尽可能保证细胞的活性，其次细胞与基础膜结合要牢固，以避免细胞的流失。另外，微生物膜的长期保存问题也有待进一步改进，否则难以实现大规模的商品化。

总之，常用的微生物电极和酶电极在各种应用中各有其优越之处。若容易获得稳定、高活性、低成本的游离酶，则酶电极对使用者来说是最理想的。相反，若生物催化须经过复杂途径，需要辅酶，或所需酶不宜分离或不稳定时，微生物电极则是更理想的选择。其他各种形式的生物传感器正在蓬勃发展，其应用越来越广泛。可以预料，生物传感器将向着微型化、实用化、多样化和人工智能化的方向发展。生物传感器的实用化和商品化是长期奋斗的目标，现在很多生物传感器的商品化已成现实，各种生物传感器正在逐步进入市场。生物传感器的多样化，不仅类型多样化，而且功能也多样化，多种新的生物活性材料、生物敏感材料和新的换能器件不断出现，带来生物传感器类型的多样化，而不同功能的集成，将带来功能的多样化。生物传感器的微型化并同生物微系统组合是科学技术发展的必然趋势。近年来，分子电子学的发展，具有自组装功能的分子电子器件或生物芯片已经出现。生物传感器今后发展的另一个重要方向，即对生物功能进行人工模拟，研究人工感官。目前，多集中于嗅敏、味敏传感器方面。可以预料，随着固定化技术的进一步完善，随着人们对生物体认识的不断深入，生物传感器必将在市场上开辟出一片新的天地 。

7.2.2 酶传感器的结构与工作原理

生物传感器的一般原理，如图 7-18 所示。其最主要的两个部分是生物活性材料和换能器（又叫做一次仪表）。被分析物进入生物活性材料，经分子识别，发生生物化学反应，产生的信号继而被相应的物理或化学换能器转变成可定量处理的电信号，再经过检测放大器（又叫做二次仪表）放大并输出，便可计算出或直接读出被分析物浓度等相关信息。

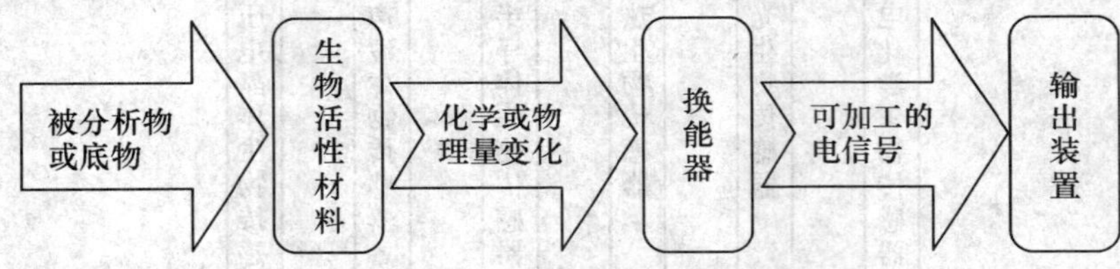

图 7-18 生物传感器的原理

根据上述生物传感器的原理可知，酶传感器的基本结构单元是生物活性材料和换能器。其生物活性材料是固定化酶膜，换能器是基体电极。当酶电极浸入被测溶液，待测底物进入酶层的内部经分子识别参与反应，大部分酶反应都会产生或消耗一种可被电极测定的物质（称作电活性物质），当反应达到稳态时，电活性物质使基体电极产生响应。基体电极的作用是使化学信号转变为电信号以便检测。基体电极可采用石墨电极、铂电极及相应的修饰电极。根据所测量的信号不同，可以把酶传感器的工作原理分为以下几类。

7.2.2.1 将化学变化转变成电信号

已研究的大部分生物传感器的工作原理都属于这种类型。就酶传感器而言，酶能催化特定底物发生反应，使特定物质的量有所增减，这种改变可以用相应的装置转变成电信号。把该装置和固定化的酶相偶合，即组成酶传感器。常用的这类信号转换器装置有 Clark 氧电极、过氧化氢电极、氢离子电极、离子选择性电极、氨敏电极、二氧化碳电极、离子敏场效应晶体管（ISFET）等。除酶以外，用固定化细胞、微生物、固定化细胞器、抗原和抗体也可以组成相应的传感器，其原理和酶传感器类似。

7.2.2.2 将光信号转变为电信号

有些酶，例如过氧化氢酶，能催化过氧化氢-鲁米诺体系发光，因此如设法将过氧化氢酶膜附着在光纤或光敏二极管的前端，再和光电流测定装置相连，即可测定过氧化氢含量。又如葡萄糖氧化酶(GOD)在催化葡萄糖氧化时产生过氧化氢，如果将 GOD 和过氧化物酶一起制成复合酶膜，则可利用上述方式测定葡萄糖。光学传感器可用于吸收光、反射光、发射光(荧光和磷光)等的测定，其中以测定发射光，尤其是荧光的灵敏度最高。

7.2.2.3 将热变化转换成电信号

大多数酶与相应的被测物作用时伴有热的变化，其热焓变化量的范围通常在 25～100 kJ/mol 之内。用热敏电阻将反应的热转换成热敏电阻的阻值变化，后者通过放大电路系统把结果记录到相应仪器。这样就可以间接测得被测物的浓度。

7.2.2.4 直接产生电信号

上述 3 种原理的酶传感器，都是将分子识别元件中的生物敏感物质与待测物发生生物化学反应后所产生的化学变化或物理变化再通过信号转换器转变成电信号进行测量的，这种方式统称为间接测量方式。此外还有一类直接测量方式，这种方式可使酶反应所伴随的电子转移或电子传递在电极表面发生。电极表面电信号产生方式可归纳为 3 种类型。

1. 以氧为中继体的电催化(第一代生物传感器)

葡萄糖氧化酶电极是研究最早、最成熟的酶电极。它三要是由葡萄糖氧化酶膜和化学电极组成的。如图 7-19 所示。

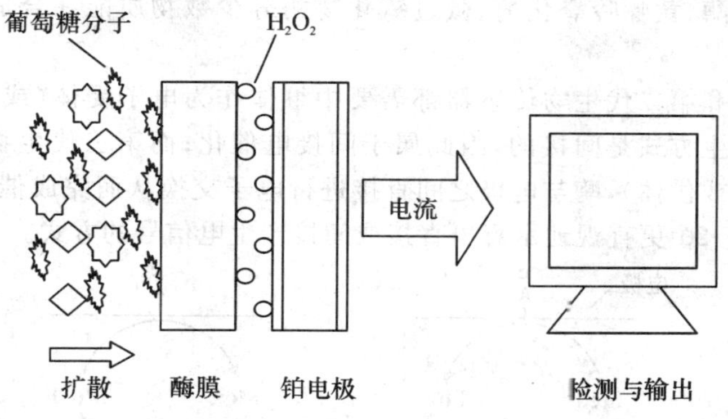

图 7-19 葡萄糖氧化酶电极的工作原理

当葡萄糖溶液中的葡萄糖分子扩散进入葡萄糖氧化酶膜时，发生如下反应：

$$2C_6H_{12}O_6+4H_2O+3O_2 \xrightarrow{\text{葡萄糖氧化酶}} 2C_6H_{12}O_7+4H_2O_2$$

当反应产物 H_2O_2 扩散到铂电极上时，将在一定的外加电压下被氧化，放出电子产生电流。即：

$$H_2O_2 \longrightarrow O_2+2H^++2e$$

H_2O_2 产生的分解电流与葡萄糖浓度成正比。通过相应电流值就可转换计算出葡萄糖的浓度来。

2. 基于人造中继体的电催化(第二代生物传感器)

为了用其他氧化剂代替氧——电子转移试剂的概念得到了发展，这种电子转移试剂具有可逆性，有合适的氧化电位并且它的浓度是可以控制的，一般采用过渡金属阳离子和它们的络合物，此类材料称为媒介体。第二代生物传感器采用含有电子媒介体的化学修饰层。化学修饰层不仅能促进电子传递过程，使得响应的线性范围拓宽，电极的工作电位降低，噪声、背景电流及干扰信号小，而且由于排除了过氧化氢，使得酶传感器的工作寿命延长。电子媒介体近 10 年发展迅速，使用的媒介体种类越来越多，根据其作用的机理可分为两大类：

①金属元素的化合物或配合物，通过过渡金属的价态变化来传递电子；

②通过分子中的特殊官能团的结构变化来传递电子。这些化合物的共同特点是都含有大 π 键的环及与环相连的双键，这些双键容易打开与再形成，电子的传递就是靠这些双键打开与再形成得以实现。

3. 直接电催化(第三代生物传感器)

第三代酶生物传感器是酶与电极间进行直接电子传递，是生物传感器构造中的理想手段。这种传感器与氧或其他电子受体无关，无需媒介体，是无媒介体传感器，但由于酶分子的电活性中心深埋在分子的内部，且在电极表面吸附后易发生变形，使得酶与电极间难以进行直接电子转移，因此采用这种方法制作生物传感器有一定难度。

到目前为止，只发现辣根过氧化物酶、葡萄糖氧化酶、酪氨酸酶、细胞色素 C 过氧化物酶、超氧化物歧化酶、黄嘌呤氧化酶、微过氧化物酶等少数物质能在合适的电极上进行直接电催化。

总之，第一代和第二代生物传感器都需要中继体作为电子受体(或供体)才能完成催化循环，电信号产生方式是间接的，因此属于间接电催化；而第三代生物传感器电极本身就是电子的受体(或供体)，酶与电极之间直接进行电子交换从而完成催化循环，因此属于直接电催化。图 7-20 更直观地示意出直接或间接产生电信号的方式。

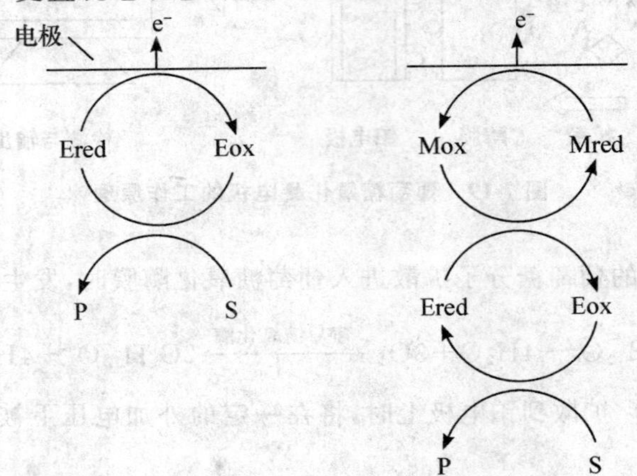

S—底物；P—产物；Eox—氧化态酶；Ered—还原态酶；Mox—氧化态媒介体；Mred—还原态媒介体

图 7-20 酶电极电流产生方式

7.2.3 酶传感器的制备及性能

7.2.3.1 酶传感器的制备

由于换能器种类繁多，测量方式多样，以致酶传感器的制备方式多种多样，下面介绍几种常见的酶传感器。

1. 场效应晶体管酶传感器

场效应晶体管(FET)是一种监测和控制 MIS(金属/绝缘层/半导体)系统变化的装置。P 型 S/I 系统的转换可以通过两个 n 型传感器安置在 P 型半导体层的两边来进行监测。场效应晶体管的基本类型为隔离栅极场效应晶体管(IGFET)，见图 7-21。

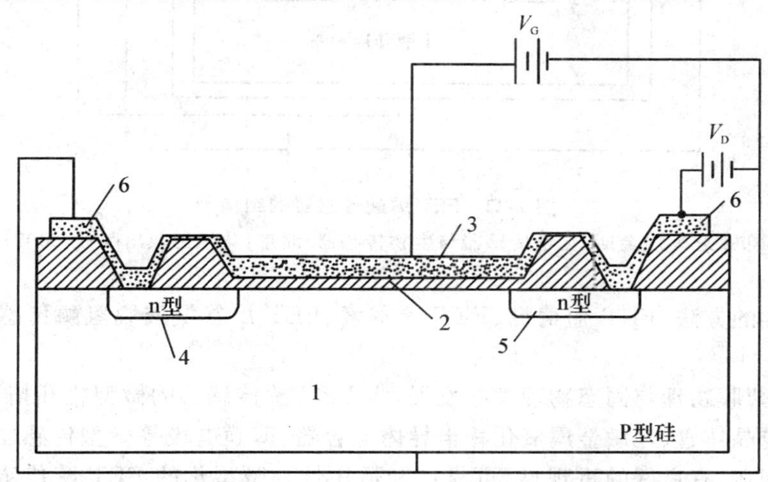

1—P 型硅基质；2—绝缘层；3—栅极金属；4—n 型源极；
5—n 型漏极；6—连接源极与漏极的金属

图 7-21 隔离栅极场效应晶体管示意图(IGFET)

(司士辉. 生物传感器. 北京：化学工业出版社，2003)

栅极金属用酶膜代替制成传感器。测量时，酶的催化作用使待测的有机分子反应生成了场效应晶体管能够响应的离子。场效应晶体管栅极对表面电荷非常敏感，引起栅极的电位变化，可对漏极电流进行调制，通过漏极电流的变化，获得所需信号。由于氢离子敏的 FET 器件最为成熟，与 H^+ 变化有关的生化反应首先被用到 FET-酶传感器方面，随后出现 FET-免疫传感器和 FET-细菌传感器。

FET-脲酶传感器的结构如图 7-22 所示。原理是利用 FET 检测脲酶水解尿素时溶液 pH 发生的变化，基片是用电阻率为 3～7 Ω·cm 的 P 型硅片。图中的黑白花纹部分是源极和漏极的扩散区，芯片顶部的源极和漏极间形成沟道。沟道宽 30 μm，长 1.2 mm，沟道上的绝缘物形成栅极，对溶液中的氢离子产生响应。栅极的绝缘物由 100 nm 厚的 SiO_2 层和 100 nm 厚的 Si_3N_4 层形成。在源极与漏极焊上导线后，用树脂封装起 FET 时露出前端，用浸渍涂敷法在其上形成有机薄膜，并把脲酶固定在膜表面上；栅极是氢离子敏的，脲酶水解尿素时膜内 pH 发生的变化引起栅极的电位变化，这样就可对漏极电流进行调制，漏极电流的变化就是所需信号。

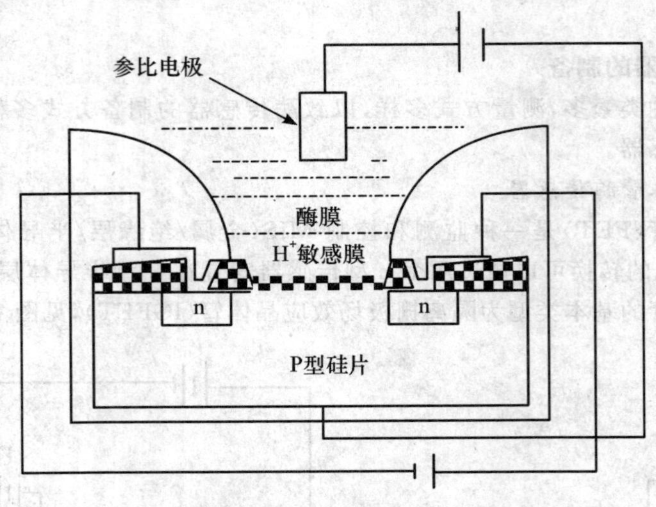

图 7-22 FET-脲酶传感器的结构

(布莱恩·埃金斯.化学传感器与生物传感器.北京:化学工业出版社,2005)

基于同样的方法，FET-葡萄糖、FET-青霉素、FET-*L*-谷氨酸脱氢酶传感器等也被研制出来。

近年来，薄膜物理与固态物理学的发展，为 FET-酶传感器的微型化开拓了新的前景。离子敏场效应晶体管、气敏金属氧化物半导体电容器、薄膜电极等微型传感器都使用微电子生产工艺制造，有良好的重现性、可靠性和适用性。微型化的 FET-酶传感器与传统的电化学比较，具有输入阻抗小、响应时间短、线性好、体积小、样品用量少、信号倍增等特点，是酶传感器重要的发展方向。

2.热敏电阻酶传感器

热敏电阻酶传感器是由固定化酶和热敏电阻组合而成。现在市售的酶已有 200 种以上，因此，原理上至少可测量 200 种以上的底物。酶促的反应焓变与参与反应的有关物质量相关。热敏电阻酶传感器测定待测物的含量依据酶促反应产生热量的多少。若反应体系是绝热体系，则酶促反应产生的热使体系温度升高，测量体系的温度变化可推知待测物的含量。目前，热敏电阻可测定 10^{-4} K 微小的温度变化，精度达 1%。热敏电阻具有热容量小、响应快、稳定性好、使用方便、价格便宜的特点。

该类传感器对酶的载体有特殊要求：不随温度变化而膨胀和收缩，热容量小；机械强度高，耐压性好，适合流动装置用；对酸、碱、有机溶剂等化学试剂和诸如细菌、霉菌等具有生物学稳定性等。目前，载体除玻璃以外，还有多糖类凝胶或尼龙制的毛细管等。

热敏电阻酶传感器可直接把酶固定化在热敏电阻上或者将固定化物质膜装在热敏电阻上。这种密接型酶传感器具有响应速度快、灵敏度高、压耗小的特点。Tran-Minh 等使用这种类型的传感器测量了过氧化氢、葡萄糖和尿素。在常温(25℃)下电阻值为 2 kΩ，温度系数为－3.9%/K 的热敏电阻，以戊二醛作为交联剂，固定化各种酶和清蛋白的混合物。该法制备的酶传感器在 10 s 内就能测定出结果，重复性好，精度在 3% 以内。另一种反应器型热敏电阻酶传感器。在反应器中充填过量的酶，可使响应范围更宽，且能长期保持一定水平的生物活性。

在热敏电阻酶传感器中，温度变化的测定方式有简单型、差动型和分流型。这三种仪器的结构如图 7-23 所示。

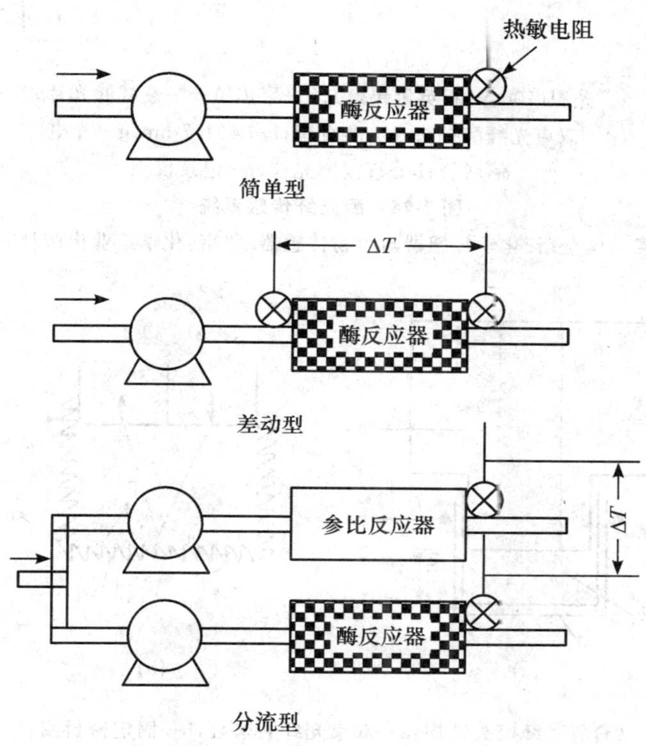

图 7-23 热敏电阻测定酶反应温度变化的方式

（司士辉.生物传感器.北京：化学工业出版社，2003）

简单型：根据酶柱出口处反应前后的温差进行底物检测.结构简单，但基线漂移较大。

差动型：检测酶柱进口和出口温差，基线漂移小，对槽内温度变化不太敏感。

分流型：设置与工作酶柱平行的参比反应柱，内充物为灭活的生物材料。参比柱用来鉴别非特异性的热变化，以消除测定的误差。这种方法在构造上较复杂，但测定结果更为精密可靠，它是目前主要采用的方法。

3. 光学型酶传感器

如果被分析物 A 无光学活性，经酶催化后产生有特征光吸收的产物 P，或者反过来，A 有特征光吸收性而 P 无光学活性，这两种情况都能通过反应前后消光值的变化来测定底物。如对硝基苯磷酸盐经碱性磷酸酶水解生成对硝基苯氧合物，产物在 404.7 nm 波长有最大吸收峰。利用分析物的这种性质可制成光学型酶传感器。

图 7-24(传感系统)和图 7-25(传感探头)是用双束光纤与固定化碱性磷酸酶装配成传感器。

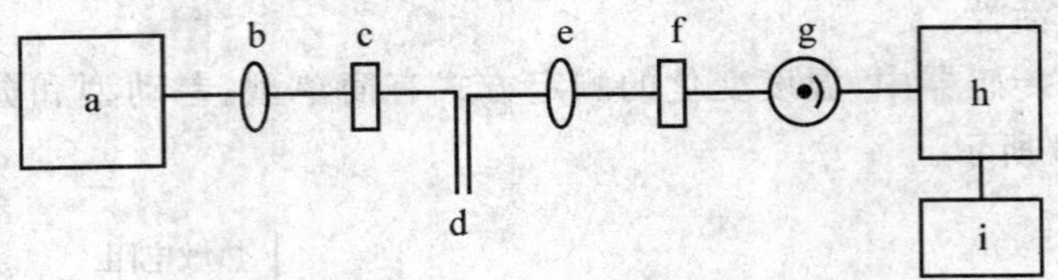

a—光源(100 W 石英氢钨灯);b—聚焦镜;c—衰减滤光片;
d—双束光纤酶探头;e—准直镜;f— 404.7 nm;g—光电
倍增管;h—直读测光仪;i—记录仪

图 7-24　酶光纤传感系统

(布莱恩·埃金斯.化学传感器与生物传感器.北京:化学工业出版社,2005)

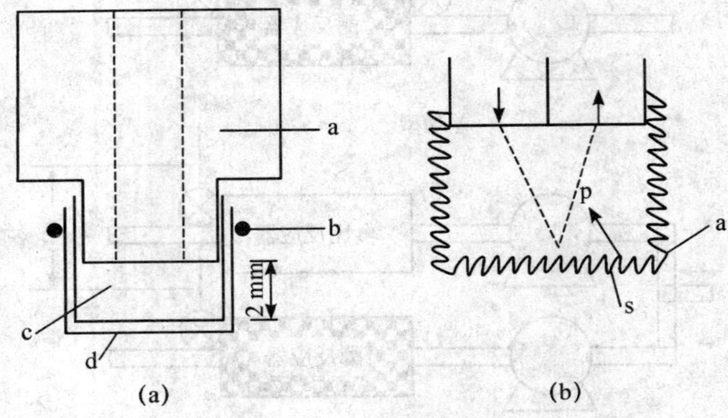

(a)酶光纤探头结构:a—双束光纤共末端,b—固定密封圈,
c—载酶内部溶液,d—外层尼龙网膜
(b)探头酶促反应的过程:a—酶/散射层,
s—酶底物,p—光吸收性酶促反应产物

图 7-25　酶光纤探头结构

(布莱恩·埃金斯.化学传感器与生物传感器.北京:化学工业出版社,2005)

当底物扩散进入反应相时,被酶转化成聚光吸收性产物,随着产物的积累,返回的散射光强度减弱。当产物形成速率与产物向外部溶液扩散的速率平衡时,吸光值达到稳态。在酶促反应的一级动力学阶段,外部溶液中底物浓度与稳态光吸收值相关。

碱性磷酸酶比较稳定,其生物化学性质已比较清楚,催化的反应也很经典,产物的摩尔吸收系数比较高[19 050 L/(mol·cm)]。响应的斜率预计值应为 7 680 L/mol,实测值只有[(1 713±168)L/mol],影响因子可能包括固定化酶浓度,产物和底物的扩散系数,酶层与光纤束的距离等。

目前,研究和应用最多的当属检测 NADH 的光纤光学型酶传感器。这类传感器的探头是基于脱氢酶进行分子识别，例如：

$$乳酸+NAD^+ \xrightarrow{乳酸脱氢酶} 丙酮酸+NADH$$

此反应是可逆的，增高溶液 pH，有利于 NADH 的生成。在含有乳酸的试液中加入 NAD^+（氧化态辅酶Ⅰ），当 pH 为 8.6 时，在探头中固定化乳酸脱氢酶的催化作用下生成的 NADH，可用荧光法进行检测。激发波长为 350 nm，荧光发射波长为 450 nm，荧光强度与乳酸含量成比例，测定范围为 0～0.1 mmol/L，检测下限为 2 μmol/L，当溶液 pH 为 7.4 时，上述反应逆向进行，在含有丙酮酸的试液中加入少量 NADH，则可根据生物催化层中荧光信号的降低，测定丙酮酸的含量。测定范围为 0～1.10 mmol/L，检测下限为 1 μmol/L。

在生物催化层中生成的 NADH 也可利用偶合的 FMN（黄素单核苷酸）生物发光反应，通过光导纤维进行传感。在此传感器中，用固定化谷氨酸脱氢酶、NADH、FMN 氧化还原酶和海生细菌荧光素酶制成混合生物催化层。某些生物催化反应所产生的物质不能直接给出光学信号，可在生物催化层和光测量之间引入一个起换能作用的化学反应，使其转变为能进行光检测的物质，形成复合光极。在酶的作用下，被测底物（如青霉素 G、胆固醇、*L*-苏氨酸、*L*-谷氨酸和尿酸等）的浓度是酶层微环境中 H^+、O_2、NH_3、CO_2 或 H_2O_2 浓度的函数，它们含量的变化可被光导纤维传感层中的相应 pH、O_2、NH_3、CO_2 或 H_2O_2 的光极所检测。

7.2.3.2 酶传感器的性能

影响酶传感器性能的主要因素：

1.酶的选择性和酶活力

酶是生物传感器中最常用的选择性试剂。不同的酶，由于其专一性不同，对不同被测物的活性大小不同，因而在特定情况下具有特定的选择性。例如，葡萄糖氧化酶在血液中在其他糖存在的情况下对葡萄糖有高度的选择性；酪氨酸酶（从蘑菇提取物中得到）可以不同程度地催化苯酚类化合物的氧化。

酶是催化剂，在反应过程中不会消耗。但是，如果考虑米氏（Michaelis-Menten）方程，则反应速率是直接比例于酶的浓度，如下式：

$$v=\frac{k[E_0][S]}{K_m+[S]}$$

只要有足够酶的存在，此过程不是限制步骤。然而若酶量过多，或者酶制备的质量较差，则需要相当量的酶才能提供足够酶单元的活性。过量的酶会影响电子迁移到转换器的速率（主要是影响扩散过程）。表 7-4 列出了一些实例进行比较。从表中可见：脲酶的量从 25 U 增加到 75 U，酶传感器寿命明显改进，从 3 周提高到 16 周，但应答时间稍微变长，检测极限稍微变差。青霉素氧化酶也引起相似的变化。

2.固定化方法与灵敏度

前面章节已讨论过固定化方法，一般地，化学方法（共价键和交联）可延长使用寿命，但由于电子迁移过程的阻塞而受到限制，有时甚至对酶造成损害，引起应答递减。物理方法（吸附），虽然操作简单，但是酶和载体间的结合力不强，会导致催化活力的丧失和污染反应产物。

表 7-4　一些酶传感器性能特征的比较

类型	酶①	传感器②	稳定性	应答时间/min	范围/(mol/L)
尿素	脲酶 (25 U)	阳离子(P)	3 周	0.5～1	$5\times10^{-5}\sim10^{-1}$
尿素	脲酶(75 U)	阳离子(P)	16 周	1～2	$10^{-4}\sim10^{-2}$
青霉素	青霉素氧化酶				
	(400 U)	pH(P)	2 周	0.5～1	$10^{-4}\sim10^{-2}$
	(1 000 U)	pH(D)	3 周	2	$10^{-4}\sim10^{-2}$

①U,酶活力单位。

②P,聚丙烯酰胺的物理截留;D,溶解作用。

对任何分析技术而言,知道其能覆盖的浓度范围是重要的,在什么范围应答是线性的,测定最低含量为检测极限,按照 IUPAC(国际理论化学和应用化学联合会)规定,检测极限是在校正曲线的外延线性部分于基线相交处的被测物浓度,其中基线是相应于几个标量浓度范围内应答不变的平行线。如图 7-26 所示。

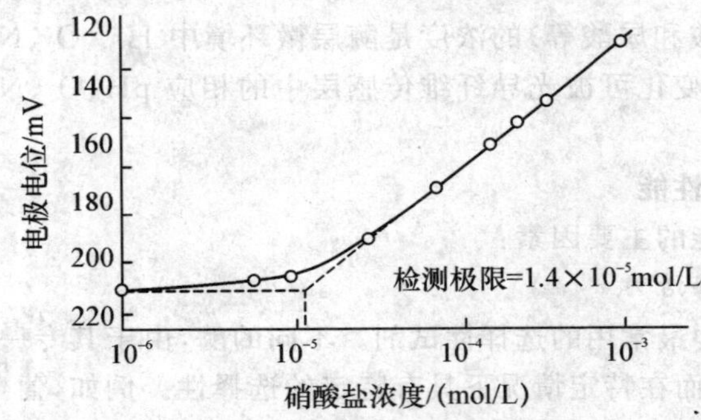

图 7-26　表示测定极限的硝酸盐校准曲线

血液中葡萄糖检测的实例说明了确定测定浓度范围的重要性。当测定浓度范围为 1.2～20 mmol/L(最好为 0.1～50 mmol/L)时,才能覆盖正常人和糖尿病患者血液中葡萄糖的含量。

3. 时间

酶传感器的时间因素包括应答时间、恢复时间和寿命。对于传感器,希望应答时间快,为下一次读数恢复时间迅速,使用寿命长。但大多数传感器,无论是化学的还是生物的,使用寿命都有限。

(1)应答时间。许多分析装置需要一定的“稳定”时间,即允许体系达到平衡所需的时间,这段时间就叫做应答时间。如近来广泛研究的硝酸盐电极,在搅拌与电极溶液接触约 30 s 后得到的结果最好。生物传感器,若应答时间太长,会大大地影响此方法对重复常规分析的有效性。生物传感器的应答时间一般为几秒钟到几分钟,目前认为长达 5 min 的应答时间还是可以采用的,但如果应答时间超过 10 min 则太长了。

(2)恢复时间。与应答时间相关的是恢复时间,即一次测量后传感器体系为了保证用于下一次测量前的基本平衡所必需的休息时间。在许多发表刊物中，将这些时间都并在一起同时将结果表示为每小时能分析的样品数目。

(3)寿命。酶传感器的寿命可以从两个不同的方面来考虑。首先，寿命表示已装配好的传感器放在缓冲液或离子强度调节剂中储存所经过的时间，此寿命取决于用户是否严格按照制造者说明书那样维护仪器。其次，应答是在连续使用期间，即传感器与被测物溶液恒定接触并经过一段时间得出的连续读数。将寿命定义为应答已下降一定百分数(例如 5%)后的时间。

所有的有机材料随着时间而变质，特别是当离开其自然环境时。这意味着生物传感器的主要缺点之一是生物材料在需要替换之前通常具有相当有限的使用寿命。一般，纯酶的稳定性最低，而细胞组织制剂具有最高的稳定性。

7.2.4 酶传感器的应用

酶传感器在医疗、化工、生物工程及食品等领域应用非常广泛。食品工业通过测定食品成分及其性质，以监测并控制食品生产加工过程和检验食品质量与安全。食品的组成成分比较复杂，表现出的物理或化学性质多样，要在其他成分存在的情况下检测其中某一种成分，常规需要繁琐的前处理步骤，既费时又费力。生物传感器的出现，不仅使食品成分及其性质的低成本、快速、高选择性、高灵敏度分析成为可能，而且近年来生物传感技术的快速可持续发展已部分实现食品生产的实时在线控制。这一方面降低了食品生产成本；另一方面给人们带来安全及高质量的食品。酶传感器在食品分析中的应用包括食品成分、食品添加剂、有毒、有害物质残留及食品鲜度等的测定分析。

7.2.4.1 食品成分分析

1. 食品中蛋白质和氨基酸的测定

日本某公司把氨肽酶和氨基酸氧化酶固定在高分子膜上，由测得的 H_2O_2 值推算出蛋白质分解率，在水解蛋白质的生物反应中控制分解程度。1993 年，Radu，G. L. 等人就制备了一个基于过氧化氢检测的电流型酶电极用于测定蛋白质，该传感器能在 0.1～4 mg 范围内测定酪蛋白胨，测定时间 5～9 min。

在测定氨基酸的生物传感器中，以谷氨酸生物传感器的研究最为广泛。目前较成熟的一些检测氨基酸的传感器列于表 7-5。

表 7-5 检测氨基酸的生物传感器

类型	酶	稳定性	应答时间/min	范围/(mol/L)
L-酪氨酸	*L*-酪氨酸羟基酶	3 周	1～2	10^{-4}～10^{-1}
L-谷胺酰胺	谷氨酰胺酶	2 d	1	10^{-4}～10^{-1}
L-谷氨酸	谷氨酸脱氢酶	2 d	1	10^{-4}～10^{-1}
L-天冬酰胺	天冬酰胺酶	1 个月	1	5×10^{-5}～10^{-2}
D-氨基酸	*D*-氨基酸氧化酶	1 个月	1	5×10^{-5}～10^{-2}

2. 食品中糖含量的测定

最早研制成功的酶传感器是葡萄糖氧化酶传感器，现已广泛应用于医疗、食品及发酵工业中。在食品工业中，生物传感器不仅能测定食品及其原料中的含糖量，更重要的是对多种食品加工过程进行监测。

在酿酒工业中，对于乙醇发酵过程的控制来说，乙醇（产物）和葡萄糖（底物）的浓度被认为是一个重要的指标，对它们进行快速和简便的测定是十分必要的。将乙醇氧化酶和葡萄糖氧化酶分别固定化后，制成酶膜，用圆形橡胶环装在电极的表面上，图 7-27 为同时测定葡萄糖和乙醇的测定系统的方框图。在同一个流体室内，可同时测定乙醇和葡萄糖，测定在 1 min 内，相对偏差在 3%以内。

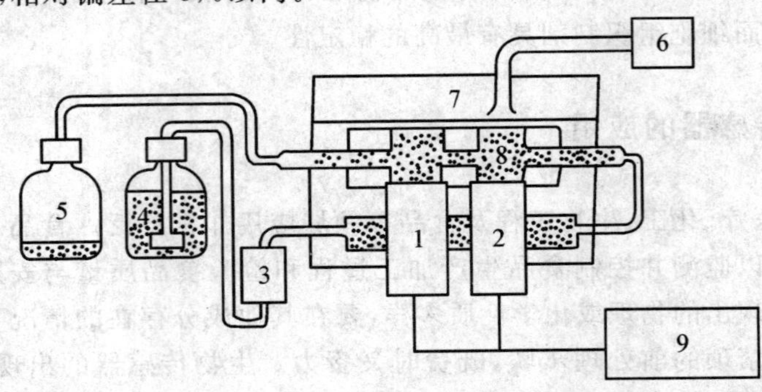

1—乙醇传感器；2—葡萄糖传感器；3—泵；4—缓冲液储存瓶；5—排放瓶；
6—空气泵；7—加热器；8—注入孔（注射器）；9—控制电路

图 7-27 测定乙醇和葡萄糖的酶传感器系统方框图

（何国庆，丁立孝. 食品酶学. 北京：化学工业出版社，2006）

已经开发的酶传感器可快速测定香蕉中葡萄糖、牛奶中的 *L*-和 *D*-乳糖及白酒、苹果汁、果酱和蜂蜜中的葡萄糖。各种糖类生物传感器见表 7-6。

表 7-6 检测各种糖类的生物传感器

糖类	生物敏感元件	电极类型	线性范围/(mol/L)
葡萄糖	葡萄糖氧化酶	氢离子敏场效应管	$2.78\times10^{-5}\sim1.11\times10^{-3}$
果糖	*D*-果糖脱氢酶	氧电极	$1.0\times10^{-5}\sim1.0\times10^{-3}$
半乳糖	半乳糖氧化酶	热敏电阻	$1.0\times10^{-5}\sim1.0\times10^{-3}$
乳糖	过氧化氢酶	热敏电阻	$5.0\times10^{-5}\sim1.0\times10^{-3}$
蔗糖	蔗糖氧化酶	氧电极	$2.5\times10^{-4}\sim5\times10^{-3}$
淀粉	葡萄糖氧化酶与糖化酶	过氧化氢电极	$0\sim3.0\times10^{-3}$
麦芽糖	葡萄糖淀粉酶	铂电极	$10^{-2}\sim10^{3}$ mg/L

3. 食品中有机酸的测定

在食品工业中常需要检测各种有机酸以对食品的质量进行控制，测定的有机酸包括柠檬酸、乳酸、苹果酸和草酸等。如用苹果酸脱氢酶为敏感材料制作的 Clark 型酶电极，测定 *L*-苹果酸的线性范围为 $10^{-6}\sim10^{-3}$ mol/L，响应时间不足 1 min，其测定结果与标准方法相比相关性良好。此外,还有对醋酸、草酸、蚁酸、丁酸及短链脂肪酸等进行测定的生物传感器。

4.食品中维生素的测定

生物传感器已成功地用于维生素的测定。其中,对维生素C生物传感器的研究最多。例如,用植物组织做敏感材料,结合氧电极测定一些果汁中的抗坏血酸,测定的线性范围为 $2.0\times10^{-5}\sim5.7\times10^{-4}$ mol/L,测定一个样品只需 1.5 min,电极可重复使用 50～80 次。测定结果与传统方法相吻合;另外将抗坏血酸氧化酶固定在 Nafion-甲基紫精复合膜上,可制成 *L*-抗坏血酸传感器。实验结果表明,此传感器对抗坏血酸具有较好的催化氧化功能,并在较宽的浓度范围内保持良好的线性关系。此外,还有人研制出测定维生素 B_2 的生物传感器。

5.其他成分的测定

食品中其他成分的测定,近年来也成为科学家研制生物传感器的热点。

有人研究的一种聚四氟乙烯-酪氨酸酶生物传感器可以测量食物中的安息香酸,原理是基于安息香酸对酶的抑制作用。该生物传感器的电极可以长时间稳定运作,检测限为 9.0×10^{-7} mol/L,专一性好,在同时含有众多其他物质的食物中可以准确地检测安息香酸的浓度而不受影响。用该生物传感器对两类不同的样品进行了测量:高度不沾水的蛋黄酱和可乐类饮料,不需要任何样品的处理过程,其结果令人满意。

还有一种电流型生物传感器可以检测饮料中的乙醇。这种生物传感器是将乙醇脱氢酶埋在聚乙烯中,酶和聚合物的比例不同可以影响该生物传感器的性能。该传感器已经对不同的酒样品进行了实验,可以成功地应用于酒发酵工程中乙醇的连续自动在线监测。

7.2.4.2 食品添加剂的分析

食品添加剂的种类很多,如甜味剂、酸味剂、抗氧化剂等。将酶传感器用于食品添加剂的分析较为快速、准确。

亚硫酸盐通常用作食品工业的漂白剂和防腐剂,除具有漂白作用外,还有防止食品氧化和微生物生长的作用。由于亚硫酸盐对人体有致敏性,引起哮喘,美国 FDA 规定在某些食品(如新鲜蔬菜和水果)中不能超过 1×10^{-6} mol/L。Smith 等采用亚硫酸盐氧化酶为敏感材料,制成了电流型二氧化硫酶电极,可用于水果干、酒、醋、果汁等食品中亚硫酸盐的测定,测定的线性范围为 0～0.6 mmol/L。苯甲酸盐是食品工业中常用的另一种防腐剂,可用于软饮料、酱油和醋等的食品中,通常采用气相色谱法(GC)测定,因此需要专有设备。用 NADPH 作为电子传递体,根据苯甲酸盐氧化过程中由于氧的消失从而导致电流信号的变化制成了苯甲酸盐酶电极,测定的结果与 GC 的分析结果相关系数达到 0.95。饮料、布丁等食品中的甜味素(aspartame),采用天冬氨酶结合氨电极测定,线性范围为 $2\times10^{-5}\sim1\times10^{-3}$ mol/L。这些都给食品添加剂的分析提供了方便。

另外还可用生物传感器测定防腐剂如过氧化氢,酸味剂如磷酸、乳酸、*L*-谷氨酸以及色素、乳化剂等。

7.2.4.3 食品中农、兽药物残留量分析

对农、兽药物残留量的测定,对食品安全有着重要的意义。近年来,人们就生物传感器在该领域的应用做了一些有益的探索。如用乙酰胆碱酯酶(AChE)和丁酰胆碱酯酶

(BChE)为敏感材料，制作了离子敏场效应晶体管型传感器，两种生物传感器均可用于蔬菜等样品中有机磷农药毒死蜱、敌敌畏和伏杀磷的测定，检测限为 10^{-7}～10^{-5} mol/L。用胆碱酯酶(ChE)制成的电流型生物传感器，可用于谷物等样品中氨基甲酯类杀虫剂涕灭威、西维因、灭多虫和残杀威的测定，测定的线性范围为 5×10^{-5}～ 50 μg/g，检测限为 1×10^{-4}～3.5 μg/g，与 GC/UV 测定结果有较好的相关性，相关系数为 0.93。

另有人研究利用有机磷杀虫剂水解酶测定有机磷杀虫剂的电流式生物传感器，对硝基酚和二乙基酚的测定极限为 10^{-7} mol/L，在 40℃下测定只要 4 min。用戊二醛交联法将乙酰胆碱酯酶固定在铜丝碳糊电极表面，制成一种可检测浓度为 10^{-10} mol/L 的对氧磷和 10^{-11} mol/L 的克百威的生物传感器，可用于直接检测自来水和果汁样品中两种农药的残留。

盘尼西林和磺胺是兽药中常用的抗生素，其残留会污染动物性食品。用抗体酶为敏感材料结合光度分析可测定牛奶中的盘尼西林。

7.2.4.4 食品微生物的检验

平皿计数仍是现行的测定食品中微生物的标准方法。其烦琐和费时的操作已不适应现代食品行业对微生物检测的要求。生物传感器以其快捷、灵敏的特性在食品有害微生物的检测中显示出了强大的生命力。早在 1982 年，日本学者就以 2,6-二氯酚靛酚为媒介，并用滤膜预富集样品微生物制成了生物传感器，对细菌的检测限可达 10^4 cfu/mL。

食用牛肉很容易被大肠杆菌 $O_{157}:H_7$ 感染，因此，需要快速灵敏的方法检测和防御大肠杆菌 $O_{157}:H_7$ 一类的细菌。采用光纤生物传感器可以在几分钟内检测出食物中的病原体(如大肠杆菌 $O_{157}:H_7$)，而传统的方法则需要几天。这种生物传感器从检测出病原体到从样品中重新获得病原体并使它在培养基上独立生长总共只需 1 d 时间，而传统方法需要 4 d。有试验已成功表明，采用光纤传感器与聚合酶链式反应生物放大作用偶合，可实现对食品中李斯特菌单细胞基因的检测。而采用酶联免疫电流型生物传感器可实现对存在于食品中少量的沙门氏菌、大肠杆菌和金黄色葡萄球菌等的检测。

7.2.4.5 食品中毒素的检验

食品中生物毒素一般是动物、植物尤其是微生物等的代谢产物，食品中毒素不仅种类多而且毒性大，大多有致癌、致畸、致突变作用，因此，加强对食品中的病原性微生物及毒素的检测至关重要。

采用乙酰胆碱酯酶、胆碱氧化酶和氧电极组成的生物传感器可用于海产品中沙蚕毒素的检测。采用光纤生物传感器测定食品中的肉毒杆菌毒素，检测限达 5 ng/mL，检测时间通常不超过 1 min。还有一种快速灵敏的免疫生物传感器可以用于测量牛奶中双氢除虫菌素的残余物，它是基于细胞质基因组的反应，通过光学系统传输信号，已达到的检测限为 16.2 ng/mL，一天可以检测 20 个牛奶样品。应用生物传感器测定肠毒素 B 等细菌毒素也有相关报道。

7.2.4.6 食品鲜度的检测

新鲜度是食品的一个重要指标。传统评定食品新鲜度的方法是感官法，其客观性差且无法准确定量。而生物传感器作为食品新鲜度的评价工具，使这一评价过程客观化和定量准确化。食品腐败的过程伴随有特定的生物化学变化，如细菌总数增加、胺类生成、糖原降解、核苷酸降解等，根据不同的测定对象可采用不同的生物传感器。目前这方面的研究和应用主要集中在鱼肉、畜禽肉和牛乳新鲜度的评定上。

日本科学家开发出一种可以快速检测肉制品质量如肉鲜度与细菌感染数的传感器，以提高和稳定肉制品质量。开发的肉鲜度传感器，能通过测定 pH、氨、挥发性盐基氮等化学指标检测肉制品的腐败，缺点是只有在细菌指数较高时才能确切表示，不能对初期腐败作出判断。细菌生成的多胺，尤其是丁二胺和戊二胺，可作肉制品初期腐败的判断指标。依据这一原理，日本进而开发了将微球菌的丁二胺氧化酶加以固定化的多胺传感器。

用单胺氧化酶膜和氧电极组成的酶传感器测定肉新鲜度，响应时间为 4 min，单胺测定线性范围为 $5\times10^{-6}\sim20\times10^{-6}$ mol/L。另一种超快速测定肉类鲜度的匕首型生物传感器，其探头可现场刺入食品表面 2～4 mm 深处，通过测定肉中葡萄糖浓度的变化评价肉类的新鲜度。评价肉的成熟程度和进行肉的种类鉴别的传感器也正在开发之中。

7.2.4.7 食品的感官评定

食品滋味靠各种仪器分析实验来定性或定量，这种滋味评价方式即费时又耗资。为了改变这种状况，日本农林水产省研制出一种生物传感器，可以对肉汤的风味进行品评。它采用酶柱氧电极结合流动注射分析系统(FIA)测定谷氨酸、肌苷酸、乳酸等指标，用金属半导体传感器测定香味，最后将多种风味进行多元回归分析，得到的综合指标与用高效液相色谱测定的结果很相近。而利用动物味觉或嗅觉器官中化学识别分子研制味觉传感器或仿生味觉传感器也很热门。在这方面，进而开发了用于食品感官评定的电子鼻和电子舌。

思考题

1. 试比较各类酶反应器的优缺点。
2. 选择酶反应器时需考虑哪几方面的因素？
3. 设计酶反应器时需考虑哪些操作参数？
4. 酶反应器在使用过程中应该注意哪些问题？
5. 生物传感器的一般原理是什么？
6. 生物传感器发展的三个阶段分别是什么？
7. 生物传感器有哪两种主要的分类方法？
8. 生物传感器的直接测量方式和间接测量方式分别指的是什么？
9. 为什么说第三代生物传感器是生物传感器构造中的理想手段？
10. 列举热敏电阻酶传感器应用的几个实例。
11. 光学型酶传感器的原理是什么？
12. 简述影响酶传感器性能的主要因素有哪些？
13. 简述生物传感器在食品检测中有哪些应用。
14. 利用该章介绍的原理设计一个检测食品中菌落总数的生物传感器。

孙京新、于国萍　编写

参考文献

[1] 梅乐和,岑沛霖.现代酶工程.北京:化学工业出版社,2006.

[2] 施巧琴.酶工程.北京:科学出版社,2005.

[3] 山根恒夫著.邢新会译.生物反应工程[日].北京:化学工业出版社,2006.

[4] 陈宁.酶工程.北京:中国轻工业出版社,2005.

[5] 秦燕,吴国杰,宁正翔.膜式酶生物反应器及其应用[J].粮油加工与食品机械,2000,266:21-24.

[6] 彭益强,方柏山.酶膜反应器及其工业应用研究[J].化工时刊,2004,18(01):13-17.

[7] 许牡丹,檀志芬.酶膜反应器及其在食品工业中的应用[J].食品科技,2003,10:56-59.

[8] 吴军林,梁世中,林炜铁.酶膜生物反应器应用及展望[J].化工生产与技术,2003,10(02):18-20.

[9] 李雪辉,王乐夫.新型反应器——酶膜反应器[J].天然气化工,2001,26(02):48-52.

[10] 董春华,何志敏.酶膜反应器的应用及展望[J].化学工程,2001,29(04):25-27.

[11] 滕超,马海乐,王振斌.酶膜反应器在蛋白质水解制取活性多肽中的应用[J].食品研究与开发,2007,28(06):179-182.

[12] 陈芳艳,纪平雄.丝素固定化木瓜蛋白酶填充床反应器及其应用研究[J].蚕业科学,2005,31(03):286-289.

[13] 朱秋享,李志达,魏建敏,等.中空纤维酶膜反应器连续制备 DP_(8-12)糊精的研究[J].

中国粮油学报,2001,16(06):12-16 .

[14] 姜忠义,贾琦鹏,刘家祺,等.多相酶膜反应器合成生物活性二肽[J].应用化学,2001,18(01):56-58.

[15] 张先恩.生物传感器.北京:化学工业出版社,2006.

[16] 布莱恩·埃金斯.化学传感器与生物传感器.北京:化学工业出版社,2005.

[17] 司士辉.生物传感器.北京:化学工业出版社,2003.

[18] 何国庆,丁立孝.食品酶学.北京:化学工业出版社,2006.

[19] 彭志英.食品酶学导论.北京:中国轻工业出版社,2002.

[20] 舒友琴,罗国安,李清文.生物传感器在食品分析中的发展和应用[J].食品科学,1999,(11):13-17.

Chapter 8

第 8 章

非水介质中的酶催化

教学目的和要求

1. 了解非水介质的定义，掌握非水介质中酶的特性和酶促反应的特点及不同的非水介质反应体系的组成特点；
2. 了解非水介质中酶的结构和性质及非水介质中水及有机溶剂对酶催化反应的影响；
3. 理解有机溶剂中酶催化活性和选择性调控的方法；
4. 了解非水介质中酶催化反应在食品工业中的应用。

酶作为生物催化剂，具有选择性、高效性、反应条件温和等优点，受到人们的普遍关注。原有的研究理论认为：酶只能在水溶液中发挥其催化作用，在有机溶剂中酶蛋白容易变性失活。然而大多数有机物质不溶于水，因此限制了酶催化反应在有机合成等有机介质中的应用和发展。

1984年，Klibanov等人在《Science》上报道了酶在有机介质中的应用。他们利用酶，在仅含微量水的有机介质中成功地合成了酯、肽、手性醇等许多有机化合物。他们发现，只要条件适合，酶可以在非生物体系的疏水介质中催化天然或非天然的疏水性底物向产物的转化，酶不仅可以在水与有机溶剂互溶的体系中表现出催化活性，还可在仅含微量水或几乎无水的有机溶剂中表现出催化活性。另外，同一种酶在不同的有机溶剂中可以表现出不同的立体选择性。这无疑是对酶只能在水溶液中起催化作用这一传统酶学理论的深入和发展。

近二十多年，酶在非水介质中催化反应的研究十分活跃。现已报道，脂肪酶、酯酶、蛋白酶、纤维素酶、淀粉酶等水解酶类；过氧化物酶、过氧化氢酶、醇脱氢酶、胆固醇氧化酶、多酚氧化酶、细胞色素氧化酶等氧化还原酶类和醛缩酶等转移酶类中的几十种酶在适宜的有机溶剂中均具有与水溶液中可比的催化活性。

与传统水相酶催化相比，非水介质中进行的酶催化反应具有下列优点：

①酶催化产物不需进行萃取等后处理步骤，总产率通常更高；可以避免乳化造成的损失；使用低沸点的有机溶剂，产物回收容易。

②非极性底物溶解性增加，底物转化速率更高。

③有机溶剂“环境”不利于活细胞生存，可以降低微生物污染的风险。这对于工业规模的反应尤其重要，因为在工业上保持无菌是一个严重的问题。

④亲脂性底物和/或产物引起的酶的失活和/或抑制作用可以降至最小，因为其在有机溶剂中的溶解性使得其在酶表面的局部浓度降低。

⑤许多依赖于水的副反应，如不稳定基团的水解，醌类(quinones)的聚合反应，氰醇(cyanohydrins)的外消旋化或酰基转移(acyl-migration)等，在有机溶剂中多数可以被抑制。

⑥酶即使不固定化，因为不溶于有机溶剂，反应后通过简单的过滤即可回收。亲脂的环境可以在很大程度上阻止固定化后的酶从载体上脱落到介质中。

⑦很多与酶变性有关的反应是水解性反应，因此在低水环境中酶更加稳定。

⑧酶在形成酶-底物复合物时(诱导-契合)构型的改变(局部去折叠和再折叠)，导致大量氢键断裂。在水介质中，断裂的氢键迅速被周围水形成的氢键替代。因而，水在这里发挥了“分子润滑剂”的作用。而在有机溶剂中没有这种“润滑”作用，酶在有机溶剂中表现出更多的“刚性”。所以，有可能通过改变溶剂，调整某些酶的催化性质，例如底物专一性，化学键、区域和对映体选择性等。

⑨非水介质酶催化反应最突出的优势在于热力学平衡从水解向合成方向移动的可能性。因而，在有机溶剂中利用水解酶类(主要是脂肪酶和蛋白酶)能够以化学-、区域-和对映体选择性的方式合成酯、聚酯、内酯、氨基化合物和肽。

非水介质中酶催化的优势使其受到广泛重视，发展很快，迄今已经初步建立起了非水酶学的理论体系，并在多肽、酯类物质、功能高分子的合成，甾体转化，手性药物的拆分等方面取得了显著成果。从大量的文献报道来看，非水介质中酶催化的研究主要集中在三个方面：

①非水介质中酶学基本理论研究，包括了影响非水介质中酶催化的主要因素以及非水介质中酶学性质；

②通过对酶在非水介质中结构与功能的研究，阐明非水介质中酶的催化机制，建立和完善非水酶学的基本理论；

③利用基本理论来指导非水介质中酶催化反应的研究和应用。

8.1 酶催化反应的非水介质体系

酶催化反应中常用的非水介质体系有：水-有机溶剂两相体系、反相胶束体系、水不互溶有机溶剂单相体系、水互溶有机溶剂单相体系、超临界流体、离子液、气相等。图 8-1 为三种典型的非水介质反应体系示意图。

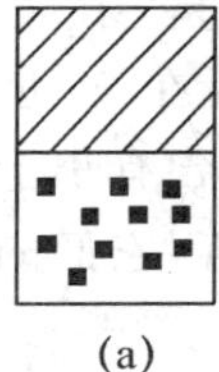

(a)

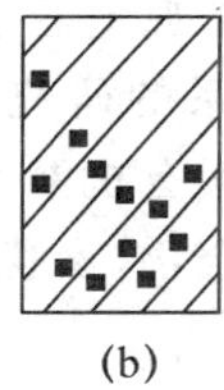

(b)

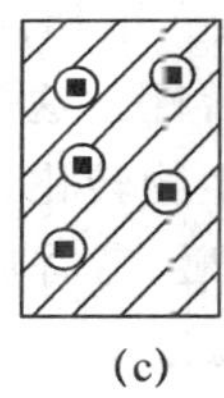

(c)

(a) 水-有机溶剂两相体系；(b)水不互溶有机溶剂单相体系；(c)反相胶束体系

斜线代表有机相，黑点代表酶，白色代表水相

图 8-1　非水介质体系示意图

(张玉彬. 生物催化的手性合成. 北京：化学工业出版社，2002)

8.1.1　水-有机溶剂两相体系

水-有机溶剂两相体系(biphasic aqueous-organic solution)是指由水相和非极性有机溶剂相组成的宏观上分相的反应体系，酶溶解于水相中，底物和产物溶解于有机相中。水与有机溶剂的比例可以从纯水到纯有机溶剂。但是为了保持酶的活力，通常需要保留一定的水分，只要水分足以在酶周围形成一层水膜维持酶的活力即可。有机相一般为非极性、亲脂的溶剂，如烷烃、醚和氯代烷烃等，这样可使酶与有机溶剂在空间上相分离，保证酶处在有利的水环境中，而不直接与有机溶剂相接触。水相中因仅存在有限的有机溶剂，从而减少了它对酶的抑制作用。反应中及时将产物从酶表面移去，将会推动反应朝着有利于产物生成的方向进行。由于两相体系中酶催化反应仅在水相中进行，因而必然存在着反应物和产物在两相之间的质量传递。显然，振荡和搅拌将会加快两相反应体系中生物催化反应的速度。

通常在两相体系中，酶的操作稳定性比较好。

在两相体系中，热力学的分配系数和动力学的传质系数会支配酶的催化常数 K_{cat}。因此，总的反应速率主要由体系的物理性质（如溶解性和搅拌）决定，酶的催化能力只在较小的程度上起作用。换句话说，酶能够更快地工作，但是不能够稳定地得到足够的底物。增强搅动（搅拌和摇动）会促进传质，但是另一方面，由于机械和化学的压力，又容易导致酶的失活。

水-有机溶剂两相体系已成功地用于强疏水性底物，如甾体、脂类和烯烃的生物转化。例如，在两相体系中用微生物催化烯烃不对称环氧化，珊瑚色诺卡氏菌（*Nocardia corallina*）使烯烃环氧化产生的环氧化物及时转移到有机相中，使产物环氧化物对微生物的毒性降低到最低程度。

8.1.2 水不互溶单相有机溶剂体系

单相有机溶剂体系（monophasie organic solution）是指用水不互溶的有机溶剂取代几乎所有的溶剂水（＞98％），形成固相酶分散在有机溶剂中的单相体系。实际上这是一种含有微量水的有机溶剂体系。虽然酶在宏观上看上去是“干”的，但实际上它必须含有少量的结合水以保持其催化活性。这类体系的研究主要在 20 世纪 80 年代进行。但早在 1900 年即首次报道了这类生物转化。一般有机溶剂中含有小于 2％的微量水。常用的水不互溶性有机溶剂有烷烃、醚、芳香族化合物、卤代烃等，它们的 $\log P$（P 值为溶剂在正辛醇和水中的分配系数）较大。

该体系能促进水解酶催化的可逆反应向合成方向移动，催化在水相中不能进行的酰基转移反应，并尽量避免大量水引起的副反应。

固相酶结构上仍是柔性的，酶分子内部的柔性足以保证酶和底物结合时酶能产生微小的构象变化，形成酶和底物结合的中间复合体。

酶分子的比表面积为$(1\sim3)\times10^6\ m^2/kg$，与活性炭相当，酶分子体积的 1/3～2/3 是空的，充满了溶剂，因此足够的搅拌，将保证底物与酶表面的活性中心或酶内部的活性中心结合并起催化反应。

8.1.3 反相胶束体系

反相胶束（reverse micelle）是表面活性剂溶解在有机相及少量水中自发形成的具有热力学稳定、光学透明特点的球形聚集体（图 8-2）。典型的反相胶束一般是由约 10％的表面活性剂，80％～90％有机溶剂及少量水混合后形成的溶液。表面活性剂可以是阳离子型、阴离子型或非离子型，常用 AOT（Aerosol OT，sodium diethylhexyl sulphosuccinate）、Tween 等，由疏水性尾部和亲水性头部两部分组成。在含水有机溶剂中，表面活性剂的疏水性基团与有机溶剂接触，而亲水性头部形成极性内核，从而组成一个反相胶束，水分子聚集在反相胶束内核中形成“小水池”，里面容纳酶分子，这样酶被限制在含水的微环境中，而底物和产物可以自由进出胶束，从而实现酶催化作用。由于反胶束之间碰撞时间很短，底物和产物没有扩散限制。反胶束体系的重要参数是水化率 W_o，其定义为反胶束内水含量与表面活性剂含量的摩尔比率。W_o 决定了溶解在反胶束内水的物理性质，决定了反胶束的大小。水含量少（$W_o<15$）的聚集体通常被称为反相胶束，水含量多（$W_o>15$）的聚集体则称为微乳液。

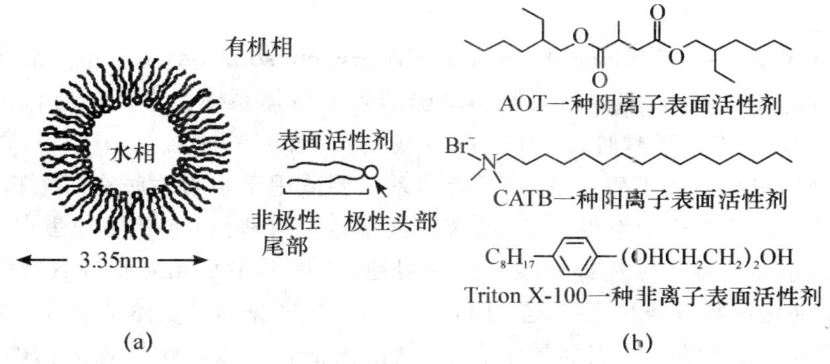

(a)在有机相中因表面活性剂的存在而在反相胶束内部形成稳定的水相；
(b)用于稳定反相胶束的表面活性剂，包括阴离子（如 AOT）、阳离子（如 CTAB）、非离子（如 Triton X-100）表面活性剂

图 8-2　酶在反相胶束体系中示意图

（施巧琴. 酶工程. 北京：科学出版社，2005）

由于反相胶束体系能够较好地模拟酶的天然状态，因而在反相胶束体系中，大多数酶能够保持催化活性和稳定性，甚至表现出“超活性”（superactivity）。自 1974 年 Wells 发现磷脂酶 A_2 在卵磷脂-乙醚-水反相胶束体系中具有催化卵磷脂水解活性以来，国内外兴起了反胶束酶学的研究和应用，由此产生了一个新的研究领域——胶束酶学（micellar enzymology）。反相胶束体系中酶催化反应的微型反应器（microreactor）有可能成为生物催化反应的通用介质。

反相胶束体系作为反应介质具有以下优点：

（1）组成的灵活性。大量不同类型的表面活性剂、有机溶剂甚至是不同极性的物质都可用于构建适宜于酶反应的反相胶束体系。

（2）热力学稳定性和光学透明性。反相胶束是自发形成的，因而不需要机械混合，有利于规模化。反相胶束的光学透明性允许采用 UV、NMR、弛豫技术、量热法等方法跟踪反应过程，研究酶的动力学和反应机理。

（3）反相胶束有非常高的界面积/体积比。远高于有机溶剂-水两相体系，使底物和产物的相转移变得极为有利。

（4）反相胶束的相特性随温度而变化。这一特性可以简化产物和酶的分离纯化。例如马肝醇脱氢酶在 AOT 或 $C_{12}E_5$ 反相胶束体系中催化 4-甲基环己酮还原生成 4-甲基环己醇，反应后通过温度诱导可使产物回收到有机相中，而酶、辅酶在水相中，并可多次循环反复使用，每一次循环酶活性损失很小。

反相胶束中的酶催化反应可用于辅酶再生、消旋体拆分、肽和氨基酸合成和高分子材料合成。色氨酸合成可采用色氨酸酶催化吲哚和丝氨酸缩合而成，由于吲哚在水中溶解

度很低、且对酶有抑制作用。Eggers 运用 Brij-Aliguat 336-环己醇为反相胶束体系，建立了膜反应器中反相胶束酶法合成色氨酸的生产工艺。

8.1.4 单相水-有机溶剂体系

单相水-有机溶剂体系(monophasic aqueous-organic solution)是指由水和与水互溶的有机溶剂组成的反应体系，酶、底物、产物均能溶解于该体系中。常用的有机溶剂有二甲基亚砜(DMSO)、二甲基甲酰胺(DMF)、四氢呋喃(THF)、二噁烷(dioxane)、丙酮和低分子质量醇类，(如甲醇或叔丁醇)。这种反应体系主要适用于亲脂性底物的生物转化，否则这类底物在单一水溶液中溶解度很低，反应速度很慢。有些酶(如酯酶和蛋白酶)在水-有机溶剂单相体系中的酶反应选择性增加。一般地，该体系中水互溶有机溶剂的量可达总体积的10%，在一些特殊条件下，甚至可高达50%～70%。如果该体系中有机溶剂的比例超过某一极限，将夺去酶分子表面的结合水，使酶失活。少数稳定性很高的酶，如枯草杆菌蛋白酶(subtilisin)和南极假丝酵母(*Candida antarctica*)脂肪酶，在水互溶有机溶剂中只需极少量的水就能保持它们的催化活性。当生物催化反应在0℃以下的温度操作时，水互溶有机溶剂体系还能用于降低水体系的冰点温度。

8.1.5 超临界流体体系

超临界流体(supercritical fluids，SCF)是一种温度和压力都处于临界点以上，性质介于液体和气体之间的流体。1985 年，Hammnod 等首先提出了酶催化反应在超临界流体中进行的可行性。超临界流体作为一种特殊的非水介质，在酶催化反应性质方面与有机溶剂非常相似。常用的超临界流体，如二氧化碳、氟利昂(CF_3H)、烃类(甲烷、乙烯、丙烷)、无机化合物(SF_6，N_2O)等，都可以作为酶催化亲脂性底物的溶剂。酶在这些溶剂中就像在亲脂性有机溶剂中一样稳定。超临界流体适用于多数酶类，酶催化的酯化、转酯、醇解、水解、羟基化和脱氢等反应都可在此体系中进行，但研究最多的是水解酶的催化反应。这种溶剂体系最大的优点是无毒、低黏度、产物易于分离。超临界气体的黏度介于气体与液体之间，其扩散性比一般溶剂高1～2个数量级。

超临界气体在临界点附近的温度或压力的一点微小变化，都会导致底物和产物溶解度的极大变化，因而可通过此调控超临界气体中酶催化反应的特性，如反应速率和立体选择性。该体系的缺点是需要有能耐受几十个兆帕的高压容器，并且减压时易使酶失活。此外，有些超临界流体，如二氧化碳可能会与酶分子表面的活泼基团发生反应，导致酶活性的丧失。

8.1.6 离子液

近年来，离子液(ionic liquid)作为绿色、高技术反应介质以其独特的优势成为生物催化反应研究的热点。离子液是由离子组成的液体，一般由有机阳离子和无机阴离子组成。

研究最广泛的阳离子为烷基取代的咪唑离子或吡啶离子，阴离子主要有 BF_4^-、PF_6^-、$(CF_3SO_2)N^-$、$(C_2F_5SO_2)N^-$、NO_3^-、SO_4^{2-}、$Al_2Cl_7^-$、$CF_3SO_3^-$ 等。离子液具有许多独特的优点，例如离子液制备简单，易循环使用；离子液有好的耐强酸性，有优异的化学和热稳定性；通过阴阳离子的设计可调节其极性、黏度、密度等性质，这样就可和有机溶剂、水混溶与不溶形成双相或多相反应体系。

离子液已经应用在转酯化、水解、氨解、酯化等反应中。多种脂肪酶在离子液中表现出稳定性高、反应选择性提高、产率提高等优良特性；某些蛋白酶在离子液中稳定性提高，具有酯酶的活性；5-半乳糖苷酶在离子液中的催化产率提高；完整细胞在离子液中的催化反应效果也较好。但是有些酶，如纤维素酶、某些过氧化物酶等在离子液中活性会降低或丧失。因此有关这一方面的研究还有待进一步深入。

8.1.7 低共熔混合体系

低共熔酶催化反应是继非水相酶催化反应基础上发展起来的新的酶催化反应技术。低共熔状态是由两种或多种固体化合物混合而得到的具有一个最低共熔点的状态，在低共熔固—固体系中进行的酶催化反应的特点是靠反应底物形成低共熔点，由于反应体系的液固体积比（或重量比）远小于水溶液或有机溶剂，从而反应底物浓度高、反应速度快、产物浓度和收率也高，反应体积小，还可以大大降低产物分离提纯的成本。

由于没有液相这类酶催化反应是无法完成的，因此实际上低共熔混合体系（eutectic mixtures）是需要加入极少量的液相组分来产生反应所需的液相，形成固—固—液悬浮体系，或一种底物是液态，另一种是固态形成的液—固悬浮体系。加入的液相组分需要达到促进多组分体系的低共熔形成，又尽可能加量少以保证高底物浓度，还要不影响酶的选择性。即既要符合物理化学概念上的低共熔二元反应体系，具有低共熔反应体系的主要特征，又能够适合酶催化反应的进行。

国内外低共熔固—固底物体系酶催化反应的研究主要集中在采用蛋白酶合成许多具有生物活性的寡肽和糖脂的应用上。例如，采用嗜热蛋白酶对 Z-L-AspOH 与 L-PheOMe 催化合成阿斯巴甜（aspartame）时，2 h 内收率可达 95%。

8.2 非水介质中酶的结构和性质

8.2.1 非水介质中酶的结构

传统酶学中，酶分子存在于水溶液中，除固定化酶外，酶分子是均一地溶解于水中。酶不溶于疏水有机溶剂，它在含微量水的有机溶剂中以悬浮状态起催化作用（图 8-3）。

根据热力学原理预测，球状蛋白质的构象在水溶液中是稳定的，在疏水环境中是不稳定的。但是，大量实验结果表明，酶悬浮于苯、环己烷等疏水有机溶剂中不变性，而且还能表现出催化活性。为此,许多学者对酶在水相和有机相的结构进行了比较,他们的实验证实了酶在有机相中能够保持其整体结构的完整性;有机溶剂中酶的结构,至少酶活性部位的结构,与水溶液中是相同的。例如,Fitzpatrick 用 0.23 nm 分辨率的 X 射线衍射技术比较枯草杆菌 Carlsberg 蛋白酶在水中和乙腈中的晶体结构,发现酶的三维结构在乙腈中与水中相比变化很小,这种变化甚至比在水中两次重复测定的结果变化还小,酶活性中心的氢键结构仍保持完整。Yennawar 等对胰凝乳蛋白酶晶体在正己烷中的 X 射线结构研究与 Fitzpatrick 得到的结果基本相似,即酶在有机溶剂中蛋白质分子骨架的构象与水中相比没有明显的变化。目前晶体结构实验证据都支持酶在有机溶剂中蛋白质能保持三维结构和活性中心的完整性。

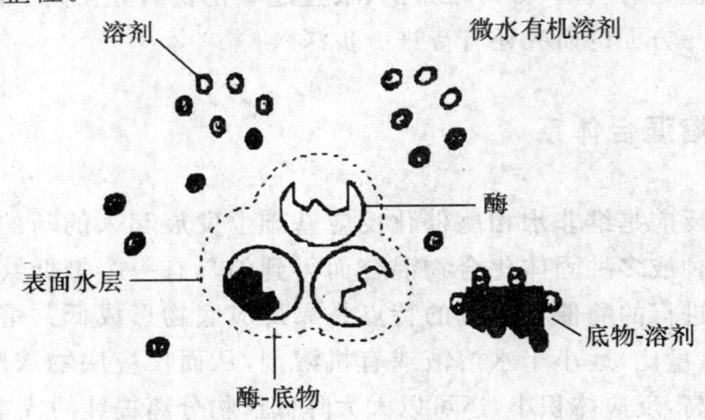

图 8-3 酶在有机溶剂中的分散状态

(施巧琴.酶工程.北京:科学出版社,2005)

酶作为蛋白质,在水溶液中以具有一定构象的三维结构状态存在。这种结构和构象是酶发挥催化功能必需的"紧密"而又有"柔性"的状态。紧密状态主要取决于蛋白质分子内的氢键,溶液中水分子与蛋白质分子之间形成的氢键使蛋白质分子内氢键受到一定程度的破坏,蛋白质结构变得松散,呈一种"开启"状态。北口司博认为,酶分子的"紧密"和"开启"两种状态处于一种可动的平衡中,表现出一定的柔性(图 8-4)。

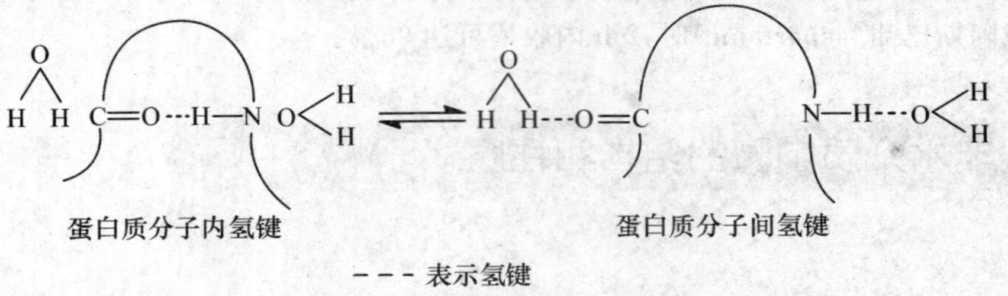

H₂O C=O···H—N H₂O ⇌ H₂O···O=C N—H···OH₂

蛋白质分子内氢键　　蛋白质分子间氢键

--- 表示氢键

图 8-4 蛋白质分子内氢键和分子间氢键

(罗贵民.酶工程.北京:化学工业出版社,2002)

酶分子在水溶液中以其紧密的空间结构和一定的柔性发挥催化功能。Zaks 认为,酶悬浮于含微量水(<1%)的有机溶剂中时,与蛋白质分子形成分子间氢键的水分子极少,蛋白质分子内氢键起主导作用,导致蛋白质结构变得"刚硬",活动的自由度变小。蛋白质

分子的这种动力学刚性限制了疏水环境下蛋白质构象向热力学稳定状态转化，能维持和水溶液中相同的结构和构象，不变形而且能表现出催化活性。

8.2.2 非水介质中的酶学性质

酶在有机溶剂中能够保持其整体结构及活性中心结构的完整，从而发挥其催化功能。然而，酶在有机介质中起催化作用时，由于有机溶剂的极性与水有很大差别，对酶的表面结构、活性中心的结合部位和底物性质都会产生一定的影响，从而影响酶的热稳定性、底物专一性、立体选择性、区域选择性和化学键选择性等酶学性质，显示出与水溶液中不同的催化特性。

8.2.2.1 热稳定性

许多酶在有机溶剂中热稳定性和储存稳定性比水溶液中高。例如，猪胰脂肪酶(PPL)在苯中催化酯交换反应时，酶活性随温度升高(20～70℃)而增加，而且在70℃连续反应7次(每次96 h)后酶活力仍保持60%。PPL在水溶液中100℃加热后很快失活，而在非水介质(戊醇和三丁酸甘油酯)中，100℃加热后酶仍具有活性，其活性大小与溶剂中水含量相关。在100℃，当有机溶剂中的水含量为0.015%(*W/V*)时，酶的半衰期长达12 h；当水含量为0.8%(*W/V*)时，酶的半衰期约为15 min，见图8-5。又如，胰凝乳蛋白酶在无水辛烷中20℃放置6个月后活力没有降低，而在同样温度下酶在水溶液中的半衰期只有几天。表8-1中列举了一些酶在有机溶剂中的热稳定性。

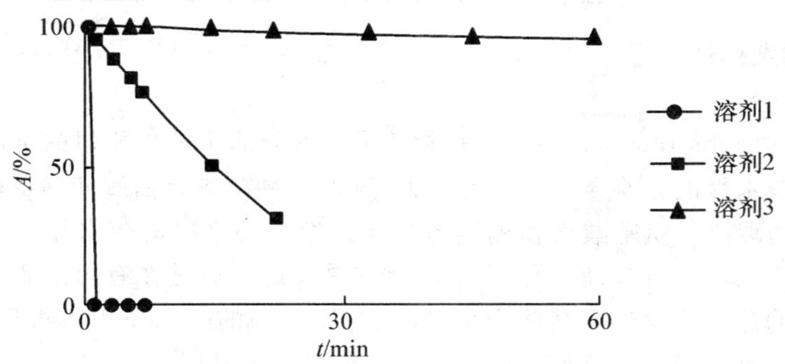

溶剂1：水或0.1 mol/L磷酸盐缓冲液；
溶剂2：2 mol/L戊醇，三丁酸甘油酯(含0.8%水)；
溶剂3：2 mol/L戊醇/三丁酸甘油酯(含0.015%水)

图8-5 猪胰脂肪酶在不同溶剂中加热后酶活性的改变

(张玉彬. 生物催化的手性合成. 北京：化学工业出版社，2002)

Klibanov等认为，有机溶剂中酶的热稳定性比水溶液中高的原因是：有机溶剂中缺少使酶热失活的水分子，因此由水而引起的酶蛋白热失活的过程，如酶分子中天冬酰胺、谷氨酰胺的脱氨基作用，天冬氨酸肽键的水解，二硫键的破坏，半胱氨酸的氧化以及脯氨酸和甘氨酸的异构化等很难进行。

上述因素只是热稳定性高的一个原因，还有更重要的原因，即结构的刚性提高热稳定性。

表 8-1　一些酶在有机介质和水溶液中的热稳定性比较

酶	条件	热稳定性
猪胰脂肪酶	三丁酸甘油酯	$t_{1/2}<26$ h
	水，pH 7.0	$t_{1/2}<2$ min
酵母脂肪酶	三丁酸甘油酯/庚醇	$t_{1/2}=1.5$ h
	水，pH 7.0	$t_{1/2}<2$ min
胰凝乳蛋白酶	正辛烷，100℃	$t_{1/2}=80$ min
	水，pH 8.0，55℃	$t_{1/2}=15$ min
枯草杆菌蛋白酶	正辛烷，110℃	$t_{1/2}=80$ min
溶菌酶	环己烷，110℃	$t_{1/2}=140$ min
	水	$t_{1/2}=10$ min
核糖核酸酶	壬烷，110℃，6 h	剩 95%活性
	水，pH 8.0，90℃	$t_{1/2}<10$ min
醇脱氢酶	正庚烷，55℃	$t_{1/2}>50$ d
酪氨酸酶	氯仿，50℃	$t_{1/2}=90$ min
	水，50℃	$t_{1/2}=10$ min
酸性磷酸酯酶	正十六烷，80℃	$t_{1/2}=8.0$ min
	水，70℃	$t_{1/2}=1.0$ min
细胞色素氧化酶	甲苯，0.3%水	$t_{1/2}=4.0$ h
	甲苯，1.3%水	$t_{1/2}=1.7$ min

8.2.2.2　酶的选择性

1. 底物专一性

底物专一性(substrate selectivity)是指酶具有区分两个结构相似的不同底物的能力。它取决于底物疏水性能的差异。许多蛋白酶(例如，α-胰凝乳蛋白酶和枯草杆菌蛋白酶)与底物的结合能力取决于氨基酸底物侧链与酶的活性中心之间的疏水作用，由于疏水底物与酶的结合能力大，因此疏水底物比亲水底物容易反应。但是在有机介质中，酶与底物的结合受到溶剂的影响而发生了某些变化，底物与酶之间的疏水作用不再那么重要了。例如，α-胰凝乳蛋白酶催化 N-乙酰-*L*-丝氨酸乙酯和 N-乙酰-*L*-苯丙氨酸乙酯的水解反应时，由于苯丙氨酸的疏水性比丝氨酸强，所以，酶在水溶液中催化苯丙氨酸酯水解的速度比在同等条件下催化丝氨酸酯水解的速度高 5×10^4 倍；而在辛烷介质中，酶催化丝氨酸酯水解的速度却比催化苯丙氨酸酯水解的速度快 20 倍。又如，在二氯甲烷中，枯草杆菌蛋白酶与 N-乙酰-*L* 苯丙氨酸乙酯反应的速度比作用 N-乙酰-*L* 丝氨酸乙酯的反应快 8 倍，但是在叔丁酰氨中，情况正好相反。

另外，溶剂的改变会引起底物在水与有机溶剂两相分配系数的改变，从而导致有机溶剂中底物专一性的改变。如猪胰脂肪酶催化月桂酸与月桂醇的酯合成反应，在非极性强的十二烷($\log P=6.6$)中，酶的催化活力仅是苯($\log P=2$)中催化活力的一半，这是因为疏水性底物在介质与酶活性中心之间的分配比例不同，十二烷与苯相比，底物更倾向于分配在十二烷中。

2. 对映体选择性

酶的对映体选择性(stereoselectivity)是指酶识别外消旋化合物中某种构型对映异构体的能力。这种选择性取决于两种对映体自由能的差异。许多试验表明,疏水性强的有机溶剂中,酶的立体选择性差,因此某些蛋白水解酶在有机溶剂中可以合成 *D*-氨基酸的肽,而在水溶液中,酶只选择 *L*-氨基酸。Klibanov 等对有些脂肪酶也观察到类似的现象。他们认为在该酶活性中心底物结合部位有一个大口袋和一个小口袋,慢反应异构体是由于它的大基团与小口袋之间有较大的空间障碍,因此反应速度慢。任何降低蛋白质的刚性,减小空间障碍的手段都会提高慢反应异构体的反应速度。蛋白质的刚性主要是由于静电相互作用及分子内氢键的存在,因此在低介电常数的溶剂中(如二氧六环)催化的选择性要高于高介电常数的溶剂(如乙腈)中催化的选择性。计算机模拟的结果也证实了上述实验结果。不过上述模型并不适用于所有的酶。例如,溶剂的疏水性对猪胰脂肪酶的对映体选择性的影响非常小。

Ottolina 报道溶剂的几何形状也影响酶的对映体选择性。如一些脂肪酶和蛋白酶在(*R*)-香芹酮及(*S*)-香芹酮中的立体选择性不同。

3. 区域选择性

酶在非水介质中进行催化时具有区域选择性(regioselectivity),即酶能够选择性地优先催化底物分子中某一区域的基团。例如,Klibanov 用猪胰脂肪酶在无水吡啶中催化各种脂肪酸(C_2、C_4、C_8、C_{12})的三氯乙酯与单糖的酯交换反应,实现了葡萄糖 1 位羟基的选择性酰化。当然不同来源的脂肪酶催化上述反应时,选择性酰化羟基的位置不同。因此,选择合适的酶,能够实现糖类、二元醇和类固醇的选择性酰化,制备具有特殊生理活性的糖酯和类固醇酯。

有机介质中酶的位置选择性也可以通过溶剂来控制。Klibanov 研究组在研究 *Pseudomonas cepacia* 脂肪酶催化芳香化合物两个不同的酯基团和催化糖羟基时发现溶剂能够调节这种基团上的差异。图 8-6 表示在不同溶剂体系中假单胞菌催化二氢吡啶二羧酸基酯类衍生物选择性水解酯键,在环己烷中生成(*R*)-型对映体,在异丙醚中产生(*S*)-型对映体。

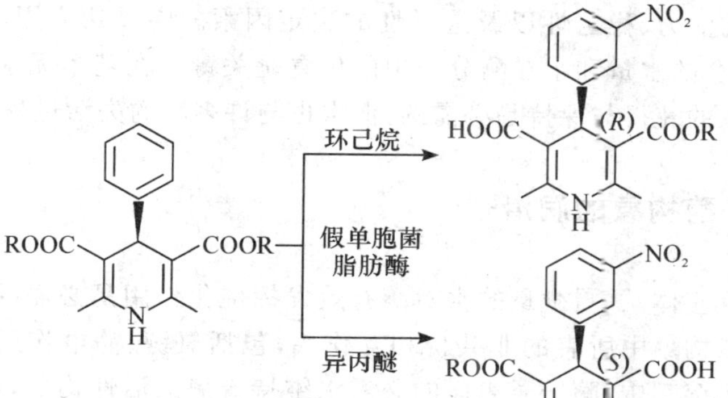

图 8-6　非水介质对酶区域选择性的影响

(施巧琴. 酶工程. 北京:科学出版社,2005)

4. 化学键选择性

化学键选择性(chemoselectivity)是指酶选择性地催化底物分子中不同功能基团中某个基团的反应。化学键选择性与酶的来源和有机溶剂的种类有关。例如，脂肪酶催化6-氨基-1-己醇的酰化反应，底物分子中的氨基和羟基都可能被酰化，分别生成肽键和酯键。当用 *Pseudomonas* sp. 脂肪酶进行催化时，羟基的酰化占绝对优势；而用 *Mucor miehei* 脂肪酶时，则优先使氨基酰化(图 8-7)。同样，在不同的有机介质中，化学键选择性也不同，反应介质对某些氨基醇的丁酰化的化学键选择性(O-酰化与 N-酰化)有很大影响。例如，酶催化的酰化反应在叔丁醇中和在 1,2-二氯乙烷中的酰化程度不同。

8.2.2.3 pH 记忆

Zaks 等在研究脂肪酶催化三丁酸甘油酯与正庚醇的转酯反应中发现，酶的反应速度与其冷冻干燥前水溶液的 pH 密切相关，反应的最适 pH 接近于水溶液中的最适 pH，即有机溶剂中的酶能够“记忆”它冷冻干燥或丙酮沉淀前所在缓冲溶液中的 pH。Zaks 等称这种现象为 pH 记忆。因为有机溶剂不会改变酶蛋白带电基团的离子化状态，当酶分子从水溶液转移到有机溶剂中时，酶保持了原有的离子化状态，即酶在缓冲溶液中所处的 pH 状态仍被保留在有机溶剂中。利用酶的“pH 记忆”特性可以通过控制缓冲溶液 pH 的方法，有效地控制非水介质中酶催化的最适 pH。

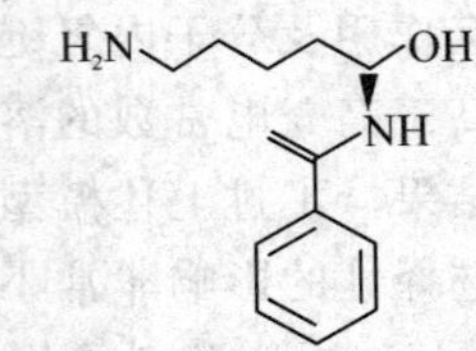

图 8-7　验证脂肪酶化学键选择性的化合物结构

(罗贵民. 酶工程. 北京：化学工业出版社，2002)

8.3 非水介质中水对酶催化反应的影响

在有机溶剂中，酶的催化活力与反应体系的含水量密切相关。体系中的水包括酶粉水合的结合水，溶于有机溶剂中的自由水以及固定载体和其他杂质的结合水。与酶结合的水量是影响酶的活力、稳定性以及选择性的决定因素。要成功应用非水介质中的酶催化反应，控制酶结合的水量和水在酶分子中的位置是关键。在基本无水的有机溶剂中，水对酶催化活性构象的获得与保持是必需的，但水也与许多酶的失活过程有关。

8.3.1 水—酶构象的润滑剂

在有机介质反应体系中，微量的水对酶有效发挥催化作用是必需的，因为水直接或间接地参与了酶天然构象中所有的非共价相互作用，包括氢键、静电作用、疏水相互作用和范德华力。在有机溶剂中，酶分子表面的必需水维持着酶的活性构象，而且必需水只有在特定 pH 和离子强度下，酶分子活性中心周围基团才能处于最佳离子化状态，有利于酶活性的表现。Gqupta 认为，无水条件下酶分子的带电基团和极性基团之间相互作用，形成一种非活性的“封闭”结构，水的加入可削弱这种相互作用，使非活性的“封闭”结构“疏松”，酶分子的柔韧性增加，并通过非共价作用力来维持酶的催化活性构象，即水充当了酶结构的“润滑剂”。Broos 等利用荧光各相异性(time-resolved fluorescence anistrop)的方法研究了酶的水化程度与其柔韧性的关系，证实：随着酶分子水化程度的增加，其柔韧性增强，酶活力也随之提高；研究结果还表明，在不同的有机溶剂中，酶的柔韧性不同，对映体选择性也存在差异。Guinn 等利用电子顺磁共振自旋探针(EPR spin probe)，就水对酶结构和活性的影响进行测定，也得出水是酶分子的“润滑剂”的结论。

在有机溶剂中酶的水化作用是不完全的，水化程度低的酶常具有较高的结构刚性，酶分子内部流动性的降低被认为是其稳定性增加的原因。然而，也许正是由于结构上柔韧性的降低使得酶在有机介质中的催化活力比水溶液中要低。

Rupley 研究了溶菌酶的水化过程，将干蛋白质分子的水化过程分为 4 个步骤：①水与蛋白质分子表面的带电基团结合，结合水量为 0～0.07 g 水/g 蛋白质，这一过程为离子化基团的水化过程；②水与蛋白质分子表面极性基团的结合，亦即极性部分水簇的生长过程，结合水量为 0.07～0.25 g 水/g 蛋白质；③水吸附到蛋白质分子表面相互作用较弱的部位，结合水量为 0.25～0.38 g 水/g 蛋白质；④蛋白质分子表面完全水化，被单层水分子所覆盖，一般需水量为 0.38 g 水/g 蛋白质，约结合 300 个水分子/蛋白分子。第一阶段的水化相当于每个蛋白质分子吸附 40～60 个水分子。溶菌酶水化至 0.2 g 水/g 蛋白质，即每个酶分子吸附 180 个水分子时开始表现出催化活力。通常蛋白质吸附 0.25 g 水/g 蛋白质时开始呈现出分子流动性的变化，这一流动性正是酶呈现活性所必需的。

就酶蛋白本身而言，当周围含有足够的水分子来维持其天然构象时，酶的活性就与用什么样的介质没有很大的关系，也就是说，只要酶吸附了足够的“必需水”，在有机溶剂中就应该能够显示出催化活力。对不同的酶，在有机溶剂中催化反应所必需的水量有很大差异。例如，一个脂肪酶分子只结合几个水分子就会显示活性，在辛烷中糜蛋白酶催化反应需吸附 50 个水分子，而乙醇脱氢酶和多酚氧化酶在溶剂中显示活性时都有成百上千个水结合在酶分子上，足够形成一个单分子层。

Affeck 对枯草杆菌蛋白酶在四氢呋喃中催化反应的研究表明，加入适量的水能使酶活性中心的极性和柔韧性提高，酶活力显著提高。然而，太多的水却使酶的催化活性降低。当含水量升高到一定程度，整个酶分子(包括非极性部位)被一层单分子水层包围时，酶的活性仅为水溶液中的 1/10。究其原因，一是水分子在活性位点之间形成水束，通过介电屏蔽作用，掩盖了活性位点的极性；二是过多的水使酶积聚成团，导致疏水底物较难进入酶的活性部位，引起传质阻力。

图 8-8 为猪胰脂肪酶催化三丁酸甘油酯转酯反应过程中转酯反应速度与水含量之间的关系。在该转酯反应中，随着体系中水含量的增加，猪胰脂肪酶的催化活力有显著的变化。当水含量在最适水含量 0.95% 时，猪胰脂肪酶的活力达到最大，再增加水含量时，非但不能增加

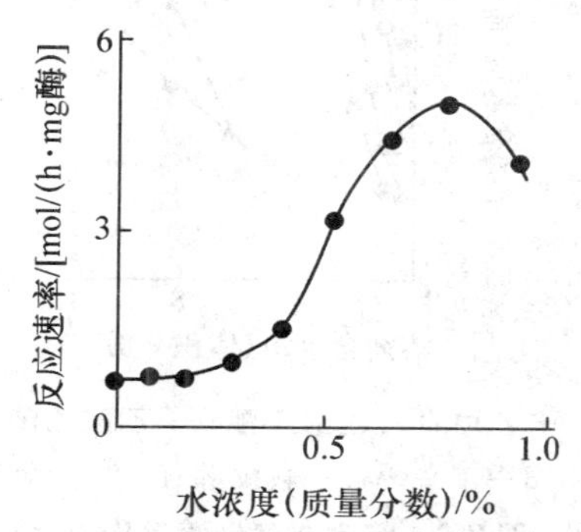

图 8-8　猪胰脂肪酶催化三丁酸甘油酯转酯反应过程中转酯反应速度与水浓度之间的关系

(梅乐和，岑沛霖. 现代酶工程. 北京：化学工业出版社，2006)

酶的催化活力，反而引起酶活力的降低。

有时，向干酶中加入很少量的水(0.015%)也会使酶恢复活力。Zaks 认为，有部分水可以极牢固地吸附在酶分子上，即使经过干燥处理，这部分水也不被除去，故再加入少量的水就可以补足维持酶活性构象的“必需水”量，使酶恢复活力。“必需水”在酶反应中并非作为反应的直接参与者，只是起维持酶活性构象的作用。从结构的角度来看，水作为润滑剂是由于它具有与蛋白质分子功能团形成氢键的能力，使蛋白质分子功能团相互连接，释放其封闭结构。Zaks 等用甘油、乙烯基甘油醇和甲酰胺作为“氢键形成体”代替水来研究酶结构的变化，结果表明，三种共溶剂可部分代替水作为酶的活化剂，只是与水相比，它们形成氢键的能力较差，因而溶剂化效率较低。这一结果也证明了水的润滑剂作用源于其形成氢键的能力。

8.3.2 水活度

将水加入到非水酶催化的反应体系中时，反应体系的水分布在酶、溶剂、固定化载体及杂质中。因此对同一种酶，反应体系的最适含水量与有机溶剂的种类、酶的纯度、固定化酶的载体性质和修饰性质相关。Zaks 等比较详细地研究了酵母醇氧化酶在不同溶剂中水含量对酶活力的影响，发现在水的溶解度范围之内，酶在有机溶剂中的催化活力随溶剂中水含量的增加而增加(图 8-9)。但是，与亲水有机溶剂相比，在疏水性强的溶剂中酶表现最大催化活力所需要的水量低得多；当溶剂的含水量相同时，酶结合水量却不同，酶活性与酶结合水量之间有很好的相关性，即随着酶结合水量的增加而增大(图 8-10)。在不同溶剂中酶活性对酶结合水量的依赖是相似的，而体系含水量则变化很大。

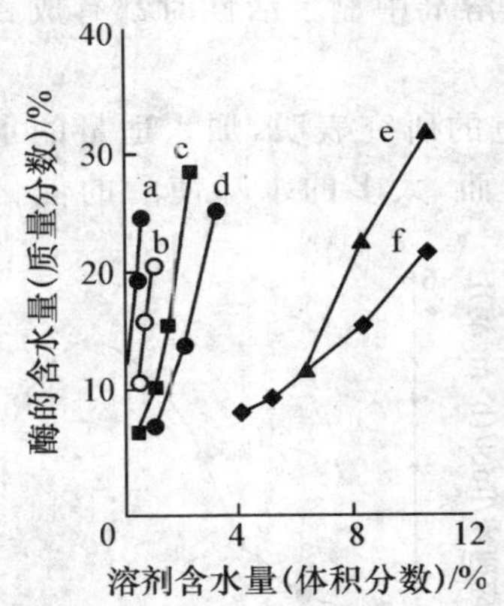

a—乙醚；b—乙酸丁酯；c—乙酸乙酯；
d—正辛醇；e—叔戊醇；f—2-丁醇

图 8-9 结合在酵母醇氧化酶上的水量与溶剂含水量的关系

(梅乐和，岑沛霖. 现代酶工程. 北京：化学工业出版社，2006)

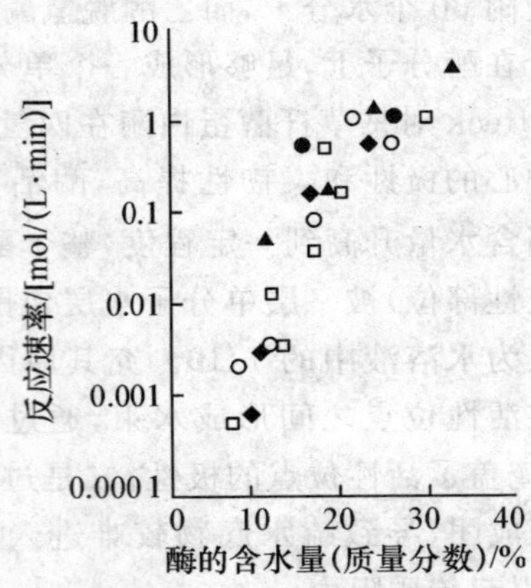

□乙醚；○乙酸丁酯；■乙酸乙酯；
●辛醇；▲叔戊醇；◆丁醇

图 8-10 醇氧化酶在各种有机溶剂中的活性与酶结合水量的关系

(梅乐和，岑沛霖. 现代酶工程. 北京：化学工业出版社，2006)

由于水能在反应体系的各组分之间进行分配直至达到平衡，因而加水量只能间接反映出酶结合水量对催化能力的影响。为了更好地表示水含量对酶催化能力的影响并排除溶剂对酶催化最适含水量的影响，Halling 等提出用反应体系中的水活度(activity of water，a_W)来描述有机介质中酶催化活力与水含量之间的关系。水活度是指在一定温度和压力下，反应体系中水的蒸汽分压与相同条件下纯水的蒸汽压之比。

采用水活度作为研究参数有几个优点：①水活度的大小直接反映出酶分子结合水分的多少，与体系中的其他因素无关。②低水溶剂体系是一个涉及固相(酶和载体)、液相(含底物的溶剂)和气相(液面上部的空间)的多相体系，当体系处于平衡状态时，各相的水活度相等。③可以在反应达到平衡时通过测定体系的气体湿度比较方便地测定出水活度。目前，已有大量的传感器用于测定体系中气相的水活度。图 8-11 为水在各相间的平衡示意图。

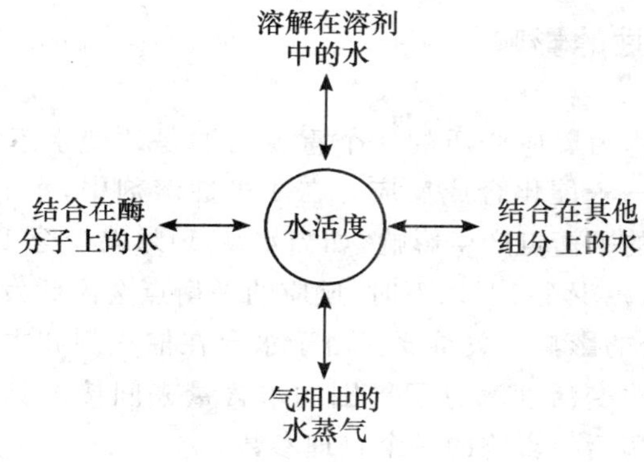

图 8-11　水在各相间的平衡示意图

(梅乐和，岑沛霖. 现代酶工程. 北京：化学工业出版社，2006)

8.3.3　水活度的调控

在研究反应体系中各组分或条件对酶活力的影响时，应控制体系处于恒定的水活度。在有机相反应体系中，控制水活度的方法通常包括：①将底物溶液和酶分别与一种无机盐的饱和溶液预平衡一定时间，以获得恒定的水活度，然后将其混合反应；②向干燥的反应物中直接加入水合盐，将水释放到体系中，盐水合物在一定温度、压力下建立平衡，给出恒定的水活度；③向经过脱水的干燥溶剂中添加定量的水；④使用根据 Karl Fisher 方法原理建立起来的水活度仪。表 8-2 是常用的饱和盐溶液和水合盐的水活度。

对于生成水的反应(如酯合成和肽合成)，体系中水的积累导致酶活力降低，不利于合成反应。向该体系加入分子筛、乙基纤维素等除水剂或利用乙酸纤维素无孔聚合膜及时除去反应生成的水，能使酶保持较高活力，有利于合成反应的进行。

表 8-2 常用的饱和盐溶液和水合盐的水活度表

盐	a_W	水合盐	a_W
$Ca(NO_3)_2$	0.09	$CaCl_2 \cdot H_2O/2H_2O$	0.037
$MgCl_2$	0.30	$NaBr/2H_2O$	0.33
$Zn(NO_3)$	0.42	$Na_4P_2O_7/7H_2O$	0.46
$Mg(NO_3)_2$	0.52	$Na_2HPO_4 \cdot 2H_2O/7H_2O$	0.57
$NaNO_3$	0.66	$Na_2SO_4/10H_2O$	0.76
NaCl	0.75		
$Mg(NO_3)_2$	0.84		
K_2SO_4	0.97		

8.3.4 水对酶活性的影响

通常选用有机溶剂作为反应介质的一个重要目的是改变水解反应的平衡点，如使酶催化水解反应逆向进行——催化合成反应。在非极性溶剂中，水的体积分数在较高范围内发生改变不会对反应的平衡点产生影响，如当水从 50%减少至 1%时，反应平衡点也许并不因此而改变；但当水减少至 1%以下时，反应的平衡点会因此发生转移。可见，在低水含量酶催化体系中，水分的影响至关重要。由于水会在催化剂和主体相之间进行分配，因而体系中诸多变量通过改变活性酶分子周围的水含量来间接对其活力产生影响。此时，水活度即成为预测水对酶活力影响的一个合理参数。

在低水溶剂体系中，要使酶表现出最大催化活力，确定适宜的体系水活度至关重要。最佳水活度与溶剂性质及酶本身特性相关。不同种类的酶因为其分子结构的不同，维持酶具有活性的构象所必需的水量也就不同。如 α-胰凝乳蛋白酶每个分子需要数十个水分子活化，而酪氨酸酶、醇脱氢酶每个分子需要几百个水分子才能活化。大部分酶需要比较高的水活度才能表现出较好的活力。即使是同一种类的酶，由于酶的来源不同，所需的水量也显著不同。如 *Rhizopus arrhizus* 脂肪酶在低水活度表现出最佳活力，*Pseudomonas* sp. 脂肪酶随着水活度的增加活性也提高，其他来源的脂肪酶如 *Candida rugosa* 脂肪酶有较宽的最佳水活度范围。

Hirofumi 对酶特性与反应最佳水活度的关系进行了研究。在脂肪酶催化转酯反应中，根据酶对水的敏感程度将所研究的脂肪酶分为Ⅰ、Ⅱ、Ⅲ三种类型，如图 8-12 所示。

图 8-12 中，Ⅰ为对水敏感型，当体系中不加水及水活度极低时，酶的催化活性接近于零，随着水活度的增加，酶的催化活性急剧上升，至最大值后随着水的加入，酶的催化活性又逐渐下降；Ⅱ为范围敏感型，即在很低的水活度时，酶就具有一定的催化能力，而在最佳水活度附近，随着水活度的变化，酶的催化活性随之发生急剧变化；Ⅲ为水不敏感型，催化反应具有最佳的水活度，但水活度对酶的催化活性影响不显著，酶的催化活性不随水活度的改变而发生突跃式的变化。实践中，对于转酯这类无水消耗或生成的反应，Ⅰ型和Ⅱ型

的脂肪酶较为适宜，此时，只需要控制体系处于最佳水活度范围，就可以获得较满意的酶催化活性，且在反应过程中酶催化活性可以稳定地保持在相对较高水平；而对于酯合成、肽合成等缩合反应，在反应过程中有水作为副产物生成，随着催化反应的进行，体系中的水含量不断升高，此时就以Ⅲ型脂肪酶更为合适，因为这类酶对体系中水活度的变化不敏感，水活度在最佳值附近发生一定的波动不会引起酶催化活性的显著降低。

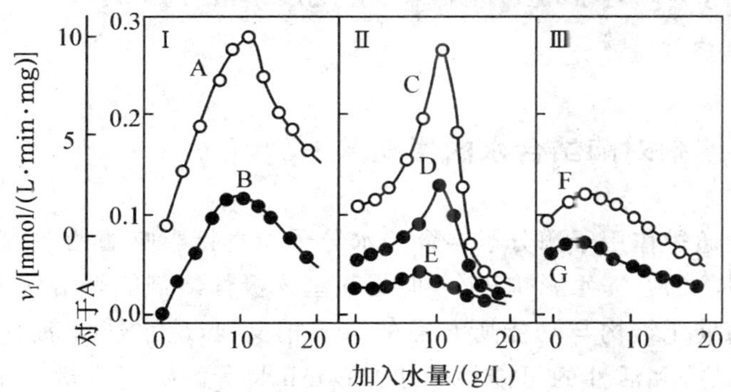

图 8-12　水含量对脂肪酶催化正辛醇与三丁酸甘油酯转酯反应速率的影响

脂肪酶来源：A—*Candida cyclidracea*（OF）；B—*Candida cyclidracea*（AY）；C—*Pseudomonas* sp.；D—*Pseudomonas fluorescens*；E—*Porcine pancreas*；F—*Pennicillium cyclopium*；G—*Pennicillium roquefortii*

（梅乐和，岑沛霖. 现代酶工程. 北京：化学工业出版社，2006）

当然，对于特定的底物转化过程，除考虑水活度对酶催化活性的影响外，酶对反应的选择性是首要考虑的因素。水除了对非水相中酶活力有影响，对酶的立体选择性也有一定的调节作用。表 8-3 是有机溶剂己烷中水含量对 *Candida rugosa* 脂肪酶催化外消旋 2-溴丙酸与正丁醇的酯化反应选择率的影响情况。随着己烷中水含量的增加，脂肪酶的对映选择性明显改变，这是由于水对酶分子柔性的调节，从而影响酶的立体性质所产生的。

Br, CO_2H（外消旋型） —CRL，己烷/正丁醇→ Br, $CO_2(CH_2)_3CH_3$（*R*） + Br, $CO_2(CH_2)_3CH_3$（*S*）

图 8-13　*Candida rugosa* 脂肪酶催化 2-溴丙酸的酯化

（张玉彬. 生物催化的手性合成. 北京：化学工业出版社，2002）

表 8-3　水含量对脂肪酶催化 2-溴丙酸丁酯反应选择率的影响

水含量/%	选择率(*E*)	水含量/%	选择率(*E*)
0	17	0.075	39
0.05	21	0.125	81

在不同的反应中，酶需要的最适水量也不同。例如在酯化反应中，水作为酰基酶的一个亲核试剂与醇底物竞争，随着水活度的增加，醇底物的 K_m 值提高许多倍（10～20 倍）。

因此在考虑最适水活度的同时，也要考虑醇底物的浓度。非水介质中酶要表现最大活性，不仅需要有一个适当的水活度，而且水的位置也要正确。对枯草杆菌蛋白酶进行超声波处理后，可使酶活性显著提高，这可能是由于结合在酶蛋白中的水分子重新排布造成的。

8.4 非水介质中有机溶剂对酶催化反应的影响

8.4.1 有机溶剂对酶结合水的影响

有机溶剂可以通过作用于酶分子结合的水分子而直接影响酶的结构与功能。尽管有些极性弱的溶剂对酶的必需水影响较小，但是某些强极性溶剂能够溶解大量的水，因而从酶表面夺取维持酶催化结构与功能所必需的水。相反地，疏水性溶剂不易吸附酶的必需水，因此破坏酶的结构和活性的可能性较小。Dordick 等测定了分散于甲苯、苯、己烷、十六烷、环己烷等有机溶剂中的酶(α-胰凝乳蛋白酶、枯草杆菌蛋白酶和过氧化物酶)释放水的情况，发现几种酶都会在这些溶剂中发生脱水现象。酶失水与溶剂的介电常数 ε 和疏水性参数 $\log P$ 有关。如甲醇能夺取 60%的结合水，而正己烷只能夺取 0.5%的结合水。另外，增加压力会更多地夺取酶分子的结合水。

用傅立叶红外变换对有机相中酶水合的水分子进行研究也证实：亲水有机溶剂夺取酶表面的必需水，如肽键氨基上的水。许多研究发现分散在有机溶剂中的酶会失去水，从而造成酶脱水失活。

增加酶表面的亲水性可以限制酶在有机溶剂中的脱水作用。例如，将 α-胰凝乳蛋白酶用 1,2,3,4-苯均四酸二酐共价修饰后，酶在有机溶剂中的稳定性明显提高。

8.4.2 有机溶剂对底物和产物的影响

从微观来看，在酶催化反应过程中，底物分子必须首先从有机溶剂中进入酶蛋白的必需水层中，与酶形成底物酶复合物后，进行酶催化反应。反应后，产物从水层中移出，再进入有机相。底物与酶分子之间的结合能是酶催化反应的主要推动力，底物需要从反应介质有机溶剂中析出与酶活性中心结合，有机溶剂就可以通过与可扩散的底物和产物的扩散影响控制酶的活力。

Klibanov 在研究枯草杆菌蛋白酶催化的转酯反应中发现：疏水性底物 N-乙酰-*L*-苯丙氨酸乙酯在亲水性溶剂叔丁醇或叔丁胺中反应速度快，而亲水性底物 N-乙酰-*L*-色氨酸乙酯在疏水性溶剂二氯甲烷中反应速度慢。很多酶分子，如枯草杆菌蛋白酶、α-胰凝乳蛋白酶的活性中心都是疏水性，容易与疏水底物结合进行反应，疏水性底物也容易从水中析出到达疏水性活性中心。但是在疏水性强的有机溶剂中，疏水性底物与有机溶剂间相互作用增强，底物从溶剂到达活性中心就比在水中困难，从而酶催化反应的速度减慢。根据“相似相溶”的原则，疏水底物和产物出现溶剂化(solvation)现象，使疏水底物不容易脱离有机溶剂产生脱溶剂作用(desolvation)而扩散到酶周围引起酶活力下降。相反地,亲水性底物在疏水性较强的溶剂中则容易进入酶的活性中心使催化反应速度加快。因此亲水性底物应选择疏水性较强的溶剂,而疏水性底物应选择疏水性弱的溶剂更好。

8.4.3 有机溶剂对酶结构、活性中心的影响

虽然在有机溶剂中酶的总体结构和活性中心的结构都保持完整,但是酶分子本身的动态结构、表面结构和活性中心发生了变化。

研究发现,在有机溶剂中随着使用的有机溶剂介电常数的改变,酶蛋白的活性中心区域的活动性出现差异,而此时酶的活性却没有明显改变;另外,在不同的有机溶剂中,酶活性区域运动速率相同,而酶的活性相差很大。这种溶剂介电常数对蛋白质的活动性和酶活性影响的不相关性,说明有机溶剂对酶分子的动态结构会产生直接的影响。

由于酶分子与溶剂直接接触,其表面结构将会发生变化。例如,枯草杆菌蛋白酶晶体在乙腈中,原 119 个与酶分子结合的水分子中的 20 个被脱去,12 个乙腈分子结合到了酶分子上,其中 4 个由乙腈分子替代了原来水分子的位置,而其余 8 个处于原来没有水结合的位点。另外,3 个钙结合位点,只剩下 1 个。Yennawar 在研究 α-胰凝乳蛋白酶在己烷中的晶体结构时,发现 7 个己烷分子结合到了酶分子表面,同时在酶分子表面又增加了 33 个水分子。更值得注意的是,虽然酶分子的骨架结构没有改变,但一些侧链却发生了显著的重排,特别是在正己烷附近的侧链。

与有机溶剂对酶分子的动态结构、表面结构相比,对酶的活性中心影响所引起催化功能的改变更加敏感和重要,因为酶是通过其活性中心来发挥酶蛋白的催化功能,活性中心任何改变,哪怕是微小的干扰都将导致酶催化性能的改变。溶剂对酶活性中心的影响主要是通过减少其活性中心数量实现的。例如,α-胰凝乳蛋白酶悬浮在辛烷中时,其活性中心的数量只有水相中的 2/3。活性中心数目的减少与有机溶剂的极性有关,是由于溶剂破坏了酶蛋白活性中心的氢键、离子键或酶蛋白去折叠造成的。溶剂对酶活性中心影响的另一种方式是非极性有机溶剂与底物竞争酶活性中心的结合点,当溶剂是非极性时,这种影响会更明显,而且溶剂分子还能渗透入酶的活性中心,降低了活性中心的极性,从而减弱了底物与活性中心的结合能力。

8.4.4 酶活力与溶剂属性的定量关系模型

相同的酶在不同的有机溶剂中酶活力不同,说明有机溶剂的性质与酶活力之间存在着一定的规律。人们曾提出多种表示溶剂性质的参数,如 Hildebrandt 溶解度参数 δ、介电常数 ε、偶极距 μ 等。目前最常用和可靠的方法是 Laane 等 1985 年提出的参数 $\log P$。该参数用以描述有机溶剂的极性与酶活力之间的关系,其中 P 值为溶剂在正辛醇和水中的分配系数。$\log P$ 越大,溶剂的疏水性越强,$\log P$ 越小,溶剂的亲水性越强。常用有机溶剂的 $\log P$ 见表 8-4。

从表 8-4 可见,对于单组分有机溶剂,如二甲基亚砜、二噁烷、丙酮、低级醇等溶剂的

logP 值小，能与水互溶；而与水不互溶的亲脂性溶剂如烷类、醚类、芳香族化合物、卤代烃等则 logP 较大。

表 8-4 常用有机溶剂的 logP 值

（吉爱国等译. 有机化学中的生物转化. 北京：化学工业出版社，2006）

溶剂	logP	溶剂	logP
二甲基亚砜(dimethylsulfoxide)	−1.3	二丙醚(dipropylether)	1.9
二噁烷(dioxane)	−1.1	氯仿(chloroform)	2.0
N,N-二甲基甲酰胺(N,N-dimethyl formamide)	−1.0	苯(benzene)	2.0
甲醇(methanol)	−0.76	乙酸戊酯(pentyl acetate)	2.2
乙腈(acetonitrile)	−0.33	甲苯(toluene)	2.5
乙醇(ethanol)	−0.24	辛醇(octanol)	2.9
丙酮(acetone)	−0.23	二丁醚(dibutyl ether)	2.9
四氢呋喃(tetrahydrofuran)	0.49	戊烷(pentane)	3.0
乙酸乙酯(ethyl acetate)	0.68	四氯化碳(carbon tetrachloride)	3.0
吡啶(pyridine)	0.71	环己烷(cyclohexane)	3.2
丁醇(butanol)	0.80	己烷(hexane)	3.5
乙醚(diethyl ether)	0.85	辛烷(octane)	4.5
乙酸丙酯(propyl acetate)	1.2	癸烷(decane)	5.6
乙酸丁酯(butyl acetate)	1.7	十二烷(dodecane)	6.5

混合有机溶剂的 logP 值可以通过下式计算：

$$\log P_{混合} = X_1 \cdot \log P_1 + X_2 \cdot \log P_2$$

式中，X_1 为溶剂 1 的摩尔比例，X_2 为溶剂 2 的摩尔比例，$\log P_1$ 和 $\log P_2$ 分别为溶剂 1 和溶剂 2 的 logP 值。

Laane 等人同时提出溶剂极性对酶活性影响的规律，又称为 Laane 规律（表 8-5）。

表 8-5 溶剂极性对酶活性影响的规律

（施巧琴. 酶工程. 北京：科学出版社，2005）

logP	性质	水中溶解度/%(W,20℃)	对酶活性的影响
≤2	极性溶剂	>0.4	容易使酶失活，较少使用
2～4	中等极性	0.04～0.4	酶的活性难以预测，小心使用
≥4	非极性	<0.04	不会引起酶的变形，能保持酶的高活性

酶在不同性质有机溶剂中的催化反应研究表明，酶活力与 logP 之间存在以下相关性：在 logP<2 的极性溶剂中酶具有较低的催化活力；在 logP 为 2～4 的中等极性溶剂中，酶常常表现出中等催化活力，但不同体系酶活力有较大差异；在 logP>4 的非极性溶剂中酶有较高的催化活力。这一结论与溶剂的水扰动能力的强弱是一致的：logP <2 的极性溶剂会强烈地扰动或扭曲水与催化剂之间的相互作用，导致酶变性失活，而且酶的“脱稳”

不仅局限于高级结构，其次级结构，如 α-螺旋和 β-折叠均可能出现脱稳，导致酶活丧失。$\log P$ 为 2～4 的溶剂具有较弱的水扰动能力，对酶活力会产生影响，但影响的程度与酶的特性和体系性质有关，无法直接进行预测。而 $\log P>4$ 的非极性溶剂通常不会扰动酶的必需水层，因而利于酶处于活性状态。

Zaks 和 Klibanov 用三种不同来源的脂肪酶——猪胰脂肪酶、酵母脂肪酶和霉菌脂肪酶在不同极性的有机溶剂中催化反应，并以溶剂的极性常数 $\log P$ 对酶催化反应的初速率作图，获得了酵母脂肪酶、霉菌脂肪酶与 $\log P$ 之间的 S 形相关性曲线（图 8-14）。猪胰脂肪酶与 $\log P$ 之间不遵循这一规律，是由于猪胰脂肪酶对水的结合紧密而牢固，实验所测试的溶剂均不能破坏其水化层，因而溶剂极性与酶活力之间不呈现 S 形。Gremonesi 和 Dactoli 分别对 20-β 羟基甾体脱氢酶和黄嘌呤氧化酶的研究也得出了类似的结果。

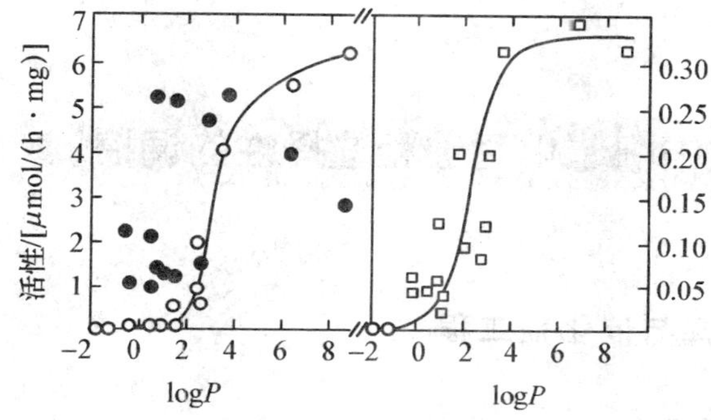

● 猪胰脂肪酶；○ 酵母脂肪酶；□ 霉菌脂肪酶

图 8-14　脂肪酶在近无水有机溶剂中催化三丁酸甘油酯与戊醇转酯反应初速率与 logP 的关系

（袁勤生. 现代酶学. 上海：华东理工大学出版社，2007）

值得注意，并不是所有的情况都符合 Laane 等提出的上述规律。例如，脂肪酶在十二烷（$\log P=6.6$）中的活力只有在苯（$\log P=2.0$）中的一半。对疏水性太强的有机溶剂，由于疏水底物的溶剂化使底物不易从溶剂中扩散到酶分子周围，酶活力会降低。这就是为什么在非极性的溶剂中有时酶活力下降的原因；还有研究发现，猪胰脂肪酶在吡啶（$\log P=0.71$）中枯草杆菌蛋白酶在 N，N-二甲基甲酰胺（$\log P=-1.0$）中，辣根过氧化酶在与水互溶的有机溶剂中均表现出高活力。1987 年，Reslow 提出这类极性溶剂的修正方式：

$$\log P_{修正}=(1+X)\cdot\log P_{溶剂}+X\cdot\log P_{水}$$

式中，X 为水在有机溶剂中的摩尔比例。这样就可以用修正后的参数解释为什么有些酶在极性强的有机溶剂中仍然具有高活力的原因。

当然，有机溶剂剥夺酶分子周围必需水的能力取决于溶剂的极性的同时，还取决于水含量这一因素。因此有机溶剂中水含量必须调整到能够保持酶最佳活性所必需的水活度值。Klibanov 用水含量为 2.5%的冷冻干燥 α-胰凝乳蛋白酶，在水含量<0.02%的不同有机溶剂中振荡 1 h 后，测定酶中剩余水含量及酶催化酯化反应的活性，结果如

表 8-6 所示。

表 8-6　有机溶剂处理后 α-胰凝乳蛋白酶的活性和水含量

（施巧琴. 酶工程. 北京：科学出版社，2005）

有机溶剂	$\log P$	酶中含量/%	酶活性 K_{cat}/K_m/($mol^{-1}\cdot min^{-1}$)
辛烷	4.0	2.5	63
甲烷	2.5	2.3	4.4
四氢呋喃	0.49	1.6	0.27
丙酮	−0.23	1.2	0.022
吡啶	0.71	1.0	<0.004

8.5 有机溶剂中酶催化活性和选择性的调控

8.5.1　酶的选择与催化剂工程

8.5.1.1　酶粉(固体酶颗粒)

酶在绝大多数的有机溶剂中是以固态形式存在。因此，目前最简单、被大多数研究者所采用的非水酶催化的体系是将固态酶粉直接悬浮在有机溶剂中。

酶在有机溶剂和水溶液中催化反应的最大区别在于：在有机溶剂中酶催化为非均相反应。固体颗粒酶与水溶液中的分子酶相比存在更大的扩散限制。悬浮在有机溶剂中的颗粒酶，其催化反应过程中，底物扩散至少存在两种障碍：①反应进行之前，底物必须从主体溶剂相通过边界层扩散到酶颗粒的表面。在传统的非均相反应过程中，称为外扩散。②底物在含水和盐的酶颗粒中扩散至活性中心位点，称为内扩散。通过剧烈搅拌可以克服外部扩散的影响，但不能克服内部扩散。提高底物在溶剂中的扩散能力也是提高悬浮酶活力的一个方法。

利用超临界流体作为反应介质会明显改善固体酶反应的活力。由于在超临界流体中底物具有极好的扩散性能，克服外部传质阻力所需要的搅拌频率比在传统有机溶剂中约低两个数量级。由于超临界流体的扩散性能介于气液之间，故底物在其中的传质速率比在一般溶剂中高得多，从而大大提高酶催化反应的速率。

然而，当反应过程中有水不断生成，或环境中水含量过高而又难以控制时，随着反应的进行，酶粉颗粒吸附过量的水，彼此黏结，形成较大的酶团，严重时会形成硬性颗粒，传质阻力大大增加，以致反应无法顺利进行。

8.5.1.2　固定化酶

有机介质酶催化体系中的固定化酶除了具有常见的优点，如改善酶的稳定性和易于回收外，还具有特别的优势：①通过选择合适的载体可使体系中的水进行有利的分配；

②强制酶在巨大的载体表面上进行分散，以此提高底物分子对酶活性位点的可接近性。

固定化载体的特性对反应速率有很大影响。Reslow 等研究了固定化载体的亲水性对固定化酶在有机相中酶活力的影响，指出：酶活力与载体的亲水性成反比，载体亲水性越强，与酶争夺水的能力就越强，这将不利于维持酶的微水环境，导致酶活力降低。此外，载体亲水性强，也会增加疏水性底物向固定化酶扩散的阻力，不利于固定化酶向疏水性有机溶剂中分散，使反应速率降低，因此，选择载体时，除了考虑载体对酶"必需水"的影响、固定化酶在溶剂中的分散状况，还应该考虑底物和溶剂的疏水性。当底物和溶剂疏水性强时，可选择疏水性固定化载体，当底物和溶剂亲水性较强时，应该在保持较高酶活力的前提下，降低载体的疏水性以减小底物扩散的阻力。

曹淑桂等合成了具有双亲分子（聚乙烯亚胺）的海藻酸钙固定化载体，该载体固定化的 *Expansin Penicillium* 脂肪酶和猪胰脂肪酶在有机相中催化酯合成和酯交换的活力比其未固定化的酶粉分别提高了 20 倍和 44 倍。

除了载体本身的极性外，其孔径和表面修饰对酶的反应速率同样有很大影响。Bosley 等以不同孔径的多孔玻璃对 *Rhizomucor miehei* 脂肪酶进行吸附，在近无水溶剂中催化酯化反应，结果表明：只有当载体孔径≥35 nm 时酶分子才能进入到固定化载体的孔内。尽管反应底物的分子质量很小，但酶要实现有效催化，载体孔径也要大于 100 nm。另外，Bosley 的研究还表明，尽管脂肪酶可以很容易地吸附于多种疏水表面上，但当载体表面为长链烷基所修饰时，固定化酶具有最高催化活力。而苯基衍生载体吸附酶的活力较低。另外，载体颗粒直径越小，固定化酶的催化效率越高，但过于细小的颗粒会给操作带来不便，特别是在搅拌罐反应器中酶的回收难度加大。

8.5.1.3　化学修饰酶

酶粉虽然在非水介质中能够催化反应，但是其催化效率比水溶液中的酶低几个数量级，其中原因之一是酶一般不溶于有机溶剂。虽然有些酶能直接溶解在少数有机溶剂中，但是酶催化效率常常很低。采用双亲分子共价或非共价修饰酶分子表面，可以增加酶表面的疏水性，使酶均一地溶于有机溶剂，提高酶的催化效率和稳定性。

在酶和蛋白质分子的化学修饰研究中，使用较多的修饰剂为聚乙二醇（PEG）。PEG 分子中具有亲水性羟基和疏水长链，其两性性质使之特别适用于酶的修饰。PEG 的亲水性使酶的修饰可以在水溶液中进行，而其疏水性使修饰酶可以在疏水环境中发挥催化作用。不同的修饰度（蛋白分子结合 PEG 的氨基数占氨基总数的比例）对酶在溶剂中的溶解度、催化活力的热稳定性均产生影响。Tankahashi 研究了 PEG 修饰过氧化氢酶在苯和水溶液中的催化水解活力，结果表明：随修饰程度的提高，酶在水溶液中的活力降低，而在苯中的活力提高；PEG 修饰脂肪酶的热稳定性明显提高。

岗佃惠雄等选用二烷基型脂质，以其分子膜的形式包裹酶分子表面，制成可溶于有机溶剂的酶脂质复合体。其中酶-中性糖脂复合体在无水苯中催化甘油三酯合成的活性比 PEG 共价修饰的脂肪酶还高，其原因可能是因为酶脂质复合体没有 PEG 长链对底物接近酶的障碍。

曹淑桂等用一种带有负电荷和较长的疏水链的双亲分子，它可以使脂肪酶拆分外消旋 2-辛醇的立体选择性（*E* 值）提高 24 倍。

在修饰过程中，不同的修饰剂与酶分子上不同的基团进行偶联，导致酶具有不同的活力和选择性。例如，Quming 等对酵母脂肪酶进行不同基团的修饰，获得的修饰酶在溶剂中具有良好的溶解性，且催化酯水解反应的对映体选择性明显改善。

修饰酶的独特优势——高热稳定性、在有机溶剂中的优良溶解性、良好的催化能力与选择性——都表明酶的化学修饰是一项具有实际应用价值的技术。

8.5.1.4 交联酶晶体

大多数酶只能在水溶液中发挥催化作用，稳定性差，且回收利用困难，限制了它们的应用范围。固定化技术解决了这些不足，但固定化酶中惰性载体占了很大比例，超过 90%，而酶分子仅占很小比例（约 5%），结合容量极低，大大降低了酶反应的速度，并增加成本。在极端环境中，固定化酶仍不很稳定。交联酶晶体（cross-linked enzyme crystal，CLEC）是采用酶结晶技术和化学交联相结合的方式制备的，不需要载体，对提高酶的稳定性、扩大酶的应用领域都有重要意义。该技术具有较广阔的应用前景，有些已经应用于工业上。目前，已超过 20 种酶制成了交联酶晶体，其中脂肪酶、嗜热菌蛋白酶、枯草杆菌蛋白酶、青霉素酰化酶等已达到规模化生产。

Lalonde 将 *Candida rugosa* 脂肪酶（CRL）经离子交换层析纯化的活性酶组分在 2-甲基-2，4-戊二醇中进行结晶，得到有三条电泳区带的酶晶体，再以戊二醛交联，最终获得长度为 30 μm，厚度为 2 μm，不溶于水和有机溶剂的块状晶体。晶体中含有 50% 的孔道，这些孔道对溶剂、底物和产物的扩散极为有利。该晶体为交联酶晶体。用该晶体催化酯选择性水解拆分 α-取代羧酸及仲醇的选择性比 CRL 粗酶制剂提高了 3～50 倍。在水溶液中其热稳定性由纯化 CRL 的不到 5 h 提高至 13 d。在水/水互溶的有机溶剂混合物中的稳定性提高 300～3 000 倍。Lalonde 认为，水解酶的去除，即酶纯度的提高显著提高了 CRL-CLECs 的对映体选择性；酶的结晶和交联使之具有高度的稳定性。

交联晶体酶稳定性增加的原因主要是酶分子的晶体结构及共价交联。在酶分子晶体的晶格中，蛋白质浓度已经接近于理论极限。当蛋白从溶液环境转变成晶体环境时，蛋白质分子中的静电效应和疏水效应增强，从而增强了蛋白质的稳定性。酶分子之间的化学交联促使蛋白质抗热性增加。此外，由于交联晶体酶孔径大小以及蛋白质分子间的相互作用限制了外源蛋白酶的进入，对外源性蛋白酶也稳定。

8.5.1.5 印迹酶

与“pH 记忆”特性相似，蛋白质分子还具有对配体的“记忆”功能：当蛋白质溶于高浓度配体溶液中时，即使两者之间仅有弱结合能力，但借助质量作用定律，仍会形成大量的弱结合复合物。冻干后用无水溶剂洗去配体，获得的蛋白质分子中会有许多由配体结合时留下的“印迹”，由于蛋白质分子在无水有机溶剂中具有结构刚性，这些“印迹”得以保持，由此方法制备的蛋白质称为“印迹蛋白分子”。“印迹蛋白分子”在无水介质中会展现出对原始配体的极大的结合容量。这种高度选择性结合能力，可用于选择性催化、分离纯化和生物传感器。

利用酶与配体的相互作用，诱导、改变酶的构象，制备具有结合该配体及其类似物能力的“新酶”，这是修饰、改造酶的一种方法。这一技术为新型人工催化剂的设计提供了有力手段。

Stahl 将胰凝乳蛋白酶与 N-乙酰-*D*-色氨酸共沉淀，在环己烷中该沉淀可催化 N-乙酰-*D*-色氨酸乙酯的合成，酯化速率达到 7.5 nmol/(mg 酶 · h)。该酶在水溶液中并不具有合成 *D*-型色氨酸酯的能力，当酶在 *D*-配体溶液中进行沉淀时为酶引入了新的特性，这种特性在多次重复使用过程中保持不变。"印迹"胰凝乳蛋白酶催化合成的 N-乙酰-*D*-色氨酸乙酯的 ee 值(enantiomeric excess，对映体过量)达到 98%以上。

Klibonov 等将枯草杆菌蛋白酶从含有配体 N-乙酰-$TyrNH_2$(竞争性抑制剂)的缓冲液中沉淀，干燥、除配体后，放在无水有机溶剂中，发现配体印迹酶的活性比无配体存在时冻干的酶高 100 倍；但是"印迹酶(imprinted enzyme)"在水溶液中的活性与未印迹酶相同。

Mosbach 等制备了一系列 *L* 型和 *D* 型的 N-乙酰氨基酸印迹的 α-胰凝乳蛋白酶，在环己烷中，"*D* 型印迹酶"可催化合成 N-乙酰-*D*-氨基酸乙酯，"*L* 型印迹酶"催化合成 N-乙酰-*L*-氨基酸乙酯的活力也比未印迹酶提高 3 倍左右。他们还详细研究了"印迹酶"活性与有机溶剂中含水量的关系，对于"*D* 型印迹酶"水含量在 1 mmol/L 时酶活力最高，继续增加水含量，酶会失去催化"*D* 型"的活力，因为酶的构象又恢复到印迹前的构象。因此，只要控制好"印迹酶"在有机溶剂中的最适含水量，就可以用生物印迹方法调节和控制酶在有机溶剂中的催化活性和选择性。

曹淑桂等分别用 6-羟基己酸乙酯和 ε-己内酯作为脂肪酶的配体，印迹了脂肪酶。印迹酶催化合成 ε-己内酯的活力是非印迹酶活力的 10 倍以上。

8.5.1.6 蛋白质工程和抗体酶技术

蛋白质工程技术和抗体酶技术也是改变酶在有机介质中的催化活性、稳定性和选择性的重要手段之一。

Anold 将枯草杆菌蛋白酶分子中 Asp248 改变为 Asn，以减少分子表面电荷；将 Asn218 改变为 Ser，以促进氢键的形成。这两种措施使酶在二甲基甲酰胺中的催化活力提高 40%，在二甲基甲酰胺中的稳定性提高 50 倍。

Janda 用脂肪酶水解反应的底物 α-甲基苯酯(*R* 型或 *S* 型)的过渡态类似物诱导，制备了具有脂肪酶活性的两种单克隆抗体——"抗体酶"，抗体酶对 *R* 型或 *S* 型底物呈现明显的对映体选择性；该抗体酶固定化后，提高了它在有机溶剂中的稳定性。

8.5.2 水活度的调控

必需水是酶在非水介质中进行催化反应所必需的，它直接影响酶的催化活性和选择性。反应体系只有在最适含水量时，酶才有高的活力和选择性。用水活度比用体系含水量衡量水对酶活力的影响更为合理和直观。

8.5.3 介质工程

酶在水溶液中催化反应的选择性几乎是固定的，因为水的物理化学性质是稳定的。有机溶剂种类很多，各自具有不同的性质，可用不同的物理化学参数来描述，如偶极矩、溶解性、沸点等。酶催化反应的结果可以通过选择适当的有机溶剂加以控制。这种通过改变溶剂以调节酶的活性和选择性，改变酶的动力学特性和稳定性等酶学性质的技术，被称作“介质工程(medium engineering)”。

酶的选择性与反应介质中溶剂的性质有关。例如假单胞菌脂肪酶(*Pseudomonas* sp. lipase，PSL)催化潜手性二氢吡啶二羧基酯类衍生物选择性水解产生二羧酸单酯。在不同的有机溶剂中，酶具有不同的对映体选择性，在环己烷中产生(*R*)-型对映体，在异丙醚中产生(*S*)-型对映体，相同酶在不同有机溶剂体系反应所得产物的构型相反，见图 8-6。底物分子中的 R 取代基不同，其对映体过量率不同，见表 8-7。这种拆分已在钙拮抗剂尼群地平(nitrendipine)合成中得到应用。

表 8-7　溶剂对酶水解二氢吡啶二羧基酯类衍生物选择性的影响

R	溶剂	构型	ee/%
t-$BuCO_2CH_2$—	环己烷	*R*	88.8
t-$BuCO_2CH_2$—	异丙醚	*S*	>99
$EtCO_2CH_2$—	环己烷	*R*	91.4
$EtCO_2CH_2$—	异丙醚	*S*	68.1

当反应在有机溶剂中进行时，蛋白酶几乎是唯一地选择性地水解 *L*-型氨基酸衍生物，这样蛋白酶可以用于合成含有非天然 *D*-型氨基酸的多肽。

改变有机溶剂可以改善酶催化反应的对映体选择性。如图 8-15 所示，以假单胞菌脂肪酶 PSL 为催化剂用乙酸乙烯酯有机溶剂通过酰基转移反应实现了反式水合蒎醇(trans-sobrerol)的拆分。其反应的选择性与溶剂的性质紧密相关，在叔戊醇溶剂中立体选择性最高(表 8-8)。

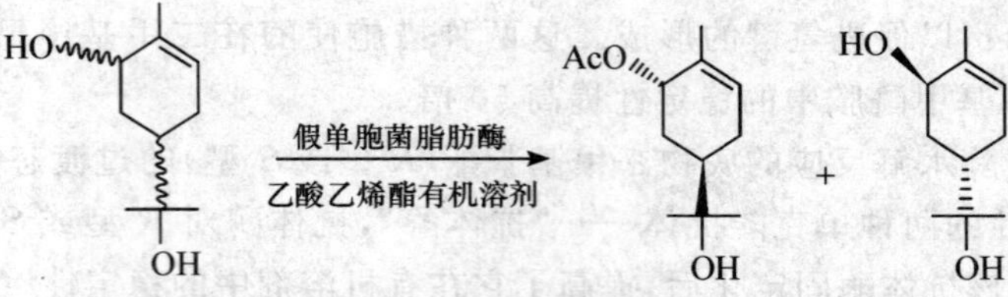

图 8-15　假单胞菌脂肪酶催化水合蒎醇拆分

(吉爱国等译. 有机化学中的生物转化. 北京：化学工业出版社，2006)

表 8-8　溶剂极性对假单胞菌脂肪酶催化水合蒎醇拆分反应选择性的影响

(吉爱国等译. 有机化学中的生物转化. 北京：化学工业出版社，2006)

溶剂	log*P*	介电常数(ε)	选择性(*E*)
乙酸乙烯酯	0.31	—	89
四氢呋喃	0.49	7.6	69
丙酮	−0.23	20.6	142
二噁烷	−1.14	2.2	178
3-戊酮	0.80	17.0	212
叔戊醇	1.45	5.8	518

前面已经介绍，除了溶剂的理化性质以外，溶剂的几何形状也影响非水介质中酶的活性。Ottolina 报道，对于一种手性溶剂香芹酮，脂肪酶在(S)-香芹酮中的最大酯交换活力是在(R)-香芹酮中的 2 倍，而 K_m 值却相同。多酚氧化酶在 S 构型溶剂中活力高于在 R 构型溶剂中的活力。但对于枯草杆菌蛋白酶来说，在 R 构型溶剂中的转酯活力则高于 S 构型溶剂中的活力。

8.5.4 温度

由于酶在有机溶剂中的热稳定性好于水溶液，因此为了提高酶催化速度可以适当提高反应温度，但是有些酶在某些有机溶剂中也会因温度高而失去活力。温度不仅影响酶的活力，而且还与酶的选择性有关。一般认为酶和其他催化剂一样，温度低，酶的立体选择性高。

在酶催化过程中，控制温度可以有效地提高产率。曹淑桂等在脂肪酶催化油脂的甘油醇解、制备甘油单酯的反应中，采取两段温度，使甘油单酯转化率由 30%提高到 60%。

8.5.5 pH 和离子强度

有机溶剂中酶活力与酶干燥前所在的缓冲液的 pH 和离子强度有关，其最适 pH 与水相中酶的最适 pH 一致。

在微水有机溶剂酶催化体系中，控制反应介质的 pH 似乎是不可能的。虽然体系的宏观 pH 及酶分子必需水层内的微观 pH 均无法直测，但微水环境 pH 确实存在，而且对酶活力和选择性均有显著影响。Zaks 和 Klibanov 将猪胰脂肪酶溶解于具有不同 pH 的缓冲液中，然后在冷丙酮中进行沉淀，真空干燥，从而使酶带有不同的初始微环境 pH，然后用于催化三丁酸甘油酯的水解。结果发现酶的水解活力与溶解酶的缓冲液 pH 有很大关系，两者之间呈钟罩形曲线。这说明酶具有"记忆"pH 的能力，即酶的离子化基团在缓冲液中所获得的离子化状态可以在有机溶剂中得以保持。

为了使酶具有催化反应的最佳离子化状态，应该在酶参加反应前的预处理和反应过程中采取某些措施，如选择适当种类和适宜 pH 的缓冲液处理酶，使之不受冷冻干燥过程破坏。通过三异辛基胺及三异辛基胺盐或三苯基乙酸及三苯基乙酸盐组成有机相缓冲液，能有效地控制枯草杆菌蛋白酶与脂肪酶在有机相中的最适 pH 和酶活力。

α-胰凝乳蛋白酶在冷冻干燥过程中，由于向其缓冲液中加入一定量的 18-冠醚-6，酶冷冻干燥后在乙腈中催化二肽合成的活力提高 426 倍，而且在不同的溶剂中催化不同肽的合成中都观察到了这种促进作用。

8.5.6 反相胶束中酶活力的调控

Martinek 和 Klyachko 发现，包覆在 AOT/正辛烷反相胶束中的 α-胰凝乳蛋白酶的一级反应速率常数 K_{cat} 仅略高于水溶液中的 K_{cat} 值，但过氧化物酶则表现出极高的超活力

(super activity)。包覆的过氧化物酶活力与胶束中表面活性剂浓度有关，但含有不同浓度表面活性剂的所有体系均具有相同的最大速度常数，其值比水溶液体系中高 100 倍。当处于最佳水结合度时，包覆于卵磷脂/混合溶剂（正辛烷：甲醇：戊醇为 27：1：2，V/V）反相胶束体系中的酸性磷酸化酶活力比水中高 200 倍。这种"超活力"现象在反相胶束酶学研究中引起了极大的兴趣。

处于反相胶束中酶的选择性也会发生改变，如马肝醇脱氢酶可催化脂肪酸氧化产生相应的脂肪醛：

$$H(CH_2)_nOH + NAD^+ \longrightarrow H(CH_2)_nCHO + NADH + H^+$$

在水溶液中，酶作用的最适底物为辛醇。当酶包覆在反相胶束中后，其选择性明显改变，最适底物为丁醇，这种变化可能是由于体系极性对底物分配产生影响而引起的。疏水性较强的底物（辛醇）更易于分配在非极性的有机溶剂中，从而在酶活性中心周围极性环境中的底物浓度降低，反应速率减慢。

包覆在反相胶束中的猪胰脂肪酶作用底物专一性也与水溶液中明显不同：在底物的水乳液中，酶对任何一个脂肪酸衍生物均没有特别的选择性，而在 AOT/辛烷反相胶束中。其催化油酸甘油酯水解的最大速率比三丁酸甘油酯快 15 倍。

利用反相胶束包覆可使酶"溶解"在非极性的有机溶剂中，从而使一些水不溶性化合物，如胆固醇、前列腺素、生物碱、脂类、脂肪等都可以作为酶催化的底物进行转化。同时也大大拓展了酶在有机合成方面的应用。例如，Veeger 等利用反相胶束包覆三酶体系成功地实现了孕酮的酶催化还原。

在传统的水溶液体系中，由于大部分底物处于离子化状态或高度水化状态，因而水解反应占据优势。对生成水的聚合反应，如糖和氨基酸聚合分别生成寡聚糖和肽、脱氢、酯化反应，通过降低介质中的水含量，可使反应的平衡点发生转移，提高聚合反应产物的得率。反相胶束酶催化体系可以有效地实现这一目的。Martinek 利用醇脱氢酶在反相胶束中催化异丁醇氧化成相应的醛，反应的平衡常数比水溶液中提高 10^6 倍。

此外，含酶的纳米颗粒或纳米胶束通常具有很好的热稳定性，如 Martinek 成功地制备出半径小于几十纳米的反相胶束，包覆其中的 α-胰凝乳蛋白酶可在 80～90℃ 保持催化活力。

8.6 非水介质中酶催化反应在食品工业中的应用

非水介质中酶常常具有高度的选择性，包括立体选择性、对映体选择性、区域选择性和化学选择性，这为其在有机合成领域中的应用开辟了极有意义的新天地。迄今为止，已有以脂肪酶、蛋白酶为代表的多种酶被用于非水介质中催化酯化、酯交换、肽合成和大环内酯合成等多种反应，其中特别在手性化合物的不对称合成、对映体的选择性拆分等方面获得了的应用，并且有些已经成功地实现了产业化。

以下主要介绍非水介质中酶催化反应在食品工业和研究领域的一些应用。

8.6.1 在油脂工业中的应用

8.6.1.1 鱼油 EPA 和 DHA 浓缩

EPA(二十碳五烯酸)和 DHA(二十二碳六烯酸)为 ω-3 系多不饱和脂肪酸,主要存在于鱼类等水产品中,由于其具有诸如防治心脑血管疾病,提高智力等一系列保健作用,受到广泛重视。然而,天然鱼油中 EPA 和 DHA 的总含量通常在 15%～25%,不能满足生产保健品的需要。目前用于浓缩 EPA、DHA 的方法主要包括低温溶剂结晶法、脂肪酸盐结晶法、尿素包合法、超临界萃取法、减压蒸馏与分子蒸馏法等。这些方法往往存在诸如成本高,操作复杂,对设备要求高等缺点。目前浓缩 EPA、DHA 制品主要是脂肪酸乙酯型,这类产品存在人体吸收利用率低等问题,其安全性也受到质疑。因此生产更加安全的甘油酯型浓缩 EPA、DHA 鱼油产品将是一种更好的选择。

EPA、DHA 等长链多不饱和脂肪酸由于存在 5～6 个顺式双键而比其他中、低碳链饱和或低饱和脂肪酸有更大的空间位阻,一些脂肪酶对由长链多烯脂肪酸构成的甘油酯无水解能力或水解能力差,而优先水解由低、中碳链的饱和或低不饱和脂肪酸(如软脂酸、硬脂酸、油酸、亚油酸等)与甘油构成的酯键;还有一些脂肪酶对酯键的位置有选择性,优先水解甘油酯中的 1,3-酯键。一些学者尝试利用脂肪酶的这种专一性浓缩鱼油中 EPA、DHA,并取得一定成效。与常规的物理和化学方法相比,酶法催化效率高;酶催化反应条件温和,可以减少 EPA、DHA 发生氧化、异构化、双键移位、聚合等反应;如采用固定化酶还可以反复使用;酶催化可以在无溶剂条件下进行,可简化工艺、减少设备、降低成本,因而日益受到关注。

1. 水解法

一般来说,鱼油中甘油酯的 2 位会分布更多的 ω-3 系多不饱和脂肪酸(主要为 EPA、DHA),所以利用 1,3-位选择性脂肪酶水解鱼油,可以将大量非 ω-3 系多不饱和脂肪酸水解下来,达到浓缩 EPA、DHA 的目的。如用解脂假丝酵母脂肪酶水解鱼油,所得甘油酯中 EPA 和 DHA 含量分别达到 13.9%和 34.0%,总含量为 47.9%。选择性水解鱼油浓缩 EPA、DHA 方法简单,但浓缩程度不高。

2. 醇解法

该法利用 1,3 区域选择性脂肪酶催化鱼油与乙醇等发生醇解反应,乙醇与甘油三酯分子上大量非 ω-3 系多不饱和脂肪酸形成乙酯分离出来,达到浓缩 EPA、DHA 的目的。如用固定化脂肪酶 Lipozyme RM IM 催化鱼油与乙醇发生醇解反应,通过转酯反应优先将 1,3 位的饱和或单不饱和脂肪酸以脂肪酸乙酯的形式解离出去,使鱼油中大部分 EPA、DHA 保留在甘油酯中,从而得到甘油酯形式的浓缩 EPA、DHA 鱼油。在优化条件下,可以使鱼油中 EPA、DHA 的含量由 26.1%升至 43.0%,得率大于 75%。

8.6.1.2 生物精炼(酶催化酯化)

从植物种子提取的毛油中往往游离脂肪酸含量较高,必须经过脱酸才能达到食用油的品质要求。油脂工业中传统的脱酸方法是物理精炼法和化学精炼法。物理精炼法就是将加热的油脂在高真空条件下将游离脂肪酸蒸发除掉,该法对油脂前处理和设备要求较高,并有副反应发生。化学精炼法即碱炼法,通过向油脂中加入一定量的碱以中和游离脂肪酸,生成皂脚,然后经水洗除去。在化学精炼法中不但游离脂肪酸被除去,部分中性油、生育酚、甾醇等也会损失,还会产生大量废水。

利用脂肪酶除去油脂中游离脂肪酸的生物精炼法日益引起关注。所谓生物精炼法即酶催化酯化,该法利用 1,3-特异性微生物脂肪酶催化游离脂肪酸与甘油发生酯化反应,将游离脂肪酸转化为中性甘油酯(包括甘油一酯、甘油二酯、甘油三酯),不但降低了油脂的酸值,避免了原有中性油的损失,而且还新增加了中性油。该法尤其适合高酸值油(如毛米糠油)的精炼。经过生物精炼脱酸处理的油中还残余一些游离脂肪酸,可再经碱炼除去。如 Bhattacharyys 等在游离脂肪酸含量 30%的毛米糠油中加入脂肪酶和甘油,反应 5 h 和 7 h 后,游离脂肪酸含量分别降至 4.7%和 3.6%。

8.6.1.3 类可可脂生产

可可脂是生产巧克力等食品的原料,其脂肪酸组成主要是棕榈酸(P)、硬脂酸(S)、油酸(O),2 位为油酸的甘油三酯(如 POS、SOS、POP)占 75%以上,常温下呈固态,在 32~35℃的狭窄范围内迅速熔化。由于天然可可脂来源有限,价格昂贵,所以人们一直在探寻用其他脂肪代替天然可可脂,目前已有各种类可可脂商品出现。

生产类可可脂主要是通过酯交换反应实现的,将几种天然不同油脂混合后,通过酯交换反应改变油脂的脂肪酸组成,生产出理化性质与天然可可脂类似的类可可脂。近二十年发展起来的 1,3-定向脂肪酶酯交换改性技术为生产类可可脂提供了更加方便的手段。

类可可脂生产中采用的 1,3-定向脂肪酶有动物胰脂酶和米黑毛霉脂肪酶等,供交换的脂肪酸主要是硬脂酸或硬脂酸和棕榈酸,用于生产类可可脂的原料油脂主要有乌桕脂、棕榈油脂中间分提物、茶油等。乌桕脂是我国特有的油脂资源,其主要化学成分为 1-棕榈酰-2 油酰 3-棕榈酰(POP)甘油酯,适合生产类可可脂。通过 1,3-定向脂肪酶的酯交换作用,可将硬脂酸交换到乌桕脂 1,3-位上,制得类可可脂。

目前,日本、英国已有了以棕榈油中间分提物为原料经酶催化改性制取类可可脂的小规模生产。国内近几年用乌桕脂和茶油经酶催化酯交换制备类可可脂的研究较多。

8.6.2 表面活性剂合成

8.6.2.1 酶法合成单脂肪酸甘油酯

单脂肪酸甘油酯(简称单甘酯)是食品、医药、化妆品等工业中常用的一种表面活性剂。目前单甘酯都是化学法合成的,其中以牛油或其他天然油脂通过甘油解反应生产单甘酯是目前最广泛采用的工艺,该工艺需要高温(220~250℃)和以碱作催化剂,产物主要为单甘酯和二甘酯的混合物,需经分子精馏才能得到高纯单甘酯,但高温会导致油脂中不饱和脂肪酸发生降解或聚合,且产品颜色深,具有焦糊味。近年来,利用脂肪酶在非水相中合成单甘酯的研究取得了较大进展,很多反应体系已在实验室规模上实现了生产。

非水相酶催化合成单甘酯的工艺主要有:

用脂肪酶催化三甘油酯选择性水解:由于水解时每产生 1 分子单甘酯则生成 2 分子脂肪酸,脂肪酸抑制酰基转移从而阻止水解反应继续进行,因此该法单甘酯产率较低。

脂肪酶催化脂肪酸或脂肪酸酯与甘油发生酯化或酯交换：酯化或酯交换反应的关键是控制初步酯化产品单甘酯不被进一步酯化成双酯或三酯，所以生成的单甘酯应及时通过减压蒸馏法从反应体系中分离出来，以提高单甘酯产率。酯化法由于不断有水生成，所以还需要加入分子筛控制体系的水分含量，以维持酶的活性构象并避免生成的单甘酯被再水解。

脂肪酶催化三甘酯发生甘油解：理论上1分子三甘酯可以与2分子甘油反应生成3分子单甘酯，因此该法产率最高。Kaewthong 等在无溶剂体系中，用棕榈油作底物，用固定化 *Pseudomonas* sp. 脂肪酶，采用分批反应方式，24 h后产率达到20.74%；采用填充床连续反应方式，经96 h连续反应，产率为14.01%。如在上述体系中加入丙酮/异辛烷混合溶剂，采用分批反应方式，经24 h反应后产率达到56%，比无溶剂体系显著提高。Kittikun 等用固定化 *Pseudomonas* sp. 脂肪酶，用丙酮/异辛烷混合溶剂，采用填充床连续反应方式，连续反应24 h，单甘酯产率达到61.5%。

8.6.2.2 酶法合成糖酯

糖酯是由糖和长碳链羧酸（或羧酸酯）发生酯化（或酯交换）反应得到的化合物，按结构上含糖基的多少来划分，糖酯可以分为单糖酯、双糖酯、多糖酯等。糖酯是一类非常重要的非离子型表面活性剂，在食品工业中作为优良的乳化剂。

用传统的化学方法合成糖酯有一系列缺陷，由于糖环上有多个性质十分相似的羟基，酯化反应将很随机，反应的区域选择性很差，酯化程度也不容易控制，还会产生大量副产物。在非水相条件下酶催化合成糖酯，由于酶的区域选择性，可以方便地合成特定酯化位置、酯化程度的糖酯，而且酶催化反应条件温和，无副反应发生，便于操作。

合成糖酯的酶包括脂肪酶、蛋白酶等。不同的酶区域选择性不同，例如，以蔗糖为底物时，蛋白酶 Subtilisin 和 Proteinase N 主要选择蔗糖的1′-OH位酰化，*Bacillus pseudofirmus* AL-89 碱性蛋白酶选择2-OH位酰化；而 *Candida antarctica* 脂肪酶则选择6,6′-OH酰化。酶催化合成糖酯的糖类底物包括糖（蔗糖、葡萄糖等）、糖醇、糖苷、短链糖酯等，它们与脂肪酸或脂肪酸酯通过酯化或酯交换反应生成糖酯。酶催化合成糖酯可以在无溶剂体系、微乳化体系或者在某些溶剂体系中进行。

在无溶剂体系中合成糖酯，由于糖类与脂肪酸的极性相差太大，二者不能互溶，所以在此体系中如何增加糖分子和脂肪酸分子接触的机会就成为提高转化率的关键。如在无溶剂体系中以 Novo435 固定化脂肪酶为催化剂，将乙基葡萄糖苷与油酸混合反应合成糖酯，由于乙基葡萄糖苷与油酸有一定的互溶性，所以与油酸反应较完全，油酸的转化率100%，单酯得率为86.55%。

在微乳化体系中合成糖酯。如以 Novozym435 脂肪酶为催化剂，正己烷为有机溶剂，丙二醇为乳化剂，合成糖酯，当以蔗糖和棕榈酸为底物时，棕榈酸的转化率可达到86.94%；当以葡萄糖和硬脂酸为底物时，硬脂酸最大转化率可达93.40%。

在有机溶剂中合成糖酯，所用的溶剂包括二甲基甲酰胺（DMF）、二甲基亚砜（DMSO）、吡啶等，由于这些有机溶剂有毒，所以在其中合成的糖酯不能用于食品和化妆品中。可以用叔丁醇、叔戊醇、丙酮等代替 DMF、DMSO 等有毒溶剂。如以叔戊醇/DMSO 混合作溶剂，用脂肪酶催化蔗糖与月桂酸乙烯酯发生选择性酯交换反应，定向合成蔗糖-6-月桂酸单酯，在最佳的反应条件下，转化率为97.2%。

吡喃葡萄糖苷(glucopyranoside)的6-O-酰基衍生物是一种有用的非离子表面活性剂，可用热稳定的*Candida antactica*脂肪酶，在没有溶剂的情况下催化脂肪酸和相应的6-O-酰基吡喃葡萄糖苷进行合成(图8-16)。为了提高反应产率，通过升温和减压(70℃，0.01 bar)使反应中产生的水被蒸发掉。这一酯化反应已在工业规模上取得成功。

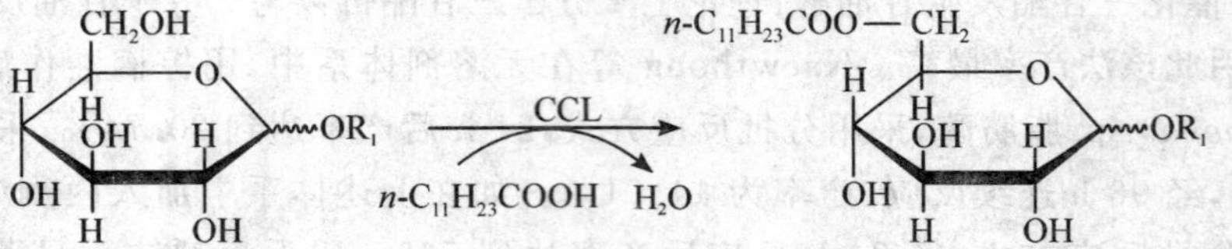

图8-16 *Candida antactica*脂肪酶催化6-O-酰基吡喃葡萄糖苷合成

8.6.3 食品添加剂改性

8.6.3.1 抗坏血酸脂肪酸酯的合成

抗坏血酸具有良好的抗氧化活性，但由于它是水溶性的，所以不能用于油脂中。解决的方法之一是将其与脂肪酸发生酯化反应，合成的抗坏血酸酯可以溶解在油脂中，可作为一种优良的油脂抗氧化剂。抗坏血酸脂肪酸酯除了可以利用化学方法合成外，目前已可利用脂肪酶在有机溶剂中通过酯化或酯交换反应催化合成。

用于合成抗坏血酸脂肪酸酯的酶主要是脂肪酶，以叔戊醇或叔丁醇作溶剂，用抗坏血酸和棕榈酸为底物通过酯化反应合成抗坏血酸脂肪酸酯；或者用棕榈酸甲酯、天然油脂等底物通过酯交换反应合成。酶催化合成反应中体系需要有一定的水以保证脂肪酶有适当的活性，但如果通过酯化反应合成则反应中会有水生成，因此需要采取措施控制体系的水分在一定范围内。

Adamczak等以抗坏血酸和油酸甲酯为底物，用固定化*Candida antarctica*脂肪酶合成抗坏血酸油酸酯，产率达到63%。

8.6.3.2 维生素A酯的合成

维生素A不稳定，容易被氧化和紫外线破坏。将维生素A酯化后稳定性会明显提高。用各种化学方法合成维生素A酯时，均发现维生素A的降解严重，副产物较多。用非水相酶催化反应合成维生素A酯则可避免上述问题。

如以正己烷作溶剂，加入100 mg固定化*Candida* sp.脂肪酶，1.2 mmol维生素A乙酯，3.6 mmol棕榈酸，在25℃下反应12 h，维生素A棕榈酸酯产率达到81%。

8.6.4 酯类香料的合成

食品的香气成分中包含多种酯类，许多酯类也被用于配制食品香精，目前许多酯可以用酶在非水相条件下合成。最常用的酶有两类：酯酶和脂肪酶，有时也可以用蛋白酶。

乙酸异戊酯是多种水果的主要香味成分。Romero 等用 Novozym 435 脂肪酶作催化剂，通过控制底物乙酸酐的浓度，并在反应中加入过量异戊醇，使生成的乙酸与过量的醇反应生成酯，从而大大降低了乙酸、乙酸酐对酶的钝化作用。在 40℃反应 2 h，乙酸异戊酯最高产率达到 192%。

己酸乙酯是浓香型白酒的主体风味物质，目前白酒厂调香所用的己酸乙酯是化学合成品，但也可用脂肪酶合成。如用 *Pseudomonas* sp. 脂肪酶，以辛烷作溶剂用己酸和无水乙醇合成己酸乙酯，反应中加入分子筛控制体系的水分含量，于 36℃反应 24 h 后己酸转化率达 92.3%。用正己烷作溶剂，用吸附在聚苯乙烯大孔疏水性树脂上的国产解脂假丝酵母脂肪酶催化己酸和乙醇合成己酸乙酯，采用 $MgCl_2$ 控制水分，在 25℃、100 r/min 振荡水浴中反应 24 h 后，己酸乙酯转化率可达 99.07%。

乙酸正己酯具有浓烈的水果香味，广泛用于饮料、冰激凌、糖果和烘制食品中。杨本宏等研究了固定化德氏根霉菌脂肪酶在有机溶剂中催化乙酸与正己醇的酯化反应。比较了 5 种溶剂的极性对酯合成的影响，发现在 $\log P$ 值为 2～4 的有机溶剂中随着溶剂极性的降低，酯化率增高，当溶剂为正庚烷时，酯化率最高，乙酸正己酯的转化率达 88%。但在 $\log P>4.0$ 的非极性溶剂中，却有所下降。

8.6.5 橙花醇的分离

烯丙基萜醇类化合物香叶醇和橙花醇是一对顺反异构体，均可用作香料。其混合物可用猪胰脂肪酶(PPL)为催化剂，用长链酸酐作为酰基供体，通过选择性酰化分离(图 8-17)。其中香叶醇快速地被酰化形成乙酸香叶醇酯(gerany. acetate)，留下橙花醇。

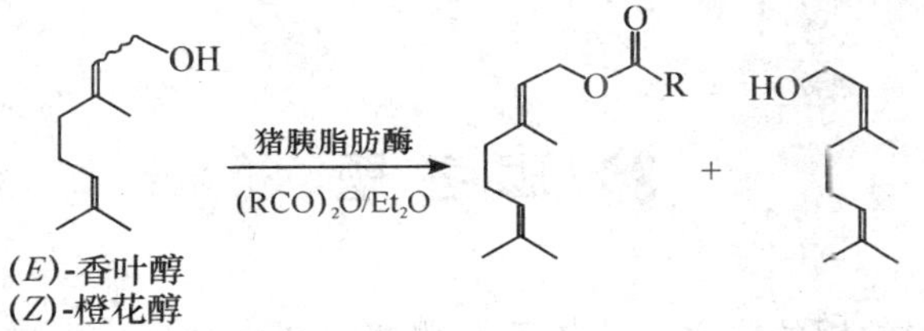

图 8-17　萜醇类化合物 *E/Z*-立体选择性酶催化酰化

(吉爱国等译. 有机化学中的生物转化. 北京：化学工业出版社，2006)

8.6.6 寡糖和烷基糖苷的合成

8.6.6.1 寡糖

许多寡糖、多糖具有抗癌、抗氧化、抗病毒作用，可作为功能性食品的成分，但是糖类化合物的化学合成是非常困难和复杂的工作。糖苷水解酶在水溶液中可以催化糖苷键的水解，而在有机介质中，糖苷水解酶可以催化糖苷键的合成。例如，在水互溶有机溶液中(DMF、吡啶、甲醇、乙醇、二氧六环、丙酮等)，木糖水解酶、蔗糖水解酶、*β*-葡萄糖苷酶等可以催化寡糖(二糖或三糖)的合成。用葡萄糖淀粉酶在 90%的 DMF 溶液中催化葡萄糖的缩合反应，得到37%的二糖产物。

α-D-葡萄糖 + α-D-葡萄糖 →(葡萄糖淀粉酶 / 水互溶有机溶剂) α-D-麦芽糖

（古练权，马林. 生物有机化学. 北京：高等教育出版社与施普林格出版社，1998）

8.6.6.2 烷基糖苷

正烷基糖苷是一种可生物降解的非离子型表面活性剂，具有抑制微生物生长的作用，广泛应用于食品、医药及洗涤剂工业中。化学合成涉及糖分子上羟基的保护和脱保护，步骤多，产率低。应用糖苷水解酶催化糖苷的合成，可以一步反应得到目标产物。例如用β-葡萄糖苷酶或β-半乳糖苷酶在水互溶有机溶液中催化正烷基醇与葡萄糖或半乳糖反应，可直接获得正烷基糖苷，产率达40%以上。

β-D-葡萄糖 + n-ROH →(β-葡萄糖苷酶 / 水互溶有机溶剂) β-正烷基糖苷

（古练权，马林. 生物有机化学. 北京：高等教育出版社与施普林格出版社，1998）

思考题

1. 酶催化反应中常用的非水介质体系有哪些？非水介质中酶的特性和酶促反应的特点是什么？

2. 为什么在非水介质中酶仍可以保持催化活性和稳定性？

3. 什么是必需水和水活度？水如何影响非水介质中酶的特性？

4. 分析 $\log P$ 与酶活性之间的关系。

5. 如何调节有机溶剂中酶的催化活性和选择性？

6. 非水介质酶催化反应在食品工业中的应用主要有哪些？

李从发、段杉　编写

参考文献

[1] 张玉彬. 生物催化的手性合成. 北京：化学工业出版社，2002.

[2] 施巧琴. 酶工程. 北京：科学出版社，2005.

[3] 罗贵民. 酶工程. 北京：化学工业出版社，2002.

[4] 梅乐和，岑沛霖. 现代酶工程. 北京：化学工业出版社，2006.

[5]【奥】库尔特·法贝尔著. 吉爱国等译. 有机化学中的生物转化. 北京：化学工业出版社，2006.

[6] 古练权，马林. 生物有机化学. 北京：高等教育出版社；德国：施普林格出版社，1998.

[7] 袁勤生. 现代酶学. 上海：华东理工大学出版社，2007.

Chapter 9

第9章 极端酶

教学目的和要求

1. 明确极端微生物与极端酶的概念；
2. 了解极端酶的种类；
3. 认识并掌握极端酶的特性与应用。

在地球进化过程中伴随着地质和气候的变迁，形成了不同的生态系统。环境中各式各样的物理化学因素和生物因子决定了生态体系的特征与不同。通常，pH 和盐度被认为是地球化学因素，与之相反的是温度、压力和辐射被称为物理因素。地球上存在的生物体将不可避免的与外界环境或其自身发生作用，其生存与进化无疑是其与环境相互适应、系统进化的结果。地球上生物体内的酶，一般不耐极端环境，因此，在包含极端酶的极端微生物被发现之前相当长的历史长河里，极端微生物属于未知领域，因为极端环境被认为是死亡区。

通常的，酶作为大分子生物活性物质，在应用过程中常常会出现不稳定的现象，尤其是在高温、强酸、强碱和高渗透压等极端条件下不能承受反应条件，容易失活，因此在一定程度上限制了酶在工业和其他领域中的应用。然而，40 多年前人们就发现可在极端环境中生存的微生物将有可能改变这种情况，但对该类微生物的研究却是近些年才开始。1978 年，Donn Kushner(1927—2001)就已在其第一部关于极端微生物的著作中表明，“事实上，很多生活在极端环境中的生物体已经被不公平地忽略了，其原因主要是对该类微生物系统深入研究的困难以及难获得可公开发表的结果”。然而，随着微生物分离、培养技术以及生物技术的发展，科学家对该类微生物有了更深入的了解和研究，他们意识到极端环境微生物为了适应生存环境，在长期进化过程中形成了独特的生物活性物质合成途径或代谢途径、新的调控机制以及与这些生理生化特性有关的新基因，具有特殊的代谢类型，并且能够产生许多具有特殊功能的生物活性物质。

人类在长期的生产实践和研究中，逐渐发现的这类在自然界中存在，不同于人体系统、淡水系统和海洋系统的三大生态系统之外，并且在超常生态环境下生存的微生物，即嗜极微生物(extremophiles)。根据所耐受环境条件的不同，这类嗜极微生物可分为嗜热微生物(thermophile)、嗜冷微生物(psychrophile)、嗜盐微生物(halophile)、嗜酸微生物(acidophile)、嗜碱微生物(alkalophil)等多种类型。大量的研究结果表明，正是因为嗜极微生物体内存在大量适应极端条件的新型酶资源，才使它们能在极端生态环境条件下生存。

表 9-1　主要有机体可生长的最高温度

项目	分类	温度/℃	项目	分类	温度/℃
动物	鱼	38	真核微生物	原生微生物	56
	昆虫	45～50		藻类	55～60
	甲壳动物	48～50		菌类	60～62
植物	维管植物	45	原核生物	蓝细菌	70～72
	苔藓植物	50		绿细菌	70～72
				细菌	95
				古细菌	121

9.1 极端酶的种类

9.1.1 天然极端酶

天然极端酶是在自然界各种极端环境条件下生长的一类生物物种(主要是微生物类群)中自身所包含的酶。极端环境通常是指普通微生物不能生存的那些环境条件,如高温、低温、高盐、高压、高或低的 pH、含抗代谢物、有机溶剂、重金属及有毒有害物等环境条件。能在这种极端环境中生长的嗜极微生物细胞中必然包含能在其相应极端环境条件下起生物催化作用的各种酶类,这些酶被称为天然极端酶(extremozymes)。根据嗜极微生物的分类,相应地将极端酶大致分为嗜热酶、嗜冷酶、嗜酸酶、嗜碱酶、嗜压酶、嗜盐酶、耐有机溶剂酶、耐抗代谢物酶及耐重金属酶等。

极端微生物,尤其是那些能在高温中生存的嗜热微生物的发现,促使科学家探索和研究在其他极端环境下能生存的生命。表 9-2 是已被筛选得到的极端微生物生存的不同极端环境。到目前,已被确定的极端微生物里面,大多数属于古细菌类。尽管古细菌大多为中温菌,但仍有相当数量的古细菌属在极端环境被检测出来。虽然不断有极端微生物被发现,但有趣的是他们中基本是简单菌,这可以从图 9-1 的系统发育树看出。

表 9-2 极端微生物及其生存环境

极端微生物	生存环境	典型微生物
嗜热微生物	45~80℃	*Methanobacterium*, *Thermoplasma*, *Thermus*,一部分 *Bacillus* 种
极嗜热微生物	80~113℃	*Aquifex*, *Archaeoglobus*, *Hydrogenobacter*, *Methanothermus*, *Pyrococcus*, *Pyrodictium*, *Pyrolobus*, *Sulfolobus*, *Themococcus*, *Thermoproteus*, *Thermotoga*
嗜冷微生物	−2~20℃	*Alteromonas*, *Psychrobacter*
嗜盐微生物	2~5 mol/LNaCl	*Haloarcula*, *Halobacterium*, *Haloferax*, *Halorubrum*
嗜酸微生物	pH<4	*Acidianus*, *Desulfurolobus*, *Sulfolobus*, *Thiobacillus*
嗜碱微生物	pH>9	*Natronobacterium*, *Natronococcus*,一部分 *Bacillus* 种

极端微生物和极端酶的种类划分如下:

1. 嗜热微生物 (thermophiles)

自 1969 年 Brock T. D. 从美国黄石国家公园的温泉中分离到最适生长温度高达 70℃ 的水生嗜热菌(*Thermus aquaticus*)以后,世界各国科学家即不断地从陆地、温泉及深海海底淤泥等高温生态环境中,分离到许多生长温度更高的高温菌、超高温菌(*Hyperthermophiles*),并采用先进的研究方法对这些高温菌的分类、生态、生理、生化、遗传、生物工程等进行广泛深入的研究,对高温菌这类生物有了一系列的发现和了解。在这些高温生态环境中发现的高温菌中，有生长温度高达 113℃的，有自营营养（autotrophs）的，也有异营营养（heterotrophs）的；有化能营养（chemolithotrophs）的，也有光能营养（photoautotrophs）的；有好氧的（aerobic），也有厌氧的（anaerobic）；有球状的（cocci），有杆状的（rods），有螺旋状的（spiral shaped），还有许多种其他形态。

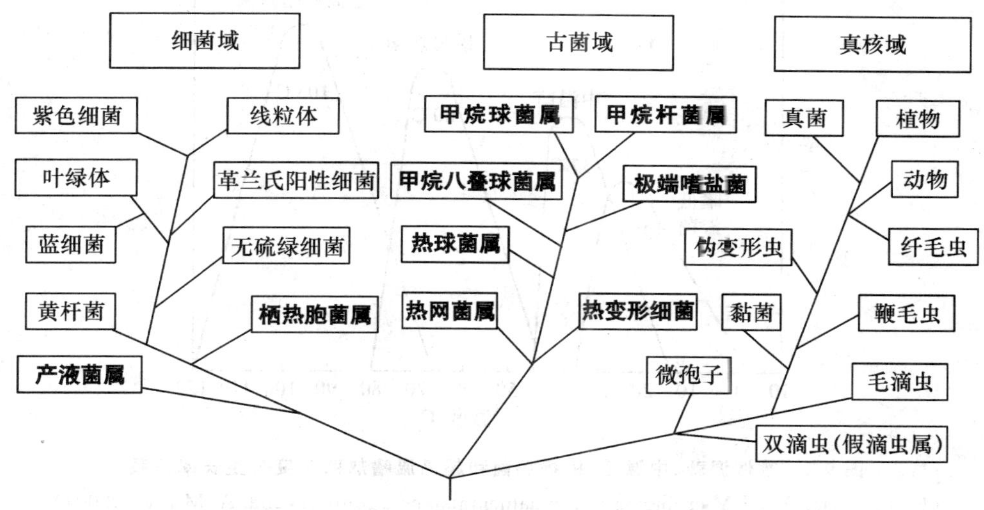

图 9-1　极端微生物系统发育树

（黑体部分表示嗜热和极嗜热菌，摘自 Danson 等，1998）

温度高低对细菌生长的影响巨大，通常温度每上升 10℃，微生物的生长速率即增加一倍。但微生物的生长温度范围有其上下限，一般而言下限温度是细胞内水分的冻结温度，在 0℃或略低一点的温度，上限温度是以蛋白质、核酸等高分子化合物的变性温度而定。在冻结状态下，增殖完全停止，大多数的微生物仍能继续生存下去。通常，根据增殖最适温度对微生物加以分类时，可分为增殖最适温度在 20℃以下的嗜低温菌（psychrophiles），20～45℃ 的中温菌（mesophiles），最适温度在 45℃以上的嗜热菌（thermophiles）。在嗜热菌中，按其最适生长温度又可分为嗜热菌（thermophiles）、极嗜热菌（extreme thermophiles）、超高温嗜热菌（hyperthermophiles）。与一般的嗜热菌相比，极嗜热菌在低于 60℃的环境下很难生长，而超高温嗜热菌则很难在 80℃以下的环境生长（图 9-2）。可生长在高于 80℃的极高温的环境下的生物均为原核生物，包括真细菌（eubacteria）及古细菌（archaebacteria）。在超高温（大于 100℃）环境下则只剩下古细菌可存活。另外，细菌的孢子具显著的耐热性，例如枯草杆菌（Bacillus）的孢子除非在特殊条件下（100℃中加热1 h 以上），否则无法完全杀灭。其耐热性的原因为孢子的含水量较少。孢子一旦发芽后则对高温具有感受性，但孢子的耐热性并不作为区分嗜热性的依据。

在所有嗜热菌中，嗜热厌氧菌研究较多。厌氧性微生物（anaerobic microorganism）大致可分为两种，一种为强制厌氧性（obligate anaerobic），此种微生物在任何情况下均不能使用氧气作为最终电子接受者（electron acceptor），而这种微生物又分为可忍受在氧气暴露的环境或甚至可在空气中生存的耐氧厌氧菌（aerotolerant anaerobes），另一种为绝对厌氧菌（strict anaerobes），此种绝对厌氧菌不仅不能使用氧气为电子接受者，一旦暴露在氧气或空气中，菌株就会死亡。另一种则为兼性厌氧菌（facultative anaerobes），此种菌在有机物代谢时可使用氧气做为电子接受者或使用硝酸根离子做为电子接受者，例如，*Thermus* sp.，但菌株无法以硝酸根为唯一电子接受者进行生长。

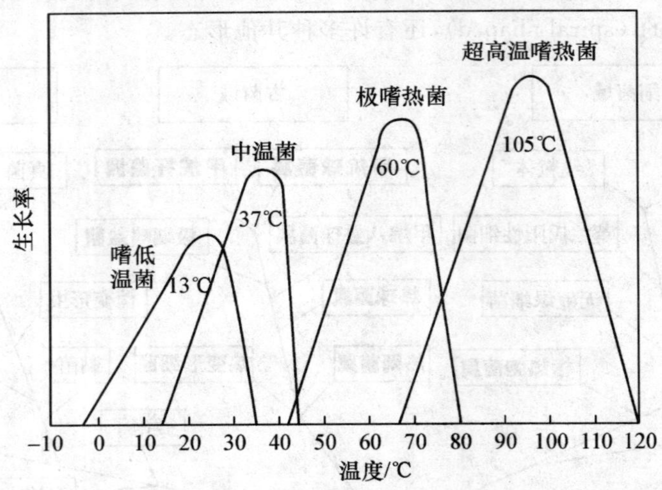

图 9-2　嗜低温菌、中温菌、极嗜热菌和超高温嗜热菌温度与生长率关系

（M. P. Doyle. Food Microbiology：Fundamentals and Frontiers，2nd. ASM press，2001）

嗜热厌氧菌可在土壤、底泥、堆肥及温泉或其他具有热资源的环境中发现。在温泉中，水中的溶氧（dissolved oxygen，DO）会因为温泉的高温影响而溶氧降低，使得微氧菌（microaerobe）或是厌氧菌（anaerobe）成为温泉中主要的生物族群。另外，嗜热性细菌的来源并非一定来自温泉、火山口或沙漠地区的土壤等极端环境，有些高温厌氧古细菌（*Thermophilic anaerobic archaea*）是由湖泊的淤泥分离出，而此环境的温度很少超出 20℃，原因可能是目前天然环境中分离出的高温厌氧菌大多属于孢子生成菌，如 *Clostridium* 或是 *Clostridium*-like 微生物，高温厌氧菌有可能以孢子的形态存在于较低温的环境下，因此，由温泉或河川底泥等天然环境中分离出高温厌氧菌的机会相当高。

2. 嗜热酶

人类应用酶于各种生产已有很长的历史，微生物所生成的酶很久以前便被利用于酿造及烘培等途径，但一般酶的作用常受温度的限制，在高温的情形下一般酶便失去活性而无其作用。而主要分离自嗜热性微生物的热稳定酶（thermostable enzymes），因其固有的耐热性质，已被广泛地应用于各种商业用途。最常见且使用最广泛的嗜热酶为使用于食品加工厂的淀粉酶（amylase），而在石化工业、纸浆（pulp）工业及纸厂（paper industry）等也已有使用嗜热酶去除含硫废弃物的应用 。另外嗜热微生物所产生、纯化的嗜热酶也常被应用于生物科技上，例如用于聚合酶链式反应（polymerase chain reaction，PCR）中的 DNA 聚合酶（polymerase），便是一成功的例子。此外许多种核酸限制酶（endonuclease）也都是由嗜热菌获得。

除了应用由嗜热性微生物所得的嗜热酶，嗜热微生物应用于工业除污亦具有中温菌所不及的优越性，例如高温状态下的废水处理操作，不但会增加水体的扩散系数（diffusion coefficient)，并且增加物质的溶解度（solubility），有利于水体中各溶质的平衡，此外高温状态下促使较大量的有机物溶解于废水中，提供嗜热菌良好的生长环境及生长温度，并且于高温过程所排放的废水无须降温即可进行处理，因此高温菌的生物处理会较有效率；农业方面，堆肥于高温阶段时加速堆肥的腐熟主要亦是由嗜热微生物所完成。基于此，嗜热酶极具应用潜力，发现新种嗜热菌亦或新种嗜热酶均有益于农业、工业等各个方面的除污减废或其他应用。

3. 嗜冷微生物(psychrophile)

低温微生物生活在两极地区、高山、冰川、海洋深处及冰冻土壤等低温环境中。这类微生物包括真细菌、酵母、蓝细菌及藻类等。根据其生长的温度不同，将其分为嗜冷菌和耐冷菌，前者的最高生长温度低于 20℃，后者能在 0～40℃ 的条件下生长。由于低温微生物的胞内温度接近环境温度，故低温会影响细胞膜的功能，并强烈地抑制胞内的生物化学反应过程。但是它们能从周围环境中吸收营养物质，并正常地进行新陈代谢与生长繁殖。其原因是在长期的进化过程中，它们形成了各种适应低温的机制。如通过增加膜脂中不饱和脂肪酸、短链与支链脂肪酸的含量，来降低膜脂的相变温度(膜脂从流动的液晶态转变为类似晶态凝胶态的温度)，使膜脂在低温时仍保持流动的液晶态，并完成膜的各种生理功能，改变膜蛋白和脂多糖的磷酸化状态，这种变化与低温菌感受外界环境温度变化的信号有关。除了膜的组成与结构的变化以外，低温菌的基因表达(合成冷休克蛋白)与调控，新陈代谢，蛋白质与酶的结构等都有改变。这些变化的结果共同补偿低温对微生物的有害效应，使其能适应低温环境。

4. 嗜冷酶

生物体内的新陈代谢过程几乎都是在酶的催化下进行的。由于低温会抑制酶的活性，故低温微生物中的嗜冷酶必须适应低温并保持高催化活性，才能满足其生命活动的需要。因此，嗜冷酶对低温微生物的低温生存肯定起关键作用。

嗜冷酶的最适反应温度较低，一般比中温菌的酶低 20～30℃，且在 0～30℃ 范围内的催化活性比相应的嗜温酶高。如产琥珀酸丝状杆菌(*Fibrobacter succingenes*)的嗜冷性葡聚糖酶，最适反应温度为 25℃，在 0℃ 时仍能保持最高活性的 70%。但是来自中温菌的同类酶最适反应温度为 35℃，在 0℃ 时的活性为原酶活性的 18%。嗜冷酵母的琥珀酸脱氢酶，在 0℃ 条件下，该酶的活性为原酶活性的 60%。嗜冷酶的热稳性低，在室温条件下很快变性失活。嗜冷酶在低温环境中(<40℃)的转换数和生理效率高于中温菌的同类酶。上述嗜冷酶的特性表明：这类酶分子的结构具有更大的柔性与可变性，由此保证低温时酶分子容易与底物结合，同时也降低了结合过程中酶的变构作用与催化底物变化所需的活化能，故嗜冷酶在低温时需要较少的能量就能完成催化过程。

5. 嗜酸微生物(acidophile)

嗜酸菌是一类极其重要的极端环境微生物。大多数微生物的最适 pH 为 5～9，而嗜酸微生物可以在极低的 pH 环境下生长，有些甚至可以生活在 pH 低于 0 的环境中。一般来说，将最适生长 pH < 4 的微生物称为嗜酸微生物。嗜酸微生物种类丰富，在三域生命(细菌域、古菌域和真核域)中均有嗜酸类群，它们广泛地分布在酸性矿山废水、生物沥滤堆以及含硫温泉和土壤中。过去人们认为真核微生物中嗜酸种类很少，但最近的一些研

究发现，在某些酸性环境中真核生物比原核生物具有更高的多样性。但是目前人们已经深入研究并在生产中应用的均为原核嗜酸微生物(细菌和古细菌)。根据不同分类的标准可将嗜酸菌分为不同的类群。以最适生长温度为标准，可将嗜酸菌分为中温菌、中度嗜热菌和极度嗜热菌；若以碳源为标准，则可分为化能自养菌和化能异养菌。许多酸性环境中溶解性有机碳的浓度非常低(＜20 mg/L)，所以营养非常贫乏。在那些没有阳光照射的酸性生态系统中，基本的生产就是通过化能自养嗜酸菌获得的，例如氧化亚铁硫杆菌(*Acidithiobacillus ferrooxidans*)，氧化硫硫杆菌(*Acidithiobacillus thiooxidans*)，铁氧化钩端螺旋菌(*Leptospirillum ferrooxidans*)等。

嗜酸菌必须生长在酸性环境中，在中性条件下细胞会马上溶解。但是大量的研究表明，嗜酸菌细胞内部的pH是接近中性的，细胞内酶反应和生化代谢过程也与中性菌相似。而且，随着外界条件的变化，细胞内部的pH变化很小。嗜酸菌中究竟存在着一种什么样的机制，能使它在如此恶劣的环境中保持着一个相对稳定的pH，人们做了大量的研究。

嗜酸菌生长在酸性环境中，细胞膜是它唯一可以抵御外界H^+的物理屏障。所以，细胞膜对H^+的低渗透性可能是它保持细胞内部pH的主要途径。近几年的研究表明，细胞膜上的脂类物质在这方面发挥着重要的作用。Vossenberg 等研究 *Picrophilus oshimae* 时发现，提取自这种嗜酸菌细胞膜上的脂质体在pH 7.0时不能形成有规则的囊泡结构，而在pH 3.0和4.0时则可以形成这种有规则的结构，而且这种结构对H^+的渗透性极低。但是，这种结构的脂质体在pH 7.0时又会变得有漏洞。因此，嗜酸菌不但很好地适应了酸性环境，而且还需要酸性环境来保证其细胞膜的稳定性和细胞的完整性。

6. 嗜酸酶

嗜酸菌分泌的胞外酶往往是相应的嗜酸酶。嗜酸菌不能在中性环境生长，可能是由于嗜酸菌细胞含较多酸性氨基酸，有大量H^+环境，在中性pH时H^+大量减少，以致造成细胞溶解。与中性酶相比，嗜酸酶在酸性环境的稳定性是由于酶分子所含的酸性氨基酸的比率高，尤其在酶分子表面。嗜酸菌已广泛用于低品位矿生物沥滤回收贵重金属，硫氢化酶系用于原煤脱硫及环境保护等方面。

7. 嗜碱微生物(alkalophil)

从1928年 Downie 发现第一个嗜碱菌 *Streptococcus faecalis* 以来，大量不同类型的嗜碱菌已从土壤、碱湖、碱性泉甚至海洋中分离得到。极端嗜碱菌包括不同类型的微生物，除古细菌外，还有真细菌放线菌和真菌中的一些种，既有好氧的，也有厌氧的类型，但它们均能在高碱环境下生活。到目前为止嗜碱菌还没有确切的定义，国内外学者根据耐受碱的程度不同作如下的区分：

a. 耐碱菌(alkalotolerant)：能在pH 7～9生长，＞9.5不能生长。

b. 嗜碱菌(alkalophile)：在pH 9以上，在pH 10～12之间最适或生长良好，但在pH 6.5左右不能或仅能缓慢生长。

c. 极端嗜碱菌(extremealkalophile)：最适生长pH为10或＞10，包括专性和兼性嗜碱菌。专性嗜碱菌的最适生长pH大于10.0，在pH低于8.0～9.0时不生长；兼性嗜碱菌的最适生长pH大于或等于10，并且在中性环境中也能生长。

嗜碱菌最适生长时能保持胞质的相对衡稳，这与胞膜Na^+/H^+反向载体(antiporter)

催化排 Na^+ 摄 H^+ 的离子交换过程有关。在该类菌的细胞膜上，有一种 Na^+/H^+ 反向载体蛋白，细胞主动运输时，能迅速催化细胞将 Na^+ 从细胞内排出，并将胞外的 H^+ 摄入胞内，经过这一离子交换过程，使细胞质内 pH 处于正常范围，可见 Na^+/H^+ 反向载体是维持嗜碱菌的细胞质处于正常 pH 的关键。

8. 嗜碱酶

根据极端嗜碱菌能在高碱环境下生长的特点，不少研究者研究在高 pH 条件下的细胞结构与功能，包括细胞膜脂的组成成分、膜上脂/蛋白质比值、膜上高水平的呼吸链成分，以及暴露于胞外或分泌至胞外的酸性氨基酸，还有促使部分溶质转入细胞的 Na^+ 循环和维持细胞质的 pH 平衡等方面的机制。根据 Donnan 平衡机制认为，在研究嗜碱菌的 pH 平衡机制时应重点考虑细胞壁的阴离子聚合体层，当嗜碱菌处于碱性环境中可以用 Donnan 平衡机制来计算细胞壁内部聚合体层的 pH；从研究革兰氏阳性菌的报道得知，在聚合体层固定的离子浓度为 2～5 mol/L，特别是研究嗜碱菌 *Bacilus halodurans* C-125：细胞壁聚合体层的 pH 要比细胞外溶液低 1～1.5 U，这个值同细胞膜稳定所期望的值相吻合。

9. 嗜盐微生物(halophile)

嗜盐菌是生活在高盐环境中的细菌，多生长于盐湖、盐碱湖、死海、盐场和海洋中，在食品中主要存在于腌鱼、咸肉等盐制品。其生长最适盐浓度高达 15%～20%。海水中的主要阳离子有 Na^+、K^+、Mg^+。阴离子主要有 Cl^-、SO_4^{2-}、HCO_3^- 和 CO_3^{2-} 等。因地质、地形和气候的差别，使各处盐湖中的成分会有很大的差别。如美国大盐湖水中成分以 NaCl 为主，几乎和浓缩海水一样；而死海周围富含碳酸盐，湖水呈强碱性，pH 在 10～12，为盐碱湖，可找到嗜盐碱杆菌，不仅嗜盐而且嗜碱。我国西藏、青海和内蒙古等地有数量众多的盐湖和盐碱湖。因此，我国有广阔的盐域环境和丰富的嗜盐微生物资源。

通常把能在含盐量高于 15%的环境中生长的细菌称为极端嗜盐菌，极端嗜盐菌能够在 5 mol/L NaCl 溶液中生存。嗜盐微生物种类很多，既有极端耐盐的古细菌，也有真细菌、放线菌和藻类。虽然许多细菌能耐受较高浓度的盐，但多数生活在高盐环境、营有机化能营养的菌，都是极端嗜盐的古细菌。嗜盐菌的细菌中均无胞壁酸，rRNA、tRNA 和核糖体的蛋白质序列与真细菌有差别，对多数抗生素不敏感。

嗜盐菌通常以二分裂方式增殖，不产生休眠孢子，多数不运动，少数具有端毛，基因组结构较特殊。嗜盐杆菌和嗜盐球菌均有大型质粒，其 DNA 含量占全细胞 DNA 的25%～30%，是迄今已知最大的质粒。

10. 嗜盐酶

在高盐环境下，由于盐离子的水合作用降低了水的活性，破坏了蛋白质的水膜，加强了蛋白质间疏水性相互作用，从而导致了蛋白质的相互碰撞凝集或空间结构的坍塌。对于在中度盐环境中生长的微生物，主要是靠离子泵来维持胞内的低盐度从而保护酶和蛋白质，并保障主要生化反应的顺利进行。许多微生物还能产生并积累相溶性溶质，如甜菜碱等，来部分地平衡渗透压。当环境盐度在 1.5 mol/L 以下时，这些嗜盐策略是有效的，但在 1.5 mol/L 以上就无效了。对于能生活在 2～5 mol/L 的高盐环境中的极端嗜盐菌则干脆放弃了维持低渗透压的策略，相反地，却积累了高浓度的 K^+，同时泵出 Na^+。K^+

的作用是调节胞内外的渗透压平衡，不用 Na^{+} 调平衡的原因是 K^{+} 比 Na^{+} 结合更少的水。为使嗜盐酶能在高离子强度下保持活性，在长期的进化过程中，嗜盐菌在蛋白质基因上积累了大量的反义核酸替代物，替代的位置是在能影响酶和蛋白质疏水性和表面水合作用的位点，从而对嗜盐酶进行了修饰。主要的修饰是在嗜盐酶表面引入酸性氨基酸(主要是谷氨酸和天冬氨酸)残基。酸性氨基酸比其他氨基酸有着更好的水合性，能把更多的水分结合到嗜盐酶和蛋白质分子表面，形成水保持层，从而阻止了嗜盐酶和蛋白质分子的相互碰撞凝集。同时，酸性氨基酸残基能与碱性氨基酸(如赖氨酸和精氨酸)残基形成盐桥，能消除盐离子的屏蔽效应，使分子结构具有刚性，对嗜盐酶和蛋白质的三级结构的稳定起决定性作用。由于电荷的排斥作用，嗜盐酶和蛋白质常变性，这也是极端嗜盐菌不能在低盐环境下生存的原因。

高盐浓度可用于分离蛋白质，例如硫酸铵的分段沉淀、柱层析等。而嗜盐酶只有在高盐浓度下才具有活性，盐去除后，嗜盐酶失活，嗜盐酶在低盐浓度下(1.0 mol/L NaCl 和 KCl 条件下)大多数变性失活。将盐再缓慢加回，发现可恢复酶活性。*H. cutirubrum*(红皮盐杆菌)的异柠檬酸脱氢酶，于低盐浓度中不具活性。用 4 mol/L 的 NaCl 透析，得到具活性的酶，这种酶最适活性的盐浓度为 0.5～1.5 mol/L，但在近 30%的 NaCl 中最稳定，即酶最大活性的 NaCl 浓度远低于这株菌生长所需的最适 NaCl 浓度。由海洋细菌中分离的嗜盐酶，就它们与盐的依存关系可分为三类：第一类为不加盐时，酶活性最高，加盐就受抑制。在这类嗜盐菌中可能存在某种保护机制，通过对 *VibRio alginolyticus* 研究，高浓度的 K^{+} 可作为保护因子对盐抑制而起作用。第二类为不加盐时有一定活性，加盐时酶活力进一步增强，最适盐浓度低于细胞内离子浓度，过高浓度的盐会使酶活性受抑制。第三类酶为不加盐时几乎不显示活性，由于盐的作用使酶强烈的活化。

11. 嗜压微生物(barophile)

高压环境主要存在于深海、深油井和地下煤矿等，它们有着与陆地截然不同的生境(高压和低温)，如随着海水的加深，深海的静水压越来越大，因此在这里生存的微生物称为嗜压菌。就海洋生境来说，目前深海压力适应菌可分为三类：

a. 耐压菌，在 1.013×10^{5}～4.053×10^{7} Pa 都能生长，超过 5.066×10^{7} Pa 不生长；

b. 嗜压菌，在 1.013×10^{5} Pa 下也具有生长能力，但高压下生长更好，4.053×10^{7} Pa 是其最适生长压力；

c. 极端嗜压菌，生活在海平面 10 000 m 以下，它们不仅耐受压力而且生长也需要有压力的环境，不能在低于 4.053×10^{7} Pa 压力下生长。目前已报道的可培养的深海嗜压菌主要有 *Shewanella*、*Photobacterium*、*Colwellia*、*Moritella* 和一个未定的属。

嗜压发光杆菌(*Photobacterium* sp.)的 DNA 中存在与调节压力有关的启动子 *omp*H，这种启动子只有在高压下才能被激活，由该启动子启动的基因也必须在高压下才能进行高水平转录，在该启动子的下游，是受压强调节的操纵子，且只能在高压下表达。此外，许多深海生长的细菌中均存在与 *omp*H 类似的启动子和高度保守的下游操纵子，这种特殊的遗传机制确保了嗜压菌在高压环境中生存。嗜压菌有一组能调节压力影响的基因，通过它们减少某些蛋白质的产生率，以便在压力增加的情况下减少膜的通道，从而阻止体内的糖和其他营养成分扩散到体外。在对嗜压菌酶的研究中发现，高压条件下酶往往具有更高的特异性，适当的静压力可以增加酶的活性和稳定性；此外，在高压条件下底物的溶解度增加，溶剂的黏度降低，从而提高了物质的传输速率和反应速度，有利于嗜压菌的生存。

12. 嗜压酶

静压力可以增加酶的活性和稳定性，且高压作用下酶往往有良好的立体专一性，尤其对酶的稳定性有明显的促进作用，极端嗜压菌的酶必须将其蛋白质分子进行折叠，使受压力的影响减至最少。同时，在高温高压下，底物溶解度增加，溶剂黏度减少，提高了物质的传输效率，深海嗜压微生物是嗜压酶的重要来源。Michels 等报道深海嗜热嗜压 *Methanococcus jannaschii* 产生的嗜压蛋白酶当压力增值 500 个大气玉时，酶的稳定性提高 2.7 倍，酶催化反应速度提高 3.4 倍。从 6 500 m 深的海底沉积物中分离到的 *Sporosarcina* sp. Strain DSK25 产生的碱性丝氨酸蛋白酶活性在 60 MPa 下比在一个大气压提高了近一倍，而且升压可以提高深海细菌某些酶的产酶量，并表明升压可以提高海洋嗜热菌的 DNA 多聚酶的稳定性。

高压作用下酶往往有良好的立体专一性，在工业上有潜在的应用前景。但是当压力超过一定的范围时，酶的弱键产生破坏，酶的构象解体而失活。

9.1.2 人工极端酶

9.1.2.1 固定化酶

在基因工程技术应用于酶工程之前，通过物理吸附或化学键合的方法，把酶固定在不溶性载体上，结果对提高酶的稳定性，增加酶的使用效率等起了显著的促进作用，因此，在工业应用上，固定化酶已经有很多成功的例子。然而，固定化醢最大的缺陷是：体积产量低，通常只有 5%的固定化酶在起催化作用，而大部分酶在载体内没有作用。因此，需要进一步改善酶的应用技术，适应工业化生产。

9.1.2.2 蛋白质工程酶

从极端酶的结构与功能的研究结果表明：分别来源于嗜温菌和嗜盐菌的两个催化功能相似的酶，其内在的氨基酸组成是有差异的。比较嗜温菌和嗜盐菌 *Halobacterium volcani*（沃氏盐杆菌）的二氢叶酸还原酶发现，嗜盐菌的二氢叶酸还原酶：中性氨基酸（天冬氨酸和谷氨酸）的数量增加，带负电性增加。同样地与嗜温酶和嗜热酶比较，结果得出它们亦有各自的结构特性和同源性，以此作为蛋白质工程中酶蛋白质设计的依据。

近十年来，人们发现酶在有机相中与水相反应方向相反，具有相当高的作用效率，而且可以通过有机溶剂的性质控制酶的对映体和区域的选择性，使非极性底物的溶解度增大。但是，与水溶液相比，酶在有机相中的活性往往有所下降，在极性的有机溶剂中尤为突出。为了改善酶的作用，可以使干酶粉与碳水化合物、聚合物和有机缓冲液混合，或者在非缓冲液盐的存在下加入冻干的酶催化剂。Frances H Arnold 等人采用蛋白质工程的方法，通过有目的的或随机的突变表达，以提高酶在有机相中的稳定性，把酶蛋白与有机溶剂接触的疏水性氨基酸残基换成带电性的氨基酸残基，结果发现，对枯草杆菌蛋白酶的单一突变，使酶在非水相溶剂中的稳定性增加 2～6 倍，而双突变的结果稳定性增加了 27 倍。

9.1.2.3 交联酶晶体

交联酶晶体是人工设计的另一种耐有机溶剂酶的技术。

1. 交联酶晶体的制备

首先，必须从生物材料中分离提纯酶，并通过结晶得到酶晶体。再使用一些双功能试剂如戊二醛等，对酶晶体进行化学交联，形成交联酶晶体，在工业应用中为了提高交联酶晶体的机械强度，可以加入一些活性玻璃等微粒载体(直径约 1 mm)进行共交联。

以嗜热蛋白酶为例，首先从浓缩的粗酶液中形成微晶粒，晶体经戊二醛交联反应生成长 30 μm、厚 2 μm 的交联酶晶体。该交联酶晶体不溶于水和有机溶剂，微孔率占总体积的 50%，可作为反应中物质传输的通道。

2. 交联酶晶体的稳定性

从水溶液中生长出来的酶蛋白微晶体经双功能试剂交联后，展示了对极端环境较高的耐受力。交联酶晶体的稳定因素，一是酶自身的有效晶体结构，另一是酶分子间的共价交联作用。在酶晶体的晶格里，酶蛋白质的稳定性接近理论的极限值，蛋白质与蛋白质之间由亲水作用和静电引力捆结在一起，蛋白质分子间的这些相互作用力的增加，使蛋白质对热和其他变性因素的抗性显著增大，蛋白质的伸展、凝集和裂解作用减少。由于晶体的紧凑性和整体排斥效应，酶晶体还能有效抵抗外源蛋白酶的水解作用。人们已经发现并证实蛋白质的稳定效应与蛋白质间的这些相互作用的数量呈正相关。

从化学和机械的角度来说，对酶晶体的化学交联作用，无疑进一步地稳定和增强酶的晶格和酶分子的结构，这种交联作用可防止酶蛋白晶体在反应体系中的溶解，有效地维持晶格的稳定性。交联嗜热蛋白酶晶体已被成功地用于在乙酸乙酯、55℃的反应体系中合成甜味肽——天冬苯丙二肽酯(aspartame)。

3. 交联酶晶体的研究进展

交联酶晶体在应用中，不仅显示了它对极端环境具有极高的稳定性，还发现它比游离酶有更高的活性。皱褶假丝酵母脂肪酶的交联酶晶体(CRL-CLECS)在几种重要的药物的光学拆分中，表现出比游离酶的活力提高了 10 倍。与传统的固定化酶相比，交联酶晶体重量和体积较小，具有更高的容积比活力。交联酶晶体不溶于水和有机溶剂，容易通过过滤和离心回收，可循环使用达 20 次，其稳定性和活性保持不变。因此，从 20 世纪 90 年代初开始研究以来，已经有多个产品在医药和化学工业中应用。1996 年，交联酶晶体为美国 AltusBiologics, Inc. 赚得上百万美元的利润。

在交联酶晶体的研究和应用中尚存在着一些问题，酶在纯化、结晶和交联中会引起一定的损失。由于交联酶晶体在反应介质中不溶，使反应物质传输受到影响，大分子的底物传输阻碍较突出。因此适当选择反应体系和添加剂，改善底物的溶解度和构象，可以有效提高交联酶晶体的反应速度。

9.2 极端酶的结构特点与应用

9.2.1 极端酶的结构特点

9.2.1.1 嗜热酶结构基础的研究

嗜热酶是由嗜热菌产生的，它是极端酶研究的“热点”酶，它的耐热结构特性主要包括：①嗜热酶天然构象的热稳定性。嗜热酶与常温酶的大小、亚基结构、螺旋程度、极性大小和活性中心都极为相似，但构成它们的高级结构的非共价力、结构域的包装、亚基与辅基的聚集，以及糖基化作用、磷酸化作用等却不尽相同。而通常情况下，蛋白对高温的适应决定于这些微妙的空间结构的相互作用。②氨基酸的突变适应。研究表明，个别氨基酸的改变会引起离子键、氢键和疏水作用的变化，从而大大增加整个酶的热稳定性。有人比较了嗜热酶与常温酶氨基酸的组成，发现嗜热菌酶中 Ile、Pro、Glu 和 Arg 的含量均高于常温酶，而 Cys、Ser、Thr、Asn 和 Asp 的含量显著低于常温酶。这是因为 Pro 的结构熵较小，更易折叠，且一经折叠，则需很高的能量才能解开，这样在不影响其高级结构的前提下，Pro 的替代可以提高整个酶的热稳定性；Arg 和 Glu 分别比带同样电荷的氨基酸有更大的侧链，侧链所提供的疏水作用及离子间相互作用能提高酶的热稳定性。另外，有研究表明，活性的六聚体也是维持嗜热酶热稳定性的重要因素。由于人们研究嗜热酶热稳定性的方法不同，得出的结果也不同，目前还没有统一的机理来解释其变化的本质。

9.2.1.2 嗜冷酶结构基础的研究

嗜冷菌中产生的很多酶在低温下才显示高效的催化效率，而在高温下很快失活，这类酶称为嗜冷酶。通过对嗜冷酶的蛋白质模型和 X 射线衍射分析表明：嗜冷酶分子的盐桥、疏水基团、芳香烃-芳香烃反应比嗜温酶的少，从而使酶结构的柔韧性增加；嗜冷酶含有大量带负电荷的氨基酸残基，特别是天冬氨酸残基，分子表面的 4 个极性环状呈伸展状态，这些结构特征使酶分子呈松散状态，具有较大的可变性；通过对嗜冷酶一级结构的分析，发现它的一级结构发生了微妙的变化，这足以能够改变其折叠状态的屈曲性，使其在 0℃ 低温时具有高度催化活性。这种更具柔韧性、更松散、高效的催化效率的酶结构容许更少的能量投入就产生具有催化效能的构象变化，因此，嗜冷酶代谢所需的活化自由能就比嗜温酶具有更低的值。

9.2.1.3 嗜碱酶和嗜酸酶结构基础的研究

嗜酸菌和嗜碱菌的细胞保持中性 pH 的内环境，其胞内酶仍属于中性酶，但其胞外酶，如淀粉酶和蛋白酶在极高或极低的 pH 环境中保持稳定和活力，因而称为嗜酸酶和嗜碱酶。在嗜极菌的酶学研究中发现，与中性酶相比，嗜酸酶在酸性环境的稳定性是由于酶分子所含的酸性氨基酸的比率高，例如天冬氨酸和谷氨酸，尤其在酶分子的表面；而嗜碱酶分子含碱性氨基酸的比率高，例如赖氨酸和精氨酸。日本人报道了一种丝氨酸蛋白酶，最适 pH 为 13，其酸性氨基酸较少，而精氨酸与赖氨酸的比率高，从而使酶在高 pH 条件下仍带静电荷，从而具有稳定性。

9.2.1.4 嗜盐酶结构基础的研究

嗜盐菌内的很多酶在高盐浓度下保持稳定性，称为嗜盐酶。蛋白表面具有超额的负电荷是嗜盐酶的一个显著特性。静电屏蔽学说认为这些负电荷主要是与溶液中的阳离子形成离子对，对整个蛋白形成静电屏蔽网，起到对蛋白的稳定作用。其次，位于蛋白内部的强疏水氨基酸的含量比较高。在高盐环境中，随着盐浓度的提高，疏水作用力逐渐增强。嗜盐酶内部的强疏水氨基酸的含量则可减小由于盐浓度提高所增加的疏水作用力，使嗜盐酶在高盐条件下仍保持灵活性。

9.2.2 极端酶的筛选与生产

9.2.2.1 天然极端酶的筛选

嗜极微生物是天然极端酶的主要来源。嗜极微生物通常是需要在极端环境下才能很好生活的细菌或古细菌，属于中间型的古细菌也有被发现，它们一般生活在生命边缘环境，如高温温泉、海底、南北极、碱湖和死海，甚至在火山喷发的岩浆等。这些细菌体内需要有适应于生存环境的基因、蛋白质和酶类，因此从嗜极微生物中可以筛选人们所需要的天然极端酶。

极端酶的研究和开发必须建立在丰富酶源的基础上，这就涉及嗜极微生物的培养和极端酶的筛选。嗜极微生物要求的生长条件是80℃以上的温度(嗜热菌)、厌氧环境、极端pH (嗜酸和嗜碱菌)，以及高浓度的NaCl(嗜盐菌，5 mol/L)等。

极端酶筛选的三种主要方法如下。

1. 常规的极端酶筛选方法

从极端环境中采集样品，富集、分离嗜极微生物，再通过特定选择标记筛选嗜极微生物。通过这种方法已经分离得到很多嗜极微生物。但是人们对环境的认识仍有限，或者还没有找到很好的分离培养方法，实际上还有很多嗜极菌还未被培养。这一群落作为难培养微生物分支，同样受到广泛关注。

2. 酶联免疫法(enzyme linked immunosorbent assay，ELISA)

该法是利用特殊抗体与酶结合筛选极端酶的一种方法。但利用这种方法的前提是必须有酶结合的特殊抗体，其优点是专一性强，但是费用较高。

3. 直接筛选极端酶基因方法

该方法1994年已在美国RBI公司(Recombinant Bio-catalysis，Inc.)采用，即直接从极端环境中收集DNA样品，随机切割成限制性片断，再插入寄主细胞(如*E. coli*或其他细菌等)进行表达，并筛选极端酶。RBI公司利用此法已经获得175种新的极端酶，大大节省了时间和金钱，提高了极端酶的筛选效率。

9.2.2.2 极端酶的生产

在过去的几年里，从极端环境中发现酶的可能性大大提高，这归功于前述极端环境中微生物培养技术的发展。但是培养天然极端微生物时，极端微生物的生长速度极其缓慢，酶产量低，而且还需要使用专用仪器，这与采用标准工业发酵和下游纯化技术的工艺不同，毕竟不同于普通微生物酶的筛选，因而极端酶的生产成本提高。

对于极端酶，通过上述两种方法筛选得到极端酶的生产菌株后，要使极端酶投入工业化生产中，需要进行大规模的细胞培养和酶的大量合成及分泌条件的优化，以及生化反应设备的设计等试验研究。如果以嗜极微生物的野生菌株作为生产菌种，则会因为极端微生物的培养条件要求极端温度、厌氧环境、极端 pH 或者高盐度等原因而无法进行通常的工业发酵。例如，具极端环境适应能力的嗜酸菌 *Picrophilus* 在周围环境高于 pH 4 时将立刻死亡，嗜盐菌 *Halobacterium salinarum* 在环境盐浓度低于 100～150 g/L 时也会立即死亡。此外，多种超高温嗜热菌的培养基中有无机硫，发酵过程中将有大量具腐蚀性的 H_2S 产生，所以一般不锈钢发酵罐不能用，接触反应液的装置需要由特种不锈钢制成。因此，在极端酶的生产中，需要针对极端微生物的生长特性，对极端酶生产的需要进行科学合理的设计。

对极端酶的生产，需要各种超高温生化反应器、高静压生化反应器等针对嗜极菌生长和产酶条件设计的反应器，以满足嗜极菌的生长及发酵条件，这对设备和环境提出了苛刻的要求，设备腐蚀和破坏率大大提高。为尽可能避免对设备的腐蚀，人们已经采用微生物酶生产的经典路线来获得极端酶，该路线涉及纯培养生物体的分离，以对来自天然宿主相应基因的克隆与表达，其中最为重要的是将极端微生物的基因转移到普通宿主菌中，这样就可以在温和的条件下利用普通微生物来生产极端酶，从而建立大量制备极端酶的方法和生产路线，使极端酶得以广泛应用于工业生产。

大多数极端酶是应用大肠杆菌等宿主菌异源表达成功的。但是在表达具有生物活性的极端酶时，菌种酶性质存在一定的差异，因此，如何确保异源表达的同时，维持其生物活性，仍是研究的首要问题。因为，极端酶的生物合成还是依靠在常温微生物菌体内相应基因的表达，这样虽然避免了培养极端微生物的问题，把极端酶的基因克隆到嗜温菌中表达，但是，在表达时如果被表达的酶需要宿主本来并不利用的辅助因子或金属离子，就会遇到一些难题。现在，一般认为极端嗜热微生物的基因可以在像大肠杆菌这样的常温微生物内表达。但是，古细菌应用的遗传密码子与大肠杆菌略有不同。尽管大多数古细菌所用的密码子与大肠杆菌相同，但是仍有几个氨基酸的密码子与大肠杆菌在使用频率上存在差异，如古核菌中 Arg 的密码子为 AGG，而在大肠杆菌中的使用频率仅为 1.4%，因此对于含较多 Arg 的酶或蛋白质，在大肠杆菌中的表达率就会大大降低。为提高表达率，Novagen 公司已生产富含编码 Arg-Leu-Ile 的 tRNA 的 coden-plus 细胞用于古细菌中蛋白质的表达。

通常来说，酶在与其源微生物生长条件相似的条件下表达才能表现出高活性。但工程菌的生存环境与极端菌明显不同，因而酶蛋白在表达后是否能形成活性构象是衡量异源表达的重要指标之一。

另外，古细菌中有一些特殊的伴侣蛋白辅助某些蛋白质形成正确构象，因此也增加了古细菌蛋白异源表达的难度。现在大量嗜热性蛋白已在大肠杆菌中表达成功，而且大多数是应用常规途径在 30～37℃ 获得成功的，如嗜热的谷氨酸脱氢酶。令人兴奋的是嗜热酶在表达完毕时，可以通过高温加热（80～85℃）来激活，而此时，绝大多数大肠杆菌的蛋白质因为受热而变性沉淀，由此极大地简化了嗜热酶的分离提纯条件。许多嗜冷酶也已成功地进行了异源表达，如来自南极嗜冷菌中的柠檬酸合成酶，在这种情况下，一般采用低温(25～27℃)进行表达，以便于提高酶的生物活性。嗜盐酶的异源表达是比较复杂的问题，因为嗜盐菌细胞内环境与其生长基质是等渗的，而嗜盐酶是在大约 3 mol/L KCl 中进行蛋白质合成和折叠的。来自嗜盐菌的基因在大肠杆菌中一般在低离子强度环境中进行异源表达，因此常常形成无活性的酶或包涵体，应用变性剂如盐酸胍或尿素等伸展或溶解蛋白质，然后在氯化钠存在条件下复性，一般会形成与天然嗜盐酶性质相似的产物。对于极端 pH 下发挥作用的极端酶的生产，目前研究还很有限，可以预测在应用大肠杆菌进行异源表达时，对于胞内可溶性酶的正确折叠没有影响。因为嗜酸菌和嗜碱菌的细胞内 pH 为中性，但是对于在大肠杆菌中表达的胞外酶，由于是在非天然条件下折叠，因此会导致不溶性或无活性的酶蛋白产生。

9.2.3 极端酶在食品工业中的应用

9.2.3.1 极端酶在食品工业中的应用

第一个极端酶——嗜热 DNA 聚合酶(Taq Pol Ⅰ)在 20 世纪 80 年代末和 90 年代初成功地应用于 PCR 技术，带来了生物技术的重大进步，该项技术也于 1993 年获得了诺贝尔奖。之后，人们开始不断探索各种极端酶的应用前景。近年来，已经有一些极端酶投入工业应用(表 9-3)。

表 9-3 极端酶在工业中的应用

极端酶		应用产品
嗜热酶	淀粉酶	生产葡聚糖和果糖
	木糖酶	纸张漂白
	蛋白酶	氨基酸生产、食品加工、洗涤剂
	DNA 聚合酶	基因工程
嗜冷酶	中性蛋白酶、蛋白酶	奶酪成熟、牛乳加工
	淀粉酶	洗涤剂
	脂酶	洗涤剂
嗜酸酶	硫氢化酶系	原煤脱硫
嗜碱酶	蛋白酶、淀粉酶、脂酶、纤维素酶	洗涤剂
嗜盐酶	过氧化物酶	卤化物合成

极端酶在食品工业方面的应用潜力十分巨大。

1. 在酿造业中的应用

我国酱油生产普遍采用低盐固态发酵法工艺，由于整个生产过程偏长，工艺繁杂，许多工厂因种种原因造成酱油的产量偏低，其中重要一点是米曲霉所产生的酸性蛋白酶活性较低。在酱醅发酵中期添加酸性蛋白酶的方法能明显提高氨基酸的生产率、提高酱油产量。目前，我国已有酸性蛋白酶制剂的生产供应，使用十分方便，从经济效益上分析，酸性蛋白酶的费用投入与提高酱油产量的产出比为 1∶(2～2.5)，经济效益比较明显。

在食醋酿造的发酵阶段加入纤维素酶，试验表明，随着纤维素酶活力的逐渐增加，可以加快底物的分解，酒精含量也相应增加，由于醋酸由酒精转化而来，故酒度越高，产酸量也越高，相应食醋量也会增高。

在白酒生产中起作用的极端酶主要是酸性蛋白酶，酸性蛋白酶在发酵初期可以促进微生物的生长。发酵过程中酵母菌的活性会逐渐降低，加入酸性蛋白酶后可充分利用原料。在啤酒的生产过程中，会产生肽类物质，致使啤酒浑浊，利用酸性蛋白酶对它们的分解作用，可提高啤酒的澄清度。此外，加入蛋白酶可以消除由于多肽-多酚复合物形成的“凝雾现象”。

2. 在传统发酵工业中的应用

在一些传统的盐发酵食品加工业中，人们很久以前就懂得利用嗜盐微生物来生产所需要的产品。如把小麦、大豆、谷子等浸入到约19% NaCl中密封9个月，就可以得到作为食品调味的酱产品。研究发现，在发酵过程中，中度嗜盐菌 *Tetragenococcus halophilus* 作为发酵推动者和承担者，培养基中细胞浓度可高达10 cfu/mL。这些微生物不但能够在缺乏混合氨基酸条件下美化酱的风味，还能产生抑制其他细菌生长的醋酸盐。韩国发酵的海产品中起主要作用的类群也是一种中度嗜盐菌 *Halomonas alimentaria*。很多中度嗜盐菌呈橙色或粉红色的菌落形态，是因为它们产生胡萝卜素来抗氧化作用，所以中度嗜盐菌可用来生产胡萝卜素作为天然的食品添加剂。

3. 在冷冻饮品中的应用

一般雪糕中的总固形物含量为18～28 g/100 g，冰淇淋的总固形物含量为34～36 g/100 g，总固形物含量低影响膨化雪糕的膨胀率。要提高冷冻饮品中的总固形物含量就势必增加白砂糖、奶粉、淀粉、奶油等的用量，而只有增加淀粉的用量，才不至于原料成本增加较多。但当淀粉的含量超过30 g/100 g时，冷冻饮品贮藏一段时间后，淀粉易发生老化返生现象，出现生淀粉味，从而限制了淀粉在冷冻饮品中的用量。当淀粉经嗜热α-淀粉酶液化水解生成糊精，再经糖化酶糖化生成部分葡萄糖后，使淀粉的大分子物质变成糊精、葡萄糖等小分子物质，使浆料的黏度降低，在符合浆料黏度的前提下，可增加淀粉的用量。同时可使产品的口感细腻、柔软，质量得到改善，膨胀率达到90%～100%。

4. 在制糖工业中的应用

以前惯用酸水解法生产葡萄糖浆，但酸水解在右旋糖当量值高于55时产生异味。20世纪50年代末，酶法水解淀粉制葡萄糖开始用于工业生产。制造葡萄糖的第一步是淀粉的液化，用嗜热酶使淀粉液化为糊精可以缩短液化时间，提高液化效率。又由于高温α-淀粉酶的稳定性比较好，可实现淀粉的连续喷射液化，目前在淀粉糖生产及发酵工业中已逐步取代了中温α-淀粉酶。一种由酸热芽孢杆菌生产的酸性α-淀粉酶，由于其最适作用pH 4～5，与糖化酶的最适作用pH一致，因而淀粉经该α-淀粉酶液化后无须调节pH就可直接进行糖化，简化了淀粉糖浆生产工艺。另外，嗜热的木糖异构酶最适温度为100℃，它应用于果葡糖浆的生产，能使异构化温度提高从而促进果糖生成。甘蔗中生成的少量淀粉对制糖生产不利，可用耐热α-淀粉酶分解去除。

5. 在焙烤工业中的应用

应用于焙烤行业的极端酶主要有真菌α-淀粉酶、细菌α-淀粉酶、麦芽糖淀粉酶、木聚糖酶、葡萄糖氧化酶和脂肪酶、蛋白酶以及乳糖酶等。真菌α-淀粉酶能将面粉中的损伤淀粉连续不断地水解成小分子糊精和可溶性淀粉，再继续水解成麦芽糖、葡萄糖，作为酵母生长繁殖的能量来源，改善面包颜色及其风味，与其他酶制剂如木聚糖酶及麦芽糖淀粉酶有协同作用。细菌α-淀粉酶在整个烘焙过程中都发生作用，对于面包防老化有一定作用，与其他酶制剂如木聚糖酶及麦芽糖淀粉酶有协同作用。在烘焙过程中，麦芽糖淀粉酶作用于面粉中淀粉部分，使其产生小分子质量的糊精，防止淀粉和面筋之间的相互作用而产生的老化。脂肪氧化酶是一种有前途的增白酶，在面包的制作中加入少量没有经过高温处理的大豆或豌豆粉，得到的面包会更白，这是因为豆子中富含脂肪氧化酶，能氧化面粉中的脂肪过氧化物，脂肪过氧化物又可氧化面粉中的色素，使面粉变白，是一种具有安全性、天然的食品添加剂。

6. 在乳品工业中的应用

在乳品工业中所用的极端酶主要有脂酶、凝乳酶、过氧化氢酶。这三种酶都是嗜冷酶，脂酶用于乳制品的增香；凝乳酶用于乳酪的生产，生产乳酪需要凝乳酶，凝乳酶原来主要来自小牛的干胃膜，每年因为生产乳酪而必须宰杀小牛将近 4 000 万头，微生物凝乳酶可以解决这一问题。在牛奶冷藏的过程中，需要加入过氧化氢进行杀菌，其优点是不会大量损害牛奶中的酶和有益细菌，而过剩的过氧化氢可以用耐冷的过氧化氢酶来分解。

此外，使用嗜冷酶可在低温下作用，而降低其他污染的嗜中温微生物的生长，然后以巴氏灭菌中止酶活性，以有效防止治病微生物在乳制品中的生长，特别是在连续系统的操作上。

7. 在其他方面的应用

酸性蛋白酶在 pH 中性时处理解冻鱼类，可使鱼类脱腥。利用酸性蛋白酶处理鱼碎片，抽提其胶原，这种可溶性胶原纤维遇盐时便再生析出，可制人造肠衣。利用碱性蛋白酶水解动物血脱色来制造无色血粉作为廉价而安全的补充蛋白质资源已经研究成功并正在工业化。理想的肉类柔嫩酶可在低温条件下作用结缔组织胶原和弹性硬蛋白，并且可以在 50℃左右失活，在肉类 pH(4～5)状态下具有良好的活性。木瓜蛋白酶已经被应用于这一方面，但直到目前，还没有微生物来源的蛋白酶被利用，这主要是由于作用于结缔组织的酶活性太低。

9.2.3.2 极端微生物及其酶与食品工业的安全性

由于极端微生物可变的本性，某些极端微生物常能逃过现代食品保藏技术而生存下来。如嗜热菌和细菌芽孢能在巴氏杀菌的温度下存活，某些有害嗜盐菌能在干燥保藏的肉制品中生存。尽管大多数极端微生物都无害，但是在某些情况下却能导致严重地危害，此外，一些极端微生物在食品中生长，会引起食品色泽和味道的改变而不适于消费。此类典型实例是由嗜热菌 *Clostridium botulinum* 引起的香肠中毒(botulism)，该菌芽孢能在巴氏温度下存活。另一个典型实例是由嗜盐菌 *Vibrio parahaemolyticus* 引起的水产品的食品污染，这类微生物常被发现于海洋环境以及未烹调的海产品中。

因此，合理利用极端酶的优势，同时尽可能地避免少数有害极端微生物对食品工业造成的危害，将有利于食品工业的长远发展。

9.2.4 极端酶工程研究进展

9.2.4.1 极端酶分子生物学研究进展

1. 研究进展

利用基因重组技术，克隆极端酶的编码基因，并进行序列分析，从而进一步探讨酶的结构与功能的关系，是目前研究极端酶的主要方法之一。

极端酶基因克隆的常规程序为：①分离纯化极端酶；②测定目的蛋白的N末端和C末端的氨基酸序列；③根据两端氨基酸序列推导的核苷酸序列设计简并引物；④通过PCR扩增杂交探针；⑤构建基因组文库或cDNA文库；⑥通过分子杂交从文库中筛选目的基因。极端酶基因的克隆技术与常规酶基因克隆技术没有太大的差别。由于极端酶和常规酶的生物学特性相差很大，因此蛋白质的保守序列难以确定，这使得通过非同源探针杂交获取目的基因的方法不适用于极端酶基因的克隆。极端微生物难以培养，以及培养获得的菌体有限，这些都给基因克隆带来了一定的困难。随着微生物培养技术的发展，可供研究用的极端微生物基因组数目不断增加，这将有利于新型极端酶基因的发现和鉴定。目前至少已有10种古细菌的基因组序列已经完全测序，另有12种古细菌的基因组全序列测序也接近尾声 。此外，大量极端细菌基因组的研究也正在努力进行当中。通过对极端微生物基因组全序列的分析，人们发现其中很多开放性阅读框架和现有核苷酸序列数据库中的序列几乎没有同源性，这些开放性框架所编码的蛋白质则很可能是极端微生物适应极端环境的原因，而且在这些未知基因中一定存在很多其编码产物是具有重大应用前景的酶的基因。这些不断增加的基因资源对于解决在活性检测中难以检测到活性酶这一困难是一笔很大的财富。由于单基因的表达受培养基组分的影响很大，所以在功能性检测中会漏掉一些重要的功能基因。

2. 极端酶基因表达系统的构建

由于极端微生物生长缓慢，且产酶量低、需要特殊的设备，所以传统的生物发酵技术不能适应极端微生物极端酶的生产，必须发展其他方法来获得大量极端酶。极端酶基因在常温宿主中高效表达是一个引人注目的替代方案。采用该方案使极端酶的产量高且易于纯化，非常经济。研究发现许多极端酶基因可以在常温宿主(*E. coli*)中表达，从而实现工业化生产。如南极嗜冷菌河豚毒素交替单胞菌的淀粉酶基因在中温菌中得到了表达，且表达产物实现了正确的折叠。其他在大肠杆菌中表达的极端酶有嗜冷嗜压光合细菌中的苹果酸脱氢酶、嗜冷芽孢杆菌中的丙酮酸激酶、静止嗜冷杆菌的嗜冷脂酶、嗜冷弧菌磷酸丙糖异构酶、嗜冷弧菌的天冬氨酸氨甲酰基转移酶、嗜盐单孢菌属的二磷酸激酶、极端嗜热菌海栖热胞菌MSB 8(*Thermotoga maritima* MSB 8)木聚糖酶等。这些工作为极端酶的基础研究和应用研究奠定基础。

在大肠杆菌中进行高效表达的分子技术已经相当成熟，并且有许多现成的诱导型表达载体可以直接使用。Hess等在大肠杆菌中表达了嗜热微生物 *Thermotoga neapoliatna* 5068的木糖异构酶，表达产物和原始蛋白质在组装上有轻微的差别，但这并不影响酶的稳定性和催化特性。Buchanan等在大肠杆菌中表达了嗜热古细菌 *Sulfolobus solfataricus*

(硫磺矿硫化细菌)的极端嗜热醛缩酶,其表达产物在酶的动力学上和原始酶一致。嗜冷菌编码具有低温活性酶的基因也已经成功的表达,在 0~2 ℃范围内产 α-淀粉酶的嗜冷菌 *Alteromonas haloplanktis* 的酶基因已经在大肠杆菌中表达,发现大肠杆菌必须在低于室温的条件下培养,才可能使酶正确地折叠,避免酶的不可逆变性。类似的情况也出现在低温蛋白酶和低温脂酶的表达中,必须在 10%的甘油中才可以保持稳定。极端嗜盐菌在普通宿主内的表达比较复杂。极端嗜盐菌 *Haloferax volcan* 的细菌可以蓄积 KCl 到浓度为 5 mol/L,在高盐环境中合成的极端嗜盐酶折叠成有活性的自然构象。低离子环境中嗜盐微生物基因在大肠杆菌内的异源表达可以导致嗜盐酶的失活。Cendrin 等将嗜盐古细菌 *Haloarcula marismortui* 苹果酸脱氢酶基因在大肠杆菌中异源表达时,产生可溶的、无活性的产物。在变性剂如盐酸胍或脲存在的情况下表达产物经过解折叠或增溶,再经过复性,一般可以得到和天然酶相似的结构。对于极端嗜碱酶和嗜酸酶的表达,研究发现在大肠杆菌中表达嗜冷菌的碱性低温蛋白酶的基因,表达产物最适 pH 为 9.0。嗜碱纤维素酶 103 的基因被克隆到芽孢杆菌中获得成功表达,产物能很好地保持原有的稳定性,成果被应用在工业化生产中,并在洗涤剂工业中使用,年产量 50~250 t。

然而,大肠杆菌中高效表达所造成的包涵体问题促使人们寻找可以代替大肠杆菌的宿主系统,如原核系统 *Bacillus*、*Pseltdomolzo*、*Lactobacillus*、*Lactococcus* 和真核系统 *Pichia*、*Kluyveromyce*、*Candida* 和 *Hansenula* 等系统。若我们要表达需经糖基化修饰后才有催化活性的极端酶时,应当首先考虑真核表达系统。这无疑又是极端酶研究过程中的一个重要突破口。

9.2.4.2 极端酶工程研究前景

近年来,国内外有关极端微生物和极端酶的研究发展很快,尤其是日本和欧美各国。1997 年,第一份专业杂志《Extremophiles》(Springer-Verlag)公开发行;2002 年,国际组织"Extremophiles"(www.extremophiles.org)成立,并且定期两年举行一次峰会。这些行动极大地推动了极端微生物和极端酶研究的进展,仅在 2002—2004 年间,就有 70 余种新极端微生物被命名。但是,有关极端酶结构和功能统一机制还不是很清楚,因而其广泛应用仍受到限制,至今只有小部分极端酶被分离纯化,应用于生产实践的极端酶则更少,如何更好地拓展极端酶的应用领域是大家共同关注的问题。

我国特殊的地理环境,赋予了得天独厚的极端微生物资源,充分利用国土多样的地域环境及生物资源优势,从极端微生物资源发掘,极端酶机制研究到应用开发,系统进行极端微生物这一重要遗传资源的认识、保护、开发和持续利用,将是中国生物技术实现跨越发展的一次难得机会,对于提高我国极端微生物研究的国际地位,迎接 21 世纪挑战具有深远的意义。

就目前研究的现状而言,进一步加强对极端酶稳定机制的基础性研究,并将新的生物技术引入极端酶工程领域将是今后极端酶研究的主攻方向。

1. 基础性研究

包括极端酶的稳定性结构因素的定性和定量研究,基因表达调控元件(如启动子)的研究,受体限制障碍解决方法的探索,异源表达宿主与极端酶在辅助因子和金属离子的需求不一致的解决途径的探讨等。

2. 极端酶工程研究

优化极端酶的筛选方法，发现、分离和提纯更多的极端酶。继续开展基因重组和基因突变技术对极端酶进行修饰和改造，优化极端酶的稳定性和催化能力。努力利用蛋白质工程技术及其相关科学成果如计算机处理技术，合成新型的极端酶。

3. 建立极端酶基因突变文库，应用易错PCR、DNA重组和高突变菌株等技术，利用极端酶分子定向进化方法，获得一系列新的杂合酶。

4. 设计特殊的生化反应器，为极端酶的工业化生产提供技术支持。

思考题

1. 常见极端微生物的种类有哪些？
2. 嗜热微生物怎样分类？举例说明嗜热菌在食品工业中的运用。
3. 简述嗜冷酶的结构特性及其最佳生存环境条件。
4. 极端酶的常见筛选方法及其特点是什么？
5. 举例说明现代分子生物学技术在极端微生物及极端酶研究中的应用。
6. 简述极端微生物在未来食品工业中的研究方向。

陈柄灿、李斌　编写

参考文献

[1]王柏婧，冯雁. 嗜热酶的特性及其应用. 微生物学报，2002，42(2)：259-262.

[2]徐恒平，张树政. 嗜极菌的极端酶. 生物工程进展，1997，17(1)：2-5.

[3]Brock T. D.，Freeze H.. Thermus aquaticus gen. n. and sp. n.，a non-sporulating extreme thermophile. J. Bacteriol. 1969，98，289-297.

[4]Buchanan C. L.，Connaris H.，Danson M. J.，*et al*. An extremely thermostable aldolase from *Sulfolobus solfataricus* with specificity for non-phosphorylated substrates. Biochem J. 1999，343(3)：563-570.

[5]Cendrin Fabrice.，Chroboczek Jadwiga.，Zaccai Giuseppe.，*et al*. Cloning，Sequencing，and Expression in Escherichia coli of the Gene Coding for Malate Dehydrogenase of the Extremely Halophilic Archaebacterium *Haloarcula marismortuit*. Biochemistry，1993，32：4308-4313.

[6]Danson M. J.，Hough D. W.. Structure，function and stability of enzymes from the Archaea. Trends Microbiol，1998，6：307-314.

[7]Doyle M. P.，Beuchat L. R.，Montville T. J. Food Microbiology：Fundamental and

Frontiers, 2nd ed. ASM Press, Washington, D. C..

[8]Frances H Arnolad., Lori Giver., Anne Gershenson., *et al*. Directed Evolution of Mesophilic Enzymes into Their Thermophilic Counterparts. Ann. N. Y. Acad. Sci, 1999, 870:400-403.

[9]Hess, J. Michael., Tchernajenko, Vladimir., Vieille, Claire., *et al*. *Thermotoga neapolitana* Homotetrameric Xylose Isomerase Is Expressed as a Catalytically Active and Thermostable Dimer in *Escherichia coli*. Appl Environ Microbiol, 1998, 64(7): 2357-2360.

[10]江正强. 微生物木聚糖酶的生产及其在食品工业中应用的研究进展. 中国食品学报, 2005, 5(1): 1-9.

[11]Kushner D. J. Microbial Life in Extreme Environments, 1978, Academic Press, London.

[12]林影, 卢溁德. 极端酶及其工业应用. 工业微生物, 2000, 20(2): 51-53.

[13]柳耀建, 林影. 极端微生物的研究概况. 工业微生物, 2000, 30(3): 53-55.

[14]李淑彬, 陆广欣, 林如妹, 等. 嗜热菌——工业用酶的新来源. 中国生物工程杂志, 2003, 23(7): 67-71.

[15]Michels P. C., Clark D. S.. Pressure-Enhanced Activity and Stability of a Hyperthermophilic Protease from a Deep-Sea Methanogen. Appl Environ Microbiol. 1997, 63(10): 3985-3991.

[16]Rothschild L. J., Mancinelli R. L. Life in extreme environments. Nature, 2001, 409:1092-1101.

[17]孙志浩. 生物催化工艺学. 北京: 化学工业出版社, 2005.

[18]唐雪明, 王正祥. 具有工业应用价值的高热稳定性端酶. 食品与发酵工业, 2001, 27(5): 65-70.

[19]曾胤新, 陈波. 低温微生物适冷特性及其在食品工业中的潜在用途. 生物技术, 2000, 10(2): 32-37.

[20]张俊梅, 杜密英. 极端酶的结构特性及其在食品工业中的应用. 食品工程, 2007, 3: 17-19.

[21]周晓云. 酶学原理与酶工程. 北京: 中国轻工业出版社, 2005.

chapter 10

第10章 人工模拟酶

教学目的和要求

1. 重点了解模拟酶的理论基础，掌握分子印迹技术的原理及了解模拟酶的发展前景；
2. 明确模拟酶、合成酶和印迹酶的概念，认识并掌握其基本理论及技术方法，了解其研究进展及应用。

模拟生物分子的分子识别和功能是当今最富挑战的课题之一，在分子水平上模拟酶对底物的识别与催化功能已引起各国科学工作者的广泛关注。20 世纪 70 年代以来，由于蛋白质结晶学、X 射线衍射技术及光谱技术的发展，人们对许多酶的结构有了较深入的了解，对酶的结构及其作用机理在分子水平上作出了解释。动力学方法的发展以及对酶的活性中心、酶抑制剂复合物和催化反应过渡态等结构的描述，促进了酶作用机制的研究进展，为人工模拟酶的发展注入了新的活力。人工模拟酶由于它在阐述酶的结构和催化机制方面所发挥的重要作用以及其潜在的应用价值，已经成为化学、生命科学以及信息科学等多学科及其交叉研究领域共同关注的焦点。

10.1 模拟酶的理论基础和策略

10.1.1 模拟酶的概念

模拟酶又称人工酶或酶模型，它是生物有机化学的一个分支。由于天然酶的种类繁多，模拟的途径、方法、原理和目的各不相同，因此对模拟酶至今没有一个公认的定义。一般来说，模拟酶的研究就是吸收酶中那些起主导作用的因素，利用有机化学、生物化学等方法设计和合成一些较天然酶简单的非蛋白质分子或蛋白质分子，以这些分子作为模型来模拟酶对其作用底物的结合和催化过程。也就是说，模拟酶是在分子水平上模拟酶活性部位的形状、大小及其微环境等结构特征，以及酶的作用机制和立体化学等特性的一门科学。理想的模拟酶应该具有以下特点：①能为底物提供良好的结合部位，并以非共价键维持酶的柔性与专一性；②提供与底物形成离子键、氢键的可能性，以利于它以适当方式同底物结合；③催化基团必须与底物的官能团接近，以促使反应定向发生；④应具有足够的水溶性，并在接近生理条件下保持催化活性。可见，模拟酶是从分子水平上模拟生物功能的一门边缘科学。

10.1.2 模拟酶的分类

模拟酶有多种分类方法，常见的分类方法如下。

10.1.2.1 小分子模拟酶体系和大分子模拟酶体系

人工模拟酶包括小分子模拟酶体系和大分子模拟酶体系。目前，较为理想的小分子模拟酶体系有环糊精、冠醚、环番、环芳烃和卟啉等大环化合物等；大分子模拟酶体系主要有合成高分子仿酶体系和生物高分子仿酶体系。合成高分子仿酶体系有聚合物酶模型，分子印迹酶模型和胶束酶模型等。此外，利用化学修饰、基因突变等手段改造天然酶产生了具有新的催化活性的半合成人工酶。而抗体酶的出现和快速发展为酶的人工模拟开辟了一条新途径。

10.1.2.2 Kirby 分类法

一般可通过有机化学和生物化学的方法合成模拟酶。依据合成方法，将模拟酶分为半合成酶和全合成酶两大类。根据 Kirby 分类法，模拟酶可分为：

(1)单纯酶模型(enzyme-based mimics)。以化学方法通过对天然酶活性的模拟来重建和改造酶活性。

(2)机理酶模型(mechanism-based mimics)。即通过对酶作用机制诸如识别、结合和过渡态稳定化的认识，来指导酶模型的设计和合成。

(3)单纯合成的酶样化合物(synzyme)。即一些化学合成的具有酶样催化活性的简单分子。

Kirby 分类法基本上属于合成酶的范畴。

10.1.2.3 根据模拟酶的属性分类

模拟酶按照属性可分为：①主-客体酶模型，包括环糊精、冠醚、穴醚、杂环大环化合物和卟啉类等；②胶束酶模型；③肽酶；④抗体酶；⑤分子印迹酶模型；⑥半合成酶。

目前又出现了杂化酶和进化酶等，对酶的模拟已不限于化学、免疫学手段，基因工程、蛋白质工程等分子生物学手段正在发挥越来越大的作用，化学和分子生物学方法的结合使酶模拟更加成熟。近年来，超分子科学的建立开阔了科学家们的视野，也为模拟酶提供了更好的理论基础。

10.1.3 模拟酶的理论基础

诺贝尔奖获得者 Cram、Pederson 与 Lehn 相互发展了对方的经验，提出了主-客体化学(host-guest chemistry)和超分子化学(supermolecular chemistry)理论，奠定了模拟酶的重要理论基础。

10.1.3.1 模拟酶的酶学基础

科学家们试图从不同角度阐述酶发挥高效率的机理，在众多的假说中，Pauling 的稳定过渡态理论得到了广泛的认可。目前对酶的催化机制解释是：在酶促反应中酶先与底物结合，进而选择性稳定某一特定反应的过渡态(TS)，降低反应的活化能，从而加快反应速度。

设计模拟酶一方面要基于酶的作用机制；另一方面则基于对简化的人工体系中识别、结合和催化的研究。要想得到一个真正有效的模拟酶，这两方面必须统一结合。催化基团的定向引入对催化效率的提高至关重要。在设计模拟酶时除具备催化基团之外，还要考虑到与底物定向结合的能力。模拟酶要和酶一样，能够在底物结合中，通过底物的定向化、键的扭曲及变形来降低反应的活化能。此外，模拟酶的催化基团和底物之间必须具有相互匹配的立体化学特征，这对形成良好的反应特异性和催化效力是相当重要的。

10.1.3.2 主-客体化学和超分子化学

Pederson 和 Cram 在进行一系列光学活性冠醚的合成时，冠醚作为主体与伯铵盐客体形成复合物。Cram 把主体与客体通过配位键或其他次级键形成稳定复合物的化学领域称为“主一客体”化学(host-guest chemistry)。其本质意义主要是源于酶和底物的相互作用，体现为主体和客体在结合部位的空间及电子排列的互补，这种主-客体互补与酶和它所识别的底物结合情况近似。

法国著名科学家 Lehn 在研究穴醚和大环化合物与配体络合过程中，提出了超分子化学(supermolecular chemistry)理论，该理论认为超分子的形成源于底物和受体的结合，这种结合基于非共价键相互作用，如静电作用、氢键和范德华力等。当接受体与络合离子或分子结合成稳定的，具有稳定结构和性质的实体时，即形成了“超分子”，它兼具分子识别、催化和选择性输出的功能。由于 Cram、Pederson 和 Lehn 在人们长期寻求合成与天然蛋白质功能一样的有机化合物方面取得了开拓性成果，由此获得 1987 年诺贝尔化学奖。

从主-客体化学和超分子化学理论出发，根据酶催化反应的机理，如果能够合成既能识别底物又具有酶活性部位催化基团的主体分子，就可以有效地模拟酶的催化过程。

在设计模拟酶之前，应当对下述酶的结构和酶学性质有深入的了解：

①酶活性中心-底物复合物的结构；

②酶的专一性及其同底物结合的方式与能力；

③酶促反应的动力学及各中间物的知识。

大量的实践证明，酶的高效性和选择性并非天然酶所独有，人们利用各种策略发展了多种人工酶模型。目前，在众多的模拟酶中，已有一些非常成功的例子，如 Bender 模拟 α-胰凝乳蛋白酶成功制备出了人工酶 β-Benzyme，罗贵民模拟谷胱甘肽过氧化物酶制备出了系列双硒桥联环糊精，它们的催化效率和高选择性可与生物酶相媲美。

10.2 合成酶

合成酶(synthetase)分为半合成酶和全合成酶。半合成酶是以天然蛋白质或酶为母体，用化学或生物学方法引入适当的活性部位或催化基团，或改变其结构，从而形成一种新的人工模拟酶。全合成酶，这类酶不是蛋白质，而是有机物，通过引入酶的催化基团与控制空间的构象，像自然酶那样能选择性地催化化学反应。

10.2.1 主-客体酶模型

10.2.1.1 环糊精酶模型

环糊精(cyclodextrin，简称 CD)也称作环聚葡萄糖，是由环糊精葡萄糖基转移酶作用于淀粉所产生的由多个 *D*-葡萄糖以 α-1，4-糖苷键结合而成的一类环状低聚糖(图 10-1)。环糊精具有不同数目的葡萄糖单元，因此可以拥有不同的空腔尺寸。环糊精的空腔可以提供与模型底物结合的空间，当糊精与底物结合后，糊精的理化性质在特定的条件下有可能发生改变。最常见的三种环糊精为 α-、β-及 γ-环糊精，分别含有 6 个、7 个、8 个葡萄糖单元，它们均是略呈锥形的圆筒，其伯羟基和仲羟基分别位于圆筒较小和较大开口端。这样，CD 分子外侧是亲水的，其羟基可与多种客体形成氢键，其内侧是 C_3，C_5 上的氢原子和糖苷氧原子组成的空腔，具有疏水性，能包结多种客体分子，类似酶对底物的识别。环糊精及其乙酰化产物能结合各种有机化合物生成包结物，环糊精及其衍生物一直是主-客体化学的重要研究对象,被广泛应用于酶模型的设计。

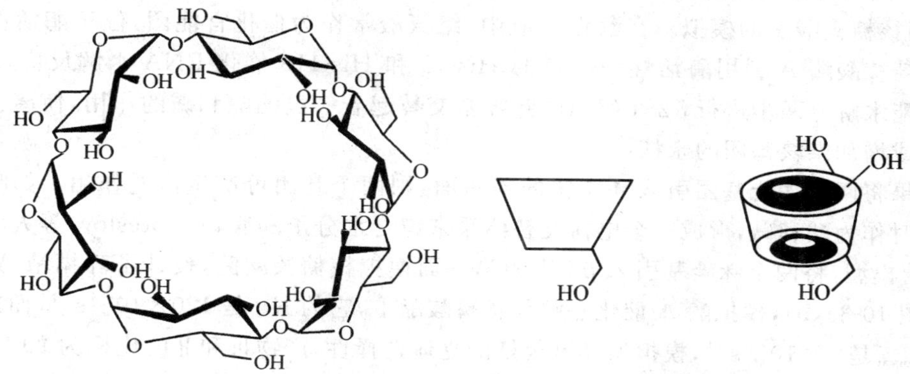

图 10-1 环糊精结构示意图

尽管环糊精单体有催化作用,但其对大多数底物的催化效果还是很低,而且催化反应的数量有限,CD 分子和底物的结合常数可达 10^4 L/mol,比酶对底物的结合常数小,为了达到高效率和催化其他反应的酶模型,常引入催化基团得到各种修饰环糊精。因此以 CD 为主体的仿酶研究工作过去主要集中在对 CD 的修饰上,即在 CD 的两面引入催化基团,通过柔性或刚性加冕引入疏水基团,改善 CD 的疏水结合和催化功能。这样得到的修饰 CD,通常只有单包结部位和双重识别作用。在环糊精的伯或仲羟基直接引入咪唑基模拟酶的功能是研究得最早的。由于酶是通过对底物的多部位包结并具有多重识别位点来实现酶促反应的高效性和高选择性的。为了增加环糊精的模拟酶效果,近年来相继出现了桥联环糊精和聚合环糊精,以它们为模拟酶模型可以得到双重或多重疏水结合作用和多重识别作用,其结合常数可达 10^8 L/mol 或更高,这样的结合常数已超过了单一 CD 模拟酶模型和一些酶对底物的结合常数,而且相当于中等亲和力的抗体对抗原的结合常数,为环糊精的模拟酶研究创造了条件。

利用环糊精为酶模型已对多种酶的催化作用进行了模拟。在水解酶、核糖核酸酶、转氨酶、氧化还原酶、碳酸酐酶、硫胺素酶和羟醛缩合酶等方面都取得了很大的进展。

1. 修饰环糊精模拟酶

(1)水解酶的模拟。α-胰凝乳蛋白酶是一种蛋白水解酶,它具有疏水性的环状结合部位和催化部位,结合部位能有效包结芳环等疏水性分子,催化部位中含有 102 号天冬氨酸羧基、57 号组氨酸咪唑基及 195 号丝氨酸羟基,三者共同组成了所谓的“电荷中继系统”,直接参与底物的水解反应。Bender 等将电荷中继系统的酰基酶催化部位引入 CD 的第二面,成功地制备出人工酶 β-Benzyme(图 10-2a),它催化对叔丁基苯基乙酸酯(p-NPAc)的水解比天然酶快 1 倍以上,K_{cat}/K_m 也与天然酶相当。

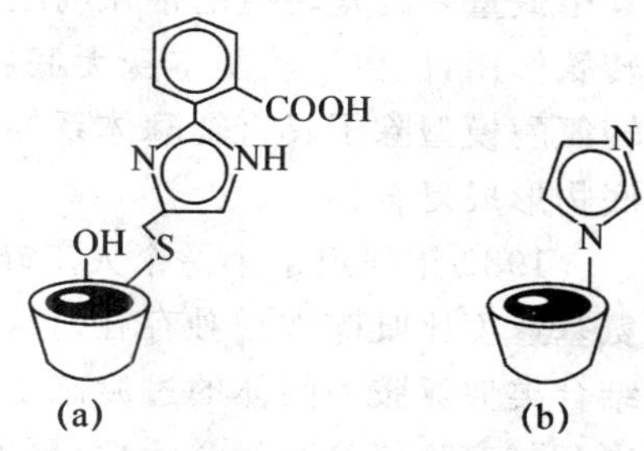

图 10-2 水解酶模型

组氨酸咪唑基在酶催化中起着重要作用,将咪唑与环糊精相联结会获得更理想的模拟酶。Rama 等人将咪唑在 N 上直接与 CD 的 C_3 相连,所得的图 10-2b 催化

p-NPAc 的水解比天然酶快一个数量级。

(2)核糖核酸酶的模拟。在酶促反应中,组氨酸常作为催化官能团,位于酶活性中心处。核糖核酸酶 A 利用酶活性中心处的 His-12 和 His-119 催化 RNA 水解反应。RNA 的磷酸酯水解分两步进行,2 个组氨酸咪唑基交替起着一般的酸和碱的作用,使离去基团质子化或增加亲核基团的亲核性。

如果将两个功能基团引入环糊精的同一面,则两个基团可产生协同作用。如咪唑基可以同时作为酸和碱,形成一个电荷交替体系来键合水分子和底物。Breslow 等人利用 β-CD 为酶模型,将两个咪唑基引入 β-CD 的第一面模拟核糖核酸酶,设计了环糊精 A、环糊精 B (图 10-3a,b),模拟酶 A 催化水解环状磷酸酯Ⅰ,它的 K_{cat} 是 $120\times10^{-5}s^{-1}$,而非酶促反应 K_{uncat} 是 $1\times10^{-5}s^{-1}$,模拟酶具有很好的立体选择性,产物Ⅲ和Ⅱ的比例为 99∶1。同位素和动力学研究指出两个咪唑基在催化中发挥协同作用,一个咪唑基以碱的形式,而另一个咪唑基则以质子化形式参加反应,这与天然酶的作用机理一致。两个咪唑基在 β-CD 上的相对位置对于催化也是非常重要的。只有两个咪唑基处于相邻位置时,模拟酶 A 才有高催化效率和立体选择性。

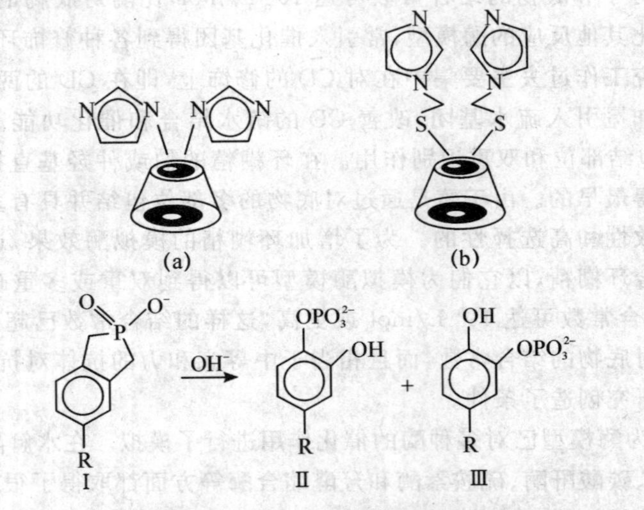

(a) (b)

OH^- Ⅰ Ⅱ Ⅲ

图 10-3 核糖核酸酶模型及碱催化环状磷酸二酯的水解

(3)转氨酶的模拟。磷酸吡哆醛和磷酸吡哆胺是许多涉及氨基酸的酶促转化的辅酶。其中最重要的是转氨酶催化的酮酸与氨基酸之间的相互转化。吡哆醛(胺)本身亦能实现转氨作用,但由于辅酶本身无底物结合部位,反应速度远不如酶存在时快。显然,有效的转氨酶模型除了具有辅酶体系外,还应有特定的结合部位,这种结合部位能够选择性地与底物形成复合物。

1980 年报道了第一个人工转氨酶模型(图 10-4a)。在它的存在下,苯并咪唑基酮酸转氨基速度比吡哆胺单独存在时快 200 倍,而且表现出良好的底物选择性。CD 空腔能稳定结合类似亚胺中间体的过渡态是提高速率的关键。由于 CD 本身具有手性,可以预料产物氨基酸亦应该具有光学活性,事实上产物中 D 型异构体、L 型异构体的含量确实不同,说明该人工酶有一定的立体选择性。

图 10-4a 的不足之处在于它不具备催化基团。Tabushi 等将催化基团氨基引入 CD 得到模拟酶(图 10-4b)。乙二胺的引入不仅使反应加速 2 000 倍以上,还为氨基酸的形成创造了一个极强的手性环境。靠近乙二胺一面的质子转移受到抑制,从而表现出很好的立体选择性。Han 等合成了一系列含核糖的环糊精酶模型,它兼具核酸酶、连接酶、磷酸脂酶和磷酸化酶的活力(图 10-5)。研究表明,核糖中的相邻二羟基对催化起着关键作用,它水解环状磷酸酯的速率提高 33 倍。

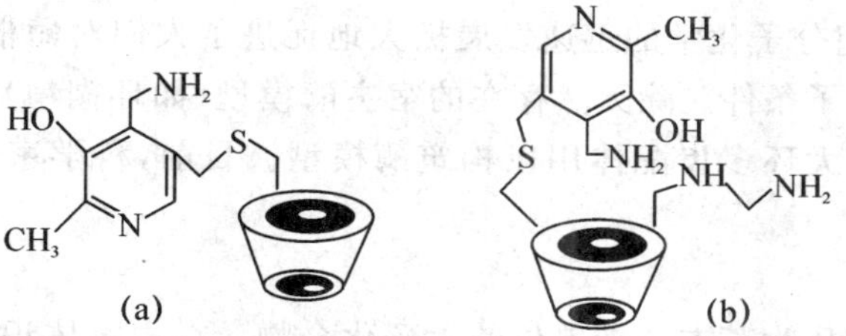

图 10-4 转氨酶模型

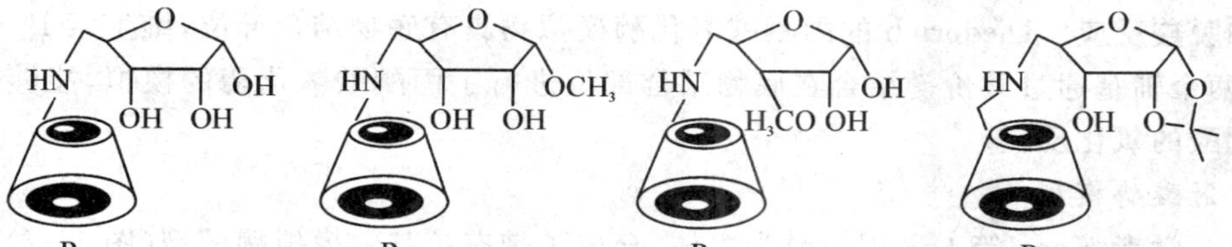

图 10-5 含核糖的环糊精酶模型

2. 环糊精聚合物模拟酶

环糊精单元通过一些功能基桥联之后,它的两个 CD 及桥基上的功能基构成了具有协同包结和多重识别功能的催化活性中心,能更好地模拟酶对底物的识别与催化功能。其中较成功的例子是谷胱甘肽过氧化物酶的模拟。

谷胱甘肽过氧化物酶(GPX,EC1.11.1.9)为含硒酶,是生物体内重要的过氧化物酶,能有效消除体内的自由基,与超氧化物歧化酶和过氧化氢酶共同作用,防止脂质过氧化。因而在治疗和预防克山病、心血管病、肿瘤等疾病上具有明显效果。然而天然 GPX 来源有限,稳定性差,因此研究者们在 GPX 的人工模拟上做了大量研究工作。为克服以往 GPX 模拟物如 PZ51 无底物结合部位的缺点,罗贵民等利用环糊精的疏水腔作为底物结合部位,硒巯基为催化基团,制备出 2-或 6-硒化 β-CD 作为 GPX 模拟物(图 10-6)。硒化环糊精均表现很高的 GPX 活力,2-位和 6-位硒化环糊精的 GPX 活力分别为 4.3 U/μmol 和

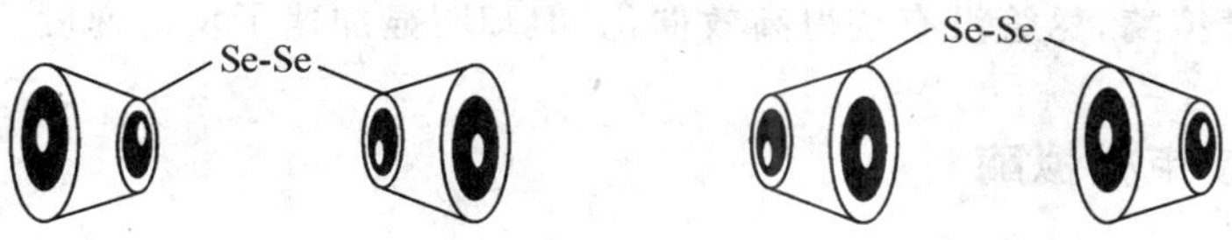

图 10-6 双硒桥联环糊精模型

7.4 U/μmol。上述模拟酶的 GPX 活力分别为世界上最好的 GPX 模拟物 2-苯基-1,2-苯并异硒唑-3(2H)-酮(PZ51)的 4.3 倍、7.5 倍。他们把碲原子也引入到 β-CD 的 2-和 6-位上,发现这些新的环糊精模型表现出了更高的 GPX 活性,其中 2-位碲化 β-CD 的活力是 PZ51 的 46 倍。小分子硒酶和碲酶模拟物的成功制备为新型抗氧化药物的开发奠定了坚实的基础。

10.2.1.2 合成的主-客体酶模型

主-客体化学和超分子化学的迅速发展极大地促进了人们对酶催化的认识,同时也为构建新的模拟酶创造了条件。除天然存在的宿主酶模型(如环糊精)外,人们合成了冠醚、穴醚、环番、环芳烃等大环多齿配体用以构筑酶模型。目前,科学家们已经获得了很多较成功的人工模拟酶。

1. 环番酶模型

环番是一类以芳环为基本结构单位的大环化合物。在主客体识别、超分子催化、模拟酶、分子自组装、材料科学等方面受到广泛关注。Diederich 利用环番酶模型构建了丙酮酸氧化酶模拟物。丙酮酸氧化酶是通过维生素 B_1 和维生素 B_2 作为辅基完成丙酮酸的脱氢反应和脱羧反应。Diederich 的丙酮酸氧化酶模拟物具有底物结合部位,维生素 B_1 和维生素 B_2 两个辅基通过共价键结合在底物结合部位进行了丙酮酸氧化酶的模拟,能够催化完成丙酮酸的氧化反应。

2. 冠醚酶模型

日本学者 Koga 等人采用冠醚为主体,合成了带有巯基的模拟酶模型(图 10-7)。利用此模型可在分子内实行"准双分子反应"以合成多肽。此模型具有结合两个氨基酸的能力。

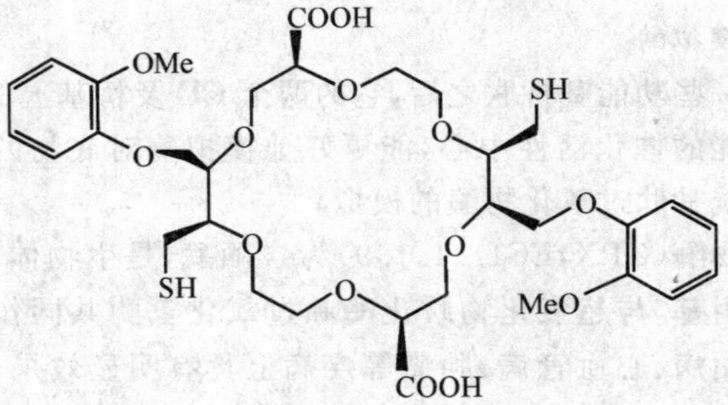

COOH
OMe
SH
O
O
O
O
O
O
SH
MeO
COOH

图 10-7 带巯基的仿酶模型

(罗贵民.酶工程.北京:化学工业出版社,2003)

合理的人工酶的设计首先是优化对底物的结合,其次是催化基团的定位。以冠醚和环番为宿主的模拟酶,尽管没有获得高效催化,但却明显加速了反应速度。

10.2.2 胶束模拟酶

表面活性剂分子又称为两亲分子,在稀溶液中,两亲分子在介质中以单个分子形式存在，当表面活性剂在介质中的浓度增加至一个窄的浓度范围内时，表面活性剂分子或离子便自动缔合成胶体大小的质点，这种胶体质点称为胶束。在水溶液中，表面活性剂的非极性部分聚集在胶束核内，极性部分朝外，在非极性溶剂中相反。胶束一般分为非功能胶束和功能胶束，非功能胶束是由非功能表面活性剂形成，仅能为反应提供一个疏水微环境；而功能胶束则是由含有一个或多个功能基（如咪唑基、羟基、疏基等）的功能表面活性剂形成，不仅为反应提供一个疏水微环境，而且还能作为催化剂直接参与反应，表现出较高的催化活性，甚至高的专一性。

在模拟生物体系的研究中，胶束模拟酶是近年来比较活跃的领域之一。它不仅涉及简单的胶束体系，而且对功能化胶束、混合胶束、聚合物胶束等体系也进行了深入的研究。胶束在水溶液中提供了疏水微环境（类似于酶的结合部位），可以对底物束缚。如果将催化基团如咪唑基、硫醇基、羟基和一些辅酶共价或非共价地连接或吸附在胶束上，就有可能提供“活性中心”部位，使胶束成为具有酶活力或部分酶活力的胶束模拟酶。下面介绍几种重要的胶束酶模型。

10.2.2.1 模拟水解酶的胶束酶模型

在众多的天然金属酶中，水解金属酶是一大类，如羧肽酶、碱性磷酸酶、二异丙基氟磷酸酶（简写为 DFPase）、对氧磷酶、对硫磷酶等，这类水解酶不仅存在于生物体中，而且参与许多生理过程。水解金属酶的化学模拟研究对深入认识天然酶催化机制与设计新的高效催化剂具有重要的理论意义。在模拟羧酸酯催化水解的众多金属酶模型中，出现了含有咪唑基、羟基或吡啶基的金属配合物、大环多胺类以及环糊精衍生物等与过渡金属离子形成的配合物，极大地丰富了模拟羧酸酯催化水解的研究成果。

Tagaki 等研究报道了咪唑类配体与金属离子在反胶束 AOT/己烷/水体系中能够有效催化 α-吡啶甲酸对硝基苯酚酯（PNPP）的水解，但是它们在不同的介质（胶束、反胶束、水溶液）中活性物种的配比是不一样的。

最近，人们将表面活性剂利用化学反应偶联在一起，制备出单分子胶束酶模型（图 10-8），这种酶模型比一般胶束酶优越，它既具备酶的疏水特性，同时又可以使催化基团引入疏水空腔，催化效率提高了 10^5 倍。

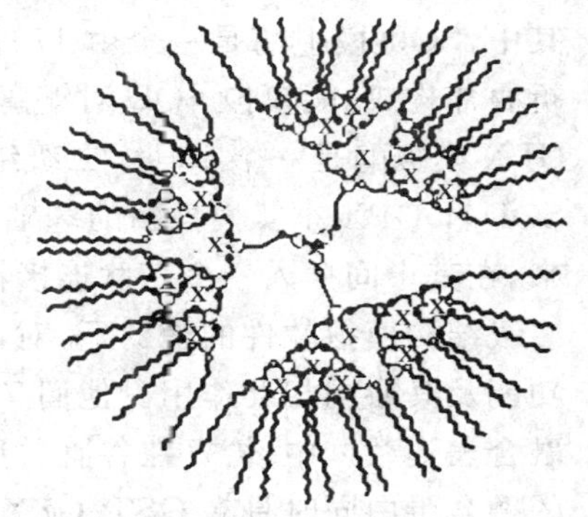

图 10-8 单分子胶束酶模型

（罗贵民．酶工程．北京：化学工业出版社，2003）

10.2.2.2 辅酶的胶束酶模型

阳离子胶束不但能活化催化基团，也能活化辅酶的功能团。将疏水性维生素 B_6 长链衍生物与阳离子胶束混合形成的泡囊体系中，在 Cu^{2+} 存在下可将酮酸转化为氨基酸，有效地模拟了以维生素 B_6 为辅酶的转氨基作用，氨基酸的收率达 52%。

色氨酸合成酶是一类维生素 B_6 酶，它催化丝氨酸和吲哚反应转化为色氨酸。吡哆醛的长链衍生物可以使丝氨酸和吲哚反应生成色氨酸。

10.2.2.3 金属胶束酶模型

金属胶束是指带疏水键的金属配合物单独或与其他表面活性剂共同形成的胶束体

系,金属胶束体系既能模拟金属水解酶的活性中心结构又能模拟疏水性的微环境,所以在模拟金属水解酶研究方面具有非常广阔的前景,金属胶束催化是近年来发展较迅速的研究领域之一。胶束酶模型模拟金属水解酶主要分为两大类:一是设计合成了含羟基、咪唑基和吡啶基的多个系列配体,它们与过渡金属离子在胶束溶液中可分别形成单、双核金属配合物。二是把羟基、咪唑基和吡啶基等可与金属配位的基团直接连接于带有疏水长链上,单独或者与表面活性剂共混进行催化。该体系的研究目前已取得引人注目的成绩,特别是在模拟羧肽酶 A、碱性磷酸酯酶、氧化酶、转氨酶等方面取得了很大成功。胶束能够提供类似酶的疏水微环境。将金属酶的简单模型引入胶束体系,利用金属离子的特殊作用催化水解反应,而胶束所具有的疏水性微环境则对底物起包结作用。

对羧肽酶 A 的模拟就是其中一例。Tonellato 等人以 PNPP 为底物,研究了不同表面活性剂配体在 Cu^{2+} 或 Zn^{2+} 存在时催化 PNPP 水解的性能。发现 Cu^{2+}、Zn^{2+} 的存在可使 PNPP 的水解速度显著增大,当 Cu^{2+} 与相应的表面活性剂形成 1∶1 配合物时,水解反应速度达到最大。

10.2.3 肽酶

肽酶(pepzyme)就是模拟天然酶活性部位而人工合成的具有催化活性的多肽,这是多肽合成的一大热点。

罗贵民研究小组近年来先成功设计并合成了超氧化物歧化酶(SOD)和谷胱甘肽过氧化物酶(GPX)的小肽模拟酶,和以前的模拟物相比,它们具有活性高、特异性强等优点。其中,SOD 模拟酶是一个由 17 个氨基酸组成的多肽,该 17 肽含有 4 个组氨酸,由两个 β-折叠片构成,能模拟 SOD 对铜离子的螯合,在体外加入铜离子后,具有较好的 SOD 活性。GPX 模拟酶是一个 15 肽,二级结构预测结果显示该模拟酶也是由两条 β-折叠片构成。在 SOD 和 GPX 小肽模拟酶的基础上,罗贵民研究小组又将 SOD 和 GPX 小肽模拟酶连接起来,在其中间插入一个三肽连接物以消除两个小肽结构方面的相互干扰。然后,在蛋白质二级结构模拟软件的辅助下,对该连接物进行了重新设计以模拟 SOD 和 GPX 的结构和功能及其协同相互作用。他们又将上述设计好的小肽双功能模拟酶基因插入到 pGEX-2T 融合表达载体中,恰好在谷胱甘肽硫转移酶(GST)基因的下游。通过转化大肠杆菌表达的融合蛋白同时具有 GST、GPX 和 SOD 三种酶活性,该融合蛋白,即三功能抗氧化酶,有望成为目前最好的活性氧(ROS)清道夫及损伤生物分子修复者。

10.2.4 半合成酶

半合成酶是以天然蛋白质或酶为母体,用化学或生物学方法引进适当的活性部位或催化基团,或改变其结构从而形成一种新的"人工酶"。有的半合成酶是与具有催化活性的金属或金属有机物而合成的;有的半合成酶是与具有特异性的物质相结合而形成的。

通过选择性修饰氨基酸侧链,将一种氨基酸侧链化学转化为另一种新的氨基酸侧链称为化学诱变法。Bender 等首次成功地利用化学修饰的方法把枯草杆菌蛋白酶活性部位的丝氨酸羟基经苯甲基磺酰氟特异性活化后，再用巯基化合物取代，转变成巯基，从而将丝氨酸转化为半胱氨酸，制备出了硫代枯草杆菌蛋白酶。虽然产生的硫代枯草杆菌蛋白酶对肽或酯没有水解活力，但能水解高度活化的底物（如硝基苯酯等）。

利用谷胱甘肽转硫酶（GST）的天然谷胱甘肽（GSH）结合部位，且其结合部位上的第11号丝氨酸与底物GSH的巯基可形成氢键的特点，通过化学突变法将第11号丝氨酸转变为谷胱甘肽过氧化物酶（GPX）的催化基团硒代半胱氨酸，从而将GST转变成GPX。这个半合成酶的GPX活力达到了天然GPX的活力水平。将辅酶引入结构已明了的蛋白质上是制备半合成酶的又一策略。这一领域中最好的例子是Kaiser等的黄素木瓜蛋白酶。黄素的溴酰衍生物可与木瓜蛋白酶的Cys^{2+}共价结合成黄素木瓜蛋白酶。此半合成酶的酶活力可与老黄素酶相比拟。其他的辅酶（如维生素B_1、吡哆醛、卟啉等）都可以共价偶联到某些酶的结合部位，从而产生新的实用催化剂。

另外，人们将血红蛋白和白蛋白修饰后产生了酶活力，而将细胞色素C水解后产生了微过氧化物活性。利用半合成酶方法不但可以制造新酶，还可获得关于蛋白质结构和催化活性间关系的详细信息，为构建高效人工酶打下了基础。

10.3 印迹酶

10.3.1 分子印迹技术概述与原理

应用环状小分子或冠状化合物如冠醚、环番、环糊精、环芳烃等来模拟酶活性中心的结合部位和催化部位已经取得了一些令人瞩目的成绩。那么，类似于抗体和酶的结合部位能否在聚合物中产生呢？如果以一种分子充当模板，其周围用聚合物交联，当模板分子除去后，此聚合物就留下了与此分子相匹配的空穴。如果构建合适，这种聚合物就像"锁"一样对钥匙具有选择性识别作用，这种技术被称为分子印迹。所谓分子印迹技术（molecular imprinting technique，MIT），也叫分子模板技术（molecular template technique，MTT）是制备对特定目标分子（模板分子也称印迹分子）具有特异预定选择性的高分子化合物-分子印迹聚合物（molecularly imprinted polymer，MIP）的技术。分子印迹的原理起源于20世纪40年代Pauling提出的过渡态理论。早期，科学家对分子印迹进行过各种尝试，但直到20世纪70～80年代，这一技术才真正有所突破。Wulff研究小组在1972年首次报道成功地制备出分子印迹聚合物。后来经过二三十年的努力，分子印迹技术趋于成熟，并在分离提纯、免疫分析、生物传感器，特别是人工模拟酶方面显示出广泛的应用前景。

分子印迹技术是设计新型人工模拟酶材料的最有效手段之一，应用此技术已成功地制备出具有酶水解、转氨、脱羧、酯合成、氧化还原等活性的分子印迹酶。分子印迹技术具有制备过程简单、易操作，印迹分子的选择范围广，具有明显的耐热、耐酸碱和稳定好等优点。随着分子印迹技术的不断发展，新型聚合单体的不断出现，会创造出更高催化效率的分子印迹酶。

在生物体中,分子复合物通常通过非共价键如氢键、离子键或范德华力相互作用而形成。同共价键相比,非共价键相互作用较弱,但几个或多个相互作用的合力却很强,这使复合物具有很高的稳定性。

10.3.1.1 印迹分子与单体相互作用类型

按印迹分子与聚合单体的结合方式,可分为如下两种分子印迹方法:①预组织法又称共价法,此方法中,印迹分子预先共价联结到单体上,待聚合后共价键可逆打开,去除印迹分子。在此方法中结合部位的官能团预先与印迹分子定向排列。②自组织方法又称非共价法,又称非共价相互作用的自组织分子印迹法,印迹分子与功能单体之间预先自组织排列,以非共价键形式形成多点相互作用,聚合后这种作用保存下来。

预组织分子印迹法中印迹分子与单体间可产生可逆共价结合,因此,这种分子印迹制备方法是最先被采用的,但由于携带适当结合基团的聚合单体数量有限,此法的应用范围受到很大限制。与可逆共价结合法相比,基于非共价相互作用的自组织分子印迹法则优越得多,而且在聚合中可使用不同的单体共聚。印迹分子可通过离子键、氢键、疏水作用和电荷转移等非共价作用与印迹分子结合,此印迹聚合物对印迹分子具有相当高的选择性。

印迹分子与单体之间的结合作用主要有共价键,π—π 键,氢键,离子键,配位键,疏水键及范德华力。其中共价键的结合专一性强于非共价键的结合。目前,已使用共价结合作用制备了对糖类及其衍生物、芳香化合物、腺嘌呤等具有分离作用的分子印迹聚合物。所使用的结合基团主要包括硼酸、西佛碱、缩醛和缩酮类等,其中最具代表性的是硼酸酯。以苯乙烯硼酸为功能单体的分子印迹聚合物已被用于在碱性水溶液中分离含二醇的化合物。

非共价键作用主要包括氢键作用和静电作用。氢键作用在许多有机化合物间很容易形成,因此是最方便也是应用最多的结合方式。目前,氢键作用已被广泛用于二胺、维生素、氨基酸及其衍生物、缩氨酸、核苷和染料等的印迹过程中。同静电作用相比,其作用力较强,因而选择性较好。同共价键相比,其作用力较弱,但这恰恰为洗脱模板分子带来了方便,且通过选择多个相互作用点也可大大提高模板分子与分子印迹聚合物的相互作用力,使分子印迹聚合物具有很高的选择性。例如,甲基丙烯酸中的—OH 基和酰胺中的 O 原子之间可出现氢键。在这种条件下可得到选择性很高的 MIP。

10.3.1.2 影响印迹分子选择性识别的因素

影响印迹分子选择性识别的因素很多,主要有:

(1)底物结构和互补性。底物必须与印迹分子的结构、大小相似,否则影响分辨力。对于对映体选择性,不仅要求聚合物中存在与原来印迹分子在大小和形状上互补的部位(孔穴),更重要的是这些部位内的功能基团要排列正确,要有适当取向。

(2)聚合物与印迹分子间作用力。聚合物印迹分子间作用力的强弱是影响分辨力的重要因素。若能在二者间产生多种相互作用力(如离子键、氢键等),而且键的数目又多,则会大大改善聚合物的识别能力。

(3)交联剂的类型和用量。聚合物的对映体选择性对聚合所用交联剂的类型和用量依赖性很大。交联少会降低聚合物的坚牢程度,难以限定负责选择性部位的形状和其中的基团取向，导致分辨力下降。使用旋光性交联剂，则可能造成与印迹分子有附加的手性相互作用，提高分辨力。

(4)聚合条件。低温聚合可以稳定印迹分子和单体间的复合物，容许印迹热敏分子；同时还能改变聚合物的物理性质，具有制备较高分辨力聚合物的可能性。

10.3.1.3 分子印迹聚合物的制备过程

从分子印迹聚合物的形成来看，分子印迹聚合物的制备一般过程包括以下几步：①选定印迹分子和功能单体，并按一定比例进行混合，使二者之间通过共价键或非共价键作用结合，形成主客体配合物；②通过加入交联剂，在印迹分子-单体复合物周围发生聚合反应，形成聚合物；③用抽提法从聚合物中除掉印迹分子，在聚合物中便留下可识别模板分子的"印迹空穴"，得到目标产物。通过这样的处理，形成的聚合物内保留有与印迹分子的形状、大小完全一样的孔穴(图 10-9)，也就是说印迹的聚合物能维持相对于印迹分子的互补性，因此，该聚合物能以高选择性重新结合印迹分子。分子印迹也叫主-客聚合作用或模板聚合作用。制备选择性聚合物并不难，仅涉及简单的众所周知的实验技术，其具体步骤如图 10-10 所示，制得的聚合物简称印迹分子(MIP)。

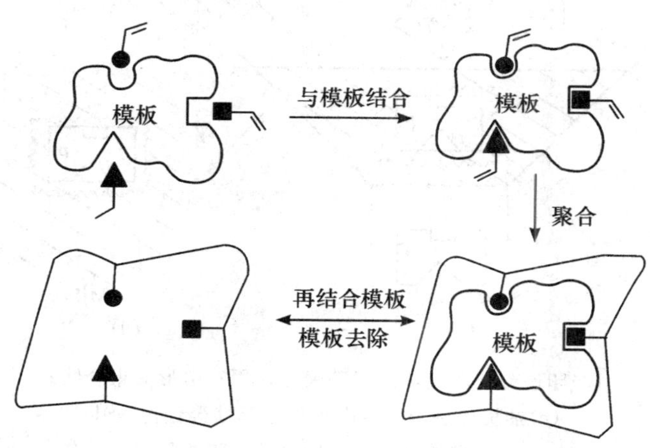

图 10-9 分子印迹原理图

10.3.1.4 分子印迹聚合物的制备方法

分子印迹聚合物的形态有聚合物块、珠、薄膜、表面印迹以及在固定容器内的就地聚合等。由于不同的应用领域对所用的分子印迹聚合物的要求不同，常见的分子印迹聚合物主要有以下几种制备方法：本体聚合、原位聚合、悬浮聚合法、两步溶胀聚合和多步溶胀聚合、沉淀聚合和乳液聚合、球形材料的表面修饰、MIP 膜的制备、表面分子印迹、牺牲硅胶法分子印迹等制备方法。

制备分子印迹聚合物的聚合方法和一般聚合方法一致。在设计分子印迹聚合体系时，关键要考虑选择与印迹分子尽可能有特异结合的单体，然后选择适当的交联剂和溶剂。可用于分子印迹的分子很广泛，如药物、氨基酸、碳水化合物、核酸、激素、辅酶等。它们均已成功地用于分子印迹的制备中。分子印迹聚合中应用最广泛的聚合单体是羧酸类，如丙烯酸、甲基丙烯酸、乙烯基苯甲酸、磺酸类以及杂环弱碱类(如乙烯基吡啶、乙烯基咪唑)，其中最常用的体系为聚丙烯酸和聚丙烯酰胺体系。分子印迹聚合物要求的交联度很高(70%～90%)，因此交联剂的种类受到限制。一般在预聚溶液中交联剂的溶解性减少了对交联剂的选择。最初，人们用二乙烯基苯作为交联剂，但后来发现丙烯酸类交联剂能制备出更高特异性的聚合物。

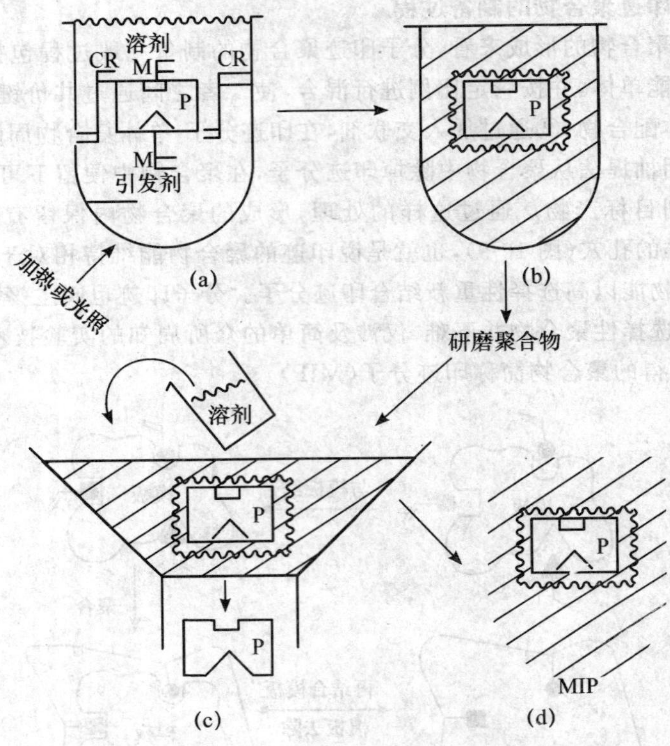

(a)印迹分子和交联剂启动聚合作用；(b)形成聚合物；

(c)抽提印迹分子；(d)得到选择性聚合物 MIP

M—单体；CR—交联剂；P—印迹分子

图 10-10　制备选择性聚合物的过程

溶剂的某些性质(如溶剂的极性、介电常数、质子化作用及络合作用等)对印迹反应会产生很大的影响，从而影响聚合物的识别性能。溶剂在分子印迹制备中发挥着重要作用，一方面是溶剂对聚合物的影响，某些溶剂会与聚合物中的功能基作用，即起着功能基的抑制剂作用而使聚合物的识别性能减弱。此外，溶剂也会与聚合物中非特异性结合点作用，减弱聚合物的非特异性结合能力而提高识别性能；另一方面是溶剂对底物的影响，通过形成氢键等弱的相互作用，使底物与功能基的反应活性受到影响，这对非共价型聚合物的影响尤其大，底物分子一旦与溶剂形成氢键或其他类型的键，就很难再与聚合物功能基发生作用。因此，最好选择低介电常数的溶剂(如甲苯和二氯甲烷等)，通常，识别所用溶剂最好与聚合用溶剂一致，以避免发生溶胀问题。

10.3.2 生物印迹

生物印迹(bioimprinting)是分子印迹的一种形式,主体分子是生物分子。它是指以天然的生物材料,如蛋白质和糖类物质为骨架,在其上进行分子印迹而产生对印迹分子具有特异性识别空腔的过程。所选择的蛋白也不仅限于有活性的天然酶,而且可用无活性的普通蛋白。由于天然生物材料,如蛋白质含有丰富的氨基酸残基,它们与印迹分子会产生很好的识别作用。利用蛋白质等为骨架印迹酶的活性中心使生物印迹酶更接近于天然酶。显然,用这种方法可以制备生物印迹酶。生物印迹方法的原理是生物分子构象的柔性在无水有机相中被取消,其构象被固定,因而模板分子与生物分子在水溶液中相互作用后产生的构象变化在移入无水有机相后才能得以保持。

制备生物印迹酶的主要过程为:①首先使蛋白质部分变性,扰乱起始蛋白质的构象;②加入印迹分子,使印迹分子与部分变性的蛋白质充分结合;③待印迹分子与蛋白质相互作用后,用交联剂交联印迹的蛋白质;④经透析等方法除去印迹分子。由于起始蛋白质与印迹分子充分作用后,就产生了类似于酶的新的活性中心,从而赋予了新的酶活力。对这种印迹来说,起始蛋白质既可以是无酶活力的蛋白质(如牛血清蛋白等),又可以是具有催化活力的酶(如核糖核酸酶、胰蛋白酶、葡萄糖异构酶等),而印迹分子通常是某种酶的抑制剂、底物修饰物或过渡态类似物等。

10.3.2.1 以蛋白质为基础的生物印迹

2001 年,Vaidya 等利用丙烯酰胺(AAm)和 N,N′-乙烯基二丙烯酰胺印迹了胰蛋白酶。胰蛋白酶和一种可聚合的抑制剂 N-丙烯酰基-*p*-氨基苯脒形成的复合物在二甲基甲酰胺(DMF)和水的混合物中进行聚合,用丙酮将蛋白分子从得到的凝胶中萃取出来。实验结果表明,印迹聚合物对胰蛋白酶具有特异再结合能力,并且在胰蛋白酶和糜蛋白酶的混合物中,模板胰蛋白酶优先结合。

Klibanov 和 Mosbach 两个研究小组在这方面做了大量工作。Klibanov 等将蛋白质溶解在水中,加入多官能团模板,调节 pH 为酸性,使蛋白质部分变性,此时印迹分子与蛋白质之间可充分结合。将溶液冷冻干燥,用有机溶剂除去印迹分子,就制成了生物印迹蛋白质。研究表明,此印迹蛋白质在有机相中对印迹分子具有明显的选择结合能力,但在水相中这种结合能力完全消失。原因在于有机相中蛋白质的刚性保持了原来的构象,而在水中蛋白质结合模板的构象则不能保持。Mosbach 等以胰凝乳蛋白酶抑制剂 N-乙酰基-*D*-酪氨酸为印迹分子将胰凝乳蛋白酶转化为相应的酯合成印迹酶。这种印迹酶可接受 N-乙酰基-酪氨酸为底物在有机相中合成相应的乙酯,但对对映体 N-乙酰基-*L*-酪氨酸的酯合成却不显示催化作用,表现出立体特异性。

10.3.2.2 以糖类为基础的生物印迹

Ratner 等利用射频光电子等离子沉淀技术,在蛋白质表面形成一层二糖薄膜,从而达到蛋白质印迹的目的。蛋白质首先吸附到云母上,然后将一薄层的二糖分子包被在吸附的蛋白质上,水挥发之后,糖层与蛋白质通过氢键结合。接着在糖分子表面聚合上一层光滑的荧光聚合物薄层。最后除去云母并溶解掉印迹蛋白质,即生成具有蛋白质形状孔穴的聚二糖表面印迹聚合物。对该聚合物进行蛋白质吸附实验，结果显示在混合蛋白质溶液中，BSA、IgG、RNAaseA 和溶菌酶的印迹聚合物都更特异性地吸附相应的印迹蛋白质。1999 年，Shi 等报道，他们采用射频辉光放电等离子沉积的方法，成功地在多糖表面实现了对白蛋白、免疫球蛋白 G、溶菌酶以及核糖核酸酶等蛋白质的印迹，所制备的多糖表面对印迹蛋白显示了较好的识别效果，为水溶性生物大分子的印迹研究提供了一种不同的思路。

10.3.3 分子印迹酶

分子印迹酶是通过分子印迹技术可以产生类似于酶的活性中心的空腔，对底物产生有效的结合作用，更重要的是利用此技术可以在结合部位的空腔内诱导产生催化基团，并与底物定向排列。产生底物结合部位并使催化基团与底物定向排列是获得高效人工模拟酶至关重要的两个方面。目前，人们已经利用分子印迹技术制备出了人工模拟酶。分子印迹酶同天然酶一样，一般遵循 Michaelis-Menten 动力学，其催化活力依赖于 K_{cat}/K_m，这里 K_{cat} 是催化反应速度常数，而 K_m 是米氏常数，它可用于描述底物与酶的亲和性。产生底物的结合部位并使催化基团与底物定向排列对于产生高效人工模拟酶来说是相当重要的两个方面。

在人工模拟酶研究领域，分子印迹面临的最大的挑战之一是如何利用此技术来模拟复杂的酶活性部位，使其最大程度与天然酶相似。要想制备出具有酶活性的分子印迹酶，选择合适的印迹分子是相当重要的。目前，所选择的印迹分子主要有底物、底物类似物、酶抑制剂、过渡态类似物以及产物等。

10.3.3.1 印迹底物及其类似物

酶的催化是从对底物的结合开始的，产生对底物的识别可促进催化。为此，人们做了很多尝试。研究表明，以产物为印迹分子的印迹聚合物表现出最高的酶催化效率，而以反应物为印迹分子的印迹聚合物催化相同的反应时却较低。

底物类似物通过印迹聚合物与实际底物的相匹配起到催化作用。原则上，分子印迹催化剂主要是由底物的键合位点，以及与它相邻并能与之协同达到加速特征反应的催化位点所组成。Alexander 等以硼酯为底物类似物作模板，采用共价健印迹法使三元类固醇酯在特定的羟基处有选择性的酰基化，从而制备出对类固醇乙酰化具有高选择性的分子印迹催化剂。

直接用底物或其类似物作模板来制备 MIPs 催化剂研究的比较多，该方法具有扩展了模板分子的来源，可以制备出具有光活异构选择性的 MIPs 催化剂的优点。

10.3.3.2 印迹过渡态类似物

Pauling 的稳定过渡态理论认为：酶先与底物结合，进而选择性稳定某一特定反应的过渡态(TS)，降低反应的活化能，从而加快反应速度。Robinson 和 Mosbach 在研究中发现若以 TS 类似物作为印迹分子，人工聚合物作“抗体”，则所得的聚合物也应具有很高的催化活性。1989 年，他们采用本体聚合方法，首次印迹了乙酸对硝基苯酯水解反应的过渡态类似物-甲基膦酸对硝基苯酯，制得的 MIPs 催化剂相对活性为：$K_{impr}/K_{cp}=1.6$。

以过渡态类似物为基底制备分子印迹催化剂是目前应用最为广泛的分子印迹方法，Morihara 等利用分子印迹技术用溶胶-凝胶制备出无机分子印迹催化剂，他们以过渡态类似物为基底在硅胶表面掺杂 Al^{3+}，利用 Al^{3+} 提供的路易斯酸催化活性中心制备出高效表面分子印迹催化剂。用过渡态类似物作模板分子制备的印迹聚合物也能结合反应过渡态，降低反应活化能，从而加速反应，如图 10-11 所示。而这种速度加快可被过渡态类似物专一性抑制，从而证明所得到的速度加强完全是由分子印迹提供的专一结合部位引起的。然而，由于并未研究如何将亲核基团置于适当位置，所以速度加快程度不是很高也就不足为奇。

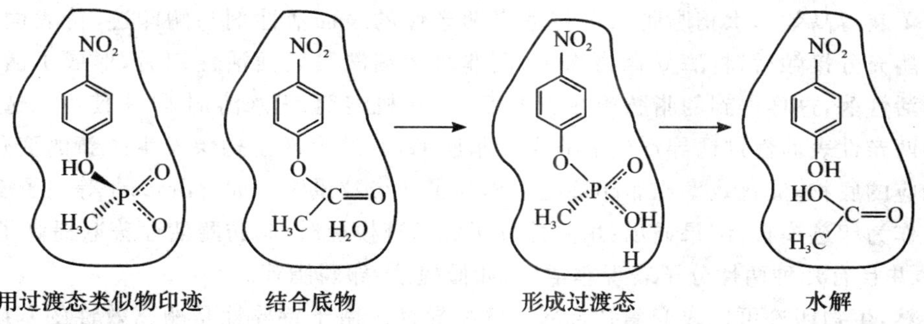

图 10-11　用过渡态类似物对-硝基苯甲基磷酸酯制备的印迹聚合物能加速酯水解成相应的羧酸

（罗贵民. 酶工程. 北京：化学工业出版社，2003）

利用分子印迹产生的聚合物印迹酶都不同程度地加速了相应反应速率。但是，无论是印迹底物类似物还是过渡态类似物都不能充分提高催化效率。同其他方法制备的模拟酶（如抗体酶制备技术）相比催化效率很低。尽管人们采用很多手段，如将催化基团引入印迹空腔，但用高聚物制备的印迹酶其催化效率普遍不高。可能的原因是，分子印迹聚合物一般是高交联聚合物，其刚性大且缺乏酶的柔性。另外，用于聚合的单体种类较少，使得模板与空腔周围基团形成次级链的作用力减少，即模板聚合物对反应底物的识别能力受到限制，因而导致酶活性普遍不高。有研究者已经考虑了过渡态结合和定向引入催化基团对催化的作用，利用分子印迹技术产生的印迹聚合物表现出很强的酯水解活性，其催化效率与相应的抗体酶在同一数量级。相信随着新的功能单体的不断出现和新的印迹技术的发展，分子印迹酶的催化效率会不断提高，定会成为研究酶催化机制的强有力工具，并最终获得实用酶。

10.3.4　生物印迹酶

生物印迹是分子印迹中非常重要的内容之一，它的优势亦在酶的人工模拟。利用此技术人们首先获得了有机相催化印迹酶，并作了系统的研究。近年来，人们利用此技术制备出水相生物印迹酶。

10.3.4.1　有机相生物印迹酶

近年来，非水相酶学有了长足的发展，这不仅因为其拓宽的识别优势，更主要的是因为酶在非水环境中表现出特殊特征，如构象刚性、增加的热稳定性及改变的底物特异性。更主要的是在水相介质中受体诱导的非酶蛋白或酶产生“记忆”效应。如果将水相中受体诱导的蛋白质或其他生物大分子冻干，然后将其置于非水介质中，则其构象刚性保持了诱导产生的结合部位。如果所用的受体是酶底物、酶抑制剂或过渡态类似物，则此生物印迹蛋白表现出酶的性质。

脂肪酶是一类界面酶，具有典型的界面激活效应。当底物分子与酶分子接触后，诱导酶分子构象从封闭状态变为开放状态，使底物分子进入酶活性中心。通过生物印迹脂肪酶能有效地提高脂肪酶在有机溶剂中催化活性、稳定性，因而大大增加其作为催化剂的应用。为了获得高效非水相脂肪酶可将适当两亲性的表面活性剂与酶印迹，待表面活性剂分子与酶充分接触后，将酶复合物冻干，用非水溶剂洗去表面活性剂后，形成了活性中心开启的活性酶，这样得到的脂肪酶在非水相（在有机溶剂、无水溶剂等）中使用。选择不同结构的两亲性表面性剂诱导产生的非水相脂肪酶，其结合部位构象发生了新的变化，它更适合相应的底物，催化效率比非印迹的酶提高了两个数量级。如 Yilmazet 等用了 10 种两性分子作为印迹模板，结果显示：用两性分子做印迹模板时，脂肪酶活性普遍提高了 3.5～4.5 倍，并且有几种两性分子表现非常好，如橄榄油、卵磷脂等。

显然，生物印迹可以改变酶结合部位的特异性。由于特异性是酶高效性的基础，因此可以说生物印迹技术能够改变酶的活性部位，从而改造酶。例如，Dordick 等利用生物印迹方法改造枯草杆菌蛋白酶，并成功地制备出活性较高的核苷酸酰基化酶，其催化效率比非印迹的酶提高了 50 倍。

10.3.4.2 水相生物印迹酶

在有机相中，生物印迹蛋白质由于保持了对模板分子的结合构象而对相应的底物产生了酶活力，那么这种构象能否在水相中得以保持，从而产生相应的酶活力呢？大量的研究已表明，采用交联剂完全可以固定印迹分子的构象，在水相中也可产生高效催化的生物印酶。利用这种方法已成功地模拟了许多酶，如酯水解酶、HF 水解酶、葡萄糖异构酶等，有的甚至达到了天然酶的催化效率。

1. 酯水解生物印迹酶

选择吲哚丙酸为印迹分子，印迹牛胰核糖核酸酶，待起始蛋白质在部分变性条件下与吲哚丙酸充分作用后，用戊二醛交联固定印迹蛋白质的构象，经透析去除印迹分子后就制得了具有酶水解能力的生物印迹酶。通过研究，人们已经知道，该印迹酶的最适 pH、底物饱和特性以及产物抑制等均与天然酶类似，但却具有较宽的底物特异性。它对含芳环的氨基酸酯如色氨酸乙酯、苯醛-*L*-精氨酸乙酯、酪氨酸乙酯等均表现出相当好的水解活性，而对非芳香氨基酸乙酯，如甘氨酸乙酯、赖氨酸乙酯等则表现出较低的催化活性。吲哚环诱导的芳香疏水结合部位对结合芳香基团的底物起到关键作用。

2. 具有谷胱甘肽过氧化物酶活性的生物印迹酶

谷胱甘肽过氧化物酶(GPX)是在哺乳动物体内发现的第一个含硒酶，它以谷胱甘肽(GSH)为还原剂分解体内的氢过氧化物，因而可防止细胞膜和其他生物组织免受过氧化物损伤，对此酶的人工模拟具有重要的药用价值。

GPX的酶活性中心具有GSH特异性结合部位，即GSH是此酶的特异性底物，而氢过氧化物则是非专一性底物。对GPX的人工模拟研究表明产生GSH特异性结合部位，并在此部位引入催化基团硒代半胱氨酸是对此酶模拟的关键。刘磊在2008年将枯草杆菌蛋白酶(subtilisin)转变为硒化枯草杆菌蛋白酶(selenosubtilisin)，以硒化枯草杆菌蛋白酶为起始蛋白，印迹分子为谷胱甘肽(GSH)，采用生物印迹技术，以共价键将一个底物连接到模板分子上得到GSH-硒化枯草杆菌印迹酶(imprinted GSH-selenosubtilisin)，简称印迹酶。其催化GSH还原H_2O_2的最高活力和平均活力分别为597 U/μmol和462 U/μmol，比硒化枯草杆菌蛋白酶活力提高了100多倍，是Ebselen活力的500倍。印迹酶的催化机制与天然酶类似属于乒乓机制。印迹酶高活力的原因是：该模拟物是直接具有底物GSH结合部位的含硒印迹酶，首次实现了催化基团硒代半胱氨酸与底物结合部位的合理定位。

本章对人工模拟酶的概念、理论基础、分类及设计人工模拟酶的基本要素进行了介绍。经过人工模拟酶研究领域科学工作者的不断努力，人工模拟酶的研究从合成简单模型到构筑复杂模型，人们已经制备出了可与天然酶活性相当的人工酶。人工模拟酶的研究是生物与化学交叉的重要研究领域之一，研究人工酶模型可以较直观地观察与酶的催化作用相关的各种因素，是实现人工合成具有高性能模拟酶的基础，在理论和实际应用上具有重要意义。

思考题

1. 什么是人工模拟酶？人工模拟酶的理论基础是什么？
2. 人工模拟酶是如何分类的？按照模拟酶的属性，模拟酶可以分为几类？
3. 设计人工酶有哪些要求？
4. 什么是合成酶？
5. 什么是胶束模拟酶？分哪几类？
6. 什么是肽酶？试举出几个成功的例子。
7. 什么是半合成酶？合成酶有何优缺点？
8. 什么是印迹酶？分子印迹的基本原理是什么？
9. 什么是生物印迹？生物印迹的种类有哪些？
10. 简述人工模拟酶的发展前景。

崔素萍、庞杰　编写

参考文献

[1] Kirby AJ. Enzyme mimics. Angewandte Chemie International Edition, 1994, 33: 551.

[2] Cram D J, Cram J. M. Host-Guest Chemistry-Complexes between Organic Compounds Simulate the Substrate Selectivity of Enzymes[J]. Science, 1974, 183(4127): 803-809.

[3] Diederihc F, Mattei P. Catalytic cyclophanes[J]. Helvetica Chimica Acta, 1997, 80: 1555.

[4] Mosbach K. Toward the Next Generation of Molecular Imprinting with Emphasis on the Formation, by Direct Molding of Compounds with Biological Activity(Biomimetics)[J]. Analytica Chimica Acta, 2001, 435(1), 3-8.

[5] Breslow R, Anslyn E. Proton Inventory of a Bifunctional RibonucleaseModel[J]. Journal of Americanrican Chemical Society, 1989, 111(24): 8931-8932.

[6] Kuwabara T, Nakajima H, Nanasawa M, Ueno A. Color Change Indicators for Molecules Using Methyl Red-Modified Cyclodextrins[J]. Analytical. Chemistry, 1999, 71 (14): 2844-2849.

[7] 杨文魁. 多功能抗氧化模拟酶的构建[D]. 吉林大学博士学位论文, 2007, 1-15.

[8] Bruggemann O. Chemical Reaction Engineering Using Molecularly Imprinted Polymeric Catalysts[J]. Analytica Chimica Acta, 2001, 435(1): 197-207(11).

[9] Ohkubo K, Sawakuma K, Sagawa T. Influence of Cross-Linking Monomer and Hydrophobic Styrene Comonomer on Stereoselective Esterase Activities of Polymer Catalyst Imprinted with a Transition-State Analogue for Hydrolysis of Amino Acid Esters [J]. Polymer, 2001, 42(5): 2263-2266.

[10] Bruggemann O. Catalytically Active Polymers Obtained by Molecular Imprinting and Their Application in Chemical Reaction Engineering[J]. Biomolecular engineering, 2001, 18(1): 1-7.

[11]赵孔银. 大分子表面印迹藻酸盐基杂化聚合物微球的制备与特性[D]. 天津大学博士论文, 2007, 1-23.

[12]郑细鸣. 单分散分子印迹聚合物微球的制备、修饰及性能研究[D]. 华南理工大学博士学位论文, 2006.

[13] 董襄朝, 孙慧, 吕宪禹, 等. 邻轻基苯甲酸分子印迹聚合物对于异构体的识别及色谱行为研究[J]. 化学学报, 2002, 60(11): 2035-2047.

[14] Vaidya A A, Lele B S, Kulkarni M G, *et al*. Creating a Macromolecular Receptor by Affinity Imprinting[J]. Journal of Applied Polymer Science, 2001, 81(5): 1075-1083.

[15]霍鹏伟，闫永胜，李松田，等. 分子印迹技术及其在催化领域中的应用[J]. 化学试剂，2008，30（6）：421-425，448.

[16] 董斌，宋锡瑾，王杰. 脂肪酶生物印迹研究进展[J]. 中国生物工程杂志，2006，26（3）：78-82.

[17] 罗贵民. 酶工程. 北京：化学工业出版社，2003.

[18] 陈宁. 酶工程. 北京：化学工业出版社，2005.

[19] 梅乐和，岑沛霖. 现代酶工程. 北京：化学工业出版社，2006.

[20] 罗贵民. 酶工程. 2 版. 北京：化学工业出版社，生物·医药出版分社，2008.

Chapter 11

第11章 生物酶工程

教学目的和要求

1. 明确核酸酶、进化酶、杂合酶及抗体酶的概念；
2. 掌握核酸酶的分类及其相关原理；
3. 了解抗体酶的制备过程；
4. 认识并掌握几种酶的研究进展与应用。

20世纪中后期，随着生物技术的发展，用于现代生物技术的工具酶也得到了长足进步，新的酶不断被发现和改造，如核酸酶、进化酶、杂合酶及抗体酶等，他们在实践中也得到了良好的应用效果。本章将重点介绍这些酶的特点、作用机理与应用举例等。

11.1 核酸酶

20世纪80年代初，具有催化功能的RNA在自然界不断被发现，包括不同来源、含不同内含子的RNA自剪接(self-splicing)，类病毒和拟病毒中发现的RNA自剪切(self-cleavage)。1981年T. Cech发现四膜虫rRNA前体在鸟苷(G)或其衍生物存在下，具有自剪接的特性，这种特性属于分子内催化反应。1983年S. Altman等发现，大肠杆菌RNase P(一种核糖核蛋白复合体酶)中的RNA，在较高Mg^{2+}浓度下具有类似全酶的催化活性。1986年证实，四膜虫rRNA前体的内含子能催化分子间反应。1986—1988年，用体外转录方法得到一批具有催化活性(主要是切割活性)的RNA，并测定出它们的相应动力学常数。这一系列研究结果均证明RNA具有催化活性。1989年S. Altman和T. Cech以此领域的突出贡献获得了诺贝尔化学奖。

从此，具有催化功能的蛋白质叫做酶(enzyme)；具有催化功能的RNA开始时被叫做“RNA enzyme”。1982年T. Cech首次提出用“ribozyme”表示具有催化活性的RNA，中文译为核酶。核酶(ribozyme，Rz)和脱氧核酶(deoxyribozyme，DRz)被统称为“核酸酶(nucleozyme)”。

核酸酶的发现，突破了酶是蛋白质的经典概念，是人类对酶化学本质认识的飞跃，启发了生物学家从进化角度思考研究生命起源问题，并补充和发展了“中心法则”。表11-1为已知的几类生物催化剂。

表11-1 几类生物催化剂的名称与含义

(祁国荣.核酶的22年.生命的化学，2004，24(3)：262-265)

定义	英文名	中文名	注解
具有催化功能的RNA	nbozyme，RNA enzyme	核酶	不能叫RNA酶①
具有催化功能的DNA	deoxyribozyme，DNA enzyme	脱氧核酶	不能叫DNA酶②
具有催化功能的核酸	nucleozyme	核酶③	
具有催化功能的蛋白质	enzyme	酶	
具有催化活性的抗体	abzyme	抗体酶	化学本质是蛋白质

① RNA酶的对应英文名是：RNase，即nbonuclease。②DNA酶的对应英文名是：DNase，即deoxynbonuclease。③也只能定名为“核酶”。

由于核酸酶本身具有的诸多优点，其结构与功能及反应动力学的研究逐渐成为分子工程学和新药研发的热点。目前关于酶结构和化学功能的生物化学评估，已广泛使用核酶为模型，人们已经设计和合成出各种核酶来治疗各种疾病，但真正临床应用的还极少。核酸酶在基因功能研究、核酸突变分析、生物传感器等方面已成为新型的工具酶，在生物技术领域具有很大的应用潜力。大量研究结果表明，具高催化活性的核酶和脱氧核酶能通过酶工程设计和基于 PCR 技术的体外筛选获得。因此，了解核酸酶的功能、特点及应用具有重要的意义。

11.1.1 天然核酶

核酶广泛存在于从低等到高等的多种生物中，参与细胞内 RNA 及其前体的加工和成熟过程。目前自然界发现的核酶按其分子大小可分为：大分子核酶和小分子核酶两类。自然界中的核酶多在分子内起作用（RNase P 和核糖体除外），即核酶的活性序列与作用底物序列在同一条链上，其底物主要是带有磷酸二酯键的核酸，自然界是否存在非核酸底物的核酶，目前尚无定论。

大分子核酶又分为第一类内含子（group Ⅰ intron）、第二类内含子（group Ⅱ intron）和核糖核酸酶 P 的 RNA 亚基（RNA subunit of RNase P）等三种，它们都是由几百个核苷酸组成的具复杂结构的大分子。大分子核酶可以看成是金属酶，其催化作用与金属离子尤其是二价离子密不可分，这些金属离子或者作为广义酸碱，或者作为路易斯酸碱催化内含子的剪接。RNA 的自我剪接是许多基因表达的必需过程，它包括精确切除内含子并共价连接外显子边界。大量属于第一类、第二类内含子已证明在体外能催化其自我剪接。小分子核酶比较常见的有 4 种类型，包括锤头型、发夹型、HDV 和 VS 核酶。目前研究最多的是锤头型和发夹型核酶。

根据其催化的反应特点，可以将自然界中发现的核酶分成两大类：①剪切型核酶，这类核酶催化自身或者异体 RNA 的切割，相当于核酸内切酶，主要包括锤头型核酶、发夹型核酶、丁型肝炎病毒（HDV）核酶以及有蛋白质参与协助完成催化的蛋白质-RNA 复合酶（RNase P）；②剪接型核酶，这类核酶主要包括第一类内含子和第二类内含子，实现 mRNA 前体自我拼接，具有核酸内切酶和连接酶两种活性。

小分子核酶有一些共同的特征：第一，分子较小；第二，都是天然的与其发生作用的 RNA 的复制过程有关；第三，在各种情况下经由它们产生的催化作用都将产生 5- 羟基末端和 2,3-环状磷酸基末端；第四，其催化机理与其分子结构密切相关，金属离子或特定碱基都可作为催化反应的关键成分。下面主要介绍几种小分子核酶。

11.1.1.1 锤头型核酶

锤头结构（hammer head structure）状二级结构模型是 R. Symons 等在比较了一些植物类病毒、抗病毒和卫星病毒 RNA 自身剪切规律后提出来的。这种结构由 13 个保守核苷酸残基和 3 个螺旋结构域构成（Koizumi 等后来证明只需要 11 个特定保守核苷酸），如图 11-1 所示。Symons 等认为，只要具备锤头状二级结构和 13 个保守核苷酸，剪切反应就会在锤头结构的右上方 GUX 序列的 3′端自动发生。无论是天然的还是人工合成的锤头结构，都由两部分构成：催化结构域（R）和底物结合结构域（S）。

最小的、有功能的锤头型核酶由 3 个短的螺旋和 1 个广义保守的连接序列组成。其中螺旋Ⅰ，Ⅲ是反义片段（antisense section），茎环结构Ⅱ（stem-loop Ⅱ）是催化核心（图 11-

2)。3个螺旋排列成Y形，Ⅰ螺旋与Ⅱ螺旋成锐角，Ⅱ、Ⅲ两个臂同轴从而使整个结构类似于A型双螺旋。由于骨架在Ⅱ、Ⅲ臂的连接处发生扭曲，使得H17堆叠在Ⅰ臂上，同时，这样也把它置于了三个螺旋的连接处，此处正是活性中心所在，成口袋形。易切割的H17（H代表A，U或C）3′磷酸位于C3～A6序列形成的发夹型转折的上部，可以作为一种金属结合部位。

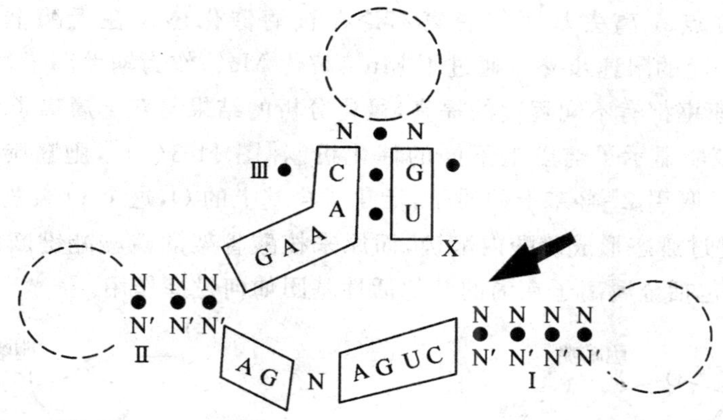

N，N′代表任意核苷酸；X可以是A、U或者C，但不是G；
Ⅰ、Ⅱ和Ⅲ是锤头结构中的双螺旋区；箭头指向切割位点

图 11-1 锤头型核酶的二级结构

（罗贵民．酶工程．北京：化学工业出版社，2003）

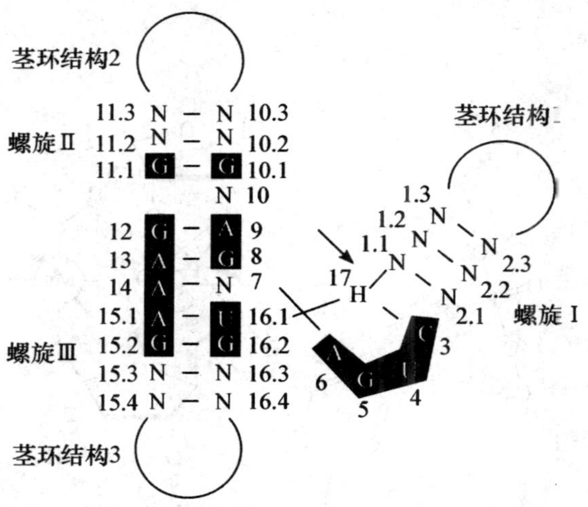

图 11-2 最小的锤头型核酶的二级结构

（Doherty E A，Doudna J A. Ribozyme structures and mechanisms. Annu Rev Biochem，2000，69：597-615）

William B. Lott等提出了锤头型核酶催化反应可能存在两种化学机制，即"单金属氢氧化物离子模型"（one-metal-hydroxide-ion）机制[图11-3(a)]和"双金属离子模型"（double metal ion model)[图 11-3(b)]。第一种机制中金属氢氧化物作为广义碱从 2′-羟基获得一个质子，这个被活化了的 2′-羟基作为亲核基团攻击切割位点的磷酸，如图 11-3(a)所示。第二种机制中 A 位点的金属离子作为 Lewis 酸接收 2′-羟基的电子，这极化并减弱了 O—H 键，使 2′-羟基中的质子更容易离去。B 位点的金属离子也作为 Lewis 酸接收 5′-羟基的电子，极化并减弱了 O—P 键，使 O 成为更容易离去的基团，如图 11-3(b)所示。张礼和等研究表明，切割位点 5′离去基团的脱离不论在核酶催化还是在无酶催化下，都是天然 RNA 底物切割反应的限速步骤。通过用 Mn^{2+} 替代 Mg^{2+} 作为辅助因子，发现催化不同底物 RNA 的切割速率都有不同程度的提高，量化分析的结果与双金属离子机制相符。

HDV 中的核酶显示了与以上不同的催化机制[图 11-3(c)]，胞嘧啶(C76)充当一般碱，咪唑环上的 N 吸引 2′-羟基上的质子，活化了羟基上的 O，这个 O 亲核攻击相邻的核酸骨架上的 P，经过过渡态形成磷酸内酯键，而原来核酸骨架的磷酸酯键断裂。目前的研究还没有证据显示包括金属离子在内的其他活性基团如何发挥作用。

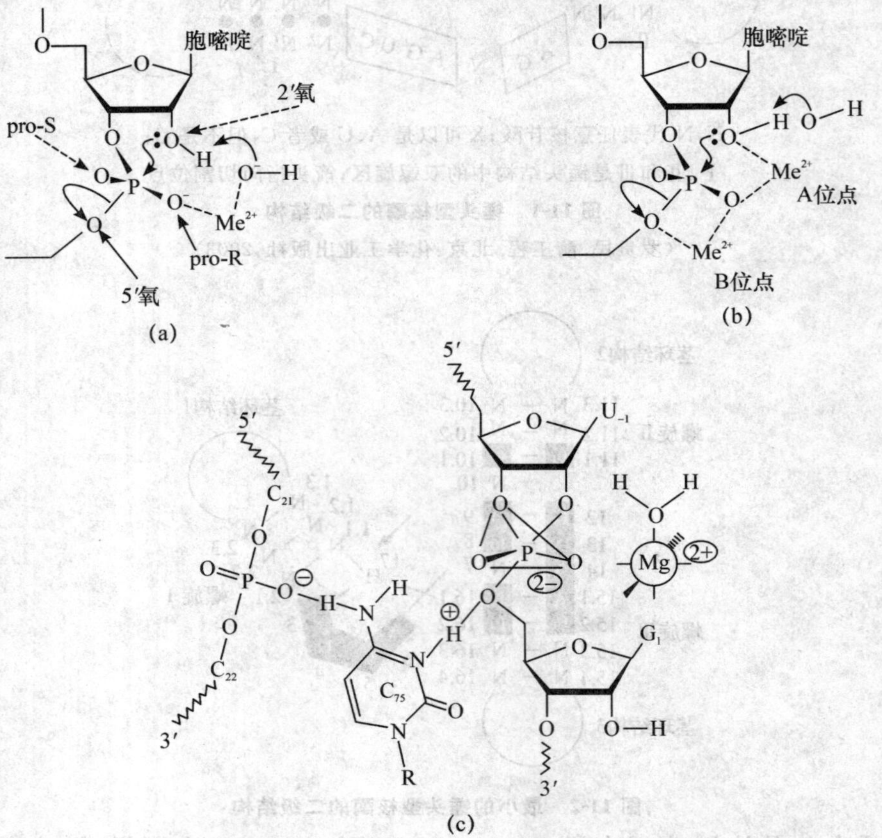

(a)单金属氢氧化物离子模型；(b)双金属离子模型；

(c)HDV 核酶中胞嘧啶充当一般碱进行催化的反应机理

图 11-3 锤头型核酶的两种可能的催化机制以及 HDV 核酶的催化机制

(王俊峰，廖祥儒，付伟. 小型核酶的结构和催化机理. 生物化学与生物物理进展，2002，29(5)：674-677)

11.1.1.2　发夹型核酶

发夹型(hairpin ribozyme)核酶的二级结构模型见图 11-4。50 个碱基的核酶和 14 个碱基的底物形成了发夹状的二级结构,包括 4 个螺旋和 5 个突环。

螺旋 3 和螺旋 4 在核酶内部形成,螺旋 1(6 个碱基对)和螺旋 2(4 个碱基对)由核酶与底物共同形成,实现了酶与底物的结合。核酶的识别顺序是(G/C/U)NGUC,其中 N 代表任何一种核苷酸,这个顺序位于螺旋 1 和螺旋 2 之间的底物 RNA 链上,切割反应发生在 N 和 G 之间。

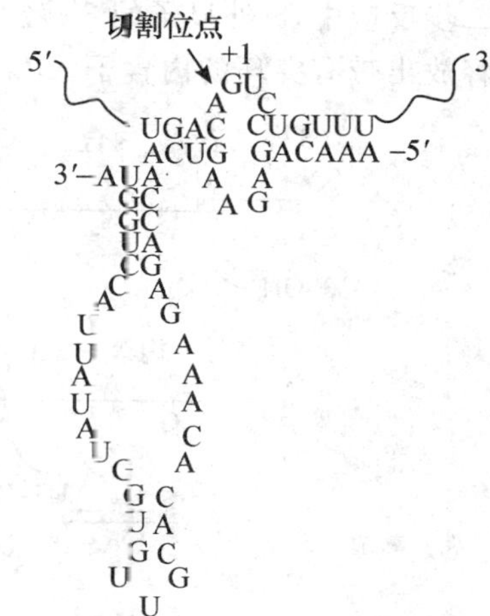

图 11-4　发夹型核酶的二级结构

(王俊峰,廖祥儒,付伟.小型核酶的结构和催化机理.生物化学与生物物理进展,2002,29(5):674-677)

以上两种核酶以及 HDV RNA,链孢霉线粒体 RNA 等切割底物 RNA 后的产物都是 3′端的 2′-3′环磷键及新 5′端羟基。

锤头型核酶催化自切割的活性比催化连接反应的活性高 100 倍,而发夹型核酶催化连接反应的活性比催化切割反应的活性要高近 10 倍。熵值的变化比较可以解释这种现象。在连接反应中,发夹型核酶的熵值减少量比锤头型核酶的熵值减少量要小,表明发夹型核酶的结构刚性比锤头型核酶高,而在反应中发生的构象变化较小。

11.1.1.3　蛋白质-RNA 复合酶

这类核酶主要催化 tRNA 前体成熟过程,例如 S. Altman 和 N. Pace 两个研究组合作发现的大肠杆菌 tRNA5′成熟酶。这个酶由蛋白质和 M1RNA 两个组分构成,其中蛋白质的分子质量为 20 ku,M_1RNA 含有 377 个核苷酸。M_1RNA 单独具有全酶活性,蛋白质只是维护 M_1RNA 的构象。实验证明来自不同原核细胞蛋白质-RNA 复合酶中的 M_1RNA 具有相似的三维结构。与前面几种剪切型核酶不同的是,蛋白质-RNA 复合酶催化得到的产物的 3′端是羟基,5′端是磷酸。

11.1.1.4　第一类内含子和第二类内含子

这类核酶比较复杂,通常包括 200 个以上核苷酸,主要催化 mRNA 前体的拼接反应。Cech 及其同事发现四膜虫的核糖体前体 RNA 可以在体外无蛋白质参与下除掉它自身 413nt 内含子。这就是由第一类内含子(group Ⅰ intron)核酶催化的反应[图 11-5(a)],包括两个连续的转酯反应,并且需要 Mg^{2+} 或 Mn^{2+} 及鸟苷(或鸟苷酸)的参与。

第一类内含子的界限可以简单地用 5′-外显子(exon)3′端的 U 和内含子 3′端的 G 来界定。组Ⅰ内含子能否自身剪接与它们保守的二级和三级结构有关。像蛋白质酶一样,内含子形成高级结构的折叠结果使关键残基形成活性部位,在辅助因子的参与下实现自身剪接。除了剪接之外,第一类内含子还可催化各种分子间反应,包括剪切 RNA 和 DNA、RNA 聚合、核苷酰转移、模板 RNA 连接、氨酰基酯解等。

与第一类内含子一样,在体外第二类内含子(group Ⅱ intron)的剪接是经过两个转酯化反应来实现的,剪接过程无蛋白质的参与。第一类和第二类内含子的主要差别是第一步反应的化学机制。在第一类内含子中，外部的鸟苷的 3′-羟基作为进攻基团，而在第二类内含子中是内部腺苷的 2′-羟基起作用[图 11-5(b)]。这个反应的结果形成一个带突环的内含子-3′外显子分子，其中第一个核苷酸经由 2′,5′-磷酸二酯键与内含子的 A 相连。在第二步反应中，5′外显子的 3′-羟基进攻内含子-3′外显子连接点，结果是两个外显子相连，并释放出带有突环的内含子。

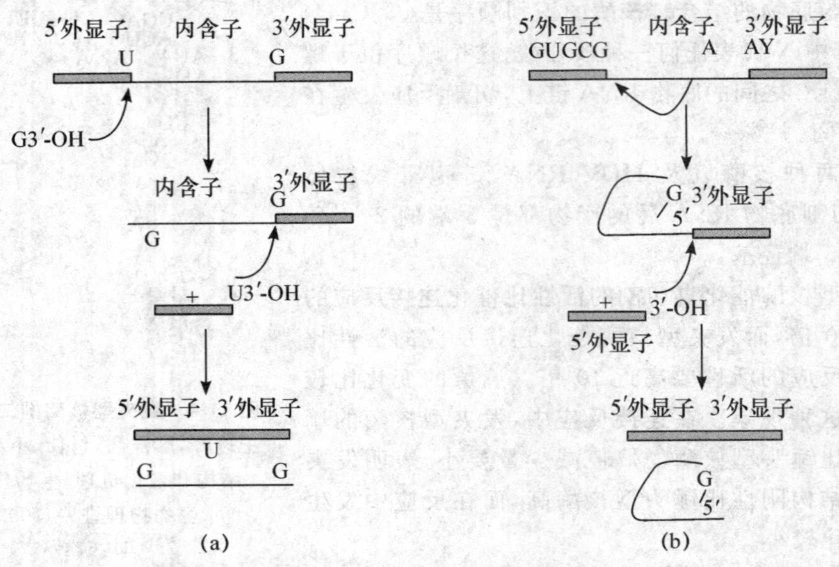

图 11-5 第一类内含子(a)和第二类内含子(b)

(罗贵民. 酶工程. 北京：化学工业出版社，2003)

11.1.2 脱氧核酶

11.1.2.1 脱氧核酶的发现

人们一般认为 DNA 是一种很不活泼的分子，在生物体内通常以双链形式存在，仅适合编码和携带遗传信息。但单链 DNA 是否可以像 RNA 通过自身卷曲形成不同的三维结构而行使特定的功能呢？

RNA 分子中的 2′-羟基使 RNA 结构多样性增加，并且作为质子的供体和受体直接参与了许多催化反应。单链 DNA 由于没有 2′-羟基，其催化潜能无疑大大降低，自然界中没有发现催化 DNA 存在。但正像缺少了蛋白质酶分子中的那些活性基团的 RNA 可以具有催化活性一样，缺少了 RNA 中 2′-羟基的 DNA 同样可以形成特定的高级结构，在辅助因子的协助下，催化完成某些化学反应。人们已经利用体外选择技术获得了许多具有催化功能和其他一些功能(DNA 适体等)的 DNA 分子。

1994 年 Breaker 等利用体外选择技术首次发现了切割 RNA 的 DNA 分子，并将其命名为脱氧核酶(deoxyribozyme 或 DNAzyme)。从此，脱氧核酶由于其具有结构稳定(生理条件下 DNA 比 RNA 稳定 10^6 倍，DNA 的磷酸二酯键比蛋白质的肽键抗水解能力要高

100 倍)、成本低廉、易于合成和修饰等特点，很快成为了人们研究的关注点。

迄今为止，天然结构的脱氧核酶还未被发现，所有的脱氧核酶都是通过体外选择得到的。1995 年 Usman 等人化学合成了一个由 14 个脱氧核糖核苷酸组成的单链 DNA 片段，能够较弱地水解 RNA 磷酸二酯键。同年，Cuenoud 等又设计了具有连接酶活性的 DNA 分子，能够催化两个 DNA 片段的连接。这些工作表明，DNA 也具有酶活性。这样，脱氧核酶作为酶家族中的一个成员被正式得到认可。迄今为止，人们通过体外选择的方法已相继获得水解酶功能(切割 RNA、DNA)、连接酶功能、多核苷酸激酶、过氧化物酶功能以及催化卟啉环金属螯合的脱氧核酶，将来一定还会发现新功能的脱氧核酶。

11.1.2.2 脱氧核酶的结构

不同的脱氧核酶催化的反应类型不同，分子结构也存在差异。下面以 Santoro 等人通过体外选择技术获得的一种用于 RNA 切割的脱氧核酶 10-23 为例介绍。10-23 的结构包括催化序列和底物结合臂两个部分(图 11-6)。其催化序列是由 15 个脱氧核苷酸构成，两边分别连有 7～8 个脱氧核苷酸构成的底物结合臂。RNA 底物通过 Watson-Crick 碱基配对形式与酶结合，未配对的嘌呤和配对的嘧啶残基之间构成特异性磷酸二酯键切割位点(图 11-6 中空心箭头所指位置)。改变底物结合臂的 DNA 序列，可作用于不同的靶 RNA 底物。

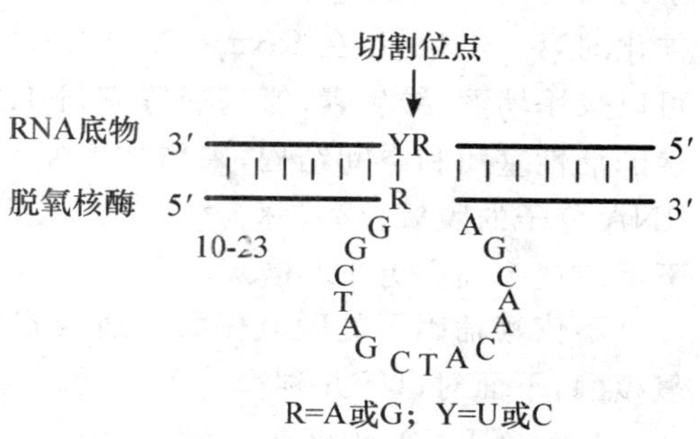

图 11-6 10-23 型脱氧核酶分子

11.1.2.3 脱氧核酶的催化特性

脱氧核酶具有非常高的催化效率，以 K_{cat}/K_m 表示，可达 $10^9\ mol^{-1} \cdot min^{-1}$，超过其他任何核酶。同时，其催化活性的高低与底物的序列有很大关系，不同的序列其底物活性差异很大，这主要是由于受到酶底物所形成的异源双链的动力学稳定性的影响。杂交自由能越低，双链的稳定性越高，酶的活性也越高。双链的稳定性对酶活性的影响主要是通过降低 K_m 值来实现的。通常情况下，可以增加结构臂的长度和调整 GC 含量来达到酶的最大活性。然而，结合臂的长度又影响酶的催化活性。因此，适当长度的结合臂对达到酶的最大催化效率至关重要。研究表明，结合臂的最佳长度在 8～9 bp 之间，酶的催化效率最高。

如核酶和许多蛋白酶均需辅助因子或辅酶帮助来实现其功能一样，大多脱氧核酶的催化也需要 Mg^{2+}、Zn^{2+}、Cu^{2+}、Pb^{2+}、Ca^{2+} 等二价金属离子辅助因子。这些离子主要具有以下三点作用：①中和 DNA 单链上的负电荷，从而增加单链 DNA 的刚性。刚性结构对催化分子精确定位，发挥功能是必须的。②利用金属离子的螯合作用发挥空间诱导效应，使脱氧核酶和底物形成复杂的空间结构。③产生 H^+，诱导并参与本系的电子或质子传递，催化体系发生氧化-还原反应。三价金属离子(如镧系元素中的钆、铕、铽等)也可以作辅助因子，特别是铕、铽离子当与核酸结合时发光性增强，这个特性对研究脱氧核酶的催化机制是十分有帮助的。有人发现当把切割位点 5′端的核苷酸换为脱氧核苷酸时，铕、铽离子的发光性减弱，这说明切割位点 5′端的核苷酸的 2′-羟基参与了与金属离子的结合。

脱氧核酶的催化活性对某些金属离子表现出一定的依赖性，但每种结构的脱氧核酶依赖的二价金属离子的种类和依赖程度存在差别，具有特异性。这表明脱氧核酶存在一个或几个对几何形状和大小尺寸有严格要求的金属离子结合位点。除金属离子外，某些氨基酸如组氨酸、精氨酸也能促进脱氧核酶的催化活性。

核酸生物催化剂与蛋白质类酶不同，它缺乏化学多样性。化学家很早以前就想把额外的功能团移入 RNA 和 DNA 中以扩增它们结构和功能多样性，包括在 DNA 和 RNA 上增加基团，用氨基酸或其他有机物作为真正的辅因子。

Roth 和 Breaker 筛选得到以组氨酸为辅助因子的催化 RNA 切割的脱氧核酶，它在 *L*-组氨酸或其相应的甲基或苄基酯存在下，可以提高反应速率大约 10^6 倍。*D*-组氨酸及各种 *L*-组氨酸的其他衍生物则缺乏催化作用，这些暗示 DNA 形成了特异识别底物和辅因子的结合口袋。分析表明，这个 DNA-His 复合物的催化机制与 RNase A（核糖核酸酶 A）催化的第一步相似，在 RNase A 中组氨酸的咪唑基充当一般碱起催化作用。这提示我们可以采用辅酶、维生素、氨基酸等有机小分子作辅助因子，借助有机小分子具有更为多样性的活性基团和空间结构，来增加 DNA/RNA 的催化潜能。Geyer 等将获得的催化切割 RNA 分子的脱氧核酶，称为“G3”，其在既没有二价阳离子也没有任何其他的辅因子存在下反应速率提高近 10^8 倍。

不依赖辅因子的脱氧核酶报道较多，现在人们应用体外选择技术已经获得了多种脱氧核酶，下面对以下几种作简单介绍。

1. 切割 RNA 的脱氧核酶

这类脱氧核酶是目前筛选到的最多的核酶，因为切割 RNA 分子而可以应用于基因治疗中，阻断体内有害 mRNA 的表达。其中具有代表性和实用价值的是 Joyce 等发现的切割 RNA 的 10-23 脱氧核酶。这个核酶分子因为比较小，结构简单，很容易以此设计出切割不同 RNA 顺序的脱氧核酶。10-23 脱氧核酶可以分成两个结构域，由 15 个核苷酸构成的催化结构域两边分别连有 7～8 个脱氧核苷酸构成底物结合结构域。RNA 底物通过碱基配对与脱氧核酶两端的底物结合区结合，中间有一个未配对的嘌呤残基，这个嘌呤残基和与其相邻的嘧啶残基之间的磷酸二酯键就是脱氧核酶催化切割的位点。在最佳反应条件下，10-23 脱氧核酶催化速率常数（K_{cat}）大于 10 min^{-1}，K_{cat}/K_m 为 $10^4 mol^{-1} \cdot L^{-1} \cdot min^{-1}$。10-23 脱氧核酶分子小，催化效率和底物专一性高，靶序列可以多样化设计。因此除了医疗外，还有许多其他的应用价值。例如孙伦泉等用 10-23 脱氧核酶鉴别了几种不同基因型的人乳头状瘤病毒 L1 基因中比较保守的区域里细微的碱基变化，以待检测位置的顺序为底物设计的 10-23 脱氧核酶特异性识别其底物顺序，如果这个顺序发生了碱基突变，切割就不会发生或者切割效率极低，这种方法可应用到包括多核苷酸多态性在内的核酸顺序变化的分析研究中。

另一种切割 RNA 分子的脱氧核酶与 10-23 脱氧核酶的作用机制不同。Terry L. Sheppard 等筛选到一个具有 N-糖苷酶活力的脱氧核酶，这个酶可以水解（反应速率提高 10^6 倍）特定位置上脱氧鸟苷的 N-糖苷键，实现去嘌呤作用，在这个位置上剪切 DNA 分子。

通常，脱氧核酶构成底物结合部位的两臂基本等长，其最适长度随不同的脱氧核酶和不同的底物而不同。一般而言,富含 G、C 则臂可以短一些,而富含 A、T 则臂应长一些。臂的长度要适中,臂过长,K_m 降低,酶与底物的结合增强,但是 K_{cat} 也会下降。此时,酶与底物的分离成为反应的限速步骤;反之,若臂过短,尽管 K_{cat} 会增大,但 K_m 也会随之增大,从而影响酶与底物的结合。此时,酶对底物的作用(例如切割作用)成为反应的限速步骤。所以,臂长的设计要合理,使二级速度常数 kobs (K_{cat}/K_m)尽可能大,两臂与底物不能结合得太紧,否则影响其切割后的分开;但也不能结合太松,造成识别困难。脱氧核酶两臂除有识别和结合底物的作用之外,它可能也参与了别构作用。Taira 等细致地研究了脱氧核酶两臂,他们发现当两臂与配对底物分别为 DNA-RNA 和 RNA-DNA 时,对应的 K_m、K_{cat} 明显不相同,这说明两臂绝不是简单起着识别和结合底物的作用,它可能也参与了别构作用或是发挥着另外形式的重要调控作用。此外,他们还发现,当两臂和与之相配对的底物为 DNA-DNA 时酶活力最大。这是由于 DNA-DNA 双链形成 β 螺旋,其熵值更有利于使脱氧核酶达到过渡态,从而提高酶活力。有趣的是,锤头核酶也具有同样的特性。

2. 切割 DNA 的脱氧核酶

在早期的体外选择中,Ganni 等鉴定了两类 DNA 酶。Ⅰ类自身分裂的脱氧核酶需要 Cu^{2+} 和维生素 C,采用氧化机制自身分裂;Ⅱ类脱氧核酶呈简单的二级结构,与氧化 DNA 分裂相反,分裂 DNA 采取的是直接水解机制。

3. 具有激酶活性的脱氧核酶

Ronald R. Breaker 等从 DNA 随机库中筛选得到 50 多种具有多核苷酸激酶活性、可以自身磷酸化的 DNA 分子,这些脱氧核酶利用 8 种核苷三磷酸/脱氧核苷三磷酸(NTP/dNTP)中的一种或几种作为活化磷酸基团的供体。其中一个 ATP 依赖型脱氧核酶对 ATP 的利用效率是对胞苷三磷酸(CTP)、鸟苷三磷酸(GTP)、尿苷三磷酸(UTP)等的利用率的 40 000 倍以上,ATP 的水解速率比非催化反应提高了近 1.3×10^7 倍。

4. 连接酶功能的脱氧核酶

脱氧核酸可以催化连接反应(图 11-7),DNA 5′端羟基的 O 亲核进攻另一 DNA 3′端的带有咪唑的 P,产生 5′-3′磷酸二酯键,释放咪唑基。

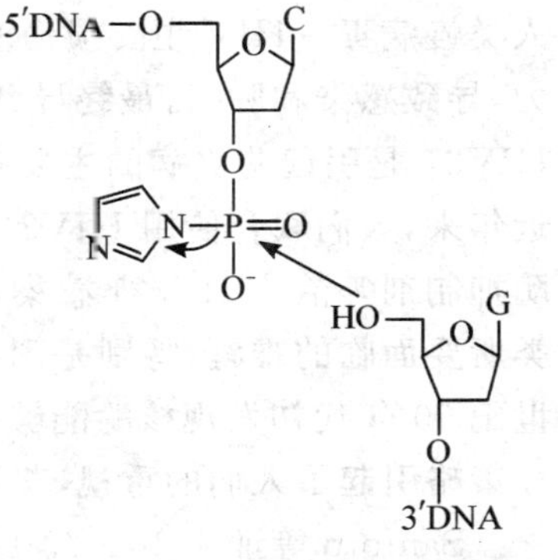

图 11-7 具有连接酶活性的脱氧核酶的催化机理

(罗贵民. 酶工程. 北京:化学工业出版社,2003)

5. 催化卟啉环金属整合反应

脱氧核酶可以催化 Cu^{2+} 或 Zn^{2+} 离子插入到卟啉分子中(图 11-8)。人们还筛选出多种 DNA 适体,如可以增强中性粒细胞弹性蛋白酶及其缬氨酰磷酸共价抑制剂之间反应的 DNA 适体。

抑制剂分子与一段寡核苷酸共价连接,这段寡核苷酸和一个 DNA 随机库分子中的一段固定顺序互补。将寡核苷酸-抑制剂、DNA 随机库以及中性粒细胞弹性蛋白酶在一定条件下混合,目的 DNA 适体分子可以促进抑制剂和蛋白酶之间的共价相连。分离出 DNA-寡核苷酸-抑制剂-

蛋白酶分子，进行几轮同样的筛选步骤，获得了可以提高抑制剂活性 100 倍的 DNA 适体。

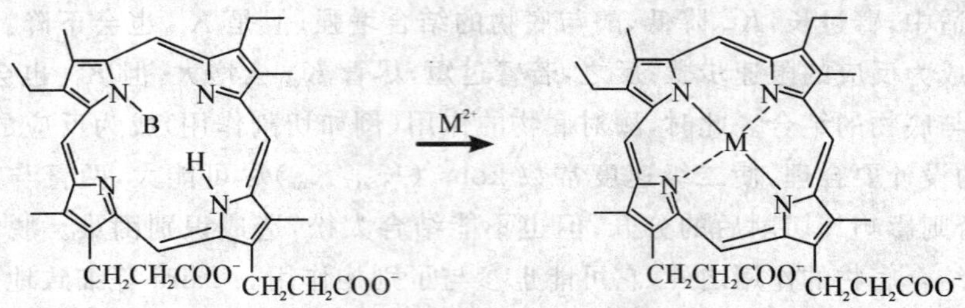

图 11-8　核酶催化金属离子插入到卟啉分子中

（罗贵民. 酶工程. 北京：化学工业出版社，2003）

11.1.3　核酶/脱氧核酶的应用

随着对核酶和脱氧核酶研究的深入，人们已经设计和合成出各种核酶和脱氧核酶来对付各种疾病，虽然目前真正临床应用的还很少。核酶在基因功能研究、核酸突变分析、生物传感器等方面已成为新型的工具酶，在生物技术领域具有很大的应用潜力。对于核酶/脱氧核酶的应用，大多应用于医学领域，具体有以下几个方面。

11.1.3.1　核酶和脱氧核酶用于抗病毒的研究与治疗

据报道，核酶和脱氧核酶对多种病毒具有抵抗或者杀灭作用，这些病毒包括各类肝炎病毒、HIV、HPV（人乳头状瘤病毒）、流感病毒以及昆虫核多角体病毒等，其中以抗 HIV 核酶研究最多，很早以前就报道进行Ⅱ期临床试验，但迄今仍未发表明显疗效的报道。

1. 艾滋病的治疗

引起获得性免疫缺陷综合征（acquired immune deficiency syndrome，AIDS，艾滋病）的致病因子人免疫缺陷病毒（human immunodeficiency virus，HIV），属于反转录病毒科的人类慢病毒。HIV 主要损伤淋巴细胞，破坏人体免疫功能，从而使机体丧失对疾病的抵抗力，导致感染和肿瘤，最终导致死亡。HIV 主要有 2 种类型，即 HIV21 和 HIV22，其中 HIV21 是引起艾滋病的主要病原。目前艾滋病的防治研究主要是针对 HIV21 进行的。近年来，人们联合使用 HIV21 蛋白酶抑制剂、核苷类逆转录酶抑制剂和非核苷类逆转录酶抑制剂等治疗 HIV21 感染，取得了令人鼓舞的进展。然而，HIV21 感染仍旧是整个人类所要面临的难题，特别是耐药病毒株的出现，更需要寻找新的有效的治疗策略。自 20 世纪 90 年代初发现核酶能够有效抑制培养细胞中 HIV21 的繁殖以来，艾滋病的基因治疗策略引起了人们的重视，艾滋病的核酶治疗正逐渐进入临床阶段。

Santoro 等证实 10～23 DRz 能对多个致病基因的 mRNA 翻译起始区 15～17 个单核苷酸片段在预期位点准确、高效地切割底物 mRNA 分子，从而抑制这些基因的表达。此外，还有人针对 HIV 基因的其他位点设计出很多 DRz，都对 HIV 基因的表达起到一定的抑制作用，这些研究为 HIV 的防治带来新的希望。

2. 抗肝炎病毒

针对乙型肝炎病毒 s 基因和 e 基因开放读码框设计的 DRz 能够特异性抑制相应基因

的表达，在高效抑制靶基因的同时，没有发现明显的细胞毒性。于乐成等针对 HCV 5′非编码区设计了几种脱氧核酶，其中 DRz127/ DRz127 和 DRz1/ TDRz1 的抑制活性相对较高，对靶 RNA 同时存在反义抑制作用和剪切活性，可能是一种有希望的抗丙肝病毒基因治疗手段。

3. 抗呼吸道合胞病毒

研究者针对呼吸道合胞病毒(RSV)A2 株编码 NS1 和 M2 蛋白的 mRNA 设计合成了 DRz604 和 DRz8269，用于特异性切断基因开放读码框，通过干扰 RSV 在细胞内转录和复制过程，抑制 RSV 在细胞内的繁殖。培养细胞模型和 RSV 感染小鼠模型试验均显示出高度的抗病毒效应，再通过脱氧核酶的 5′和 3′端同时进行胆固醇修饰连接，显著提高了膜通透性，未见明显的细胞毒性。

4. 抗流感病毒

Tetsuya 等设计了定向切割 PB2 流感病毒 mRNA 的 AUG 起始密码子，结果显示脱氧核酶对培养细胞的病毒抑制效果好于核酶。

11.1.3.2 抗肿瘤的研究与应用

Cairn 等用多重剪切分析法来分析含 10～23 基序的 DRz 对人乳头状瘤病毒 216 (HPV216)E6 mRNA 的剪切能力。结果 80 种 DRz 中约 10 %能高效剪切对应的靶位，这些靶位相距很近，提示它们对 DRz 有相似的可接近性；其余靶位不能被有效剪切，可能与结构上的不可接近性等因素有关。Sioud 等对恶性肿瘤细胞蛋白激酶 Cα(PKCα)异构体 mRNA 的起始密码子设计了几种 DRz，抑制细胞内异常 PKCα 蛋白的产生，减少细胞存活蛋白 Bcl2XL 的生成，促使多种敏感的恶性肿瘤细胞的凋亡，故被称为“凋亡酶(apoptozymes)”。Warashina 等针对畸变的 *bcr2ab*1 融合基因的 mRNA 设计的脱氧核酶可以减少其表达，减少表达蛋白对凋亡的抑制作用，从而抑制粒细胞和淋巴母细胞的增殖和恶性转化。

11.1.3.3 其他领域的研究与应用

除了用于抗病毒、抗肿瘤的基因治疗之外，核酶和脱氧核酶还被用于心血管疾病、遗传病的基因治疗和生物学研究。如以原癌基因 *c2myc* RNA 翻译起始区为靶序列的 DRz 在体外能有效切割其全长底物，下调 *c2myc* 在平滑肌细胞内的基因表达，抑制细胞的增殖。Laising 等针对突变的遗传性慢性舞蹈病(Huntington's disease，HD)基因设计的 DRz 可选择性地降解突变的 HD mRNA，从而有效地降低 HD 突变蛋白的表达，减缓 HD 的发展。Cairns 等首先将 10-23 型 DRz 用于生物学研究中。他针对某些基因设计了很多的 DRz，然后以 DRz 混合物作为探针选择靶 mRNA 上的有效结合位点。此外，DRz 作为一种 mRNA 水平的强有效的基因灭活因子，为基因的功能研究提供了新的方法学。

另外，设计核酶和脱氧核酶针对/ 阻断下列疾病的基因表达也有很多报道，如白血病(包括慢性骨髓型、早幼粒细胞白血病)、各类肿瘤(如前列腺癌、肺癌、乳腺癌、神经胶质瘤等)。也有针对遗传疾病设计核酶的研究，如慢性溶血贫血、肌强直营养不良、成骨不全等。

总之，人工设计合成的这些核酶和脱氧核酶展示了多种催化活性，同时它们具有催化的高效性、高特异性、化学性质的稳定性、易修饰、价廉低毒等多种优势，显示出巨大的应用潜能。但要使核酶和脱氧核酶真正用于人类疾病的防治，进一步应用于食品行业，仍有很长的路要走。

11.2 进化酶

随着电子科学的迅猛发展及计算机的广泛应用，酶学研究也跨入了新的阶段。基因工程的出现与发展，被首先应用于酶学领域的研究，可以在实验室中模拟几十亿年来发生在自然界中的漫长的进化过程，这种思想很快得到了实验的支持，由此建立了酶分子的定向进化方法，用于构建新的非天然酶或改造天然酶分子。本节主要介绍酶分子定向进化的概念、原理、选择策略和应用等。

11.2.1 酶分子定向进化简介

11.2.1.1 酶分子定向进化的概念

酶分子的定向进化（directed evolution），属于蛋白质的非合理设计，它不需事先了解酶的空间结构和催化机制，可以人为地创造特殊的进化条件，模拟自然进化机制（随机突变、基因重组和自然选择），在体外改造酶基因，并定向选择（或筛选）出所需性质的突变酶。

长期以来，人们对酶分子的研究可以分为认识和改造两个方面。对酶分子的认识是利用各种生物化学、晶体学、光谱学等方法对天然酶或其突变体进行研究，获得酶分子特征、空间结构、结构和功能之间关系以及氨基酸残基功能等方面的信息，以此为依据对酶分子进行改造，称为酶分子的合理设计。与此相对应，不需要准确的酶分子结构信息而通过随机突变、基因重组、定向筛选等方法对其进行改造，则称为酶分子的非合理设计。非合理设计的实用性较强，往往可以通过随机产生的突变，改进酶的特性。

酶分子改造几十年来的研究主要集中于两个方面，一是基于序列的合理化设计方案（sequential rational design），如化学修饰、定点突变（site-directed mutagenesis）等；二是利用基因的可操作性，模拟自然界的演化进程的非合理设计方案（irrational design），如定向进化、杂合进化（hybrid evolution）等。

对酶分子的设计与改造方面，是基于基因工程、蛋白质工程和计算机技术互补发展和渗透的结果，它标志着人类可以按照自己的意愿和需要改造酶分子，甚至设计出自然界中原来并不存在的全新的酶分子。目前，酶分子人为改造还不成熟的情况下，通过定点突变技术改造成功了大量的酶分子，获得了比天然酶活力更高、稳定性更好的工业用酶。但总体来说，我们的能力并未达到对复杂的生物体系进行有效的人为改造的水平。近年来，易错 PCR、DNA 改组（DNA shuffling）和高突变菌株等技术的应用，在对目的基因表型有高效检测筛选系统的条件下，建立了酶分子的定向进化策略，尽管不清楚酶分子的结构，仍能获得具有预期特性的新酶，基本上实现了酶分子的人为快速进化。

11.2.1.2 酶分子定向进化的基本原理

酶分子定向进化是从已经存在的亲本酶（天然的或者人为获得的）出发，经过基因的突变和重组，构建人工突变酶库，通过筛选最终获得预先期望的具有某些特性的进化酶。

这里以对单一酶分子基因进行定向进化为例，说明酶分子定向进化的基本路线。在待进化酶基因的 PCR 扩增反应中，利用 Taq DNA 多聚酶不具有 3′→5′校对功能的特点，控制突变库的大小使其与特定的筛选容量相适合，选择适当条件以较低的比率向目的基因中随机引入突变，并进行正向突变间的随机组合以构建突变库，凭借定向的选择（或筛选）方法，选出所需性质的优化酶，从而排除其他突变体（图 11-9）。也就是说，定向进化的基本规则是"获取你所筛选的突变体"。

酶分子定向进化与自然进化不同，是人为引发的，是在人为控制下进行的，使酶分子朝向人们期望的特定目标进化。

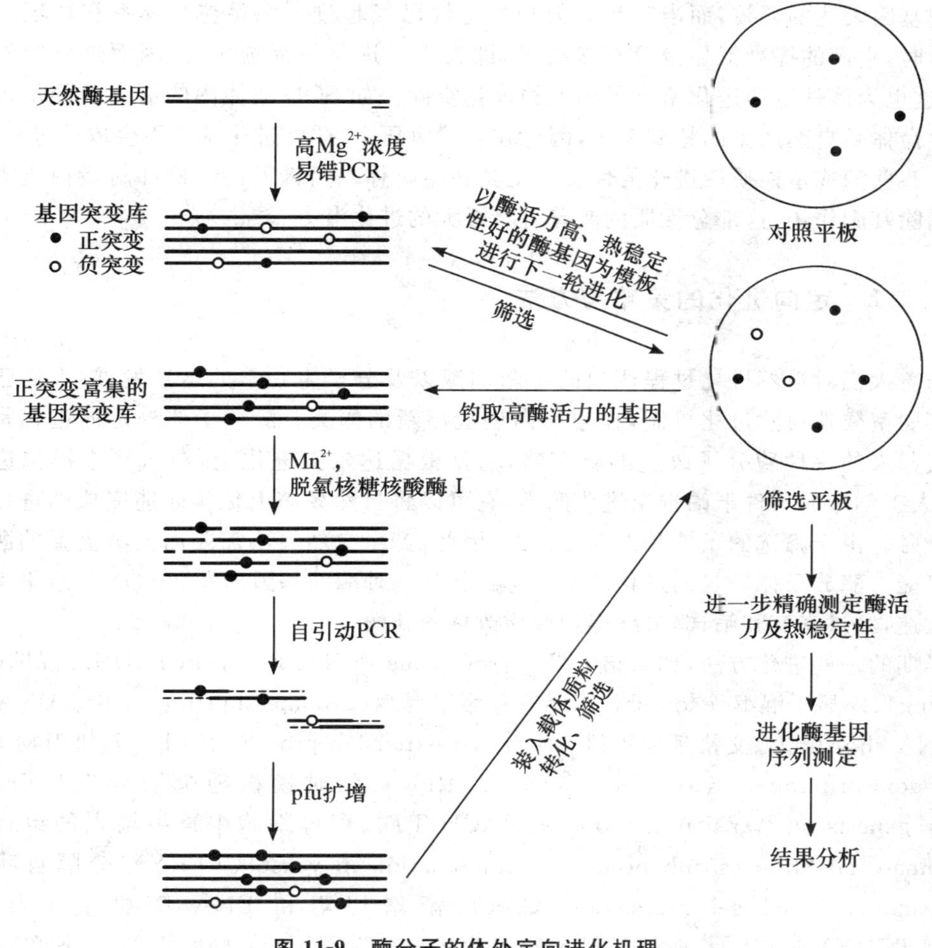

图 11-9　酶分子的体外定向进化机理

（罗贵民．酶工程．北京：化学工业出版社，2003）

酶催化的精确性和有效性往往并不能满足通常的工业化要求，天然的酶通常缺乏有商业价值的催化功能及其他性质。因此对天然酶分子水平上的改造显得十分重要。天然酶在自然条件下已经进化了千百万年，但是酶分子仍然蕴藏着巨大的进化潜力，这是酶的体外定向进化的基本先决条件。在定向进化中往往存在着这样的情况：

①天然酶在生物体内存在的环境与酶的实际应用环境不同。例如，把枯草杆菌蛋白酶E应用于非水相(二甲基甲酰胺，DMF)催化肽合成反应，自然生理条件下进化得比较完善的枯草杆菌蛋白酶E由于没有接触过非水环境，因此其活力和稳定性不适合在有机相中完成催化反应，这就为该酶在新的筛选条件下(有机相中)提供了适合该条件的进化空间。

②生物对环境适应的进化主要不是表现为某个酶分子的活力和稳定性的不断提高，而是在于整体的适应能力、调控能力的增强。在自然选择的筛选压力下，更主要是这个系统中的瓶颈部分的进化。对于某个酶分子来说，其活力可以受到调节部位的调节，含量可以受到基因表达的调控，而当其酶活力和稳定性已经超过了满足整个体系在环境中生存的需求时，它们的提高就显得没有必要了，即失去了进化的筛选压力，因而进化的机会很有限，这也为体外定向进化留下了很大的进化空间。如SOD在体内的活力已经足以完成歧化生命体系自然产生的超氧离子，因此在自然氧压下，体外进化基本不会取得进展。

③某些酶或蛋白质待进化的性质不是其在生物体内所涉及的。例如对蛋白质类药物改造消除其副作用，这部分性质的改善有着很大的进化潜力。

11.2.2 定向进化的策略与方法

随着人们对自然进化过程认识的不断加深以及分子生物学的迅猛发展，人们已经能够在实验室模拟自然进化机制，在短期内创造出新的酶类。酶分子体外定向进化是近年来发展起来的一种酶分子改造的新策略，它是根据达尔文进化论，在试管中模拟进化机制，在人工创造的条件下筛选出进化酶类，它可以将自然界需上亿年才能完成的进化缩短至几个月。由于筛选的条件是人为设计的，因此，产生自然界不需要而人类需要的酶也就成为可能。酶分子体外定向进化的基本思路是从一种酶的基因出发，在DNA水平上对其进行改造，经过突变和筛选，最终得到性质改良的新酶。

早期的一些进化方法，如易错PCR(error-prone PCR)、单分子PCR、DNA混编(DNA shuffling)、外显子混编(exon shuffling)、基因组混编(genome shuffling)、单链DNA混编(ss-DNA shuffling)、交错延伸重组(staggered extension process，StEP)、随机引物体外重组(random-priming in vitro recombination，RPR)、临时模板随机嵌合生长(random chimeragenesis on transient templates，RACHITT)、酵母细胞中重组增强的组合文库(combinatorial libraries enhanced by recombination in yeast，CLERY)、分隔自我复制(compartmentalized self-replication，CSR)、渐增切割和DNA随机重组相结合(SCRATCHY)等方法，都取得了很大的成功并一直沿用至今；同时更新、更好的进化方法也不断地创立。酶的定向进化策略按其所依据的原理，大体上分为基因突变和基因重组2种。

11.2.2.1 基因突变

1.随机插入/删除的链交换突变

Fujii等在随机插入/删除突变的基础上，于2006年创立了随机插入/删除的链交换突变(random insertion/deletion strand exchange mutagenesis,RAISE)。其操作大致分为3步:第一步,用DNase Ⅰ切割目的基因并回收100～300 bp小片段;第二步,用末端脱氧核苷酸转移酶(terminal deoxynucleotidyl transferase,TdT)在小片段的3′端随机添加/删除几个核苷酸;第三步,自引物PCR重组小片段直至扩增出全长基因(图11-10)。

该法与传统的突变方法相比,既简化了操作步骤,又增大了突变的多样性。在基于DNA混编的条件下介导突变产生,所产生的突变不仅包含了插入、删除和替换,插入或删除的核苷酸长度也可自由控制。Fujii等利用此法对TEM-1型β-内酰胺酶进行进化,经过三轮突变使其对头孢他啶(ceftazidime)的最小抑制浓度(minimum inhibitory concentration,MIC)提高了5 000倍。

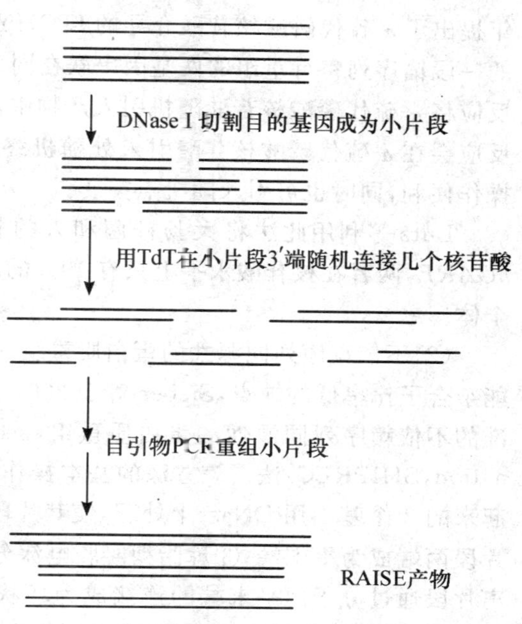

图11-10 RAISE原理示意图

(蔡勇,杨江科,闫云君.酶的定向进化策略.生命的化学,2007,27(2):186-189)

2.基于遗传密码的随机切除

Gaytan和Osuna等在利用基于遗传密码的突变(codon-based mutagenesis)方法改造β-内酰胺酶的头孢抗性时,无意中得到了一种删除了一个氨基酸的活性突变体,由此受到启发,于2004年创立了基于遗传密码的随机切除(codon-based random deletion,COBARDE)技术。该法是在寡核苷酸的合成过程中,利用2个瞬时的保护基团,DMTr(5′-OH保护基)和Fmoc-C1(氨基保护试剂),阻止单个密码子的合成从而达到随机切除密码子的目的,重复循环可以得到更多的密码子删除类型,能够对任何蛋白质区域的1个到数个氨基酸的随机切除进行功能探索。

Osuna等利用COBARDE技术对TEM-1型β-内酰胺酶的164～179位氨基酸残基组成的ω环活性中心进行改造,切除了170～178位的9个密码子,使其底物特异性得以改变。

3.易错滚环扩增法

Fujii等将DNA滚环扩增的原理应用于易错PCR技术,于2004年创立了一种新的进化方法——易错滚环扩增法(error-prone rolling circle amplification,EP-RCA)法。由于质粒DNA在滚环复制时形成的线性产物具有首尾重复序列,因此可以直接用于转化大肠杆菌感受态细胞。与传统的易错PCR相比,该方法不需要经过酶切、连接等步骤,排除了酶切、连接效率对文库构建的影响。该法甚至不需要特定引物(任意6个碱基的引物即可)和PCR仪等设备(可在常温下扩增),不仅大大简化了进化过程,也使得随机突变技术变得更为普遍。

Fujii等利用EP-RCA法对PUC19质粒上的β-内酰胺酶(头孢氨苄抗性)进行定向进化,经一轮进化,筛选到7个对1 mg/L头孢他啶具有抗性的突变体,改变了β-内酰胺酶的底物选择性。

11.2.2.2 基因重组

基因重组又分为非同源基因的重组和同源基因的重组两种类型。

1.非同源基因的重组

(1)α-硫代磷酸核苷酸介导的ITCHY。由于ITCHY方案冗长繁琐,Lutz等于2001年提出了α-硫代磷酸核苷酸介导的ITCHY(thio-ITCHY)法:首先用含有限制性酶切位点的一段锚序列将待重组的两基因串联在同一载体上,然后通过PCR反应或单链模板延伸反应将α-硫代磷酸核苷酸随机引入产物中,由于其抗核酸外切酶Ⅲ的切割,接下来的切割反应会在α-硫代磷酸核苷酸引入处随机终止,连接切割产物即产生随机交叉文库。该法操作便利,同时也可引入随机点突变。

Lutz等利用此法将大肠杆菌和人的甘氨酸核糖核苷甲酰基转移酶基因(*Pur*N和*hGARF*,两者在核苷酸水平上只有49%的同源性)进行重组,获得了数个酶活提高多倍的个体。

(2)不依赖序列同源性的蛋白质重组。为了克服ITCHY法产生的杂合基因文库中功能杂合子比率低的缺点,Sieber等于2001年创建了以杂合基因长度一致性为文库建立标准的不依赖序列同源性的蛋白质重组(sequence homology-independent protein recombination,SHIPREC)法。该方法的基本操作步骤是:①将含有限制性酶切位点的序列连接起来的2个基因用DNaseⅠ处理,使其片段化;②用S1核酸酶或T_4 DNA聚合酶处理,使片段两端成为平末端;③琼脂糖凝胶电泳分离出单基因长度(包括连接序列)的片段;④分离片段通过分子内平末端的连接成为环状;⑤连接序列内限制酶切割使环状DNA线性化,由此产生嵌合基因库;⑥嵌合基因克隆至表达载体、转化和筛选。

此法在2个亲本基因间只能建立发生一次杂交的文库,可用于产生杂合体。Sieber等用此法将人的膜连细胞色素P450 1A2的基因与巨大芽孢杆菌的可溶性细胞色素P450 BM3的基因(两者在蛋白质水平上只有16%的同源性)进行重组,重组文库再与氯霉素乙酰转移酶基因融合表达,经筛选后得到重组子,其表达的蛋白质可溶性比野生型蛋白质提高了很多。

2.同源基因的重组

(1)退火寡核苷酸基因混编。针对DNA家族混编中没有混编分子占主导的情况,Gibbs等于2001年创立了退火寡核苷酸基因混编(degenerate oligonucleotide gene shuffling,DOGS)方法。该方法最大的特点是在混编的过程中没有使用核酸内切酶(DNase I)进行基因的片段化,而是在保守区域中设计互补简并引物(complementary degenerate primers),通过嵌套的引物进行小片段扩增,最后小片段群体通过重叠延伸PCR方法获得全长的基因。DOGS方法在重组过程中可以控制已经重组基因间的相对重组水平,并且减少未经重排的亲本基因的再生,在亲本同源性和GC比差异很大时仍能够获得高嵌合率的突变体库。该方法在β-木聚糖酶(β-xylanase)家族混编中得到了验证。

(2)截短状模板重组延伸。Lee等于2003年建立了截短状模板重组延伸(recombined extension on truncated templates,RETT)法。以单向ssDNA片段为模板,通过由引物开始单向生成多(聚)核苷酸的模板转换来产生随机重组基因库。该法有两个关键点,一是制备用于重组目的基因的单向ssDNA片段和以ssDNA为模板,通过PCR重组合成全长基因;二是利用在PCR中单向延长的特定引物的模板变换,获得随机重组的目的基因。图11-11以2个同源基因来演示该模型。

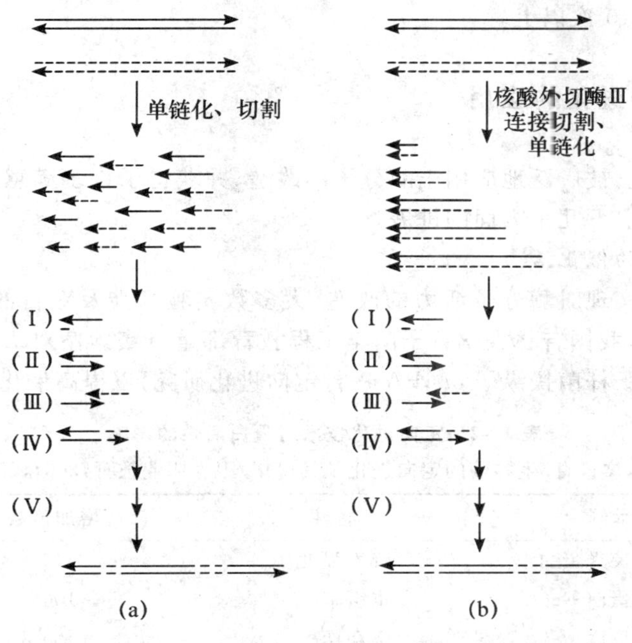

图11-11　截短状模板重组延伸原理

(蔡勇,杨江科,闫云君.酶的定向进化策略.生命的化学,2007,27(2):186-189)

在随机引物存在的情况下,体外转录的目的RNA通过逆转录而获得ssDNA,开始重组合成反应:(Ⅰ)特定引物结合到ssDNA片段上;(Ⅱ)特定引物在一个PCR循环中延伸;(Ⅲ)从引物延伸而来的短的片段在另一个PCR循环中,通过模板变换结合到另外的ssDNA片段上,然后再延伸;(Ⅳ)同(Ⅲ);(Ⅴ)重复以上步骤,直至获得全长ssDNA基因。

Lee等应用RETT法,重组来源于沙雷氏菌*S. marcescens* ATCC21074和*S. liquefaciens* GM1403的2个同源的几丁质酶(序列同源性为83%)。通过对重组基因进行严格的图谱和序列分析,发现形成的重组基因有高达70%的重组率,每个镶嵌体基因的杂交次数为1~4不等,重组位点随机分布在整个DNA序列上,重组效率大大提高。

(3)基于多元PCR的重组。Eggert等在2005年创立了基于多元PCR的重组(multiplex-PCR based recombination,MUPREC)法并作了改进。该法利用2个载体连接目的基因作为模板进行PCR和重组。首先合成一系列包含不同突变位点的正反向引物,然后以载体-1为模板,用其正向通用引物与包含不同突变位点的一系列反向引物等摩尔混合进行多元PCR,同时以载体-2为模板,用其反向通用引物与包含不同突变位点的一系列正反引物等摩尔混合进行多元PCR,2次PCR产物片段再与两载体的通用引物混合进行重组,扩增出含不同突变位点的全长基因。该法在重组过程中大大降低了点突变率(不到1/10 000),但重组次数不高。因此Eggert等又对此法进行了改进,即先以载体-1为模板,用其正向通用引物与包含不同突变位点的正反向引物同时混合进行多元 PCR，再以载体-2为模板，用其反向引物与这些产物片段混合进行多元 PCR。这样得到的重组产物，其重组次数甚至可达 10 次以上。

11.2.3 定向进化的应用

定向进化技术已被广泛地应用于酶分子的改造，并获得了许多满意的结果，目前对酶性质的改造主要有以下几个方面的进展。

1. 提高酶分子的催化活力

定向进化可以实现对酶分子活力的改造，大多数实验都涉及对目的酶催化活力的提高（表 11-2）。例如，我国吉林大学分子酶学工程教育部重点实验室对 *L*-天冬氨酸酶、α-天冬氨酰二肽酶和大肠杆菌操纵子 *ots* BA 进行定向进化研究，以提高催化活力。

表 11-2 定向进化技术对蛋白活性的影响

（曾家豫，杨国兵，廖世奇. 生物酶的定向进化及其应用. 卫生职业教育，2007，25(23)：155-159）

类型	示例	特性	活性增加倍数	潜在应用领域
蛋白	绿色荧光蛋白	荧光强度	45	基础研究
	重组蛋白 RecA	重组率	100	基础研究
抗体酶	人源抗体	亲和性	400	生物制药
	天冬氨酸转氨酶	催化特异性	10 000	生物制药
	β-内酰胺酶	抗生素抗性	32 000	抗生素
	枯草杆菌蛋白酶 E	耐热性	17	工业酶
细胞因子		65℃耐热时间	200	
	人类干扰素	抗病毒	285 000	基因治疗
代谢途径	肿瘤抑制因子 P53	37℃半衰期	12	基因治疗
	砷酸盐代谢途径	砷酸盐解毒	40	生物制药
	汞代谢途径	汞解毒	12	生物制药

2. 提高酶分子稳定性

生物酶是生物大分子，稳定性较差，提高酶分子的稳定性，特别是热稳定性非常必要。在工业生产中，高温可以提高底物溶解度，降低介质黏度，减少微生物污染和增加酶活力。

随机突变可以提高某些酶分子热稳定性。一般单氨基酸残基突变造成酶的熔化温度（T_m）的升高为 1～2℃，如已经确定的 T_4 溶菌酶 11 个不同的单点突变株将酶 T_m 提高的范围是 0.8～1.4℃。单点突变引起热稳定性大幅度提高也有报道。Joyet 等通过比较常温酶与高温酶的顺序并结合随机突变筛选的方法，获得了一株 T_m 提高 11℃，在 90℃半衰期增加了 9～10 倍的 α-淀粉酶突变体。

Diversa 的基因位点饱和突变技术，即将蛋白质的每一个位点随机地用 20 种氨基酸分别取代，建立一个完整的突变库的方法提高酶的热稳定性。通过此技术，他已经明显提高了几种酶的热稳定性，如胶酸盐裂解酶的溶解温度提高了 16℃，细菌的肌醇六磷酸酶的溶解温度提高了 12℃，木聚糖酶的溶解温度增加了 35℃。

3. 提高酶分子对环境的适应能力

利用有机溶剂可以提高底物的溶解度或提高专一反应的速率，但天然酶在有机溶剂中极易失活，因此对酶分子定向进化就十分必要。枯草杆菌蛋白酶在 60%DMF 中的定向进化，提高了酶的活力和稳定性；利用定向进化和基因重组，对硝基苄基酯酶在 DMF 中使合成抗生素中间体脱保护，在 30%DMF 中酶活力提高了 100 倍。

实践中常需在低温条件下解决问题，如废水处理，就要使常温生物中的酶能够在低温下具有较高的活力。Kano 利用随机突变来提高中温酶在较低温度下的活力，在 10℃筛选枯草菌蛋白酶的活力，使得 K_{cat} 达到了常温野生型的级别，但是它的 K_m 却急剧下降，10℃和 1℃水解速率增加了 10%和 30%，而进化酶在更高的温度下稳定性却没有改变。

4. 提高酶分子的底物专一性

定向进化可以降低 K_m，增加酶的底物专一性，可以使酶更加适应工业化生产。Sidhu 和 Borgford 发现了 *Streptomyces griseus* 蛋白酶 B 的一个突变体，对于 P_1 结合位点是 Met 的多肽的催化活力有了很大的提高，但 K_{cat} 并没有改变。

5. 提高酶分子的对映体选择特异性

黑曲霉素环氧化物水解酶对苯基缩水甘油醚的对应体选择性通过两轮易错 PCR 提高了 2 倍，从 $E=4.6$ 增加到 $E=10.4$（E 为对应体选择性因子）。选择性提高的突变酶体包含 3 个氨基酸的取代，其中两个远离活性位点。

Matcham 曾报道了定向进化方法提高转氨酶的对映体选择性。在食品工业中转氨酶可应用于生产几种手性氨基酸，大多数转氨酶转化酮酸的效率都高于 99%，但是一种 *S* 形选择性的转氨酶转化 *β*-丁酮时手性专一性很低，仅有 65%。Matcham 等通过对 10 000 个随机突变菌株的筛选，获得了 10 个手性专一性在 80%～94%之间的酶，个别突变体专一性达到了 85%～91%，大大提高了生产效率。

11.3 杂合酶

近年来，现代生物工程技术日新月异，以酶为主要研究对象的蛋白质工程技术发展非常迅速。杂合酶，又称为杂交酶（hybrid enzyme）是在蛋白质工程应用于酶学研究取得巨大成绩的基础上兴起的一项新技术。目前，有关杂合酶的研究日益受到重视，尤其是表达克隆（expression cloning）、分子筛选（molecular screening）、人工进化（artificial evolution）、DNA 序列改组（DNA shuffling）和体外突变等技术开发的成功，为杂合酶的开发与生产铺平了道路。

所谓杂合酶是指由来自两种或两种以上的酶的不同结构片段构建成的新酶。杂合酶的出现及其相关技术的发展，为酶工程的研究和应用开创了一个新的领域。首先，人们可以利用高度同源的酶之间的杂交将一种酶的耐热性、稳定性等非催化特性“转接”给另一种酶。这种杂交是通过相关酶同源区间残基或结构的交换来实现的。新获得的杂合酶的特性，通常介于其双亲酶的特性之间。例如，利用根癌土壤杆菌（*Agrobacterium tumefa-*

ciens)和淡黄色纤维弧菌(*Cellvibriogilvus*)的 β-葡萄糖苷酶进行杂交构建成的杂交 β-葡萄糖苷酶,其最佳反应条件和对各种多糖的 K_m 值都介于双亲酶之间。其次,人们可以创造具有新活性的杂合酶。其最便捷的途径就是调节现有酶的专一性或催化活性。迄今为止,所有杂合酶大都属于这类酶。有时单个氨基酸残基的变化就能够改变酶的催化活性。杂合酶技术还可以用于研究酶的结构和功能之间的关系。例如,可以用来确定相关酶之间的差异,当某个酶的特性在同源酶中缺失时,人们可以用杂合酶技术分析研究与该特性有关的残基或片段等。

由于杂合酶的产生利用了自然界进化的各种各样酶的性质以及自然界用于进化酶的各种策略,因而正成为人们获得所希望活力和性质的新酶的主要方法。近年来,杂合酶的发展非常迅速,1998 年就有 14 个利用杂合酶技术改良的酶,获得了美国专利。可以预期,杂合酶技术必将为酶工程的研究和应用发挥更大的作用。

11.3.1 杂合酶的构建策略

许多方法可以产生杂合酶,即产生具有新功能的蛋白质。传统的方法是大规模随机突变现有蛋白质,然后筛选感兴趣的蛋白质突变体。理论上,调整现有酶的特异性或催化活性是创造新酶最便利的途径。因此,到目前为止,所获得的杂合酶大部分属于这一领域。然而这种方法很耗时,即使出现噬菌体展示技术这样强有力的筛选技术,这种方法仍局限于非常短的片段,因为候选者的数目(库容量)随有待独立改变的残基数呈指数增加。

1986 年 P. T. Jone 等用鼠抗体 B1-8 重链可变区的互补决定区(complementarity determining region,CDR)代替人骨髓瘤蛋白的相应 CDR,新抗体具有 B1-8 的抗原亲和性($K_{NP\text{-}cap}=1.2\ \mu m$),说明抗体间 CDR 的交换可以转移抗原识别专一性,也提供了一种鼠单克隆抗体构建人单克隆抗体的手段。重组技术也为杂合酶的产生提供了非常有利的工具。杂合酶就是将属于不同酶/蛋白质的结构成分组合在一起,产生新性质酶/蛋白质的方法。这种技术不仅可以分析酶的详细结构和功能,也可分析整合的各成分如何更好地配合,以及它们之间如何保留或产生功能的相互作用。实验证明,功能部位确实可以从一个蛋白质转移至另一个蛋白质,同时保持结构的完整性并获得新功能。

正如 Nixon 所指出的,交换个别残基(点突变)、二级结构成分、整个亚结构域或整个蛋白质(融合蛋白)均可以产生杂合酶(图 11-12)。为保留相同的基本功能(如动力学参数、底物专一性、热稳定性、最适 pH 等),又具有修饰的性质,通常在同系功能单位间交换较短的成分。另外还可吸收两个或更多的功能单位,以产生双功能蛋白质或多功能蛋白质。

11.3.1.1 点突变及二级结构互换

同系蛋白质间调换某些功能残基,可以重新设计蛋白质的专一性。杂合酶较早成功的实例,是 1985 年 R. P. Wharton 等将 434 阻抑蛋白质识别 DNA 的 α 螺旋的外表面上的氨基酸用 P22 阻抑蛋白质识别螺旋的相应氨基酸去取代,结果杂合蛋白质的结合专一性经体内体外测定都是P22阻抑蛋白的专一性。

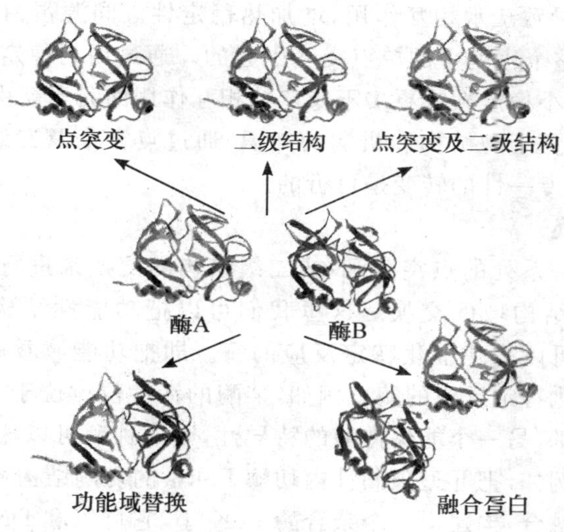

图 11-12 杂合酶的构建策略

许多情况下，由相关酶同源区域交换所产生的杂合酶的活性都出现降低。相似性越低，所产生的杂合酶活性越低甚至没有活性。然而，利用随机突变的方法可以恢复杂合酶的活性，这一现象被认为是突变使酶的折叠、稳定性和形成正确构象之间的相互作用得到恢复。例如，RTEM-1β-内酰胺酶和来自普通变形杆菌 *Proteus vulgaris* 的β-内酰胺酶有37%的相似之处，在两者的18种杂合酶中，大部分是无活力的，仅有几种杂合酶具有部分或微量的活力。对具有部分或微量活力的杂合酶进行随机突变，尽管突变的残基不与底物作用，仍可显著提高它们的活力。

实际上，个别氨基酸残基的改变足以改变催化活性。例如，在嗜热脂肪芽孢杆菌(*Bacillus stearothermo* Ailus)耐热乳酸脱氢酶的各种杂合酶中，有显著的底物专一性的变化。在耐热苹果酸脱氢酶的序列和结构的基础上进行点突变，导致对草酰乙酸的 K_{cat}/K_m 增加 10^3 倍，对丙酮酸盐的 K_{cat}/K_m 下降 10^4 倍。通过互换3个残基，使来自地衣芽孢杆菌(*Bacillus lichenifoumis*)蛋白酶具有了解淀粉芽孢杆菌(*Bacillus amyloliquefacie*)蛋白酶的底物催化专一性。通过在活性部位互换4个残基，互换非结构性的表面环，胰蛋白酶转变为胰凝乳蛋白酶。用点突变的方法将植酸酶的非活性中心的个别氨基酸替换，增加了疏水相互作用，提高了酶的热稳定性。Eric等将大肠杆菌(*Escherichia coli* pH 2.5)植酸酶基因 *app*A 3个位点进行突变，即C200N/D207N。氨基酸突变后酶的最适温度变为65℃，而未突变的植酸酶最适温度则为55℃。在80℃和90℃处理15 min，C200N/D207N/S211N突变的剩余酶活比未突变的高。突变植酸酶热稳定性的改进可能增加了疏水相互作用。

将同源植酸酶相同部位的二级结构单元进行交换，产生杂合植酸酶，提高植酸酶的热稳定性。Lutz等(2001)根据 *A. niger* 植酸酶晶体结构，在 *A. terreus* 植酸酶的表面α螺旋(66～82区域)被相应 *A. niger* 植酸酶置换，导致杂合酶蛋白A热稳定性改善，与 *A. niger*

相似，而酶活性未变。其原因在于两个不同来源的植酸酶在分子表面α螺旋中氨基酸改变S58Y、T70L、A78V导致疏水相互作用，增加热稳定性。同源蛋白稳定性的不同是由于许多在进化中分散在整个序列中的单点突变引起的。通过用更稳定或较不稳定相互作用的同源片段，改变具很小稳定性或更多不稳定的相互作用的元素能引起稳定性的改善。

总之，运用详尽的关于酶结构和机制的知识，通过点突变及二级结构互换，扩大酶的底物专一性，实现底物专一性的转变是可行的。

11.3.1.2　功能域替换

以上研究是通过一系列的点突变和/或二级结构的交换来进行的。构建新酶的另一种方法是通过功能性结构域的交换。这里我们可以把功能性结构域看作"建筑用的砖块"，而互换这些砖块可以构建催化特定反应的酶。即把功能域看做是构建酶的组件，可以通过互换来构建催化特定反应的酶。例如，某酶的活性位点位于两个结构域的界面上，其中一个包含催化残基，另一个能保持酶的特异性，则这种酶可以比较方便地通过结构域的交换来创造新酶。例如，把Ⅱ型限制性内切酶 FokⅠ的切割结构域同果蝇 Ubx 的 DNA 结合骨架和锌指蛋白融合，构建出一个杂合酶 FoK-Ⅰ，它可以和 DNA 靶序列结合并切割 DNA。从理论上讲，可以设计能够识别任何三联密码子的锌指蛋白。因此，就有可能创建能够识别任何序列的限制性酶。

在此研究方向上取得重要进展的是甘氨酰胺核苷酸(glycin amide-ribonucleotide, GAR)转甲酰酶的成功构建。其把一个核苷酸结合功能域与一个辅助水解酶结构域融合构建而成。*E. coli* 从头生物合成嘌呤的第三步有 GAR 甲酰酶(PurN)催化，这个 23 ku 酶催化甲酰基由 N^{10}-甲酰基四氢叶酸转移到 GAR 给出甲酰基-GAR 和四氢叶酸。另外，N^{10}-甲酰四氢叶酸水解酶(PurU)也是以 N^{10}-甲酰四氢叶酸作为辅助因子。通过应用结晶学和生物化学信息把 PurN 分成两个独立的结构域：一个核苷酸结合结构域和一个辅助因子结合结构域(此结构域中含有在甲基转移催化机制中起重要作用的残基)。通过序列同源性和二级结构预测在 PurU 中发现了一个与 PurN 中相当的辅助催化结构域。在此基础上通过 PurN 的核苷酸结合结构域和 PurU 的辅助因子催化结构域构建了许多 PurN-PurU 杂合体酶，并且用遗传选择法进行了 PurN 活力的测定：测定其对大肠杆菌 PurN 缺陷型的互补能力。在对一个具有互补能力的 PurN-PurU 杂合体酶的体外测定中发现其具有 PurN 活力，但是其活力只是 N^{10}-甲酰四氢叶酸辅助因子水解活性的 1/40，这可能是由于两个结构域不正确装配的缘故。另外这个 PurN-PurU 杂合体酶还存在另一个问题，即其不溶性问题。同样的问题也出现在其他结构域交换杂合酶中。其他杂合酶的活力不高的原因之一可能是不能得到正确的折叠。

一些小肽类物质(如短杆菌肽 S)的合成，不需要 mRNA 和核糖体参加，它们的合成是由多功能酶催化的。这些酶独特的结构域负责特异氨基酸活化和修饰以及形成肽键，这些结构域的排列方式决定肽中氨基酸的数量和顺序。枯草杆菌体内的 SrfA 复合体就是一个这样的多功能酶，它能产生合成脂肽抗生素 surfactin 的肽。使用元件组装法(building-block，即通过对合适数量的激活结构域的组装有可能合成任何特定的多肽)，把短杆菌(*Bacillus brevis*)的 Phe、Orn 和 Leu 激活结构域及青霉菌属 *Penicillium chrysogenum* 的 Cys 和 Val 激活结构域分别与 *srf*A 的 Leu 激活结构域互换、组装，获得的杂合基因编码具有需要的氨基酸特异性的多肽合成酶，并产生带有相应氨基酸取代的多肽。

功能域转移可采取3种不同的类型：第一，将一种蛋白的功能基转移至同系结构蛋白上；第二，将功能肽序列转移至宿主骨架蛋白上，而不考虑同系结构问题，目的只是限制该序列的柔性；第三，将排列有序的活性部位转移至结构不同的适当天然骨架蛋白上。

1. 转移蛋白的功能基至同系结构蛋白

通过体内重组和/或体外延伸重叠PCR片段，用非常相关的成对酶构建杂合体，然后分析系列重组体，以表征负责某些参数（如热稳定性或底物专一性）的决定因素。交换大片段多肽引起的一个问题是，维持蛋白质适当结构和功能所需要的精细网络系统很可能被扰动。Nixon在其最近的综述中指出，大多数试图修饰酶的底物专一性或辅因子专一性的手段，皆依赖于一个或几个残基的定点突变。然而交换结构明确的亚结构域虽然有重要意义，但保留最适当的折叠可能比任意改组（shuffling）多肽片段更有意义。

(1)改变底物专一性。丝氨酸蛋白酶是一类最有特色的酶家族（S1家族），这个家族包括胰蛋白酶（trypsin）、胰凝乳蛋白酶（chymotrypsin）、弹性蛋白酶（elastase）、凝血酶（thrombin）、枯草杆菌蛋白酶（subtilisin）、纤溶酶（plasmin）和其他有关的酶类。它们的作用是断裂大分子蛋白质中的肽键，使之成为小分子蛋白质。S1家族的丝氨酸蛋白水解酶由2个同源β桶亚结构域组成，其界面形成活性部位裂隙；虽然疏水结构和由His_{57}、Asp_{102}和Ser_{195}在活性部位形成的催化三联体是保守的，但围绕活性部位的表面环是可变的，它负责酶的各种底物专一性和调节性质。因此，S1丝氨酸蛋白水解酶是通过亚结构域交换而产生新酶的很好的候选者。

胰蛋白酶和胰凝乳蛋白酶具有类似的四级结构（图11-13），S1底物结合部位由189～195，215～220，225～228氨基酸残基组成，其中只有4个氨基酸的差别，胰蛋白酶裂解Arg、Lys处的肽键，而胰凝乳蛋白酶断裂Phe、Trp和Tyr等疏水氨基酸残基的羧基端肽键。用牛胰凝乳蛋白酶的4个歧异氨基酸取代牛胰蛋白酶。S1部位中的4个歧异氨基酸远不足以改变酰胺水解专一性，只转移了酯水解的专一性。然而，当胰凝乳蛋白酶的2个表面环（185～188和221～225）也与胰蛋白酶的类似环交换，则胰蛋白酶就变成了类似胰凝乳蛋白酶的蛋白水解酶。这些环既不是S1结合部位的结构组分，也不是延伸的底物结合部位的结构成分。它们的效应不是在底物结合上，而在加速它们的催化过程速度上。

胰蛋白酶

胰凝乳蛋白酶

图11-13　胰蛋白酶和胰凝乳蛋白酶的结构示意图

Hopfner等构建了一个杂合蛋白水解酶（fXYa），它由胰蛋白酶的羧基末端亚结构域和凝聚因子Xa（fXa）的氨基末端亚结构域组成。分析该杂合体（fXa/trypsin）三维结构显示（图11-14），界面的疏水核成分保持其结构，仅有微小调整，但表面成分却与母体结构不同。用一套合成底物试验了 fXa、fXYa 和胰蛋白酶的动力学参数，发现重组蛋白酶在与母体酶相同的范围内具有酰胺水解活力。一般来说，该杂合蛋白酶显示的对不同底物的活力差别小于母体酶，催化效率类似于胰蛋白酶，与杂合体的胰蛋白酶部分所发生的大多数底物结合作用一致。然而分子识别形式显著不同于胰蛋白酶，继承了 fXa 优先作用于携带 Gly 作为倒数第二残基的底物的特性。

图 11-14　fXa/trypsin 杂合蛋白水解酶结构图

（Hopfner KP, Kopetzki E. New enzyme lineages by subdomain shuffling. Biochemistry, 1998, 95(17): 9813-9818）

通过在结合底物的临近部位进行有限的氨基酸取代，可以将底物专一性由同系基因族的一个成员转给另一个成员。例如，地衣芽孢杆菌的枯草杆菌蛋白酶（subtilisin）与解淀粉芽孢杆菌的枯草杆菌蛋白酶，它们在蛋白质序列上有 31% 不同，对各种底物催化效率 K_{cat}/K_m 也相差 60 多倍，二者有很大的差别。但通过定点突变将地衣芽孢杆菌的枯草杆菌蛋白酶与底物通过范德华力接触的 3 个残基 $Ser^{156}/Ala^{169}/Leu^{217}$ 引入到野生型解淀粉芽孢杆菌的枯草杆菌蛋白酶（$Glu^{156}/Gly^{169}/Tyr^{217}$）时，前者的底物专一性可加入到后者之中，突变体的专一性达到了地衣芽孢杆菌酶的专一性。在 0.4 nm 的接触距离内只有 156 位和 217 位 2 个氨基酸发生取代，第三个是在 0.7 nm 内取代。说明亲缘关系较远，功能歧义的酶的专一性也可以通过有限氨基酸取代进行交换。

通过比较同源蛋白家族在底物特异性方面的差异，找到引起功能多样性的主要因素，从而可以从操纵底物专一性方面来设计产生新酶。枯草杆菌蛋白酶家族包括：细菌枯草杆菌蛋白酶 BPN，酵母加工酶 kex2 和哺乳动物激素原内肽酶 furin。细菌枯草杆菌蛋白酶 BPN 的底物特异性不强；酵母加工酶 kex2 的作用要求底物含有 P2-P1（P 指底物的氨基酸序列）；哺乳动物激素原内肽酶 furin 的作用要求底物含有 P4-P2-P1 序列。Ballinger 等人在 BPN 中突变了两个氨基酸而使其底物特异性类似 kex2，再接下来引入第三个突变碱基，产生新蛋白水解酶叫 furilisin，可有效水解人工合成底物 Succinyl-RAKR-PNA 或 Succinyl-KAKR-PNA，使其特异性类似 furin，在 P4 位置识别 Arg 的能力比识别 Ala 高 360 倍。furilisin 可能成为有用的裂解工具，用于裂解蛋白和融合的亲和标签间的连接序列。这个新蛋白酶只有 furin 的 S1、S2 和 S4 位点的 3 个酸性残基（Asp^{166}、Asp^{62} 和 Asp^{104}）被取代，分别可与碱性残基 P1(Arg)、P2(Lys) 和 P4(Arg) 位点相互作用。整个突变酶相对于野生型酶，其专一性发生了巨大改变，从而改变了酶作用底物的特异性。

(2)改变辅酶专一性。最具挑战性的研究是对嗜热栖热菌的异丙基苹果酸脱氢酶（isopropylmalate dehydrogenase, IMDH）辅酶专一性的改变。Antony Dean 和他的团队研究了一种酶，名为异丙基苹果酸脱氢酶。为行使其正常功能，IMDH 的催化活性需要 NAD 分子的协助。与依赖 NADP 的大肠杆菌异柠檬酸脱氢酶(isocitrate dehydrogenase, IDH)比较显示，IMDH 结合 NAD 口袋中的 β 转角在 IDH 中却是一个 α 螺旋。因此，成功与否关键在于能否在酶的结合部位中工程二级结构，也就是用 *E. coli*-IDH 的 13 个残基组成的 α 螺旋取代 IMDH 中的 11 个残基组成的 β 转角。在 X 射线晶体结构和分子图示指导下，使用定点突变系统改变了嗜热栖热菌的 IMDH 的辅酶专一性。分子模型建议，要做 4 个氨基酸取代，以避免空间装配问题，另外做 4 个氨基酸取代来稳定结合口袋，工程化后的 IMDH 由原来对 NAD 优先 100 倍，改为对 NADP 优先 1 000 倍，同时酶活力比野生型提高两倍。这个例子证明，理论工程二级结构能够产生具有新性质的酶，也说明活性部位转移策略必须与结构模型结合起来，才能创造某些酶的新性质。

(3)改变结合活性。通过转移蛋白质的功能残基，可用于改变亲缘关系比较远和功能不同的激素的受体结合性质。例如将人生长激素的 8 个功能残基转移给人促乳素，结果促乳素能结合生长激素受体。这种杂化激素可用作受体兴奋剂，将受体结合和活化过程分开。然而已转移的 8 个残基并未进行结构测定，选择它们是在经 7 轮定点突变和功能分析后决定的。由此看来，详尽的结构分析对指导蛋白质间界面的设计很关键，因而具有十分重要的意义。

锌指(zinc finger)结构指的是在很多蛋白中存在的一类具有指状结构的结构域，是由一个含有大约 30 个氨基酸的环和一个与环上的 4 个 Cys 或 2 个 Cys 和 2 个 His 配位的 Zn^{2+} 构成，形成的结构像手指状(图 11-15)。这些具有锌指结构的蛋白大多都是与基因表达的调控有关的功能蛋白。因为它的结构已很好地表征过了，并具有独特的结合 DNA 性质，所以，Cys_2His_2 锌指结构是蛋白质工程中很吸引人的模块。其结合 DNA 的性质是由分子的 α 螺旋部分的暴露溶剂区域所规定的。用来自其他不同锌指结构的 α 螺旋暴露于溶剂面的残基取代 Cys_2His_2 锌指结构中的 7 个残基，则可控制锌指结合 DNA 的性质。由 3 个能识别 GCG 亚部位的相同锌指构成的蛋白质，可以专一性结合到 5′-GCG-GCG-GCG-3′序列，解离常数为 11 μmol/L；第二个蛋白质也有 3 个锌指结构，但识别亚基部位变了，它能结合到预定的识别部位 5′-GCG-GCG-GCT-3′，解离常数为 2 nmol/L。这说明使用锌指结构的共有序列可以有规律地改变结合 DNA 专一性，从而设计新的结合 DNA 的蛋白质。

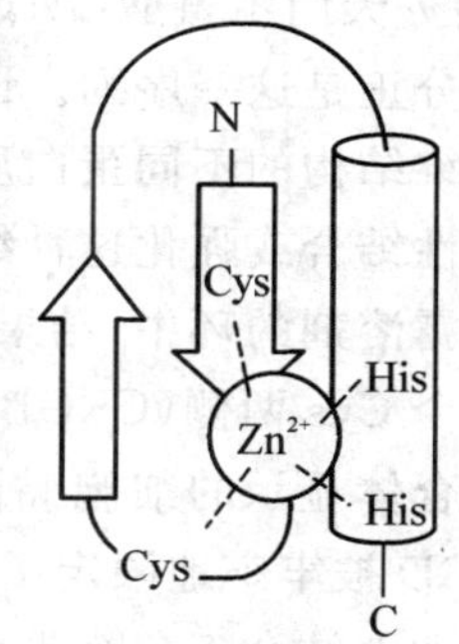

图 11-15　锌指结构示意图

(罗贵民. 酶工程. 北京：化学工业出版社，2003)

用来自结构同源的酸性成纤维细胞生长因子的相应的 7 个残基环，取代碱性成纤维细胞生长因子的 5 个残基表面环，可使碱性成纤维细胞生长因子(其结构类似于白细胞介素-1β 的 β 桶)成为高亲和结合到酸性成纤维细胞生长因子的受体。另外，血管生成素(ANG)和核糖核酸酶 A 间有结构同源性。血管生成素的 13 个残基组成的表面环可被牛胰核糖核酸酶 A 的相应的 15 个残基环取代，杂合体的血管生成素能力大大降低，而核糖核酸酶活力大大增加。在互补实验中，核糖核酸酶 A 的相同的 15 个残基表面环被血管生成素相应的 13 残基环所取代，杂合体显示出可与真正的血管生成素相比的活力（图 11-16），但核糖核酸酶活力降低。

2. 转移功能序列到呈现骨架蛋白质

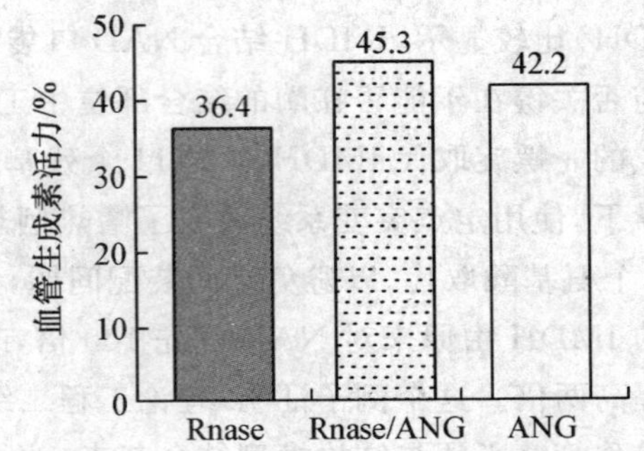

图 11-16　血管生成素的活力比较

（罗贵民. 酶工程. 北京：化学工业出版社，2003）

将功能肽序列以插入序列形式转移到球蛋白的容许区域内，以限制构象柔性，并把这个序列呈现在受控结构中。例如，可将抗原表位插入到不同受体细菌蛋白中，作为诱导针对所选肽序列的抗体的手段，从而不必合成这个肽序列。这样的基因结构比化学偶联得到的杂合体均一，易于用载体蛋白的特殊亲和性进行亲和层析纯化，并能通过对 T 细胞有专一性的决定簇，刺激 T 细胞。前面曾提到抗体人源化，与之对应的是抗体抗原化（antigenization）。将抗原序列插入到抗体 CDR 区中，作为限制其构象、提供免疫应答的手段。这个过程叫抗体的抗原化。人源化是将 CDR 从一个抗体调换到另一个抗体，以便转移抗原识别专一性，降低免疫应答。

黏附蛋白（纤维粘连蛋白及纤维蛋白原等）中的不少成员均含有高度保守的精氨酸-甘氨酸-天门冬氨酸（Arg-Gly-Asp，RGD）序列，各种黏附蛋白结构中与黏附活动密切相关的部分正是这一序列。RGD 序列可被细胞表面受体整合素所识别。RGD 已被安装到已知三维结构的不同蛋白质上，用于固定构象的一种方式，这种构象能决定对整合素受体的专一性结合或强化这种结合。包含在可变长度序列内的 RGD 模块，可插入到溶菌酶的长的暴露溶剂的环中，结果产生新的黏附活力。后来设计该黏附序列位于 Vd^{74} 和 Asn^{75} 之间的两个 Cys 两侧（CRGBC）可形成二硫桥。结果进一步限制了插入序列的构象；新的溶菌酶杂合体显示的细胞黏附活力是粘连蛋白活力的 5%～10%；分析杂合体三维结构显示，RGD 被牢牢地限定了，呈Ⅱ′型 β 转角构象，Arg 和 Asp 以相反方向相对，这个构象是以高亲和力结合于整个蛋白分子所必需的。

来自大麦种子的糜蛋白酶抑制剂 2（CI2），是一个小的结构清楚的蛋白质，也可作为呈现骨架蛋白。在其较长、有柔性、暴露于溶剂的环中插入 Gln^{10} 重复序列。这个重复序列有相互缔合作用。所以插入此序列后，可引起分子形成二体和三体。这个结果支持这一假说：这类重复序列通过氢键将长的 Gln 部分连在一起，促进蛋白质聚合，这是继承性神经降解疾病（如亨廷顿、肯尼迪病）的原因。

3. 转移活性部位到一个新的结构

将结构清楚的活性部位转移到结构不相关的蛋白质上，仍保留转移部位的结构和功能。

（1）β 转角。β 转角可以从一个蛋白质骨架转移到另一个蛋白质上。例 Hynes 等研究证明，葡萄球菌核酸酶的 β 转角可被伴刀豆球蛋白 A 的转角序列所取代，在所产生的杂合蛋白中，客体转角序列构象仍然保持与母体 ConA 中的一样。主-客体之间没有结构同源性，而且转移研究是在主-客体蛋白转角的 β 股间很好地对齐的基础上进行的。杂合蛋白具有完全的核酸酶活力，但热力学稳定性降低。用类似的方法，大豆胰蛋白酶抑制剂和其他蛋白酶抑制剂的抑制性环可以转移到白细胞介素-1β上，以取代紧凑密集环，这种转移赋予细胞因子以特殊的蛋白酶敏感性或抑制作用，杂合蛋白保持了两分子的功能。

(2)β发夹。血小板整合素(αⅡ$b\beta_3$)活性配体的产生可以通过将具有生物活性的环转移至新的结构骨架上来实现。把纳摩尔数量级亲和性结合整合素αⅡ$b\beta_3$的单克隆抗体的CDR3环接枝在人组织型血纤维蛋白酶原活化因子(t-PA)的类似表皮生长因子组件上，特别是将客体环接枝在由二硫桥稳定地暴露在蛋白质表面上的β转角内。所产生的嵌合蛋白(LG-t-PA)能以纳摩尔数量级亲和性结合血小板受体，并保持完全的酶活力。由于转移的序列来自于抗体序列，而抗体序列可以经过噬菌体展示系统筛选得到，所以这个结果提示，噬菌体展示可与环转移结合，将蛋白质指向选择的生物靶。

类箭毒的蛇神经毒素结构中含有β发夹结构，此β发夹是蛇神经毒素结合烟酰乙酰胆碱受体部位的一部分，其可以转移到卡律蝎毒素的α/β折叠上。蝎毒素是蛋白质工程的天然脚手架，它特别稳定，容许序列突变。研究发现，β发夹转移到卡律蝎毒素的α/β折叠上所产生的嵌合体可结合乙酰胆碱受体，但亲和性较低。用H-NMR对嵌合体进行的结构分析表明，转移部位的构象可被骨架蛋白质稳定，其构象类似于母体神经毒素的构象。这说明，活性部位转移至骨架蛋白质上的策略可普遍应用于创造膜受体的新配体。

(3)催化基团转移。谷胱甘肽转硫酶(GST，EC. 2. 5. 1. 18)是细胞内解毒酶家族。Theta-GST具有谷胱甘肽(GSH)结合部位，它的催化依赖于N端保守丝氨酸残基的存在。GSH的巯基和Theta-GST N端的丝氨酸羟基形成氢键，使巯基去质子化，从而有利于催化。谷胱甘肽过氧化物酶(GPX)的催化基团是硒代半胱氨酸，如果将硒代半胱氨酸转移到GST的丝氨酸位置上，就有可能将GST转化为GPX，那么硒化的Theta-GST将会成为极好的GPX模拟物。罗贵民研究小组发展了化学修饰天然谷胱甘肽转硫酶模拟GPX的方法。他们控制反应条件，利用活性部位氨基酸超反应性，通过化学突变法(图11-17)，用GPX催化基团硒代半胱氨酸取代了GST的丝氨酸。硒代GST表现出惊人的催化效率，其活力甚至比某些天然GPX的活力高，底物专一性、催化动力学及反应机理都发生了改变。

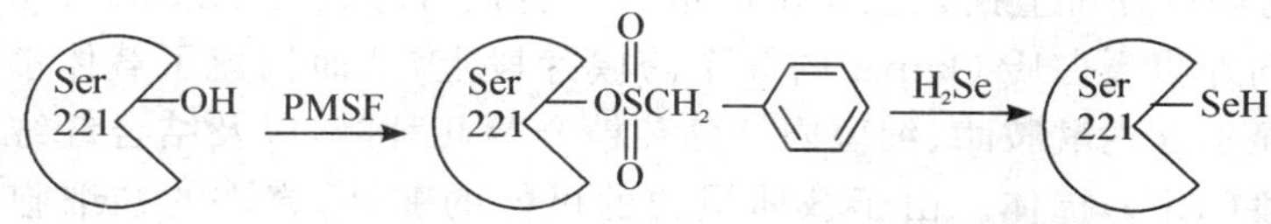

图11-17　化学突变法制备含硒酶的原理图

上述例子证明，转移活性部位置于天然骨架蛋白质上，不仅可产生功能蛋白，而且还具有如下多个优点：

A. 有希望利用新的结构骨架诱导特定序列的特定构象或稳定预定活性部位的结构；

B. 有助于理解底物-酶、辅酶-酶、DNA-蛋白质、配体-受体、蛋白质-蛋白质之间相互作用专一性的结构决定因素；

C. 产生了新的专一性的新蛋白质是生物化学和蛋白质化学中的有用工具，成为药物设计、发现的新模板；

D. 将来有可能构建一组特定的结构域，代表一套二级结构或三级结构模块，然后活性序列可以转移到这些模块上，产生新功能；

E. 由于转移的序列可在噬菌体表面稳定表达，所以可以迅速通过筛选、分析而进行更换，以增加其生物活力，获得具有特定构象的对特定生物靶有活力的人工蛋白质。

11.3.1.3 融合蛋白

如果转移的是整个蛋白质，那么就得到融合蛋白(fusion protein，FP)。在基因工程迅速发展的基础上，有目的地把两段或多段编码功能蛋白的基因连接在一起，进而表达所需蛋白，这种通过在人工条件下融合不同的基因编码区获得的蛋白质称为融合蛋白。融合蛋白技术是为获得大量标准融合蛋白而进行的有目的性的基因融合和蛋白表达方法。利用融合蛋白技术，可构建和表达具有双功能或多种功能的新型目的蛋白。

1. 设计具有专一性标签的双功能或多功能蛋白质

标签结构域可定义为指定多肽分布的结构域。机体广泛用它们来将蛋白质分配到特殊部位。由于它们通常是由核心蛋白质独立折叠的，所以很容易操纵它们。蛋白质与特殊标签结构域的融合已成为蛋白质工程的标准工具。建立亲和融合系统，通常的策略是在目的蛋白或多肽片段的基因上粘接一段理化性质特异的或者专一性强、生物亲和性高的基因片段，后者表达的多肽片段具有标记性功能，所以也被称作纯化标签，或者亲和标签。在其均一化过程中，亲和层析是首选的纯化方法。

编码信号肽的载体早已开发，可容许在不同的异源宿主中分泌，很多这样的载体在分子生物学供应商的目录中会有详细说明。同样各种市售试剂盒现在可供用来使有意义的多肽与各种亲和结构域(如结合麦芽糖的蛋白质、谷胱甘肽 S-转移酶、纤维素和甲壳素结合结构域和 6 个组氨酸等)融合，这些都很容易用于亲和层析纯化。这领域有意义的进展是构建标签载体，其中，感兴趣的蛋白质的 C 末端通过蛋白质拼接成分内蛋白子(intein，来自面包酵母)连接到结合甲壳素的结构域。要对内蛋白子进行修饰，以便经与二硫苏糖醇或 β-巯基乙醇培育后，能在氨基端自我裂解，结果释放出游离蛋白质。

将多肽抗原和蛋白质展示在细菌表面以开发活疫苗、固定在细胞上的酶所催化的反应或整细胞吸附剂，是目前较活跃的研究领域。Hofnung 小组详细研究了在 *E. coli* Lamb 和 MalE 蛋白的许可部位上插入肽表位的情形。将信号序列和 *E. coli* 主要脂蛋白的前 9 个氨基酸融合到外膜蛋白质 OmpA 的 5 个跨膜片段上，从而构建了载体多肽。这个多肽已成功地用于显示 β-内酰胺酶、细菌内切葡萄糖酶等几种酶，以及结合纤维素的结构域和单链可变区片段(scFv)抗体。由于载体蛋白的可能的变性，容许的在细胞外蛋白质结构内整合外源多肽序列，已经不是不重要的事情了。作为替代方法，某些胞外蛋白质还可以在载体蛋白的一端融合外源多肽的方式参与构建。

融合多肽还被认为是一种将蛋白质靶向特殊动物细胞的方法。人们正积极追求构建能进攻引起特殊疾病细胞的毒性融合蛋白。此外，破伤风毒素的非毒性羧基末端片段也被融合到 β-半乳糖苷酶，以标记运动神经元并通过逆向运输连接到神经元。融合到 SOD 则能通过培养的神经细胞转运该酶，并使其内部化。标签序列还被用来将酶传给特殊的 DNA 序列。例如，Kim 等探索了创造新限制性酶的可能性，他们将能结合特殊序列的锌指蛋白与 Fok-Ⅰ核酸内切酶的裂解结构域融合。结果表明，虽然杂合酶的活力比野生 Fok-Ⅰ活力差很多，但确实能特异裂解。裂解专一性是可变的，某些锌指蛋白比其他锌指蛋白在次级部位会有更多的裂解。

通过创造新的杂合亚单位可操纵 RNA 聚合酶的 DNA 识别部位。大肠杆菌 σ 亚单位(σ^{70})的氨基末端区域与 σ^{32}(能识别热休克启动子)的羧基末端结合,则构建了杂合 σ 亚单位。该杂合体能促进来自嵌合启动子的转录,嵌合启动子是由 σ^{32}-15 共有序列和 σ^{70}-10 共有序列组成。类似地,Mencia 等制造了一个对枯草杆菌(*B. subtilis*)转录活化子有响应的 RNA 聚合酶,方法是用一杂合体取代野生型大肠杆菌 α 亚单位,在此杂合体中,羧基末端结构域被枯草杆菌 α 亚单位的相应结构域取代。基于标签策略的一个很重要的进展是双杂合体系统(two-hybrid system),该系统可用于筛选蛋白质-蛋白质之间相互作用。原先,蛋白质缔合是靠酵母中重建活性转录活化子来检测的。

2. 天然酶系统和人工酶系统

自然界提供了很多双功能或多功能酶系统的例子,这些系统在不同的代谢途径中执行连续反应。催化亚基的适当的空间排列起关键作用,因为它能确保反应以适当的顺序发生。由于存在反应中间物从一个反应中心到下一个反应中心的有效通道而加速反应过程,最发达的系统是多模件复合物(包括聚酮化合物和非核糖体肽合成),它可获得很多具有抗生素活力和药物活力的化合物。在这两种情况下,可由持殊的模件通过顺序加成特殊的组分来完成合成。合成的模件是多组件多肽的一部分,它自已形成大的合成酶复合物,负责合成全部聚酮化合物或肽链。这样,模件的顺序和性质决定了最后产物的结构。改组、缺失或修饰特殊的模件提供了产生各种几乎没有限制的化合物的机会,而该领域目前正是积极研究的焦点。

以往研究发现,在利用基因融合所构建的大的酶分子中,如果用以构成融合蛋白的各个酶分子的整个编码序列均保留于新的酶分子中,则融合蛋白一般均保留所构成的酶分子各自的酶活性。在这些新构建的融合蛋白中,蛋白的正确折叠以及各个酶的活性部位均未受到影响。与单个酶相比,融合蛋白的酶的比活性为 50%～100%,对于催化连续反应的两种或几种酶,利用基因融合的方法构成的融合蛋白可产生“邻近效应”(proximity effect)。研究发现,B2 半乳糖苷酶 2 半乳糖脱氢酶融合蛋白在一定条件下,其偶联反应产生 NADH 的速度是同时加入这两种酶的反应速度的两倍以上。同时过渡态时间缩短近 4 倍。通过将 Fok Ⅰ限制性内切酶的切割组件与识别专一性的组件如锌指蛋白基因融合,可以方便地构建人工的核酸酶,用于对设定的目的位点附近的 DNA 序列进行切割。一个完整的蛋白可以成功地插入或连接于另一个蛋白,所构成的融合蛋白可以具有这两种蛋白的功能。此外,融合蛋白还可能具备一些新功能。

3. 在人工组合的结构域间创造别构作用

由侧面相连的结构域而构成的双功能蛋白质虽然能保留独立折叠能力和明显的构象自由度,但这些结构域彼此间活性部位的取向通常是松散的,不能达到最适化。如果在人工组合的结构域间创造别构作用,可能提供功能更好的融合蛋白。例如,通过调制酶活力,则酶可用作生物传感器。Bernnan 等探索在调制碱性磷酸酶活力的基础上开发传感器系统的可能性。HIV Ⅰ型表位和肝炎 C 病毒的表位被接枝在碱性磷酸酶序列内,在针对这些表位的抗体存在或不存在时试验了重组酶的活力。当表位插入到野生型碱性磷酸酶时,加入特异抗体可降低杂合体 14%～17%的活力。当表位插入到碱性磷酸酶的两个突变体(它们显示较大柔性和低的热稳定性)时,融合蛋白的活力增加 2～3 倍。

在两个结构域之间获得蛋白质密切相互作用的一个方法是将其中之一在容许的部位

上接枝在另一个序列之内。例如，β-内酰胺酶融合到麦芽糖糊精结合蛋白 Male 上，方法是在 Male 内的不同部位上插入或者是在多肽链的羧基末端融合。融合后的蛋白质能运输麦芽糖并水解 β-内酰胺。但在羧基末端融合的蛋白质与在不同部位上插入的杂合蛋白相比具有了两个附加的特性：第一，它们对内源蛋白酶水解不敏感；第二，麦芽糖的加入稳定了内酰胺酶结构域的活力，能抵抗脲变性，显示了两个结构域之间的真正的别构作用。

在多体复合物中也可以操纵别构活化作用。如图 11-18 所示，具四聚体结构的 L-乳

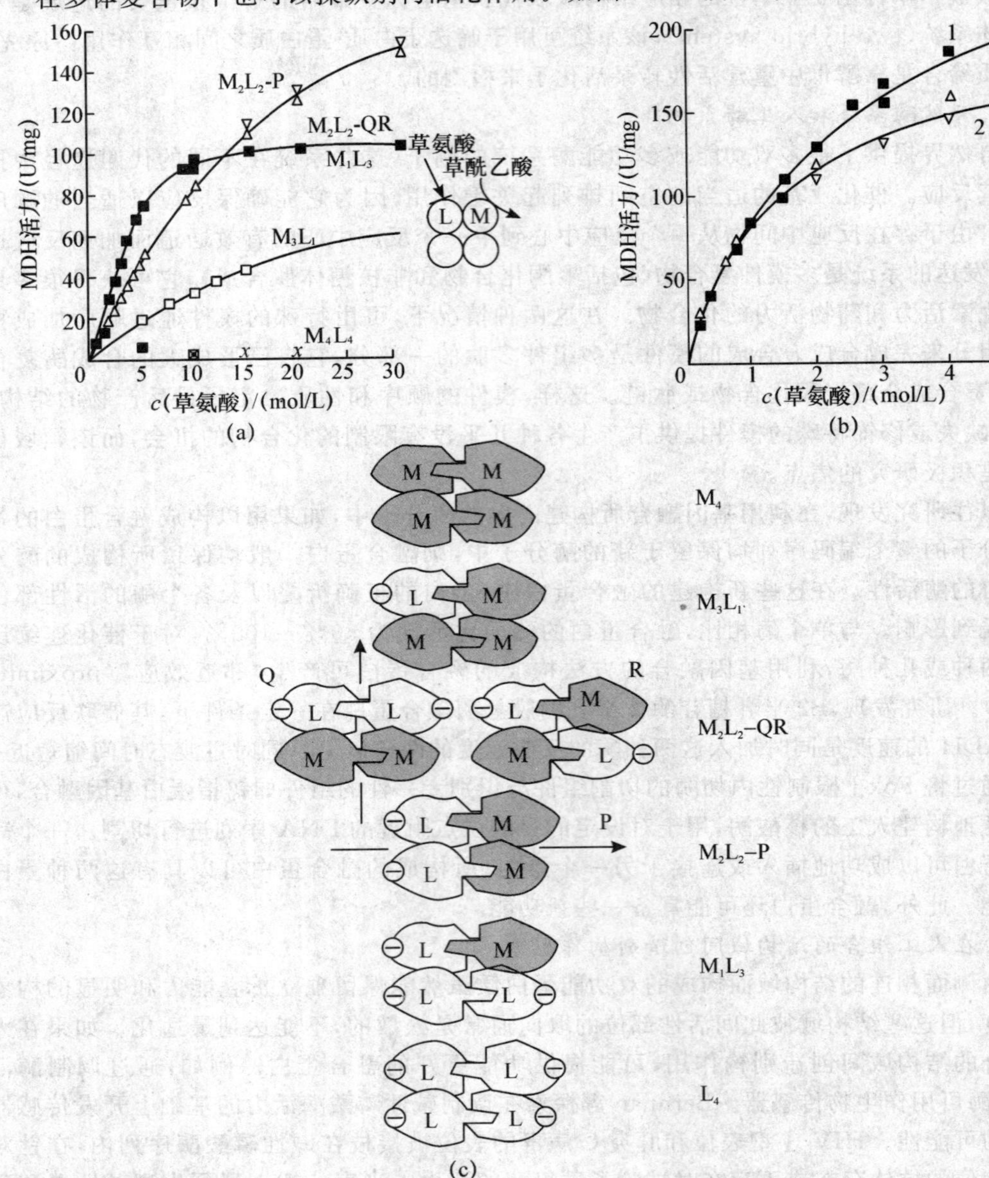

(a)MDH 活力曲线(2 mmol/L 草酰乙酸为底物)；(b)草酰乙酸保护曲线

(1—10 mmol/L 草氨酸，2—50 mmol/L 草氨酸)；(c)杂合酶结构模式图

图 11-18　杂合酶的同促活力

(罗贵民. 酶工程. 北京：化学工业出版社，2003)

酸脱氢酶(LDH),具有同促别构效应。LDH 的底物专一性,通过单位点突变可转变成苹果酸脱氢酶(MDH)。得到的 MDH 与 LDH 不同,MDH 不能结合低浓度的草氨酸(oxamate)——一种丙酮酸的非反应性类似物。Fushinobu 等构建并纯化了既含 LDH 又含 MDH 的各种各样的杂合四聚体。在这类杂合体中,MDH 的活力在草氨酸存在时加强,草氨酸通过结合到复合体的 LDH 部位而起同促别构效应子的作用。

总而言之,构建杂合酶是蛋白质工程的一个主要方面,大大地拓宽了蛋白质工程的研究和应用范围。这种方法已经取得明显成功。特别是标签策略,该标签结构域通常不需要与蛋白质的其他部分发生专一性相互作用。目前该领域关注的还仅是蛋白质片段的物理连接,对组成融合多肽成分的空间整合尚未充分重视。然而,根据待组合成分的结构和功能的详细知识进行更成熟的设计可能会越来越普及。开发杂合蛋白的全部潜能,特别是构建整合多酶复合物或对于操纵酶活力的调节都需要这样的设计。

11.3.2 杂合酶的制备方法

在二级结构或部分甚至全部结构域互换时,用常规的基因克隆技术很难甚至根本不可能做到两段序列的无缝连接。用 PCR 技术进行重叠延伸拼接可避免这一问题的发生。另外,用单向删除两段融合序列之间插入的碱基来构建载体可以建立精确融合。还可以选择同源重组法在高度同源酶之间构建非特异性杂合酶。

生物学认为,酶的进化是用来适应某一特殊的环境,其过程为基因拷贝数的增加、结构域的互补以及多点突变的固定。杂合酶的构建与天然酶的进化相似,当前主要采用随机突变与适当的筛选方法相结合的手段来产生性状改变的酶。随机度较小的蛋白质工程方法是:利用现有酶的特性,参考其序列和结构方面的知识构建杂合酶。杂合酶的构建方法是 DNA 水平的基因操作和酶学检测方法的结合,其实质是突变和筛选。在进化过程中,把来自不同酶分子的(亚)结构域重组成为一个新的单一结构域,或把来自不同酶、本身没有活性的模块重组起来,同时在一个进化体系中筛选,就可能获得比亲本功能效率更高,或者衍生出新功能的子代重组体。

11.3.2.1 基因随机缺失法

基因随机缺失法是构建无同源序列多亚基酶和单链酶的杂合酶的有效方法。例如,天冬氨酸酶与 α-天冬氨酰二肽酶及它们的进化酶的杂合酶,其基本方案是利用核酸外切酶Ⅲ将天冬氨酸酶基因的 C 端随机缺失一部分,将 α-天冬氨酰二肽酶基因的 N 端随机缺失一部分,并构建缺失基因文库。然后,将这两个库连接成为杂合基因库,在特定的选择压力下,从受体菌中筛选杂合酶,得到了具有 7%天冬氨酸酶活力和 26% α-天冬氨酰二肽酶活力的杂合酶。这两个酶基因序列之间基本上没有同源性,而且在蛋白质结构上也相差较大。

11.3.2.2 DNA 序列改组

大多数杂合酶都是通过蛋白质工程法构建的,也可以用 DNA 序列改组(DNA shuffling)技术这种随机方法来构建。DNA 序列改组的方法是:获得被改进对象的某些同源基因,将这些基因用 DNase I 随机切割成合适大小的片段,然后进行无引物的 PCR 扩增,产生随机重组的基因突变库；表达这些基因并进行合适的筛选，活性提高的阳性克隆重复前面的突变与筛选步骤，直到获得满意的突变基因。DNA 序列改组技术的原理如图 11-19 所示。

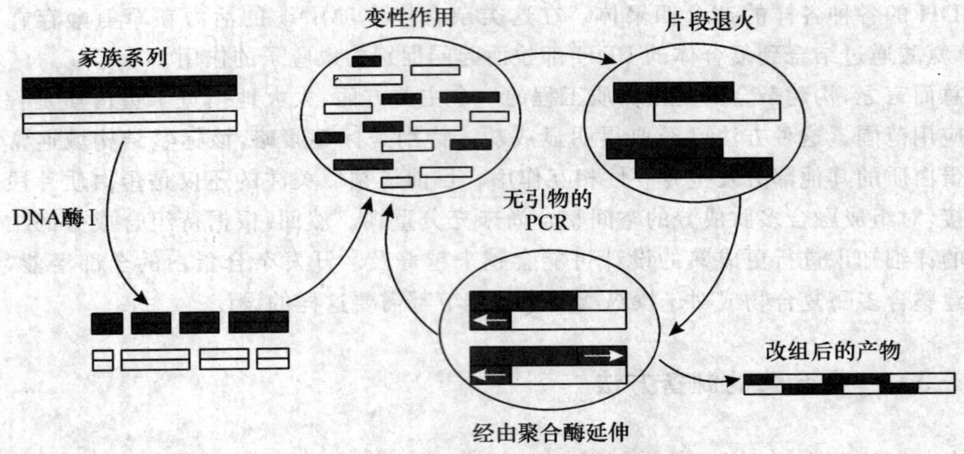

图 11-19　DNA 序列改组技术的原理

用序列改组技术结合平皿筛选方法，已经成功地获得了活性提高的头孢菌素酶基因，平均每一轮突变提高 50 倍。采用这一方法，Tetsuya 等也获得了能够降解聚氯化联苯的联苯双加氧酶的杂合酶，并且突变后杂合酶的底物范围有所扩大。此技术也可用于对同源基因建立杂合酶库，这对基因的同源性要求并不高。鼠与人的 IL-1β 基因只有 4 个碱基的序列同源，用此技术成功地建立了杂合 IL-1β 基因库。

11.3.2.3　同源扫描突变

所谓同源扫描突变(homologue-scanning mutagenesis)是几个同源酶 PCR 扩增，然后用内切核酸酶酶切，不同的酶切产物组合混合，并用 Taq 聚合酶扩增，含有几个同源蛋白质的基因片段组成新基因——杂合基因，进而克隆和表达，产生杂合酶。

11.3.2.4　非同源基因改组

很多酶在编码基因 DNA 水平只有很低或者没有序列同源性，但可能在蛋白质结构上具有同源性。构建这种蛋白质结构具同源性的杂合酶可能是产生杂合酶的另一种重要方法。非同源基因的改组是由两个产生杂合酶的增长截短 ITCHY(incremental truncation for the creation of hybrid enzyme)库组成的。一个在 N 端带有基因 A(A-B)，一个在 N 端带有基因 B(B-A)。然后将分离的 A-B 和 B-A 的各种 DNA 片段融合，它们与最初的基因大小几乎相等。为了改组，需用 PCR 扩增。混合两个库(A-B 和 B-A，PCR 产物基本与原基因大小相同)，用 DNase I 消化，并进行 DNA 改组(图 11-20)。此方法比传统 DNA 改组产生多样性更多的库。

11.3.2.5　蛋白质内含子的应用

蛋白质内含子是蛋白质中的一段多肽链，靠自我剪切的方式从前体蛋白质分离出来，同时两端的蛋白质外显子以肽键的方式相连。序列和结构分析比较表明，蛋白质内含子的 N 端大约有 100 个氨基酸残基和 C 端大约有 50 个氨基酸残基对自我剪接至关重要，其间由一个连接区序列分开。

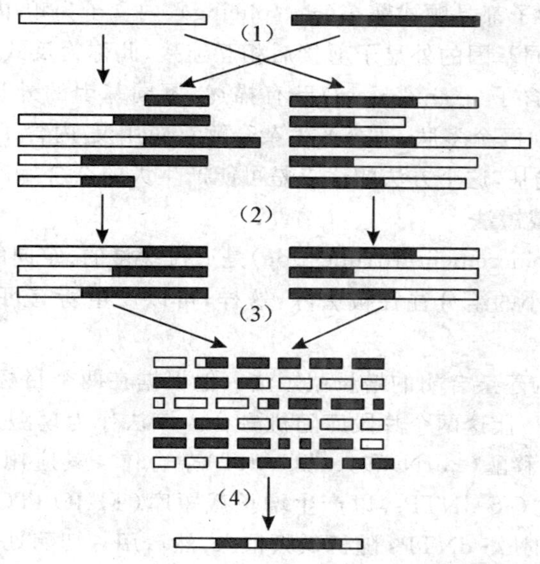

(1)构建(A-B)和(B-A)ITCHY 库；(2)用外切限制酶或 PCR 引物获得与出发基因同样大小的基因；(3)两个 ITCHY 库的基因混合，用 DNase I 片段化，DNA 改组；(4)通过模板转换组装随机片段，筛选。

图 11-20　非同源改组

(罗贵民. 酶工程. 北京：化学工业出版社，2003)

蛋白质内含子自我剪切过程如图 11-21 所示。总反应过程可以看做亲核反应。

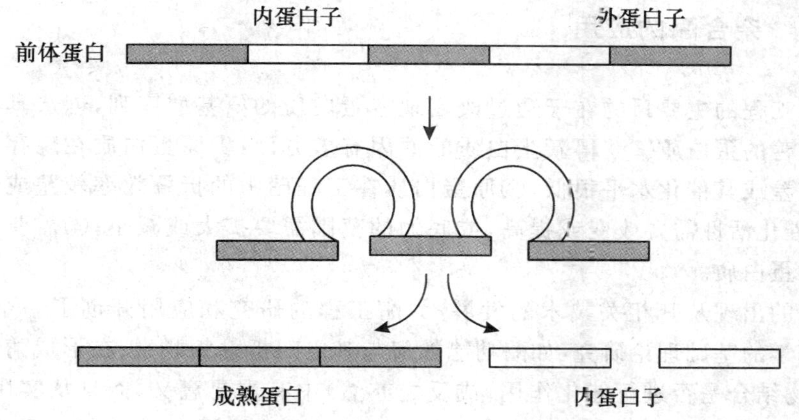

图 11-21　蛋白质内含子的剪切

(http://genetics. sjtu. edu. cn/genetics/15. C4. htm)

蛋白质自我剪接是蛋白质在后翻译水平上的加工过程，即蛋白质内含子从前体蛋白质中剪下，其两侧蛋白质外显子的 C 端区和 N 端区连接，产生两个新的蛋白质。由一个基因阅读框产生两个以上蛋白质，而其中一个蛋白质的基因编码和最初的开放阅读框不成线性关系，从而开辟了构建杂合酶的一个新方法。

至今所描述的内含子都是顺式剪接(cis-splicing)，内含子为顺-内含子(cis-intein)。但也有另一种情况，即不同基因的外显子剪接后相互连接，此称为反式剪接(trans-splicing)。最近人工和天然反-内含子(trans-intein)已有描述，不同基因的外显子剪接后相互连接，反-内含子能够融合任何两个多肽，适合产生杂合酶。应用反-内含子所产生的杂合酶在融合点一定有半胱氨酸残基，这个方法的优点是可能产生大的杂合酶库。

11.3.2.6 DNA 增长截短法

DNA 的增长截短(incremental truncation)是通过缓慢的、定向的控制 DNA 的消化实现的。在消化过程中，小的组分往往被去除，这样，可以产生所有可能单一碱基对缺失的 DNA 片段库。

Luts S 等报道了构建杂合酶的增长截短法。他根据在两个目标基因片段之间产生单一碱基对缺失库的思想，让这两个片段库随机融合。该法作为模型系统已成功地用于 *E. coli* 甘氨酰胺核苷酸转移酶(PurN)和人(hGART)杂合体。其应用 ITCHY 作为起点，导入 α-硫代核苷酸类似物(αS-dNTPs)以产生增长截短库(THIO-ITCHY)。这个方法是根据目标基因 PCR 扩增时 αS-dNTPs 随机低频植入，然后用外切酶处理，结果形成在随机位点水解终止，并进一步产生截短库。外切核酸酶Ⅲ(Exo Ⅲ)是有效的工具酶，但其消化速率快，很难满足要求。然而，外切酶的消化速率可用各种条件加以限制，例如降低反应温度、改变消化缓冲液组成(包括抑制剂)或降低酶与 DNA 的比例等。

应用增长截短法，不要求任何 DNA 的同源性和酶的结构知识，理论上两个基因的所有组合都可能产生，允许在单一实验中构建包含所有可能的缩短基因、基因片段或 DNA 库，通过选择或筛选，找到目标酶。

11.3.3 杂合酶的应用

蛋白质工程的主要目的在于通过改变现有蛋白质的氨基酸序列，创造具有新特性或性能有所改善的蛋白质。获得新蛋白质的原因有多方面：①原蛋白质在现存工业条件下的稳定性较差或其催化水平很低；②原蛋白质在工程菌中的折叠效率较差或对蛋白酶敏感；③酶的催化活性需要改变或提高，或底物的范围需要扩大或减小；④需要创造具有新反应活性的蛋白质。

杂合酶的出现及其相关技术的发展，为酶工程的研究和应用开创了一个新的领域。其不仅在酶学的基础理论研究(如酶功能如何与其空间折叠相联系；在形成酶活性部位的过程中，底物结合是否进行催化作用，或反之亦然)中有重要意义，而且从实用角度看，酶的多样性和高效催化作用超过了作为工业化学基础的人造化学催化剂。因此，在生产日用品和精细化工时人造酶是很吸引人的、经济有效和环境友好的化学催化剂的代替物。杂合酶在治疗上也大有用武之地，包括前药加工和治疗代谢疾病。在前面叙述杂合酶的构建策略时已经涉及了杂合酶的应用，现根据近年的进展归纳叙述如下。

杂合酶的应用主要有：改变酶的非催化特性、创造具有新活性的酶、研究蛋白质的结构与功能之间的关系等。

11.3.3.1　非催化特性的改变

对种间杂交功能的研究导致人们研究高度同源的酶之间的杂交，以便将某一酶的非催化特性如耐热性授予另一个酶。这种杂交是通过相关酶同源区域间残基或结构的交换而实现的。获得的杂合酶的特性值通常介于双亲酶特性值之间。例如，根瘤土壤杆菌(*Agrobacterium tumefaciens*)的β-葡萄糖苷酶(最佳活力在pH 7.2～7.4，60℃)同纤维弧菌(*Cellvibrio gilvus*)β-葡萄糖苷酶(最佳活力在pH 6.2～6.4，35℃)产生的杂合酶的最佳反应条件在pH6.6～7.0，温度为45～50℃，并且对各种多糖的K_m值介于双亲酶之间。耐热的嗜热脂肪芽孢杆菌过氧化氢酶I的C末端连接一段由12个氨基酸构成的随机肽链，提高了酶的热稳定性。

向目标酶插入一个具有确定功能的肽段可以调节酶活性。例如在IL-1β插入蛋白酶结合序列来产生对弹性蛋白酶和糜蛋白酶敏感的IL-1β。在酶活性位点的邻近区域插入抗原决定部位，所产生的杂合酶能够被该抗原决定部位的特异性抗体所调节。同样，可以采用构建杂合酶的方法改善重组蛋白的产量和折叠性能。通常，杂合酶中相关酶的同源序列的互换导致酶活力的降低，利用随机突变的方法可以恢复这些酶的活力，这可能是因为恢复了折叠、稳定性所需的适当的相互作用，并获得了正确构象的缘故。

11.3.3.2　创造新催化活性酶

杂合酶技术最大用途之一是用来创造新催化活性酶。根据发生变化的类型(点突变、二级结构或结构域的交换)或研究目标，可以简便地将这些方法分为3个水平：①调整现有酶的特异性或催化活性；②向结合蛋白引入催化残基；③向某蛋白质骨架引入特定功能的催化结合结构域。

1. 调整现有酶的特异性或催化特性

蛋白质工程的一个主要目的是开发出具有新的活性和改变了底物特异性的酶，对现有酶的特异性或催化活性进行调整是创造新酶最便利的途径。因此，到目前为止，所获得的杂合酶大部分属于这种形式。可通过点突变来改变酶的活力，例如在构建高活性的甲基癸酸对硝基苄脂手性拆分脂酶时，采用了循环点突变与筛选，经过4轮的突变，脂酶的催化能力从野生型的2%上升到81%。Karl-PeterHopfner将凝血因子的N末端亚结构域与胰蛋白酶C末端的亚结构域重组在一起，创造出一个新的有活力的酶，这个酶可以水解的底物范围变宽，并且表现出一些不同于亲本的新性质。谷胱甘肽还原酶和硫辛酰胺脱氢酶(lipoamide dehydrogenase)的辅酶的结合位点进行残基交换，成功地获得了辅因子优先从NADP转为NAD和从NAD转为NADP的新酶。*Acidaminococcus fermentans*的戊烯二酸辅酶A转移酶(gluctaconate-CoA transferase)点突变后转化成酰基辅酶A水解酶(acyl-CoA hydrolase)。

创造新酶的另一方法是功能性结构域的交换。如果一种酶的活性位点位于两个结构域，其中一个拥有催化中心，另一个拥有特异性识别中心，则这种酶可以比较方便地通过结构域的交换来创造新酶。例如聚酮化合物合成酶类的构建。聚酮化合物合成酶可催化乙酰基和丙二酰基单体缩合生成一种重要的抗生素——聚酮化合物。聚酮化合物是一组二级代谢物，也是一种抗癌剂和免疫抑制剂。聚酮化合物合成酶不仅能反复催化酰基硫酯缩合，而且能通过使用不同的单体及在缩合完成后不同程度的β-消除反应来达到产物的多样化。鉴于聚酮化合物合成酶有一个模块结构，可以通过对其催化单元和模块进行混合和组装来合成具有重要药用价值的新化合物。最近已经有人做了这样的实验，对Ⅰ型聚酮合成酶的催化单元进行了互换而构建了一个工程酶。这种工程酶的酮还原酶结构域替换成雷帕霉素聚酮合成酶的酮还原酶和脱水酶结构域，或者替换成它的酮还原酶、烯酰还原酶、脱水酶结构域。表达这两个杂合体得到了预期的产物，分别是脱羧的四酮化合物及其相应的八元环四酮内酯。Oliynyk 等做了进一步的工作，用 DEBS 与硫酯酶(TE)模块融合得到一个两模块的聚酮合成酶 DEBSl＋TE，他们用 RAPSl 的酰基转移酶结构域替代杂合酶的酰基转移酶结构域(合成雷帕霉素的聚酮合成酶的第一个多酶组件)，使该酶的底物特异性由甲基丙二酰单酰辅酶 A 转变为丙二酰单酰辅酶 A，其合成产物为缺少一个甲基的三酮内酯。这表明通过结构域互换在体内合成特异的二级代谢物是可行的。

2. 向结合蛋白质引入催化残基

向结合蛋白质中引入目标酶的催化基团，可赋予该蛋白质目标酶的某些催化特性，并可通过蛋白质自身的结构来调节催化的活力或特性，产生目标酶所不具备的新特性。例如 Quemeneur 等将丝氨酸蛋白水解酶的催化三联体 Ser-His-Asp 接枝到亲环蛋白的结合口袋上，产生的新酶叫做 cyproase 1。亲环蛋白能催化脯氨酸与前一个氨基酸间所形成的肽键(X-Pro)的顺-反异构化。但研究发现，cyproase 1 水解肽链中 Ala-Pro 键的速度加强了 10^8 倍，自然界中还没有发现水解这类肽键的酶。cyproase 1 还能水解还原的蛇类箭毒素。箭毒素由 61 个氨基酸组成，包含 5 个 Pro 和 4 个二硫桥，一般蛋白水解酶不能水解它。修饰游离半胱氨酸后，该毒素构象伸展，则能被 cyproase 1 水解。

罗贵民等也成功地在具有谷胱甘肽结合部位的单克隆抗体中引入了酶的催化基团。他们先用谷胱甘肽的衍生物作半抗原，诱导小鼠产生具有谷胱甘肽结合部位的单克隆抗体，然后用化学突变法将单克隆抗体结合部位上的丝氨酸转变成谷胱甘肽过氧化物酶(GPX)的催化基团硒代半胱氨酸。这样，在单克隆抗体的结合部位上既有 GPX 的底物结合部位，又有 GPX 的催化基团，因而使单克隆抗体具有 GPX 活力。用不同结构的谷胱甘肽衍生物作半抗原，用同样方法产生的抗体酶的活力也不同，即半抗原的结构可以调节抗体酶的 GPX 活力。抗体酶最高活力是天然兔肝 GPX 活力的 8.5 倍。这种具有 GPX 活力的抗体酶在医药上有重要的应用价值，可望开发成为治疗活性氧引起的各种疾病(如各种炎症、心血管病、白内障等)的药物。下一步应是研究抗体酶的活性部位，考察谷胱甘肽与酶的相互作用情形，并与现有酶作比较，确定点突变和二级结构交换的位置，以便创造性能更好的抗体酶。

3. 向某蛋白质骨架引入特定功能的催化结合结构域

在所有改进方法中最先进的方法是选用一个合适的骨架，然后向这个骨架引入所需的底物特异性和催化特性的活性位点。该骨架可以是活性位点已经去掉的蛋白，或是小蛋白质骨架(如蝎毒素)。设计活性位点新结构的原理如下：催化相似反应的酶的活性位点，具有相似的结构，特别是一个酶家族的关键催化残基拥有特定的几何排布。丝氨酸蛋白酶和酯酶的结构信息分析表明，只要清楚给定活性位点的几何排布，就可能在给定结构中设计出一个活性位点。

Hellinga 及其同事提出了“应用蛋白质设计 DEZYMER 运算法则”:通过寻找蛋白质结构而确定适合所需活性位点几何排布的插入区域,加入一些额外的变化以确保活性位点与整个蛋白结构上的空间互补。例如应用 DEZYMER 运算法则,向硫氧还蛋白(天然条件下不含有离子结合位点)引入一个非血红素离子活性位点(类似于离子依赖型的超氧化物歧化酶中的结构)。此法构建的酶有一个高亲和性的金属离子结合位点,而且有催化超氧化物歧化反应的能力,反应速率为 10^5 mol/(L·s),天然酶的速率为 10^9 mol/(L·s)。

11.3.3.3 用来产生双功能或多功能蛋白质

蛋白质融合将编码一种蛋白质的部分基因移植到另一种蛋白质基因上或将不同蛋白质基因的片段组合在一起,经基因克隆和表达,产生出新的融合蛋白质。因此,也可把这一途径产生的酶看做杂合酶。

蛋白质融合在生物工程领域有非常巨大的作用,这种方法可以将不同蛋白质的特性集中在一种蛋白质上,显著地改变蛋白质的特性,如脑啡肽(Enk)N 端 5 肽线性结构是与 δ 型受体结合的基本功能区域,干扰素(IFN)是一种广谱抗病毒、抗肿瘤的细胞因子。黎孟枫等化学合成了 EnkN 端 5 肽编码区,通过一连接 3 肽编码区与人 α1 型 IFN 基因连接,在大肠杆菌中表达了这一融合蛋白。以体外人结肠腺癌细胞和多形胶质瘤细胞为模型,采用 ^{3}H-胸腺嘧啶核苷掺入法证明该融合蛋白抑制肿瘤细胞生长的活性显著高于单纯的 IFN。通过 Naloxone 竞争阻断实验证明,抑制活性的增高确由 Enk 导向区介导。

这一手段对于蛋白质的表达和纯化、细胞和噬菌体表面蛋白展示、细胞内富集(如毒素对致病细胞的靶传递)、代谢工程和蛋白质折叠的研究是非常有利的。融合蛋白还可用于在酵母双杂交系统中监视蛋白质-蛋白质相互作用或者在三杂交系统中监视较小的配体-受体相互作用。

Penichet 等将抗体与细胞因子(白介素-2)融合在一起,产生的抗体融合蛋白既保留了抗体的相关功能(抗原结合、互补活化、Fcγ 受体结合),又保留了白介素-2 的相关功能。在体内,融合蛋白能加强宿主对任何相关抗原的免疫应答。此外,能指向肿瘤细胞,并产生专一、有效的 T 细胞应答,消除肿瘤。因此,抗体融合蛋白在诊断、治癌及加强免疫上非常有用。

张先恩领导的研究小组通过一个连接肽编码序列将糖化酶(GA)基因的 5′端融合到葡萄糖氧化酶(GOD)基因的 3′端,从而构建一个融合基因。将融合基因克隆表达后,得到一个分子质量为 430 ku 大杂合酶(GLG)。动力学分析证明,杂合酶保持了 GA 和 GOD 的经典催化性能。将 GLG 固定在玻璃上后,比来自酵母的 GA 和 GOD 的简单混合物显示出更强的顺序催化性能。用 GA 和 GOD 的混合物、GLG 分别做成麦芽糖生物传感器,发现用 GLG 做的传感器在重现性、信号水平和线性关系上都优于用 GA 和 GOD 的混合物做的传感器,这为开发其他顺序生物传感器奠定了基础。

如前所述,张今等利用基因随机缺失法,构建了天冬氨酸酶和 α-天冬氨酰二肽酶的杂合酶。这种方法的构建成功,为杂合酶的应用提供了广阔的前景。例如我们可以将目前采用多酶处理的多步反应工艺过程,利用杂合酶将反应的步骤减少,甚至变为一步反应,将可以大大降低工业成本。

11.3.3.4 确定蛋白质的结构与功能关系

杂合酶常常被用来确定相关酶之间的差异,表征给予酶特殊性质的那些残基或结构,一种酶具有这种特殊性质，而另一种同系酶则不具备。例如，来自乳酸球菌(*Lactococcus lactis*)的两个高度同源的蛋白酶融合成的杂合酶，被用于测定哪个残基决定其裂解特异性，哪个决定其对 α_{s1}-酪蛋白和 β-酪蛋白的裂解速度。这个杂合酶还用于表征与底物结合部位有关的其他独特的结构域，而相关的枯草杆菌蛋白酶不存在这种结构域。

杂合酶还用于研究相关酶之间结构与顺序对比的相对价值。ACP 脱氢酶可以在一定链长度的脂肪酸的特定位置引入双键；植物油中单一不饱和脂肪酸的高含量，主要是由这些不同底物专一性的 ACP 脱氢酶造成的，为了理解 ACP 脱氢酶底物专一性不同的结构基础，人们构建了一系列杂合酶，由 Δ^6-16：0-ACP 脱氢酶和 Δ^9-18：0-ACP 脱氢酶相互交换一段顺序构成。经过筛选产生的杂合酶，表现出底物链长专一性或引入双键位置特异性的改变，其中一个杂合酶比活比野生型 Δ^6-16：0-ACP 脱氢酶高，对 16：0-ACP 比活增加 2 倍，对 18：0-ACP 比活增加 15 倍多。

杂合酶技术既包括非合理设计，也包含理论设计。非合理设计的突出优点是不需事先了解酶的空间结构和催化机制。它适宜于任何蛋白质分子，大大地拓宽了蛋白质工程学的研究和应用范围。特别是它能够解决合理设计所不能解决的问题，使我们能较快、较多地了解蛋白质的结构与功能之间的关系，为指导应用奠定理论基础。总之，在新酶的开发和现有酶的性能改造利用方面，杂合酶技术显示了它巨大的应用前景。而且，该技术简便、快速、耗资低且有实效。所以，仅 1998 年就有 14 个采用杂合酶技术改良的酶获得了美国专利。

杂合酶技术是将 DNA 水平上的突变筛选与蛋白质水平上的酶学研究相结合的一门综合技术。它将传统酶学活性筛选方法同简便的 DNA 重组技术有机结合起来。这一技术的引入，使酶工程的研究摒弃了繁琐的蛋白质序列研究和繁重的菌种选育这一传统做法，为加快构建新酶和改进生物工艺过程开创了一条新途径。同样，蛋白质研究技术的突破也必将推动杂合酶技术的发展。我们有理由相信，在不久的将来，杂合酶技术必将会在蛋白质工程的研究方面展现自身的价值。

11.4 抗体酶

1969 年 Jencks 等根据抗体结合抗原的高度特异性与天然酶结合底物的高度专一性相类似的特性首先提出能与化学反应中过渡态结合的抗体可能会具有酶样的活性——催化反应进行的功能。1986 年美国 Scripps Clini 研究所的 Lerner R 和加州大学的 Schults P 证实了这一设想，制备出催化酯水反应的单克隆抗体(McAb)，称为抗体酶(abzyme)，又称催化性抗体(catalytic antibody)，从此揭开抗体酶研究的新篇章。此后大量的抗体酶相继被发现，其催化机制及在机体中催化活性的研究不断深入。

抗体和酶相似，它们都是蛋白质分子，并且都能高度专一性地与其配体(抗原或底物)相结合。所不同的是，抗体是与抗原的基态结合，而酶是与底物的反应过渡态结合。抗体的多样性赋予它几乎无限的识别能力。如果能制备抗某个反应过渡态的抗体，这种抗体就有可能催化该反应。但过渡态是不稳定的。因此人们选择和该过渡态结构相似的类似物作为半抗原并合成抗原进行免疫，由此得到和酶一样能特异性识别过渡态、并催化特定化学反应的抗体。这种具有催化能力的抗体就被称为抗体酶或催化抗体。

短短十几年，抗体酶已被成功地应用于许多化学反应的催化，其中包括那些理论上认为非常不利的反应以及天然酶不能催化的反应。抗体酶的催化效率高、具有专一性、区域和立体选择性，并可降低某些反应的熵势垒。经过精确的设计，催化基团还可用适当的方法直接引入结合位置或将其邻近氨基酸残基加以改造。因此，催化抗体的应用前景十分广阔。

11.4.1　抗体酶的催化特征

11.4.1.1　抗体酶的理论基础及研究背景

酶反应有两个主要的特征：高催化效率和高选择性，其速率提高范围在 10^6～10^{16} 倍。多年来，研究人员提出了大量的假说和理论来阐明酶的催化机制。在众多的观点中，诺贝尔奖二次得主鲍林(Pauling)于1946年提出的酶催化理论：酶催化化学反应的原因在于酶与高能态的过渡态相结合，从而大大降低了化学反应的活化能。Pauling关于酶反应的过渡态理论(transition state theory)得到广泛认同。在此基础上，认为一种酶可以通过制备一种(相关反应的)过渡态类似物的抗体而获得。抗体的最显著特征就是它的多样性和专一性，一种抗原至少可以产生 10^8 种不同的抗体分子，和抗原强烈结合，解离常数范围在 10^4～10^8 mol/L。配基和抗体的结合具高度专一性，这种专一性可以超过酶对底物的专一性。小分子配基一般结合到抗体的一个缝隙中，而大分子结合位点可以是60～80 nm的一个扩展平面。实际上，Pauling早在50年前就指出酶和抗体之间的基本区别就是前者选择性地结合过渡态而后者结合基态，另一个主要区别就是抗体的专一性的形成仅需几周，而酶的专一性则演化了上百万年。

Jencks于1969年提出通过免疫诱导产生底物过渡态的抗体，则这样的抗体必定具有催化性能。这就意味着抗体一旦能与过渡态相结合，它就具有酶的性质，即在温和条件下高效专一地催化化学反应。抗体酶设想的提出，使得为任何一个化学反应构造一个专一性催化酶成为可能。

1975年，Kohler和Milstein发明了具历史意义的单克隆抗体技术，为抗体酶的问世最后铺平了道路。

11.4.1.2　抗体酶的特点

与天然酶的催化特性相比，抗体酶有自己的一些特点。

1. 能催化一些天然酶不能催化的反应

抗体的多样性决定了抗体酶的催化反应类型多样性；催化抗体的构建，表明可能通过免疫学技术，为人工酶的设计和制备开辟一条新的、实用化的途径。这种利用抗原-抗体识别功能，把催化活性引入免疫球蛋白结合位点的技术，或许可能发展成为构建某种具有定向特异性和催化活性的生物催化剂的一般方法。例如，可能构建出一些特殊的生物催化剂用于催化自然界的酶尚不能催化的特殊化学反应。运用单克隆抗体技术，可以诱导产生具有多种多样底物特异性、特殊用途的蛋白质，用于分子识别、药物检测或解毒等方面。

还可以构建能裂解病毒，或对肿瘤具有特异性的抗体——这种催化抗体在治疗上的运用可能是大有前途的。

2. 有更强的专一性和稳定性

与天然酶相比，抗体酶催化反应有高度的专一性和稳定性。催化抗体作为一种具酶和抗体双重功能的新型生物大分子，不仅可用作分子识别元件，而且具有优于酶和抗体的突出特点。由于作为酶分子的抗体酶为IgG，其蛋白性质较酶蛋白更稳定，作用更持久；同时天然酶分子底物识别部位所占有的氨基酸一般为7个左右，而抗体酶底物识别部位的氨基酸15～20个，从而增强了催化反应的底物的特异性。所以与天然酶相比较，它具有更高的专一性和稳定性，并且催化抗体与配体底物的识别结合又不同于一般的抗原-抗体反应。因为配体底物与催化抗体的活性部位结合后，会立即发生催化反应，释放产物，所以每一次分子反应之后，抗体的分子识别位点都可以再生，这就使催化抗体能够作为一种可以连续反复使用的可逆性的酶分子。

3. 催化作用的机制不同

酶催化作用的机制是"锁钥学说"(Lock and Key)及"诱导契合学说"(Induced-Fit)；而抗体酶的催化机制目前还没有完全明晰。Janda 曾提出"识别开关"或"诱饵开关"(Bait and Switch)机制，即抗体将底物"钓进"抗体结合部位，然后使其与抗体结合，打开底物转化为反应过渡态的"开关"，导致共价键断裂，形成产物。酶与底物结合程度即亲和力，用 K_m 表示；而抗体可用解离常数 K_d(抗原-抗体)和 K_m(抗体-底物)来比较分子识别程度，从而改进分子设计。对天然酶来说，在研究催化机制时，需要分析蛋白的晶体结构，探索其空间、电荷分布情况。如果只用化学修饰、蛋白质工程技术很难确切知道活性部位的空间结构；而对抗体酶来说，因为采用事先设计的化合物作为半抗原，根据抗体和抗原之间的互补关系，可直接推测抗体酶活性部位的结构，对其催化机制进行研究。

天然酶的种类是在物种的长期进化过程中形成的，因此其数量相对稳定；而抗体酶则是运用化学、免疫学、分子生物学、分子遗传学等技术人工制备的与天然酶具有相似酶活性的抗体，甚至可以产生自然界中不存在的新酶即超自然酶，这对于酶的催化反应机制研究及实验应用都有重要意义。

11.4.1.3　抗体酶和非催化性抗体作用的比较

诱导抗体酶活性的设想最早起源于人们对抗体与酶相同点的观察。抗体和酶同属蛋白质，它们对各自配基即抗原与底物的结合具有高度的专一性，而且就结合的物理过程而言，都是氢键、离子键、疏水基等依赖于双方的极性互补及立体互补的非共价性的作用力在蛋白与配基之间相互作用的结果，并无本质区别，但有下述特点。

1. 反应的特异性

抗体的产生是针对抗原表面的决定簇，无论是抗体酶与底物作用还是抗原抗体作用，都有很高的特异性。但在抗体抗原作用中，抗体特异结合基态抗原分子，而由于抗体酶是用底物过渡态的类似物作抗原制备而得，其与底物作用主要是选择性地与底物过渡态结合形成稳定的抗体酶-底物过渡态复合物，针对的位点是底物中的酶活性中心，要求有更高的特异性。

2. 反应的可逆性

抗体酶和底物作用与抗体抗原作用一样都是可逆的，但抗原抗体作用形成免疫复合物后需在一定理化条件下，抗体抗原才会分离，而抗体酶与过渡态结合，完成反应过程后，可从底物中自动游离参与新一轮的反应。

3. 反应的量效关系

当抗体抗原比例最合适时，抗体抗原反应最充分，复合物最多，反应最明显也最快速；相反，无论是抗体或抗原过剩都不利于反应。而当其他条件相同，底物的浓度又足以使所有抗体酶都能结合为抗体酶-底物过渡态复合物时，抗体酶浓度越大抗体底物反应速度也越快，体现了天然酶特性。

4. 反应过程

从反应过程来看，抗体酶和底物作用与抗体抗原作用都可分为结合与反应两个阶段。在结合阶段二者没有区别，但反应阶段抗原抗体作用后产生凝集、沉淀等分子形态学变化，并不改变抗原分子结构；而抗体酶与底物结合后，将引起底物分子内结构的改变，而有利于反应的进行。

11.4.2 抗体酶的催化作用机理

不同方法制备的抗体酶作用不尽相同。化学突变法制备的抗体酶直接作用于底物，如制备的醛缩酶催化抗体，其催化机理类似于天然酶，与半抗原结合后，分步攻击第一底物和第二底物，形成新的碳-碳化合键。有的抗体酶与天然的蛋白水解酶类似，具有相似的催化活性位点；而有的抗体酶中有 Ser-His 位点，类似于丝氨酸蛋白酶中的催化位点 Ser-His-Asp。

但过渡态理论仍为抗体酶催化作用遵循的机理。

11.4.2.1 过渡态理论与抗体酶

过渡态理论是解释酶催化原理的经典理论。在任何化学反应体系中，反应物最终变为产物的每一瞬间，都必须获得高于反应物初态时的活化能，获得活化能的多少与反应的速度成正比。过渡态理论认为酶与底物的结合经历了一个易于形成产物的过渡态，实际上降低了反应所需的活化能，从而获得了高于非酶反应上万倍的反应速度。根据这一理论，如果使抗原最大限度地接近某一特定反应的过渡态，还只是一种推测，并未在结构上予以阐明。因此，实际采用的过渡态抗原也只能是根据推测而设计的过渡态类似物。值得注意的是，用过渡态类似物诱导的抗体所催化的反应并非该类似物本身，而是与其相似的另一种反应。通俗地讲，这是一种"歪打正着"得到的策略。Lerner 小组首次报道的催化酯键水解的抗体，就是实际运用这一策略的很好例子。他们设想磷酰二苯由于空间构象和所带电荷的细微差异，可能是羧酰酯类化合物的过渡态类似物，并以此为抗原免疫小鼠，结果诱导的 3 株单克隆抗体都不同程度地显示了对羧酰酯键水解的催化作用。此后他们又设计了磷酰胺类半抗原，以期诱导的抗体会具有催化酰胺水解的酶活性。结果却意外地发现，抗体催化的是胺与羧酰酯的合成反应。

单一模拟物（半抗原）诱导产生的多种催化抗体，其轻重链可变区具有高度同源性，氨基酸序列的不同表现为亲和力高低及催化能力大小的差异。按照酶的过渡态学说，抗体酶可能是通过可变区与过渡态结合并使之稳定，提供易化旁路从而加速反应的进行。

有人认为轻链主要介导催化活性，而重链主要起结合作用和调节功能，其中影响活性的区域主要是 CD3 区。抗体酶可催化趋向性反应及非趋向性反应。后者可能分为两种情况：一是在放热分解反应中控制反应构象，使多产物反应转变为单产物生成为主要的反应，如烯烃环化时可催化生成大于 98%的己糖。另一种情况是降低反应中的过渡态的能域。但抗体酶缺少天然酶的韧性或扭曲性，没有天然酶所具有的对底物的稳定作用，而可能只起稳定过渡态的作用。

11.4.2.2　抗体酶催化的 3 种重要反应机制

1. 水解作用机制

水解反应是抗体酶催化作用研究的最早的反应类型之一。定向断裂肽键的能力也是抗体酶研究的重要目的，因为这类催化剂在生物体系控制中有很大的潜在应用价值。最近有人估计在中性 pH 中非活化酰胺键断裂的半寿期约 7 年。然而，采用亲核、酸-碱或者金属离子协助机制的协同作用，水解酶增加酰胺键水解反应速率约 1×10^9 倍；而由半抗原诱导的抗体 43C9 对增加酰胺键的水解速率约达 1×10^6 倍(pH 9.0)。该抗体也催化一系列酯的水解。当设计的半抗原不是有助于溶剂的亲核催化，而是有利于一般酸碱催化时，动力学分析支持涉及抗体结合中间体的一个更为复杂的机制。详细研究表明，酰胺和酯水解经历过渡态、抗体结合中间体等多步过程，利用定位诱变技术可以确定中间体是乙酰-抗体。

Gibbs 研究了单克隆抗体 43C9 对一系列取代的苯酯的水解。一个单一过渡态类似物诱导产生的抗体(43C9)，可以经过两种过渡态完成水解反应。该抗体与天然酶既有惊人的类似，但又完全不相同。溶剂同位素效应、取代基效应、pH-速率曲线和 QSAR 研究表明，一系列的对位取代苯酯均可被 43C9 有效的水解，但 K_m 有所区别。另外，43C9 不水解邻硝基苯胺和对硝基苯胺的饱和酰胺，间硝基苯胺也不是抗体 43C9 的适宜底物。

2. 基团转移

一般而言，基团转移反应的催化作用有两种类型：抗体同时结合给体和受体的直接基团转移和通过先形成共价结合的抗体-给体中间体的间接基团转移。

3. 连续反应机制

抗体酶领域一个引人注目的方面是设计没有酶的对应物及专一性和多用性超过现有的大分子组合体的催化体系。由诱导的抗体酶催化，经过中间体形成产物。在这些反应中，抗体可以选择性催化不同反应。

11.4.2.3　抗体酶催化反应的介质效应

抗体酶催化不同的反应，除与本身的性质有关外，还与催化反应的介质有关，即介质效应。

1. 酯键反应中的介质效应

在有机溶剂中，酶常常发生活性变化。为了确定抗体酶在有机溶剂中的稳定性，Janda 等将冻干的类似酯酶的抗体 2H6 和 21H3 放进疏水溶剂如己烷、乙醚、氯仿和苯及可与水混溶的溶剂如乙腈和二氧噁烷中，1 h 后除去溶剂，抗体被重新溶解在缓冲液中并检测其活性。在所有情况下，抗体催化反应的速率只比原来下降 5%，这与酶略有区别。在水溶液中，类酯酶的抗体(如 2H6 和 21H3)结合到无机载体上，仍显示与它们在游离态时相同的活性和立体选择性。此外在40%的二甲亚砜溶液中,抗体酶仍保持中等活性。然而在无水条件下,抗体酶催化可逆反应没有取得成功。

2. 脱羧反应中的介质效应

脱羧反应对溶剂效应相当敏感,已被广泛用于表征胶束、泡囊和合成聚合物的微环境。为了了解具有催化脱羧反应的抗体结合部位的性质,Lewis设计了特殊结构式的物质作为半抗原,其中萘部分是为了了解疏水结合袋的大小。由于抗体-抗原复合物中电荷互补作用是普遍存在的,因此引入负电荷的硫酸酯基团可以诱导抗体结合部位带正电荷的残基的产生。研究催化抗体21D8作为脱羧酶的模拟物活性表明,在可比较的条件下$K_{cat}/K_{uacat}=1\ 900$。单就催化效率而言,21D8远优于各种微观不均匀性体系如阳离子胶束、冠醚和聚季铵盐。同时他还测量了水溶液介质的非催化反应、二噁烷加速反应,蛋白质催化过渡态结构并不显著变化。这一结果进一步验证了有蛋白质结合区或有机溶剂引起的去溶剂而产生大的脱羧速率增加、但不改变过渡态结构的假设是正确的。

3. 酯基转移反应中的介质效应

抗体酶在可逆胶束中可以催化水解反应,然而抗体酶在水-有机界面或低水介质中的功能报道不多。有的抗体酶可以立体选择性催化烷基酯的R或S对映体水解,其中前面所列的抗体21H3可以催化对映选择性酰基转移反应,然而在有机溶剂中抗体酶催化酯基转移反应没有成功。已证明辛烷值($\log P$)等于4.5的溶剂是抗体酶催化作用优良的溶剂体系。21H3催化反应的活性和$\log P$有明显关系:在$\log P<2.0$的亲水溶剂中,21H3的无活性;在$\log P$为2.0~3.0的溶剂中,活性可变;在$\log P>4.0$的疏水溶剂中,活性较高,这与酶促反应体系类似。Janda还研究了21H3对水的需要,发现为了使免疫球蛋白的反应速度占优势,使用0.6 mg的抗体,需要水的含量达15%(体积分数);低于2%的水时,仍能得到优良的催化活性;在0.12%的水中,抗体酶的活性仍可以检测到。许多例子表明由于过渡态高的自由能,抗体催化的反应不宜在水中进行。

11.4.3 抗体酶的制备

抗体酶主要来自IgG抗体分子。对抗体结构分析表明,IgG抗体和酶一样是大分子蛋白质,抗体由2条相同的轻链(大约2 500 u)和2条相同的重链(大约5 000 u)组成。轻链由V_L(可变区)和C_L(不变区)组成,重链也由V_H(可变区)和C_H(不变区)组成。重链和重链及重链和轻链之间通过二硫键相连,此外重链还有一连接枢纽。抗体的结合部位由6个超变区组成。对同类型抗体,C_L和C_H部分氨基酸的序列相同,然而V_L和V_H是非常专一的。可变区大约由110个氨基酸组成,至少可产生10^8个不同抗体,它是抗体多样性的基础。Fab片段由轻链和重链V_H及C_H组成。抗体-抗原复合物是借助范德华力、疏水作用、静电作用及氢键作用而形成。

11.4.3.1 抗体酶的制备原则

抗体多样性的特点为研制抗体酶提供了充分可能,但抗原能诱导已具有酶活性的抗体是真正实现抗体向酶转变的关键。抗体只有具备了酶的结构特征才可能具有催化活性,因此必须在抗原的结构上进行改造,以使其诱导的抗体具有酶的结构。改造抗原的根据，或者说抗原设计的原则，就是酶的催化机制，所以抗体酶的设计主要是以过渡态理论与免疫学原理为依据，因为酶与底物和抗体与抗原的结合均具有高亲和力和空间结构及电荷分布上的互补特性。但二种结合的对象不同，抗体仅仅是与低能的结构结合，因而在正常情况下抗体不具备催化活性。

按上述原理，如果利用某一反应过渡态的模拟物作为免疫原，则会得到催化该反应的抗体。这一过渡态模拟物在结构上是稳定的，能利用化学手段合成。目前制备抗体酶的步骤主要采用：根据催化目的，通过活性反应合成模型化合物，并与载体蛋白偶联成人工抗原，制备具有催化活性的单克隆抗体。只有特定的抗原才能诱导具有酶样结构和功能的抗体，因而设计半抗原成为制备抗体酶的关键。主要策略有：利用抗体与相应半抗原的电荷和立体互补性，使抗体稳定反应过渡态；抗体作为熵阱，在结合部位引入催化活性基团或辅因子，或进一步用化学工程或基因工程方法改造抗体部位，使之具有新的或更高的催化活性。

1. 利用抗体稳定带电过渡态

大多数抗体酶是通过理论设计合适的、与反应过渡态类似的小分子作为半抗原，然后让动物免疫系统产生针对半抗原的抗体来获得。由于针对半抗原的抗体在几何形状和电学性质上与反应过渡态互补，因而可以稳定过渡态，从而加速反应。Shultz(1990)小组利用与底物扭曲构象相似的扭曲卟啉作半抗原，制备的抗体可催化卟啉金属螯合反应。亚铁螯合酶是血红素生物合成途径中的末端酶，可催化亚铁离子插入原卟啉的生物合成。N-甲基原卟啉由于内部甲基取代而呈扭曲结构，它是此酶的有力抑制剂，也与酶催化的卟啉金属反应的过渡态类似。针对甲基卟啉的抗体可催化平面结构原卟啉的金属螯合，这就为该反应过渡态扭曲结构的作用提供了证据。该工作不仅说明抗体能结合扭曲底物结构，而且表明用抗体可以检验酶的催化作用机理。

2. 抗体作为熵阱

改变底物的活化熵，使一些物理化学意义上不易发生的反应得以进行，这就是抗体酶催化的“熵阱”机制。

抗体与酶一样出于其结合能限制了反应物的位移和旋转的自由度，降低反应熵垒以增加反应速度，所以设计的半抗原是利用抗体结合能克服反应熵垒。抗体的结合能被用来冻结转动和翻转自由度，这种自由度的限制是形成活化复合物所必需的。Bartlet 等合成一个有椅式构象的氧杂双环化合物来模拟内分支酸生成预苯酸的 Claisen 重排反应的过渡态结构。用此双环半抗原诱导的抗体可使重排反应加速 10^4 倍。由于反应小而不形成离子或游离基中间体，且反应不需要酸、碱等催化基团催化，所以这项工作对于采用非化学基团催化的抗体酶的发展有重要意义。

3. 抗体静电互补效应

抗体与其配体的相互作用是相当精确的，抗体常含有与配体功能互补的特殊功能基。已经发现带正电的配体常能诱导出结合部位带负电残基的抗体，反之亦然。鉴于某些酶的酸-碱催化机制与质子转移有关，在抗原分子中引入带正电荷的化学基团，按照静电互补关系，就可能在抗体结合部位诱导出稳定的负电基团。这样，对于含有活泼氢原子的底物，抗体便会扮演一个具有亲核性质的催化剂。Shokat 等人根据这种被称为“诱饵开关”

效应的设计原理，用含有带正电荷氨基的半抗原进行免疫，结果在抗体结合部位上产生带负电的羧基，可作为β消除催化作用中的碱功能基诱导出可能催化C—H键断裂的活性抗体。他们推测抗体结合部位产生亲核作用的负电基团可能是谷氨酸或天冬氨酸残基的侧链。后来证明，利用这种抗体-半抗原静电互补性是产生抗体的一般方法，可适合各类不同的反应，如缩合、异构化和水解反应等。而在抗体结合部位诱导出两个催化基因（两个酸、一酸一碱或两个碱），进一步增加反应速度，是抗体催化的发展目标。此外，在抗体的抗原结合部位引入催化基团和辅基，通过化学诱变法也可以产生抗体酶。

11.4.3.2 抗体酶的制备方法

酶与其催化的活性化合物之间具有结构互补的性质，即酶分子与“反应过渡态”化合物互补。从分子识别角度来看，这种互补关系类似于抗体抗原间的互补作用。所以抗体酶最初的产生手段是按以下步骤进行的：首先合成稳定的反应过渡态类似物，将此化合物作为半抗原与载体蛋白相连，然后免疫动物制单克隆抗体，由它诱导产生的抗体，可以按预定方向取得催化活性。该方法中最重要的是半抗原的分子设计和合成。

抗体技术的发展经历3个阶段。一是通过免疫动物产生血清多克隆抗体；二是细胞工程阶段，即用杂交瘤技术产生单克隆抗体；三是利用基因工程途径表达和改造抗体。

1. 单克隆抗体技术

该法较为常用，是经体内免疫后再进行细胞融合的制备抗体酶的经典方法。首先选择或合成与过滤态立体结构相似的模拟物作半抗原，偶联适当的单克隆抗体，再从中筛检催化性抗体。此制备方法的关键是要有合适而稳定的过渡态模拟物作半抗原，以产生与过渡态高度亲和的抗体酶。Smith等已制备出双功能模拟物，既模拟过滤态又模拟底物初态。Tsumuraga等用多种半抗原分次免疫，获得了亲和力及催化活性均有所提高的抗体酶。

2. 抗体基因组合文库法

由免疫学可知，对独特的分子抗原，动物可有5 000～9 000个不同的B细胞产生抗体，而通过细胞融合产生的单克隆抗体一般只有上百个。随着基因工程技术的不断发展，人们引入组合文库的方法，以期绕过杂交瘤技术，并扩大待筛检抗体的容量（达10^5～10^8种抗体）。抗体的轻链基因随机组合，重组入大肠杆菌表达载体。这样随机组合的抗体种类可达10^5～10^8种，形成抗体组合文库。假设库容量为4×10^6，筛选阳性克隆的频率为1/4 500，约有900个克隆可用于活性检测。引入链交替法（chain shuffling），还能进一步扩大库容量。抗体Fab段或轻链重链可变区连接而成的单链抗体均可在大肠杆菌中表达。根据表达载体不同，可用不同的筛选方法。若轻、重链基因融合前导肽序列，重组噬菌体，表达产物在周质（periplasm），完成折叠或重装分泌至培养基上清，用硝酸纤维膜可俘获抗体。

3. 其他方法

除上述两种主要的产生抗体酶的方法以外，近几年又发展了几种新的制备方法。

(1)化学诱变法。将合成的或天然的具有催化活性的基因通过化学修饰法（半合成抗体法）引入到抗体分子中。

(2)蛋白质工程技术。通过蛋白质工程技术使抗体结合部位的氨基酸残基产生定向改变，既可以直接产生酶活性，也可以对初步具有酶活性的抗体进行进一步改造，构建高活性抗体。

(3)相似分子诱导法。在反应过渡态类似物难以合成的条件下，采用化学结构相似的分子如酶的抑制分子作半抗原也可筛选到抗体酶。因为免疫系统对一个半抗原可以产生一些结构大致相同、但却存在细微差别的抗体。因此用含有与半抗原类似结构的化合物筛选单克隆抗体，也会找到所需要的有特殊识别功能及催化作用的抗体酶。

(4)共价抗原免疫法。这是在亲和标记抑制剂基础上发展起来的新的抗体酶制备方法。

4. 多克隆催化抗体与自身催化抗体

最初获得的抗体酶都是单克隆抗体，因为早期产生多克隆催化抗体的努力几乎都没有成功。目前催化各种反应的多克隆抗体酶的报道正在增加，并且发现了催化水解反应的人自身抗体。

多克隆抗体有以下优点：

a. 相对于单克隆抗体造价较低，并且制备相对简单、快速；

b. 作为催化剂在技术领域有广泛应用前景；

c. 用此可评估包括诱导血清中催化活性的可能的治疗策略；

d. 通过分析一系列结构相关的半抗原，并比较出它们所得出的抗体酶的催化活性来辅助设计半抗原。并且在试图获得单克隆抗体酶之前，最好通过产生多克隆抗体酶来确定半抗原设计和合成的可能性。

目前已发现的具有催化活性的自身抗体有以下几种：

(1)水解 VIP 的自身抗体。最早发现具有催化活性的自身抗体是 1989 年从部分正常人和支气管哮喘病人血清中分离出来的 VIP 抗体，属 IgG 类型。VIP 即肠血管活性肽(vasoactive intestinal peptide)，由 28 个氨基酸残基组成，在体内具有广泛的生物作用。VIP 自身抗体可将 VIP 水解成两个片段，反应动力学完全符合米氏方程，这一发现赋予自身抗体以全新的功能。

(2)能切割 DNA 的自身抗体。在系统性红斑狼疮病人血清中发现了具有 DNA 切割活性的自身抗体，有 IgG 也有 IgM。通过琼脂糖凝胶电泳观察到，这种抗体可使质粒 pUC18 的超螺旋松解。进一步分析表明，这是一种依赖于二价离子的多位点切割的活性抗体。将有切割 DNA 活性的自身抗体与大肠杆菌 DNA 酶 I 和人血清 DNA 酶进行比较，发现该抗体的催化效率比人血清 DNA 酶高一个数量级，但比 DNA 酶 I 低两个数量级。用这三者对同一段大鼠 DNA 进行酶切图谱分析，他们还发现 DNA 抗体具有与其他两种酶完全不同的切割样式，说明其切割并不是随机的。

(3)具有乙酰胆碱酯酶活性的抗独特性抗体。根据免疫网络学说，抗独特性抗体的结合位点具有初级抗原表位(epitope)相似的结构。由此推论，如果某一抗体针对某一酶的活性部位，那么以该抗体免疫动物，将可产生与该酶活性部位有相似结构(所谓“内影像”)的抗独特性抗体。结构决定功能，该抗独特性抗体应该可以模拟该酶的活性，这无疑是一条制备抗体酶的新途径。

(4)抗甲状腺球蛋白抗体的酶活性。甲状腺球蛋白(thyroglohulin, Tg)自身抗体是最早鉴定的自身抗体之一，它存在于几乎所有桥本氏甲状腺炎病人体内，也存在于一小部分正常人中。其病理作用尚不完全清楚，推测它可能是造成甲状腺损伤的因素之一。甲状腺炎病人体内的抗甲状腺球蛋白体可以催化水解 Tg，产生多个肽片段。

11.4.3.3 抗体酶的筛选方法

在制备抗体后，抗体酶的筛选是很重要的，常见的筛选方法有如下几种。

(1)ELISA 法。用 ELISA 法筛选对半抗原有亲和力的单克隆抗体，然后大量培养，分析单克隆抗体的酶学活性。

(2)酶学活性检测法。直接用反应底物检测细胞培养液中抗体的酶活性。此法比上述方法更简单，但需要抗体具有可观测的酶活力。

(3)短过渡态类似物法。以过渡态类似物中含有的必需基团的基本结构单元作为筛选单克隆抗体的标准。这是一种快速鉴定与过渡态结合的抗体的方法，这样对该化合物亲和力越强的抗体，其催化效率越高。

(4)基因筛选法。应用基因探针，对基因抗体库进行分析和筛选。

11.4.3.4 抗体酶的应用、存在的问题及其对策

抗体酶的出现，既扩增了酶的界限，又延伸了抗体的应用范围。从理论上讲，动物具有产生 113 种抗体的能力，加之有的还可以进行人工改造，故抗体酶的种类几乎是无限的。我们可以依靠这种技术创造出全新的酶类，广泛应用于多种学科。抗体酶催化的反应，包括酯键水解、酰胺键形成和水解、脱羧反应、消除反应、亚胺键形成、内酯化反应、Claisen 重排、Diels-Alder 反应、变构反应、氧化还原反应、光裂解和聚合反应等。利用抗体技术提供催化化学反应的精细微环境是一个新的创举，展示了它在生物、化学、医学的应用前景。

抗体酶的研究是当今科学前沿多学科研究的交汇点，吸引着合成化学家、生物学家、免疫学家、化学动力学家、催化学家的格外关注，它突破了传统的胶束、大分子、配位化合物等模拟酶的思路，开辟了崭新的模拟酶研究的方向，开拓了催化剂研究的新领域，无论在理论探索还是在实践应用方面，都具有极其广阔的前景。它的意义和贡献可以表现为：

①可以将不可能发生的化学反应变为可能。

②可以将苛刻条件下的化学反应在温和条件下实现。

③可以选择性地催化平行反应中的某一反应，从而大大增加产品的产率，使原料的利用率大大提高。

④在不久的将来，有可能研究成功蛋白质氨基酸序列快逗分析的抗体酶，从而大大简化和加速蛋白质氨基酸序列的测定。

⑤病毒蛋白在水解过程中的过渡态相似物诱发的抗体酶，可作为医学上的接种疫苗。

⑥指导未知酶的寻找。有些反应如 Coope 重排和 Diels-Alter 反应，明明知道是酶催化的，但时至今日，人们对催化上述反应的酶仍一无所知，对这些反应的抗体酶的结构和功能的研究无疑会对未知酶的寻找提供方向性的提示。

⑦通过对抗体酶及其过渡态相似物的研究，无疑对确定基元反应的过渡态提供了十分有用的信息，为确定化学反应机理提供了依据。

1. 抗体酶的应用

(1)抗体酶在基础研究中的应用。首先，利用过渡态模拟物法得到抗体酶是对 Pauling 酶促远离过渡态理论最直接、也是最好的证实。同时随着人们对抗体酶研究的深入，加深了人们对酶作用机理一些假设(如临近效应、定向效应、熵阱效应、张力模型等)的理解。例如催化酰胺形成和水解的抗体酶，可用于肽和蛋白的合成与分解，可能弥补有时天然酶解时酶切位点不能人为控制的缺点，用于发展"限制性酶"，以水解断裂糖或蛋白的特定键，从而选择性水解病毒、癌细胞或其他生理学靶子表面的蛋白或糖。在多肽合成中需要加保护基并脱去保护基，用正电荷的磷酸盐过渡态类似物已制得有三苯甲基酶活性的抗体，促进三苯甲基醚键的断裂，可用于化学反应，是重要的保护基。在某些药物合成中，成环反应是重要步骤，催化内酯化成环反应的抗体酶可用于环结构药物的合成。顺反异构化反应在维生素 D 的合成和视黄醛的异构化过程中甚为重要，因而催化此类反应的抗体酶将有广泛用途。抗体酶优良的立体专一性可介导化学合成中产物的手性消旋，成为立体选择性催化药物、精细化学试剂合成的有用工具。抗体酶溶于反向胶束，可在有机溶剂中做催化剂。抗体酶固相化可保留其在有机溶剂中的活性和专一性，提高稳定性。抗体酶能催化尚无天然酶存在的化学反应的例子更令人鼓舞。通过各种策略制备抗体为研究催化机制(如过渡态稳定、临近效应、一般酸碱催化和亲电亲核催化等)提供了良好的工具，也预示了抗体酶在基础理论的研究中越来越广阔的前景。

(2)抗体酶在临床医学中的应用。制备具有高催化效率及位点特异性的蛋白裂解酶是一条治疗、预防疾病的新途径。如针对血栓形成蛋白质的抗体酶，可以特异性水解血栓。如果在该抗体酶上附着有显示剂，则可同时显示血栓存在的部位，这对于血栓病以及发病率日趋增高的关心均有重要的诊断和治疗意义。

利用抗体酶技术得到的疫苗，称之为抗体疫苗。目前的疫苗(抗原疫苗)通常是用或者模拟病原体或其部分(如亚单位或多肽)作为免疫原以期获得保护性抗体；而抗体疫苗则是用病原体关键性蛋白质过渡态模拟物免疫动物，从而得到能特异水解该蛋白质的抗体酶，病原体因缺乏重要功能的蛋白质而无法继续繁殖，从而达到预防及治疗的目的。因为这种水解作用是高特异性的，故对宿主蛋白质作用的机会很少。因此，抗体疫苗比抗原疫苗特异性强，副作用小，且节省宿主蛋白质。

血管小肠素自身抗体可特异性水解 VIP，并且其 Fab 段具有全抗体的功能，它可特异性催化 VIP 的 Gln16-Met17 肽键断裂，从而导致 VIP 在体内的缺乏，产生许多自身免疫性疾病。这一发现将会对阐明许多疾病，尤其是自身免疫性疾病的致病机理及其临床诊断和治疗有十分重要的意义。

此外，由于抗体酶具有抗体与酶的双重特性，将其用于生物传感器的分子识别元件的构建十分理想。如果以催化抗体作分子识别元件，构成的生物传感器将具有免疫传感器和酶传感器的双重功能特性。因为待测物既是催化抗体的配体，又是它的底物，所以可以直接检测，并且由于催化抗体的分子识别位点与配体底物结合后能够不断再生，使催化抗体能被用于构成一种可逆性免疫传感器，能够重复使用，并可用于连续监测分析物的浓度变化。加之因为催化抗体比酶更稳定，使催化抗体作分子识别元件的生物传感器具有更长的使用寿命。

Blackburn(1990)首次以催化抗体作为分子识别元件，构成了一种电位检测型生物传感器，用于检测苯乙酸酯。首先构建能催化苯乙酸酯水解的催化抗体，用于修饰微型 pH 电极。由于催化抗体能催化苯乙酸酯水解，产生 H^+，因此可被 pH 电极检测。

2. 抗体酶应用中存在的问题及可能的对策

对绝大多数的抗体酶来说，其催化能力一般为酶的 1/1 000。究其原因，是因为与酶的几乎完美无缺的结构相比，抗体的结构要简单得多，它由两条重链和两条轻链组成。况且，酶经过了几百万年的进化，而抗体酶仅是经几周或数个月的诱导而产生的，在酶促结构和功能上当然不可同日而语。再者，严格来说，完全和过渡态一样的稳定分子是不存在的，过渡态相似物毕竟不是过渡态本身，其形状、电性、键长、键角、极性等均有差异，其转动能级和振动能级亦不相同。可以推测，假如过渡态能稳定存在，用它诱导产生的抗体酶的性能必定优于用过渡态类似物诱导获得的抗体酶。此外，抗体酶的存在率低，制备过程费时费事且价格昂贵。人们已做出种种努力来提高抗体酶的催化活性和效率，采取的对策方法有以下几种。

①克隆免疫反应因子的基因：通过扩增免疫动物的脾细胞的 mRNA，得到单独产生重链和轻链的噬菌体文库，然后通过载体中存在的非对称限制位点使之重新组合，包含上百万个高水平表达的轻链和重链片段的文库可在大肠杆菌中表达和组装。这样，既保留了亲本单克隆的识别及亲和特性，又利用了免疫因子的多样性，可以在更多的抗体中选择抗体酶。

②改善过渡态相似物的设计与合成，特别是改变半抗原的抗体结合位点的亲水/疏水性质。在半抗原中引入带电荷的基团，它相应诱导出的抗体中的互补性功能团对底物产生协同作用；半抗原中的中性氨基酸可以诱导抗体产生氢键；半抗原中的大片非极性表面诱导抗体产生疏水袋，这些均在不同程度上提高了相应抗体酶的催化性能。

③抗体结合位点的化学和遗传修饰，或是通过抗体结合位点的选择性化学衍生物引入天然或人工合成的催化基团；或是利用位点专一性突变，引起抗体结合位点氨基酸的改变。在二硝基苯和磷酸胆碱专一的抗体活性位点引入组氨酸，结果增加了抗体酶的催化性能。

④多种半抗原的综合应用：过渡态类似物与过渡态总是存在差异，但是使过渡态类似物的某一部分与过渡态的相应部分相同却是可能的，通过合成多种过渡态相似物，每一相似物都与过渡态的某一部分相同，以这样的相似物连续免疫动物，多次采用杂交技术，最后所得的抗体酶的催化性能就优于单一相似物所诱导的抗体酶。

⑤在抗体酶中引入辅助因子。这些辅助因子可以是天然的，也可以是人工合成的。

抗体酶作为一种新酶，在短短的十几年，其研究获得了迅猛发展，取得了长足的进步，在基础科学的研究中已经显示了非常好的应用前景，人们相信，它将在医学、化学、生物学、免疫学、制药学等诸多学科中发挥重要的作用。但是，鉴于目前的研究水平，抗体酶本身还有许多诸如活力低等问题没有得到很好的解决。随着科学的进步，人们“量体裁衣式”地制造抗体酶的梦想终究会实现。

思考题

1. 什么是核酶？试述核酶的类型与功能。

2. 什么是脱氧核酶？它有哪些功能？

3. 什么是进化酶？定向进化的策略通常有哪些？

4. 什么是杂合酶？试述杂合酶的构建策略与制备方法。

5. 什么是抗体酶？与抗体相比，有哪些特点？

6. 以过渡态理论为基础，说明抗体酶的催化机理。

7. 根据抗体酶的特点，说明其制备的原理和方法。

生吉萍、布日额、陈忠正　编写

参考文献

[1] Doherty E A ,Doudna J A. Ribozyme structures and mechanisms. Annu Rev Biochem,2000,69:597-615.

[2] Hopfner KP, Kopetzki E. New enzyme lineages by subdomain shuffling. Biochemistry,1998,95(17):9813-9818.

[3] 蔡勇，杨江科，闫云君. 酶的定向进化策略. 生命的化学，2007，27(2)：186-189.

[4] 陈年根，刘新泳. 抗体酶的研究与应用进展. 药物生物技术，2003，10(5)：329-335.

[5] 范立梅，阮红. 抗体酶的研究及应用. 温州大学学报，2005，18(4)：51-54.

[6] 黄启斌. 抗体酶催化化学反应的新进展. 有机化学，1996，16：289-300.

[7] 刘俊秋，罗贵民，沈家骢. 仿硒酶研究进展. 化学进展，2007，19(12)：1928-1938.

[8] 刘连碧，朱春宝，朱宝泉. 杂交酶及其相关技术研究进展. 生命科学，2000，12(4)：185-189.

[9] 卢忠心. 脱氧核酶及其应用进展. 国外医学分子生物学分册，2003，25(5)：282-285.

[10] 罗贵民. 酶工程. 北京：化学工业出版社，2004.

[11] 毛华伟，赵晓东，杨锡强. 脱氧核酶研究进展. 中国生物工程杂志，2003，4：43-47.

[12] 毛加宁. 抗体酶制备及其应用. 乐山师范学院学报，2006，21(5)：48-50.

[13] 祁国荣. 核酶的22年. 生命的化学，2004，24(3)：262-265.

[14] 王凡强，马美荣，王正祥. 等. 枯草杆菌蛋白酶基因工程的研究进展，生物工程进展，2000，20(2)：41-44.

[15] 王俊峰，廖祥儒，付伟. 小型核酶的结构和催化机理. 生物化学与生物物理进展，

2002，29(5):674-677.

[16] 许金熀，张宇峰，沈赞聪.抗体酶的研究与展望.科技导报，1999，8:16-17.

[17] 袁于人.抗体酶研究进展.生命科学，1998，10(3):136-140.

[18] 曾家豫，杨国兵，廖世奇.生物酶的定向进化及其应用.卫生职业教育，2007，25(23):155-159.

[19] 张红缨，孔祥铎，张今.蛋白质工程的新策略——酶的体外定向进化.科学通报，1999，44(11):1121-1127.

[20] 张志祥，姚其正.融合蛋白——一种新的生物工程技术.药物生物技术，2001，8(1):58-60.

[21] 赵辉，彭明，曾会才，等.核酶的特征及技术研究进展.热带作物学报，2006，27(2):112-119.

[22] 周晓云.酶学原理与酶工程.北京:中国轻工业出版社，2005.

Chapter 12

第12章 食品酶工程的应用

教学目的和要求

1. 了解国内外食品工业酶制剂的应用情况，在此基础上掌握酶制剂在食品保鲜、食品加工及食品检测等领域的应用；
2. 了解食品酶制剂的发展概况，掌握酶在食品相关领域的应用技术与进展。

12.1 食品工业酶制剂的应用概况

12.1.1 概述

12.1.1.1 酶工程技术的发展

现代意义上的酶,已经不仅仅是一些生物体的重要产物,它已成为现代生物产业中一个不可或缺的组成部分。酶作为生物催化剂,其反应条件温和、高效、专一性强,在许多反应中具有不可低估的作用。通过酶,尤其是固定化酶的催化作用,可以简化生产工艺、降低生产成本、改善操作环境,其经济效益是非常可观的。随着人们对环境保护和生活质量要求的提高,酶在医药、食品、纺织等领域的应用日益广泛,可以预计今后在有机合成、环境保护方面也将发挥重要作用。目前工业上用的酶主要是淀粉酶、蛋白酶、葡萄糖异构酶、果胶酶、脂肪酶、葡萄糖氧化酶等,而且大多为水解酶类,其中60%为蛋白酶类(用于制造加酶洗涤剂及乳酪、啤酒、皮革、蛋白水解物等),30%属于碳水化合物水解酶(用于淀粉加工、酿酒、纺织品退浆、果蔬加工、乳品加工等)。酶制剂在工业中的主要应用见表12-1,各种商品酶制剂的销售比例见表12-2。

表12-1 酶制剂在食品工业上的应用实例

酶的类型	名称	来源	用途
1. 氧化还原酶 $AH_2+B \rightleftharpoons A+BH_2$	葡萄糖氧化酶	霉菌	食品加工(脱氧去除葡萄糖)
	D-氨基酸氧化酶	霉菌、肾脏	制造氨基酸,试剂
	尿酸酶	酵母、肾脏	尿酸定量
	过氧化氢酶	细菌、霉菌	食品加工(去除残余的过氧化氢与葡萄糖氧化酶同用于葡萄糖测定)
	过氧化物酶	植物	
2. 转移酶 $Ax+B \rightleftharpoons A+Bx$	转氨基酶	细菌	制造氨基酸
	核苷磷酸转移酶	细菌	制造核酸调味品
3. 水解酶 $AB+H_2O \rightleftharpoons AH+BOH$	脂肪酶	细菌、霉菌、胰脏	食品加工(乳制品增香)、医药、洗涤剂
	5′-磷酸二酯酶	霉菌	制造核酸调味品
	淀粉酶	细菌、霉菌、麦芽、胰脏	酿造食品、淀粉加工、医药、饲料加工
	纤维素酶	霉菌、蘑菇	谷物加工、蔬菜加工、医药
	半纤维素酶	霉菌	谷物加工、蔬菜加工
	果胶酶	霉菌、细菌	果汁加工、果酒澄清
	溶菌酶	鸡蛋白	人工乳添加剂、防腐、医药
	蜜二糖酶	霉菌	甜菜制糖(去除棉子糖)
	乳糖酶	霉菌、酵母	乳品加工(分解乳糖)、医药(治疗乳糖不耐症)
	转化酶	酵母、细菌	果糖制造、糖浆制造

续表 12-1

酶的类型	名 称	来 源	用 途
3. 水解酶 AB＋H_2O ≒ AH＋BOH	透明质酸酶	细菌	医药(促进药物扩散,消炎)
	凝乳酶	仔牛胃、霉菌	制造乳酪
	天冬酰胺酶	细菌	医药
	脲酶	植物(豆类)	定量尿素、人工肾
	青霉素酰化酶	霉菌、细菌	6-氨基青霉烷酸
	氨基酰化酶	霉菌、细菌、猪肾脏	消除氨基酸光学分析
	腺苷酸脱氨酶	霉菌	制造核酸调味品
	柚苷酶	霉菌	去除夏蜜橘苦味
	橙皮苷酶	霉菌	蜜橘罐头防止浑浊
	蛋白酶	霉菌、放线菌、动物内脏、植物瓜果	食品加工、制造氨基酸调味料、皮革毛皮加工、洗涤剂、化妆品、饲料添加剂、医药
4. 裂合酶 AB ≒ A＋B	天冬氨酸-*β*-脱羧酶	细菌	制造丙氨酸
	L-氨基酸脱羧酶	细菌	试剂
	β-酪氨酸酶	细菌	制造 *L*-多巴(*L*-DOPA)
	延胡索酸酶	细菌	由延胡索酸制造苹果酸
	天冬氨酸酶	细菌	制造天门冬氨酸
5. 异构酶 *L*→*D*	氨基酸消旋酶	细菌	制造氨基酸
	葡萄糖异构酶	放线菌、细菌	制造果葡糖浆

表 12-2　各种商品酶制剂的销售比例

品 种	类 别	销售比例/%
糖水解酶	果胶酶	3.0
	纤维素酶、乳糖酶	1.0
	α-淀粉酶	5.0
	糖化酶	13.0
蛋白酶	胰蛋白酶	3.0
	胃蛋白酶	10.0
	酸性蛋白酶	3.0
	中性蛋白酶	12.0
	碱性蛋白酶	6.0
	碱性蛋白酶(洗涤剂)	25.0
其他商品酶	试剂、医药用酶等	10.0
	脂肪酶	3.0

现代酶工程技术始于 20 世纪中叶。随着微生物发酵技术的发展和酶分离纯化技术的提高,酶制剂生产开始走向规模化,并被应用于食品、医药等生化过程。但在生产中发现,酶制剂存在着一些弱点,如稳定性差,反应条件(温度、离子强度、pH 等)要求严格,酶量有限,因而在工业生产中使用酶时往往导致生产成本提高,严重的限制了酶在产业中的应用。应用新的技术手段来提高酶的活性和操作稳定性是非常必要的。20 世纪 60 年代,酶固定化技术的诞生,改善了酶的稳定性,使酶在生化反应器中可以反复连续使用,极大的促进了酶工程技术(enzyme engineering)的推广应用。70 年代,基因工程与酶催化理论的结合,给酶工程技术带来了前所未有的生机。应用基因工程技术可以生产出高效能、高质量的酶产品,大大降低了工业用酶产品的价格,这对工业用酶的市场产生了巨大的影响。蛋白质工程技术及相关学科知识的交叉和融会贯通,改变了酶的分子进化历程。酶分子的活力得到提高,反应体系的适应性更加广泛,多种类型的酶

制剂(固定化酶、化学修饰酶等)实现了产业化生产。酶工程技术已成为生物技术和产业之间的重要桥梁。

随着科学技术的发展,人们能够在极端环境下(高温、高压、高盐、低温、极酸、极碱环境等)收集得到极端微生物,促进了新酶源的开发和有用酶的发现,从而带动了应用酶工程的进一步发展。人们对酶工程技术的应用寄予了厚望。加强酶学理论的研究及应用技术的开发,促进酶在社会经济生活中的应用,已成为现代生物技术的主题。

12.1.1.2　酶制剂在食品工业中的应用

作为一种食品添加剂,与传统的化学法,如酸法、碱法加工食品相比,酶技术具有显著的优越性:首先,它不会有任何有害的残留物质;其次,酶的催化反应具有高度专一性和高效性,酶制剂用量小,经济上合算;再次,酶促反应条件温和,营养成分损失少,易操作,能耗低。因此,酶工程技术在食品的各个领域得到了广泛应用。

酶制剂在食品工业中的最大用途是生产加工食品原料。以淀粉加工为例,通过不同的淀粉酶分解淀粉,可以生产出饴糖、麦芽糊精、麦芽糖浆(三糖、四糖)、高麦芽糖浆(麦芽糖达 60%)、麦芽糖、麦芽糖醇和果糖等甜味剂,分别用于糖果、冰淇淋、饮料等各类食品的加工。用橙皮苷酶和橙皮苷反应可以生产橙皮素-7-葡萄糖苷二氢查耳酮,这是一种对人体安全的甜味剂,其甜度为蔗糖的 70～100 倍。酶制剂在淀粉类食品加工业中的新用途是用于异麦芽低聚糖、海藻糖、帕拉金糖、低聚果糖、低聚木糖、大豆低聚糖等功能性低聚糖的制造。

另外,酶制剂直接参与食品的生产过程,用于生产某些产品。如在焙烤食品中利用淀粉酶、蛋白酶等制剂可以增大面包体积,改善面包表皮色泽,改良面粉质量,延缓陈变,提高柔软度,延长保存期限;在肉制品加工中可以利用蛋白酶(主要是木瓜蛋白酶)进行肉类嫩化、生产明胶、对副产品进行增值;在乳制品加工中可以利用乳糖酶分解乳糖、利用凝乳酶制造干酪、利用过氧化氢酶对乳制品进行杀菌消毒;在果蔬类食品加工中可以利用果胶酶等提取果蔬汁、提取果胶、进行增香、除异味、去除酚类化合物;在食品添加剂生产中可以用于天然香精香料、天然色素等的生产;在发酵工业中可以用在啤酒、酱油和醋的生产中;在功能性食品生产中可以用来生产功能性低聚糖(oligosaccharide)、功能性大米、功能性糖醇(sugar alcohols)、活性肽(activated peptides)或用于功能性活性成分的提取。

12.1.1.3　酶工程的发展前景

随着世界能源日益减少,人口不断增加,水资源和粮食日渐短缺,以及人类环保意识的加强,使得工业界用酶来改革传统工艺的需求更为迫切。因此,提高酶的产量,降低生产成本,开发酶的新品种、新用途更是当务之急。基因工程、蛋白质工程的发展,为酶制剂工业发展创造了有利条件。开发耐热、耐酸碱,对底物有特殊作用的酶,以及将动植物生产的酶改由微生物发酵方法来生产,或者将还不能使用的微生物所产的酶改由安全菌种来生产,都将成为现实。可以预期,在 21 世纪,酶工程技术作为生物技术的一个重要组成部分,充满生机,发展迅速,前景光明,大有希望。我们相信,随着各种高新技术的广泛应用,随着酶工程研究的深入,酶工程研究和酶制剂工业必将取得更快、更大的发展。酶工程技术必将在食品工业、医药、农业、化学分析、环境保护、能源开发和生命科学理论研究等各个方面,发挥越来越大的作用。

12.1.2 食品工业酶制剂国内外产业化现状

酶制剂工业是知识密集的高科技产业，是生物工程的实体。近年来，随着生物技术深入研究，酶工程产业发展非常迅速，成为21世纪的新兴产业之一。

12.1.2.1 国外酶制剂产业化现状

自20世纪中叶以来，工业用酶制剂的市场得到了蓬勃发展。统计数据表明，世界酶制剂产量以较快的速度逐年增加。

表12-3列举了1995—2008年期间全世界工业酶制剂销售额的变化。从1981年到2008年，酶制剂的年销售额平均增长率为15.29%。近年来增长速度趋缓。据预测，今后10年世界上工业用酶的销售额将按6%～8%的速度增长。

表12-3 1995—2008年期间世界工业酶制剂销售额的变化情况

年份	1995	2002	2008
总销售额/亿美元	12.5	25.0	30.0

表12-4列举了目前酶制剂在各个工业领域所占的比重。由表可知，目前食品、饲料工业酶制剂用量最大，其次为洗涤剂行业。

表12-4 酶制剂在相关领域所占有的比重

工业	食品、饲料工业	洗涤剂工业	纺织工业	造纸工业	化学工业
所占比例/%	45.0	32.0	11.0	7.0	4.0

表12-5列举了1984—2005年期间全世界食品工业酶制剂销售额的变化。从1984年到2005年，食品酶制剂的年销售额平均增长率为7.76%。据统计，食品工业中，用于淀粉加工的酶所占比例最大，为15%；其次是乳制品工业，占14%。统计表明，食品工业用酶制剂发展迅速，经济效益突飞猛进。

表12-5 1984—2005年期间全世界食品工业酶制剂销售额的变化

年份	1984	1996	2005
总销售额/亿美元	3.7	14.0	20.0

当今国际酶制剂工业研究和发展动向，可归结为以下几个方面。

(1)研究开发投入大，高新技术应用广。国外酶制剂公司研究开发经费一般占产品销售额的10%～15%，如丹麦诺维信公司的研发经费达到总预算经费的19%，从事研发工作的人员占公司总雇员23%。由于经费充足，科研力量雄厚，早已把基因工程、蛋白质工程等现代生物技术用于产酶菌种的改良、新型酶开发。1991年15%的工业用酶采用基因工程菌生产，1998年达到80%。由于高新技术应用，提高了酶的产量，增加了酶的稳定性，使酶能适应应用环境，提高了酶在有机溶剂中反应效率，使酶在后提取工艺和应用过程中更容易操作。

(2)大力研制、开发新酶种。据报道全世界已发现的酶有数千种,工业上生产的酶有数十种,真正达到工业规模的只有二十多种,因此大力开发研制新的酶种,剂型多样化是酶制剂研究又一发展趋势。在工业酶制剂市场,长期以来水解酶类一直处于主导地位,约占市场销售总额的75%以上。目前开始注意开发非水解酶类,特别是氧化还原酶类,它们所占市场份额不断扩大。

(3)不断拓宽酶制剂的新用途。以往酶制剂的应用领域集中在淀粉加工、食品加工和洗涤剂工业,而随着人类所面临的食品和营养、健康和长寿、资源和能源、环境保护和生态平衡等各种重大问题不断产生,酶制剂应用范围也越来越宽。酶制剂工业对人类的经济和社会生活产生了重大影响。

(4)酶制剂工业发展趋向垄断化。就像其他的新兴工业发展趋势一样,酶制剂市场竞争日趋激烈,各大公司收购兼并重组持续进行,酶制剂行业垄断已逐步形成,世界上具有一定规模的酶制剂企业已由20世纪80年代初80多家减少到目前的20多家。丹麦Novo公司处于龙头老大位置,占有市场50%份额,而美国Genencor公司,占有25%左右市场份额,其他各国酶制剂生产企业分享余下25%市场份额。

12.1.2.2 我国酶制剂产业化现状

我国酶制剂产业发展也十分迅速,表12-6表明了1978—2006年期间我国酶制剂产量的变化情况,从表中可以看出,从1978年到2006年我国酶制剂产量大幅度增加。到目前为止,我国酶制剂产量占世界总产量的5%左右,成为除欧美与日本外的另一个较大的酶制剂生产基地。

表12-6 1978—2006年期间我国酶制剂产量递增情况

年份	1978	1997	1998	2006
产量/t	0.45	18.4万	21.0万	53.0万

与国际水平相比,我国的酶制剂无论是在产量还是质量上都存在较大差距,食品酶制剂的新品种较少,主要生产糖化酶等常规酶制剂,产品的国际竞争能力较差。为了尽快缩短与国外先进水平的差距,改变我国食品酶制剂的产业结构,必须加大科技开发的步伐,提高产品的技术含量。

目前我国酶制剂生产企业约100家,均为中小型企业,现有生产能力40多万t。已实现工业化生产的酶种有20多种。产品以糖化酶(glucoamylase)、α-淀粉酶(α-amylase)、蛋白酶(protease)三大类为主,此外还有果胶酶(pectinase)、β-葡聚糖酶(β-glucanase)、纤维素酶(cellulase)、碱性脂肪酶(alkaline lipase)、木聚糖酶(xylanase)、α-乙酰乳酸脱羧酶(α-acetolactate decarboxylase)、植酸酶(phytase)等。主要产品的生产水平达到20世纪90年代国际水平。我国酶制剂产品主要应用于酿酒、淀粉糖、洗涤剂、纺织、饲料等行业,对这些行业改革工艺、提高质量、降低消耗、提高得率、减轻劳动强度、改善环境起到积极作用。

我国酶制剂产业发展速度很快,近年来取得了明显的进步,但从世界酶制剂行业来看，我国酶制剂产业总体来说仍处于比较落后的地位。整个行业生产规模小，技术开发力量薄弱，产品单一，结构不合理的问题十分突出。近十年来高新技术在世界酶制剂产业的应用进一步加大了我国酶制剂产业与世界先进水平的差距。

当前，中国酶制剂产业发展中存在的主要问题是：

(1)技术研究与开发滞后。我国酶制剂生产企业规模普遍偏小，科研开发和创建企业研发中心的能力有限。资金、基地和人才三大断层问题造成国内酶制剂产业的研发实力和水平渐趋下降，使得我国在酶制剂新技术的研究和开发方面后劲不足，落后于世界先进水平。

(2)行业和企业的规模小而分散，市场调控能力弱。我国酶制剂生产企业基本上是单纯生产型，规模普遍偏小。以销售额计，我国 100 家企业生产的酶制剂产品，其市场销售额仅占世界酶制剂销售总额的 5%左右，而世界酶制剂市场营业额的 90%以上，掌握在 20 多家企业手中。企业规模小，产品的市场覆盖率低，导致企业对市场的调控能力普遍较弱，企业相互间无序的价格竞争使整个行业的经济效益连续下滑，使企业在技术创新、新产品开发、生产设备更新、市场开拓等方面力量不足，严重制约了酶制剂产业的可持续发展。

(3)产品结构不合理，技术含量低。从产品结构来看，据统计，在我国酶制剂的生产总量中，3 种主要产品——糖化酶、α-淀粉酶、蛋白酶的年产量占据了酶制剂总产量的 95%以上。国内一半以上的酶制剂厂生产品种单一，有些重要产品我国尚未投入生产。

(4)应用的深度和广度不够。应用的深度和广度体现在应用技术和应用范围两方面。国外一些发达国家的酶制剂公司，根据生产的品种建立有应用车间，有一批专业人员研究应用技术，根据原料、工艺和装备的情况，通过试验提出相应的应用方法。或将应用单位请来观看应用试验，或到应用厂家现场服务，有一整套应用技术文件。我国在这方面投入不够，生产与应用不稳定。在应用范围方面，主要是酶制剂的品种开发不够，跟不上生产发展的需要。

12.1.3 食品工业酶制剂的来源及特点

12.1.3.1 食品工业酶制剂的来源

酶来自生物体，可利用动物、植物、微生物为原料，经过提取、分离而制取。在酶制剂生产的早期，多数是从动植物原料中提取酶，至今有些酶制剂如蛋白酶、淀粉酶和溶菌酶等仍由动植物细胞提取制得。但是，以动植物为原料生产酶往往受到生长周期、地理、气候和季节等许多因素的限制，不能满足酶制剂在工业上广泛应用的需要。1894 年日本人高峰让吉首次用米曲霉(*oryzae*)固体发酵生产“他卡”淀粉酶作为消化剂。第二次世界大战以后，随着抗生素生产的发展，1947 年日本开始采用液体深层发酵法生产 α-淀粉酶，从此酶制剂的生产逐步转向了以微生物发酵生产酶。

另外，也可用化学方法合成酶。1964 年，我国首次人工合成了胰岛素(insulin)，并且发展了固相肽合成的自动化技术，近年来又在人工合成酶方面取得了一定发展。但化学合成法在技术上难度大，经济上也不合算，仍未达到广泛应用的程度。

所以，目前食品工业用酶的来源包括动物、植物和微生物。利用微生物发酵法生产酶制剂优于直接从动物、植物中提取酶制剂，并且已成为工业用酶制剂的主要来源。

微生物发酵法生产酶制剂需要考虑的重点问题是安全性、产量和新酶种的开发，自然菌株在这几方面可能存在某些缺陷，但基因工程技术的迅速发展为其开辟了新的途径。

基因工程技术的最大贡献在于，它能按照人们的意愿构建新的物种，或者赋予新的功能。虽然目前基因工程还未形成大规模的产业，但是它作为一种改良菌种，提高产酶能力，改变酶性能的手段，已受到了人们的极大关注。例如利用改良的过氧化物酶能够在高温和酸性条件下脱甲基和烷基，生产一些食品特有的香气因子。转基因微生物生产 α-淀粉酶是目前人们研究最多的课题，美国 CPC 国际公司的 Moffet 研究中心，已成功地采用基因工程菌生产了 α-淀粉酶，并已获得美国食品药品管理局（U. S. Food and Drug Administration，FDA）的批准。

此外，运用基因工程技术，提高葡萄糖异构酶（isomerase）、纤维素酶、淀粉酶等酶活力的研究也取得了一定的成绩。葡萄糖异构酶在食品工业上应用广泛，为提高其热稳定性，朱国萍等人在确定第 138 位甘氨酸（Gly-138）为目标氨基酸后，用双引物法对葡萄糖异构酶基因进行体外定点诱变，以脯氨酸（Pro-138）替代 Gly-138，含突变体的重组质粒在大肠杆菌中表达，结果突变型葡萄糖异构酶比野生型的热半衰期长一倍，最适反应温度提高了 10～12℃，酶的比活力相同。

在食品工业中，微生物可作为食品的发酵剂，也可以用于生产酶制剂、氨基酸、有机酸、维生素、色素、香料等添加剂。从理论上讲，所有发酵用或食品添加剂生产用菌种都可以采用基因工程技术进行改良，提高和改变酶制剂的产量和特性，从而降低生产成本或开发新用途。在脂肪酶的研究中，Okkels 等人通过定点突变使 *Candida antarctica* A 脂肪酶的比活力提高了 4 倍。在蛋白酶的研究中，Brode 等人对枯草杆菌蛋白酶 BNP 的表面特征进行了研究，发现在活性区域有较多负电荷的突变体的吸附力更弱，在洗涤中能更好地发挥作用。因此，利用转基因微生物生产食品酶制剂是食品工业应用基因工程技术的一个重要领域，开发前景十分广阔，经济价值也不言而喻。

目前，全球范围内，很多企业已成功地应用转基因微生物生产食品酶制剂，如丹麦的 Novo 公司、荷兰的 Gist-Brocades 公司等。目前世界食品用酶的 60%是 Novo 公司提供的，这些酶制剂中有 60%是基因重组菌株生产的。生产食品酶制剂的转基因微生物包括浅青紫链霉菌（light bruising *Streptomyces*）、锈赤链霉菌（red rust *Streptomyces*）、枯草芽孢杆菌（*Subtilis*）、地衣芽孢杆菌（*Bacillus licheniformis*）、特氏克雷伯氏菌（*Klebsiella special's*）、解淀粉芽孢杆菌（*Bacillus amyloliquefaciens*）、米曲霉和黑曲霉（*Aspergillus*）等。

利用基因工程技术改良菌种生产的第一种食品酶制剂是凝乳酶。由于生产凝乳酶的转基因微生物不会残留在最终产物上，美国食品药品管理局（FDA）认定它是安全的，符合 GRAS（Generally Recognized as Safe）标准，1990 年批准它可应用于干酪的生产，在产品上也不需标示。目前，已有 17 个国家使用转基因微生物的凝乳酶生产干酪，美国 70%的干酪都是由转基因微生物的凝乳酶生产的。

新型微生物在食品工业中的应用必须得到法定机构的安全性确认，整个过程要有很多资金投入,因而我国目前大多数食品工业酶制剂的生产还仅限于有限的几种传统微生物。

12.1.3.2 食品工业酶制剂的特点

酶制剂是一种生态型高效催化剂,具有高效、安全、生态和环保等特点,能够有效带动相关领域技术水平的提高,对应用产业开发新产品、提高质量、节能降耗、保护环境具有重要意义,产生了巨大的社会效益和经济效益。酶制剂产业已经成为生物技术领域的前卫产业和21世纪最有希望的新兴产业之一。

食品加工过程中,如何保持食品的色、香、味是非常重要的问题,因此加工过程中应避免使用剧烈的化学反应。酶制剂用于食品加工中具有以下特点:①不会有任何有害的残留物质;②酶的催化反应具有高度专一性和高效性,酶制剂用量小,经济上合算;③酶反应条件温和,营养成分损失少,易操作,能耗低;④提高食品质量,许多酶制剂可作为食品原料的品质改良剂;⑤改善食品风味、颜色等,而且不会引起食品结构、物理状态和风味等的变化;⑥失活变性作用,酶的本质是蛋白质,因此凡能使蛋白质变性的因素,都可以引起酶失活变性,使之丧失催化活性,如强酸、强碱、高温等。可见,酶制剂在食品生产的应用中处处体现出省时节能、对环境没有污染和能够保持食品的天然风味的特性。

一般而言,酶作为天然提取物可以认为是安全的,真正有毒的酶是罕见的。某些酶制剂之所以有毒是因为酶分离纯化的不够,含有微生物及环境中的一些致病毒素,因此酶制剂在生产时需要通过安全检查。

展望未来,酶制剂这一生物催化剂将在更加广泛的领域中得到应用,酶制剂工业将成为国民经济中不可或缺的重要组成部分。新工艺要求新的酶,随着食品加工制作方法精细程度的提高,就应不断扩充酶的种类,不断提高酶的纯度。而食品工业也将更多地应用先进的酶工程技术来进行生产,可以说其应用前景非常广阔。我国的酶制剂工业起步晚,底子薄,虽然近年来发展很快,但我们也应清醒地看到,由于我们起步较迟、技术水平落后,目前酶制剂工业的发展还不能适应国民经济的发展要求。我国的酶制剂与技术进入国际市场参与竞争还有相当大的难度,我们还必须继续学习,取人之长,紧跟国际酶工程技术的最新发展,提高我国的酶工程技术。

12.2 酶在食品工业上的应用

在食品工业,酶制剂主要用于食品保鲜、食品加工、食品添加剂生产。如今,酶工程及酶制剂对于食品工业的影响越来越大,而且对世界经济产生巨大的经济效益和社会效益。

12.2.1 酶在食品保鲜上的应用

在食品加工、储藏、运输和销售整个过程中,由于受到微生物、氧气、光等多种外界因素影响,食品色、香、味、形及营养卫生特性会发生劣变、甚至腐败,从而导致食用价值和商品价值大幅降低。人们在长期实践中探索总结出一些有效保鲜技术,如干制、冷冻、腌制、发酵、使用防腐剂、罐藏等。酶制剂保鲜技术是利用酶的催化作用，防止或消除外界因素对食品的不良影响，保持食品原有的品质与特性的技术。鉴于酶制剂本身许多优点，酶法保鲜技术日益得到重视，与传统保鲜方法相比，应用酶制剂进行保鲜具有许多优点，概括如下：

①酶制剂本身无毒、无味、无臭，不会影响食品的安全和食用价值。

②酶制剂有高度催化性，用低浓度的酶也能使反应迅速地进行。如 lgα-淀粉酶晶体可以在 65℃条件下，只需 15 min，即可使 2 t 淀粉转化为糊精。

③酶制剂作用所要求的温度、pH 值等条件都很温和，不会损害食品的质量。例如用酸作催化剂催化淀粉水解成葡萄糖，需要在 0.25～0.3 MPa 的蒸汽压力和 135～145℃的高温下才能进行，而用 α-淀粉酶，在 pH6.0～6.5 条件下，85～93℃便可将淀粉水解成糊精，再用糖化酶在 pH4.5～5.0、55～65℃下便可把糊精水解成葡萄糖。

④酶制剂对底物有严格的专一性，添加到成分复杂的原料中不会引起不必要的化学变化。例如啤酒中的蛋白质可用蛋白酶去除，桔汁中的苦味成分柚苷(naringin)可用柚苷酶(naringinase)分解而不影响风味。

⑤反应终点易于控制，必要时可用简单的加热方法就能使酶制剂失活，终止其反应。

由于利用酶制剂保鲜食品具有上述优点，所以它可广泛地应用于各种食品的保鲜，有效地防止外界因素对食品造成的不良影响。某些酶可以通过除氧或抑制微生物的生长延长食品储存期。目前应用较多的是溶菌酶(lysozme)和葡萄糖氧化酶(glucoseoxidase)的酶制剂保鲜技术。

12.2.1.1 酶制剂保鲜作用机理

酶法保鲜实质是通过酶催化作用，预防、减少、甚至消除各种外界因素对食品不良影响，以保持食品原有优良品性。其作用机理有以下 3 个方面。

1. 消除氧气保鲜(elimination of oxygen storage)

氧化是造成食品色、香、味劣化的重要因素，含量很低的氧就足以使食品氧化变质。天然果蔬原料及其制品中含有丰富色素物质，如叶绿素、胡萝卜素、多酚衍生物(花青素、花黄素等)、酮类衍生物(红曲色素、姜黄素等)色素，极易与氧气发生氧化反应而失去原有颜色，甚至褐变。生鲜肉中血红素铁卟啉环在氧气存在时，原有鲜红色会逐渐变暗色甚至变绿。更为严重的是：氧化会导致维生素 C、E 等还原类营养物质大量破坏，还促使动植物油脂或奶油氧化酸败，产生哈喇味儿，造成食品品质严重劣变，甚至形成过氧化物、环状物等致癌物。

解决这种问题基本方法就是除氧。葡萄糖氧化酶作为一类有效除氧剂，可催化葡萄糖与氧反应生成葡萄糖醛酸和过氧化氢(双氧水)，双氧水本身具有杀菌作用，达到保鲜目的。

2. 脱糖保鲜

在一定条件下，食品中的葡萄糖醛基(glucose aldehyde)和蛋白质氨基会发生反应生成类黑色素，使其外观品质下降。同时，黑色物质会导致蛋白质溶解度降低。脱糖保鲜的原理是加入某些制剂，如葡萄糖氧化酶，适时通入适量氧气，使葡萄糖完全氧化，阻断反应。

生产上有时用酵母、乳酸菌等发酵完成蛋白脱糖处理，虽安全性高，但处理时间较长，效价比不很理想。

3. 灭菌保鲜

食品是用营养丰富动植物或微生物等原料加工而成的制品，是微生物生长天然培养基。因此，在微生物作用下，食品会失去原有或应有营养价值、组织特性、色、香、味，甚至产生毒素，因此，防止微生物污染是食品保鲜重要内容。加工中采用最多的是加热杀菌，如巴氏杀菌、高温高压杀菌等和添加防腐剂如苯甲酸盐、山梨酸盐和丙酸钙等，但易造成营养成分大量破坏。辐照杀菌属于冷杀菌，弥补热杀菌不足，但辐照剂量不易掌握，易生成辐照味，且该过程中营养成分变化对人体是否存在影响尚不清楚。辐射穿透力弱、成本高，不适于食品大批量应用。添加化学防腐剂杀菌效果虽很好，但化学物质残留对人体造成安全隐患。现发现某些酶制剂可杀灭导致食品腐败变质的某些微生物，达到保鲜效果，如溶菌酶的保鲜效果就源于此。

12.2.1.2 溶菌酶在食品保鲜上的应用

溶菌酶又称胞壁质酶，系统名称为N-乙酰胞壁质聚糖水解酶(N-acetyl-murein glycan hydrolase)，相对分子质量14 000左右，等电点10.7～11.0，是一类无毒、无害、高安全性天然抑菌杀菌剂，可专一性降解细菌细胞壁成分中之乙酰胞壁酸(acetylmuramic acid)和乙酰葡糖胺(glunac)之间的糖苷键，使细菌裂解、内容物外泄而死亡。对于小球菌、八叠球菌等大多数菌类和枯草杆菌、地衣芽孢杆菌等芽孢杆菌类具有强烈抑制和杀灭作用。溶菌酶本身化学性质很稳定，最适pH 6～7，最适温度50℃，pH 3时100℃加热45 min才失活。因此具有相对较好的加工特性。目前，溶菌酶已成功应用于乳制品、低度果酒、水产品、香肠等食品防腐保鲜，在奶酪生产特别是中长期熟化中使用溶菌酶，能有效防止后期起泡及风味变化。溶菌酶对乳酸菌生长很有利，还能抑制杂菌引起的丁酸、酪酸发酵，这种特性是一般防腐剂所不能达到的。溶菌酶在各类食品中的保鲜作用分述如下。

1. 在乳制品的保鲜与强化中的应用

目前，我国液态乳制品发展迅速，溶菌酶应用于乳制品中可起到防腐的效果，尤其适用于巴氏杀菌奶，可有效地延长保存期。由于溶菌酶具有一定的耐高温性能，也可适用于超高温瞬间杀菌奶。添加剂量为300～600 mg/kg。其方法为包装前添加，超高温瞬间杀菌奶也可以在杀菌前添加。在干酪的生产中，添加一定量的溶菌酶，可防止微生物污染而引起的酪酸发酵，以保证干酪的质量。新鲜的牛乳中含有少量的溶菌酶，每100 mL约含13 mg，而人乳中含有40 mg/mL溶菌酶。若在鲜乳或奶粉中加入一定量的溶菌酶，则不但有防腐保鲜的作用，而且可达到强化婴儿乳品的目的，有利于婴儿的健康。

2. 在肉类保鲜中的应用

在肉类熟制品中只要将一定浓度(通常为0.05%)的溶菌酶溶液喷洒在其表面就可起到防腐保鲜的作用。由湖南农业大学研制的Hnsafely-010低温肉制品保鲜剂(溶菌酶制剂)可以耐受95℃以下的温度而保持性质不变，因此将其添加到原料肉中进行低温加热(80℃左右)可以保持活性不变，使用浓度为肉重的0.01%～0.05%，使用方法为在肉块进行滚揉或进行斩拌时加入。该保鲜剂可以延长低温肉制品保鲜期一倍以上的时间。另外，溶菌酶常与其他防腐剂合用，应用于肉制品中，具有较好的防腐效果。

3. 低浓度酿造酒的保鲜

酿造酒的酒精含量较低，有些微生物可在其中生长而引起变质。例如，清酒的酒精含量为15%～17%，大部分微生物不能在其中生长，而有一种称为火落菌的乳酸菌，则可在清酒中生长，并生成乳酸和产生不愉快的味道。若在清酒中加入溶菌酶，即可起到良好的防腐效果。

4. 水产品的保鲜

一些新鲜水产品（如虾、鱼等）在含甘氨酸（0.1 mol/L）、溶菌酶和食盐（3%）的混合液中浸渍5 min后沥去水分，保存在5℃的冷库中，9 d后无异味、色泽无变化。

5. 其他食品的保鲜

在香肠、奶油、生面条、饮料等食品中加入溶菌酶均可起到良好的保鲜作用。在应用溶菌酶作为食品保鲜剂时，必须注意酶的专一性。因为溶菌酶抗菌谱较窄，对于酵母、霉菌和革兰氏阴性菌等引起的腐败变质不能起到防腐作用。但将溶菌酶与植酸、聚合磷酸盐、甘氨酸同用，因发生协同作用，对革兰氏阴性菌的溶菌力可显著加强，大大提高了防腐效果。

12.2.1.3 葡萄糖氧化酶在食品保鲜上的应用

葡萄糖氧化酶是用黑曲霉等经过发酵后制得的淡黄色透明液体酶制剂。其相对分子质量为15万左右，最适pH为5.6，在pH 3.5～6.5的条件下具有很好的稳定性，最适作用温度30～60℃。

如前所述，葡萄糖氧化酶的保鲜作用主要源于其与底物反应的耗氧作用或反应去除样品中葡萄糖的作用。

通过葡萄糖氧化酶反应耗氧达到保鲜目的的具体做法是预先将葡萄糖氧化酶和其底物葡萄糖混合均匀，密封包装于透气性好但透水性差的薄膜袋中，置于装有需保鲜食品的密闭容器内，当密闭容器中氧气透过薄膜进入袋中后，在葡萄糖氧化酶作用下与葡萄糖发生反应，从而达到除氧目的。实践中常将葡萄糖氧化酶和过氧化氢酶联合使用，增强保鲜效果。葡萄糖氧化酶可直接加入到果酱、果酒等半流体或流体制品中，起到防止氧化变质作用。如在啤酒加工过程中加入适量的葡萄糖氧化酶可以除去啤酒中的溶解氧和瓶颈氧，阻止啤酒的氧化变质。因葡萄糖氧化酶的专一性，不会对啤酒中的其他物质产生作用，因此葡萄糖氧化酶在防止啤酒老化，保持啤酒风味，延长保质期上有显著的效果。另外，葡萄糖氧化酶在防止白葡萄酒因多酚氧化酶的作用而变色、果汁中的维生素C因氧化而破坏、多脂食品中脂类因氧化而酸败、罐装容器内壁因氧化而腐蚀等方面均有作用。

用葡萄糖氧化酶去除食品中残留的葡萄糖，目前应用最多的是生产脱水制品（如蛋白粉、蛋白片等）中。例如蛋的蛋白中含有0.5%～0.6%的葡萄糖，葡萄糖的羰基与蛋白质的氨基发生Maillard反应，而使产品发生褐变、出现小黑点或使全蛋粉的溶解度下降等。在蛋液中加入适量的葡萄糖氧化酶，不断地供给适量的氧气，在30～32℃条件下处理一段时间，使葡萄糖完全氧化，可很好地保持蛋类制品的色泽和溶解性。此外，葡萄糖氧化酶也可应用于脱水蔬菜、肉类及虾类食品保鲜，防止因葡萄糖引起的褐变反应。

酶制剂产业是当今中国最具发展潜力的新兴产业之一，随着基因工程、细胞固定化技术等的发展，酶制剂在食品保鲜中也将有着更广阔的应用前景。但酶制剂保鲜的应用研究尚处于起步阶段，大力加强酶制剂在食品保鲜中的应用研究具有非常重要的意义。

12.2.2 酶在淀粉类食品加工中的应用

淀粉类食品是指含有大量淀粉或以淀粉为主要原料加工制成的食品，是世界上产量最大的一类食品。淀粉在各种淀粉酶的作用下，可以水解生成糊精、低聚糖、麦芽糖和葡萄糖等产物；或者经过葡萄糖异构酶、环状糊精葡萄糖基转移酶等的作用生成果葡糖浆、环状糊精等产物。另外，淀粉在面包、饼干、馒头、面条和其他面制食品中也是主要成分，所以本节也讨论面制食品中酶的应用。

淀粉类食品加工中的主要用酶如表 12-7 所示。

表 12-7 酶在淀粉类食品生产中的应用情况

酶种类	用途
α-淀粉酶	生产糊精、麦芽糖
α-淀粉酶、糖化酶	生产淀粉水解酶、葡萄糖
α-淀粉酶、β-淀粉酶、支链淀粉酶	生产饴糖、麦芽糖、啤酒酿造
支链淀粉酶	生产支链淀粉
α-淀粉酶、支链淀粉酶	生产葡萄糖
α-淀粉酶、β-淀粉酶、葡萄糖异构酶	生产果葡糖浆、高果糖浆、果糖
α-淀粉酶、环状糊精葡萄糖苷酶	生产环状糊精
异淀粉酶	生产直链淀粉，用于可食性包装膜、高质量粉丝
淀粉酶、蛋白酶 、戊聚糖酶、木聚糖酶 、脂肪酶、脂肪氧化酶、葡萄糖氧化酶、谷氨酰胺转氨酶	改善面团特性和面制品品质

12.2.2.1 葡萄糖的生产

目前，国内外葡萄糖的生产大量采用酶法。酶法生产葡萄糖是以淀粉为原料，先经 α-淀粉酶液化成糊精，再用糖化酶催化生成葡萄糖。

α-淀粉酶(α-amylase，EC3.2.1.1)又称为液化型淀粉酶，它作用于淀粉时，随机地从淀粉分子内部切开 α-1，4-葡萄糖苷键，使淀粉水解生成糊精和一些还原糖，所生成的产物均为 α-型，故称为 α-淀粉酶。

葡萄糖淀粉酶(glucoamylase，EC3.2.1.3)又称为糖化酶，它作用于淀粉时，从淀粉分子的非还原端开始逐个地水解 α-1，4-葡萄糖苷键，生成葡萄糖。该酶还有一定的水解 α-1，6-葡萄糖苷键和 α-1，3-葡萄糖苷键的能力。

在葡萄糖的生产过程中，淀粉先配制成淀粉浆，加热糊化后添加一定量的 α-淀粉酶，在一定条件下使淀粉液化成糊精。然后，在一定条件下加入适量的糖化酶，使糊精转化为葡萄糖。

所采用的 α-淀粉酶和糖化酶都要求达到一定的程度。尤其是糖化酶中应不含葡萄糖苷转移酶。因为葡萄糖苷转移酶会催化葡萄糖生成异麦芽糖等杂质，严重影响葡萄糖的收率。

12.2.2.2 果葡糖浆的生产

果葡糖浆是由葡萄糖异构酶催化葡萄糖异构化生成部分果糖而得到的葡萄糖和果糖的混合糖浆。果葡糖浆溶解度很高,发酵性能好,化学稳定性高,并且易为人体所吸收,在饮料工业中广泛应用,在面包、糕点、罐头和冷饮等领域也有不同程度的应用。由于果葡糖浆本身具有较高的营养保健价值,因此也被用来加工营养食品和疗效食品。

葡萄糖异构酶(glucose isomerase,EC5.3.1.5)又称为木糖异构酶(xylose isomerase),它催化 *D*-木糖、*D*-葡萄糖、*D*-核糖等醛糖可逆地转化为酮糖。1966 年日本首先用游离葡萄糖异构酶工业化生产果葡糖浆。当时葡萄糖异构酶是由放线菌生产的。目前具有工业生产价值的菌种很多,如凝结芽孢杆菌、米苏里游动放线菌、树枝状黄杆菌等。但用游离酶生产果葡糖浆存在很多缺点,1973 年以来,国内外纷纷采用固定化葡萄糖异构酶进行连续化生产,生产效果显著提高,产品质量明显改善,从而推动了果葡糖浆工业的发展。

果葡糖浆生产所使用的葡萄糖,一般是由淀粉浆经 α-淀粉酶液化,再经糖化酶糖化得到的葡萄糖,所以果葡糖浆的生产工艺主要包括淀粉的液化、糖化和异构化等步骤。首先,淀粉浆在 α-淀粉酶的作用下被液化成 DE 值[DE 值是指还原糖(以葡萄糖计)占糖浆干物质的百分比]为 15%～20%的液化液,液化液经调整 pH 和温度,并加入糖化酶进行糖化至糖化液 DE 值达到 96%～98%,然后过滤,最后再用活性炭和离子交换树脂处理,成为净化的葡萄糖液。被净化后的葡萄糖液通过装有固定异构酶的反应器被异构化,异构化完成后,混合糖液经脱色、精制、浓缩至固形物含量 71%左右,即为果葡糖浆。果葡糖浆中含果糖 42%左右,葡萄糖 52%左右,另有 6%左右为低聚糖。

在以上工艺过程中需要注意几点:

①钙离子对 α-淀粉酶有保护作用,在淀粉液化时需要添加,但是它对葡萄糖异构酶却有抑制作用,所以葡萄糖溶液需要用层析等方法精制。

②葡萄糖转化为果糖的异构化反应是吸热反应。随着反应温度的升高,反应平衡向有利于生成糖的方向变化(表 12-8)。异构化反应的温度越高,平衡时混合糖浆中果糖的含量也越高。当温度超过 70℃时,葡萄糖异构酶容易变性失活。所以异构化反应的温度以 60～70℃为宜。在此温度下,异构化反应平衡时,果糖可达 53.5%～56.5%。但是要达到反应平衡,还需要很长的时间。在生产上一般控制异构率为 42%～45%。

表 12-8 不同温度下反应平衡时生成的葡萄糖含量比较 %

反应温度	葡萄糖	果糖	反应温度	葡萄糖	果糖
25℃	57.5	42.5	70℃	43.5	56.5
40℃	52.1	47.9	80℃	41.2	58.8
60℃	46.5	53.5			

③若将异构化后混合糖液中的葡萄糖与果糖分离,将分离出的葡萄糖再进行异构化,如此反复进行,可使更多的葡萄糖转变为果糖。由此可得到果糖含量达 70%、90%甚至更高,称为高果糖浆。

12.2.2.3 饴糖、麦芽糖的生产

饴糖是我国传统的淀粉制品,其以大米和糯米为原料,加迠大麦芽,利用麦芽中的 α-

淀粉酶和β-淀粉酶，将淀粉糖化而成麦芽糖浆，其含麦芽糖30%～40%，糊精60%～70%。

β-淀粉酶(β-amylase,EC3.2.1.2)又称为麦芽糖苷酶，是一种催化淀粉水解生成麦芽糖的淀粉水解酶。它从淀粉分子的非还原端开始，作用于α-1,4-葡萄糖苷键，顺次切下麦芽糖单位，同时发生沃尔登转为反应(Walden inversion)，生成的麦芽糖由α-型转为β-型，故成为β-淀粉酶。

饴糖除了用麦芽生产以外，也可以用酶法生产。使用时，先用α-淀粉酶使淀粉液化，再加入β-淀粉酶使糊精生成麦芽糖。酶法生产的饴糖中，麦芽糖的含量可达60%～70%。可以从中分离得到麦芽糖。

12.2.2.4 糊精、麦芽糊精的生产

糊精是淀粉低程度水解的产物，广泛应用于食品增稠剂、填充剂和吸收剂。其中，DE值在10～20的糊精称为麦芽糊精。淀粉在α-淀粉酶的作用下生成糊精。控制酶反应的DE值，可以得到含有一定量麦芽糖的麦芽糊精。

12.2.2.5 环状糊精的生产

环状糊精是由6～12个葡萄糖单位以α-1,4糖苷键连接而成的具有环状结构的一类化合物，能选择性地吸附各种小分子物质，起到稳定、乳化、缓释、提高溶解度和分散度等作用，在食品工业中具有广泛用途。其中，应用最多的是α-环状糊精(含6个葡萄糖单位)，又称为环已直链淀粉；β-环状糊精(含7个葡萄糖单位)，又称为环庚直链淀粉；和γ-环状糊精(含8个葡萄糖单位)，又称为环辛直链淀粉。其中α-环状糊精的溶解度大，制备较为困难；γ-环状糊精的生成量较少；所以目前大量生产的是β-环状糊精。

β-环状糊精通常以淀粉为原料，采用环状糊精葡萄糖苷转移酶为催化剂进行生产。环状糊精葡萄糖苷转移酶(cyclodextrin glycosyl transferase,CGT)，又称为环状糊精生成酶。生产中，由于反应液中还含有未转化的淀粉和界限糊精，需要加入α-淀粉酶进行液化，然后经过脱色、过滤、浓缩、洁净、离心分离、真空干燥等工序获得β-环状糊精产品。

12.2.2.6 异淀粉酶的应用

异淀粉酶是指能专一性分解淀粉类物质中α-1,6糖苷键的酶。异淀粉酶的来源很广，大米、蚕豆、马铃薯、麦芽和甜玉米等均发现有异淀粉酶存在。异淀粉酶主要是由微生物发酵法制造，目前国内外常用的微生物有产气气杆菌ATCC9621、产气气杆菌10016菌株、假单胞菌[*Pseudomonas amyloderamosa* SB-15(ATCC21262)]、链霉菌(*Streplomyces* sp.)和酵母菌等。

不同来源的异淀粉酶作用条件有所不同，如酵母异淀粉酶最适pH为6.2，最适温度为20℃；在pH 5以上就很不稳定，25℃以上很快失活。产气气杆菌10016菌株异淀粉酶最适pH为5.6～7.2，其最适pH受缓冲液影响，在pH 5.8的醋酸缓冲液中比在相同pH的柠檬酸缓冲液中所测得的酶活性高34%。该酶最适温度为45～50℃，50℃以上不稳定，55～60℃活性急剧下降，60℃时酶活性只剩6.4%。放线菌异淀粉酶最适温度较高，如链霉菌No.28异淀粉酶最适pH为5.0，最适温度为60℃，但70℃左右酶几乎失活。在pH 5.5～5.7时酶最稳定。因此，放线菌异淀粉酶可能更有利于工业应用。金属离子对异淀粉酶活性有影响如产气气杆菌10016菌株异淀粉酶，加入金属络合剂EDTA进行反应，酶活性几乎全部丧失，说明该酶反应需要金属离子。用EDTA透析过的酶还留有

82%的活性，可能是反应时带入微量金属离子。从试验过的几种金属离子来看，该酶稍受Mg^{2+}、Ca^{2+}激活，但受到Hg^{2+}、Cu^{2+}、Fe^{3+}、Al^{3+}等的抑制。假单胞菌异淀粉酶活性为Hg^{2+}、Ag^{+}以及N-溴琥珀酰亚胺、苯汞醋酸盐、2，4-二硝基氟苯等所抑制。此外，钙离子能提高异淀粉酶pH稳定性和热稳定性。

异淀粉酶现已应用于以淀粉为原料的食品生产。单独采用异淀粉酶，可使支链淀粉变为直链淀粉。直链淀粉具有凝结成块，易形成结构稳定的凝胶物性。因此，可以作为强韧的食品包装薄膜。该薄膜对氧和油脂具有良好的隔绝性，又因涂布展开性好，故适合作为一些食品的保护层。异淀粉酶处理谷物淀粉制成的直链淀粉，也可以制成高质量的粉丝。异淀粉酶也可与其他淀粉酶配合使用，用于麦芽糖生产、淀粉糖化等，以提高产率。

12.2.2.7 酶在面制食品中的应用

目前在面制食品中研究和应用的生物酶主要有淀粉酶、蛋白酶 、戊聚糖酶、木聚糖酶、脂肪酶、脂肪氧化酶、葡萄糖氧化酶、谷氨酰胺转氨酶等。

1.淀粉酶在面制食品中的应用

在面制食品中应用较多的是α-淀粉酶和β-淀粉酶。淀粉酶在面制食品中的作用主要有以下几方面。

(1)改善面团特性，提高发酵性能。在调制烘烤面包的面团时，若加入淀粉酶，则面团的延伸阻力明显减少，而延展性显著提高，从而获得柔软性、稳定性更好的面团。在面团发酵食品的制作过程中，酵母需要足够的糖源作为营养物质，当面团添加淀粉酶时，发酵速度会持续稳定，否则，酵母菌的发酵速度会有所下降。

(2)增大面包体积。在面包烘焙过程中，高强度面筋会阻碍焙烤过程中CO_2对气室的扩张，影响面包体积。而淀粉酶水解产物糖和糊精，可以结合面团中的水分，降低蛋白质胶粒的膨润度，限制过强面筋蛋白的形成。

(3)改善面包表皮色泽。在面包配方中添加淀粉酶，可以将面粉中的破损淀粉水解为麦芽糖和葡萄糖，使焙烤时产生良好的着色反应，使面包形成金黄色的表皮。

(4)提高面包柔软度、延长保存期。添加适量耐高温淀粉酶，在面包焙烤过程中，不可溶的淀粉由于受热作用胶化成可溶性淀粉，淀粉酶软化淀粉胶体并水解淀粉成为部分糊精，干扰了淀粉的结晶，淀粉老化过程变得缓慢，使面包柔软时间和货架期得到延长。

2.蛋白酶在面制食品中的应用

蛋白酶是面粉工业中常用生物酶之一，也是最早应用于面粉工业中的生物酶之一，面粉中应用的蛋白酶是一种中性蛋白酶，其最适pH为5.5～7.5，最适温度为65℃左右。

蛋白酶在焙烤工业中的应用有两种完全不同的目的。一是破坏面筋蛋白黏结性，这样，木瓜蛋白酶或中性枯草芽孢杆菌(*B. Subtilis*)蛋白酶可用来生产薄酥饼、蛋糕和饼干，不会带来任何问题 。二是需要面筋蛋白黏结性，在饼干和糕点的生产中，就应当慎重考虑。在制作面包中，酶的选择不适当往往事与愿违，一般情况下，蛋白酶很少用于面包加工中，因为它会弱化面筋，使面团变软，添加不当，容易使面包体积过小或表面塌陷等。

3.戊聚糖酶在面制食品中的应用

戊聚糖酶(pentosanase)是目前研究最热门的一种面制食品加工用酶，在欧洲焙烤工业中作为面包改良剂用酶已有一段时间。实践证明，在面粉中添加适量的戊聚糖酶对提高面团机械加工性能、抗发酵过头、增大面包体积以及延缓面包老化等方面均有显著功能。

戊聚糖酶能够水解小麦粉中的戊聚糖，破坏其束水能力，释放出水分子，使面团适度软化。戊聚糖酶还能抵消面粉中不溶性戊聚糖的负面作用，因为不溶性戊聚糖被认为对面包体积和结构具有负面影响。向国产小麦面包粉中添加适量戊聚糖酶，可显著提高面团的流变学特性，改善面包品质并延缓面包的老化，但添加过量，效果反而不好，甚至起负作用。

在大豆纤维饼干生产中，通过添加戊聚糖酶，可以解决由于大豆膳食纤维对面团流变学特性的不良影响而导致的面团调制时间过长、焙烤时间过长、产品容易烤焦、夹生等问题，并保持了纤维饼干口感酥脆、表面光亮、花纹清晰等良好品质。

4. 木聚糖酶在面制食品中的应用

木聚糖酶(xylanase，EC. 3. 2. 1. 8)和戊聚糖酶一样，可以被用作面粉改良剂，适用于面包、馒头甚至饼干。木聚糖酶在面包制作中的作用机理目前还没有统一的观点。有人认为木聚糖酶的改良作用类似于戊聚糖酶，即对不可溶戊聚糖的部分水解，增加了可溶性戊聚糖的含量，有利于面团中的水分重新分配，使得面筋网络形成更加充分，改善面团的机械性能和入炉急涨性能，从而获得较大体积的面包。同时，木聚糖酶也可以减少饼干面团水的黏合，提高面团含更少水的机械性能，从而减少焙烤和干燥的时间。

5. 脂肪酶在面制食品中的应用

脂肪酶(lipase，EC 3. 1. 1. 3)又叫甘油酯水解酶，目前应用于面粉工业的脂肪酶主要来源于微生物，其最适的作用条件为 pH7. 0，温度 37℃，可被钙离子及低离子盐激活。

脂肪酶可用于面粉改良：它能略微增加面团吸水率，但不同添加量对吸水率影响不大；对面团粉质特性有不良影响，特别是对稳定时间影响更大，但对评价值的影响不大；对面团拉伸特性影响显著，可显著增加面团最大的拉伸阻力和粉力，但对面团延伸性有降低作用，说明这种酶可使面筋硬而脆。

脂肪酶还可以添加于面包、馒头及面条等专用粉中：在面包专用粉中加入，可以得到更好的面团调理功能，使面团发酵的稳定性和体积增大，内部结构均匀，质地柔软，包心颜色白净，同时还因脂肪酶作用产生的甘油一酯而使面包表现出很好的保鲜效果；在馒头专用粉中加入，可以有效地防止其发酵过度，保证产品质量；在面条专用粉中加入，可减少面团上出现斑点，改善压片过程的稳定性，能有效保持水煮后面条的弹性，同时还可以提高面条的咬劲，使面条在水煮过程中不粘连、不易断，表面光亮，滑爽；通过该酶的添加，还可以改良面皮，提高成品率，即使面皮很薄也不易破裂，有透明感，冷冻时亦不会产生破裂等。

6. 氧化还原酶类在面制食品中的应用

用于面制食品的氧化还原酶类主要有脂肪氧化酶(lipooxygenase 或 lipoxidase)和葡萄糖氧化酶(glucoseoxidase 简称 GOD)。

脂肪氧化酶在焙烤工业中已应用很长时间了，其作用主要有两个方面，具有增筋和增白的双重作用。

葡萄糖氧化酶具有高度专一性，且酶活力稳定，在较宽的温度范围及 pH 范围内都具有活性。由于其天然、无毒、无副作用，近几年在食品工业中得到了广泛的应用，该酶被视为溴酸钾的最佳替代品。葡萄糖氧化酶能明显地改善面粉粉质特性和面团的拉伸特性。葡萄糖氧化酶作为一种新型面粉强筋剂，添加量少，反应迅速，对小麦粉的粉质特性，例如稳定时间、形成时间、弱化度、评价值、能量值等指标都有不同程度的改变，效果非常明显。实验表明，随着该酶添加量的增加，面团的拉伸阻力和能量都随之增加，而延伸度有所下降。这说明添加葡萄糖氧化酶后，面团的强度大大增强，对弱面筋面粉改进效果更明显，但添加过量时，面团的脆性会有所增加。葡萄糖氧化酶可显著改善面团的强度和弹性，醒发后，面团洁白有光泽，组织细腻，提高入炉急涨性和面包的体积及烘焙质量，烘烤后，体积膨大、气孔均匀、有韧性、不粘牙。同时对面包抗老化效果也很有改善。

7. 谷氨酰胺转氨酶在面制食品中的应用

谷氨酰胺转氨酶(transglutaminase，TG，EC 2.3.2.13)又称谷氨酰胺酶，可以催化蛋白质分子内及分子间的交联、蛋白质和氨基酸之间的连接以及蛋白质分子内谷氨酰胺基的水解，从而改善蛋白质的功能特性。在面制食品生产中的应用主要有以下几方面。

(1)提高面皮制品耐冷冻、抗破碎性能。随着对烘焙工艺及产品质量和新鲜度要求的不断提高，新的烘焙技术应运而生，即采取面团深度冷冻或延迟发酵，使之在储存一段时间(几小时至几周)后才烘焙。使费时的面团制作与实际的烘焙变得各自独立。然而，深度冷冻对面团有负面影响，有可能影响面包品质。若在冷冻面团中使用谷氨酰胺转氨酶，通过其交联作用，保证冰晶中面筋质网络更大地耐冻耐融，交联作用使面筋质的网状结构更稳定，并且不易受冰晶破坏的影响，使面皮制品耐冷冻、抗破碎。谷氨酰胺转氨酶还能用于压片面团中，其交联作用有助于改善产品加工工艺和质量 。

(2)作为乳化剂和溴酸盐的替代品。在烘焙食品制作中，由于谷氨酰胺转氨酶具有表面活性剂的特点，对面团特性有很好的改良作用，能够改善面团的手感、稳定性和烘焙产品的品质，产生更均匀一致的面包瓤结构，增大面包的体积。

(3)在馒头加工中的应用。面团稳定与否是决定最终产品质量的必要条件。在加工馒头的面团中使用谷氨酰胺转氨酶，能提高蛋白质的吸水性，使面团较少出现露珠，易于机械化加工，面团的可塑性也得到提高，有利于馒头加工质量的改善。

(4)在其他面制食品中的应用。在方便面的生产中使用谷氨酰胺转胺酶，可以减少方便面的吸油率，从而减少方便面的热量，也有利于节省用油。在面条的生产中加入谷氨酰胺转氨酶(transglutaminase)，可明显提高面条的口感及质地，蒸煮时不易粘连。

12.2.3 酶在蛋白类食品加工中的应用

蛋白类食品是以蛋白质为主要成分的食品，如肉制品、蛋制品、乳制品、植物蛋白制品等。酶制剂在蛋白类食品加工过程中的主要用途有：①改善结构组织，有助于人体对蛋白质的消化吸收，如肉类嫩化，动物皮、骨水解等；②改善食物的风味，增强人的食欲，如动植物蛋白水解液，脱糖全蛋粉等；③废弃蛋白质的利用，增加蛋白质的价值，如皮革厂的边料和碎皮，鱼品加工厂的杂鱼，屠宰场的下脚料等的酶分解，生产各种蛋白胨、氨基酸水解液等。

在蛋白类食品加工中应用最多的是蛋白酶类。蛋白酶类根据不同的方法有不同的分类，最早的蛋白酶分类是根据酶的来源分为植物蛋白酶、动物蛋白酶和微生物蛋白酶。木瓜蛋白酶、菠萝蛋白酶等来源于植物的蛋白酶称为植物蛋白酶；胰蛋白酶来源于胰脏，胃蛋白酶和凝乳酶来自于胃，这些酶被称为动物蛋白酶；中性蛋白酶等产自于微生物，被归为微生物蛋白酶。以后又将蛋白酶根据作用模式分为肽链端解酶和肽链内切酶。另外的分类方法还有按蛋白酶作用的最适 pH 分为酸性蛋白酶(最适 pH 2.5～5.0)、碱性蛋白酶(最适 pH 9～11)和中性蛋白酶(最适 pH 7～8)，按酶的活性部位的化学性质分为丝氨酸蛋白酶、巯基蛋白酶、金属蛋白酶、酸性蛋白酶 4 类等分类方法。而对于蛋白类食品加工中究竟选用哪种酶，则需考虑其来源、作用 pH、活性部位的化学性质等多方面的因素，进而达到高效、低成本等目的。当前常用的一些商业用蛋白酶见表 12-9。

表 12-9　工业上常用的蛋白酶种类、来源和应用条件

名称	来源	应用 pH	应用温度/℃
碱性蛋白酶	地衣芽孢杆菌	7～10	25～70
酸性蛋白酶	宇佐美曲霉 537、黑曲霉等	2～4	30～50
中性蛋白酶	枯草杆菌、栖土曲霉等	6～8	10～65
胃凝乳蛋白酶	牛胃、基因重组	3～6	10～50
胰蛋白酶	牛或猪的胰腺	7～9	10～55
木瓜蛋白酶	木瓜	5～7	60～75
无花果蛋白酶	无花果	6～8	20～50
菠萝蛋白酶	菠萝	5～8	30～45
真菌蛋白酶(又称风味酶)	米曲霉	3～6	25～60

12.2.3.1　酶在肉制品加工中的应用

1. 肉类的酶法嫩化

酶技术可以促使肉类嫩化(tenderization)。牛肉及其他质地较差的肉(如老动物肉)、结缔组织和肌纤维中的胶原蛋白质及弹性蛋白质含量高且结构复杂。胶原蛋白质是纤维蛋白，以次级键连接成为具有很强机械强度的组成，这种交联键可分成耐热和不耐热两种。幼动物的胶原蛋白中，不耐热交联键多，一经加热即行破裂，肉显得嫩；而老动物的肉因耐热键多，烹煮时软化较难，因而肉质显得粗糙，难以烹调，口感亦差。采用蛋白酶可以将肌肉结缔组织中胶原蛋白分解，从而使肉质嫩化。作为嫩化剂的蛋白酶可以分为两类：最常用的一类是植物蛋白酶，另一类是微生物蛋白酶。

嫩化肉类的常用蛋白酶有木瓜、菠萝、无花果等植物蛋白酶，枯草蛋白酶、米曲蛋白酶、根霉蛋白酶及黑曲蛋白酶等微生物蛋白酶。蛋白酶嫩化肉类的主要作用是分解肌肉结缔组织胶原蛋白，促进嫩化。目前应用的多种蛋白酶中，木瓜蛋白酶由于安全和廉价而广泛地作为肉类嫩化剂，菠萝蛋白酶、无花果蛋白酶或其他一些蛋白酶虽然在结缔组织的降解方面具有更高的效率，但它们的生产成本都更高或安全性没有木瓜蛋白酶好。

工业上嫩化肉类的方法有两种：一种是将蛋白酶涂抹于肉的表面或用酶液浸肉或将酶液注射于肉的内部；另一种是动物宰前用酶液进行静脉注射。相比较而言，前者很难使大块肉类制品实现均匀嫩化，容易出现嫩化不足或嫩化过度的问题，在屠宰场等初加工环节应用较为不便，可应用于终端消费时将肉切成小块后的嫩化；后者在动物屠宰前 30 min 内将酶液通过静脉注射的方式输入动物体内，随血液循环，酶在肌肉中得到均匀分布，屠宰分割后的畜禽肉储藏时，蛋白酶在肉中处于静止状态，在以后进行烧煮加热时，当温度达到酶促反应的适温时，酶活化而增进肉的嫩度。所以，宰前注射酶液进行嫩化的方法较好，但其嫩化的效果与酶的种类及使用量和处理时间等因素有关。由 Swift 公司生产的食品级蛋白酶制剂 Protein，在屠宰前 10～30 min 把酶的浓缩液注射到动物颈静脉血管中，使其随血液循环，酶在肌肉中得到均匀分布，达到嫩化效果。

不管是宰前用酶还是宰后用酶，其嫩化过程都是在煮制期间发生的，因此为了获得较好的嫩化效果，煮制过程要小心控制。如用木瓜蛋白酶进行嫩化，则其激活过程的适宜温度为 45℃，而其对胶原蛋白的水解力在 60～70℃时较大，因为温度在 60℃以上时，胶原蛋白开始变性而易于被蛋白酶降解，而且在 70℃断裂最多。因此，用酶处理过的肉的供应商有必要提供煮制指导以避免过于嫩化或嫩化不足。

2. 肉类制品的酶法修饰

前述蛋白酶的根本作用是使蛋白质的大分子水解，使分子变小，这对于与蛋白质大分子特性相关的一些性质(如蛋白质的凝胶性等)则很难起到改善作用。转谷氨酰胺酶能利用肉制品蛋白质肽链上的谷氨酰胺残基的甲酰胺基为供体，赖氨酸残基的氨基为受体，催化转氨基反应，从而使蛋白质分子内或分子间发生交联，改变蛋白质的凝胶性、持水性、塑性等性质。转谷氨酰胺酶作为一种新型的蛋白质功能改良剂，在肉制品加工中日益显示出重要作用。

(1)转谷氨酰胺酶的性质及来源。转谷氨酰胺酶又称为蛋白质-谷氨酰胺 γ-谷氨酰胺基转移酶，是一种能催化多肽或蛋白质的谷氨酰胺残基的 γ-羟胺基团(酰基的供体)与许多伯胺化合物(酰基受体)之间的酰基转移反应的酶，其中酰基受体包括蛋白质赖氨酸残基的 ε-氨基。当不存在伯胺底物时，水会成为酰基的受体，从而 TG 催化谷氨酰胺残基的脱胺反应。TG 可通过胺的导入、交联以及脱胺 3 种途径改性蛋白质。

目前，采用转谷氨酰胺酶改性蛋白质的研究已成为热门研究领域。转谷氨酰胺酶发展初期由于其来源及价格限制了它在食品蛋白质修饰方面的应用，早在 20 世纪 60 年代，来自于动物组织的 TG 已被广泛研究，商业用 TG 主要用豚鼠肝脏提取，由于来源少，价格十分昂贵。20 世纪 80 年代末研究成功利用微生物发酵法生产 TG，大大降低了 TG 的成本，促进了 TG 的发展和利用。

(2)转谷氨酰胺酶在肉制品中的应用。1989 年，日本味之素公司最先推出食品级 TG，直接推动了 TG 在食品工业中尤其是肉制品中的应用。

第一，TG 能够增加加工肉制品中蛋白质的黏结力，增强肉制品弹性，提高切片性能，提高产品嫩度，改进肉制品的质地结构。在肉制品加工中，最基本的原料就是动物肌肉，肌球蛋白和肌动球蛋白是肌肉中重要组成成分，对维持肌肉的保水性和黏合力起关键作用。在受热情况下，肌球蛋白分子之间以及肌动球蛋白分子之间形成二硫键，在分子疏水基团的相互作用下形成复杂的热诱导凝胶空间网络结构，而二硫键和疏水基团作为这一网络上的联结点。肌原纤维蛋白热诱导凝胶的形成，使肉制品具有弹性、切片性、保水性等品质特征。将 TG 加入到肉制品中,除了以上作用力外,在肌肉蛋白分子间还能形成一种 ε-(γ-谷氨酸)赖氨酰共价键,这种共价键作用力较强,是二硫键键能的 70 倍,能使蛋白分子更紧密地结合在一起,维持肌肉蛋白凝胶体系的形成,提高了肉制品品质。实验表明,添加成品中含量 0.1%TG 的注射火腿在产品破裂强度、凹度上均优于对照产品。

第二,TG 可以替代部分通常肉制品加工中添加的品质改良剂——磷酸盐,生产低盐肉制品。食盐、磷酸盐、亚硝酸盐是各种肉制品中必不可少的成分,它们在维持肉制品质量时有重要作用。但它们的大量添加又明显有损害健康的潜在性。实验证明,在肉制品中添加 TG 能降低这些盐的使用量,同时又能保持肉制品原有的风味。例如在维也那香肠中食盐量降为 0.4%,再加入 0.25%的 TG,则这种香肠的破裂强度与添加 1.7%食盐的香肠完全相同。添加 0.3%磷酸盐的香肠与不加磷酸盐只加 0.6%TG 的香肠相比,其香肠的抗裂强度还不如后者。因此可以证实 TG 在肉制品中完全起到磷酸盐类添加剂在增加肠馅内聚力、增加保水性等方面的作用。同时应用 TG 还可生产出优良的乳化剂,开发出低脂保健型食品。

第三,TG 可以对低价值的碎肉进行重组,改善其外观、结构、风味,以提高其营养价值和利用率。在肉制品加工过程中,会产生大量的碎肉。利用 TG,能将这些碎肉重组成完整的肉块,从而提高了原料肉的利用率,降低了生产成本。实验表明:用去筋的碎牛肉与肥肉(含固定的脂肪成分)在 0.2%~0.5%TG 的作用下,牛肉肌原蛋白粗链之间交叉链接,可制造出口感甚佳的牛排,同时又有固定的营养成分。

总之,TG 作为食品添加剂,在国外已经研究了近 20 年,进行了大量的科学实验并用于生产。TG 作为一种优良的蛋白交联剂,在畜禽产品加工中有重要意义。添加少量的 TG 就能明显提高肉制品品质,增加经济效益。随着微生物发酵工业的发展,相信在不久的将来,TG 的生产成本会大幅度降低,产量也会不断增长,TG 在食品工业中的应用将会更加广泛。

3. 明胶的酶法生产

明胶(gelatin)是胶原蛋白部分水解的产物,是从动物的皮、骨等结缔组织中提取而成的一种热可溶性蛋白质凝胶。在食品工业中,明胶可用于改善糖果、糕点、肉制品和乳制品的质地,还可用来加工低热量饮料、减肥食品等。传统的明胶生产工艺已经有 130 多年的历史,生产出的高质量明胶(照相胶、药用胶及食用胶),为感光工业、医药工业和人类文明做出了巨大贡献,但传统的方法周期长、耗水量大、对环境污染严重。20 世纪下半叶以来,国际上一些先导性的企业、研究所,投入了大量人力和物力从事新工艺的探索与研究。现在明胶的制备工艺主要有碱法、酸法、酶法、酸盐法、盐碱法等多种方法,酶法以其水解条件温和,易控制及无污染等优点而独具优势。酶法制备明胶是利用酶的水解作用使原料中的胶原蛋白发生一定程度的水解,生成能溶解于热水的低分子质量的具有一定黏度的胶液,然后采用分离、浓缩、干燥等工艺制成明胶产品。所以酶法制胶的关键是酶处理过程,酶的种类、酶的用量和作用时间等主要的工艺参数,这些参数的确定均因所用的原料不同而不同,应采用试验的方法确定。

4. 废弃蛋白质利用中应用酶

将废弃的蛋白,如杂鱼、动物血、碎肉等用蛋白酶水解,提取其中蛋白质以供食用或用作饲料，是增加人类蛋白质资源的一项有效措施。其中以杂鱼及鱼厂废弃物的利用最为瞩目。海洋中许多鱼类因其色泽、外观或味道欠佳等原因，都不能食用，而这类水产却高达海洋水产的80%左右。采用这项生物技术新成果，使其中绝大部分蛋白质溶解，经浓缩干燥可制成含氮量高、富含各种水溶性维生素的产品，其营养不低于奶粉，可掺入面包、面条等中食用，或用作饲料，其经济效益十分显著。

利用中性蛋白酶可从骨头上回收残存肉。屠宰场的分割车间，一般在骨头上平均残存5%的瘦肉。由于利用机械法从切割肉剩下的骨头回收部分肉，成本较高，目前大部分加工厂仍采用人工方法回收部分肉蛋白，但所需人工及费用很高。现在已开始采用加酶制剂法，从骨上回收肉蛋白，回收率大大提高，成本也随之大幅度降低。具体方法如下：把骨头粉碎，用100%的水做成浆，在一个带搅拌器的加热罐中加热，底部有出浆料的装置。加入中性蛋白酶，然后骨浆加热，维持在60℃，经3～4 h，均匀搅拌，注意勿使之形成脂肪乳浊液。也可把粉碎成浆的骨头保持在95～100℃，保持5 min而不加酶，然后冷却到60℃，30 min，由于预加热的变性作用，从而使水解时间缩短。中性蛋白酶的水解作用可将骨头上的残肉水解并从骨头上分离下来，形成肉浆，由于密度的差异，肉浆很容易从罐的底部泻出，而大多数脂肪则附着在骨头和罐壁上，二者很容易分离。为了终止蛋白酶的作用，可以将罐内液温加热到98℃，维持15 s，即可以使蛋白酶钝化。从骨头上酶解分离出来的肉浆，可以直接用于罐头生产或馅料中。

动物血也是资源丰富的优良蛋白质，但因过去没有得到很好利用，仅有小部分做血豆腐供食用或作为饲料利用，而大部分则废弃，这不但浪费了资源，还容易造成环境污染。动物血的深加工利用中一大难题是其暗红色的不良感官性质，很大程度上限制了血粉食品的消费市场。而血红蛋白的酶法脱色技术解决了这一难题。其工艺要求如下：采用分离法从血液收集红细胞，加入2～5倍的水，使红细胞发生溶血作用。将此血红蛋白溶液调到8%浓度、pH为8～9，然后按照溶液中蛋白质量的2%～4%加入碱性蛋白酶，控制温度为55℃，进行酶法脱色处理，当血红蛋白的水解程度(DH)高于15%时，加入盐酸降低酸度，提高温度，终止酶促反应，将上清液经过进一步过滤水洗，再经过浓缩干燥，即成无色血粉。这种无色血粉是一种廉价而安全的补充蛋白资源。酶法脱色的技术也已用于工业化生产。

12.2.3.2 酶在乳制品加工中的应用

1. 干酪生产

干酪(cheese)是以鲜乳为原料，经过添加发酵剂和凝乳酶使乳凝固，再经排除乳清、压榨、发酵成熟而制成的一种发酵乳制品。

凝乳酶在干酪生产中起着关键作用。天然凝乳酶是在未断奶的小牛的第四胃中发现的天冬氨酸蛋白酶，这种酶的数量有限，因而促进了利用生物技术生产该酶的研究。20世纪80年代初，通过基因重组用工程菌生产的重组凝乳酶成功问世，解决了干酪生产中凝乳酶短缺的问题。

另外，在干酪的现代化生产中还应用一些酶来加速干酪的成熟，改善干酪的质量。加速干酪成熟主要应用的酶有：蛋白酶、脂肪酶、β-半乳糖苷酶、肽酶及酯酶，其中蛋白酶和脂肪酶是当前开发干酪熟化酶系统的首选。蛋白酶可将干酪中的蛋白质分解成肽，由于很多肽具有苦味或酸味，所以还需要肽酶把肽进一步降解为具有风味增强特性的氨基酸和小肽。脂肪酶可降解脂肪生成脂肪酸，形成干酪特殊的风味，但是脂肪酸含量过高会产生酸败的风味，所以脂肪酶的用量要小心控制。总之，干酪成熟过程是其风味形成过程，是蛋白质、脂肪的分解及酯、酮、酸等风味物质的生成过程，该过程在自然状态下是缓慢发生的，若要加速该过程，则需利用平衡的酶系统加速各种风味物质的生成，但必须保证这些风味物质的生成能够控制。

2. 分解乳糖

牛奶中含有4.5%的乳糖。乳糖是一种缺乏甜味且溶解度很低的双糖，难以消化。有些人饮奶后常发生腹泻、腹痛等症状，原因即在于此。而且由于乳糖难溶于水，常在炼乳、冰激凌中呈砂状结晶析出，从而影响食品风味。将牛奶用乳糖酶处理，使奶中乳糖水解为半乳糖和葡萄糖即可解决上述问题。

3. 黄油增香

乳制品特有香味主要是加工时所产生的挥发性物质（如脂肪酸、醇、醛、酮、酯以及胺类等）所致。乳品加工时添加适量的脂肪酶可增加干酪和黄油的香味。将增香黄油用于奶糖、糕点等食品，可节约黄油用量，提高风味。

4. 生产婴儿奶粉

人乳与牛乳区别之一在于溶菌酶含量的不同。人乳中含有大量的溶菌酶，而牛乳中则很少，将溶菌酶添加到牛乳及其制品中，可使牛乳人乳化。研究表明，溶菌酶能杀死肠道腐败球菌，增加抗感染力，防止肠炎和变态反应；溶菌酶能促进婴儿肠道双歧乳酸杆菌增殖，促进乳酪蛋白凝乳，利于消化，对婴、幼儿的肠道菌群有平衡作用。所以溶菌酶是婴儿奶粉、食品、饮料的优良添加剂。

12.2.3.3 酶在蛋制品加工中的应用

1. 酶制剂在蛋液处理中的应用

蛋液的杀菌是蛋品加工过程中主要的工艺过程，蛋液的杀菌主要采用巴氏杀菌法。然而，禽蛋中蛋白质的热敏性问题已成为制约蛋品加工业发展的瓶颈。杀菌的温度和时间难以控制，稍微的温度升高或时间延长，均会导致蛋白质的变性凝固，严重影响产品的质量。如何利用酶制剂对蛋液进行处理，改变蛋白质的结构，提高蛋液蛋白质的热稳定性，同时又不破坏蛋液的功能特性，是解决蛋品加工的关键。

酶制剂能够提高蛋制品的乳化性和黏度。用磷脂酶对蛋黄处理，将蛋黄中的卵磷脂大部分转化成为乳化性能更优越的溶血卵磷脂，使蛋黄粉的乳化性大幅度提高，利用这种改性蛋粉加工蛋黄酱，能使蛋黄酱的黏度提高30%～35%。

对于蛋品加工企业来说，利用酶制剂研究开发新产品，将会为其带来强有力的市场竞争力，如Sanovo食品公司用酶对蛋黄进行处理，生产出改性“耐热蛋黄粉”，使该公司蛋黄粉的销售额在3～4年内增加了10倍。

鸡蛋清的主要成分是蛋白质，约占蛋清总量的12%，其中糖蛋白的含量在80%以上，这些糖蛋白在选择性蛋白酶（如链霉蛋白酶）的作用下，能够释放出具有重要生理活性的糖肽，称之为卵清糖肽（ovalbumin glycopeptide）。研究表明，来自鸡蛋卵黏蛋白的糖肽具有抗肿瘤的活性；而吕志良等人的研究则揭示了卵清糖肽具有抑制绒毛膜促性腺激素

(hCG)受体后信号转导过程，并直接抑制腺苷酸环化酶活性；吉井宽等的研究证明了鸡蛋酶解物中具有降血压作用的活性肽。系统地研究鸡蛋卵清蛋白的酶解条件及酶解所获得的糖肽成分，并提示其生理活性功能，对充分利用食物自身含有的天然活性物质，寻找新的功能因子，为其在功能性食品、医药等领域的应用具有重要的指导意义和应用前景。

2. 酶制剂在蛋制品副产品中的应用

咸蛋是我国主要的蛋制品之一，咸蛋黄是制作月饼的主要原料，每年中秋节前生产月饼需要大量的咸蛋黄，而将含盐量超过10%的咸蛋清遗留。由于月饼的生产时间比较集中、数量大，给咸蛋清的处理带来极大的困难。由于咸蛋清中的食盐含量超过10%，极大地限制了咸蛋清的利用。一直以来，咸蛋清仅有极少被用于饲料及饼干的加工，绝大部分被遗弃。一方面，由于咸蛋清的发酵分解及腐败，对周围环境、水源造成严重的污染；另一方面，蛋清中含有12%的优质蛋白质，咸蛋清的遗弃是蛋白质资源的极大浪费。咸蛋清的综合处理和开发利用，是一件刻不容缓的大事。咸蛋清最好的利用方法，就是首先对其进行适当的脱盐处理，然后利用蛋白酶对咸蛋清蛋白质进行水解处理。通过蛋白酶对咸蛋清蛋白质进行酶解处理，获得小分子肽、游离氨基酸和各种生物活性肽。

12.2.3.4　酶在植物蛋白加工中的应用

1. 植物蛋白水解产物

目前，植物蛋白水解产物的生产主要采用蛋白酶水解法，该法可以根据市场需求，通过不同蛋白酶的选择、工艺条件和水解程度的调整，开发多种具有不同功能特性的产品。植物蛋白酶水解产物不仅可以在植物蛋白基础上使其溶解性、黏度、起泡性、持水性、乳化性等物理和加工性能有所改善，而且也可使消化率升高，具有更高的营养价值，另外，植物蛋白酶水解产物还具有抗氧化、清除体内自由基等功能。所以，植物蛋白酶水解产物可用作食品添加剂加入到食品中以改善食品特性。目前，植物蛋白酶水解产物的生产主要利用其他食品加工中的副产物，如豆粕、花生粕、面筋等，这些原料来源广泛、价格便宜且其蛋白质中具鲜味的氨基酸含量较高。

2. 植物蛋白饮料

酶在植物蛋白饮料中的应用主要是去除植物蛋白饮料中的腥味、苦味，改善其品质。如豆奶加工中，使用蛋白酶和果胶酶提高可溶性物质的可消化率和得率，使蛋白质和脂肪含量明显提高，风味也大为改善。

12.2.4　酶在果蔬类食品加工中的应用

果蔬类食品是指以各种水果或蔬菜为主要原料加工而成的食品。在果蔬类食品的生产过程中，可以加入各种酶，以提高果蔬类食品加工生产的产量和质量。果蔬类食品主要包括果汁、果酒、果酱和果蔬罐头等。果蔬类食品加工中常用的有果胶酶、纤维素酶、半纤维素酶、淀粉酶、阿拉伯糖酶等。酶在果蔬类食品加工中的应用主要有以下几方面。

12.2.4.1　果蔬汁的提取和澄清

果蔬汁是由果蔬原料经压榨、浸提等方法获得，但由于果蔬细胞壁和内容物的影响，使某些果蔬出汁率低，易浑浊，如富含果胶的葡萄、番茄等。在果蔬制汁过程中应用一些酶制剂不仅可以提高出汁率，还可以使其澄清，提高果蔬汁品质。近年来，随着果蔬汁加工业的兴起，人类已开发出应用于果蔬汁中的多种酶类，如果胶酶、果胶酯酶、纤维素酶、鼠李糖苷酶、中性蛋白酶、半乳甘露聚糖酶、液化葡萄糖苷酶等，其中应用最广泛的是果胶酶和纤维素酶。

果浆榨汁前添加一定量果胶酶可以有效地分解果肉组织中的果胶物质，使果汁黏度降低，容易榨汁、过滤，提高出汁率。如将果胶酶应用于苹果酒生产中的榨汁工艺，可提高出汁率20%。据报道，将热烫的李子通过打浆机后直接压榨，果汁产量很低，但在49℃静置6～12 h后加入果胶酶，产汁率可达86%。同时，由于酶处理生产出的果汁受热作用小于未处理样，对色泽和风味均有很好的保护作用。实践证明，果胶酶的利用可以大大提高柠檬、橘子、李子、葡萄和草莓等果汁的产量，同时可提高产品的储藏稳定性、色泽和风味。另外，果胶酶作用于果蔬汁时，除降低黏度外，还可产生絮凝作用，使果蔬汁澄清。澄清机理的实质包括果胶的酶促水解和非酶的静电絮凝两部分。新加工的果蔬汁一般是稳定的胶体系统，其主要稳定因素是果胶，果胶的黏性对胶体起保护作用，也能阻止果蔬汁蛋白与带相反电荷的多酚物质或悬浮颗粒发生反应而沉降。当果蔬汁中的果胶酶作用部分水解，使体系黏度下降，胶体失去了稳定性，使原来被包裹在内部的带正电荷的蛋白质颗粒暴露出来，与其他带负电荷的粒子相撞，就导致絮凝的发生。研究表明，用果胶酯酶和聚半乳糖醛酸酶处理苹果汁有很好的效果，但大部分商品酶对柠檬汁、酸橙汁等pH低的果汁的澄清作用不理想，原因主要是过低的pH抑制了酶的活性，研究发现利用酶作用的产物即聚半乳糖醛酸可以起到澄清作用。目前的研究趋势是使用固定化的多果胶酶系统进行果汁澄清，这些酶中包括降低果汁黏度、降解果实组织的酶，甚至包括除去果汁中淀粉的淀粉酶系统，因为一般果汁中都含有淀粉，这些淀粉的存在会引起储藏过程中果汁的浑浊，必须除去。

目前，果胶酶已广泛用于苹果汁、葡萄汁、柑橘汁等的生产中。用于果汁处理的果胶酶一般均是混合果胶酶，其中含有果胶酯酶、内切聚半乳糖醛酸酶(endo-poly-galacturonic acid enzyme)、外切聚半乳糖醛酸酶(exo-poly-galacturonic acid enzyme)、内切聚半乳糖醛酸裂解酶(endo-poly-galacturonic acid lyase)、外切聚半乳糖醛酸裂解酶(exo-poly-galacturonic acid lyase)、内切聚甲基半乳糖醛酸裂解酶(endo-poly-methyl-galacturonic acid lyase)、外切聚甲基半乳糖醛酸裂解酶(exo-poly-methyl-galacturonic acid lyase)。

纤维素酶可以使果蔬中大分子纤维素降解成分子质量较小的纤维二糖和葡萄糖分子，破坏植物细胞壁，使细胞内容物充分释放，提高出汁率以及可溶性固形物含量。目前已成功地利用纤维素酶将柑橘皮渣酶解制取果肉饮料，其中粗纤维有50%转化为可溶性糖，另50%被水解为短链低聚糖，构成含果肉饮料的膳食纤维，具有一定的保健医疗价值。

在生产中，果胶酶和纤维素酶两种酶配比使用，可有效提高产率。如采用果胶酶和纤维素酶的复合酶系制取南瓜汁，可以大大提高南瓜的出汁率和南瓜汁的稳定性。通过电子显微镜观察南瓜果肉细胞的超微结构，显示出单一果胶酶制剂或纤维素酶制剂对南瓜果肉细胞壁的破坏作用远不如复合酶系。

近年来，利用果胶酶和其他酶(如纤维素酶等)处理蔬菜，大大提高了蔬菜的出汁率，简化了工艺步骤，并且可制得透明澄清的蔬菜汁，经过调配就可以制成品种繁多的饮料食品，如胡萝卜汁、南瓜汁、番茄汁、洋葱汁饮料等。

12.2.4.2 生产低糖果冻

果汁经浓缩成为高浓度果汁后，在高浓度糖存在的条件下，可以凝结形成果冻。但糖含量太多不仅影响风味，而且不符合当今人们对健康食品的要求。用纯化的果胶酯酶处理果汁，使果胶的甲基化程度降低，就能在低糖状态下形成凝冻，生产含糖量低的果冻。

12.2.4.3 果蔬制品的脱色

许多果蔬含有花青素，花青素是一类水溶性植物色素，在不同的 pH 条件下呈现不同的颜色，在光照或高温下很快变为褐色，与金属离子反应则呈灰紫色，对果蔬制品的外观质量有一定的影响。如葡萄、桃、草莓、芹菜等都含有花青素。因此，含花青素的果蔬制品，如葡萄汁、草莓酱、桃子罐头、芹菜汁等，必须用花青素酶处理，使花青素水解成为无色的葡萄糖和配基，以防止变色，保证产品质量。

花青素酶催化作用的最适 pH 为 4.0，最适作用温度为 40℃，在 65℃以下稳定性好。在实际应用过程中，只要在果蔬制品中加入一定浓度的花青素酶，于 40℃条件下保温 20～30 min，即可达到脱色效果。

12.2.4.4 果蔬制品的脱苦

柑橘果实制品，如柑橘罐头、橘子汁、橘子酱等，由于其果实中含有柚苷而具有苦味。

柚苷又称为柚配质-7-芸香糖苷，可以在柚苷酶（naringinase）的作用下，水解生成鼠李糖和无苦味的普鲁宁（柚配质-7-葡萄糖苷）。普鲁宁还可以在 β-葡萄糖苷酶的作用下，进一步水解生成葡萄糖和柚配质。

柚苷酶又称为 β-鼠李糖苷酶（β-rhamnosidase），催化 β-鼠李糖苷分子中非还原端的 β-鼠李糖苷键水解，释放出鼠李糖。

柚苷酶可由黑曲霉、米曲霉、青霉等微生物生产，鼠李糖和各种鼠李糖苷对该酶的生物合成有诱导作用。柚苷酶催化作用的适宜温度为 30～40℃，适宜 pH 为 3～5。在柑橘果汁的生产过程中，于果汁中加入一定量的柚苷酶，在 30～40℃处理 1～2 h，即可脱去苦味。

用于柑橘罐头生产时，将柑橘和含有一定量柚苷酶的糖水一起装罐，密封后升温至柚苷酶适宜的温度范围内，保温一段时间，然后再升温至灭菌温度。经过柚苷酶作用，使柚苷水解脱出鼠李糖，即可去除苦味。

12.2.4.5 果蔬罐头防止白色浑浊

在一些果蔬罐头制品中可能出现白色浑浊，如柑橘罐头。柑橘皮含有橙皮苷，会使汁液中出现白色浑浊而影响产品质量。橙皮苷又称为橙皮素-7-芸香糖苷，其溶解度小，所以容易生成白色浑浊。橙皮苷在橙皮苷酶作用下，水解生成溶解度较大的鼠李糖和橙皮素-7-葡萄糖苷，能有效地防止柑橘类罐头制品出现白色浑浊。

橙皮苷酶（hesperidinase）也是一种鼠李糖苷酶，催化橙皮苷分子中鼠李糖苷键水解，生成鼠李糖和橙皮素-7-葡萄糖苷。橙皮苷酶催化作用的最适温度为 60℃，最适 pH 为 3.5，在 pH3.5～8.5 的范围内稳定性较好。产生柚苷酶的黑曲霉等菌株也可以产生橙皮苷酶。生产中使用时，将去皮的柑橘浸在一定浓度的酶液中，在 60℃左右保温 30～40 min，即可以防止白色浑浊出现。

12.2.4.6 酶法去皮

加工橘子砂囊，一般使用酸碱处理脱去囊衣，排出大量废水，造成环境的严重污染。目前，从黑曲霉中筛选出来的果胶酶、纤维素酶、半纤维素酶等已广泛应用于生产中橘瓣去除囊衣。这几种酶也被试用于脱除板栗、核桃等果实的外壳和涩皮。

12.2.4.7 酶在果酒生产中的应用

果酒是以各种果汁为原料，通过微生物发酵而成的含酒精饮料，主要是葡萄酒，此外还有桃酒、梨酒、荔枝酒等。

葡萄酒以葡萄汁为原料酿造而成，含酒精10%～12%，根据颜色不同可以分为红葡萄酒和白葡萄酒两类。

在葡萄酒等果酒的生产过程中，已经广泛使用的酶制剂有果胶酶和蛋白酶等。其作用如下。

1.果胶酶

在葡萄酒生产过程中，使用果胶酶处理葡萄汁或葡萄浆，可以改善压榨、过滤性能，促进果汁的澄清，从而提高原料的出汁率和出酒率。另外，还有利于改善葡萄酒的风味。例如，在酿制白葡萄酒时，使用果胶酶后，由于改善了压榨性能，缩短了压榨时间，可防止单宁的过量抽出，从而提高了葡萄酒的风味。在红葡萄酒酿制过程中使用果胶酶，可提高色素的抽提率，还有助于酒的老熟，增加酒香。果胶酶的用量一般为10～40 mg/L，视添加酶制剂的活力而定。

2.蛋白酶

在葡萄酒的生产中常用的是酸性蛋白酶。酸性蛋白酶能促进葡萄酒中的蛋白质的水解，从而防止葡萄酒中蛋白质浑浊沉淀的发生，提高了葡萄酒的非生物稳定性。

3.花青素酶

葡萄酒中的花色苷主要来源于葡萄果皮中，少数情况下也源于果肉中，例如在野生种，一些欧美杂种及少数欧洲品种中。加入花青素酶，可分解葡萄酒中的游离的色素，在一定程度上能够防止红葡萄酒色素沉淀的产生，同时也可用于白葡萄酒的脱色。

4.固定化微生物

所谓固定化微生物就是将具有一定生理功能的微生物用一定的方法进行固定，作为固体催化剂使用。对固定化微生物的研究，国外已有一些专家成功地用来分解红葡萄酒中的苹果酸，完成葡萄酒的苹果酸乳酸发酵。这样，不仅降低了酸度，而且使葡萄酒的风味变得更加柔和、肥硕，香气加浓。

尽管酶技术的发展较快，但在葡萄酿酒方面的应用毕竟是近几年的事，有些尚属探讨阶段。从另一角度讲，酶技术在葡萄酿酒方面的研究仍有大量空白。这就需要更多的科研工作者在酶的大规模生产，新酶的开发和利用，酶制剂和激活剂的开发及利用，以及固定化微生物在供试菌种、固定方法等方面有新的突破。在酶传感器方面，结合微机技术，利用酶的特异性和灵敏性，在葡萄酒生产中用来定量测定其中的特定组分，不必像如今这样定时、分批地从发酵罐中取样后再去测定，而是在发酵罐内安置酶传感器和微型计算机，进行直接、连续、动态的测量，实现发酵过程中的自动化控制。

12.2.4.8 酶在果蔬加工中的新用途

1. 增香、除异味

果蔬汁在加工过程中鲜味物质损失，但风味前体物质仍然存在。研究表明，单萜类化合物是嗅觉最为敏感的芳香物质。果蔬中大多数单萜物质均以吡喃、呋喃糖以键合态形式存在，并且在果蔬成熟后仍有大量这种键合态的萜类未被水解。通过添加 β-葡萄糖苷酶可释放果蔬汁中的萜烯醇，增加香气。有实验证明，α-L-呋喃阿拉伯糖苷酶可释放水果中的沉香醇和香叶醇，使果汁增香。

2. 提取果胶

果实中的果胶在未成熟前是以不溶性的原果胶形式存在的，在水果成熟过程中逐渐转变成可溶性果胶。原果胶也可在酸、热作用下转变为可溶性。由枯草杆菌、黑曲霉、酵母、担子菌等所生产的原果胶酶已被开发用于橘皮、苹果、葡萄皮、胡萝卜中果胶的提取。用酶法提取果胶与酸热法相比，工艺简单，无污染，成本低，产品质量除含糖量稍高外，无其他区别。

3. 真空或加压渗酶法处理完整果蔬

利用加压或真空浸渍果蔬，使果胶酶渗入细胞间隙或细胞壁中而起作用。此法已用于完整橘子的软化，橘皮容易剥除；还可用于桃肉硬化处理，将果胶甲基酯酶与 Ca^{2+} 渗入桃肉，可使罐头糖水桃子硬度提高 4 倍(因脱甲酯的果胶可同 Ca^{2+} 结合而增强硬度)。腌制蔬菜用此法处理可防止软化而保持脆性。此法也用于橘皮的柚苷酶脱苦处理，脱苦率达 81%。

4. 去除酚类化合物

澄清果汁经超滤过滤，浓缩后仍发生白色浑浊，其原因就在于果汁中含有酚类化合物，可在过滤前用漆酶处理，使之氧化聚合成不溶性高分子而过滤去除。

5. 开发蔬菜制品

近年来果蔬加工业发展迅速，采用纤维素酶等酶制剂开发出各种蔬菜制品，如蔬菜汁、干燥蔬菜粉末、速溶食品等。由于各种蔬菜原汁是直接从新鲜蔬菜提取的，含有丰富的天然营养物质，特别适合于婴幼儿和病人食用，也适合于食品的加工，如以蔬菜汁制造的蔬菜饼干，以其独特的口味和丰富的营养而风靡国际市场。此外，以蔬菜汁为主要原料，经适当加工即可制成具有特殊功能的保健食品和饮料，有些蔬菜汁还可用于药品和化妆品的制造。

12.2.5 酶在发酵食品加工中的应用

发酵食品是指利用一些有益微生物对食品原料中的蛋白质、糖、脂等营养物质的酶促降解作用加工而成的具有特殊风味的一类食品，如常见的酸奶、酒、醋、酸菜、酱油、豆豉、豆腐乳等。这些发酵食品又可根据发酵过程中起主要作用的微生物种类分为乳酸发酵食品、酒精发酵食品、醋酸发酵食品和其他发酵食品。发酵食品在加工过程中多利用微生物和其他物质内源酶的作用进行，但随着酶工程的发展，酶制剂逐步被应用于发酵食品中，下面主要介绍酶在几种常见发酵食品生产中的应用。

12.2.5.1 酶在啤酒生产中的应用

传统啤酒的酿造工艺采用麦芽和酒花经发酵而成，其本质是利用麦芽中的多种内源酶分解生成可发酵糖、糊精、氨基酸和肽等，存在原料投入成本高等问题。为了节省麦芽、降低生产成本，啤酒行业多采用提高大麦、大米、玉米等辅料比例和外加酶制剂代替内源酶相结合的新型啤酒酿造技术，以达到降低生产成本、提高产量和稳定品质的目的，并取得了较理想的经济效益。

作为啤酒酿造的常用外加酶制剂主要是来自微生物的 α-淀粉酶、蛋白酶、糖化酶、β-淀粉酶和 β-葡聚糖酶等。这些酶制剂在提高辅料比、生产代用麦汁、改善麦汁质量、提高啤酒品质等方面起着重要作用。

其中蛋白酶可降解啤酒的蛋白质组分，防止啤酒冷浑浊，延长啤酒储藏期；糖化酶能降解啤酒中的残留糊精，既保证了啤酒中最高的乙醇含量，又能增加糖度。麦芽是生产啤酒的主要原料。麦芽质量欠佳或大麦、大米等辅助原料使用量较大时，会造成淀粉酶、β-葡聚糖酶、纤维素酶的活力不足，使糖化不充分、蛋白质降解不足，从而影响啤酒的风味和收率。使用微生物淀粉酶、蛋白酶、β-葡聚糖酶等制剂，可补充麦芽中酶活力不足的缺陷。目前，β-葡聚糖酶广泛应用于啤酒发酵工业。美国、日本、丹麦、德国、澳大利亚、加拿大等国均已采用 β-葡聚糖酶作为啤酒工业的主要酶制剂，我国每年生产啤酒 2 200 多万 t，其消费呈上升趋势，但在该酶制剂的研制和应用方面起步较晚。在啤酒的酿造过程中，大麦胚乳细胞中 β-葡聚糖不能充分降解，β-葡聚糖的残留是造成啤酒酒体浑浊、泡沫持久力减少和挂杯力不强的主要原因之一。β-葡聚糖酶可以专一分解黏度很高的各种大麦 β-葡聚糖，能够疏松大麦胚乳细胞壁，促进细胞内容物外溢，提高原料利用率，使麦芽汁黏度降低，大大缩短麦芽汁和啤酒的过滤时间，增加啤酒产量，改善啤酒的质量。

啤酒中的多酚或多肽、二价金属等物质由低分子向高分子缩聚形成啤酒的浑浊，并以多酚聚合为主。氧是啤酒浑浊母体形成与结合的促成因素，主要是在啤酒生产过程中，特别是在酒汁过滤和啤酒罐装时，酒中的溶解氧和瓶颈空气所引起的。如果啤酒中溶氧量过高，就会造成啤酒短期内发生劣化现象，使口味粗糙，甚至难以饮用。工业生产中采用葡萄糖氧化酶除氧，可获得口味好、澄清度高、风味稳定、保质期长的优质啤酒。

葡萄糖氧化酶除氧还有利于控制啤酒中双乙酰含量。双乙酰是挥发性黄色液体，存在于发酵饮料中，浓度极稀时，有奶香味，当啤酒中双乙酰含量超过一定量时即有馊饭味。因此，双乙酰含量的高低可视为评定啤酒品质好坏的一个重要因素。双乙酰的前体物质是 α-乙酰乳酸，啤酒中溶解氧的存在可加速 α-乙酰乳酸氧化成双乙酰，使双乙酰回升，影响啤酒风味。现代工艺除了使用除氧的方法来有效控制双乙酰含量外，还采用向啤酒中加入 α-乙酰乳酸脱羧酶，快速将 α-乙酰乳酸脱羧为羟基乙酮，效果更明显、更直接，实现了新型酶制剂应用在控制啤酒双乙酰含量中的一次突破。

在啤酒生产中，许多酶制剂还被用来提高麦汁收率，节省糖化过滤时间，改善啤酒品质方面。如专门在啤酒糖化阶段使用的复合酶，由半纤维素酶（戊聚糖酶）、纤维素酶、β-葡聚糖酶、中性蛋白酶及中温淀粉酶等组成。这种复合酶不但能克服因大麦麦汁中 β-葡聚糖含量较高而影响麦汁和啤酒过滤的问题，而且可有效破解麦芽的胚乳细胞，加大原料利用率，提高麦汁收率。

12.2.5.2　酶在白酒酿造中的应用

白酒是一种含有较高酒精浓度的无色透明的饮料酒，是用淀粉质原料或糖质原料经过发酵、蒸馏而成的，是我国传统酒类之一。在白酒生产过程中，常以外加糖化酶代替麸曲，可达到提高出酒率、节约粮食、简化设备、降低生产成本等目的。添加酸性蛋白酶，可使酒中存在的蛋白质分解，以防止出现蛋白质沉淀引起的浑浊，使酒体清澈透明。

12.2.5.3　酶在传统大豆发酵食品生产中的应用

豆豉、豆酱、酱油、腐乳是我国传统的大豆发酵食品，以其营养丰富、风味独特，深受消费者喜爱，市场前景广阔。大豆发酵食品的酿造，是在微生物酶催化下产生复杂的生化反应，把原料中的大分子物质降解为小分子物质。这些分解物相互组合、多级转化，以及微生物的自溶作用，生成种类繁多的营养、风味物质。构成了营养丰富、风味各异的大豆发酵食品。传统大豆发酵食品的自然发酵工艺生产周期长，生产季节性强，部分工序凭经验操作，产品质量不稳定。有专家认为，酶制剂应用于传统大豆发酵食品生产，能加强对原料的降解作用，缩短生产周期，利于产品质量的量化管理和实现生产的现代化。

20 世纪 70 年代日本开始对酶制剂应用于酱油生产进行了大量的研究。1977 年发表了制造酱油酿造酶制剂的公开特许，介绍从米曲霉、酱油曲霉、溜曲霉的培养物中，萃取制成酶制剂。它的酶系组成和酱油曲中的酶系组成极为近似。单独使用这种酶制剂酿造酱油，省去了制曲工艺，操作简单，原料蛋白质利用率超过 90%，但是至今尚未有应用于大生产的范例。

1979 年无锡轻工学院从 961 米曲霉培养液中萃取、干燥制成 961 酱油酶制剂用以酿造酱油，原料蛋白利用率比老法提高 7.11%，但因酶系单纯，生成物简单，产品口味淡薄，风味欠佳。20 世纪 90 年代湖南微生物研究所，用 1398 蛋白酶和 7658 淀粉酶酿造酱油，与曲法酱油比较，酶法酱油的全氮利用率和氨基酸生成率均较低。李大锦等认为用酶制剂酿造酱油需要提高应用技术，才能保证应用效果，提出了把小麦和豆粕分别酶解后，再添加酵母菌、乳酸菌后熟发酵的“酶工程酱油制造”新工艺，并推荐使用上海中科公司开发的酿造酱油专用复合酶制剂。其认为用这种酶制剂能强化补充酱油曲中的微生物酶系，蛋白质利用率为 80%左右，比原工艺提高了 7%～8%，氨基酸生成率提高 2%～8%，可溶性无盐固形物提高 2%～5%。2002 年孙君社等提出腐乳的酶法生成，即将腐乳酿造中的酶系集中制备，成为腐乳用酶制剂，将其加入膏状豆腐加辅料的混合物中，在适当的条件下使大分子物质降解，继而脂化成香，得到酶法腐乳。最近蒋立文等在大豆发酵食品生产中加入混合酶制剂，保温控温发酵，提高发酵的效率和物质利用率，在缩短发酵周期的前提下，确保产品风味不变。李幼筠报道，开发酶法大豆发酵食品是研究的方向。

但迄今为止，酶制剂在传统大豆发酵食品的实际生产中应用并不多，主要因为酶法生产还存在如下不足。

1.酶制剂中的酶系还不丰富

酶制剂酱油风味较曲法酱油差，因为酶制剂中的酶系不如酱油曲中的丰富。天然发酵酱油中已知成分超过 300 种。有的成分含量极微，对产品质量却有很大的影响。这些成分都是在微生物酶催化下，把原料中的大分子物质降解为小分子物质，并且互相组合、多级转化以及微生物自溶作用与非酶化学反应生成的。参与非酶化学反应的物质，如氨基酸、葡萄糖等，仍是酶促反应生成物，同一种酶因酶原菌的不同，其催化条件也有差别。如黑曲霉的糖化酶只能水解 80% 的淀粉，而根霉的糖化酶能水解 100% 的淀粉；米曲霉的酯酶适宜 pH 7.0～7.5，而红曲霉的酯酶适宜 pH 3.5～5.0。实践证明，要酿造出营养丰富、风味独特的优质酱油，必须有多菌种分泌的多种不同性能的酶系参与。目前一般酱油专用复合酶制剂，大都是由 α-淀粉酶、复合蛋白酶、纤维素酶、果胶酶、植酸酶等单一酶制剂，按一定的比例混合而成的。比酱油曲中少了酯酶、酒化酶、溶纤酶，β-葡萄糖苷酶等多种能催化合成营养、风味物质的酶系。用这种酶制剂酿造酱油，仅能完成蛋白质、淀粉酶的水解作用，缺少发酵生成多种营养、风味物质的条件，也少了菌体自溶后生成的核苷、核苷酸等成分。

2. 酶制剂成本较高

用酶制剂酿造酱油，省去了制曲工艺，减少了制曲淀粉的损失，可是酶制剂也是从固态或液态培养的微生物中提取出来的，它比制曲多了萃取、纯化、浓缩等复杂的生产工序。生产成本自然比制曲高。同时制酱油曲的原料既是培养微生物的基质，也是发酵的底物，最终成为产品。生产酶制剂同样要用豆饼粉、麸皮、玉米浆等作为培养基，提取酶后成为糟粕。两相比较，从酶制剂获得酶，必然要比从制曲获得酶的成本高得多。

3. 曲法工艺以臻完善

日本早年制酱油曲，选用优良老曲引种，相传历经了几个世纪，形成良性循环。20 世纪初研制成功复菌酱油种曲，并配有专业人员用生物工程技术不断加以改进和完善。这种由多种优良菌株制成的种曲能酿造出优质酱油。酱醪发酵温度前低、中高、后低，控制在 15～30℃，能充分发酵各种酶系的作用，代谢产物丰富多彩，发酵时间 6～8 个月，微生物生长代谢时间充足，利于胞内酶的作用和菌体的自溶，并使各种产物有充分平衡、调整和圆熟的时间。这种多菌(酶)低温混合发酵的产品质量居世界领先水平，并能实现规模化、现代工业化生产。用酶制剂补充酱油曲中酶系不足，在日本也难以推广。一是酶制剂价格昂贵，二是原料仍需制曲，不如从改进菌种和制曲方法入手，才是治本的办法。

综上所述，传统大豆发酵食品的酿造不是简单的水解和酯化，是以微生物生命活动为基础的复杂变化过程。传统酿造工艺自然，遵循“物竞天择，适者生存”的规律培养微生物，具有多菌(酶)常温混合发酵的特点，符合自然界各种生命活动的复杂酶促反应，都是在常温下混合进行的规律，因而产品质量优良。应用酶制剂生产传统大豆发酵食品，关键的问题是如何保持产品原有的品质和特色。传统大豆发酵食品的产品特点主要是营养丰富和风味独特，其来源于原料、微生物酶催化生成，以及微生物菌体自溶后产生。因此酶制剂中应有能催化生成多种营养、风味物质的多种酶系。为此要加强酶制剂的研究，开发出价格低、酶系广、确保原有产品质量的复合酶制剂，应用于传统大豆发酵食品生产，才能取得理想的效果。

12.2.6 酶在食品添加剂生产中的应用

食品添加剂是指为改善食品品质和色、香、味,以及为防腐和加工工艺需要而加入食品中的化学合成或天然物质。随着酶工程的发展,作为高效、安全的生物催化剂,酶在食品添加剂的生产中已得到较广泛的应用。

12.2.6.1 酶在酸味剂生产中的应用

在食品中添加一定量的酸味剂,可以起到增加食欲的效果,有利于钙的吸收,有一定的防止微生物污染的作用。

目前广泛采用酶法生产的酸味剂主要有乳酸和苹果酸。

1. 乳酸的生产

乳酸又称为 α-羟基丙酸,是一种无色或浅黄色浆状液体,无臭,略有脂肪酸味,可以与水、乙醇、乙醚、丙酮等混合。乳酸分子中含有一个不对称碳原子,故具有旋光性,有两种不同的构型,*D*-型乳酸和 *L*-型乳酸,两者互为对映体。天然存在于肌肉中的乳酸是右旋体,而在酸奶中的乳酸为外旋体。

乳酸的生产中,可以采用乳酸脱氢酶催化丙酮酸还原为乳酸。*D*-型乳酸由 *D*-乳酸脱氢酶催化丙酮酸还原而成,*L*-乳酸由 *L*-乳酸脱氢酶催化丙酮酸还原而成。工业中也可以采用 2-卤代酸脱卤酶催化 2-氯丙酸水解生成乳酸。以 *L*-2-氯丙酸为底物,通过 *L*-2-卤代酸脱卤酶(*L*-2-haloacid dehalogenase,EC3.8.1.2)的催化作用,将 *L*-2-氯丙酸水解生成 *D*-型乳酸。

2. 苹果酸的生产

苹果酸可以分为 *L*-苹果酸和 *D*-苹果酸。目前国内生产的都是 *L*-苹果酸。随着酶工程的发展,特别是固定化技术的应用,酶法生产已经成为生产 *L*-苹果酸的主要方法。*L*-苹果酸的酶法生产可以用延胡索酸(反丁烯二酸)为底物,通过延胡索酸酶的催化作用,水合生成 *L*-苹果酸。

12.2.6.2 酶在甜味剂生产中的应用

甜味剂是指使食品呈现甜味的食品添加剂,包括很多种类。通过酶的催化作用可以生成各种甜味剂。但蔗糖、葡萄糖、果糖、麦芽糖、果葡糖浆、淀粉糖浆及异麦芽酮糖等甜味物质习惯上统称为糖,通常视为食品原料,在我国不列入食品添加剂范畴,所以酶在这些糖类物质生产中的应用在前面述及,此处不再赘述。

1. 天苯肽(aspartein)的生产

嗜热菌蛋白酶催化天冬氨酸和苯丙氨酸反应可以在有机介质中生成天苯肽。天苯肽是由 *L*-天冬氨酸和 *L*-苯丙氨酸甲酯缩合而成的二肽甲酯,是一种常用的甜味剂。其性质接近蔗糖,甜味纯正,甜度为蔗糖的 150～200 倍,可以与蔗糖等一起使用。其甜度高而热量低,在甜度相同的情况下,天苯肽的热量仅为蔗糖的 1/200,所以在食品、饮料等方面广泛应用。天苯肽在 pH2～5 的酸性范围内非常稳定,特别适合在微酸性或偏酸性的食品中使用。

嗜热菌蛋白酶(thermolysin,thermophilic-bacterial proteinase)是从一株嗜热细菌中

分离得到的一种蛋白酶，可以在有机介质中催化 *L*-天冬氨酸（*L*-Asp）与 *L*-苯丙氨酸甲酯（*L*-Phe-OMe）反应缩合生成天苯肽（*L*-Asp-*L*-Phe-OMe）。其反应式为：

$$\underset{L\text{-天冬氨酸}}{L\text{-Asp}} + \underset{L\text{-苯丙氨酸甲酯}}{L\text{-Phe-OMe}} \xrightarrow{\text{嗜热菌蛋白酶}} \underset{\text{天苯肽}}{L\text{-Asp-}L\text{-Phe-OMe}}$$

在反应过程中，苯丙氨酸的羟基必需酯化，而天冬氨酸的氨基也必须采用苯酯化加以保护。以免其他副产物，如 Asp-Asp、Phe-Phe、Phe-Asp 等二肽或多肽的生成。

在生产中通常采用化学合成法得到的消旋化 *DL*-苯丙氨酸甲酯为底物，反应后剩下未反应的 *D*-苯丙氨酸甲酯可以分离出来，经过外消旋化后重新使用。

2. 单葡萄糖醛酸基甘草皂苷

β-葡萄糖醛酸苷酶（*β*-glucuronidase，EC3. 2. 1. 31）是一种催化 *β*-葡萄糖醛酸苷水解，释放出 *β*-*D*-葡萄糖醛酸的酶，*β*-*D*-葡萄糖醛酸之间通过 *β*-1，4-葡萄糖醛酸苷键相连。

甘草皂苷是甘草的主要有效成分，具有免疫调节和抗病毒等功能。甘草皂苷及其钠盐是一种低热值的甜味剂，其甜度约为蔗糖甜度的 170～200 倍。甘草皂苷还可以用作乳制品、蛋制品、可可制品以及羊肉除膻增香等香味增强剂。

甘草皂苷的生物学活性与其分子中的 *β*-葡萄糖醛酸基有密切的关系。

通过 *β*-葡萄糖醛酸苷酶的作用，去除甘草皂苷末端的一个 *β*-*D*-葡萄糖醛酸残基，得到单葡萄糖醛酸基的甘草皂苷，其甜度约为蔗糖甜度的 1 000 倍，比甘草皂甙的甜度提高5～6 倍，是一种高甜度、低热值的新型甜味剂。

12. 2. 6. 3 酶在食品增味剂生产中的应用

酶在食品增味剂生产中主要用于氨基酸和呈味核苷酸的生产。

1. *L*-氨基酸的酶法生产

L-氨基酸是组成蛋白质的主要成分。有些氨基酸，如 *L*-谷氨酸、*L*-天冬氨酸等具有鲜味，称为氨基酸类增味剂。

氨基酸类增味剂是当今世界生产量最大、应用最广的一类食品增味剂。目前，我国许可使用的氨基酸类增味剂只有 *L*-谷氨酸钠一种。国际上一些国家许可使用的氨基酸类增味剂还有 *L*-谷氨酸、*L*-谷氨酸铵、谷氨酸钾、*L*-谷氨酸钙、*L*-天冬氨酸钠等。

通过酶的催化作用生产 *L*-氨基酸类增味剂主要有：蛋白酶催化蛋白质水解生成 *L*-氨基酸混合液，再从中分离得到鲜味氨基酸；谷氨酸脱氢酶催化 *α*-酮戊二酸加氨还原，生成 *L*-谷氨酸；转氨酶催化酮酸与氨基酸进行转氨反应，生成所需的 *L*-氨基酸；谷氨酸合酶催化 *α*-酮戊二酸与谷氨酰胺反应，生成 *L*-谷氨酸；天冬氨酸酶催化延胡索酸（反丁烯二酸）氨基化，生成 *L*-天冬氨酸等。

2. 呈味核苷酸的酶法生产

呈味核苷酸都是 5′-嘌呤核苷酸，主要有鸟苷酸和肌苷酸等。

通过酶的催化作用生产的核苷酸类增味剂主要有 5′-磷酸二酯酶催化 RNA 水解，生成呈味核苷酸（4 种 5′-单核苷酸，即腺苷酸、鸟苷酸、尿苷酸和胞苷酸的混合物）；腺苷酸脱氨酶催化 AMP 脱氨，生成肌苷酸等。

GMP 和 IMP 是高效食品增味剂，一般以鸟苷酸二钠和肌苷酸二钠的形式使用。由于呈味核苷酸与谷氨酸钠的呈味效果具有叠加效应，即两者混合使用时，鲜味大大增强。所以核苷酸类食品增味剂在使用时通常与谷氨酸钠混合使用，即在味精中加入5%-10%的呈味核苷酸。

12.2.6.4 酶在食品乳化剂生产中的应用

食品乳化剂是使食品中互不相溶的液体形成稳定的乳浊液的一类食品添加剂。目前国内外最普遍使用的乳化剂是甘油单脂及其衍生物和大豆磷脂等。

利用脂肪酶的作用，将甘油三酯水解生成的甘油单脂，简称为单甘酯，是一种广泛应用的食品乳化剂。目前工业产品主要是经过分子蒸馏含量达90%以上的单甘酯，以及单甘酯含量为40%～50%的单双酯混合物。

12.2.6.5 酶在天然香精香料生产中的应用

酶进行催化反应的专一性强，特别是立体选择性很高，而且生产过程中反应条件温和、节能、对环境友好，如果只有一种异构体特别是立体异构体，或对反映体具有所需的生理活性时，这种优势就特别重要。香料中这种情况是常见的，例如，*L* 构型与 *D* 构型页蒿酮的味道相差很大，只有 *L*-页蒿酮具有留兰香；薄荷醇有3个手性中心，因而有8个异构体，但只有 *L*-薄荷醇具有所需要的薄荷味和清凉感。相比之下，化学法生产的香料，通常不具定向性，或定向性差，生产过程中对环境污染较大，特别是使用重金属催化剂时污染更大。

1. 水解酶的利用

利用脂肪酶生产香料已广为人知。通常脂肪的氧化分解与臭气的生成有关，另一方面好的香料也是在脂肪酶的作用下生成的。选择适当的培养基及适宜的培养条件，利用脂肪酶可以生产出奶油、酪素及其他各种干酪的重要香料成分。这样脂肪酶可用来改善乳制品的香气及强化水果香味。在干酪香气中，主要成分是短链脂肪酸及2-甲基酮类，它们是很重要的特性香气成分。试验证明，当以奶油为原料，使用3种脂肪酶生产脂肪酸时，有各种酶解奶油生产奶味香精的生产方法，基于选择适宜的奶油品种，通过它们的作用使奶油中的脂肪酸(饱和与不饱和的)甘油三酯、酮酸和羟酸的甘油三酯酶解成饱和及不饱和脂肪酸、酮酸和羟酸。脂肪酸中偶数碳的香气贡献较大，羟酸进一步脱水环化生成不同碳数的丙、丁位内酯，尤其是偶数碳丁位内酯，其含量虽少，香气贡献却很大。酮酸进一步脱 CO_2，生成甲基酮类化合物，起到增香作用。奶香组分一般包括醇类、醛类、酸类、酮类、酯类、内酯、硫化物等，其香气来源一是鲜奶中的天然香气成分，二是乳品加工中形成的香气成分，主要包括双乙酰(2,3-丁二酮)、乙偶姻、丁位内酯类、丁位十二内酯和牛奶内酯等。

近年，还发现某些菌种和酶能在非水系统中作用，这对于一些油溶风味、油质食品的意义极大，已引起风味学家的关注。大量研究结果表明，酶在有机溶剂中不仅能保持其生物活性，而且有许多突出的优点：可以增加有机底物的溶解度从而提高底物浓度；有机溶剂影响反应平衡，控制反应向产物侧移动，减少水介质可能带来的副反应；产物的分离与纯化比在水中容易；酶不溶于有机溶剂，利于酶的回收与再利用；反应条件温和，反应易于进行；可抑制微生物的污染等。

在酶法水解制备奶味香精的生产中采用非水溶剂进行水解，得到了奶香浓郁、赋香效果明显的奶味香精。水解时以乙醇或丙酮为溶剂，在 pH7.0，50℃下水解 4 h 时得到的奶味香精香气最浓郁。经感官评定认为此产品香气自然、柔和，可作为调配奶味香精的香基。

2. 固相酶技术

使用固定化酶技术，可以改变脂肪中脂肪酸的成分和位置，所以可以采用该技术用植物油制取奶油风味。

使用β-糖苷酶和苯乙醇腈酶做催化剂，可以生产苯甲醛，这两种酶都存在于杏仁粉中。同样的，鼠李糖苷酶存在于工业化生产的果胶酶中，可用于从苦味的橙皮苷、柚皮苷等糖苷中释放出 6-去氧蔗糖鼠李糖。这种鼠李糖是广泛使用的一种香料的前体，即 2，5-二甲基-4-羟基-2，3-二氢呋喃-3-酮的前体，它天然存在于凤梨等水果中。在这个工艺中非常重要的是，如果采用没有选择性的化学法水解，则由糖苷的非选择性水解将产生其他糖，如葡萄糖，从而大幅度降低呋喃的得率。所以，采用鼠李糖苷酶来酶促水解，不仅使选择性水解成为可能，而且也可以除去其他残留的葡萄糖，既可以通过固定化细胞发酵，也可以用固定化葡萄糖氧化酶将其氧化成葡萄糖酸。

利用酶催化法，制造肉香和坚果香是一种重要的复合风味剂制取途径。如先将肉、骨类抽提物进行酶解，生成氨基酸和短肽后与还原糖进行美拉德反应，可以制造肉味和坚果类香精。

12.2.6.6 酶在天然色素生产中的应用

酶工程法生产天然色素是利用现代生物工程技术从农副产品中提取无毒、无害的天然植物色素，这类天然色素可广泛应用于食品、化妆品、制药、保健品等行业。用酶工程法得到的辣椒红色素是无毒、无害的天然植物色素；从玉米中提取的天然黄色素纯度高、性质稳定、着色力强；从姜黄中提取的天然黄色素具有良好的着色性和分散性，还可得到副产品姜黄粉。

通过酶反应可生产所需要的颜色，如栀子果实用水提取出的黄色色素，食品加工中经酶处理产生栀子蓝色素，红色素。日本采用酶处理法生产栀子蓝色素、栀子红色素、栀子绿色素等。

此外，利用酶催化分解作用，可使杂质通过酶反应去除，起到精制的作用。如蚕砂提取叶绿素，利用酶精制法，可除去令人不快的气味，得到优质的叶绿素。

酶反应也可以应用在色素的提取上，如番茄红素的提取。林关羽等人利用酶和乙醇浸提的方法成功地提取了番茄红素。实验结果表明，果胶酶：纤维素酶为 4：1，pH 为 4，酶解 3 h 时效果最好。日本有人利用番茄皮自身酶反应来提取番茄红素。在微碱条件下(pH 7.5～9)，使番茄皮中的果胶酶和纤维素酶反应，分解果胶和纤维素，使得番茄红素的蛋白质复合物从细胞中溶出。

12.2.7 酶在功能食品生产中的应用

功能食品是强调其成分对人体具有增强机体防御功能、调节生理节律、预防疾病和促进康复等有关生理调节功能的加工食品。下面介绍酶在几种功能成分生产中的应用。

12.2.7.1 酶在功能性低聚糖生产中的应用

功能性低聚糖是由 3～9 个单糖通过糖苷键连接而成的低度聚合糖，人体不能消化或难以消化，但摄取后能促进人体肠道内固有的有益细菌（如双歧杆菌）的增殖，从而抑制肠道内腐败菌的生长，减少有毒发酵产物的产生，促进人体健康。根据新的分类法，异麦芽酮糖属于双糖，而不属于低聚糖，但习惯上仍列入低聚糖范围，在这里一并讨论。目前通过酶法转化的各种功能性低聚糖年销售量已超过 10 万 t，低聚异麦芽糖、海藻糖、帕拉金糖、低聚果糖、低聚木糖等功能性低聚糖正在成为 21 世纪流行的健康糖源。

1.低聚异麦芽糖

低聚异麦芽糖（isomaltoligosaccharides）是淀粉经 α-淀粉酶液化、β-淀粉酶糖化和 α-葡萄糖苷酶转苷反应而生成的包括含 α-1,6 键的异麦芽糖、潘糖、异麦芽三糖等分枝低聚糖的糖浆。低聚异麦芽糖在高温、微酸性和酸性环境下稳定，可以添加于各种食品和饮料中。

低聚异麦芽糖是难消化的低聚糖，不被唾液、胰液所分解，但在小肠可部分被分解和吸收。热值为蔗糖和麦芽糖的 70%～80%。对肠道直接刺激性较小。小鼠急性毒性试验 LD_{50} 为 44 g/kg 以上，安全性不逊于蔗糖和麦芽糖。人体最大无作用量 1.5 g/kg（摄取后 24 h 不发生腹泻的上限量），而其他难消化低聚糖或糖醇的最大无作用量只有 0.1～0.4 g/kg。研究表明，人每日摄取异麦芽糖 16 g，1 周后肠道中双歧杆菌、乳酸菌等有益菌明显增加，而拟杆菌、梭状杆菌等有害菌受到抑制，便秘改善，粪便 pH 下降，有机酸增加，腐败物减少，血脂改善，免疫力明显增强。

生产低聚异麦芽糖的 α-葡萄糖苷酶是黑曲霉生产糖化酶的副产品，将糖化酶发酵液经离子交换吸附去除所含 α-葡萄糖苷酶，经洗脱浓缩而成。用 α-葡萄糖苷酶转化麦芽糖生产低聚异麦芽糖，其生成量一般仅 50%左右，另外还含有 20%～40%的麦芽糖与葡萄糖。市场上的低聚异麦芽糖分含量 50%与 90%两种，后者是将含量 50%的低聚异麦芽糖用离子交换法或酵母发酵法去除葡萄糖而成，增加了加工成本。目前我国生产低聚异麦芽糖的企业多达五六十家，生产能力约 5 万 t 以上，α-葡萄糖苷酶的用量以 0.1%计，需 50 t 以上，消耗外汇甚巨（以每吨 75 万元计，就需 3 750 万元人民币），有必要自给。目前工业上已能实现转化率 60%以上，我国已开发了一次性将麦芽糖转化成功能性低聚糖达 87%的转苷酶，这可以说是高转化率低聚异麦芽糖生产技术的重大突破。

2.海藻糖

海藻糖（trehalase）是两分子葡萄糖以 α,α-1,1-糖苷键连接而成的非还原性低聚糖，广泛分布于细菌、真菌、酵母、藻类、低等植物、昆虫、无脊椎动物体内，是一种典型代谢应激物。它的主要作用是在恶劣环境条件下保护生物膜及生物活性物质，使生物可在不利条件下（干燥、高温、低温、高渗透压）维持生命，保持生物活性成分的稳定。因此，海藻糖的用途广泛，可用于食品保鲜、各种疫苗、酶、干扰素、蛋白质的保藏等。

海藻糖耐酸耐热，化学稳定性好，不易同蛋白质、氨基酸发生反应，对淀粉老化、蛋白质变性、脂肪氧化有较强抑制作用。海藻糖还可消除某些食物的苦涩味、肉类的腥臭。此外，海藻糖不被龋齿突变链球菌利用，食后不会引起蛀牙，并具有双歧杆菌增殖作用。

过去海藻糖系从酵母中提取，最大含量只有 20%，成本甚高，每千克高达 2 万～3 万日元，难以广泛使用。20世纪90年代初以来，国际上开始尝试用酶法或发酵法生产海藻糖，成本大大下降。日本从淀粉发酵法生产海藻糖，转化率达80%以上，开拓了廉价原料生产海藻糖的新途径，使海藻糖成为一种新的功能性甜味剂。

3. 帕拉金糖

帕拉金糖（palatinose）学名为异麦芽酮糖（isomaltotulose），是以蔗糖为原料，经产朊杆菌或普利茅斯沙雷氏菌的α-葡萄糖基转移酶的作用，蔗糖分子的葡萄糖和果糖由α-1，2键结合转变为α-1，6键结合而成，其反应式为：

$$\alpha\text{-}D\text{-吡喃葡萄糖苷-1,2-呋喃果糖}\xrightarrow{\text{葡萄糖基转移酶}}\alpha\text{-}D\text{-吡喃葡萄糖苷-1,6-呋喃果糖}$$

（帕拉金糖）

由于结构的改变，帕拉金糖的甜度减少到蔗糖的42%，吸湿性较低，对酸的稳定性增加，耐热性略为降低，生物学、生理学特性发生改变，不能为多数细菌、真菌所利用。食后不被口腔、胃中的酶所分解，直到小肠才可被酶水解成为葡萄糖和果糖而进入代谢。帕拉金糖不为口腔龋齿突变链球菌所利用，食后不易发生蛀牙，血糖也不会迅速升高，故可为糖尿病人使用。

帕拉金糖在低水分和低pH下会失水缩合成为2～4个分子的低聚帕拉金糖，甜度为蔗糖的30%，不为肠道消化酶所消化，食后可直达大肠而为双歧杆菌选择性利用，起到双歧因子的保健作用。将帕拉金糖在高温高压下，用雷尼尔镍为催化剂氧化便生成帕拉金糖醇。这种糖醇甜度为蔗糖的45%～60%，热值为蔗糖的1/2，食后不易消化吸收，不会引起血糖和胰岛素升高，不会引起蛀牙，适合糖尿病人、老人、肥胖者作甜味剂。因其物理性质酷似蔗糖，可用其制作低热值糖果，是国际上流行的新一代甜味剂。

异麦芽糖、海藻糖和帕拉金糖在欧美、日本等已经大量生产，并被广泛利用；在我国国内虽已研究成功，但在生产和应用上尚存在不少阻力。

4. 低聚果糖

低聚果糖（fructo-oligosaccharides）是以蔗糖为原料，经黑曲霉β-果糖基转移酶的作用，将蔗糖分子的D-果糖以β-2，1键连接1～3个果糖分子而成的蔗果三糖、蔗果四糖以及蔗果五糖与蔗糖、葡萄糖以及果糖的混合物，甜度为蔗糖的60%。用离子交换树脂将其中葡萄糖与果糖除去后，可得到含低聚果糖95%以上的产品，甜度为蔗糖的30%。

低聚果糖的主要成分蔗果三糖与蔗果四糖，在人体中不被唾液、消化道、肝脏、肾脏中的α-葡萄糖苷酶水解，本身是一种膳食纤维，食后可直达大肠，为大肠中的有益细菌优先利用。食用低聚果糖不会引起血糖、胰岛素水平的升高，热值为1.5 kcal/g，通过双歧杆菌的增殖，肠道得以净化，肌体免疫力增强，营养改善，血脂降低。以年龄50～90岁老人进行试验，日食低聚果糖8 g，8 d后肠道双歧杆菌可由5%增加到25%。便秘者食用低聚果糖每天5～6 g，4 d后80%便秘者症状改善，粪便变为柔软，色泽转黄，臭味减少，肠道腐败菌得到控制。

工业上低聚果糖有下述两种生产方法：

①以菊芋（chicory）为原料提取菊粉，经酶水解而成。该法具有工艺简单、转化率高和副产物少等优点，生产的关键在于菊粉酶的提取。菊粉酶（inulinase）为β-2，1-D呋喃果糖

水解酶，许多微生物如酵母、黑曲霉及少数几种细菌枯草芽孢杆菌均能合成此酶。据文献报道，菊粉用内切型菊粉酶水解可得到聚合度为2～8的蔗果低聚糖，菊粉若用外切型菊粉酶水解则得到果糖。比利时ORAFTI公司曾大规模种植菊苄，开发生产低聚果糖。

②由蔗糖经β-果糖基转移酶(β-fructosyltransferase)或β-呋喃果糖苷酶通过转果糖基反应生成蔗果低聚糖类。Fischer等人认为酶的催化作用分两步进行，第一步形成酶-果糖复合物释放出葡萄糖，第二步该复合物将果糖基转移给水或蔗糖生成果糖或三糖。工业上用黑曲霉生产，此酶在低浓度蔗糖溶液中催化蔗糖水解为葡萄糖和果糖，但在高浓度蔗糖溶液中却发生转移反应合成低聚果糖。低聚果糖在制取反应中常用的蔗糖底物浓度为0.625 kg/L。微生物培养液可以不经过分离精制，就直接作为酶源添加到蔗糖溶液中，酶的添加量通常为每克蔗糖2.5个酶活力单位，反应温度一般为30～40℃，最适pH5.0～6.0。

菌种筛选及酶的制取是生产低聚糖的关键，常用的菌种有黑曲霉(*Aspergillus niger*)、米曲霉(*Aspergillus oryzae*)、黄曲霉(*Aspergillus flavus*)、日本曲酶(*Aspergillus japonicus*)和出芽短梗酶(*Aureobasidium pullulans*)等。韩国学者Yun J. W.和Jung K. H.等研究证实了由出芽短梗酶产生的β-果糖基转移酶具有生产低聚果糖的能力。日本学者Muramatsu M.等采用具多曲霉(*Aspergillus sydowii*)，以蔗糖溶液为底物，生产出一种名为分枝蔗果低聚糖(branchecfructo-oligosaccharides)的新型低聚果糖。

固定化细胞技术已经在蔗果低聚糖生产中得到成功的应用，由于β-呋喃果糖苷酶和β-果糖基转移酶都是胞内酶，因此可以直接固定细胞或菌丝体。魏远安等以壳聚糖为载体，对蔗果低聚糖固定化酶的制备进行了研究，与液体酶相比，固定化酶具有良好的活性和操作稳定性，因此生成物中蔗果低聚糖含量相对较高，蔗糖转化率达90%以上，蔗果低聚糖含量达60%左右。经固定化酶反应后的产品糖浆色泽透明，口感圆润清爽。

低聚果糖存在于洋葱、香蕉等果蔬中，但含量很低；也存在于菊芋、菊苣、芦笋等植物中，西欧都用菊粉做原料，用菊粉局部酶水解而成。日本政府将低聚果糖批准为特定保健食品，西欧、芬兰、新加坡和我国台湾等国家和地区将低聚果糖作为功能性食品配料，广泛使用在各种食品中。

5.低聚木糖

低聚木糖(xylo-oligosaccharides)是由2～8个木糖以β-1,4糖苷键连接而成。它具有独特的酸稳定性和难发酵性，故可用于果汁等酸性饮料。因其不被多数肠道细菌利用，只有双歧杆菌等少数细菌能利用，因此是一种强力双歧因子，每天摄取0.7 g即可见效。这种糖是以玉米芯为原料，提取其木聚糖后，用曲霉木聚糖酶水解而得。低聚木糖由日本首先生产，我国也已开发成功。

低聚木糖的生产工艺包括木聚糖的提取、精制、水解和低木聚糖的纯化等过程。酶法制备低聚木糖时，由木聚糖酶从主链内部作用于长链木聚糖的糖苷键，能将木聚糖随机地切成不同链长的低聚木糖，而β-1,4-木糖苷酶能够作用于低聚木糖的末端产生木糖，自然界中很多霉菌和细菌能产生木聚糖酶(xylanase)。工业上多采用球毛壳霉菌(*Chaetomium globosum*)产生内切型木聚糖酶进行木聚糖的水解。许多丝状真菌都产木聚糖酶及β-1,4-木糖苷酶。β-1,4-木糖苷酶不能水解木二糖，而β-1,4-木糖苷酶则可将木二糖水解为木糖。菌株是生产低聚木糖的关键，目前筛选出的产内切型木聚糖酶(exo-1,4-β-D-xylosidase,EC3.2.1.8)的菌株活力高，而产外切型β-1,4-木糖苷酶(exo-1,4-β-D-xylosidase,EC3.1.37)的菌株活力低。

尽管木聚糖酶是一种复合酶，但其中所含的各种酶组分在不同浓度溶液中的溶解度不同，所以利用酶的这一特性可以将内切木聚糖酶和β-1,4-木糖苷酶分开，达到去除β-1,4-木糖苷酶的目的。洪枫等通过探索找到一种沉淀剂 H，它能将内切型木聚糖酶沉淀下来，而将大部分的β-1,4-木糖苷酶保留在母液中，从而起到有效地分离作用。

6.壳低聚糖

壳低聚糖一般是指由甲壳质或壳聚糖制得的 2～8 糖的低聚糖。为了加以区别，可将由甲壳质制得的低聚糖称为甲壳质低聚糖；由壳聚糖制得的低聚糖称为壳低聚糖。甲壳质低聚糖具有非常爽口的甜味，随着聚合度的增大其甜味、吸湿性和溶解度降低，具有调节食品水分和改善食品结构等功能。

最近研究发现甲壳质或壳聚糖的低聚糖具有抗肿瘤的生理功能，并且对植物体的防御功能起到重要作用。有学者指出，壳低聚糖可以促进蛋白质的合成，促进植物细胞的活化，从而刺激植物快速生长。目前已有很多有关酶法制备壳低聚糖的报道。日本学者岛原直接利用能生产甲壳质酶的微生物开发了简便的酶解法，即在含有胶体状甲壳质的液体培养基中培养出从海水中分离出来的鳝弧菌 E-383，可获得较高收率和选择性的 N-乙酰基壳二糖。大宝使用芽孢杆菌属 R-4 生产的脱乙酰基壳聚糖酶获得了 1～4 糖的低聚糖。现已发现许多脱乙酰基壳聚糖酶，一般可生成 2～6 糖的壳低聚糖。

除了上述几种功能性低聚糖，其他功能性低聚糖如低聚半乳糖、低聚甘露糖等在我国也已相继开发成功。

12.2.7.2 酶在功能性糖醇生产中的应用

功能性糖醇包括山梨糖醇、麦芽糖醇、异麦芽糖醇、甘露糖醇等，它们都是由淀粉经α-淀粉酶等处理制得相应的糖，糖再经镍催化加氢制得的。例如，异麦芽糖醇是由蔗糖经葡萄糖基转移酶处理制得帕拉金糖，然后再经镍催化加氢制得的；赤藓糖醇由淀粉经酶解成葡萄糖后，由嗜高渗酵母发酵制得。

12.2.7.3 酶在活性肽生产中的应用

1.活性肽的概念及类别

活性肽是一定顺序的氨基酸残基组成的具有特殊功能的肽链。这些活性肽是很小的短链氨基酸，除了酪蛋白巨肽(caseinomacropeptide,CMP)含有 64 个氨基酸外，其余的通常只有 3～10 个氨基酸。功能肽在体内吸收快、利用率高，并能有效地修补残缺细胞，激活细胞活力，有效地清除对人体衰老有害的自由基；清除人体内的金属化合物；抵抗 X 射线、紫外线等对人体的损害；维持细胞正常的新陈代谢；保护肝、肾、心脑血管等重要组织器官，有效地增强机体免疫功能。

按照来源，活性肽的类别可大致分为以下几类：

(1)源于大豆和其他植物的肽。源于大豆的功能肽有降压肽、高 F 值寡肽、抗氧化肽等。大豆肽不仅易消化吸收，还能与机体内的胆酸结合，具有降低胆固醇和血压等功能；豌豆多肽有良好的溶解性、乳化性等，是一种良好的食品添加剂营养液；玉米肽还具有抗

反应测定，另外可利用葡萄糖氧化酶作为工具酶进行测定分析。

己糖激酶和6-磷酸葡萄糖脱氢酶偶联反应测定葡萄糖含量的原理是在己糖激酶和6-磷酸葡萄糖脱氢酶的作用下，葡萄糖可发生以下反应：

$$\text{葡萄糖}+\text{ATP}\xrightarrow{\text{己糖激酶}}\text{6-磷酸葡萄糖}+\text{ADP}$$

$$\text{6-磷酸葡萄糖}+\text{NADP}\xrightarrow{\text{6-磷酸葡萄糖脱氢酶}}\text{6-磷酸葡萄糖酸}+\text{NADPH}+\text{H}^{+}$$

在以上反应的产物中，NADPH具有特有的光吸收，在波长340 nm处采用分光光度法测定吸光度的增加可计算待测样品中葡萄糖的含量。当然也可利用反应体系产生H^+的特性，用特定电极测定H^+增加来计算葡萄糖含量。

葡萄糖氧化酶测定葡萄糖含量的原理是葡萄糖氧化酶专一催化β-D-葡萄糖发生以下反应：

$$\beta\text{-}D\text{-葡萄糖}+H_2O+O_2\xrightarrow{\text{葡萄糖氧化酶}}D\text{-葡萄糖酸}+H_2O_2$$

根据以上反应可以借助瓦勃氏仪测压法或氧电极的电量法测定耗氧量而推算出葡萄糖的量。也可以偶联过氧化氢酶催化上述反应中产生的H_2O_2与4-氨基安替吡啉和苯酚生成红色醌亚胺，在波长505 nm处测定醌亚胺的吸光度，计算食品中葡萄糖的含量。

果糖的酶法测定需要用磷酸己糖异构酶来进行转化，反应如下：

$$\text{果糖}+\text{ATP}\xrightarrow{\text{己糖激酶}}\text{6-磷酸果糖}+\text{ADP}$$

$$\text{6-磷酸果糖}\xrightarrow{\text{磷酸己糖异构酶}}\text{6-磷酸葡萄糖}$$

然后在6-磷酸葡萄糖脱氢酶的作用下进行反应，通过葡萄糖的量计算样品中果糖的量。

蔗糖的酶法测定也是首先将蔗糖转化成葡萄糖再进行测定，转化反应如下：

$$\text{蔗糖}+H_2O\xrightarrow{\beta\text{-果糖苷酶}}\text{葡萄糖}+\text{果糖}$$

淀粉的酶法测定同样以葡萄糖的酶法测定为基础，转化反应如下：

$$\text{淀粉}+(n-1)H_2O\xrightarrow{\text{淀粉葡萄糖苷酶}}n\ \text{葡萄糖}$$

酶法测定食品中碳水化合物含量已经在大量文献及试验基础上建立了国家推荐标准，分别有《食品中葡萄糖的测定方法 酶-比色法 酶-电极法》(GB/T 16285—96)，《食品中蔗糖的测定方法 酶-比色法》(GB/T 16286—96)，《食品中淀粉的测定方法 酶-比色法》(GB/T 16287—96)，其检测原理就是上述原理。

12.3.1.3 有机酸的测定

食品中常见的有机酸如乳酸、柠檬酸、苹果酸、乙酸、抗坏血酸等也可采用酶法作定量分析。

1. 乳酸的测定

乳酸可在乳酸脱氢酶作用下发生如下反应：

$$L\text{-乳酸}+NAD^{+}\xrightarrow{L\text{-乳酸脱氢酶}}\text{丙酮酸}+NADH+H^{+}$$

该反应的平衡在乳酸一边，因此可采取谷氨酸-丙酮酸转氨酶催化丙酮酸和 L-谷氨酸发生如下反应：

$$\text{丙酮酸}+L\text{-谷氨酸}\xrightarrow{\text{谷氨酸-丙酮酸转氨酶}}L\text{-丙氨酸}+\alpha\text{-酮戊二酸}$$

该反应使第一个反应能进行完全，从而 NADH 与 L-乳酸有一定的计量关系，可以在 340 nm 波长处测定吸光度的增加确定 NADH 的量而计算出样品中乳酸的含量。

2. 柠檬酸的测定

柠檬酸的酶法检测是依据 NADH 减少量与柠檬酸含量的计量关系进行检测的。柠檬酸在柠檬酸裂解酶下分解为草酰乙酸和乙酸，草酰乙酸不稳定，它自发缓慢地经脱羧反应转化成丙酮酸。草酰乙酸和丙酮酸可在有 NADH 存在的情况下在苹果酸脱氢酶和乳酸脱氢酶催化下还原成苹果酸和乳酸。上述反应的反应式如下：

$$\text{柠檬酸}\xrightarrow{\text{柠檬酸裂解酶}}\text{草酰乙酸}+\text{乙酸}$$

$$\text{草酰乙酸}\xrightarrow{\text{脱羧酶}}\text{丙酮酸}+CO_2$$

$$\text{草酰乙酸}+NADH+H^{+}\xrightarrow{\text{苹果酸脱氢酶}}L\text{-苹果酸}+NAD^{+}$$

$$\text{丙酮酸}+NADH+H^{+}\xrightarrow{\text{乳酸脱氢酶}}L\text{-乳酸}+NAD^{+}$$

从以上反应中可以知道 NADH 的减少与草酰乙酸以及由草酰乙酸自发生成的丙酮酸的量有关，而草酰乙酸与柠檬酸的量有计量关系，所以，NADH 的减少与柠檬酸的量呈正比，因此可以用前述的紫外分光光度法测定 NADH 的减少而推知样品中柠檬酸的含量。

3. 苹果酸的测定

食品中苹果酸的酶法测定是利用苹果酸脱氢酶催化苹果酸氧化，然后偶联谷氨酸-草酰乙酸转氨酶的作用捕集前一反应生成的草酰乙酸，使前一反应进行完全。反应式如下：

$$L\text{-苹果酸}+NAD^{+}\xrightarrow{L\text{-苹果酸脱氢酶}}\text{草酰乙酸}+NADH+H^{+}$$

$$\text{草酰乙酸}+L\text{-谷氨酸}\xrightarrow{\text{谷氨酸-草酰乙酸转氨酶}}L\text{-天冬氨酸}+\alpha\text{-酮戊二酸}$$

从上面反应可以看出 NADH 的生成量与苹果酸的量呈正比，可以用前述的紫外分光光度法测知 NADH 的生成量而计算出苹果酸的量。

4. 乙酸的测定

酶法分析检测样品中的乙酸是在 ATP 和 CoA 的存在下，由乙酸硫激酶催化乙酸发生如下反应：

$$\text{乙酸}+ATP+CoA\xrightarrow{\text{乙酸硫激酶}}\text{乙酰 CoA}+AMP+\text{焦磷酸}$$

然后再由柠檬酸合成酶催化乙酰 CoA 与草酰乙酸作用生成柠檬酸：

$$\text{乙酰 CoA} + \text{草酰乙酸} + H_2O \xrightarrow{\text{柠檬酸合成酶}} \text{柠檬酸} + \text{CoA}$$

反应中需要的草酰乙酸由下面的反应提供：

$$\text{苹果酸} + NAD^+ \xrightarrow{\text{苹果酸脱氢酶}} \text{草酰乙酸} + NADH + H^+$$

因此，NADH 的增量与乙酸的量有一定的计量关系，可以用前述的紫外分光光度法测定 NADH 的增量来计算乙酸的量。

另外，乙酸的量还可以通过检测上述第一反应中生成的乙酰 CoA 的量而求得。主要可以利用乙酰 CoA 与磺胺发生化学反应，而未反应完的磺胺可用氨基磺酸与 N-1-萘-1,2-亚乙基二胺显色，在 540 nm 波长处测定，从而由反应的磺胺的量推算乙酰 CoA 的量，再推算出乙酸的量。乙酰 CoA 与磺胺发生的化学反应如下：

$$\text{乙酰 CoA} + \text{磺胺} \longrightarrow \text{乙酰磺胺} + \text{CoA}$$

5. 抗坏血酸的测定

酶法测定抗坏血酸可利用抗坏血酸在抗坏血酸氧化酶催化反应中消耗的氧的量计算样品中抗坏血酸的量，反应如下：

$$\text{抗坏血酸} + 1/2O_2 \xrightarrow{\text{抗坏血酸氧化酶}} \text{脱氢抗坏血酸} + H_2O$$

12.3.1.4 氨基酸的测定

一般的食品分析方法只是检测食品中氨基酸总量，对氨基酸分子的 *D*-型或 *L*-型不加以区分，而利用酶作为分析工具检测食品中的氨基酸可分析食品中 *D*-型或 *L*-型氨基酸的含量。氨基酸脱氢酶、氨基酸脱羧酶和转氨酶都可用于测定食品中的氨基酸，其中特异性较高的脱羧酶对于测定食品中必需氨基酸的含量具有重要价值。例如赖氨酸是很多食品蛋白质的限制氨基酸，它在赖氨酸脱羧酶的特异性催化作用下发生脱羧反应，反应如下：

$$L\text{-赖氨酸} \xrightarrow{L\text{-赖氨酸脱羧酶}} \text{胺} + CO_2$$

反应中生成的 CO_2 可用测压法定量，从而可计算样品中赖氨酸的含量。当然其他氨基酸也可用这种方法测定，只是采用对该氨基酸有专一催化作用的脱羧酶就可达成反应。

12.3.1.5 乙醇的测定

乙醇是食品分析中常测的醇类物质，其酶法测定常用的酶是乙醇脱氢酶和乙醛脱氢酶偶联作用。乙醇脱氢酶的作用如下：

$$\text{乙醇} + NAD^+ \xrightarrow{\text{乙醇脱氢酶}} \text{乙醛} + NADH + H^+$$

由于此反应的平衡靠近乙醇一端，所以需要乙醛脱氢酶在碱性条件下催化乙醛反应，使上述反应进行完全：

$$\text{乙醛} + NAD^+ + H_2O \xrightarrow{\text{乙醛脱氢酶}} \text{乙酸} + NADH + H^+$$

根据以上反应可知，NADH 的数量按化学计量为样品中乙醇量的两倍，只要测知 NADH 的量就可以计算乙醇的量。NADH 的量可用前述的紫外分光光度法（340 nm 波长处测定吸光度增加）测知。

12.3.1.6 其他成分的测定

除以上食品成分可用酶法检测外，食品中的胆固醇、亚硫酸盐等其他成分也可用酶法分析检测其含量。此处以胆固醇为例进行简单介绍。

食品中胆固醇含量是人们（特别是心脑血管疾病患者）选择食物的重要指标之一。食品中胆固醇含量的常用检测方法有常规比色法、薄层层析法、气相色谱法等，其中气相色谱法是 AOAC 推荐使用的方法。酶-比色法与上述方法相比，具有特异性强、简单、准确、快速等优点。

酶-比色法适合于食品中胆固醇及其胆固醇酯的测定，主要应用的酶及反应如下：

$$\text{胆固醇酯} + H_2O \xrightarrow{\text{胆固醇酯酶}} \text{胆固醇} + RCOOH$$

$$\text{胆固醇} + O_2 \xrightarrow{\text{胆固醇氧化酶}} \Delta^4\text{-胆甾烯酮} + H_2O_2$$

以上反应生成的 H_2O_2 可在过氧化氢酶催化下与 4-氨基安替吡啉和苯酚生成红色醌亚胺，在波长 505 nm 处测定醌亚胺的吸光度而定量，从而计算出胆固醇或胆固醇酯的含量。该法测定食品中胆固醇含量在胆固醇浓度为 20～600 mg/100 mL 时有较好特异性，其结果与气相色谱法非常接近。

12.3.2 酶法分析评价食品质量安全

食品质量需要从不同的质量特性指标进行评价，感官评定、理化分析、生物学检定对质量特性指标的检测发挥着重大作用，现在酶分析法在食品质量安全分析中应用较为广泛。

12.3.2.1 酶活力分析评价食品质量

食品中有无生物酶存在以及酶活性的高低往往可以反应食品的质量，所以测定食品中酶的活性成为评价食品质量的方法之一。以下简单介绍几个应用实例。

果蔬的热烫以及肉乳制品的灭菌主要是为防止酶引起的食品变质和保藏过程中微生物的生长。热处理是否充分可以选择测定某些酶的活性变化作为指示，如果蔬中的过氧化物酶，牛乳制品和火腿中的碱性磷酸酶，蛋品中的乙酰氨基葡萄糖苷酶。

水果的成熟度与很多酶的活力变化相关，例如果胶酶可作为判断梨成熟度的指示剂。

谷物类食品原料的种子中往往也含有大量的酶，这些酶在储藏过程中（特别是发芽时）往往发生变化，这些变化可能影响原料的加工性能。如小麦开始萌芽时，α-淀粉酶的活性激增，这样的小麦面粉中淀粉受到损伤，不适合面包制作。所以测定 α-淀粉酶活性可以判断淀粉品质。

在利用酶活力分析评价食品质量时常选择方便测定的酶作为检测对象，测定方法可用常规的酶活力测定方法检测。

12.3.2.2 酶法检测食品中的毒素

食品中可能含有天然毒素或由于污染微生物而产生某些毒素，如氰化物、黄曲霉毒素等，这些毒素物质即使在少量情况下也会严重影响到食品安全性。利用酶法检测食品中的毒素可以提高检测的灵敏度。例如，利用氰化物对辣根过氧化物酶的抑制作用，制成辣根过氧化物酶电极，能检测水中的微量氰化物的含量，该酶电极检测氰化物的检出限为100 ng/mL；利用酶联免疫法测定酱油中的黄曲霉毒素 B_1 可在原法(限量法)基础上大大提高样品的阳性检出率，且可在扫描仪上直接测出数据，检出限可低至0.1 ng/mL，具有明显的社会和经济效益。

12.3.2.3 酶法检测食品中的农药残留和兽药残留

食品中农药残留的定性检测可利用酶活性抑制技术，其主要是基于有机磷和氨基甲酸酯类农药抑制胆碱酯酶(ChE)的特异性生化反应建立起来的农药残留检测技术。有机磷和氨基甲酸酯类农药对胆碱酯酶的正常功能有抑制作用，其抑制率与农药浓度呈正相关。正常情况下，酶催化神经代谢产物(乙酰胆碱)水解，其水解产物与显色剂反应产生黄色物质，在分光光度计 410 nm 处有最大吸收峰；如果有农药抑制了酶的活性，酶不能水解乙酰胆碱，与显色剂反应则无色，测定其吸光度即抑制率来确定酶活进而确定农残量。目前，国内大多数农药残留速测仪都是利用颜色的变化(吸光度)原理研究设计。不同公司研制的仪器大同小异，只是有的用乙酰胆碱酯酶，有的用丁酰胆碱酯酶，在酶和底物应用方面存在差异，从而判定抑制率也存在差异。如农业部农药检定所设计的农药速测仪选用的丁酰胆碱酯酶，而厦门欧达科仪公司和上海光电技术研究所等设计的农残速测仪用的是乙酰胆碱酯酶。酶抑制技术检测农药残留操作简便、快速、灵敏、经济，样品无需净化，但此方法只能定性不能定量，在检测韭菜、生姜、葱、蒜、萝卜、辣椒、番茄时容易受干扰，只能用作有机磷和氨基甲酸酯类农药残留的初筛。

酶联免疫吸附技术(ELISA)也可用于食品中农残、兽残的检测。酶联免疫吸附技术是一种把抗原和抗体的特异性免疫反应和酶的高效催化作用有机结合起来的检测技术。基本原理是，把抗原或抗体在不损坏其免疫活性的条件下预先结合到某种固相载体表面；测定时，将受检样品(含待测抗体或抗原)和酶标抗原或抗体按一定程序与结合在固相载体上的抗原或抗体起反应形成抗原或抗体复合物；反应终止时，固相载体上酶标抗原或抗体被结合量(免疫复合物)即与标本中待检抗体或抗原的量成一定比例；经洗涤去除反应液中其他物质，加入酶反应底物后，底物即被固相载体上的酶催化变为有色产物，最后通过定性和定量分析有色产物量即可确定样品中待测物质和其含量。

自 1983 年以来，ELISA 成为许多国际权威分析机构(如 AOAC)分析残留农药的首选方法。有些发达国家，如美国、德国已开发出商品检测试剂盒应用于食品、蔬菜和环境中的农药残留的检测分析。迄今为止，应用 ELISA 检测食品中的残留农药主要是除草剂、杀菌剂和杀虫剂。Clegg 等建立了分析草甘膦的 ELISA；余万俊等用抗杀虫脒单克隆抗体为试剂，建立了间接竞争法、直接竞争法和标记抗原竞争法等 3 种测出大米中杀虫脒的 ELISA；浙江大学的朱国念等研究出 ELISA 试剂盒来检测克百威。

为促进动物生长，预防动物的各种传染病、寄生虫病的发生，越来越多的激素类兽药、抗菌药、抗寄生虫药，常常被用作饲料添加剂，以小剂量长期喂养禽畜水产等动物，导致肉类食品中的兽药残留超标现象日益严重。现在国际上比较重视的残留药物有抗生素、磺胺类、呋喃类、喹诺酮类、激素类和转基因类药物。人们都在寻求适用的检测方法，80 年代后期，ELISA 在残留分析中发展迅速，目前几乎所有重要的兽药残留检测已建立或试图建立 ELISA。以人工合成的氯霉素-牛血清白蛋白（CAP- BSA）为包被抗原，以氯霉素（CAP）为竞争性抗原，用间接竞争 ELISA 法测定动物性食品中的氯霉素含量，最适检测范围为 1～100 μg/L，最小检测量为 0.1 μg/L。以 ELISA 方法测定检测动物源性食品中的四环素类抗生素残留量，测定下限为 150 ng/kg，其精密度和灵敏度符合国家要求，同时检测速度快（4 h 左右出结果），适合进行快速检测。盐酸克伦特罗又称为瘦肉精，是一种肾上腺素能激动剂，作为营养重分配剂用于改变动物的肌肉和脂肪的沉积，提高生产性能。其在肉制品中的残留会引起中毒反应。应用 ELISA 的方法检测其残留量，精确度和灵敏度高，成本低，且速度快，前处理简便，比较适用于快速检测。

12.3.2.4 酶法检测食品中的微生物

目前，传统的微生物学方法仍然是食品检测中常用的方法，但存在操作繁琐、检验周期长、工作量大等缺点，而且有些致病微生物无法进行人工培养，也就不能用传统微生物学的方法进行检测，而 ELISA 在这方面具有一定的潜力。

沙门氏菌是引起细菌性食物中毒的最主要致病菌之一。文其乙等应用 ELISA 方法对 500 份蛋品进行检测，表明方法可靠，且阳性率比国标方法高。

利用双抗夹心 ELISA 法检测肉制品中的大肠杆菌 O_{157}，灵敏度高，染菌样品经选择性增菌后进行双抗夹心 ELISA 方法检测，检出限可达 0.1 cfu/g（或 mL），能够基本满足食品样品中的大肠杆菌 O_{157} 的检测需要，为快速检测大肠杆菌 O_{157} 奠定了坚实基础。

用于黄金色葡萄球菌细胞中蛋白 A 检测的夹层 ELISA 技术使用了过氧化氢酶连接的抗蛋白 A 抗体，可以用于金黄色葡萄球菌菌体的检测，此法可在 18 h 内完成 1 cfu/g 的检测。

12.3.2.5 酶法检测转基因食品

近年来，基因工程发展迅速，特别在农作物的基因改良方面。转基因生物及其产品（GMOs）的安全问题尚存较大争议，到目前还没有确切的证据说明其有无害处，它的负面作用不能在短时间内显现出来。但无论从生态角度还是从健康角度出发，在 GMOs 安全问题未得出结论之前，加强对其管理是必要的，各国政府对 GMOs 的生产和进口都持谨慎限制的态度，许多 WTO 成员国对转基因农产品的进口做了一些限制。转基因农产品的检测常采用聚合酶链式反应和酶联免疫吸附技术。

聚合酶链式反应（PCR）以特定的基因片段模板，利用人工合成的一对寡聚核苷酸为引物，以几种脱氧核苷酸为底物，在 DNA 聚合酶的作用下，通过 DNA 模板的变性，达到基因扩增的目的。

PCR 是目前转基因食品检测较为成熟的方法。Beneke 等对热处理后的熟肉样品进行 PCR 检测，发现牛肉、猪肉和火鸡肉的最小检测量为 1%～2%，且肉制品中的抗坏血酸添加剂不影响检测结果，并指出 PCR 是目前区分鸡肉和火鸡肉的唯一方法。

目前，ELISA 法也是比较常用的检测转基因食品的方法。Rogan 等人用 ELISA 法检测出传统大豆加工产品中混有 2% Roundup Ready 大豆中的 CP4 EPSPS 蛋白质。这种蛋白质检测方法具有商业可利用性，并具有高度选择性和灵敏性。FDA已研究了用双夹心ELISA法来检测食品是否含转基因玉米成分。Env imLogix ELISA测试盒可用于测定玉米中的cry9c蛋白，共测试了9种含玉米的食品，结果重现性相当好。

12.3.2.6 酶在食品掺假检验中的应用

现在，食品掺假及以次充好的现象较为普遍，酶生物传感器可以通过测定食品中成分的变化而判断其优劣。

酶生物传感器(EBS)是以酶为敏感元件的一种传感器，主要由识别底物的固定化层和与之密切结合的信号转换器组成。其工作原理是酶催化底物转换成产物，产物被转换器检测并转换为可定量的信号输出从而达到检测被测底物浓度的目的。

冯德荣曾报道用葡萄糖传感器分析蜂蜜中掺假的情况，当蜂蜜中掺入饴糖、面粉、人工转化糖等物质时，利用葡萄糖传感器分别测定：未加以转化的蜂蜜中葡萄糖含量(X_1)；加糖化酶转化后的葡萄糖量(X_2)以及采用稀酸转化后的葡萄糖量(X_3)。如果检测结果中：(X_1)＞1/2(X_3)，则可能掺有转化糖、面粉、饴糖等成分；若(X_2)较(X_1)明显增高，则表明其中掺有饴糖、面粉等。酶生物传感器也可用于乳品、水产品等许多食品的品质分析，例如，利用嘌呤氧化酶电极检测酶催化反应中过氧化氢的产生量，对鱼新鲜度进行测定；淀粉双酶传感器测定食品中淀粉的含量；乳酸传感器检测牛乳新鲜度；用葡萄糖传感器检测奶中的糊精含量等。

思考题

1.食品工业酶制剂的来源和特点有哪些？

2.酶制剂保鲜作用原理是什么？请举例说明酶在食品保鲜上的应用。

3.请举2或3例说明酶在食品加工过程中的应用。

4.请举例说明酶在食品分析检测方面的应用。

布日额、杨飞芸、罗晓妙　编写

参考文献

1.韩文静.固定化酶的新型制备方法及其在食品工业中的应用[J].食品工业科技，2009(2):345-347,351.

2.虞淼，励建荣.酶制剂在食品加工保鲜与检测中的应用[J].保鲜与加工，2006,6(3):37-39.

3.李炜炜，陆启玉.酶工程在食品领域的应用研究进展[J].粮油食品科技，2008,16(3):34-36.

4. 周永治. 酶制剂在食品工业中的应用[J]. 江苏调味副食品,2008,25(1):26-28.

5. 张新宝,陈红兵. 溶菌酶的性质及其在食品防腐中的应用[J]. 江西食品工业,2008(4):42-45.

6. 赵文秀,徐学明. 抗菌酶在食品工业中的应用及展望[J]. 中国食品添加剂,2008(1):62-67,83.

7. 张泓泰. 生物酶技术在食品保鲜中的应用[J]. 保鲜与加工,2007,7(5):12-13.

8. 郑华甫,毛多斌. 果糖基转移酶在合成功能性食品添加剂中的应用[J]. 广西轻工业,2009,25(3):14-15.

9. 钟浩,谭兴,熊兴耀,等. 糖化酶研究进展及其在食品工业中的应用[J]. 保鲜与加工,2008,8(3):1-4.

10. 刘海洲,吴小飞,牛佰慧,等. 脂肪酶在食品工业中的应用与研究进展[J]. 粮食加工,2008,33(5):55-57,77.

11. 权伍荣,郑玉淑,李官浩,等. 应用蛋白酶进行牛肉嫩化的研究[J]. 食品科技,2008,33(12):132-136.

12. 褚洁明,姚芳,刘靖,等. 蛋白酶在猪肉脯嫩化加工中的应用研究[J]. 食品研究与开发,2008,29(12):37-40.

13. 冯霖,张万云. 酶嫩化在肉类生产中的应用[J]. 食品科技,2003(z1):90-91.

14. 韩晶,李开雄,贺家亮. 谷氨酰胺转氨酶的功能特性及在动物性食品中的应用研究[J]. 中国食品添加剂,2008(5):96-100,91.

15. 林建城,朱丽华,苏渊红,等. 壳聚糖固定化果胶酶在枇杷果汁澄清中的应用[J]. 食品与发酵工业,2008,34(7):164-167.

16. 庞彩霞,金英姿. 果胶酶在果蔬饮料中的应用[J]. 内蒙古农业科技,2008(1):81-82.

17. 赵丽莉,田呈瑞,纪花,等. 微生物果胶酶研究及其在果蔬加工中的应用进展[J]. 现代生物医学进展,2007,7(6):951-953.

18. 单杨,李高阳,张菊华,等. 柑橘酶法全果去皮技术研究[J]. 中国食品学报,2009,9(1):107-111.

19. 马颀,任珊,许美玉. 酶联免疫吸附技术在食品安全检测中的应用[J]. 食品科技,2008,33(1):200-204.